"十二五"普通高等教育本科国家级规划教材
普通高等教育农业部"十三五"规划教材
全国高等农林院校"十三五"规划教材

植物化学保护学

第 五 版

徐汉虹 主编

中国农业出版社
北 京

图书在版编目（CIP）数据

植物化学保护学／徐汉虹主编．—5版．—北京：中国农业出版社，2018.7（2024.6重印）

"十二五"普通高等教育本科国家级规划教材　普通高等教育农业部"十三五"规划教材　全国高等农林院校"十三五"规划教材

ISBN 978-7-109-23822-0

Ⅰ.①植… Ⅱ.①徐… Ⅲ.①植物保护-农药防治-高等学校-教材　Ⅳ.①S481

中国版本图书馆CIP数据核字（2018）第002434号

中国农业出版社出版
（北京市朝阳区麦子店街18号楼）
（邮政编码 100125）
策划编辑　胡聪慧
责任编辑　李国忠　胡聪慧

北京通州皇家印刷厂印刷　新华书店北京发行所发行
1983年4月第1版　2018年7月第5版
2024年6月第5版北京第7次印刷

开本：787mm×1092mm 1/16　印张：27.5
字数：646千字
定价：67.80元

（凡本版图书出现印刷、装订错误，请向出版社发行部调换）

第五版编写人员

主　　编　徐汉虹　华南农业大学
副 主 编　吴文君　西北农林科技大学
　　　　　沈晋良　南京农业大学
编写人员　（按姓氏笔画排序）
　　　　　王金信　山东农业大学
　　　　　朱国念　浙江大学
　　　　　刘　峰　山东农业大学
　　　　　吴文君　西北农林科技大学
　　　　　沈晋良　南京农业大学
　　　　　张　兴　西北农林科技大学
　　　　　张志祥　华南农业大学
　　　　　周明国　南京农业大学
　　　　　徐汉虹　华南农业大学
　　　　　黄素青　仲恺农业工程学院

第三版编写人员

主　　编　赵善欢　华南农业大学
副 主 编　慕立义　山东农业大学
　　　　　吴文君　西北农业大学
编写人员　赵善欢　华南农业大学
　　　　　慕立义　山东农业大学
　　　　　吴文君　西北农业大学
　　　　　沈晋良　南京农业大学
　　　　　樊德方　浙江农业大学
　　　　　徐汉虹　华南农业大学
　　　　　郑　仲　华南农业大学
　　　　　张　兴　西北农业大学
　　　　　罗万春　山东农业大学
　　　　　胡美英　华南农业大学
　　　　　王金信　山东农业大学
审 定 组　尚稚珍（组长）　张文吉　庄建国
　　　　　林孔勋　黄彰欣

第四版编写人员

主　　编　徐汉虹　华南农业大学
副 主 编　吴文君　西北农林科技大学
　　　　　　　沈晋良　南京农业大学
　　　　　　　罗万春　山东农业大学
编写人员　（按姓氏笔画排序）
　　　　　　　万树青　华南农业大学
　　　　　　　王金信　山东农业大学
　　　　　　　朱国念　浙江大学
　　　　　　　刘　峰　山东农业大学
　　　　　　　吴文君　西北农林科技大学
　　　　　　　沈晋良　南京农业大学
　　　　　　　张　兴　西北农林科技大学
　　　　　　　罗万春　山东农业大学
　　　　　　　周明国　南京农业大学
　　　　　　　胡美英　华南农业大学
　　　　　　　徐汉虹　华南农业大学

第五版前言

2006年春我们向中国农业出版社提交《植物化学保护学》第四版书稿，2007年9月正式出版。也正是这一年，我国决定全面停产五大高毒有机磷农药品种，这是自1983年我国停产有机氯农药滴滴涕（DDT）和六六六之后又一个重大的历史事件。自那以后，我国又陆续地限用、禁用或停产了许多高毒农药，使我国的农药品种格局发生了深刻的变化，2017年3月公布并于2017年6月施行修订后的《农药管理条例》，这已经并将为保证农产品质量安全发挥重要的作用。

2009年《中华人民共和国食品安全法实施条例》开始施行，2015年10月1日被称为"史上最严"的新版《中华人民共和国食品安全法》正式施行。2022年10月16日，习近平总书记在中国共产党第二十次全国代表大会上提出，必须要牢固树立和践行绿水青山就是金山银山的理念，站在人与自然和谐共生的高度谋划发展。这表明随着人们生活水平的日益提高，人民对美好生活的向往，对食品安全和生态环境的要求越来越高，社会对农药的关注度也越来越高，我们教材的内容也需要与时共进，及时更新。

《植物化学保护学》第五版被列入首批"十二五"普通高等教育本科国家级规划教材，后又被列入普通高等教育农业部"十三五"规划教材、全国高等农林院校"十三五"规划教材，这使我们深受鼓舞，既是对我们工作的肯定，又体现了国家对本学科的重视。为此，我们各位编写人员在编写过程中，竭尽全力，精益求精，力求使第五版更上一层楼。

2017年《农药管理条例》修订版颁布实施，今年又启动了《农药管理条例》的再修订，足见植物化学保护在国家安全上的重要性。

这次修订，基本保持了第四版的写作班子，罗万春教授、胡美英教授、万树青教授因为已退休而不再参与，张志祥和黄素青曾在第四版编写中作出过贡献，这次吸纳他们进入编写团队。具体分工如下：前言和绪论由徐汉虹编写，第一章由张兴编写，第二章由刘峰编写，第三章由徐汉虹编写，第四章由周明国编写，第五章由王金信编写，第六章由张志祥编写，第七章由张兴编写，第八章由沈晋良和周明国编写，第九章由朱国念编写，第十章由黄素青和张志祥编写，第十一章由吴文君编写。

本次修订除上述分工外，周明国改写了绪论中的杀菌剂进展相关内容，王金信改写了绪论中的除草剂进展相关内容，黄素青协助进行了文字处理，主编最后统稿。

全国高等院校使用本教材的同行十分关心本教材的建设，在几次全国农药学教学科研研讨会上都提出了很好的建议，华中农业大学朱福兴老师还专门致函提出了修改建议，所以说本教材虽然是上述几位老师执笔，实质是全国植物化学保护界同行集体智慧的结晶。也正是由于同行的集体智慧，本教材于2021年荣获首届全国教材建设二等奖。

网络改变了我们的生活，也影响着我们的教学。植物化学保护学2009年成为国家级精品课程，2013年成为国家级精品资源共享课，建有专门的精品课程网站。为使新版的《植物化学保护学》教材与此相适应，我们将一如既往，孜孜以求，不断摸索提升。我们建有首批国家一流课程《滴灌施药导向控制害虫虚拟仿真实验》、粤港澳大湾区线上共享课程、智慧树精品课程等，这些建设也使植物化学保护学成为国家一流课程。

恳请使用本教材的老师同学贡献你们的智慧，建言献箴，以便进一步修订完善，使本教材成为经典中的经典。

徐汉虹

2017年12月于广州

2023年6月重印修改

第 一 版 前 言

本教材是根据1978年农业部下达的任务，由高等农业院校担任这门课的教师集体编写的。1978年5月在华南农学院开会讨论并拟定了大纲，分头编写。1979年6月在庐山召开审稿会议，1980年春在广州定稿。全书由华南农学院植保系植物化学保护教研组主编，具体分工如下：

赵善欢（华南农学院）编写绪论、第一章植物化学保护的基本概念、第四章矿物油及植物性农药、第八章害虫和病原菌对农药的抗性及其克服办法、第九章农药对周围生物群落的影响（第一、四两章尚稚珍参加编写，第八章戴自谦参加编写，第九章湖南农学院潘道一参加编写）

慕立义（山东农学院）编写第二章农药剂型和使用方法。华中农学院罗敬业参加审稿

谭福杰（南京农学院）编写第三章杀虫剂总论及各论拟除虫菊酯类杀虫剂部分

黄彰欣（华南农学院）编写第三章杀虫剂各论有机磷酸酯类杀虫剂、氨基甲酸酯类杀虫剂、有机氮杀虫剂及特异性杀虫剂部分

黄端平（华南农学院）编写第三章杀虫剂各论有机氯杀虫剂、熏蒸剂、杀螨剂部分及第五章杀鼠剂

林孔勋（华南农学院）编写第六章杀菌剂及杀线虫剂总论部分

郑仲（华南农学院）编写第六章杀菌剂及杀线虫剂各论部分。北京农业大学韩熹莱参加第六章审稿

李进（沈阳农学院）编写第七章除草剂。华南农学院黄尚容参加审稿

樊德方（浙江农业大学）编写第十章农药的残留毒性。韩熹莱参加审稿

尚稚珍（南开大学元素有机化学研究所）编写第十一章农药的生物测定。安徽农学院吴恭谦参加审稿

全书最后由韩熹莱、李进、林孔勋、尚稚珍及潘道一五位同志详细审阅并定

稿。在编写过程中邝锡玑工程师、许木成、何学洸等老师及绘图员黄健志同志协助抄写、绘图及后勤工作，谨此致谢。

由于编者水平所限，内容不免有错误、遗漏的地方，欢迎读者批评指正。如有宝贵意见，请寄广州华南农学院植保系植物化学保护教研组。

赵善欢

1980 年 9 月 1 日

第 二 版 前 言

《植物化学保护》第一版于1983年出版发行后，4年来，作为全国高等农业院校的教材或作为教学、科研、农业、工业、商业等战线从事与农药有关的同志的重要参考资料，以及为我国培养这方面的专门人才和农业现代化建设，发挥了积极的作用。

由于第一版脱稿于1980年，7年来，国内外在农药及植物化学保护领域发生了巨大的变化，如何及时反映这些进展，使本书更好地发挥作用，是高等农业院校师生和广大读者的迫切要求，也是原编写人员力求早日实现的愿望。

按照农牧渔业部教育司的部署与要求，第一版于1986年春开始修改。1987年4月，全体负责修改的人员在深圳对修改稿进行了细致、深入的讨论。此后，各自再进行认真的修改，全稿于1987年9月汇齐。各章编写及修改分工负责如下：

赵善欢（华南农业大学） 绪论、第一章植物化学保护的基本概念及第四章植物性农药。

慕立义（山东农业大学） 第二章农药剂型和使用方法。

谭福杰（南京农业大学） 第三章关于杀虫剂总论及拟除虫菊酯类杀虫剂部分。

黄彰欣（华南农业大学） 第三章关于有机磷酸酯类杀虫剂、氨基甲酸酯类杀虫剂、有机氮杀虫剂、特异性杀虫剂及油乳剂部分。

黄端平（华南农业大学） 第三章关于有机氯杀虫剂、熏蒸剂、杀螨剂部分及第五章杀鼠剂。

郑　仲（华南农业大学） 第六章杀菌剂及杀线虫剂，第八章第二节病原菌的抗药性部分；林孔勋（华南农业大学）审阅。

李　进（沈阳农业大学） 第七章除草剂。

戴自谦（新疆石河子农学院） 第八章第一节关于害虫的抗药性部分。

潘道一（湖南农学院） 第九章农药对周围生物群落的影响。

樊德方（浙江农业大学） 第十章农药的残留及残毒。

尚稚珍（南开大学元素有机化学研究所） 第十一章农药的生物测定。

全稿汇总后，在基本上尊重各编写修改者原稿的原则下，我们邀请了北京农学院庄建国副教授协助对全书进行了文字上的审阅和定稿。此外，华南农业大学黄端平副教授就修改工作的组织安排方面，做了大量细致的工作，何学洸同志等协助绘图及抄写工作，谨此致谢。

这次修改，全书普遍进行了加工整理，有的全章、全节重新编写。删去了过时的内容，增补了近年来国内外理论和实践方面比较先进的一些新材料，同时对增加的篇幅作了一定的限制。这些增删大致有4个方面：

一、删去或精简了一些材料。主要表现在已经淘汰或很少使用的农药品种，或与其他课程重复的内容，例如试验结果的统计分析中的部分内容。

二、增加了近年来本学科领域的许多新的科研成果及生产上的经验。例如环境毒理学方面的一些新成果；新除草剂及农田化学除草方法；拟除虫菊酯类杀虫剂的毒理、抗性及农用新品种；植物性杀虫剂；电子计算机在生物测定数据统计与分析中的应用；农药新剂型及新的使用方法；病原菌抗药性；以及我国近年使用的一些农药新品种及其使用方法等。

三、我国政府部门制定的有关农药规定，在教材中详加引用。例如农药安全使用标准；农药安全使用的规定等。

四、在第一版中反映不突出而又确实重要的问题，另立专题予以阐述。例如混合使用及增效剂、油乳剂等。

此外，其他方面也作了一定的修改，在此不再一一列举。负责修改的各位教授、副教授在教学、科研工作繁忙之际，做了大量的工作，力求尽最大努力和可能来搞好这项工作，但由于水平和时间所限，仍会有一些错误和遗漏，请广大读者批评指正。

赵善欢

1987年10月

第 三 版 前 言

1990年,《植物化学保护》教材第二次修订出版后,其内容更加丰富,结构更为合理,体现了科学性、实用性和先进性。但时过10载,植物化学保护在理论与实践上取得了飞跃发展,而且随着教学改革的不断深入,各校对本课程提出了新的要求,为此,在该教材第二版的基础上进行了第三版修订。这次修订具有以下特点。

1. 对该教材修订的指导思想是将植物化学保护的理论和实践辩证地、有机地置于有害生物综合治理(IPM)、农田有害生物持续治理(sustainable pest management,SPM)及持续植物保护(sustainable crop protection,SCP)之中,使教材内容更鲜明地面向经济建设主战场,为农业生产优质、高产、高效益服务。所谓高效益,对化学保护而言,不仅要求它具有高的经济效益和社会效益,而且力争它与生态、环境具有较好的协调性,使化学保护措施在某些条件下具有不可取代性,借以提高它在IPM、SPM和SCP中的地位。

2. 对该教材修订内容的基本要求,按该课程教学大纲和限定的教学时数,吐故纳新地将该课程的基本理论、基本知识和基本技术贯穿于整个教材之中;在体现教材内容的全面性、系统性的同时,在论述上更注重对学生具有启发性;保持该教材在同一学科或相邻学科具有广泛参考价值的同时,其篇幅和分量应更适合作为对植物保护专业本科生教学之用;根据社会主义市场经济的人才需要,对应用内容进行筛选,突出适用性强的部分,使之所学有所用。

3. 按上述指导思想和基本要求,对第二版教材做了较为全面修订,首先体现了少而精原则。由第二版73万字,现精简到48万字。例如,由于现在已有全国统编配套教材《植物化学保护研究方法》(慕立义主编)和《植物化学保护实验指导》(黄彰欣主编),因而减去了农药生物测定一章;由于市面上已有大量、不同规格的国内外农药手册,而大幅度精减了该教材中对农药品种的介绍等。根据本学科发展和毕业生工作去向,又增加了一些必要章节,如新增了天然生物源农药、植物生长调节剂及新农药开发三章,并加强了农药作用机制、农业有害生物抗药性(病原菌抗药性部分由南京农业大学周明国教授编写)、农药生态与田间毒理学等方面内容。尤其是对如何科学合理使用农药做了较为全面修订，以充分体现化学保护的有效性和独特性。通过修订，体现了理论新、知识面广、技术性强、重点突出。

在教材修订过程中，我的同仁做了大量富有创造性的工作。1993年3月，在西北农业大学会议上，修订组参照我提议的修订指导思想和修订内容进行了认真讨论，并提出了修改和补充意见，落实了章节内容和修订分工；1998年7月，在云南农业大学会议上，交流了初稿，并相互提出修改意见；嗣后，将各章修改稿分别寄给有专长的教授、专家进行"对口"审修；1998年8月，全国高等农业院校教学指导委员会植保学科组在山东农业大学召开的会议上，修订组禀报了修订进展情况，植保学科组根据修订的成熟度同意列入1999年出版计划；1999年5月21—23日，华南农业大学邀请召开了国内知名同行教授审稿会，出席5人，主编、副主编等6人列席会议，完成了审定工作。

第三版修订工作是在全国高等农业院校教学指导委员会植保学科组关心、指导和修订组努力、认真工作下完成的，在此我表示衷心的感谢。这也引起我对为这本教材建设做出贡献的我的好友们的怀念。早在1952年院校调整时，为了给植物保护专业规划课程和建立配套教材，由当时的北京农学院黄瑞伦先生、南京农学院的方中达先生和我分别执笔杀虫剂、杀菌剂和化学保护原理撰写，完成了国内外首本出版的《植物化学保护》教材。至今，植物化学保护已成为植物保护专业五门专业骨干课之一；经张世安对我国和美国书籍名称检索，1980—1993年虽有类同书籍153本，但仍没有《植物化学保护》同名书籍或教材。现由我主编并体现具有中国特色和现代内容的《植物化学保护》第一版、第二版和即将面市的第三版，这与黄瑞伦和方中达两位先生的首创性贡献是分不开的。

从第二版至今，社会的进步和生产的发展都渴望迅速进行修订，农业部再次组织全国统编教材建设，并责成我校任《植物化学保护》主编单位。本教材的第一版编写、第二版修订，我校不仅邀请了校内外有专长的教授、专家为参编者，而且多次邀请了知名度很高的尤子平、韩熹莱、罗敬业、屠豫钦、李周直教授以及黄尚容、吴恭谦、牟淑君、付凯廉、庄建国等专家和教授参加会议，指导制定编写大纲、评审文稿等工作，他们为本教材建设都做出了重要的贡献，在此，我也向他们表示衷心感谢。

时至这次第三版修订，使我感动的局面又出现了，原为本教材第一版、第二版的参编者李进、谭福杰、林孔勋、尚稚珍、黄彰欣、戴自谦、黄端平、潘道一等教授,他们主动推荐后起之秀来承担原由他们编写章节的修订工作,而他们自愿退居审稿把关工作,以使该教材的建设与发展后继有人。

全稿汇总后,在基本上尊重各编写修改者的原则下,我们特别邀请了华南农业大学黄彰欣教授、黄端平副教授对全书进行了文字上的润色和定稿。华南农业大学翁群芳、黄翠玲同志在绘制全书的化学结构式及文字打印编辑工作中付出了辛勤的劳动。

长青的《植物化学保护》,这是几代人劳动与智慧的结晶。在科教兴国的感召下,化学保护界有德、有志、有才的年轻人已经崛起,我坚信一定会有《植物化学保护》长青、硕果累累的明天。笑对未来,这边风光独好。

对第三版的修订,我们虽做到了认真对待,而学科发展迅速,我们掌握的资料和业务水平有限,其漏编、错误之处会不少,敬请读者多多指正。

另外,本教材的编写得到了充满朝气的科技型企业深圳瑞德丰农药有限公司的大力支持。谨此致谢!

赵善欢

1999年

第四版前言

按照国家教育部的规定，大学教材应三年更新一次，而《植物化学保护》第三版从 2000 年 6 月第一次印刷，至今已经六年了。经过蓬勃发展的几年，植物化学保护学科在理论与实践上都取得了十分可喜的成果。喜人的形势督促我们尽快将这些成果融入教材，以飨读者。2005 年春，我们酝酿编写《植物化学保护》第四版。当年 3 月，华南农业大学教务处向中国农业出版社递交了建议函，中国农业出版社积极支持，经广泛协商，中国农业出版社决定组成第四版编写委员会，并于 2005 年 12 月 10—12 日在广州华南农业大学召开了主编会议和全体编委会议，就该教材第四版编写工作达成共识：

一、植物化学保护从 20 世纪 50 年代起就成为高等农林院校植物保护专业的主要专业课。1959 年黄瑞伦、赵善欢、方中达先生合编的首版《植物化学保护》教材奠定了学科的基础。此后，在高等教育出版社出版的教科书中，正式把植物化学保护称为一门学科。经过半个多世纪的发展，这门学科已日臻成熟。编委会一致同意，《植物化学保护》第四版教材改名为《植物化学保护学》，这标志着本学科新纪元的开始。

二、作为一本教材要强调知识的系统性和完整性，但植物化学保护学是一门交叉学科，内容过细会使教材显得臃肿，太简化又可能会造成学生使用上的困难。因此，本教材主要满足大学本科学生学习的基本要求，同时，兼顾不同地域差异进行选材，各校在教学时可以在不影响基本要求的前提下，有针对性地进行选择，还要为学生留有一定的自学空间，因此，第四版的篇幅在第三版 483 千字的基础上增至 556 千字。

三、植物化学保护学是一门应用科学，其核心是如何科学地使用农药，强调农药、有害生物与环境之间的关系，指导学生根据三者之间的关系理论合理使用农药，这是与《农药学》的根本区别。

四、本教材仍按用途对农药进行分类。另外，植物性农药与化学农药，其本质都是化合物，只是来源不同，故将其按用途归并到各章中，不再单列植物性农药一章；新增加了"农药生物测定与田间药效试验"一章。

五、本教材各章编写分工如下：

前言		徐汉虹
绪论		徐汉虹
第一章	植物化学保护学的基本概念	张兴
第二章	农药剂型和使用方法	刘峰
第三章	杀虫杀螨剂	徐汉虹、罗万春
第四章	杀菌剂	周明国
第五章	除草剂	王金信、万树青
第六章	杀鼠剂及其他有害生物防治剂	胡美英
第七章	植物生长调节剂	张兴
第八章	农业有害生物抗药性及综合治理	沈晋良、周明国
第九章	农药与环境安全	朱国念
第十章	农药生物测定与田间药效试验	罗万春、徐汉虹
第十一章	农药的科学使用	吴文君

从我国第一本《植物化学保护》教材问世至今已有55年。恢复高考后的《植物化学保护》第一版出版至今也有23年，当时的作者都已不再参与第四版的编写工作，但他们仍一如既往地关心本教材建设，慕立义教授不顾年事已高，亲临广州参加编写会议，显示了老一辈科学家的敬业精神。编写组的老师们也积极扶持年轻人，推选我作主编，使我又一次受到心灵的洗礼。

华南农业大学潘汝谦副教授、博士生黄素青在教材的统稿和编排工作中付出了辛勤劳动。

本教材的编写尽可能集纳国内教学第一线的植物化学保护学知名学者，通过大家的努力，力求使之成为一本精品教材。但学科的发展日新月异，我们希望在下一版的编写中，能融入更多同行和读者的智慧，使本教材像植物化学保护学学科一样与时俱进，日趋完善。

徐汉虹

2006年春于广州

目　　录

第五版前言
第一版前言
第二版前言
第三版前言
第四版前言

绪论 ·· 1
　　一、植物化学保护学的概念 ·· 1
　　二、植物化学保护学的发展简史 ··· 1
　　三、植物化学保护学在我国的发展 ·· 2
　　四、农药研究的新进展 ·· 3

第一章　植物化学保护学的基本概念 ·· 7
第一节　农药的定义及分类 ·· 7
　　一、按原料的来源及成分分类 ·· 7
　　二、按用途分类 ··· 8
　　三、按作用方式分类 ··· 9
第二节　农药的毒力与药效 ··· 10
　　一、药剂毒力的测定 ·· 11
　　二、药效与防治效果的计算 ··· 12
第三节　农药对农作物的影响 ·· 13
　　一、农药对作物的药害 ·· 13
　　二、农药对作物的刺激作用 ··· 15
第四节　农药的毒性 ··· 15
　　一、急性毒性 ·· 16
　　二、亚急性毒性 ··· 16
　　三、慢性毒性 ·· 16
　　思考题 ·· 17

第二章　农药剂型和使用方法 ·· 18
第一节　农药分散度与药剂性能的关系 ·· 18
　　一、分散度与农药的分散体系 ·· 19
　　二、改善分散度对农药性能的影响 ·· 20

第二节　农药助剂 ·· 22
　一、农药助剂的种类及使用概况 ··· 22
　二、表面活性剂的结构、特性和作用 ··· 23
　三、表面活性剂在农药制剂加工和使用中的应用 ·································· 28
第三节　主要农药剂型 ·· 30
　一、粉剂 ··· 31
　二、粒剂 ··· 33
　三、可湿性粉剂 ·· 34
　四、可溶性粉剂 ·· 35
　五、水分散粒剂 ·· 36
　六、悬浮剂 ·· 36
　七、乳油 ··· 37
　八、水乳剂 ·· 39
　九、微乳剂 ·· 39
　十、水剂和可溶性液剂 ··· 40
　十一、种衣剂 ··· 41
　十二、油剂 ·· 42
　十三、缓释剂 ··· 43
　十四、烟剂 ·· 44
第四节　农药的施用方法 ··· 44
　一、喷雾法 ·· 45
　二、喷粉法 ·· 50
　三、其他施药方法 ··· 52
第五节　航空施药法 ··· 53
　一、航空施药法的优缺点 ·· 53
　二、航空喷雾装置 ··· 54
　三、航空喷洒农药的方式 ·· 54
第六节　农药精准施用技术 ·· 54
　一、精准施药原理 ··· 55
　二、定点杂草控制技术 ··· 57
　思考题 ··· 57

第三章　杀虫杀螨剂 ·· 58
第一节　杀虫剂毒理学基础 ·· 58
　一、杀虫剂的穿透与在昆虫体内的分布 ·· 58
　二、杀虫剂在动物体内的代谢机制 ·· 63
　三、杀虫剂对昆虫的作用机制 ·· 63
第二节　无机及重金属类杀虫剂 ··· 74
　一、无机及重金属类杀虫剂概述 ··· 74

二、无机及重金属类杀虫剂的特性 …………………………………………………… 74
　　三、无机及重金属类杀虫剂的主要品种 ………………………………………………… 74
　　四、无机及重金属类杀虫剂的毒理机制 ………………………………………………… 75
第三节　有机氯杀虫剂 ……………………………………………………………………… 75
第四节　有机磷杀虫剂 ……………………………………………………………………… 76
　　一、有机磷杀虫剂概述 …………………………………………………………………… 76
　　二、有机磷杀虫剂的化学结构类型 ……………………………………………………… 77
　　三、有机磷杀虫剂的特点 ………………………………………………………………… 78
　　四、有机磷杀虫剂的毒性 ………………………………………………………………… 79
　　五、有机磷杀虫剂的重要品种及其应用 ………………………………………………… 80
第五节　氨基甲酸酯类杀虫杀螨剂 ………………………………………………………… 83
　　一、氨基甲酸酯类杀虫杀螨剂概述 ……………………………………………………… 83
　　二、氨基甲酸酯类杀虫剂的特点 ………………………………………………………… 84
　　三、氨基甲酸酯类杀虫剂的低毒衍生化 ………………………………………………… 85
　　四、氨基甲酸酯类杀虫杀螨剂的重要品种及其应用 …………………………………… 86
第六节　拟除虫菊酯杀虫杀螨剂 …………………………………………………………… 87
　　一、拟除虫菊酯杀虫杀螨剂概述 ………………………………………………………… 87
　　二、第一代拟除虫菊酯杀虫剂 …………………………………………………………… 88
　　三、第二代光稳定性拟除虫菊酯杀虫杀螨剂 …………………………………………… 89
　　四、光稳定性拟除虫菊酯杀虫杀螨剂的发展 …………………………………………… 90
　　五、拟除虫菊酯杀虫杀螨剂的异构体与生物活性 ……………………………………… 90
　　六、拟除虫菊酯杀虫杀螨剂的作用方式和毒理学 ……………………………………… 91
　　七、拟除虫菊酯杀虫杀螨剂的主要品种及其应用 ……………………………………… 91
第七节　甲脒类杀虫杀螨剂 ………………………………………………………………… 95
第八节　沙蚕毒素类杀虫剂 ………………………………………………………………… 96
　　一、沙蚕毒素类杀虫剂概述 ……………………………………………………………… 96
　　二、沙蚕毒素类杀虫剂的重要品种及其应用 …………………………………………… 97
第九节　苯甲酰苯脲类和嗪类杀虫杀螨剂 ………………………………………………… 98
　　一、苯甲酰苯脲类和嗪类杀虫杀螨剂概述 ……………………………………………… 98
　　二、苯甲酰苯脲类和嗪类杀虫杀螨剂的作用方式和毒理学 …………………………… 99
　　三、苯甲酰苯脲类杀虫杀螨剂的代谢降解和安全性 …………………………………… 100
　　四、苯甲酰苯脲类和嗪类杀虫杀螨剂重要品种及其应用 ……………………………… 100
第十节　保幼激素与蜕皮激素类杀虫剂 …………………………………………………… 104
　　一、保幼激素与蜕皮激素类杀虫剂概述 ………………………………………………… 104
　　二、保幼激素与蜕皮激素类杀虫剂的作用方式和毒理学 ……………………………… 104
　　三、保幼激素与蜕皮激素类杀虫剂的防治范围、选择性和安全性 …………………… 105
　　四、保幼激素与蜕皮激素类杀虫剂的重要品种及其应用 ……………………………… 106
第十一节　氯化烟酰类杀虫剂 ……………………………………………………………… 107
　　一、氯化烟酰类杀虫剂概述 ……………………………………………………………… 107

二、氯化烟酰类杀虫剂的生物活性 ··· 108
　　三、氯化烟酰类杀虫剂的毒理学、选择性和生态效应 ·································· 110
　　四、氯化烟酰类杀虫剂的主要品种及其应用 ·· 110
第十二节　阿维菌素类杀虫杀螨剂 ··· 112
　　一、阿维菌素类杀虫杀螨剂概述 ·· 112
　　二、阿维菌素类杀虫杀螨剂的作用方式和毒理学 ······································· 113
　　三、阿维菌素类杀虫杀螨剂的生物活性、光稳定性和穿透性 ······················ 114
　　四、阿维菌素类杀虫杀螨剂的重要品种及其应用 ······································· 116
第十三节　吡咯类杀虫杀螨剂 ·· 117
　　一、吡咯类杀虫杀螨剂概述 ··· 117
　　二、吡咯类杀虫杀螨剂的作用方式和毒理学 ·· 118
　　三、吡咯类杀虫杀螨剂的主要品种及其应用 ·· 118
第十四节　吡啶类杀虫剂 ··· 120
　　一、吡啶类杀虫剂概述 ·· 120
　　二、吡啶类杀虫剂的主要品种及其应用 ·· 121
第十五节　天然产物源杀虫杀螨剂 ··· 125
　　一、印楝素 ·· 125
　　二、鱼藤酮 ·· 127
　　三、苦参碱 ·· 130
　　四、除虫菊素 ··· 132
　　五、多杀菌素 ··· 134
　　六、乙基多杀菌素 ·· 135
第十六节　专门性杀螨剂 ··· 136
　　一、专门性杀螨剂概述 ·· 136
　　二、专门性杀螨剂的主要品种及其应用 ·· 137
思考题 ·· 141

第四章　杀菌剂 ··· 142

第一节　杀菌剂概述 ··· 142
　　一、杀菌剂的基本含义 ·· 142
　　二、杀菌剂的发展简史 ·· 143
　　三、杀菌剂在保证农产品安全和食品安全中的作用 ···································· 145
　　四、杀菌剂的毒理学和环境毒理学 ··· 145
第二节　植物病害化学防治策略及作用原理 ·· 146
　　一、植物病害化学防治策略 ··· 146
　　二、杀菌剂防治植物病害的作用原理 ·· 147
第三节　杀菌剂的作用机制 ··· 149
　　一、抑制或干扰病菌能量的生成 ·· 149
　　二、抑制或干扰病菌的生物合成 ·· 152

三、对病菌的间接作用 …………………………………………………………………… 155
　第四节　杀菌剂的使用技术 …………………………………………………………………… 156
　　　一、喷雾和喷粉 …………………………………………………………………………… 156
　　　二、种子处理 ……………………………………………………………………………… 157
　　　三、土壤处理 ……………………………………………………………………………… 158
　　　四、其他施药方法 ………………………………………………………………………… 159
　第五节　杀菌剂的种类 ………………………………………………………………………… 159
　　　一、传统多作用位点杀菌剂 ……………………………………………………………… 159
　　　二、现代选择性杀菌剂 …………………………………………………………………… 165
　思考题 …………………………………………………………………………………………… 192

第五章　除草剂 …………………………………………………………………………………… 194

　第一节　除草剂选择性原理 …………………………………………………………………… 195
　　　一、位差与时差选择性 …………………………………………………………………… 195
　　　二、形态选择性 …………………………………………………………………………… 196
　　　三、生理选择性 …………………………………………………………………………… 197
　　　四、生物化学选择性 ……………………………………………………………………… 198
　　　五、利用保护物质或安全剂获得选择性 ………………………………………………… 200
　第二节　除草剂的吸收与输导 ………………………………………………………………… 202
　　　一、除草剂的吸收 ………………………………………………………………………… 202
　　　二、除草剂在植物体内的输导 …………………………………………………………… 205
　第三节　除草剂的作用机制 …………………………………………………………………… 206
　　　一、抑制光合作用 ………………………………………………………………………… 206
　　　二、破坏植物的呼吸作用 ………………………………………………………………… 207
　　　三、抑制植物的生物合成 ………………………………………………………………… 207
　　　四、干扰植物激素的平衡 ………………………………………………………………… 212
　　　五、抑制微管与组织发育 ………………………………………………………………… 212
　第四节　除草剂的使用技术 …………………………………………………………………… 212
　　　一、土壤处理法 …………………………………………………………………………… 213
　　　二、茎叶处理法 …………………………………………………………………………… 214
　第五节　除草剂常用类型及其品种 …………………………………………………………… 214
　　　一、苯氧羧酸类除草剂 …………………………………………………………………… 214
　　　二、芳氧苯氧基丙酸酯类除草剂 ………………………………………………………… 215
　　　三、二硝基苯胺类除草剂 ………………………………………………………………… 219
　　　四、三氮苯类除草剂 ……………………………………………………………………… 220
　　　五、酰胺类除草剂 ………………………………………………………………………… 222
　　　六、二苯醚类除草剂 ……………………………………………………………………… 224
　　　七、磺酰脲类除草剂 ……………………………………………………………………… 226
　　　八、磺酰胺类除草剂 ……………………………………………………………………… 231

  九、有机磷除草剂 ··· 233
  十、三酮类除草剂 ··· 234
  十一、其他类别除草剂 ··· 236
 思考题 ·· 243

第六章　杀鼠剂及其他有害生物防治剂 ··· 245
 第一节　杀鼠剂 ·· 245
  一、杀鼠剂概述 ··· 245
  二、杀鼠剂的概念和分类 ·· 246
  三、杀鼠剂的作用机制 ··· 247
  四、杀鼠剂的使用 ··· 247
  五、常用重要杀鼠剂 ·· 249
 第二节　杀线虫剂 ··· 254
  一、杀线虫剂概述 ··· 254
  二、杀线虫剂的分类与作用机制 ··· 255
  三、常用重要杀线虫剂 ··· 256
 第三节　杀软体动物剂 ··· 261
  一、杀软体动物剂概述 ··· 261
  二、杀软体动物剂的主要类型 ·· 261
  三、常用杀软体动物剂 ··· 261
 思考题 ·· 263

第七章　植物生长调节剂 ··· 264
 第一节　植物生长调节剂的概念和分类 ·· 264
 第二节　植物生长调节剂的主要作用 ··· 265
 第三节　植物生长调节剂的使用 ·· 267
  一、植物生长调节剂的使用方法 ··· 267
  二、植物生长调节剂作用的影响因素 ·· 268
 第四节　植物生长调节剂常用品种 ··· 270
 思考题 ·· 275

第八章　农业有害生物抗药性及其综合治理 ··· 276
 第一节　害虫的抗药性 ··· 276
  一、害虫抗药性的概念 ··· 276
  二、害虫抗药性的形成与机制 ·· 278
  三、害虫抗药性遗传 ·· 285
  四、害虫抗药性治理 ·· 286
  五、害虫抗药性的分子检测 ··· 292
 第二节　植物病原物抗药性 ·· 294

一、植物病原物抗药性发生原理 ·· 295
　　二、植物病原物抗药性的发生机制 ·· 295
　　三、植物病原物抗药性监测 ·· 298
　　四、植物病原物抗药性群体形成的影响因素 ······························ 299
　　五、植物病原物抗药性治理 ·· 302
　第三节　杂草对除草剂的抗药性 ··· 305
　　一、杂草对除草剂抗药性的发展简史 ·· 305
　　二、杂草对除草剂抗药性的形成与机制 ····································· 309
　　三、杂草对除草剂抗药性的综合治理 ·· 311
　思考题 ··· 312

第九章　农药与环境安全 ·· 314

　第一节　农药与环境安全概述 ·· 314
　　一、农药引起的环境安全问题 ·· 314
　　二、农药对环境污染的生态效应 ·· 315
　　三、农药残留与食品安全的关系 ·· 315
　　四、农药与农业生产和环境安全的关系 ····································· 316
　第二节　农药的环境行为与环境毒性 ··· 316
　　一、农药的环境行为 ·· 316
　　二、农药的环境毒性 ·· 326
　第三节　农药残留对生态系统和食品安全的影响 ······························· 334
　　一、农药对生态系统的影响 ··· 334
　　二、农药对食品安全的影响 ··· 347
　第四节　农药残留分析技术 ·· 349
　　一、农药残留仪器分析技术 ··· 349
　　二、农药残留生物测定技术 ··· 355
　第五节　农药的安全性风险评价及污染控制 ···································· 364
　　一、农药的安全性风险评价 ··· 364
　　二、农药残留污染的控制对策 ·· 370
　思考题 ··· 373

第十章　农药生物测定与田间药效试验 ··· 374

　第一节　农药生物测定 ·· 374
　　一、农药生物测定概述 ··· 374
　　二、农药生物测定试验设计的基本原则 ····································· 374
　　三、供试材料 ·· 375
　　四、室内毒力测定的方法 ·· 376
　　五、杀菌剂的毒力测定方法 ··· 383
　　六、除草剂的毒力测定方法 ··· 387

七、杀线虫剂的毒力测定方法 ……………………………………………………… 389
　　八、抗病毒剂的药效测定方法 ……………………………………………………… 390
　　九、植物生长调节剂的生物测定方法 ……………………………………………… 391
　　十、试验结果的统计与分析 ………………………………………………………… 393
　第二节　农药田间药效试验 …………………………………………………………… 394
　　一、农药田间药效试验概述 ………………………………………………………… 394
　　二、农药田间药效试验的基本要求与药效的影响因素 …………………………… 395
　　三、农药田间药效试验的调查内容与方法 ………………………………………… 395
　　四、农药田间药效试验结果的整理与分析 ………………………………………… 397
　　五、农药田间药效试验报告的撰写格式 …………………………………………… 398
　思考题 …………………………………………………………………………………… 398

第十一章　农药的科学使用 ………………………………………………………… 399
　第一节　农药科学使用的基础 ………………………………………………………… 399
　　一、药剂与应用技术 ………………………………………………………………… 399
　　二、靶标生物特性与应用技术 ……………………………………………………… 401
　　三、环境条件与应用技术 …………………………………………………………… 402
　第二节　施用农药和保护害物天敌 …………………………………………………… 403
　　一、使用选择性杀虫剂 ……………………………………………………………… 404
　　二、施药剂量和施药时间的控制 …………………………………………………… 404
　　三、剂型及施药方法的控制 ………………………………………………………… 404
　第三节　农药混用 ……………………………………………………………………… 404
　　一、混用单剂之间的相互作用 ……………………………………………………… 405
　　二、混配混用的基本原则 …………………………………………………………… 406
　思考题 …………………………………………………………………………………… 407

主要参考文献 ………………………………………………………………………… 408

绪　　论

一、植物化学保护学的概念

植物化学保护学是科学地应用农药来防治害虫、害螨、线虫、病原菌、杂草、鼠类等有害生物，保护农林业生产的一门科学。

二、植物化学保护学的发展简史

植物化学保护学与农药的发展是一脉相承的。在农药的发展史上，有一些重要的人和事是值得我们提及的。化学药剂用于防治害虫可追溯到公元前9世纪的古希腊诗人荷马（Homer）曾提到燃烧的硫黄可作为熏蒸剂防治植物疫病。古罗马学者Pliny长老曾提倡将砷作为杀虫剂。15世纪发现除虫菊花的杀虫作用。1833年，坎立克先生将硫黄和石灰配制的混合液开始用于害虫和病菌的防治。

19世纪中叶开始了植物化学保护学的系统科学研究。1867年巴黎绿（一种不纯的亚砷酸铜）在美国用于控制科罗拉多甲虫的蔓延。波尔多液（硫酸铜与石灰的混合液）于1885年开始用于防治葡萄霜霉病。

1896年，一位法国葡萄种植主将波尔多液用于葡萄藤时，观察到长于近旁的黄色野芥的叶片变黑了。这个偶然发现证明化学药剂用于除草是可能的。不久以后，当在谷类作物与双子叶杂草混生的田间喷洒硫酸铁时，杂草死了，而作物却没有受到伤害。其后10年中，还发现了其他数种无机化合物，在适当浓度下，同样具有这种选择性杀灭作用。

1913年，德国首次应用有机汞化合物作为种子处理剂。20世纪30年代，世界各国在新农药的研制方面相继取得许多突破性的进展，有机化合物二硝基邻甲酚于1932年在法国获得专利，用于谷类作物的杂草防除；第一个二硫代氨基甲酸酯杀菌剂福美双于1934年在美国获得专利。1939年瑞士科学家缪勒（Paul Müller）发现滴滴涕（DDT）的杀虫作用，并因此获得了1948年的诺贝尔医学或生理学奖，这是现代化学合成农药的里程碑。1942年斯查德（Schrader）合成TEPP（特普，焦磷酸四乙酯），1944年合成对硫磷，使有机磷杀虫剂在德国得到开发和应用。1945年第一个通过土壤作用的氨基甲酸酯类除草剂被英国人发现，而有机氯杀虫剂氯丹在美国和德国首先应用。其后不久，氨基甲酸酯类杀虫剂在瑞士开发成功。至今世界有机合成化学农药的历史已有70多年，化学农药在保护作物和控制人畜疾病方面发挥着越来越重要的作用，成为人类赖以生存的重要化学品。在可以预见的将来，化学农药仍然是人类战胜农作物病虫草害的有力武器。

1962年美国的卡森（Rachel Carson）女士编写出版了《寂静的春天》（Silent Spring）一书，论述了化学合成杀虫剂对大自然的危害，唤起了人们对农药残留的重视，促进低残留农药的发展，20世纪70年代开始世界各国相继停用高残留的滴滴涕、六六六等有机氯农药。1996年3月美国的两位科学家Theo Colburn和John Peterson Myers与科学记者Dianne Dumanoski联合写作出版了《痛失未来》（Our Stolen Future：Are We Threatening

Our Fertility, Intelligence, and Survival?)一书，向人们介绍了荷尔蒙杀手（hormone disrupter）的危害。它们隐藏在广泛使用的有毒化学药品中，主要是杀虫剂里，这些杀虫剂不但残留在食物里，而且渗入地下水，常常还混进饮用水里。另外，诸如动物脂肪（包括牛油）、奶酪和鱼类，以及用于加工、包装、储存、烹调食物的塑料器具，都是荷尔蒙杀手栖身的好地方。它们通过食物链进入人体，专门破坏激素系统，造成人类生存繁衍的危机。

《痛失未来》的作者就人类的生存问题又一次向人们敲响了警钟。美国副总统戈尔在为《寂静的春天》30周年纪念版写过前言后又为《痛失未来》作序。这足以显示整个社会对农药的重视，以及农药对人类活动的重要影响。这本书的出版使社会对农药这类释放到环境中的化学品提出了更高的要求，促使了一些涉及农药的国际公约相继签署生效。

2001年5月22日，127个国家和地区的代表在瑞典首都斯德哥尔摩签署了《关于持久性有机污染物的斯德哥尔摩公约》。持久性有机污染物的英文为persistent organic pollutants，缩写为POPs，所以该公约也被称为POPs公约，2004年11月11日，该公约正式对包括我国在内的签署国生效。

2004年2月24日，《关于在国际贸易中对某些危险化学品和农药采用事先知情同意等程序的鹿特丹公约》（简称《鹿特丹公约》）正式生效。从2005年6月20日起，我国全面执行《鹿特丹公约》，因其核心内容是实行事先知情同意程序（prior informed consent procedure），也称为《PIC公约》，农药出口企业在出口《鹿特丹公约》限定的农药品种时，应预先告知进口国，并服从进口国的进口决定。

这些公约的实施，使许多国家对农药残留限量要求大幅度提高，并相继禁用高毒高残留农药，昆虫生长调节剂等非直接杀伤型农药得到了迅速发展。

有机溶剂有助于农药乳油的形成，提高药液在作物或虫体上的湿润展布。但农药中有机溶剂的大量使用对生产安全、生态环境和非靶标生物造成严重的危害。2013年10月我国发布了《农药乳油有害溶剂限量》部颁标准，对7种有害溶剂设定了明确的限量指标。这标志着农药从有效成分到助剂的全面严格要求。经过大半个世纪的扬弃，今天的农药已走向成熟，研究程序日趋完善，产品要求更为科学。

三、植物化学保护学在我国的发展

在与农作物病虫害作斗争的过程中，我国劳动人民创造和积累了极其丰富的经验。据记载，早在1800年前就已经应用矿物性和植物性杀虫剂来防治害虫。明万历二十四年（公元1596年）李时珍编写的《本草纲目》记述了1892种药品，其中有些就是用来防治害虫的，例如矿物性砒石、雄黄、雌黄、石灰，植物性的百部、藜芦、狼毒、苦参等。我国农民很早就应用鱼藤来杀虫，早在200年前就已使用烟草防治水稻害虫。杀虫植物除虫菊、鸡血藤、雷公藤、苦楝、川楝、苦皮藤、黄杜鹃、百部等在我国的应用已有很长历史。有些品种现在已获规模化人工种植，形成了特色产业，例如鱼藤、除虫菊等。近些年我国还引进了世界著名的杀虫植物印楝、非洲山毛豆等。

中华人民共和国成立后，我国的农药工业从无到有获得了迅速发展。1956年我国第一家现代化学农药厂天津农药厂正式投产。1983年我国全面停产高残留的滴滴涕、六六六等有机氯农药，引来我国农药工业的第一次大规模品种结构调整，有机磷农药、拟除虫菊酯杀虫剂乘势而上。随着中美知识产权协议的签署，1993年1月1日起，我国不再无偿仿制国外新农药品种，国家组建了国家农药工程中心和南方农药创制中心，引领我国农药工业走上了艰难的创制之路。相继有氟吗啉、硝虫硫磷等创新品种及氰烯菌酯原创性杀菌剂问世。2005年10月，在欧洲最大农用化学品展览会英国格拉斯哥农作物科学与技术展览会上，几十家中国参展的化工企业被拒绝参会，起因是中外企业对于有关知识产权的不同理解。2001年12月11日我国加入世界贸易组织（WTO），拿上了自由贸易的绿卡，但许多发达国家通过提高农产品的农药残留限量标准来形成新的绿色技术贸易壁垒，阻止我国农产品的对外输出。随着人民生活水平的提高，国内消费者也对农产品提出了更高的质量要求，我国实施了从田头到餐桌的食品质量安全工程，外贸和内需的共同要求促使我国从2007年1月1日起全面停产5大高毒有机磷农药品种，2009年取消了氟虫腈在农业上的登记，2010年限用了19种高毒农药，2011年撤销苯线磷等10种高毒农药的登记证。这一系列动作导致我国农药工业的重新洗牌和农药品种的全面更迭。从1990年开始，我国农药生产量已居世界第二位，仅次于美国。2007年我国农药生产量达1.731×10^6 t（以有效成分计），首次超过美国，成为第一大农药生产国，2014年我国农药产量达3.745×10^6 t，这充分显示了我国农药工业对世界的贡献。

从整个农业病虫草鼠害防治来说，我国早在1975年就提出"预防为主，综合防治"的植物保护方针，和国外提出的害虫综合治理（IPM）的含义是相同的。对综合防治的正确理解应该是从生态学的观点出发，全面考虑生态平衡、经济利益及防治效果，综合利用和协调农业防治、物理和机械防治、生物防治、化学防治等有效的防治措施。由于化学防治具有对有害生物高效、速效、操作方便、适应性广、便于储备、适应生产应急需求、经济效益显著等特点，因此在综合防治体系中占有重要地位。国内外几十年的实践证明，农药的使用对解决全世界的粮食问题起了重要的作用。但是如果不合理使用农药，化学防治也会导致人畜中毒、有害生物产生抗药性、污染环境、破坏生态平衡等不良后果。因此根据高效、安全、经济、简便的原则，探索科学地使用农药的理论，以便最大限度地发挥农药的作用，将农药的负面影响减小到最低限度，这是现代植物化学保护学研究的重要课题。近年来，农药科学及病、虫、草、鼠等有害生物的化学防治事业蓬勃发展，特别是在开发对有害生物高效，对环境及非靶标生物安全的新型农药品种方面取得了突破性进展。

四、农药研究的新进展

（一）杀虫剂研究的新进展

杀虫剂的研究开发近年来取得较大进展。

1. 有机磷杀虫剂研究的新进展 有机磷杀虫剂的主要进展有两方面，其一是为了对付害虫抗药性问题，更加注重以磷原子为中心的不对称有机磷杀虫剂的开发。特别是丙硫基不对称型硫赶磷酸酯杀虫剂的成功开发，可以说是有机磷杀虫剂发展史上的重大事件。这类化合物不但对敏感品系害虫有优异防治效果，而且对抗性品系害虫亦表现良好防治效果，还明显降低了对高等动物的毒性。典型的品种有丙硫磷和丙溴磷。第二个进展是引入杂环。由于杂环往往具有很高的生物活性，因此近年来将杂环引入磷酸酯，开发了不少新品种，显示出优异的杀虫活性，例如已商品化的毒死蜱、嘧啶氧磷、哒嗪硫磷、三唑磷等。

2. 氨基甲酸酯类杀虫剂研究的新进展 氨基甲酸酯类杀虫剂近年来的主要进展是低毒品种的研究与茚虫威的开发。在N-甲基氨基甲酸酯或N-甲基氨基甲酸肟酯类的高效高毒母体化合物的氮（N）原子上引入含硫基团或其他取代基，结果既保留了母体化合物对害虫高效的特点，又明显降低了对哺乳动物的毒性，这类品种有丁硫克百威、硫双灭多威、丙硫克百威、棉铃威等。

3. 拟除虫菊酯杀虫剂研究的新进展　拟除虫菊酯杀虫剂围绕防治害虫的实际需要，近年来不断取得新的进展。一是开发出兼具杀螨活性的甲氰菊酯、高效氯氟氰菊酯和联苯菊酯，而杀螨菊酯、苄螨醚更是专门性杀螨剂；二是开发出对鱼低毒可在稻田使用的醚菊酯及肟醚菊酯；三是1983年开发的氟胺氰菊酯，是第一个对蜜蜂安全的品种，而1987年开发的七氟菊酯是第一个适用于地下害虫防治的品种。此外，这类杀虫剂的另一重要进展是成功开发以硅原子取代碳原子的含硅拟除虫菊酯。

4. 昆虫几丁质合成抑制剂研究的新进展　昆虫几丁质合成抑制剂继续开发出一批新品种，例如氟啶脲、氟苯脲、噻嗪酮等杂环类杀虫剂是近年来农药发展中最突出的成果。同时，许多杂环化合物被开发成超高效农药，例如含吡啶基团的吡虫啉和啶虫脒、三唑类的唑蚜威、吡唑类的氟虫腈等。杂环类杀虫剂的特点是，结构新颖，作用机制独特，不易和现有杀虫剂产生交互抗药性；对害虫高效，对哺乳动物毒性低，对害虫天敌安全，有利于害虫的综合治理。但氟虫腈由于其对蜜蜂和水生生物的毒性已被我国政府禁止在农作物上喷雾使用。

特别值得一提的是，氯虫苯甲酰胺的上市是杀虫剂发展史上的里程碑，其优异的杀虫活性、全新的作用机制、理想的安全指标引领了农药的发展方向。

5. 天然产物源杀虫剂研究的新进展　天然产物源杀虫剂的研究与开发亦取得明显进展，近年来商品化的有昆虫保幼激素类似物双氧威，昆虫蜕皮激素类似物抑食肼、虫酰肼及抗生素阿维菌素、多杀菌素等。植物性的印楝素、苦参碱也得到了一定范围的应用。特别是印楝素2014年被农业部列为29个主导杀虫剂品种之一。

（二）杀菌剂研究的新进展

杀菌剂是近10多年来农药研发进展最快的农药类别，主要表现在以下几个方面。

1. 以天然抗菌活性物质为先导化合物创制新型杀菌剂　例如以一种担子菌代谢产物伞球果菌素（strobilurin）和假单胞杆菌次生代谢物硝吡咯菌素（pyrrolnitrin）为先导化合物，分别开发出选择性强、活性高、超广谱的甲氧基丙烯酸酯类杀菌剂和吡咯类杀菌剂。甲氧基丙烯酸酯类杀菌剂以甲氧基丙烯酸酯为活性基团，通过苯基桥的侧链修饰，开发出理化性能及生物学性能各异的众多品种，这类杀菌剂主要作用于真菌和卵菌的细胞色素b，干扰位于线粒体内膜外侧的氧化还原反应，阻止呼吸链复合物Ⅲ的电子传递，又称QoⅠ（一种辅酶Q外侧位点抑制剂）类杀菌剂，对多种真菌和卵菌病害具有极好的保护作用和良好的治疗作用。苯吡咯类杀菌剂通过干扰真菌双组分组氨酸介导的信号传导途径，抑制真菌生长发育。这类杀菌剂目前进入市场的有拌种咯（fenpiclonil）和咯菌腈（fludioxonil），前者主要用于作物种子处理，后者可拌种和喷雾防治由交链孢、丝核菌、镰孢菌、核盘菌、长蠕孢引起的病害。

2. 利用组合化学理论，通过组装多种活性基团开发出特高效杀菌剂　例如杜邦公司开发的含噁唑、吡唑、噻唑和哌啶基团的氟噻唑吡乙酮，对卵菌具有极高的活性，用于防治马铃薯晚疫病时每公顷只需2 g有效成分。日本三井化学公司基于异丙菌胺、苯噻菌胺和有关具有除草活性的化合物结构，开发出对稻瘟病具有很好防治活性的氨基甲酸酯类杀菌剂三氟甲氧威（tolprocarb）。

3. 以重要杀菌剂已知作用靶标功能的调控或相关因子作为新靶标创制杀菌剂 例如著名的苯并咪唑类杀菌剂的作用靶标是β微管蛋白，破坏细胞骨架和阻止细胞分裂。近年江苏省农药研究所股份有限公司开发的氨基氰基丙烯酸酯类的氰烯菌酯新型杀菌剂就是与细胞骨架和马达蛋白有关的肌球蛋白5抑制剂，这也是被国际杀菌剂抗性行动委员会（Fungicide Resistance Action Committee，FRAC）以作用机制和抗性机制单独编码分类的我国唯一原创性杀菌剂。该杀菌剂具有高度的抗镰刀菌专化性，代表了高效、低毒、生态安全的选择性杀菌剂发展方向。Rohm and Haas 公司生产的苯甲酰胺类的苯酰菌胺和美国 Valent 公司的噻唑羧酰胺类的噻唑菌胺，虽然类似于苯并咪唑类杀菌剂干扰细胞有丝分裂和微管蛋白装配，但是由于与靶标结合的位点差异，可以防治卵菌病害。拜耳公司开发的一种吡啶甲基苯甲酸类新型杀菌剂氟吡菌胺，具有解离类收缩蛋白和破坏细胞骨架的功效，成为防治卵菌病害的新型杀菌剂。随着调控功能基因的非编码 RNA 研究，以调控已知重要药物靶标表达的非编码 RNA 为靶标，研发特高效选择性新型杀菌剂，必将成为新一代杀菌剂的研发方向。

4. 基于已知作用靶标研发广谱高效新型杀菌剂 针对只对担子菌有效的萎锈灵作用靶标琥珀酸脱氢酶，许多跨国农药公司经过大约半个世纪的不懈努力，近年先后开发出第二代酰胺类琥珀酸脱氢酶抑制剂。例如巴斯夫公司的啶酰菌胺和先正达公司的吡唑萘菌胺等，这些杀菌剂对琥珀酸脱氢酶复合物的结合位点不尽相同，不仅保持了对担子菌的高度抗菌活性，还可以防治多种子囊菌和半知菌病害。

5. 改良已商品化的杀菌剂 对已经商品化的杀菌剂进行类同合成，特别是在分子中引入杂环和含氟基团，筛选更加优异的杀菌剂。例如沈阳化工研究院在麦角甾醇生物合成抑制剂啶斑肟的结构中引入噁唑杂环，开发出啶菌噁唑；在羧酸酰胺类杀菌剂烯酰吗啉的苯环上，用—F 取代了—Cl，研发了氟吗啉；在甲氧基丙烯酸酯类杀菌剂肟菌酯的结构中以—Cl取代—CF_3并在附链中增加两个碳原子的烯烃研发出烯肟菌酯等，丰富了我国新型杀菌剂品种。

（三）除草剂研究的新进展

虽然除草剂近 20 年来没有发现理想的新作用靶标位点，但由于杂环和含氟基团的引入，不乏高选择性、高效、低毒、环境友好的新除草剂问世，并推广应用。主要表现在 4 大类作用靶标除草剂。

①乙酰乳酸合成酶（ALS）类抑制剂，该类除草剂中表现最为突出的是三唑并嘧啶磺酰胺类除草剂，由于含氟基团的引入，极大提高了除草活性，主要品种有五氟磺草胺、双氟磺草胺、啶磺草胺等。

②在乙酰辅酶 A 羧化酶（ACCase）类抑制剂中，以酰胺为基本结构，通过与杂环基团和含氟基团结合，研制出对水稻安全的高活性除草剂噁唑酰草胺，用于水稻田禾本科杂草防除。

③对羟苯基丙酮酸双氧化酶（HPPD）抑制剂是近些年来研究最为活跃的一类除草剂，其中三酮类除草剂硝磺草酮、苯唑草酮，异噁唑类除草剂异噁唑草酮、异噁氯草酮为该作用靶标的典型代表。

④原卟啉原氧化酶（PPO）抑制剂在二苯醚类研发的基础上，开发向着多种结构类型化合物方向发展，其中主要是三唑啉酮、噁二唑、噁唑烷二酮、噻唑、苯基吡唑、嘧啶二酮、

环状亚胺等类别，研制出大量高活性化合物，例如吡草醚、异丙吡草醚、氟噻甲草酯、氟哒嗪草酯、双唑草腈、氟丙嘧草酯、环戊噁草酮、双苯嘧草酮、唑酮草酯等。

（四）加工剂型及施药技术研究的新进展

化学防治的发展还表现在农药加工剂型及施药技术方面。研究农药合理使用的原则和方法，将有利于化学防治和生物防治的协调，对有害生物综合治理的发展具有深远意义。

1. 加工剂型研究的新进展　近年来国内外农药制剂发展的特点有以下两个方面。

（1）向有利于环境保护方向发展　由于乳油中的有机溶剂（主要是芳烃类甲苯、二甲苯等）对环境的污染，在一些国家芳烃溶剂被禁止使用，特别是在蔬菜、果树上应用芳烃溶剂配制的乳油，遭到强烈抵制。我国对于有机溶剂在农药制剂中的使用也有了明确的规定。因此近年来以水为基质的农药剂型（例如水乳剂、微乳剂、悬浮剂）发展很快。水分散粒剂使用时无粉尘，计量和使用方便，近年来呈逐年增长的趋势。

（2）向省力化方向发展　日本长期以来把不下水田施药作为剂型研究的重要目标，近年来取得突破性进展。一种是水溶性包装的粒剂，以氯化钾为载体，以聚丙烯酸钠和黄原胶为交联剂制得乙氰菊酯粒剂，用水溶性薄膜袋包装，每袋 150 g，用于防治水稻田的稻象虫、负泥虫等。另一种是泡腾片剂，每片 50 g，在水中会发泡，自动分散。施用上述两类制剂时，施药人员无需下水田，站在田埂上向稻田抛出若干袋（片），几个小时后，由于扩散剂的作用，有效成分被释放并均匀地自动分散，达到防治稻田病虫草害的目的。省力，省工，且不受天气影响。

2. 施药技术研究的新进展　在施药技术方面，静电喷雾技术及各种对靶标喷洒技术（例如挂包法、林木滴注法、循环喷雾法、涂抹法、化学灌溉法等）的开发，大大提高了农药在靶标上的沉积率，大幅度降低农药用量，减少了对环境的影响。

综上所述，随着社会的进步和科学技术的飞速发展，植物化学保护学也在不断发展和完善。无论是农药品种（化合物的基本属性）还是剂型及施药技术，总的发展趋势是对靶标生物高效，对环境及非靶标生物安全。农药是提高农产品产量和质量，保障国家粮食战略安全的重要生产资料。在新的历史时期，要从国家战略和全局高度，完整、准确、全面理解把握应中国共产党的重要会议精神，紧密联系我国农业生产发展面临的新的战略机遇、新的战略任务，坚持农业农村优先发展，加快建设农业强国，全方位夯实粮食安全根基，强化农业科技支撑，全面推进乡村振兴。要牢固树立和践行绿水青山就是金山银山的理念，站在人与自然和谐共生的高度谋划发展，坚持全方位、全地域、全过程加强生态环境保护，推进美丽中国建设，统筹农药产业结构调整、污染治理、生态保护，加快农药发展方式绿色转型，推动形成绿色低碳的生产方式和生活方式。要深入实施农业人才强国战略，培养造就高素质农药领域人才，完善人才战略布局，加快建设农药人才培养中心和创新高地，促进农药理论创新与应用创新人才区域合理布局和协调发展。

植物化学保护学这门课程的教学目的主要是使学生通过学习理论和实践，掌握主要农药的理化性质、剂型加工、作用机制及合理使用的基本知识和相关的技能，以便在生产上正确合理地使用化学防治方法，因地制宜，高效、安全、经济地防治农作物有害生物，并能根据农业生产的需要，独立进行科学试验，为我国经济建设服务。

第一章 植物化学保护学的基本概念

植物化学保护的物质基础是各类农药及施药器械,其主要宗旨是尽量发挥农药的潜能,确保农作物丰产丰收。这就必须在全面掌握理论知识的基础上,做到科学、正确、合理地使用农药。本章主要介绍植物化学保护的基本知识和概念,包括农药的定义和分类、农药对有害生物的致毒效应及其对保护对象人畜的影响,并简述农药的科学使用原则,以便对农药有初步了解,对化学保护所涉及的学科范畴有一定的认识。

第一节 农药的定义及分类

农药(pesticide),即农用药剂。凡使用很少量便能保护农、林、牧、渔等产业与环境、卫生,使其不受病、虫、草、鼠等有害生物危害的物质;和作用于生物体后能影响其生长发育;以及能提高这些物质效力的辅助剂、增效剂等物质,均可称为农药。

农药的含义和范围,古代和近代有所不同,不同国家也有所差异。古代主要是指天然的植物源、动物源和矿物源物质,近代主要指人工合成的化工产品。美国最早称这些物质为经济毒剂(economic poison),将农药与化学肥料一起合称为农用化学品(agricultural chemical)。大多欧洲国家多称之为农业化学品(agrochemical),德国又称之为植物保护剂(pflanzenschutzmittel),法国曾称之为植物药剂(phytopharmacie)和植物消毒剂(phytosanitare);日本称之为农药,且其范围很广,把商品化的天敌产品也包括在内。目前,我国与国际上的现代农药词义基本上是一致的,不但包括天敌昆虫等活体生物,而且包括生物体中有效成分的提取物及人工模拟合成物(例如昆虫保幼激素、性诱激素等),甚至把转基因抗有害生物的植物(如抗虫棉等)也称为农药。

在人们对环境质量要求不断提高的今天,对农药的要求越来越严格,同时也促进了农药的快速发展。近代生物化学、分子生物学等学科的研究成就不断应用于新农药的开发,例如用于影响、控制和调节各种有害生物的生长、发育和繁殖过程的生长调节剂、用于影响昆虫行为的干扰剂(例如拒食剂、驱避剂、引诱剂等),用于提高作物抗性的诱抗剂等。其目的是在保障人类健康和合理生态平衡前提下,使有益生物得到有效的保护,有害生物得到较好的控制,以促进现代农业的可持续发展。在这个过程中所使用的具有特殊生物活性的物质可以统称为农药。

根据上述定义可知,大多数常用的农用化学品或生物制品均可归入农药,其种类繁多。为了便于认识、研究和使用农药,应根据农药的用途、成分、防治对象或作用方式、机制等进行分类。

一、按原料的来源及成分分类

(一)化学农药

化学农药(chemical pesticide)是由天然的无机物或人工合成的各种有机化合物制备的

农药。又可分为无机农药（inorganic pesticide）和有机合成农药（synthetic organic pesticide）。其中无机农药主要由天然矿物原料加工、配制而成，故又称为矿物源农药，其有效成分都是无机的化学物质，常见的有石灰、硫黄、砷酸钙、磷化铝、硫酸铜等。而有机合成农药是用化学手段工业化合成生产的可作为农药使用的有机化合物。按其功能基团和结构核心可分为：有机氯、有机磷、有机氮、有机硫、有机砷等。

（二）生物源农药

生物源农药（biogenic pesticide）是由来源于生物的生物活性物质和天然生物活体加工而成的农药。

生物源农药又可分为生物体农药（organism pesticide）和生物化学农药（biochemical pesticide）。

1. 生物体农药 生物体农药指用来防除病、虫、草等有害生物的商品活体生物。按照来源，生物体农药可分为微生物体农药、动物体农药和植物体农药。微生物体农药指用来防治有害生物的活体微生物。动物体农药主要指商品化的天敌昆虫、捕食螨、经物理或生物技术改造的昆虫等。目前，仅转基因抗有害生物的作物可称为植物体农药。

2. 生物化学农药 生物化学农药是指从生物体中分离出的具有一定化学结构的，对有害生物有控制作用的生物活性物质。该物质若可人工合成，则合成物结构必须与天然物质完全相同，但允许所含异构体在比例上有差异。

（1）微生物源生物化学农药　以微生物代谢物加工而成的农药为微生物源生物化学农药，例如抗生素等。

（2）动物源生物化学农药　动物源生物化学农药指将昆虫产生的激素、毒素、信息素、其他动物产生的毒素经提取或完全仿生合成加工而成的农药，例如昆虫保幼激素、性信息素等。

（3）植物源生物化学农药　植物源生物化学农药又分为植物毒素、植物内源激素、植物源昆虫激素、异株克生物质、防卫素等。植物毒素指植物产生的对有害生物有毒杀作用（例如烟碱）及特异作用（例如对昆虫拒食、抑制生长发育、忌避、驱避、拒产卵等）的物质（例如印楝素）。植物内源激素有乙烯、赤霉素、细胞分裂素、脱落酸、芸薹素内酯等。植物源昆虫激素有早熟素等。异株克生物质即植物产生并释放到环境中能影响附近同种或异种植物生长的物质。防卫素有豌豆素等。

（三）生物技术农药

生物技术农药（biotechnology pesticide）是通过各种生物技术生产的工程活体药物、转基因药物、基因改造后的表达药物及人工设计的多肽或蛋白质药物。

二、按用途分类

按农药主要的防治对象分类是化学保护学最基本的农药分类方法。常用的有以下几类。

（一）杀虫剂

杀虫剂（insecticide）是对昆虫机体有直接毒杀作用，以及通过其他途径可控制害虫种群形成或可减轻、消除害虫危害程度的药剂。

（二）杀螨剂

杀螨剂（acaricide）是可以防除植食性有害螨类的药剂。

（三）杀菌剂

杀菌剂（bactericide 或 fungicide）是对病原菌能起到杀死、抑制或中和其有毒代谢物，因而可使植物及其产品免受病菌危害或可消除病症的药剂。

（四）杀线虫剂

杀线虫剂（nematicide）是用于防治农作物线虫病害的药剂。

（五）除草剂

除草剂（herbicide）是可以用来防除杂草的药剂。

（六）杀鼠剂

杀鼠剂（rodenticide）是用于毒杀多种场合中各种有害鼠类的药剂。

（七）植物生长调节剂

植物生长调节剂（plant growth regulator）是对植物生长发育有控制、促进或调节作用的药剂。

三、按作用方式分类

这种分类方法常指对防治对象起作用的方式，或指药剂进入有害生物体内、并到达作用部位的途径或方法，常用的分类方法如下。

（一）杀虫剂

杀虫剂进入昆虫体内的主要途径为口器、体壁及呼吸系统。据此，将其分为下述类型。

1. 胃毒剂 胃毒剂（stomach poison）是指被昆虫取食后经肠道吸收进体内，到达靶标才可起到毒杀作用的药剂。

2. 触杀剂 触杀剂（contact poison）是指经昆虫体壁进入体内起作用的药剂。

3. 熏蒸剂 熏蒸剂（fumigant poison）是指以气体状态通过昆虫呼吸器官进入体内而引起昆虫中毒死亡的药剂。

4. 内吸剂 内吸剂（systemic poison）是指使用后可以被植物体（包括根、茎、叶、种子等）吸收，并可传导运输到其他部位组织，使害虫取食进入虫体而起到毒杀作用的药剂。内吸剂实际上应为一类特殊的胃毒剂。

另外，随着植物保护理念的发展，对害虫不再强调杀死，而是注重调控。因此一些作用机制新颖的杀虫剂陆续问世，主要用于干扰昆虫行为或调节昆虫的生长发育，例如拒食剂、驱避剂、引诱剂、生长发育调节剂等。这些以类同于作用机制而分类的杀虫剂，严格来说，其作用方式仍包括在上述 4 种里。然而，习惯上，很多学者将其划分为新的作用方式。

5. 拒食剂 拒食剂（antifeedant）是指可影响昆虫的味觉器官，使其厌食、拒食，最后因饥饿、失水而逐渐死亡，或因摄取营养不足而不能正常发育的药剂。

6. 驱避剂 驱避剂（repellant）是指施用后可依靠其物理作用、化学作用（例如颜色、气味等）使害虫忌避或发生转移、潜逃现象，从而达到保护寄主植物或特殊场所目的的药剂。

7. 引诱剂 引诱剂（attractant）是指使用后依靠其物理作用、化学作用（例如光、颜色、气味、微波信号等）可将害虫诱聚而利于歼灭的药剂。

8. 生长发育调节剂 生长发育调节剂（insect growth regulator）是指通过造成昆虫生长发育中生理过程的破坏而调节昆虫的生长、发育，打乱其正常节律，使昆虫不能正常生长发育、完成世代繁殖的药剂。

9. 不育剂 不育剂（insect sterilant）是指被害虫取食或接触后，对昆虫生育繁殖产生不良影响，进而对其种群繁衍有控制作用的药剂。

（二）杀菌剂

1. 保护性杀菌剂 保护性杀菌剂（protective fungicide）是指在病害流行前（即在病原菌接触寄主或侵入寄主之前）施用于植物体可能受害的部位，以保护植物不受侵染的药剂。

2. 治疗性杀菌剂 治疗性杀菌剂（curative fungicide）是指在植物已经感病以后，所用的一些非内吸杀菌剂，例如硫黄直接杀死病菌，或所用具有内渗、内吸作用的杀菌剂，渗入到植物组织内部或随着植物体液运输传导，杀死萌发的病原孢子、病原体或中和病原的有毒代谢物以消除病症与病状的药剂。

3. 铲除性杀菌剂 铲除性杀菌剂（eradicant fungicide）是指对病原菌有直接强烈杀伤作用的药剂。这类药剂常为植物生长期不能忍受，故一般只用于播前土壤处理、植物休眠期或种苗处理。

（三）除草剂

1. 输导型除草剂 输导型除草剂（translocatable herbicide）是指施用后通过内吸作用传至杂草的敏感部位或整个植株，使之中毒死亡的药剂。

2. 触杀型除草剂 触杀型除草剂（contact herbicide）是指不能在植物体内传导移动，只能杀死所接触到的植物组织的药剂。

在除草剂中，习惯上又常分为选择性和灭生性两大类。严格地讲，这也是类同于作用机制的分类而不适合于作为作用方式的划分方法。

3. 选择性除草剂 选择性除草剂（selective herbicide）是指在一定的浓度和剂量范围内杀死或抑制部分植物而对另外一些植物安全的药剂。

4. 灭生性除草剂 灭生性除草剂（sterilant herbicide）是指在常用剂量下可以杀死所有接触到药剂的绿色植物体的药剂。

除了以上几种分类方法以外，还可根据农药的化学结构类型、制剂形态、作用机制等进行分类，这将在后文中分别介绍。

第二节 农药的毒力与药效

农药之所以对有害生物具有防治效果，除了一些特异性杀虫剂外，基本都是由于药剂对生物体具有直接的毒杀作用或致毒效应。这种致毒作用的强弱常以毒力或药效作为评价指标。

毒力（toxicity）是指药剂本身对不同生物发生直接作用的性质和程度，可定义为：在一定条件下（多指室内局部控制条件），某种药剂对某种生物毒杀作用的大小。在农药研究中，毒力主要指农药对病、虫、草等有害生物毒杀效力的大小（针对性较强），常用致死中量、致死中浓度、有效中量、有效中浓度等来表示和比较。毒力测定一般在室内相对严格控制条件下进行，所测定结果一般不能直接应用于田间，只能为田间防治提供参考。

药效（pesticide effectiveness）是药剂本身和多种因素综合作用的结果，可定义为：在综合条件下某种药剂对某种生物作用的大小，也可称为防治效果。剂型、寄主植物、有害生物、使用方法以及各种田间环境因素，都与药剂作用效果有密切的、不可分割的关系。因此药效多是在田间条件下或接近田间的条件下紧密结合生产实际进行测试的结果，其对指导防治工作具有实用价值。毒力与药效的含义不同，但又相互联系，相辅相成。

一、药剂毒力的测定

（一）毒力测定

一种有效的药剂作用于生物体后，生物体必然要产生相应的反应。在其他条件不变时，这种反应与该药剂的剂量相关。严格地讲，剂量应该是生物个体或生物单位体质量所接受的有效成分的量。但由于种种原因，在一般毒力测定中不易得到准确的剂量，尤其是以生物群体为施药对象时，更是如此。所以有时生物测定中所用药剂的浓度和处理时间可笼统称为剂量，当处理时间固定时浓度即具有剂量的意义。在一定剂量下，病、虫、草所表现的中毒现象称为反应。在进行毒力测定时取样的供试生物种群中，各个体由于种种原因对药剂的反应是有差别的。试验证明，有少数个体忍受力较强或很强，也有少数个体比较敏感或高度敏感。因此用逐渐增加的系列剂量测定时，所得供试生物反应（例如死亡）的比例应增加。如果以剂量数值为横轴，死亡比例为纵轴，所成的曲线为非对称性S形曲线。如果将剂量数值换算成对数值，曲线则变成对称性S形曲线。如果再将死亡比例（%）换算成概率值，则剂量反应曲线变成为直线，称为剂量对数-概率值直线。

所谓概率值就是概率的单位，总共分为10个单位（1～10），其实质就是常态分布的平均值加减标准差所得的数值范围。

（二）毒力评价指标

剂量反应曲线绘成直线，是为了更准确地求出代表大多数生物个体对药剂反应的平均值。根据毒力曲线，可求出致死中量（LD_{50}）等，作为毒力大小的指标。

1. 致死中量 致死中量（LD_{50}：median lethal dose）是指在一定条件下，可致供试生物半数死亡机会的药剂剂量。表示毒力时，其单位为 μg（药剂）/g（虫体质量）；而表示毒性时，其单位为 mg（药剂）/kg（动物体质量）。

2. 致死中浓度 致死中浓度（LC_{50}：median lethal concentration）的意义等同于致死中量（LD_{50}），但测试的是药剂浓度，常以 mg/L 或 μg/mL 表示，主要针对昆虫及水生生物而言。

3. 致死中时 致死中时（LT_{50}：median lethal time）是指在一定条件下，可致供试生物半数死亡机会的时间，常以时、分、秒表示，一般较少使用。

4. 拒食中浓度 拒食中浓度（AFC_{50}：median antifeeding concentration）是指使供试昆虫产生50%拒食效果时的药剂浓度，常以%、mg/L、μg/cm² 等来表示。

以上主要用于杀虫剂及哺乳动物的毒力或毒性表示，而对杀菌剂、除草剂以及一些特异性杀虫剂，往往用有效中量（ED_{50}）和有效中浓度（EC_{50}）表示。

5. 有效中量 有效中量（ED_{50}：median effective dose）是指在一定条件下，对供试生物发生50%效果的药剂剂量，其表示单位依供试生物的具体情况而定。

6. 有效中浓度 有效中浓度（EC_{50}：median effective concentration）即在一定条件下，对供试生物发生50%效果的药剂浓度。

值得注意的是，单独只用致死中量（LD_{50}）或有效中浓度（EC_{50}）来比较各药剂的毒力有时还是不够的，常还要对直线的坡度角进行观察，坡度角的大小反映供试生物群体对某些药剂敏感性的集中性和分散性，坡度角大则集中程度高，坡度角小则分散程度高。所以有时除比较 LD_{50} 外，还要比较 LD_{95}。

7. 相对毒力指数 由于供试生物个体的内在因素以及毒力测定时条件控制上的变化，有时会影响以致死中量来进行比较的准确性，因此可用相对毒力指数来比较。即每次试验均设标准药剂处理，求出各次试验中各种药剂与标准药剂的比值，然后进行比较。计算公式为

$$T = \frac{B}{A} \times 100$$

式中，T 为相对毒力指数，B 为标准药剂的致死中量（或浓度），A 为供测药剂的致死中量（或浓度）。

二、药效与防治效果的计算

（一）药效的计算

在药效测试中，常根据病、虫、草等不同的测试对象而采用不同的指标和药效计算公式，但基本原则是一致的。有几个基本参数在计算药剂防治病、虫、草的防治效果时是必须了解的，如杀虫剂的死亡率，杀菌剂的发病率、病情指数等。

1. 杀虫剂的药效计算 死亡率常为反映杀虫剂药效的一个最基本的指标，是指药剂处理后，在一个种群中被杀死个体的数量占群体（供试总虫数）的比率（%）。但在不用药剂处理的对照组中，往往出现自然死亡的个体，因此需要校正。一般采用 Abbott 氏校正公式，即

$$校正死亡率 = \frac{对照组生存率 - 处理组生存率}{对照组生存率} \times 100\%$$

这个公式的基本根据是假定自然死亡率及被药剂处理而产生的死亡率是完全独立而不相关的，并且自然死亡率在 20% 以下才适合此公式，而将自然死亡率所造成的影响予以校正。如果自然死亡率过低（5% 以下），一般情况下可不校正。

2. 杀菌剂的药效计算 杀菌剂药效表示方法则常依病害种类及危害性质而定，如发病率、病情严重度、作物产品的产量、质量等，但最常用的是发病率和病情指数等。

$$发病率 = \frac{病苗（株、叶、秆）数}{检查总苗（株、叶、秆）数} \times 100\%$$

$$病情指数 = \frac{\Sigma（病级叶数或株 \times 该病级值）}{检查总叶（或株）数 \times 最高级数值} \times 100\%$$

病害分级的标准可根据病害种类及症状、危害特点而灵活确定。

（二）防治效果的计算

对于杀虫剂、杀菌剂以及除草剂防治效果的计算，可用 Henderson-Tilton 公式进行统一计算，只是参数代表不同的意义。

$$防治效果 = \left(1 - \frac{T_a}{T_b} \times \frac{C_b}{C_a}\right) \times 100\%$$

1. 杀虫剂 对于杀虫剂，式中，T_a 为处理区防治后存活的个体数量，T_b 为处理区防治前存活的个体数量，C_a 为对照区防治后存活的个体数量，C_b 为对照区防治前存活的个体

2. 杀菌剂 对于杀菌剂，式中，T_a 为处理区防治后的病情指数，T_b 为处理区防治前的病情指数，C_a 为对照区防治后的病情指数，C_b 为对照区防治前的病情指数，如果施药前均不发病，即 $C_b = T_b$。

3. 除草剂 对于除草剂，式中，T_a 为处理区防治后的株数，T_b 为处理区防治前的株数，C_a 为对照区防治后的株数，C_b 为对照区防治前的株数。

另外，除草剂还可用其鲜物质量或干物质量的变化计算防除效果，其公式为

$$防除效果 = \frac{对照区杂草鲜物质量（或干物质量）-施药区杂草鲜物质量（或干物质量）}{对照区杂草鲜物质量（或干物质量）} \times 100\%$$

第三节 农药对农作物的影响

农药施于农作物后，如果使用不当或其他因素，会对农作物产生不良影响，甚至造成药害，轻者减产，重者可使作物死亡。但也有一些药剂，在正确使用的情况下，除起到防治病虫害的效果外，还有刺激作物生长的良好作用。

一、农药对作物的药害

所谓药害（phytotoxicity）是指农药使用不当而影响敏感植物正常生长发育的现象。农药是否产生药害，受许多因素影响，主要是药剂本身的性质和植物的种类、生长发育阶段、生理状态以及施药后的环境条件等因素的综合效应。

（一）农药的性质

各种农药的化学组成不同，对植物的安全程度有时差别很大。一般来说，无机农药和含重金属的、分子质量小的、水溶性或脂溶性特强的药剂易造成药害。

加工制剂或原药中的杂质有时是产生药害的主要原因，制剂质量不良或喷布不均匀也可能造成植物的局部药害。另外，个别药剂随时间变化有效成分可分解成有害物质而发生药害。同种原药，因剂型不同而发生药害的可能性有很大差异，一般来说，油剂＞乳油＞水剂＞可湿性粉剂＞可溶性粉剂＞颗粒剂。

在使用农药之前，应搞清其使用对象和施用方法、时间等，根据药剂的化学治疗指数（K）及安全系数来决定最大使用剂量。

$$化学治疗指数 = \frac{药剂防治病虫害所需最低浓度}{植物对药剂能忍受的最高浓度}$$

很明显，化学治疗指数越大，说明药剂对植物越不安全，越容易产生药害；化学治疗指数越小，则越安全。

$$安全系数 = \frac{作物对药剂的最高忍受浓度}{药剂对病虫害的田间有效浓度}$$

安全系数越大，越安全。安全系数＞1时，不易造成药害；安全系数≤1时，易造成药害。

（二）植物的种类和生育阶段、生理状态

不同种类植物对药剂的敏感性不同，主要是由于其组织形态和生理的差别所致。例如叶面蜡层厚薄、茸毛多少以及气孔多少、开闭程度等，都与是否容易产生药害有关。不同的作

物品种，对药剂的敏感程度也不同。一般而言，禾本科、柑橘、苹果、葡萄、梨等耐药性较强，而豆科、茄科、葫芦科、桃、李等耐药性较差。此外，同种作物在不同的生育时期耐药力存在显著差异，例如苗期和花期易产生药害。

（三）环境条件

药害的产生不仅与药剂和作物有关，也与施药时的环境条件有密切关系，主要是施药当时和以后一段时间的温度、湿度、露水等因素。一般情况下，高温较易产生药害，高湿有时（例如喷粉法施药时）也易产生药害。此外，土质不同也与药害有关，砂土地、贫瘠地、有机质含量低的地块，作物易发生药害，特别是采用土壤处理法时更易出现药害。

（四）药害的类型及症状

药害一般可分为急性药害、慢性药害、残留药害及二次药害。药害表现的症状可因作物、药剂不同，有种种复杂变化，在田间常常不易与其他症状区别（例如植物病害，且主要指生理病害等）。

1. 急性药害 急性药害是指施药后几小时至几天内植物上发生的明显异常现象，其症状主要表现如下。

（1）发芽率 种子处理或土壤处理后发生急性药害时，会使作物种子发芽率明显下降。

（2）根系 种子处理、土壤处理或浇灌后发生急性药害时，会使作物根系表现出短粗肥大、缺少根毛、表皮变厚发脆、不向土层深处延伸等发育不良的现象。

（3）茎 药剂处理后发生急性药害时，会使茎部扭曲、变粗变脆、表皮破裂、出现疤结等。

（4）叶 叶是最易表现出药害症状的器官，而且在形式上多种多样，主要有叶斑、穿孔、焦灼枯萎、黄化失绿或褪绿变色、卷叶、畸形、厚叶、落叶等。

（5）花 花上的急性药害主要表现为落花或授粉不良。花期最易遭受药害，所以一般情况下花期尽量避免施药。

（6）果实 果实上的急性药害表现为果斑、锈果、畸形果、落果等。

（7）农艺性状 急性药害在农艺性状上的表现，指由于农药的使用而使某些蔬菜、果树、烟草、茶叶等经济作物带有异常的气味、风味、色泽等。

急性药害一般损失很大，应尽量避免发生，如果药害发生轻微，多数情况是可以恢复的。

2. 慢性药害 慢性药害是指施药较长时间后才在植物上表现出异常现象。慢性药害症状一般情况下较难觉察，或只有等到症状完全出现后才可能被观察到。慢性药害常表现为植株矮化、畸形、生长缓慢；花芽形成、花期、结果期、果实成熟期推迟；风味、色泽、品质等恶化；结籽植物的千粒重小，产量低，甚至不开花结果等症状。慢性药害一旦发生，一般是很难挽救的。

3. 残留药害 残留药害是指农药使用后残留在土壤中的有效成分或其分解产物对生长植物引起的药害，例如分解缓慢的农药种类和含金属离子的农药。但发生这类药害的事例主要还是由某些高效、长效的除草剂引起的。例如前茬用过除草剂后，后茬若种上敏感植物种类，便极易发生药害。

4. 二次药害 二次药害是指农药使用后对当茬作物不产生药害而残留在植株体内的药剂可转化成对植物有毒的化合物，当秸秆还田或作为绿肥或沤制有机肥而使用于农田时，会使后茬作物发生药害。例如应用稻瘟醇防治水稻稻瘟病后，用稻草做堆肥，在腐熟发酵的过程中残留在稻草上的稻瘟醇被微生物分解成对作物有严重药害的三氯苯甲酸、四氯苯甲酸及五氯苯甲酸。如果把这种堆肥用于水稻、豆类、瓜类、烟草、蔬菜等作物，就会引起幼苗畸形等二次药害。

二、农药对作物的刺激作用

（一）农药对作物的刺激作用及其产生原因

大部分农药在施用于农作物以后，可表现出类似于根外施肥的作用，且为多方面、多"症状"的有利于作物的生长。因施用农药而引起的这种作用，通称为刺激作用。

植物有很强的自我调节能力，当使用农药等异型物（或称为外来物，即非植物正常代谢、吸收的，由外界介入的化合物，例如农药、化肥等）后，经一段时间或经一定程度的代谢反应后，植物可将其转化为可利用的物质而促进其生长。

从另一方面看，目前生产中使用的农药所含的大部分元素（例如氮、磷、碳等），都是植物体可以利用的。有些农药还含有植物体生长所急需的微量元素（例如铁、锌、镁、锰、铜等），这些药剂的使用相当于根外施肥，可以促进植物生长。

（二）农药对作物的刺激作用的表现

农药对农作物生长发育的刺激作用主要表现为：①叶色浓绿，叶片宽大；②植株生长快，长势好；③长势整齐，开花、结果、成熟期一致；④根系发达，根毛多；⑤植株健壮，抗逆性强。例如早期的六六六在田间施用，特别是土壤处理后，多种作物都表现出刺激生长作用；水稻上使用克百威后，稻苗色泽深绿、健壮；除虫菊酯类药剂用于棉花，也表现出刺激生长作用；有机磷农药使用于作物后相当于叶面追肥；代森锰锌等的使用可以弥补微量元素的不足，对油菜、果树等经济作物的生长刺激作用较为明显。

（三）农药对作物产生刺激作用的浓度和使用浓度的关系

药剂对作物的刺激作用和施药期及使用浓度有关。在使用浓度方面常有以下3种情况。

①药剂对农作物的刺激作用浓度和发挥药效的浓度基本相同，则应注意发挥药剂刺激作用浓度的作用。常用有机磷农药、氨基甲酸酯类农药、有机氮农药中的大多数品种均属于这一类。

②药剂对农作物的刺激作用浓度远大于发挥药效的浓度，在生产实践中便不必考虑利用其刺激作物生长这个特点。例如拟除虫菊酯杀虫剂，由于其生物活性很高而使浓度很低，所以在多数作物上表现不出明显的刺激作用。在这种情况下，完全没有必要为了发挥其刺激作用而提高使用浓度。

③药剂对农作物的刺激作用浓度远小于发挥药效的浓度，这种情况多出现在除草剂中，同样没有必要为了发挥其刺激作用而大幅度降低使用浓度，但也要具体问题具体分析和对待。例如2,4-滴（2,4-D）在极低浓度下（$2\sim 3\ \mu g/mL$），可刺激作物多坐果，结无籽果实；但在高浓度下由于过度的刺激生长作用，使植物生长失去平衡而引致畸形、破裂、停止生长，直至死亡。

第四节　农药的毒性

习惯上将农药对高等动物的毒害作用称为毒性。测试农药的毒性主要用大鼠来进行。农药可以通过呼吸道、皮肤、消化道进入高等动物体内而引致中毒，其对人畜的毒害基本上可分为以下 3 种表现形式。

一、急性毒性

急性毒性（acute toxicity）是指一些毒性较大的农药如被误食或经皮肤接触及呼吸道进入人体内，在短期内可引起不同程度的中毒症状，例如头昏、恶心、呕吐、痉挛、呼吸困难、大小便失禁等。若不及时抢救，即有生命危险。

衡量或表示农药急性毒性的程度常用大鼠经口致死中量（LD_{50}）作为指标。LD_{50} 越小，毒性越高。另外，对于农药生产者和使用者，较多的是经皮及呼吸摄入中毒，所以口服急性毒性指标不是唯一的。实际上对使用者来说，经皮毒性更为重要。关于农药的毒性，我国卫生部门已颁布了分级标准，详见表 1-1。此外还有用毒效比值（大鼠口服 LD_{50}/家蝇口服 LD_{50}）来表示毒性程度的。毒效比值小，说明安全性低，毒性高；反之毒效比值大，则安全性高。

表 1-1 中国农药急性毒性暂行分级标准（卫生部）

给药途径	Ⅰ（高毒）	Ⅱ（中毒）	Ⅲ（低毒）
大鼠口服（mg/kg）	<50	50～500	>500
大鼠经皮 [mg/（kg·d）]	<200	200～1000	>1000
大鼠吸入 [g/（m³·h）]	<2	2～10	>10

二、亚急性毒性

亚急性毒性（subchronic toxicity）是指长期连续接触一定剂量农药引起亚急性中毒。亚急性中毒症状的表现往往需要一定的时间，但最后表现往往与急性中毒类似，有时也可引起局部病理变化。测定亚急性毒性，一般以微量农药长期饲喂动物。经至少 3 个月以上的时间，观察和鉴定农药对动物所引起的各种形态、行为、生理、生化的变异。需检测的病变指标很多，包括动物的中毒症状、取食量的变化、体质量的增减、饮水量的变化以及临床定期的血象、全血胆碱酯酶活性、血清谷丙转氨酶、全血尿氮等生理生化指标。

三、慢性毒性

慢性毒性（chronic toxicity）是指那些虽然急性毒性不高，但性质较稳定，使用后不易分解，污染了环境及食物，少量长期被人畜摄食后，在体内积累，引起内脏机能受损，阻碍正常生理代谢过程。

慢性毒性的测定，主要对致癌、致畸和致突变做出判断。一般用微量药物长期饲喂，至少要 6 个月以上，甚至要观察 2～4 个世代存活的个体，鉴定药剂对后代的影响。除常规病变检查外，对遗传变异、累代繁殖情况、畸胎的形成等都要做细致的记录。

由于常规的动物致癌试验时间很长（2～3 年），费用大，所以最近广泛采用了一些快速、灵敏的方法，Ames 氏测定法就是其中之一。用鼠伤寒沙门氏菌（*Salmonella typhimurium*）不能合成组氨酸的突变体作为指示微生物，检测某种化学物质是否具有致突变作用。这种方法能在较短时间（3 d）内较准确地测定慢性毒性。但要得到最后准确的结果，仍需通过动物试验。

一种优良的农药,希望其毒力高而毒性小。随着科学技术和农药事业的发展及国家政策和法规对农药的严格管理和要求,现在已完全可以做到使所研制出的药剂对防治对象表现出很高的毒力和药效,但对高等动物,且特别是对人畜的毒性很小,或通过加工和使用技巧的协调而达到安全使用。

思 考 题

1. 从农药定义的发展过程,试谈人们对现代农药的希望和要求。
2. 为什么要对农药进行分类?对农药进行分类的根据是什么?
3. 试谈杀虫剂的毒力、毒性、药效、防治效果之间的区别和联系。
4. 试总结在大田情况下,如何从作物表现出的症状特点和规律来判断是否为药害。

第二章　农药剂型和使用方法

在植物化学保护中，当被采用的农药品种确定后，选用适当的农药剂型和相适应的使用方法是非常重要的。这不但能提高防治效果，节省农药有效成分用量，提高施药工效，减轻劳动强度，而且往往还能达到减少农药对环境的污染，减轻或避免农药对有益生物的杀伤，以及提高对施药人员和作物安全性的目的。

由化工厂合成的未经加工的具有高含量有效成分（active ingredient）的农药被称为原药（technical material）。原药多为有机化合物，一般固体的被称为原粉，例如97%吡虫啉、98%莠去津等；液体的被称为原油，例如96%乙草胺、92%辛硫磷等。在原药中加入适当的辅助成分，制成便于使用的产品的工艺过程称为农药加工。由原药与辅助成分制得的产品，具有一定的形态、组成及规格，称为农药制剂（pesticide preparation）。农药制剂的形态称为农药剂型（pesticide formulation），例如液态的乳油、水乳剂、水剂等，固态的粉剂、粒剂、片剂等。一种农药可以加工成多种不同剂型的产品，例如吡虫啉存在可湿性粉剂、水分散粒剂、乳油、悬浮剂等剂型，而同一剂型的产品可以有多种不同的含量，例如10%、25%、70%的吡虫啉可湿性粉剂。根据我国《农药通用名称及制剂名称命名原则和程序》（HG 3308—2001）规定，农药制剂名称应由有效成分在制剂中的含量、有效成分的通用名称和剂型名称3部分组成，有效成分的含量可以是质量分数，例如10%氯氰菊酯乳油、3%克百威颗粒剂；也可以是质量体积分数，例如600 g/L吡虫啉悬浮剂种衣剂。少数水溶性强或挥发性强的原药不需加工，能够直接稀释施用，其名称一般为该药剂的通用名称，例如硫酸铜、溴甲烷、氯化苦等。

目前世界农药剂型正朝着水基化、粒状、缓释、高含量、多功能、安全、省力和精细化的方向发展。在这种趋势下，乳油逐步被不含或少含有机溶剂的剂型（例如水乳剂、悬浮剂）所替代，或者开发成高浓度乳油，国外已有含农药有效成分90%~96%的乳油商品化，例如90%乙草胺乳油，几乎不用或很少用有机溶剂。再如稻田用药频繁，施药难度大，为此开发的大粒剂、水溶性袋装粒剂、泡腾片剂和撒滴剂，使在田埂上施药成为可能，既方便又省力。

农药剂型确定后，必须采用适当的施药方法以提高施药质量。当前科学使用农药的要求，一是提高利用率，即让农药最大限度地接触靶标生物，而最低限度地影响环境，"使农药成为刺向害物的剑，而不是禾莠不分的镰"；二是提高施药效率，节省人力。对这个技术要求的涵义并不难理解，但要能真正做到则确非易事，需要多学科的理论与技术的综合应用。因此本章的中心内容是阐明农药剂型、农药助剂、施药器械、施药方法及施药时的环境因素对施药质量的影响，为农药的使用达到高效、安全、经济的目的提供必要的理论和技术支持。

第一节　农药分散度与药剂性能的关系

由于化学农药的高效性，使得单位面积上的用药量很少，目前超高效农药有效成分用量已经低于 15 g/hm², 另外多数农药原药不溶于水, 又难以被直接粉碎而使用, 欲使其均匀分散到如此大的面积上, 必须将其加工成制剂、提高分散性后才能更有效、经济和安全地使用。

一种农药原药适合加工成何种剂型、制剂, 应从节省用药、有利于提高药效和理化性质的稳定性, 以及使用更安全、更方便等方面考虑。农药制剂的应用涉及它在靶标生物上的分布、吸附、展布、渗透、转移、滞留等多方面因素, 这些都与农药原药在制剂中的分散度及其施用后在靶标生物上的分散度有关, 除个别情况外, 均要求农药制剂在生物靶标上有高或较高程度的分散, 所以农药的分散是农药加工和应用中的基本理论和技术之一。当今许多农药加工机械的改良、创新, 农药辅助剂的开发与利用, 新药械的发明, 以及施药技术的提高等, 都是围绕提高农药分散度而展开的。

一、分散度与农药的分散体系

(一) 分散度的概念

分散度是指药剂被分散的程度, 是衡量制剂加工质量或喷施质量的主要指标之一。分散度的大小, 对药剂储存稳定性和使用性能产生一系列重大的影响。假若把一个边长等于 1 cm 的立方体分割成边长 100 μm 的立方体, 再分割成边长 10 μm 的立方体, 经过这两次有规则的分割后则产生表 2-1 所示的变化。

表 2-1 边长 1 cm 立方体经 2 次分割后发生的变化

	分割前	第一次分割	第二次分割
颗粒边长 (cm)	1	10^{-2}	10^{-3}
颗粒数 (个)	1	10^{6}	10^{9}
总表面积 S (cm²)	6	6×10^{2}	6×10^{3}
总覆盖面积 (立方体的一面与靶标表面接触) (cm²)	1	10^{2}	10^{3}
总体积 V (cm³)	1	1	1
比表面积 S/V	6	6×10^{2}	6×10^{3}

由表 2-1 可见, 在连续分割的情况下, 颗粒的总体积不发生变化, 而总表面积、总覆盖面积和颗粒数均随着分割次数的增加而增加。农药的分散度通常用分散质直径大小来表示, 粒子越小, 分散度越大; 粒子越大, 分散度越小。有时也用颗粒之总面积 (S) 与总体积 (V) 之比值 (S/V, 称为比表面积) 来表示。粒子越小, 个数就越多, 比表面积就越大。

(二) 农药的分散体系

除了挥发性强的熏蒸性农药, 多数农药的原药从合成工厂生产出来到最终接触作用靶标生物一般要经过加工和施药两个分散环节。在制剂工厂, 农药原药与辅助成分一起被加工成制剂, 完成初步分散过程。在施药环节, 部分剂型如粉剂、粒剂、油剂等的制剂可以通过人工或施药机械直接施用到田间完成最终分散过程。而乳油、水乳剂、悬浮剂、可湿性粉剂、水分散粒剂等剂型的制剂在施药前一般需要兑水稀释成一定浓度的药液后, 再经过雾化器械喷洒完成最终的分散过程。

不同物理状态的农药原药经历上述分散过程, 与不同物理状态的分散介质 (dispersion

medium) 相结合可以形成多种分散体系，根据分散质点粒径的大小及分布程度可能为多相体系、胶体或均相体系。在农药制剂中，常见的分散介质为固态的填料或载体、液态的水或有机溶剂。多相体系是较为常见的分散体系，其特征是分散质点大小不一，例如固态原药和液体原药与固态填料（载体）所加工成的粉剂和可湿性粉剂，分别为固固分散体系和液固分散体系；不溶于水或油的固态原药均匀分散于水或油中制备的悬浮剂或可分散油悬浮剂均为固液分散体系；不溶于水的液体原药或溶解有固体原药的溶剂乳化到水中制成的水乳剂为液液分散体系。不溶于水的原药在极性溶剂和表面活性剂的作用下增溶于水制备的微乳剂，乳液粒径为 10～100 nm，为胶体。固态原药和液体原药溶于有机溶剂及与乳化剂混合而制成的乳油、可溶性液剂以及水溶性原药与水制成的水剂则为透明的均相体系。在施药分散过程中形成的多为多相体系，例如粉剂喷撒后的微小颗粒，油剂或兑水稀释制剂的稀释药液经喷雾后形成的微小雾滴分散于空气中分别形成固气、液气分散体系，颗粒剂施用于土壤为固固分散体系，而熏蒸剂所释放出的气体分布于空气中则为均相体系。有些药剂稀释前后物理状态会发生明显改变，例如乳油为均相体系，但加水稀释后会变成液液多相分散体系。

不同分散体系的稳定性存在很大差异，均相分散体系和胶体一般比较稳定，而多相分散体系稳定性差，经常出现相分离现象，这使得不同剂型制剂配方的开发难易程度存在差别，而稀释和施药时成的分散体系稳定与否通常会影响施药质量和防治效果。

常见的农药剂型在稀释或施药后，其分散质点的分散度大小顺序一般为：水剂（有效成分呈分子或离子状态，直径小于 0.001 μm）＞微乳剂（有效成分呈微小油珠状，直径为 0.01～0.10 μm）＞烟剂（有效成分呈粒状，直径为 0.1～5.0 μm）＞水乳剂或乳状液（有效成分呈油珠状，直径为 0.1～10.0 μm）＞悬浮剂（有效成分呈粒状，直径为 1～10 μm）＞可湿性粉剂（有效成分呈粒状，直径为 10～44 μm）＞粉剂（有效成分呈粒状，直径为 10～74 μm）。

二、改善分散度对农药性能的影响

分散度对农药性能和效果有很大的影响，通常会努力提高分散度，以便改进农药物理稳定性能和改善初效，而在某些情况下，适当降低农药的分散度，或控制农药有效成分释放速度，有利于延长控制期和提高农药利用率。

（一）提高分散度对药剂性能的影响

1. 增加农药覆盖密度 药剂覆盖密度（coverage density of pesticide）的增加，意味着它与靶标生物接触机会增加，靶标生物中毒概率增加。尤其是保护性杀菌剂、触杀性杀虫剂和除草剂，更需要药剂具有较高的覆盖密度，才能保证防治效果。

2. 改善农药颗粒（或液滴，下同）在处理表面上的附着性 药剂颗粒在处理表面上的附着性受许多因素影响，其中颗粒的大小和质量是一个重要因素。颗粒越大，质量则越大，当它的重力大于它与受药表面的附着力时，则易从该表面上滚落；若将颗粒变小，则与上述情况相反。

3. 改变药剂颗粒的运动性能 药剂喷出后，粗的颗粒重力加速度较大，很快向垂直方向沉降，而较细的颗粒易受空气的浮力作用，因此在空间可做水平方向运动，散布较为均匀。颗粒极细，当直径达 1 μm 以下时，成为烟粒或弥雾，其运动性能具有完全不同于前者的性质，具有明显的布朗运动（Brownian movement），即颗粒在空中无规则运动（图 2-1）。可向作物枝叶茂密的深处扩散，不但可沉积到物体的上表面，而且可沉积到其侧表面及下表面，这对提高防治效果是很有利的。当粉粒直径大于 10 μm 时，产生飘移效应（drifting effect），即粉粒在阻尼介质中偏离运动方向（图 2-2）。从理论上讲，上述两种情况都有利于药粒均匀分布。

图 2-1　布朗运动　　　　　　图 2-2　飘移效应

在喷粉、喷雾过程中，当药剂粉粒或雾滴被气流送到接近受药表面时，并非都能沉积到这个表面上，因为运送颗粒的气流在接近受药表面时形成一种界面层气流，而沿着表面向侧面流动。这个界面层侧向气流常常将细小的粉粒或雾滴带走，使它不能沉积，或仅有少量沉积在表面。只有当粉粒或雾滴具有相当大的动能时，才能穿透界面层气流，沉降到表面上。对于喷粉来讲，较大的粉粒具有较大的动能，因而较易沉降（图 2-3），但太大的粉粒又易从受药表面上滚落。因此对粉剂的分散度要求，颗粒既不是越大越好，也不是越小越好。理想的分散度应当是既不妨碍颗粒在受药表面上的沉积，也不妨碍药剂在受药表面上的附着。喷雾情况较喷粉情况要好些，细雾滴虽也易被处理表面上侧向气流

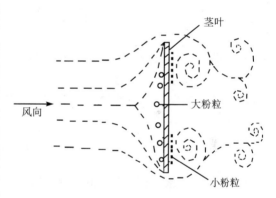

图 2-3　不同分散度的粉粒（雾滴）被气流送往固体表面时沉积情况

所带走，但较大雾滴沉积到表面上后，只要具有良好的湿展性就不易从表面上滚落。

4. 提高固液分散体系的悬浮率及乳液的稳定性　悬浮剂本身以及可湿性粉剂、水分散粒剂兑水稀释后形成的水悬液均为固液分散体系，在一定范围内固体颗粒直径越小和越均匀，在水中悬浮稳定的时间越长。同样，水乳剂本身以及乳油稀释后形成的乳状液为液液分散体系，在一定范围内液体油滴直径越小和越均匀，乳液稳定性越好。

（二）控制分散度对农药性能的影响

为克服一些农药或剂型的缺陷给生产和使用带来的一些不良作用（例如飘移、环境污染、残留毒性高、运输成本高、稳定性低等），农药加工和使用中产生了一些新技术和方法，通过适当降低和控制农药分散度可以在一定程度上克服这些问题。例如针对飘移，粉剂和水分散粒剂以及泡沫喷雾技术降低了飘移风险和粉尘对操作人员的伤害；控制有效成分释放速

度的剂型（例如粒剂、缓释剂），使高毒农药对动物的急性毒性降低，控制期延长；高含量的母粉、水分散粒剂提高了储存稳定性并降低了运输成本；毒饵以及利用内吸性农药进行的种子处理、穴施、涂抹、注射等局部或定向施药技术可以降低对非靶标生物的影响等。

有研究表明，农药使用上的理论需要量与实际用药量间存在着巨大差异，为了达到农药的一定持效期，不得不大量喷布农药。图 2-4 是对某些农药的具体分析结果，为了消灭害虫需要杀虫剂维持 50 d、100 d 及 150 d 的持效，理论上只分别需要 3 mg/L、6 mg/L 及 10 mg/L 的浓度就足够了，而在自然条件下，实际上一般要分别使用 10 mg/L、100 mg/L 及 1 000 mg/L，可见，理论需用量与实际应用量间的差距甚大。这个差距乃是农药应用中的损失量。缓释剂（控制释放剂型）或粒剂可降低有效成分释放速度，减少农药分解损失，延长持效期和减少施药次数。

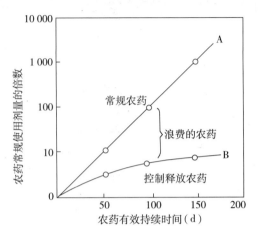

图 2-4 常规剂型和控制释放剂型的有效时间与使用剂量的关系

第二节 农药助剂

农药助剂（pesticide adjuvant）是农药制剂加工或使用过程中添加的、用于改善药剂理化性质的辅助成分，又称为农药辅助剂。助剂本身基本无生物活性，但影响制剂稳定性、使用性能和防治效果。农药品种繁多，理化性质各异，剂型加工的要求不尽相同，因此需用的助剂种类也不同。

一、农药助剂的种类及使用概况

1. 填料或载体　填料（filler）或载体（carrier）是固态农药制剂加工时，为调节成品含量或改善物理状态而配加的固态惰性矿物类、植物类或人工合成的物质，常用的有凹凸棒土、硅藻土、高岭土、陶土、白炭黑、轻质碳酸钙等。其作用一是稀释原药，二是吸附原药，使其便于机械粉碎，增加原药的分散性，主要用于粉剂、可湿性粉剂、粒剂、水分散粒剂等剂型。

2. 溶剂　溶剂（solvent）是用来溶解和稀释农药有效成分使其便于加工和使用的有机物，常用的有二甲苯、溶剂油等，多用于加工乳油及水乳剂、微乳剂等相关剂型。溶剂要求溶解力强、毒性低、闪点高、不易燃、成本低、来源广。

3. 乳化剂　对于原来不相混溶的两相液体（例如油与水），能使其中一相液体以极小的液珠稳定地分散在另一相液体中，形成不透明或半透明乳状液，起这种作用的表面活性剂称为乳化剂（emulsifier），例如十二烷基苯磺酸钙（俗称钙盐）、烷基酚聚氧乙烯醚等，多用于加工乳油、水乳剂、微乳剂等。

4. 润湿剂　润湿剂（wetting agent）又称为湿展剂，是一类显著降低液固界面张力，有利于增加液体对固体农药表面或对靶标生物固体表面覆盖的表面活性剂，例如皂角、十二烷基硫酸钠、十二烷基苯磺酸钠、拉开粉等，主要用于可湿性粉剂、水分散粒剂、水剂和悬浮剂等剂型。

5. 分散剂 分散剂（dispersing agent）为农药制剂加工和稀释时能够阻止固液分散体系中固体粒子聚集，使其在液相中保持较长时间均匀分散的表面活性剂，多为阴离子型、非离子型表面活性剂以及高分子物质，一般分子质量较大，例如木质素磺酸盐、萘磺酸盐甲醛缩合物（NNO）、聚合羧酸盐等。分散剂主要用于可湿性粉剂、水分散粒剂、悬浮剂的加工。

6. 渗透剂 渗透剂（penetrating agent）为能够促进农药有效成分进入处理对象（例如植物、有害生物）内部的润湿助剂，多用于配制高渗农药制剂产品，例如渗透剂 T、脂肪醇聚氧乙烯醚等。

7. 黏着剂 黏着剂（sticker）为能增加农药对固体表面黏着性能的助剂。因药剂黏着性提高而耐雨水冲洗，提高持效性。例如在粉剂中加入适量黏度较大的矿物油，在液剂农药中加入适量的淀粉糊、明胶等。

8. 稳定剂 稳定剂（stabilizer）分两类，一类可抑制或减缓农药有效成分分解，例如抗氧化剂、抗光解剂等；另一类可提高制剂物理稳定性，例如抗结块剂和抗沉降剂。前者主要防止粉状制剂以及悬浮剂在储存过程中结块，后者防止水乳剂或悬浮剂分层等。

9. 增效剂 增效剂（synergist）本身无生物活性，但能抑制生物体内的解毒酶活性，与某些农药混用时，能大幅度提高农药毒力和药效，例如增效磷（SV_1）、增效醚等。增效剂对防治抗药性害虫、延缓抗药性以及提高防治效果等具有重要意义。

10. 安全剂 安全剂（safener）又称为除草剂解毒剂，其作用是降低或消除除草剂对作物的药害，可以提高除草剂使用时的安全性。

11. 喷雾助剂 喷雾助剂（spray adjuvant）是在农药喷洒前直接添加在药桶或药箱中，混合均匀后能改善药液理化性质的一类农药助剂，通常也被称为桶混助剂。其主要作用是降低稀释药液的表面张力，改善对靶标生物的润湿和铺展效果，增加附着量，延长干燥时间，促进靶标生物吸收药剂或提高耐雨水冲刷能力等。代表性品种为有机硅类表面活性剂、油类（植物油及衍生物、矿物油等）助剂、部分润湿剂和渗透剂、肥料（例如尿素、硫酸铵）等。

其他的还有发泡剂、消泡剂、防冻剂、防腐剂、警戒色等。农药助剂的种类随着农药加工技术和农药使用的需要还在不断发展。

上述农药助剂根据是否具有表面活性，又可划分为表面活性剂和非表面活性剂。填料或载体、溶剂、稳定剂属于非表面活性剂，品种相对少，选择余地小。而润湿剂、乳化剂、分散剂、渗透剂等均为表面活性剂，其种类和品种多，是农药制剂加工和使用中最常用的助剂。充分了解和把握表面活性剂的性质和作用特点是进行农药剂型研究和合理使用的基础。

二、表面活性剂的结构、特性和作用

（一）表面活性剂的结构

1. 表面张力和表面活性现象 我们经常观察到，各种液体的表面具有自动收缩的倾向，其表现为当重力可以忽略时液体总是趋向于形成球形。由图 2-5 可见，处在液体内部的分子 A，从各方面受到相邻分子的吸引力互成平衡，作用于该分子吸引力的合力为零，所以表面层以内的各分子在液体内部可任意移动。而液体表面的分子受空气（空气密度较液体密度小得多）分子的吸引力小，所以作用在 B 分子的吸引力合力是指向液体内部，并与液面垂直，这使得液体表面有自动收缩的现象。这种引起液体表面自动收缩的力，即为表面张力（surface tension）。

一定温度下，纯液体的表面张力是一定的。汞的表面张力非常大，为 485 mN/m（20 ℃）；水的表面张力较大，为 72.8 mN/m，有机溶剂的表面张力较小，例如乙醇为 22.3 mN/m，乙酸为 23.7 mN/m，间二甲苯为 28.1 mN/m。但液体中溶解其他物质后，其表面张力会发生变化，例如水中溶解 NaCl、Na_2SO_4 等无机盐时，表面张力随盐浓度增加而增大；水中溶解醇、酸等极性有机物时，表面张力随有机物浓度增加而下降；水中溶解 8 个碳以上的有机酸盐，浓度低时，随浓度的升高表面张力急剧下降，到一定浓度后几乎不再变化，例如含 0.05% 油酸钠的水溶液，其表面张力可降低至 27 mN/m。后两类物质降低水表面张力的现象通常被称为表面活性现象。其他的表面活性现象如当一滴浓肥皂水加到一杯浮有粉状物的水面，立即可见粉状物被迅速推向周围的杯壁，若滴加清水、盐水等则无此现象。这类引起表面活性现象的物质称为表面活性物质。

2. 表面活性剂及其结构特性 在上述表面活性物质中，8 个碳以上的有机酸盐（例如油酸钠、肥皂等）由于在较低浓度下引起的表面活性现象显著而被称为表面活性剂（surface active agent 或 surfactant），原因是其分子的一端具有亲油性的疏水基，又称为非极性基，如图 2-6 中的长链烃基（—R）；而另一端则具有疏油性的亲水基，又称为极性基，如图 2-6 中的羧酸钠基（—COONa），这种结构被称为两亲结构。然而，具有两亲结构的物质，不一定都是表面活性剂，如醋酸钠（CH_3COONa）具两亲性，但由于它的非极性基（—CH_3）的拒水性很弱，而极性基（—COONa）的亲水性又很强，当把它加入水中，亲水力显著大于拒水力，使整个分子被拉入水中。只有当分子一端的亲水性与另一端的亲油性达到一定的平衡时，才能产生表面活性现象。故乙醇、乙酸等极性有机物虽具有表面活性能力但不能被称为表面活性剂。

因此表面活性剂通常被定义为分子结构中同时具有亲水和亲油基团，在溶液的表面或界面上能够定向排列，在很少的用量下能使其表面张力或界面张力显著下降的物质。

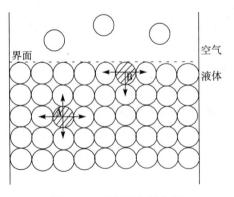

图 2-5 表面张力的来源　　图 2-6 离子型表面活性剂的结构

3. 表面活性剂的亲水亲油平衡值及其用途 表面活性剂的亲水性、亲油性的强弱通常用亲水亲油平衡值（hydrophile lipophile balance，*HLB*）来表示，该值愈小，亲油性愈强；该值愈大，亲水性愈强。多数表面活性剂尤其是非离子表面活性剂的亲水亲油平衡值为 0～

20，一般以 10 为界，数值 0～9 为油溶性的憎水型表面活性剂，一般用油来溶解或分散；而数值 11～20 为水溶性的亲水型表面活性剂，多用水来溶解或分散。亲水亲油平衡值的高低往往影响表面活性剂的用途，如表 2-2 所示。并且在农药加工和使用过程中，由于原药及其溶解分散体系物理化学性质的差异，以及应用目的的不同，所需要的亲水亲油平衡值也不同。例如乳化剂一般用于制备乳状液时，如果制备 W/O 型乳液需要亲水亲油平衡值为 3～6 的乳化剂，而制备 O/W 型乳状液则需要亲水亲油平衡值为 7～18 的乳化剂。在增溶时，不同增溶体系的类型对乳化剂的选择也存在不同的要求。

表 2-2 表面活性剂的亲水亲油平衡值及其用途

亲水亲油平衡值	作用	亲水亲油平衡值	作用
1～3	消泡	8～9	分散
3～6	乳化（W/O 型）	10～13	展着
3～8	增溶（W/O 型）	12～16	发泡
7～9	润湿	13～15	去污
7～18	乳化（O/W 型）	14～18	增溶（O/W 型）

4. 表面活性剂的应用特征 表面活性剂特有的两亲分子结构使其具备以下两个基本应用特征。

（1）在溶液的气液界面上定向排列，形成单分子膜 当肥皂水滴加到水中后，肥皂分子的极性基的一端插入水相，非极性基的一端插入气相，并立即在水面上呈定向排列，见图 2-7。由于一滴较浓肥皂水中含有肥皂分子数量很多（据推测，1 g 肥皂的分子全部排成单分子层可达 500～1 000 m²），当肥皂入水后，其分子在水相与气相界面上迅速展开，所以能将浮在水面上的粉状物推向杯壁。

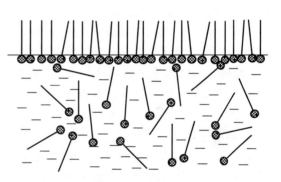

图 2-7 表面活性物质在液面上的单分子层

（2）在溶液中达到临界胶束浓度后可以形成胶束 农药表面活性剂应用时，浓度在临界胶束浓度（critical micella concentration，CMC）以上才能实现润湿、分散、乳化、起泡、消泡等作用。一般以临界胶束浓度时溶液的表面张力值或临界胶束浓度时的表面张力降低值衡量表面活性剂性能的大小。

5. 表面活性剂降低液体表面张力的作用及其应用 水溶液中加入表面活性剂后，这些物质从溶液内部迁移到溶液的表面上定向吸附，使水表面被一层含有非极性碳氢链的表面活性剂分子所占据，其受到的向内的合力要比单纯水分子时受到的弱，从而导致水的表面张力降低。

表面活性剂降低液体表面张力的作用在农药喷雾使用时对于减小雾滴尺寸具有重要意义。因为一般药液的表面张力越大，喷雾时形成的雾滴越大，而表面张力越小，则形成的雾滴越小。

喷雾施药时一般要求具有高的分散度。提高分散度，雾滴增多，意味着表面积的增加，也就是要将液体分子从液体内部移到表层以形成新表面,这就必须克服指向液体内部的吸引力而消耗一定量的功。按能量守恒定律,消耗了的功成为表面层上分子多余的自由能而存在于表面上。像这种液体表面上的分子较其内部同种分子所多余的自由能,称为表面能(surface energy)或表面自由能(free surface energy)。显然,表面积增加得越大,需要表面上的分子数越多,消耗的功也越大,因此表面能也越大。增加单位表面所需要的功常以希腊字母 σ 来表示,它的单位是 J/m^2。已知 $1 J/m^2 = 1 N/m$,N/m 是表面张力单位,因此可把 σ 看成是液体的表面张力。如果要增加的表面积为 S,则需要的功,即增加的表面积(S)的表面能(E)将为

$$E = \sigma S$$

热力学上有一个自然变化进行方向法则:表面能最小的状态最稳定,表面能不同的两个状态,不能长久共存,大者必须向小者自动转变。由此可推想,在喷雾时,用加大喷雾器内的空气压力对液体做功,可喷出较细雾滴,而这种增大了表面积的雾滴,表面上蓄积了较多表面能,雾滴若在空间或到受药表面上相遇,释放表面自由能,使比表面积缩小,意味着形成较大水珠,易从受药表面上滚落。从 $E=\sigma S$ 公式看,用降低比表面积(S)的办法,如降低喷雾器内的压力,虽可达降低雾滴上表面能(E)的目的,但不符合应提高液体农药分散度的要求。所以只有利用降低液体表面张力(σ)以降低雾滴的表面能(E),才能产生分散度高而又稳定的雾滴,也就是需要向制剂或喷雾药液中加入表面活性剂。

(二)表面活性剂的种类

根据表面活性剂在水溶液中发挥作用时是否电离分为离子型和非离子型两类。而离子型表面活性剂根据表面活性离子所带电荷的性质,又可分为阴离子型、阳离子型和两性离子型3类。此外还可以根据来源将其分为人工合成表面活性剂和天然表面活性剂。表面活性剂被广泛应用于农药、医药、印染、石油、化妆品等诸多化工行业,这里仅介绍在农药加工中常用并具有代表性的阴离子型表面活性剂、非离子型表面活性剂及其应用原理。

1. 阴离子型表面活性剂 阴离子型表面活性剂在水溶液中解离时生成的表面活性离子带负电荷,一般由离子性的亲水基团和油溶性的亲油基团组成。此类表面活性剂在农药加工和使用中主要用作润湿剂、乳化剂和分散剂。

(1)羧酸盐类表面活性剂 羧酸盐类表面活性剂的分子结构简式为 R—COONa(K),例如碱金属皂,它是由动植物油与氢氧化钠(钾)皂化而成。羧酸盐类表面活性剂不抗硬水,加之大多含有游离碱,所以不适合与含碱土金属的农药如波尔多液混用,以免生成钙皂而失去在水中的表面活性。聚合羧酸盐是由含羧基的不饱和单体(丙烯酸、马来酸酐等)与其他不饱和单体通过自由基共聚而形成的具有梳状结构的高分子表面活性剂,近年来作为分散剂在农药中广泛应用。

(2)硫酸酯盐类表面活性剂 硫酸酯盐类表面活性剂的分子结构简式为 R—OSO$_3$Na,是脂肪醇的硫酸化产物。例如由蓖麻油和浓硫酸在较低温度下反应,再经氢氧化钠中和而成的土耳其红油。该产品具有一定程度的抗硬水能力,但用量较大,一般占乳油的14%~20%,曾作为滴滴涕乳油的乳化剂。

(3)磺酸盐类表面活性剂 磺酸盐类表面活性剂的分子结构简式为 R—SO$_3$Na 或 (R—SO$_3$)$_2$Ca,R 为烷基芳基。这是目前最重要最常用的一类表面活性剂,它对硬水和酸碱有很强的抵抗力,用途广泛,品种很多,其中十二烷基苯磺酸钠(洗衣粉主要成分)和烷

基萘磺酸盐如拉开粉是可湿性粉剂常用的润湿剂和分散剂，十二烷基苯磺酸钙（俗称农乳500号或钙盐）是目前阴离子非复配乳化剂中的重要组成部分（图2-8）。

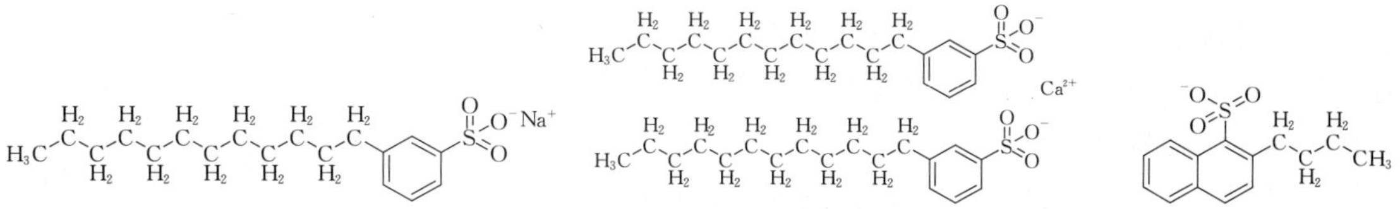

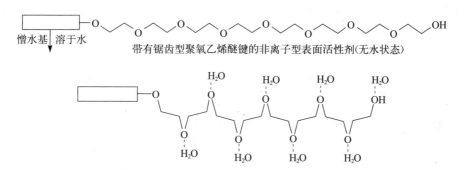

图2-8 磺酸盐类表面活性剂示例

2. 非离子型表面活性剂 此类表面活性剂在水中不解离，性质稳定，抗硬水，有良好的乳化、润湿、分散、增溶等性能，在农药加工中主要用作乳化剂、润湿剂和分散剂。

非离子型表面活性剂多以长碳链的烷烃基、芳基为亲油基，而亲水基则主要由聚氧乙烯基[—$(CH_2CH_2O)_n$—]构成。此类表面活性剂通过聚氧乙烯醚键上的氧原子与水分子中的氢原子形成氢键而产生水合作用从而逐步溶解于水（图2-9）。醚键数越多，即 n 值越大，表面活性剂分子亲水性就越强，在水中的溶解度越大。由于氢键对温度敏感，在温度升高时易被破坏，因此会导致溶解在水中的非离子表面活性剂析出并产生浑浊和分层，此时的温度被称为该表面活性剂的浊点（cloud point）。

图2-9 聚氧乙烯醚型非离子型表面活性剂在水中溶解前后的变化

非离子型表面活性剂根据其化学结构主要分为酯类和醚类两大类。

(1) 酯类非离子型表面活性剂　酯类非离子型表面活性剂的分子结构简式为$RCOO(CH_2CH_2O)_nH$，例如脂肪酸聚氧乙烯酯。脂肪酸部分为亲油部分，多为月桂酸、油酸、硬脂酸或蓖麻酸。聚氧乙烯基部分为亲水部分，其聚合的分子个数（n）越多，亲水性越强，可根据需要进行调整，一般为5~15个。主要品种有亲水的吐温（Tween）系列和亲油的斯盘（Span）系列乳化剂。

(2) 醚类非离子型表面活性剂　这一类表面活性剂主要是由含—OH基的疏水化合物，如醇或酚与环氧乙烷或环氧丙烷加成反应而得。这是一个聚合反应，环氧乙烷（EO）或环氧丙烷（PO）的分子数可人为调节，从而控制这类表面活性剂的亲水亲油平衡值。其主要品种类型有烷基酚聚氧乙烯醚、脂芳醇聚氧乙烯醚、多芳核基聚氧乙烯醚、苯乙基酚聚氧乙烯聚氧丙烯醚等。

①脂肪醇聚氧乙烯醚：脂肪醇聚氧乙烯醚是长链脂肪醇（8~12个碳）与环氧乙烷的缩合物，其化学结构通式为 RO$(CH_2CH_2O)_n$H。具有很强的润湿性，也有一定乳化性，例如平平加、AEO 系列。

②烷基酚聚氧乙烯醚：烷基酚聚氧乙烯醚是烷基苯酚与环氧乙烷的缩合物，是表面活性剂中的一大类，有良好的乳化性。其化学结构通式见图 2-10。

图 2-10 烷基酚聚氧乙烯醚的化学结构通式

③多芳核基聚氧乙烯醚：多芳核基聚氧乙烯醚是多芳核酚与环氧乙烷的聚合物，种类多，乳化性能好，是优良的农用乳化剂。农乳 300 号、农乳 400 号、农乳 600 号、农乳 700 号、BP 乳化剂均属此类。农乳 600 号和农乳 700 号的结构式见图 2-11。

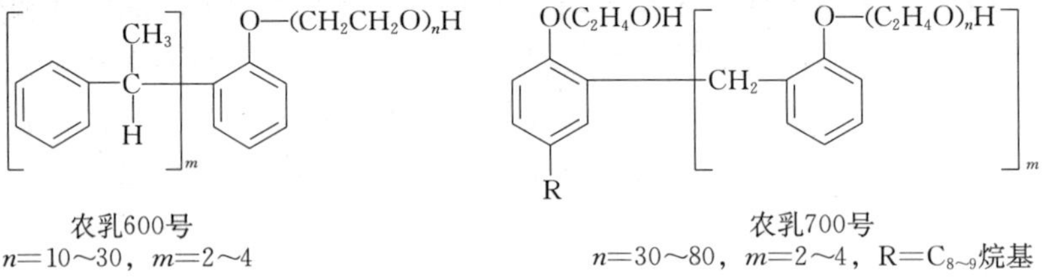

农乳600号
$n=10~30, m=2~4$

农乳700号
$n=30~80, m=2~4, R=C_{8~9}$烷基

图 2-11 农乳 600 号和农乳 700 号的分子结构

④苯乙基酚聚氧乙烯聚氧丙烯醚：苯乙基酚聚氧乙烯聚氧丙烯醚类非离子表面活性剂主要有 EPE 和 PEP 型两类（图 2-12），可作为乳化剂和分散剂使用。其主要品种，EPE 型有农乳 1601 和宁乳 33 号，PEP 型有农乳 1602、宁乳 32 号和宁乳 34 号。

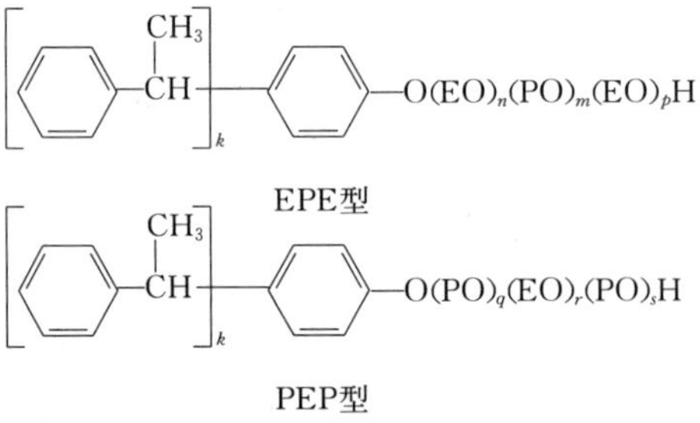

EPE 型

PEP 型

图 2-12 苯乙基酚聚氧乙烯聚氧丙烯醚的两种类型分子结构

三、表面活性剂在农药制剂加工和使用中的应用

用于农药制剂配方中的表面活性剂主要包括乳化剂、润湿剂和分散剂，又称为配方助剂。而在喷雾时临时加入，用于改善药液在靶标生物表面湿润展布效果、提高药效的表面活性剂称为喷雾助剂，多为润湿剂和渗透剂。这些表面活性剂对农药往往具有乳化、分散、增溶、增渗作用，对药剂或稀释药液起到稳定作用。

（一）乳化剂在乳油及相关剂型加工中的应用

乳化剂是乳油、微乳剂、水乳剂、悬浮乳剂、可分散油悬浮剂等剂型制剂中重要的配方助剂，这些剂型制剂的特点是本身或稀释后形成液液分散体系。在乳液中，乳化剂能够立即在油水界面上形成定向排列的单分子层，降低界面张力，对油滴与油滴之间的合并起到屏障作用，保持乳液的稳定。

乳化剂亲水亲油平衡值的大小影响其所制备乳液的类型。如表2-2所示，若乳化剂亲水亲油平衡值为7~18，亲水性强、亲油性弱时一般会形成水包油型（O/W）乳状液（图2-13a），这是农药中最常见的乳液类型。若乳化剂的亲水亲油平衡值为3~6，亲水性弱、亲油性强时形成油包水型（W/O）乳状液（图2-13b），在农药中很少使用。

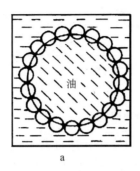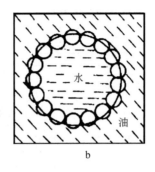

图2-13 乳化剂在油珠、水珠上的吸附状态
a. O/W型乳化剂在油珠上的吸附状态　b. W/O型乳化剂在水珠上的吸附状态

（二）润湿剂和分散剂在可湿性粉剂及相关剂型加工中的应用

润湿剂和分散剂是可湿性粉剂、水分散粒剂、悬浮剂等剂型制剂中的重要配方助剂，这些剂型制剂的特点是本身或使用时兑水形成固液悬浮体系。而多数有机固体农药原药不易被水润湿，有的填料也难被水润湿或润湿速度慢，影响加工和使用。当含有润湿剂后，这些颗粒会较快被水所润湿，有利于进一步加工处理或稀释。分散剂的作用是能够牢固占据粉碎后新产生的固体颗粒的表面，阻止颗粒因为碰撞和接触引起的聚结变大现象，有利于保持固液悬浮体系的稳定性。

（三）提高药液在受药表面上的湿展性

在供喷雾使用的农药制剂中，乳化剂和润湿剂除了满足对农药乳化、润湿等的需要外，其过量部分可降低水的表面张力，这有利于药液对受药表面的润湿与展布，而喷雾药液中加入喷雾助剂时则这种效果更加明显。其原理是，当一滴药液落到受药的固体表面上静止后，就可能出现如图2-14所示的3种状态：$\theta>90°$、$\theta=90°$和$\theta<90°$，这个角θ被称为接触角。若$\theta>90°$，则药液不能在此固体表面上润湿，因而很容易滚落；若$\theta=90°$，说明药液仅能润湿固体表面，但不能展布，此种状态也很不稳定；若$\theta<90°$，则药液不仅能湿润固体表面，而且可以展布到较大面积上。θ越小，说明药液的润湿性越好，展布的面积越大。

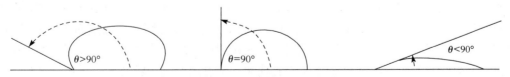

图2-14 液体在固体表面上湿润展着情况

药液在固体表面上形成接触角的大小，与其表面张力有密切关系。如图2-15所示，在液体、固体、空气三相交接的P点，有3个作用力：①液固界面张力（r_3），使液滴从P点

向右移动；②气固界面张力（r_2），使液滴从 P 点向左移动；③液气界面张力（r_1），即液体的表面张力，使液滴从 P 点沿液面切线方向移动。r_1 在 r_3 方向上的分力可用 $r_1\cos\theta$ 来表示。当液滴在固体表面上稳定不再展布时，力之间达到平衡，即

$$r_2 = r_3 + r_1\cos\theta$$

即有
$$\cos\theta = (r_2 - r_3)/r_1$$

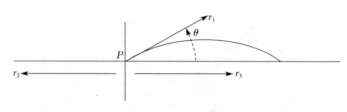

图 2-15 接触角的形成

由以上公式可见，降低 r_1 和 r_3，都可以使 $\angle\theta$ 变小，即有助于药液展布。表面活性剂既可以降低药液的表面张力（r_1），也可能降低液体与固体之间的界面张力（r_3），因此可以提高药液在喷洒表面的湿展性。由于固体表面的性质不同，表面活性剂的性质也不尽相同，药液与固体之间的界面张力（r_3）是否会降低，取决于具体情况。若固体表面蜡质层厚，表面活性剂的亲油性强，则界面张力（r_3）就会降低；同样受药表面，表面活性剂亲水性强，则不利于降低界面张力（r_3）。可见受药表面性质也是影响药液湿展性的主要因素。

第三节　主要农药剂型

农药剂型加工最主要的目的是赋形，即农药原药经加工后便于流通和使用，同时又能满足不同应用技术对农药分散体系的要求。除此之外，随着科技进步和人们环境保护意识加强，降低使用毒性、减少环境污染、优化生物活性也成为农药剂型加工的主要原则。

一种农药可加工成何种剂型，首先取决于农药原药的理化性质，尤其是在水中及有机溶剂中的溶解性和物理状态（表 2-3），还应取决于化学稳定性以及使用上的必要性、安全性和经济上的可行性。因此一种农药虽可加工成很多剂型，但在实际应用中，其加工的剂型又往往是有限的。如表 2-3 所示，油溶性农药，例如拟除虫菊酯杀虫剂一般加工成乳油、油剂等液体剂型，如果在水中稳定又可以加工成水乳剂和微乳剂，高效氯氟氰菊酯等固态熔点高的还可以加工成悬浮剂使用。高熔点的固态除草剂莠去津，油溶性和水溶性均较低，适合加工成可湿性粉剂、水分散粒剂和悬浮剂。沙蚕毒素类杀虫剂杀螟丹易溶于水，可以加工成水剂和可溶性粉剂，但其在水中易分解，所以一般加工成可溶性粉剂。氨基甲酸酯类杀虫剂涕灭威原药为固态、油溶性，可以加工成表 2-3 中的大多数剂型，但由于它是剧毒农药，现仅限于加工成颗粒剂在土壤中使用。氟虫腈原药为熔点高的固态，之前多加工成悬浮剂，因对蜜蜂高毒，目前只能加工成种子处理剂或颗粒剂用于种子处理或土壤处理。辛硫磷原药为液体，其易光解和水解，比较适合加工成乳油、微囊悬浮剂、颗粒剂、毒饵等剂型。所以表 2-3 中的相关性仅为某种农药加工成某种剂型的可能性，而非必然存在这种剂型。

从表 2-3 还可以看出，粉剂、粒剂和烟剂 3 种剂型的适应性较强，对农药原药的理化性质要求不严格。

目前常用的农药剂型有几十种，按物态分类有固态、半固态和液态，按施用方法分类有直接施用、稀释后施用、特殊用法等。以下只介绍最常见的品种。

表2-3 农药的溶解性和物态与其剂型的相关性

剂型	油溶性原药		水溶性原药		油水不溶性原药	
	固	液	固	液	固	液
粉剂	○	○	○	○	○	○
可湿性粉剂	○	○	—	—	○	○
可溶性粉剂	×	×	○	×	×	×
粒剂	○	○	○	○	○	○
乳油	○	○	×	×	○	○
水乳剂、微乳剂	○	○	×	×	×	×
油剂	○	○	×	×	×	×
水剂	×	×	—	○	×	×
悬浮剂	○	×	○	×	○	×
可分散油悬浮剂	—	—	○	—	○	×
微囊剂	○	○	×	×	×	×
烟剂	○	○	○	○	○	○

注：○表示能配制，×表示不能配制或难以配制，—表示没有必要配制。

一、粉　　剂

粉剂（dustable powder，DP）是由原药、填料（或载体）和少量其他助剂经混合、粉碎、再混合等工艺过程而制成的具有一定细度的粉状制剂。粉剂有效成分含量通常在10%以下，一般不需要稀释而直接供喷粉使用，也可供拌种、配制毒饵、毒土等使用。此外，为降低运输成本以及减少有效成分分解发展的高浓度粉剂，一般作为母粉用于储运，使用前用填料稀释。1983年我国六六六、滴滴涕停产之前，粉剂占我国农药制剂总量的2/3以上，当今产量锐减，主要是使用时易飘移引起粉尘污染，危及人畜健康和环境安全。但是从这个古老剂型却衍生出很多新剂型，如各种规格的粒剂和可湿性粉剂等。

（一）粉剂的组分及要求

粉剂通常由原药和填料组成。有时为了防止微小的粉粒聚结，适当加入分散剂；为了防止有效成分分解，适当加入稳定剂；为了增强在生物体表面上黏着性，适当加入黏着剂；为了减少加工和使用中飘移性，适当加入抗飘移剂等。

粉剂的含量与原药的熔点关系密切，一般熔点较高的固体原药既可加工成低浓度粉剂，也可加工成高浓度粉剂；而熔点较低的固体原药或原油仅可加工成低浓度粉剂。

填料一般为矿物质、植物、合成材料等，常用的是惰性矿物质，其中吸附性能较强的硅藻土、凹凸棒土、膨润土等一般用作高浓度粉剂的填料，吸附性能低的滑石、高岭土等用于低浓度粉剂；人工制造的惰性材料白炭黑、轻质碳酸钙也较为常用。

(二) 粉剂的加工方法

粉剂的加工方法有下述 3 种。

1. 直接粉碎法 即按确定的配方,将农药原药和填料分别进行粗粉碎、细粉碎,再经混匀而成产品。

2. 母粉法 即先用少量填料与原药粉碎制成高浓度粉剂母粉,将此母粉运输到用药地区,再进一步与粉碎好的填料,按照需要的浓度,经混合而成产品。母粉法的优点是能保证原药的细度,减少运输费用,有利于储藏,减少分解。

3. 浸渍法 即将原药溶解在易挥发的溶剂中,然后通过喷雾吸附到一定细度的填料上,混合均匀而成。此法生产的粉剂,有效成分在粉粒上分布均匀,药效好,但成本高。

(三) 粉剂的质量控制指标

我国粉剂的技术指标一般为:①外观应是自由流动的粉末,不应有团块;②有效成分含量不低于标明的含量;③水分含量一般要小于 1.5%;④细度(通过 75 μm 试验筛)不低于 95% 或 98%;⑤pH 为 5~9;⑥热储稳定性一般要求 52~56 ℃储存 14 d,有效成分分解率不高于 10%。

对粉粒细度的表示,一种是筛孔内径 (μm),另一种是筛目号数,二者对照见表 2-4。

表 2-4 筛目号数与其筛孔内径对照表(美国标准筛)

筛目号数	筛孔内径 (μm)	筛目号数	筛孔内径 (μm)	筛目号数	筛孔内径 (μm)
10	1 680	42	350	150	105
14	1 190	48	297	170	88
20	840	60	250	200	74
24	710	65	210	230	63
28	590	80	177	270	53
32	500	100	149	325	44
35	420	115	125	400	37

(四) 粉剂药效的影响因素

1. 有效成分在粉剂中的分布 喷粉用的粉剂有效成分的含量都是比较低的,因此有效成分在粉剂中分布是否均匀,对药效、药害等影响极大。

2. 有效成分的粉粒细度及超筛目细度粉粒的含量 粉粒细度是粉剂农药能否发挥药效的关键。对于杀虫剂粉剂来说,最有效的粒度范围是超筛目细度,即粉粒直径小于 44 μm 部分,尤其是直径小于 20 μm 的细药粒。当杀虫剂为触杀剂时,可增加药剂与虫体的接触面积;若为胃毒剂,则易被害虫吞食和吸收,药效得以充分发挥。所以粉剂细度不仅要看整体能通过的筛目号数,而且要看最有效的粒度范围内的药粒所占的比例。

3. 填料的种类和理化性质 填料的硬度、密度、吸附性、流动性、化学成分和酸碱度,都直接或间接地影响粉剂的药效。粉剂填料硬度大,当附着于虫体时,可将其节间活动部分的蜡质层擦伤,药剂易进入虫体,或造成虫体失水而死亡。用于飞机喷撒的粉剂,要求填料密度适当大一些,以利于提高沉积性。作为熏蒸剂或拌种用的粉剂,用吸附性能强的填料,有利于延长持效期或避免产生药害。填料的流动性好坏影响喷粉的质量,并间接影响药效。填料的酸碱度和化学成分,对有效成分的分解率有重大影响,过酸或过碱的填料都能促进农药分解而失效。填料中含有 Fe_2O_3、Al_2O_3 等金属化合物也会使多种农药分解失效。

二、粒 剂

粒剂（granule，GR）是由原药、载体和少量其他助剂通过混合、造粒工艺而制成的松散颗粒状剂型。粒剂的有效成分含量为 1%～20%，一般供直接撒施使用。它是由粉剂派生和发展的多规格、多形态、多用途的剂型，既保留了粉剂使用方便、施药工效高的优点，又具有如下的特点：①使高毒农药品种低毒化使用，例如克百威、涕灭威是不允许加工成粉剂、乳油等剂型使用的，但可将其加工成粒剂使用；②可控制药剂有效成分释放速度，节约用药，延长持效期；③减少环境污染，避免杀伤天敌，减轻对作物产生药害风险，尤其是用于除草剂，较喷粉、喷雾对周围敏感作物影响小。而粒剂也不可能完全取代粉剂。例如在多数情况下它不适用于防治地上部害虫，杀菌剂很少加工成粒剂。

与粒剂相似的剂型有片剂（tablet for direct application，DT）、球剂（pellet，PT）等。

（一）粒剂的类别

1. 按粒径区分 粒剂按粒径大小分为微粒剂（micro granule）、颗粒剂（granule）和大粒剂（macro granule），详见表 2-5。粒径大于大粒剂的称为块状剂，或称为丸剂。

2. 按载体解体性区分 遇水不分散的粒剂称为非解体性粒剂，遇水分散的粒剂称为解体性粒剂。非解体性粒剂的有效成分逐渐从载体中释放出来而发挥药效，多以颗粒剂或微粒剂出现，制剂种类多、用途广。解体性粒剂多以大粒剂或颗粒剂出现，例如目前我国南方将沙蚕毒素类杀虫剂加工成块状剂，直接撒入稻田里，在 1～2 m^2 面积上用 1 粒即可，可有效防治水稻螟虫等害虫。

表 2-5 粒剂种类与粒径

粒剂种类	筛目数	粒径（μm）
大粒剂	—	5 000～9 000
颗粒剂	10～48	1 680～297
微粒剂	48～200	297～74

（二）粒剂的组分及要求

1. 原药 凡能加工成粉剂的原药都能加工成粒剂，而一些不适合加工成粉剂及其他喷雾剂的高毒农药，例如克百威、涕灭威等也适合加工成粒剂使用。

2. 载体 载体因加工方法不同而不同。包衣法可用河沙、矿石等的颗粒为载体；浸渍法或吸附造粒法可用孔隙度大的煤矸石、煤渣、沸石等的颗粒，或植物性的锯末、玉米棒芯、核桃壳的破碎颗粒为载体；挤压造粒法或捏合法可用黏土、膨润土、硅藻土、陶土等的粉状物。

其他助剂的品种也因原药性质差异以及加工方法不同而不同。需要选用对原药溶解度高的溶剂来稀释原药，以便于分散均匀。制备解体性粒剂常用烷基苯磺酸盐、木质素磺酸盐等表面活性剂，以利于药剂扩散，而用膨润土、淀粉等作为黏结剂以利于在水中崩解。包衣造粒法常用石蜡、聚乙烯醇、高黏度矿物油等作为包衣剂或黏结剂。

（三）粒剂的加工方法

1. 挤压造粒法 此法是将药剂加到惰性矿土中，加水而成药泥，挤压成条状，切断、烘干、分级而成，类似的还有捏合法。

2. 包衣造粒法　此法是在附着药剂的载体外面进行包衣处理。

3. 吸附造粒法　此法使用吸油率高的载体，经吸附药剂而成。

此外，还有喷雾干燥或冷成型法、沸腾床法、回转成型法等，加工成本较高。

（四）粒剂的质量控制指标

粒剂的技术指标有：①有效成分含量达到该剂型规定的标准；②粒度，90%（质量分数）达到粒度规格标准；③水分含量一般低于3%；颗粒完整率达到或超过85%，即破碎率小于等于15%；④有效成分从载体上脱落率（粉状）小于等于5%（指包衣造粒法颗粒剂）。

三、可湿性粉剂

可湿性粉剂（wettable powder，WP）是含有原药、填料或载体、润湿剂、分散剂以及其他辅助剂，经混合、粉碎和再混合工艺后达到一定细度的粉状剂型。可湿性粉剂加水搅拌可形成稳定、分散性良好的悬浮液供喷雾使用。其有效成分含量通常在10%～50%，也可以达到80%以上。可湿性粉剂在农药剂型中占有较重要地位，与乳油相比，它不使用有机溶剂，又具有粉剂的某些优点（例如包装、运输的费用低），而有效成分含量比一般粉剂高，耐储存。尤其是除草剂、杀菌剂多为固态原药，其中许多既难溶于水，又难溶于常用有机溶剂，不适合加工成乳油，而适合加工成可湿性粉剂。可湿性粉剂的缺点是使用时计量不方便，且对使用者存在粉尘污染，因此在其基础上又开发了水分散粒剂。

（一）可湿性粉剂的组分及要求

1. 原药　原药为固体，熔点较高，易粉碎且需要喷雾使用，不溶于常用有机溶剂或溶解度很小的，一般可以加工成可湿性粉剂使用。液态原药或低熔点固体原药，通过先用溶剂溶解吸附到载体上，再进一步加工的方法也可以制成可湿性粉剂，但此类制剂一般有效成分含量较低。

2. 填料或载体　填料或载体一般要求吸附容量大、堆积密度小、细度高、来源丰富、惰性和成本低，常用的有天然矿物类高岭土、硅藻土、凹凸棒土、膨润土以及人工合成的白炭黑等。

3. 润湿剂　润湿剂的作用是促进原药和填料颗粒被水润湿和在被处理对象表面润湿和展着，常用的有阴离子表面活性剂十二烷基硫酸钠和拉开粉、非离子表面活性剂JFC和辛（壬）基酚聚氧乙烯醚等。

4. 分散剂　分散剂的作用是促进润湿后的固体颗粒在水中的分散和悬浮，常用的阴离子表面活性剂有木质素磺酸盐、烷基萘磺酸盐缩合物、聚合羧酸盐等，非离子表面活性剂有聚氧乙烯聚氧丙烯基醚嵌段共聚物、烷基酚聚氧乙烯基醚磷酸酯等，以及水溶性高分子物质如羧甲基纤维素、聚乙烯醇等。

其他助剂如稳定剂、抑泡剂和防结块剂等，根据需要添加。

（二）可湿性粉剂的加工方法

可湿性粉剂的加工方法参见粉剂的加工方法。

（三）可湿性粉剂的质量控制指标

可湿性粉剂的技术指标有：①有效成分含量应不低于标明的含量；②细度（通过44 μm试验筛）一般要求达到或超过95%或98%；③润湿时间不超过120 s；④悬浮率不低于

70%；⑤水分含量低于3%；⑥pH为5～9；⑦热储稳定性，52～56℃储存14 d，有效成分分解率低于10%。

可湿性粉剂除供兑水喷雾使用外，有时也用于拌种或配制成毒土使用，这两种用法虽不够科学，但应用广泛，需要特别注意可湿性粉剂在固态下的分散性。当出现粉粒团聚、结粒、结块时，则不宜用于拌种或配制成毒土使用。

四、可溶性粉剂

可溶性粉剂（soluble powder，SP）是由水溶性原药、填料和其他助剂组成，在使用浓度下有效成分能够迅速分散而完全溶解于水中的粉状剂型，可直接加水溶解供喷雾使用。可溶性粉剂有效成分含量一般在50%以上，有的高达90%。由于浓度高，储存时化学稳定性好，加工和储运成本低，包装、运输方便且安全。相似剂型有可溶性粒剂（water soluble granule，SG）、可溶性片剂（water soluble tablet，ST）等。

（一）可溶性粉剂的组分及要求

1. 原药　可溶性粉剂原药一般要求是常温下在水中有一定或较高溶解度的固体农药原药，例如敌百虫、乙酰甲胺磷、乐果等；也有些农药虽然在水中难溶或溶解度很小，但当转变成盐或引入亲水基后能够溶于水中的，也可以加工成可溶性粉剂，例如多菌灵、杀螟丹、单甲脒等的盐酸盐，杀虫环草酸盐等，前提是上述药剂转变成可溶性盐后活性基本不发生改变。

2. 填料　可溶性粉剂的填料可以选用对作物安全和与药剂相容性好的水溶性无机盐，例如硫酸钠、硫酸铵等；也可用不溶于水的惰性填料，例如白炭黑、陶土、轻质碳酸钙等，但要求粉碎细度98%以上必须通过320目试验筛，以便于用水稀释时在水中良好分散和悬浮。

其他助剂如黏着剂、抗结块剂或分散剂、稳定剂和助溶剂等，主要起增加对生物靶标的润湿和黏着力、防止储存期结块、在水中分散、防止分解以及增加水溶性的作用。

（二）可溶性粉剂的加工方法

可溶性粉剂的加工方法因农药种类和理化性质不同而异，常用方法有热熔融喷雾干燥法、粉碎法及结晶析出干燥法（表2-6）。不论采用哪种加工方法，其产品的有效成分在水中都具有可溶性。

（三）可溶性粉剂的质量控制指标

可溶性粉剂的技术指标有：①有效成分含量应当不低于标明含量；②水分含量多数为不超过3%；③在水中全溶解时间一般小于2～3 min；④细度因品种不同而异。

该剂型使用方法与乳油和可湿性粉剂基本相同。由于该剂型的原药为水溶性，易吸湿结块，应特别注意防湿包装和在干燥条件下储存。

表2-6　可溶粉剂的制造方法

方法	原药的性能和状态要求	应用实例
喷雾冷凝成型法	原药为熔融或加热熔化后不分解的固体原药，在室温下能形成晶体，在水中有一定的溶解度	敌百虫、乙酰甲胺磷等
粉碎法	原药为固体，在水中有一定的溶解度	敌百虫、乙酰甲胺磷、杀虫环、乐果、野燕枯等
干燥法	合成出来的原药大多是其盐的水溶液，经干燥而得固体物	杀虫双、多菌灵盐酸盐、杀虫脒盐酸盐等

五、水分散粒剂

水分散粒剂（water dispersible granule，WG）由原药、润湿剂、分散剂、崩解剂、稳定剂、黏结剂、填料或载体组成，使用时放入水中，能够较快崩解、分散，形成高度悬浮的固液分散体系。该剂型优点是：①使用时无粉尘污染；②有效成分含量较高，一般在50%~90%，多在70%以上，包装、储运方便和安全；③不含水，因此制剂储存稳定性高；④在水中分散性好，悬浮率高；⑤流动性好，计量方便，包装物易处理。

水分散粒剂加工方法可分为干法和湿法两种。

1. 干法 即将原药、各种助剂等混合均匀，然后经气流粉碎到规定的细度，再加水搅拌、造粒，最后烘干、过筛得到产品。混合和粉碎工艺类同可湿性粉剂加工，造粒方法包括盘式造粒、流化床造粒、挤压造粒等。

2. 湿法 即先按配方要求将原药和助剂用砂磨机研磨成悬浮剂，再经造粒、干燥得到产品。造粒方法主要为喷雾干燥造粒。该法制备的水分散粒剂又被称为干悬浮剂（dry flowable，DF）。

比较而言，干法成本略低于湿法，因此国内目前较多采用干法生产。但水分散粒剂的制剂成本总体上高于其他剂型，因此比较适合于制造高含量制剂。

六、悬 浮 剂

悬浮剂（suspension concentrate，SC）是不溶于水的固体原药与润湿分散剂、黏度调节剂及其他助剂和水经湿法研磨，在水中形成高度分散的黏稠、可流动的悬浮液体剂型。悬浮剂有效成分含量为5%~80%，多数在40%~60%，使用时，用水稀释形成一定浓度的悬浊液供喷雾用。

悬浮剂以水为分散介质，成本低，与环境相容性好，生产过程基本无"三废"污染，储运安全，被分散的原药粒径小（平均粒径为1~5 μm），悬浮率高，相同用量情况下活性优于可湿性粉剂，使用方便。其缺点是储存和使用过程中物理稳定性差，配方不合理时易出现分层甚至结块现象，若不能摇匀则影响施用质量。因此不含水但兑水稀释仍为悬浊液的水分散粒剂或干悬浮剂是其替代剂型。

（一）悬浮剂的组分及要求

1. 原药 悬浮剂原药的有效成分在水中的溶解度一般应小于100 mg/L，熔点应高于60 ℃，在水中化学稳定性好。

2. 润湿分散剂 润湿分散剂的作用是研磨前将固体组分迅速润湿以方便研磨并有利于施药时在靶标表面的润湿和展布，同时能够阻止固液分散体系中被磨细的固体粒子的相互凝聚，保持有效成分在液相中较长时间内均匀分散，保证制剂储存以及使用时稀释液的物理稳定性。悬浮剂中所用的分散剂与可湿性粉剂中的品种大致相同，由于多数非离子型分散剂同时也具有一定的润湿作用，因此被称为润湿分散剂。

3. 黏度调节剂 黏度调节剂的作用是控制悬浮剂体系黏度在适当的范围，以利于制剂悬浮稳定。因为黏度太大不利于倾倒完全，黏度太小不利于储存稳定。常用的黏度调节剂品种有高分子化合物黄原胶、羧甲基纤维素、聚丙烯酸钠以及在水中容易溶胀的气态二氧化硅、膨润土和硅酸镁铝。

4. 防冻剂 防冻剂的作用主要是减少低温对制剂物理稳定性的破坏，常用乙二醇、丙二醇、甘油、尿素等。

5. 消泡剂 消泡剂的作用防止研磨和稀释使用时产生气泡，影响研磨和喷雾效果，常用有机硅酮类和酯-醚型消泡剂。

6. 防腐剂 防腐剂主要用来抑制储存时微生物分解制剂中的高分子黏度调节剂，保持体系稳定，常用甲醛、苯甲酸钠等。

（二）悬浮剂的加工方法

悬浮剂的加工一般是将原药、润湿分散剂和部分水用均质机粗碎混合后，进入砂磨机进行超微研磨粉碎到目标细度，再在均质机的作用下与溶解有黏度调节剂、防冻剂和防腐剂的剩余水充分混合而成。

（三）悬浮剂的质量控制指标

悬浮剂的技术指标有：①外观为黏稠的可流动性悬浮液体；②有效成分含量不低于标明的含量；③酸碱度（以 H_2SO_4 或 NaOH 计）或 pH，以 pH 计一般为 7~9；④细度符合规定要求；⑤悬浮率一般要求在 2 年储存期内不低于 90%；⑥倾倒性合格，黏度一般控制 1 000 mPa·s 以下；⑦热储稳定性要求 52~56 ℃储存 14 d，制剂外观、倾倒性、悬浮率、有效成分含量等指标没有明显变化或在允许范围内；⑧冷储稳定性或冻融稳定性符合规定要求。

（四）悬浮剂近似剂型

1. 悬乳剂 悬乳剂（suspo-emulsion，SE）是有效成分以固体微粒和微小液珠的形式稳定地分散在连续的水相中形成非均相液体制剂。该剂型相当于悬浮剂与水乳剂的混合体。

2. 可分散油悬浮剂 可分散油悬浮剂（oil dispersion，OD）是油不溶的固体有效成分在非水介质（常用植物油及其衍生物）中形成稳定的悬浮液制剂，使用前用水稀释。

3. 油悬浮剂 油悬浮剂（oil miscible flowable concentrate，OF）是固体有效成分在非水介质（非挥发性有机溶剂）中形成稳定的悬浮液制剂，使用前用有机溶剂稀释。

七、乳　　油

乳油（emulsifiable concentrate，EC）是由原药、有机溶剂、乳化剂和其他助剂组成的一种均相透明的油状液体，使用时将其稀释到水中，形成稳定的乳状液供喷雾用。乳油含量为 1%~90%，一般为 20%~50%。乳油加工过程简单、设备成本低、配制技术易掌握，有效成分含量高，储存稳定性好，使用方便，药效高。其缺点是使用相当量的有毒、易燃有机溶剂，加工、储运安全性差，使用时气味大，对环境相容性差。因此乳油的发展方向是使用低毒、环境相容性好的溶剂、高浓度乳油、部分替代有机溶剂的水基化剂型等。

（一）乳油分类

根据乳油注入水中后的物理状态分为下述 3 种类型。

1. 可溶性乳油 水溶性强的原药所配制的乳油加入水中，能自动分散，有效成分溶于水中，外观为透明液体，不存在乳化稳定性问题，例如敌百虫、敌敌畏、乐果等乳油。在这类乳油中乳化剂的用量较少，一般达到制剂总量的 5% 左右即可。而下面两类乳油的乳化剂用量一般为 8%～10%。

2. 溶胶状乳油 溶胶状乳油加水后即自动分散，不经搅拌或略加搅拌即呈透明或半透明胶体溶液，油珠大小一般在 0.1 μm 以下，油珠愈小愈理想。这种乳油的乳化稳定性好，对水质适应性强，例如多数拟除虫菊酯乳油。

3. 乳浊状乳油 此种乳油加到水中后成乳浊液。可大致分为以下 3 种情况：①稀释后乳液外观有蛋白光，摇动后有附在玻璃壁上的现象，油珠直径一般为 0.1～1 μm，这种乳油一般稳定性好；②稀释后像牛奶一样的乳状液，油珠直径一般在 1～10 μm，乳液稳定性一般是合格的；③乳油加入水中后，成粗乳状分散体系，油珠直径一般大于 10 μm，乳液静置易产生浮油或沉淀，这种乳液使用时易发生药害或药效不好。

（二）乳油的组分及要求

1. 原药 凡是液态或在常用有机溶剂中易溶解的农药原药一般均可加工成乳油，而对水溶性（极性）较强的原药，加工成乳油较为困难，需要使用助溶剂。乳油的含量与原药的活性和在溶剂中的溶解度有关，原则上，含量越高越经济。

2. 溶剂 溶剂对原药起溶解和稀释作用，要求对原药溶解度大，与原药相容性好，来源丰富且成本低，闪点高。常用的有机溶剂有二甲苯、甲苯、苯等芳香烃类化合物。助溶剂的作用是提高常用溶剂对原药的溶解能力，常用的有醇类、酮类、二甲基甲酰胺、乙酸乙酯等。我国已开始逐步限制乳油中某些有害溶剂的用量，例如《农药乳油中有害溶剂限量》（HG/T 4576—2013）中规定：二甲苯含量在乳油制剂中含量应不超过 10%，甲醇含量不超过 5%，乙苯、N,N-二甲基甲酰胺含量不超过 2%，而甲苯、苯、萘等含量不超过 1%。替代的溶剂主要是植物油或酯化植物油、直链烷烃类等低毒、高闪点溶剂。

3. 乳化剂 乳化剂是乳油配方研究的关键。由于农药种类多，性质各异，同一药剂含量也会有变化，单一品种的离子型或非离子型乳化剂（又称为单体乳化剂）往往不具有广泛的适应性。若将两种或两种以上的单体乳化剂混合制成复配乳化剂，往往可扩大对原药及有机溶剂的适应范围，降低乳化剂用量和提高乳油质量。目前乳油中的复配乳化剂多为非离子型乳化剂与阴离子型乳化剂中的十二烷基苯磺酸钙的组合，有时也有非离子型乳化剂之间的组合。在乳化剂混用时，必须考虑单体乳化剂以及配制乳油中原药、有机溶剂的某些重要的理化性质，例如亲水亲油平衡值、是否具有相似结构等。

复配乳化剂的亲水亲油平衡值与所配乳油中的原药和有机溶剂（即油相组分）的亲水亲油平衡值相一致，并且乳化剂的化学结构与油相组分的化学结构越相似时配制出的乳油性能越好。由于乳化剂的亲水亲油平衡值具有加和性，因此乳油配方筛选时需要仔细调节不同亲水亲油平衡值的单体乳化剂之间的比例，以便与油相组分乳化所需要的亲水亲油平衡值相适应。目前乳油中二甲苯是最常见的溶剂，阴离子型乳化剂十二烷基苯磺酸钙以及非离子型多芳核基聚氧乙烯醚中含有与之相近的苯环，所以是应用最普遍的单体乳化剂。随着我国对芳烃类溶剂含量的限制和替代溶剂的使用，复配乳化剂中的单体乳化剂种类也会相应调整。

（三）乳油的加工方法

在反应釜中，将原药按一定比例溶解在有机溶剂中，再加入一定量的乳化剂和其他助剂，经搅拌混合配制成为一种均相透明的油状液体。

（四）乳油的质量控制指标

乳油的技术指标有：①外观为单相透明液体，无可见悬浮物和沉淀；②有效成分含量不低于标明的含量；③自发乳化性合格；④乳液稳定性合格；⑤酸碱度或 pH 范围应符合要求；⑥水分含量应符合要求；⑦热储稳定性要求 52~56 ℃储存 14 d，有效成分分解率小于规定量；⑧冷储稳定性符合规定要标；⑨闪点符合规定要求。

八、水 乳 剂

水乳剂（emulsion，oil in water，EW）是亲油性液体原药或低熔点固体原药溶于少量水不溶的有机溶剂以极小的油珠（<10 μm）在乳化剂的作用下稳定地分散在水中形成的不透明的乳状液。水乳剂的有效成分含量一般在 20%~50%。水乳剂使用时加水稀释成乳状液供喷雾用。水乳剂实际上是一种浓缩的乳状液，因此又被称为浓乳剂（concentrated emulsion），以水为分散介质，燃烧、爆炸危险小，储运安全，毒性低于乳油，减少了有机溶剂对环境、人畜及作物的危害性，是乳油的理想水基化替代剂型。

（一）水乳剂的组分及要求

1. 原药 水乳剂的原药一般要求熔点在 60 ℃以下，油溶性强，在水中溶解度小于 1 000 mg/L，在水中稳定性高。

2. 溶剂 水乳剂的溶剂与乳油的溶剂基本相同。

3. 乳化剂 水乳剂的乳化剂多选用亲水亲油平衡值为 12~18 的非离子型表面活性剂，特别是环氧乙烷环氧丙烷嵌段共聚物型的效果较好。

4. 分散剂 分散剂又称为保护性胶体，其作用是减少油滴的聚并，增强储存稳定性，常用聚乙烯醇、阿拉伯胶、黄原胶、硅酸镁铝等。

5. 共乳化剂 共乳化剂为小的极性分子，在制剂中被吸附在油水界面上，有助于油水界面张力的降低，改善乳化剂的性能，常用的有丁醇、异丁醇、十二烷醇等。

6. 防冻剂 常用防冻剂有乙二醇、丙二醇、甘油、尿素等。

7. 防腐剂 常用防腐剂有山梨酸、苯甲酸、苯甲醛等。

（二）水乳剂的加工方法

将原药、溶剂、乳化剂、共乳化剂加在一起，搅拌溶解成均匀油相。将水、防冻剂、防腐剂等混合为水相。在高速剪切条件下，将水相逐步加入到油相中，使体系慢慢由油包水型乳液转变为水包油型水乳剂。

（三）水乳剂的质量控制指标

水乳剂的技术指标有：①外观为稳定的乳状液，允许少量分层，轻微摇动或搅动应是均匀的；②有效成分含量不低于标明的含量；③酸碱度或 pH 范围符合规定要求；④倾倒性（倾倒后残余物比例、洗涤后残余物比例）低于标准规定的值；⑤乳液稳定性（按规定的倍数稀释和处理）上无浮油，下无沉淀为合格；⑥持久起泡性（1 min 后）低于标准规定的体积；⑦热储稳定性，52~56 ℃储存 14 d，有效成分含量不低于规定的标准，外观、乳液稳定性等其他指标合格；⑧冷储稳定性，−2~2 ℃储存 7 d，轻微搅动无可见的粒子和油状物。

九、微 乳 剂

微乳剂（microemulsion，ME）是由油溶性原药、乳化剂和水组成的外观透明的均相液体剂型。体系中悬浮的液滴微细，粒径为 0.01~0.10 μm，属于胶体范围，因此是热力学稳定的乳状液,又称为水性乳油。微乳剂有效成分含量一般为 5%~50%,使用时加水稀释形成透明或半透明的乳状液供喷雾用。农用微乳剂多为水包油型,含水多,生产、储运和使用安全性高于乳油,且由于稀释的乳状液粒子比一般乳液细,药效高于乳油和水乳剂。但微乳剂只是在一定的温度范围内透明稳定,且体系中乳化剂一般用量大,导致原料成本偏高,不适合制备高含量水包油(O/W)型制剂。微乳剂多使用极性强的溶剂,存在污染地下水的风险,由于乳油中已经限制部分极性溶剂的使用,因此其发展前景也会受到影响。

(一)微乳剂的组分及要求

1. 原药 制备微乳剂的原药要求在水中稳定,一般液体原药比固体原药容易配制微乳剂。因此活性高、在水中稳定性好的拟除虫菊酯农药比有机磷农药更适合加工微乳剂。

2. 溶剂 液体原药可以不使用溶剂,而对于固体原药和黏稠液体原药必须使用溶剂,应尽量选择对原药溶解度大、挥发性小、来源广、成本和毒性低的品种。常用溶剂为醇类、酮类、酯类等极性强的溶剂,有时也添加芳烃类溶剂。

3. 乳化剂 乳化剂的作用是降低油水界面张力,使微乳液自发形成。多选用亲水亲油平衡值在 13 以上的非离子型表面活性剂和亲油性阴离子表面活性剂复配。有时需要使用中等链长的极性醇类化合物作为助表面活性剂。

4. 防冻剂 常用的防冻剂有乙二醇、丙二醇、甘油等,既起防冻作用,又可调节制剂透明温度范围。

5. 水 水质对微乳剂加工和储存稳定性影响较大,一般选用蒸馏水或去离子水。

(二)微乳剂的加工方法

多采用转相法,将原药、溶剂和乳化剂充分溶解混合成均匀透明的油相,在搅拌下,慢慢加入蒸馏水或去离子水,开始形成 W/O 型乳状液,再经搅拌加热,使之迅速转相成 O/W 型,冷却至室温,静置过滤得到 O/W 型微乳剂。

(三)微乳剂的质量控制指标

微乳剂的技术指标有:①外观为稳定的透明均相液体;②有效成分含量不低于标明的含量;③酸碱度或 pH 范围符合标准要求;④持久起泡量(1 min 后)应不大于规定量;⑤乳液稳定性同乳油测定方法,与水以任意比例混合,稀释液透明,无油状物和沉淀;⑥热储稳定性,52~56 ℃储存 14 d,有效成分含量不低于规定的标准,外观、乳液稳定性等其他指标合格;⑦冷储稳定性,-2~2 ℃储存 7 d,轻微搅动无可见的粒子和油状物;⑧透明温度范围,应标明制剂透明的高温上限和低温下限。

十、水剂和可溶性液剂

(一)水剂

水剂(aqueous solution,AS)是农药原药的水溶液剂型,是有效成分以分子或离子状态分散在水中的真溶液制剂。水剂由原药、水和防冻剂组成,但通常也含有少量润湿剂。对原药的要求是在水中有较大溶解度,且稳定,例如杀虫双。而在水中溶解度小或不溶于水的原药若可以制备成溶解度较大的水溶性盐,并保持原有生物活性也可加工成水剂,例如草甘膦铵盐等。

(二)可溶性液剂

可溶性液剂(soluble concentrate,SL)是由原药、溶剂、表面活性剂和防冻剂组成的均相透明液体制剂，用水稀释后有效成分形成真溶液。用于配制可溶性液剂的原药在水中虽有很大溶解度，但在水中不稳定，易分解失效，因此不能加工成水剂，若在与水混溶的溶剂中有较大溶解度则可以加工成可溶性液剂，例如甲胺磷。而在水中溶解度小或不溶于水，也不能形成水溶性盐的原药，若在与水混溶的溶剂中有较大的溶解度，也可以加工成可溶性液剂，例如吡虫啉。可溶性液剂的溶剂一般使用低级醇类（例如甲醇、乙醇）和酮类（例如环己酮）。用于配制可溶性液剂的表面活性剂主要起增溶、润湿和渗透作用。

水剂和可溶性液剂在使用时一般都需再加水稀释后喷雾使用，具有药害低、毒性小、易稀释和使用安全方便的特点，并且活性成分呈分子或离子状态，因此具有良好的生物效应。但是由于使用醇、N,N-二甲基甲酰胺等极性强的溶剂，可溶性液剂与微乳剂一样存在污染地下水的风险而发展受限制。

十一、种 衣 剂

种子处理剂是用来处理植物种子，具有防治危害种子萌芽期或幼苗期的有害生物，或调节苗期植物生长发育作用的一类农药制剂。根据处理种子的方式可分为种衣剂、拌种剂和浸种剂3种；根据剂型物理状态分为种子处理固体剂型和种子处理液体剂型两类，其中种子处理固体剂型又分为种子处理干粉剂（powder for dry seed treatment）、种子处理可分散粉剂（water dispersible powder for slurry seed treatment）和种子处理可溶性粉剂（water soluble powder for seed treatment）3种，种子处理液体剂型又分为种子处理液剂（solution for seed treatment）、种子处理乳剂（emulsion for seed treatment）、种子处理悬浮剂（flowable concentrate for seed treatment）、悬浮种衣剂（flowable concentrate for seed coating）和种子处理微胶囊剂（capsule suspension for seed treatment）5种。上述剂型中，种衣剂较为特殊，本节作主要介绍。

种衣剂是含有成膜剂的专用种子包衣剂型，处理种子后可在种子表面形成牢固的药膜，国内目前常见的是悬浮种衣剂和干粉种衣剂两种。种衣剂的特点是针对性强，高效、经济、安全、持效期长。种衣剂主要供种子生产企业使用，在包衣机内与种子混合，制造并出售商品包衣种子，包衣后的种子往往可以储存一段时期。种衣剂的应用具有工效高、农用成本低、对环境压力小等优点，是具有广泛应用前途的剂型，但它是直接用于对外界条件很敏感的种子萌动期，所以应以积极而又慎重的态度对待。

（一）种衣剂的组成及要求

1. 原药 种衣剂的原药要求较高纯度，一般应在95%以上，例如多菌灵、克百威都要求纯度在97%以上的原药方可用于加工高质量种衣剂。目前作为种衣剂的活性成分主要是杀虫剂、杀菌剂、植物生长调节剂、微量元素肥料等，常用杀虫剂有克百威、毒死蜱、吡虫啉、甲基异柳磷等，杀菌剂有多菌灵、福美双、甲霜灵、三唑酮、戊唑醇等。

悬浮种衣剂和干粉种衣剂的基本剂型分别是悬浮剂和可湿性粉剂，因此所用基本助剂与此两种剂型基本相同，除此以外比较特殊的是成膜剂和警戒色。

2. 成膜剂 成膜剂要求成膜快，不易脱落，透气性和透水性好，一般为天然或人工合成高分子化合物。悬浮种衣剂一般多选用多糖类高分子化合物（例如羧基甲基淀粉钠）、纤维素衍生物（例如羧基甲基纤维素钠）、海藻酸钠、聚乙烯醇等；干粉种衣剂多选用多糖类高分子化合物、海藻酸钠等。

3. 警戒色 警戒色多为水溶性颜料，要求处理种子后永久性着色，例如碱性玫瑰精。

(二) 种衣剂的加工方法

悬浮种衣剂的加工方法参见悬浮剂，干粉种衣剂的加工方法参见可湿性粉剂。

(三) 种衣剂的质量控制指标

种衣剂的技术指标有：①含量，有效成分含量不低于标明含量。②细度，影响成膜质量，对于悬浮种衣剂要求95%粒径不大于2 μm，98%粒径不大于4 μm。③黏度，影响包衣的均匀度和牢固度，过大会降低包衣的均匀度，其值因作物不同存在差异。④成膜性，是衡量种衣剂质量的重要指标，其好坏影响种子包衣质量，好的种衣剂在自然条件下进行包衣后，能迅速固化成膜，并牢固附着在种子表面，不脱落、不粘连、不成块。固化成膜时间一般不超过15 min。⑤种衣牢固度，表明种衣薄膜在种子表面黏附的牢固程度，一般用脱落率表示，要求种衣剂脱落率不高于0.7%。

(四) 种子包衣技术

种衣剂对种子处理多为机械操作，流水作业，包衣机械一般有转筒式、斜皿旋转式，以电动机带动转筒或斜皿旋转而进行包衣作业，这适用于对大粒种子包衣处理。而对小粒种子处理则需用流化床式机械，即种子在包衣立筒（上设排气管）内，筒底送进气流而使种子悬浮于空气中，药液通过喷雾管道而均匀喷布到浮动的种子上。对有绒毛的种子（例如棉花种子）应首先用硫酸脱绒（脱绒后立即水洗）或用喷射出的火焰瞬间脱（烧）绒，下一步才能进行种衣剂包衣处理，工序较多。

十二、油　　剂

油剂（oil miscible liquid，OL）是用有机溶剂稀释（或不稀释）后使用的均相液体制剂。加工时有的需加助溶剂或化学稳定剂。油剂中专供超低容量喷洒的，称为超低容量喷雾剂（ultra low volume agent，ULV）。该剂型一般含农药有效成分20%~50%，不需稀释而直接喷洒。

(一) 油剂的组分及要求

油剂的原药一般要求高效、低毒、低残留，对所喷洒的作物不易发生药害。溶剂对原药溶解度大，不易挥发和流动性良好。

(二) 油剂的质量控制指标

冬天储存不产生液液分层或液固分离。若分层或有絮状物，经摇动能恢复原态。储存1年，有效成分分解率应小于5%。

挥发性低，相对密度大于1（最好为1.3~1.6），使喷出的雾滴较快沉落到受药物体上，不致在雾滴沉落过程中挥发掉。超低容量喷雾所形成的雾滴比较容易挥发，一是该雾滴较常规喷雾所形成的雾滴为小，二是喷出的雾滴至沉落部位之间的距离较大，因此要求制剂的挥发性低、密度大是非常必要的。

黏度要小，以利于形成较小雾滴，增加覆盖面积。闪点要高，以利于安全储存和使用，如果航空施药要求闪点高于70 ℃，地面施药要求闪点高于40 ℃。该剂型所用溶剂条件的好坏，在很大程度上决定制剂性能的高低，溶剂对原药溶解性是决定能否配制该剂型的先决条件。对溶剂理化性质的要求往往又是矛盾的，例如黏度小，多数是挥发性强和密度小的溶剂；密度大往往黏度高。

有一种油剂必须配套烟雾机使用，又被称为热雾剂。药剂在烟雾机的烟化管内与高温高速气流混合，立即喷射，挥发成为雾（液态原药）或气化冷凝成烟（固态原药）。

十三、缓 释 剂

缓释剂（controlled release formulation，CRF）是可以控制农药有效成分从加工品中缓慢释放的农药剂型。利用物理手段或化学手段使农药储存于农药的加工品中，然后又使之有控制地释放出来。当前，国内外多个缓释剂尤其是微囊悬浮剂已经商品化。几种主要缓释技术原理如下。

（一）物理型缓释剂

物理型缓释剂主要是利用包衣封闭与渗透、吸附与扩散、溶解与解析等基本原理而制造的各种缓释剂。

1. 微胶囊剂 微胶囊剂（microcapsule formulation）是将很微小的农药液体或固体包裹在保护膜中，平均粒径一般在 $10\ \mu m$ 左右，使用时药剂通过囊壁缓慢地释放出来。囊壁材料有天然物（例如明胶、树脂、石蜡等）及合成聚合物（例如聚乙烯醇、聚乙烯、聚丙二醇酯、环氧树脂等）。凡是能够在囊心颗粒或液珠的周围沉降，达到所需性能的物质都可作囊壁材料，但要求这些材料对农药是不活泼性物质。囊壁的强度和渗透性可用添加剂（例如可塑剂、填充剂、交联剂等）来得以满足。调节囊壁的渗透性至关重要，这要根据药剂的物理性质和应用上的需要来决定，若囊心物为液体，囊壁必须能阻滞内相的渗透。囊心物一般占总剂量的 70%～90%，其余为囊壁物。囊壁厚度一般为 $0.1\ \mu m$ 至几微米。美国 Pennwalt 公司生产的甲基对硫磷微胶囊剂（商品名 Penncap M）已在生产中应用。该剂型粒径为 $30\sim 50\ \mu m$，囊壁为交联聚酰胺（polyamide）或尼龙型聚合体，用多功能单体可控制囊壁的交联程度，以调节囊壁的释放性能。

微囊悬浮剂（capsule suspension，CS）是微胶囊在液体中形成稳定的悬浮制剂，通常用水稀释后使用。其质量控制指标主要有包覆率（包封率）、悬浮率、缓释性能等。我国已有毒死蜱、辛硫磷等多个微囊悬浮剂产品登记，可用于喷雾及种子处理。

2. 塑料结合剂 塑料薄膜覆盖栽培技术已在国内外广泛应用，但这必须与除草技术相结合才能充分发挥该技术的作用。因此出现了很有实用价值的塑料薄膜除草缓释剂（plastic formulation）。其加工方法有下述 3 种。

（1）物理法 将药剂溶解或分散到塑料母体中，经物理作用加工成膜。药剂的释放是通过扩散或受母体的化学、生物降解而完成。该法的优点是工艺简单，缺点为药剂两面扩散，浪费药剂和污染环境。

（2）化学法 将药剂化学结合在已聚合的塑料母体上或先与塑料聚合再进行共聚，通过化学或生物降解而将药剂释放出来。此法目前尚处于研究阶段，未实际应用。

（3）物理化学法 将药剂聚合在某一载体上，然后将之喷涂在膜载体的一面，属复合膜。该法的优点为药剂在膜的一面扩散，减少了药剂对大气的污染。其缺点是制备工艺较复杂。

3. 多层带剂 多层带剂（poly-stripe formulation）是利用浸渍过农药的薄纸条和塑料膜一层层黏合在一起制成的缓释剂，钉在墙上或橱内用于防治卫生害虫。

4. 纤维片缓释剂 纤维片缓释剂（fibrous sheet formulation）是由纤维片、纸片等吸收药剂而成。纤维片易吸湿,对易分解的农药,须加稳定剂,例如苯二甲酸二甲酯及硅油的混合物,外面再封一层塑料膜,但要留2%面积不封闭,使农药释放。这样的加工品,持效期可达90 d。该制剂和多层带剂在田间可用于昆虫性诱剂及不育剂等。

5. 吸附包衣型控释剂 某些多孔性物质具有强的吸附作用,可用以制造吸附包衣型控释剂(porous material formulation),例如锯末、煤矸石加工的高含量粒剂。

(二)化学型控释剂

化学型控释剂是使带有羟基、羧基、氨基等活性基团的农药与一种有活性基团的载体,经过化学反应结合到载体上而成。在使用中,农药又从载体上慢慢解析出来。这种加工品本身是无生物活性或低活性的,必须待其解析后才有生物活性。例如乐果的性质不够稳定,当它与2-叔丁基-4-甲基苯酚等分子混溶后,能产生新的化合物,水溶性较小,可延长持效期。又如敌敌畏与氯化钙制成络合物,可提高敌敌畏稳定性。

据报道,天然纤维素分子中有羟基侧链,可与某些带有羧基、氨基等的农药结合起来形成高分子化合物;尿素可与含有羧酸基的某些农药反应,生成聚合物;某些金属离子(例如铁、钴、镍、锰、镉、钛等的离子)与有机酸及醛可生成聚合物。这些聚合物是在一定条件(例如催化剂、某种溶剂等)下生成的。聚合物较原来农药水溶性降低,对农药起缓释作用。

物理型缓释剂在生产上已初步得到应用,化学型控释剂尚处于探索阶段。

十四、烟 剂

烟剂(smoke generator, FU)是通过点燃(或经化学反应产生的热能)发烟而释放有效成分的固体制剂,一般是以农药原药、燃料(例如木屑粉、淀粉等)、氧化剂(又称为助燃剂,例如氯酸钾、硝酸钾等)、消燃剂(例如陶土、滑石粉等)制成的粉状混合物(细度全部通过80目筛)。袋装或罐装,有的在其上插引火线,它为含有硝酸钾的牛皮纸制成。点燃后,可以燃烧,但应只发烟而没有火焰,农药有效成分因受热而气化,在空气中冷凝成固体微粒悬浮于空气中,直径达0.5~5.0 μm。沉积到植物上的烟粒不但对害虫具有良好的触杀和胃毒作用,而且空气中的极微小的烟粒还可通过害虫的呼吸道进入虫体内而起致毒作用。

烟剂的使用还具有工效高、劳动强度低等优点。烟剂施用时受自然环境尤其是气流的影响较大,所以一般适用于植物覆盖度大或空间密闭的场所中的病虫害防治,例如森林、仓库、保护地等。烟剂在农田中使用的不利之处主要是"烟云"上浮流失,在烟剂配方中若能使所形成的烟粒适当变大,对这个缺陷则可得到一定程度的克服。据试验,在烟剂中加入适量的蒽、碳酸钙、碳酸镁等,有使烟粒变大的趋势,这可能和这些该物质与烟剂共热时产生同药剂相反的电荷有关,相反电荷的相互吸引能形成较大的烟粒絮结体。我国保护地栽培中烟剂已较广泛使用,例如异丙威、百菌清、腐霉利等烟剂。

烟剂的质量控制指标主要有自燃温度、成烟率、热储分解率和防潮性能(吸潮率)等。

第四节 农药的施用方法

农药施用方法(pesticide application method)是指把农药施用到目标物上所采用的各种施药技术措施。按农药的剂型和施用方式可分为喷雾法、喷粉法、施粒法、熏烟法、烟雾法、毒饵法等。由于耕作制度的演变、农药新剂型、新药械的不断出现,以及人们环境意识的不断提高，施药技术还在继续发展和提高。

对农药的科学使用并非易事。如前所述，现代农药使用技术的目标是使农药最大限度地击中靶标生物而对非靶标生物及环境影响最小。这个目标实现的因素很多，内在因素有药剂本身的性质、剂型、药械的性能等，外在因素更为复杂，而且往往具有可变性，诸如不同作物种类、不同发育阶段、不同土壤性质、施药前后的气候条件等。这些因素对施药质量和效果既可产生有利作用，也可能产生不利影响，甚至负面作用，例如对作物产生药害、有益生物中毒、环境污染等。要做到农药科学施用，应掌握以下基础理论和知识：①熟知靶标生物和非靶标生物的生物学特性、发生和发展特点；②了解农药的理化性质、生物活性、作用方式、防治谱等；③掌握农药剂型及制剂特点，以确定施药方法；④了解施药地的自然环境条件，尤其是小气候条件；⑤对施药机械工作原理应有所了解，以利操作和提高施药质量；并需了解当农药喷施出去后的运动行为，达到靶标后的演变与自然环境条件的关系等。

总之，农药的科学使用是建立在对农药特性、剂型特点、防治对象及其生物学特性以及环境条件的全面了解和科学分析的基础上进行的。

一、喷雾法

喷雾法（spraying）是利用喷雾机具将液态制剂或固态制剂的稀释液雾化并分散到空气中，形成液气分散体系的施药方法，是目前病虫草害防治中使用频率最高的施药技术。供喷雾使用的农药剂型中，除超低容量喷雾剂不需加水稀释而可直接喷洒外，其他剂型诸如乳油、水剂、可湿（溶）性粉剂、水分散粒剂、悬浮剂等一般均需加水调配成稀释液后才能供喷洒使用。

不同喷雾容量要求采用恰当的药液雾化方式以及与之相适应的药液物化性质，此外，靶标的表面结构、稀释药液的水质等因素对喷雾的质量也存在较大的影响。

（一）雾化方式、原理及药械

药液的雾化（atomization）是靠机械来完成的。雾化的实质是药液在喷雾机具提供的外力作用下克服自身的表面张力，实现比表面积大幅增加的过程。雾滴的大小，与雾化方式以及药械的性能有直接关系。按药液雾化原理，可分为以下几种类型。

1. 液力雾化法 药液在液力下通过狭小喷孔而雾化的方法称为液力雾化法。药液通过孔口后通常先形成薄膜状，然后再扩散成不稳定的、大小不等的雾滴。影响薄膜形成的因素有药液的压力、药液的性质（例如药液的表面张力、浓度、黏度）、周围的空气条件等。

液力雾化法喷出雾滴的细度决定于喷雾器内的压力和喷孔的孔径。雾滴直径与压力的平方根成反比，因此必须保证在整个工作期间内喷雾器内有足够的压力。压力恒定时，喷孔越小，雾滴越细。单位时间内排出的液量，与压力和喷孔直径呈正相关，尤以喷孔直径的影响为大。

我国通常使用的有预压式和背囊压杆式两种类型喷雾器。预压式喷雾器如3WS-6型喷雾器，工作压力为0.15~0.35 MPa。使用时先向喷雾器内压缩空气，喷雾时压力逐渐降低，雾滴逐渐变粗，需再向喷雾器内压缩空气。背囊压杆式喷雾器的型号很多，例如3WB-16型背负式手动喷雾器，可边打气边喷雾，在喷雾期间压力较为均匀，因而雾滴大小也较为一致。这两种类型喷雾器的喷头都是切向离心式空心雾锥喷头，其主要由涡流室、涡流芯和喷孔片组成。受高压的药液沿切线方向进入涡流室后，绕涡流芯而产生高速旋转，最后从喷孔排出。药液高速旋转而产生的离心力使药液排出喷孔时形成锥形液膜,中心部位是空的,锥形药膜与空气碰撞而分散成雾,这样使锥体的中心雾滴少,而锥体周围的雾滴多。因此操作时要使喷头不断地平行移动或转动才能使雾滴在受药表面上均匀分布。

常用的3WB-16型背负式手动喷雾器,喷雾器喷片孔径为1.3 mm和1.6 mm,工作压力为0.3~0.4 MPa,流量为1.5~2.0 L/min,工作效率为每小时防治1 333 m²(2亩)左右。电动喷雾器是在手动喷雾器基础上改进的施药器械,主要利用蓄电池供电,充电一次可以工作5 h以上,大大减轻了工作强度。而利用机械通过延长喷杆和安装多喷头而开发的自走式喷杆喷雾机可以大大提高施药效率,例如3WX-280H自走式旱田作物喷杆喷雾机,采用折叠式喷杆,最大喷幅可达6 m,药箱容积为280 L,工作效率为每小时防治2 hm²(30亩)以上。

2. 气力雾化法 气力雾化法是利用高速气流对药液的拉伸作用而使药液分散雾化的方法,因为空气和药液都是流体,因此又称为双流体雾化法。这种雾化方法利用双流体喷头能产生细而均匀的雾滴,在气流压力波动的情况下雾滴变化不大。气力雾化方式可分为内混式和外混式两种,内混式是气体和液体在喷头体内撞混,外混式则气体和液体在喷头体外撞混。

常见的药械为东方红-18型背负式机动喷雾喷粉机,药液的雾化过程分为两步连续进行。药液箱内的药液受压力而以一定的流量流出,先与喷嘴叶片相撞,初步雾化,再在喷口处被喉管的高速气流吹张开,形成一个个小液膜,液膜与空气碰撞破裂而成雾。使用这种机械雾化药液,其液滴直径大小一是受药液箱内空气压力强弱的影响,二受喉管里气流速度的影响。后者更为重要,它不但左右雾滴的细度,而且还影响雾滴被运送的距离。

3. 离心雾化法 离心雾化法又称为转碟雾化法、超低容量弥雾法。此法利用圆盘高速旋转时产生的离心力,在离心力的作用下,药液被抛向盘的边缘并先形成液膜,在接近或到达边缘后再形成雾滴。其雾化原理是药液在离心力的作用下脱离转盘边缘而延伸成液丝,液丝断裂后形成细雾滴。

离心雾化法的药械有两种,一种是电动手持超低容量喷雾器,在喷头上已安装圆盘转碟(图2-16),转碟边缘有一定数量的半角锥齿,电机(用干电池供电)带动转碟高速转动,当药液滴落到这个圆盘转碟上时,转碟上的药液受离心力作用而向外缘移动到齿尖上,齿尖上的药滴仍受离心力的作用而被抛到空气中,形成雾浪,随气流而弥散,喷幅大小主要取决于风力和风向。

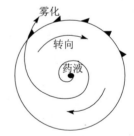

图2-16 圆盘转碟示意图

另一种弥雾机械是利用上述东方红-18型背负式机动喷雾喷粉机,将该机的配件即超低容量雾化喷头(基本构造同上述手持超低容量喷雾器的喷头)安装在喷管的端部,以电机所产生的气流吹动圆盘转碟高速转动,将齿尖的药液抛向空气中,同时,还靠喷管中的另一股气流将雾滴运送到远方,水平射程一般为8~10 m,所以较上述的手持超低容量喷雾器的喷幅宽,受大气气流影响也较小。

$$d = \frac{3.8}{\omega} \times \sqrt{\frac{\gamma}{D\rho}}$$

式中,d为雾滴直径(μm),ρ为液体密度(g/cm³),D为圆盘直径(cm),ω为圆盘角速度(r/min),γ为液体表面张力(mN/m)。

上式表明，在一定的液体密度与表面张力下，雾滴大小与角速度成反比，与圆盘直径的平方根成反比。试验结果证明，如手持超低容量喷雾器转速为 7 000～8 000 r/min，雾滴直径多为 50～80 μm；东方红-18 型超低容量喷雾器转速为 8 000～10 000 r/min，雾滴直径多为 15～75 μm，均匀性良好。另外，圆盘的齿数及齿尖锐度也影响雾滴大小，齿尖越尖锐，雾滴越小。

手持超低容量喷雾器和东方红-18AC 型超低容量喷雾器施药防治多种害虫在实践上已获成功，而实际上一般每公顷喷超低容量剂 5 L 左右。试验证明在同等有效成分用量下，超低容量喷雾与常量喷雾具有相似的杀虫效果，而超低容量喷雾的工效却高出常量喷雾很多倍，例如东方红-18 系列机动喷雾器工作效率为每小时防治 0.53～0.66 hm² （8～10 亩），可减轻劳动强度，也不受水源的限制。但这种施药技术也有其局限性，适宜风速仅为 1～3 m/s，还受阵风及上升气流影响。从作物着药量看，以迎风面或上部较多，下部及内部则较少。可见，它适用于喷洒内吸剂，或喷洒触杀剂以防治具有相当移动能力的害虫；不适用于喷洒保护性杀菌剂、除草剂。适合超低容量喷雾的剂型应为油剂或黏度小的乳油。

（二）雾滴的运动行为

雾滴的运动行为取决于雾滴尺寸、药液密度以及气流状况。喷雾法喷出的雾滴落到作物表面上以后，将会有雾滴的聚并和雾滴的反弹两种行为。

1. 雾滴的聚并　采取大容量常规喷雾法所产生的雾滴比较粗。若药液的湿润性不好，雾滴即呈不稳定状态，特别是在倾斜的表面上。作物的叶片不可能是水平状态，因此不能湿润叶片表面的雾滴有可能发生滚动，犹如水珠在荷叶上的状况。早在 20 世纪 60 年代就已有许多人研究了雾滴在叶面上的滚动现象。发现雾滴最初虽呈球状，但由于表面的倾斜度而发生变形，斜度越大变形越快越剧烈，并发现在难湿润的表面上，当雾滴尺寸达到 1 mm 左右时，就会发生滚动，并随着倾斜角的增大而加强，雾滴的形状也由球状变形为椭圆状。

雾滴在滚动过程中与其他雾滴相撞，就会发生雾滴聚并而变成较大的液珠。这个过程如果由于喷雾量的不断增大或由于机械振动而持续进行，液珠就会变得更大。当液珠的重力超过叶面对液珠的持着力后，就发生液珠从叶面滚落的现象。这种现象在常规粗雾大容量喷雾中非常容易发生。药液从叶面发生滴淌就是由液珠聚并造成的。但是若叶面很容易湿润或药液湿润能力过大，雾滴在叶面很容易展散成为很薄的液膜，这种情况也会使药液的实际沉积量显著降低，在此情况下，若喷药液量过大，其结果是靶标表面不能滞留太多的药液，也会发生药液从叶面流失的现象，最后沉积量反而降低。所以必须根据靶标的实际情况恰当地调节药液的湿润展布能力。

2. 雾滴的反弹　对雾滴在叶片上的行为观察发现，在雾滴喷落到叶面的瞬间，会出现从叶面上反弹的现象（亦称为弹跳现象，bouncing），在药液与叶片表面的界面张力较大的情况下更容易出现反弹现象。反弹是由雾滴撞击叶表面时所给予雾滴的运动能量使雾滴展成扁平液饼后，再发生液饼回缩而使雾滴向上弹起的结果。弹起的雾滴仍可再次回落到叶面上，但也可能弹落脱离叶面。较粗的雾滴在撞击叶面时会发生雾滴破碎，成为更小的雾珠；适当大小的雾滴可能经过反弹后迅速稳定地沉积在叶面上；较细的雾滴则可能沉积到叶背面或反弹后脱离叶表面而飘失。

若药液湿润展布性能较强，则可能在雾滴尚未弹起的瞬间即被叶片表面所捕获而稳定沉积下来。所以配制的药液其湿润展布性能很重要，应根据作物的实际情况确定喷洒液的技术标准。

(三) 喷雾技术

1. 根据单位面积所施用的药液量划分 受到喷雾机具、作物种类和覆盖密度等因素的影响，喷雾时通常单位面积上用药液量差异甚大，根据药液量的不同一般划分为 5 个级别，见表 2-7。

表 2-7 几种容量喷雾法的性能特点

分级	指标					
	施药量 (L/hm^2)	雾滴数量中径 (μm)	喷洒液浓度 (%)	药液覆盖度	载体种类	喷雾方式
高容量 (high volume, HV)	>600	250	0.05~0.10	大部分	水质	针对性
中容量 (medium volume, MV)	150~600	150~250	0.1~0.3	一部分	水质	针对性
低容量 (low volume, LV)	15~150	100~150	0.3~3.0	小部分	水质	针对性或飘移
很低容量 (very low volume, VLV)	5~15	50~100	3~10	很小部分	水质或油质	飘移
超低容量 (ultra low volume, ULV)	<5	<50	10~15	微量部分	油质	飘移

(1) 常量喷雾技术 施药量在低容量以上的喷雾方法，采用液力雾化法，雾滴直径一般为 150~400 μm，覆盖密度大，但雾滴流失也较严重。常用手动喷雾器进行作业，喷雾方法是摆动喷杆，带动喷头对靶标喷雾。国外利用喷杆式喷雾机喷洒化学除草剂、土壤处理剂和利用喷射式机动喷雾机对水稻、小麦等大面积农田和果树林木及枝叶繁茂的作物作业时也多采用常量喷雾法。

常量喷雾法具有目标性强、穿透性好、农药覆盖度好、受环境因素影响小等优点，但单位面积上施药量多，用水量大，农药利用率低，环境污染较大。

(2) 低容量喷雾技术 将常量喷雾器的喷片的孔径缩小为 0.7 mm 以下，就可以进行低容量喷雾。当然也可利用高速气流把药液吹散成雾的方法。雾滴直径为 100~150 μm，单位面积用水量比常量喷雾大大减少。低容量喷雾时可利用风力把雾滴分散、飘移、穿透、沉积在靶标上，也可将喷头对准靶标直接喷雾。行走状态为匀速连续行走，边走边喷，一般行走速度为 1.0~1.2 m/s。

尚鹤言等曾对传统喷片上的喷孔直径进行过改进，由过去的 0.9~1.6 mm 改为 0.6~0.7 mm，在棉花苗期喷药，每公顷仅用药液 75~225 L，而过去为 450~600 L，现已推广使用，并取得了明显的经济效益和社会效益。改用小孔喷片，必须同时采用较细的药液滤网，网孔直径一般为喷孔直径的 75%。

(3) 超低容量喷雾技术 1963 年，Messenger 首先用飞机喷洒马拉硫磷原油防治害虫获得成功，开创了超低容量喷雾的先河。超低容量喷雾每公顷大田作物喷液量在 5 L 以下，具有工效高、节省用药、不用水、防治费用低等优点。其缺点是受风力、风向和上升气流等气象因素影响大，喷施技术要求较高。

由于无法通过控制药液流量或改变喷雾压力而实现超低容量喷雾，故药液的雾化一般使用对药液分散性能更高的气力雾化法或旋转离心雾化法等，使雾滴的体积中径 (VMD) 在 100 μm 以下。超低容量喷雾技术由于喷药液量极少，不可能采取常规喷雾法的整株喷湿方法，必须采取飘移累积性喷洒法，利用气流的吹送作用把雾滴分布在田间作物上，称为雾滴覆盖，即根据单位面积上沉积的雾滴数量来决定喷洒质量。单位面积叶片表面所能获得的雾滴数，决定于雾滴尺寸，雾滴直径与雾滴沉积密度的关系如表 2-8 所示。

表 2-8 雾滴直径与单位体积雾滴数及雾滴密度的关系

雾滴直径（μm）	每公顷按 1 L 药液计的雾滴数（个）	雾滴密度（雾滴数/cm²）
20	2.385×10^{11}	2 385
50	1.526×10^{10}	153
80	3.75×10^{9}	37
100	2.0×10^{9}	20
150	5.61×10^{8}	6
200	2.4×10^{8}	2

由表 2-8 可见，减小雾滴直径，对提高雾滴密度具有非常显著的效果。若在单位面积上喷同等液量（1 L/hm²），雾滴直径由 200 μm（代表常量喷雾）降低到 80 μm 或 50 μm 时，其单位面积上的雾滴数，将分别提高 18.5 倍或 76.5 倍。而实际上，常量喷雾比超低容量喷雾在单位面积上所用的药液量要大得多，按理论推算，常量喷雾若每公顷喷液为 100 L，雾滴直径为 200 μm 时，则每平方厘米上雾滴数 200 个；而超低容量喷雾若每公顷喷液为 1 L，雾滴直径为 50 μm 时，每平方厘米上雾滴数则为 153 个。由于单位面积上用药量不同，常量喷雾的雾滴分布密度显著高于超低容量喷雾的雾滴密度。但超低容量喷雾剂性能与用水稀释的药液有所不同。据试验，超低容量喷雾当达到每平方厘米上有雾滴 10～20 个时，已具有实际防治效果。由表 2-8 可见，每公顷喷药液 1 L 时，只要把雾滴直径控制在 100 μm 以下，已可达到超低容量喷雾理论上的雾滴分布有效密度的要求。

2. 根据喷雾方式划分

(1) 针对性喷雾　把喷头对准靶标直接喷雾称为针对性喷雾，又称为定向喷雾法。

(2) 飘移喷雾法　利用风力把雾滴分散、飘移、穿透和沉积在靶标上的喷雾方法称为飘移喷雾法。该法的特点是雾滴按大小顺序沉降，距离喷头近处飘落的雾滴多而大，远处飘落的雾滴少而小。该法工作幅宽内降落的雾滴是多个单程喷射雾滴沉降累积的结果，故又称为飘移累积喷雾法。

(3) 循环喷雾法　在喷雾机的喷洒部件对面加装单个或多个药液回收装置，把没有沉积在靶标作物上的药液回收返送回药箱中，循环利用，以节省农药，减轻对环境污染的喷雾方法称为循环喷雾法。

(4) 泡沫喷雾技术　将药液形成泡沫状雾流喷向靶标的喷雾方法称为泡沫喷雾技术。喷药前在药液中加入一种能强烈发泡的起泡剂，作业时由一种特制的喷头自动吸入空气使药液形成泡沫雾喷出。该法的主要特点是泡沫雾流扩散范围窄，雾滴不易飘移，对邻近作物及环境的影响小。

(5) 静电喷雾技术　通过高压静电发生装置使喷出的雾滴带电的喷雾方法称为静电喷雾技术。带电雾滴在电场力的作用下快速均匀地飞向靶标，由此提高雾滴的命中率。由于雾滴带有相同电荷，在空间的运动行程中相互排斥，不会发生凝聚现象，所以靶标覆盖比较均匀，黏附牢固，飘失少，因此效果好，污染小。但静电发生装置结构复杂，成本较高。

(6) 手动吹雾技术　屠豫钦针对液力和气力雾化药械工作原理和作业方式，吸收了各自的优点，基本上根据弥雾机双流体（液流及气流）雾化原理设计了一种手动吹雾机，它是以手动方式提供压力以压缩药箱内空气进而对药液产生压力，迫使药液通过雾化器，于药液出口处在气流的冲击下实现雾化。

吹雾机的雾头是窄幅实心雾锥,雾锥角为25°左右。这种窄幅实心雾锥,以喷出的较强气流携带着雾滴吹向远方(即雾滴上带有向前方冲击的动能),为对靶标喷雾提供了有利条件。对靶标喷雾是对弥雾法的改进;而喷出的雾滴较小是对手动压力喷雾法的改造。据在田间小麦上测定,该吹雾法的雾滴在穗、叶、茎及地面上沉积分配率为2.1:2.92:1.17:1。而传统喷雾分配率为0.17:0.05:0.01:1。换算之,前者散落到土壤中药剂占总量的14%,而后者为77%。

(7) 弥雾技术 采用气流作动力,通过特制的雾化部件把药液分散成小于20 μm的极细雾滴,并能在空气中保持较长时间不挥发消失的施药技术称为弥雾技术。此类施药器械统称为弥雾器或弥雾机(mist blower)。弥雾技术可分为热法和冷法两种。热法采用热雾机,选用不易挥发的油类作载体,以高沸点燃油所产生的高温废气为动力,使农药油剂迅速气化,脱离喷口后在冷空气中又迅速冷却而凝聚成极细的油雾,雾滴尺寸为1～10 μm。热雾法工效高,可用于森林、竹林、果园等郁闭度高的地方,便携式热雾机还可用于仓库、车间、场馆、剧院、集装箱等封闭空间的药剂处理。冷法以空气压缩机产生的高压高速空气为动力,药剂可以用水作载体也可用不易挥发的溶剂作载体。以水为载体的冷法弥雾主要适用于温室大棚等设施农业中。

(四) 喷雾质量的其他影响因素

1. 药液的物理化学性能对其沉积量的影响 降低液体的表面张力,可以增加其分散度。液体在自然情况下所能形成的液滴大小与表面张力成正比,而液滴数目则与表面张力成反比,可用下式所示。

$$\frac{\gamma_1}{\gamma_2}=\frac{d_1}{d_2}\times\frac{N_2}{N_1}$$

式中,γ为液体表面张力,d为液滴大小,N为液滴数。

由上式可见,液体表面张力越小,所生成的雾滴数就越多,雾滴也越小。液滴表面张力的降低还意味着它在固体表面上的湿展性的增强,所以在湿展性不好的制剂中添加少量表面活性剂,可显著提高药剂沉积量和湿展性而提高效能。但如果喷雾药液湿展性过强,也易从受药表面上流失。因此喷雾作业时,稀释药液中若使用有机硅喷雾助剂,喷液量往往要降低1/3～1/2。

药液的黏度也影响雾化质量,一般黏度过大的液体难以雾化。

2. 药液沉积量与生物表面结构的关系 经验证明,同种药液对有刺、茸毛或具较厚蜡质层的叶面不易湿展,例如水稻、小麦、甘蓝、葱的叶面;而对蜡质层薄的,例如马铃薯、葡萄、黄瓜等的叶面则较易湿展。液体在不同昆虫体壁上湿展性的差异往往很大,也与蜡质层厚薄有关。

3. 水质对液用药剂性能的影响 水质好坏的主要指标是水的硬度。硬水一般对乳液(尤其是离子型乳化剂所配成的乳液)和悬浮液的稳定性破坏作用较大。有的药剂在硬水中可能转变成为非水溶性或难溶性的物质而丧失药效,例如2,4-滴钠盐、氟化钠等。有些硬水的硬度大,通常碱性亦大,一些药剂易被碱分解,这也不利于液态农药使用。

二、喷 粉 法

喷粉法(dusting)是利用鼓风机所产生的气流把农药粉剂吹散后沉积到作物上的施药

方法。此法具有操作简单、工效高、粉粒在作物上沉积分布比较均匀、不需用水的特点，在干旱、缺水地区具有较高应用价值。喷粉法在20世纪80年代以前曾是我国农药使用的主要方法，但由于喷粉时飘翔的粉粒容易污染环境，其使用范围日益受到限制。目前主要应用在密闭的温室和大棚，郁闭度高的森林、果园和高秆作物，生长后期的棉田和水稻田也可应用。大面积水生植物（例如芦苇）、辽阔的草原、滋生蝗虫的荒滩还可以使用飞机喷粉。

（一）喷粉法的分类

根据施药手段可把喷粉法分为以下几类。

1. 手动喷粉法 主要利用人力操作的简单器械（例如手摇喷粉器）进行喷粉的方法称为手动喷粉法。此法由于一次装载药粉不多，只适宜于小块农田、果园及温室、大棚使用。

2. 机动喷粉法 利用发动机驱动的风机产生的气流进行喷粉的方法称为机动喷粉法。使用的机具有东方红-18型背负式机动喷雾喷粉机、机引或车载式的喷粉机。前者适用于小块农田，后者可用于大型果园和森林。如用机动喷粉机喷洒杀螟丹粉剂，可有效防治平均株高8 m的云南松人工林的纵坑切梢小蠹的危害。

3. 飞机喷粉法 利用飞机螺旋桨产生的强大气流进行空中喷粉的方法称为飞机喷粉法。此法适合大面积连片种植的作物、森林、果园以及草原、荒滩等。

4. 静电喷粉技术 静电喷粉法（electrostatic dusting）是通过喷头的高压静电给农药粉粒带上与其极性相同的电荷，又通过地面给作物的叶片及叶片上的有害生物如害虫带上相反的电荷，靠两种异性电荷的吸引力，把农药粉粒吸附在靶标上的方法。静电喷粉比普通喷粉可提高附着药量5～8倍。同时由于粉粒带有相同电荷，还可以减少粉粒间的絮结现象。

（二）粉粒的运动行为

粉粒为不规则的固体颗粒，其在空气中的运动行为与喷雾法所产生的球形雾滴的运动行为差别较大。同样大小的雾滴与粉粒相比，前者由于具有球形的流线型特征而受空气阻力较小因而比较容易沉降，而后者因不规则的外形而受到较大空气阻力的影响，沉降非常缓慢。如本章第一节所述，粉粒在空气中存在布朗运动和飘移效应两种运动特性，这两种特性均有利于延长粉粒在空中的飘悬时间，使其在田间沉积分布比较均匀。粉粒的运动特性要求喷粉时必须采用飘移性喷施方法，而避免进行近距离针对性喷施。

（三）喷粉质量的影响因素

1. 药械性能与操作对喷粉质量的影响 对于手动喷粉器而言，在各个时间内喷出粉剂的量是否恒定是关键，进料及送风速度越快，喷出粉量则越多。在使用手摇喷粉器时，使用者几乎不可能保持恒定的送风速度和行进速度，排粉量的误差往往可达到50%～300%。而良好的机动喷粉器，进料误差则可缩小到2%以下。可见，喷粉机械性能对提高喷粉质量的影响是很大的。东方红-18型背负式机动喷雾喷粉机比手摇喷粉器的喷粉质量好，主要是能保持恒定的送风和进料速度，而且喷幅宽，工作效率高。

2. 环境因素对喷粉质量的影响 被喷出粉剂在空气中沉降时，粉粒密度大，则沉降得快。喷粉时的气流，尤其是上升气流对喷粉质量影响极大，一般认为当风力超过1 m/s时，就不适宜喷粉。喷粉时作物上有露水，有利于提高粉剂的附着。粉剂不耐雨水冲洗，喷药后24 h内降雨，一般应补喷。

3. 粉剂的某些物理性质对喷粉质量的影响 粉剂呈疏松状态时，喷出后，往往会出现一定的絮结现象，这种絮结体一般由25～300个粉粒组成，有利于粉剂的沉积，但降低在受药表面上的分散度。在粉剂中加入少量油类，可提高粉粒在受药表面上的黏附能力。

三、其他施药方法

1. 撒施法及撒滴法　对于毒性高的农药品种，以及容易挥发的农药品种，不便采用喷雾和喷粉方法，可以制备成颗粒剂撒施。该法于20世纪50年代以来得到广泛应用，用于防治作物地下害虫、苗期蚜虫、水田杂草和害虫，以及公共卫生防疫等。该法无需药液配制，药剂可以直接使用，无粉尘和雾滴飘移，方便、省工，还可使药剂穿过茂密的茎叶层而沉落到害虫活动场所，减少药剂在植物叶片上的附着，这为喷雾法、喷粉法所不及。

撒滴法是将强水溶性的药剂（例如杀虫双和杀虫单）装在特制的撒滴瓶中，施药时打开瓶盖，药液不需稀释直接从瓶上的撒滴孔流出，滴落到田水中，并在水中迅速扩散和分布均匀。该法目前主要用于水稻田害虫防治。

2. 土壤浇灌法　此法以水为载体，采用浇灌的方法把农药施入土壤中。浇灌的方式可以是漫灌、沟施、穴施、灌根等。土壤浇灌法主要用于防治土传病虫害，例如阿维菌素乳油兑水稀释浇灌防治蔬菜根结线虫病、辛硫磷乳油兑水稀释浇灌防治韭菜根蛆、多菌灵可湿性粉剂兑水稀释浇灌防治棉花枯萎病等。发达国家将滴灌、喷灌系统改装，实现自动、定量向土壤中施入农药，并称之为化学灌溉（chemigation）技术，用于农田、苗圃、草坪、温室大棚中病虫草鼠害的防治。

土壤对药剂的不利因素往往大于地上部对药剂的不利因素，例如砂质土壤容易引起药剂流失、黏重或有机质多的土壤对药剂吸附作用强而使有效成分不能被充分利用、土壤酸碱度和某些盐类及重金属往往也能使药剂分解等。

3. 拌种法　用药粉与种子拌匀，使每粒种子外面都覆盖一层药粉，是防治种传病害及地下害虫的方法，粉剂附着量一般为种子量的0.2%~0.5%。拌种应在拌种器内进行，以30 r/min的速度，拌和3~4 min为宜。带绒毛的棉籽，拌种时不能用拌种器，先将药粉与填充物（例如细土、炉渣灰等）混匀，再与浸泡（或经催芽）后的棉种拌和均匀。拌种也可以使用种衣剂或兑水稀释剂型的稀释药液。

4. 种苗浸渍法　用于浸种的药剂多为水剂或乳剂，药液用量以浸没种子为限。浸种药液可连续使用，但要补充所减少的药液量。浸种防病效果与药液浓度、温度和时间有密切的关系。浸种温度一般要在10~25 ℃，温度高时，应适当降低药液浓度或缩短浸种时间；温度一定，药液浓度高时，浸种时间可短些。药液浓度、温度、浸种时间，对某种种子均有一定的适用范围。浸苗的基本原则同浸种。例如采用内吸性杀虫剂吡虫啉、噻虫嗪等药剂稀释后于移栽前处理黄瓜、番茄等育苗穴盘防治烟粉虱。

5. 毒饵法　毒饵法（bait broadcasting）是用有害生物喜食的食物（例如豆饼、花生饼、麦麸等）为饵料，加适量农药，拌匀而成毒饵诱杀有害生物的方法。该法适用于诱杀具有迁移活动能力、咀嚼取食的有害动物，例如害鼠、害虫、蜗牛、蛞蝓等，在卫生防疫上（防治蟑螂、蚂蚁等）应用广泛。农田防治地下害虫时，药剂用量一般为饵料量的1%~3%，每公顷用毒饵22.5~30.0 kg。播种期施药可将毒饵撒在播种沟里或随种子播下。幼苗期施药，可将毒饵撒在幼苗基部，最好用土覆盖。地面撒毒饵，饵料还可用鲜水草或野菜，药剂量为饵量的0.2%~0.3%，每公顷用毒饵150~225 kg。

6. 熏蒸法　用气态农药或常温下容易气化的农药处理农产品、密闭空间、土壤等，防治有害生物的方法称为熏蒸法（fumigation）。此法中，药剂以分子状态起作用，这有别于包含液态、固态农药颗粒悬浮的烟雾施药技术。气态农药分子的扩散运动和穿透能力极强，例如能通过昆虫呼吸系统进入虫体，因此效率高，防治效果好。该法要求密闭的空间，因此使用场所一般是仓库、农产品加工车间、农产品运输车厢、集装箱等。在田间用药剂熏蒸杀虫，仅在作物茂密情况下才可能获得成功，例如用敌敌畏防治大豆食心虫。此外，在温室、大棚等保护地甚至大田，结合封闭地膜也可用熏蒸法防治土传病虫草害。

7. 烟雾法 此法是利用携带农药的烟或雾分散在空气中进行施药的方法。烟是固相分散在气相中，颗粒直径为 0.1~5.0 μm；雾是液相分散在气相中，雾滴直径为 1~30 μm。由于烟雾的粒径很小，所以悬浮时间长，能够长时间弥散在空间，与靶标有较长的接触时间，接触效率远高于喷雾法和喷粉法，接近于熏蒸法，具有省工、省时和不需复杂器械的特点。其缺点是受气流的影响较大，难以控制。因此烟雾法多用于密闭空间和郁闭度高的森林、果园等。烟雾粒在靶标上的沉积与雾滴和粉粒的沉积大体相似，但偏流现象更严重，因此在小的靶标面积上沉积效率更高。室外使用烟雾剂应该利用逆温的条件，于清晨或傍晚使用，使烟雾接近地面，可提高防治效果。

8. 树干注射法 树干注射（trunk injection）法是将内吸性农药通过自流式或高压注入植物体内，药剂随树体的水分运动而发生纵向运输和横向扩散从而在植物体内均匀分布进行病虫害防治的方法。此法主要用于防治林木、果树、行道树等蛀干害虫、维管束害虫、结包性害虫和具有蜡壳保护的刺吸式口器害虫。根据注射动力的不同，目前主要有高压注射法、低压注射法、挂液瓶输导、喷雾器压输法等。

第五节 航空施药法

航空施药法（aerial application）是用飞机或其他飞行器将农药液剂、粉剂、颗粒剂等从空中均匀撒施在目标区域内的施药方法，在现代化大农业生产中具有特殊和不可替代的重要地位和作用。目前，航空施药法根据操控方式主要分为有人驾驶和无人机两类。人驾驶的主要是配备施药装置的固定翼式飞机、直升机和植物保护动力伞、固定三角翼机等，无人机主要是配备施药装置的单旋翼机和多旋翼机等。

一、航空施药法的优缺点

1. 航空施药法的优点 航空施药法与其他施药方法相比，具有如下优点：①作业效率高，一般为 50~200 hm^2/h，适于大面积单一作物、果园、草原、森林的施药作业，以及滋生蝗虫的滩涂地的施药，尤其对暴发性、突发性病虫害的防治很有利。②不受作物长势限制，适应性较广。作物生长的中后期，地面施药机械难以进入，以及对地面喷药有困难的地方，例如森林、沼泽、山丘、水田、玉米等高秆作物田等，用航空施药法较为方便。③用药液量少，不但可用常量喷雾、低容量喷雾，而且也可用超低容量喷雾。

2. 航空施药法的缺点 航空施药法亦存在一些缺点：①药剂在作物上的覆盖度往往不及地面喷药，尤其在作物的中下部受药较少，因此用于防治在作物下部危害的病虫害效果较差。②施药地块必须集中，否则作业不便。③大面积防治，往往缩小了有益生物的生存空间。④施药成本偏高。⑤农药飘移严重，对环境污染的风险高。有些发达国家已经禁止飞机喷洒农药。为减少飘移，目前飞机喷洒药剂已基本不用喷粉法而多用喷雾法。

二、航空喷雾装置

航空喷雾装置主要有两种，一种是用于常量喷雾，喷雾装置为一条直径约 3 cm 的多孔钢管，水平悬挂在机翼下方，泵位于钢管中央，泵给药液以压力，药液从钢管的喷孔中喷出，加之飞机高速向前飞行所形成的强劲气流进一步将粗雾分散为细雾。另一种是超低容量喷雾装置，为一个转笼（金属丝）式雾化器，它相接于可调叶桨，受飞行的逆向气流而被动旋转，旋转所产生的气流将金属丝上的药液分散成雾而被抛出。

三、航空喷洒农药的方式

航空喷洒农药有两种方式：针对性喷洒（placement spraying）和飘移累积喷洒（incremental drift spraying）。针对性喷洒法的特点是飞行高度较低，喷幅狭窄（通常为机翼的 1.5 倍），不利用侧风，而靠飞行时所产生的下冲气流使雾滴落在植物上，农药覆盖度较高，成本亦较高，适用于常量或低容量喷洒。飘移累积喷洒法的特点是飞行高度较高，利用侧风（靠侧风将喷雾层分散和传递雾滴），飞机航向与风向垂直，由于每次喷药的面积互相重叠累积，因此施药区中各地点所得到的药剂较均匀，喷幅较宽，作业方式见图 2-17。此法适用于超低容量喷雾。

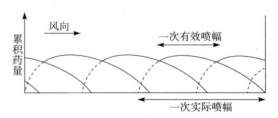

图 2-17 飘移累积喷洒受药情况

喷雾质量检查，应在受药地段设 5 点或 10 点，每点作物的上、中、下 3 个部位悬挂白色硬纸片或玻璃片各一张（块）。超低容量喷雾，每平方厘米上平均有 10~20 个雾滴才达有效雾滴密度要求。为了使雾滴颜色明显，可在药液中加入少量苏丹黑染料。也可以直接使用商品化的雾滴测试卡。

有人驾驶的飞机喷洒农药时，应超低空飞行。大田作物低量或超低量喷雾时机体离作物顶端 3~4 m，常量喷雾为 5~7 m，但在任何情况下，飞机离地面高度一般不应低于 3 m。复杂地形或林区，机体离目标 10~15 m。超低容量喷雾，机体离地面高度也不应超过 20 m。作业时，地面可用彩旗导航，或用全球定位系统（GPS）导航。

第六节 农药精准施用技术

从世界范围来看，农药喷雾技术、喷雾器械及农药剂型正向着精准、低量、高浓度、对靶性、自动化方向发展。自 20 世纪 90 年代开始，以美国为代表的一些发达国家开始研究面向农林生产的农药可变量精准使用，例如美国加利福尼亚州立大学戴维斯分校研制了基于视觉传感器对成行作物实施精量喷雾的系统，美国伊利诺伊大学研究开发基于机器视觉的田间自动杂草控制系统和基于差分全球定位系统（DGPS）的施药系统等，使农药使用逐步进入精准使用时代。

传统农药使用（traditional pesticide application，TPA）技术往往根据全田块发生病虫草害严重区域等的总体情况，采用全面喷洒过量的农药来保证目标区域接受足够的农药量。但由于田间土壤状况、农药条件、喷雾目标个体特征等的不均匀性，显然全面均匀施药难以达到最高的农药使用效率，从而带来一系列不可忽略的问题，例如显著增加农药使用成本乃至农林生产成本、操作者在施药过程中易受污染、农林产品的农药残留量易超标等。过量使用农药还有导致环境污染和破坏生态平衡的风险。我国的农药利用率只有 20%～30%，远低于发达国家 50% 的平均水平。

农药精准使用（precision pesticide application，PPA）技术是利用现代农林生产工艺和先进技术，设计在自然环境中基于实时视觉传感或基于地图的农药精准施用方法。该方法涵盖施药过程中的目标信息采集、目标识别、施药决策、可变量喷雾执行等农药精准使用的主要技术，以节约农药、提高农药使用效率和减轻环境污染，改善我国农林病虫草害防治中的施药工艺和施药器械，实现我国农林病虫草害防治的农药使用技术的智能化、精准化和自动化，促进生态环境保护和农林生产的可持续发展。简而言之，农药精准使用技术就是要实现定时、定量和定点施药。

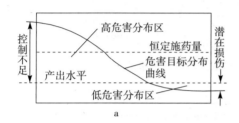 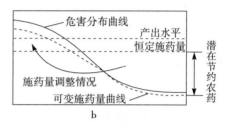

图 2-18　均匀全面喷雾（a）和农药精准使用可变量控制喷雾的效果对比（b）

图 2-18 为均匀全面喷雾和农药精准使用可变量控制喷雾的效果对比情况。图 2-18a 为不考虑田间作物、树木或杂草等目标与非目标植物分布状况，采用均匀恒定的施药量，这时对左边病虫草害高危害分布的区域，病虫草害得不到有效控制；而在右边病虫草害低危害分布区域，则所施用的农药可能引起潜在的作物或非目标植物损伤及环境污染，最终导致低水平的农林产出。对于与图 2-18a 中同样的病虫草害的危害分布，如果根据危害分布特征，采用可变量控制喷雾技术，即在高危害分布区域加大施药量，而在低危害分布区域减小施药量，如图 2-18b 所示，即根据可变施药量曲线，重新调整农药的使用策略。比较均匀恒定施药，可变量控制喷雾精准使用农药，根据病虫草害发生状况采用农药标签规定的施药量，可以有效控制病虫草危害，节约农药使用量，杜绝潜在的作物或非目标植物损伤，从而减轻环境污染，提高作物产量。

一、精准施药原理

（一）农药精准使用系统

农药精准使用技术通常在确认识别病虫草害相关特征差异性基础上，充分获取目标的时空差异性信息，采取技术上可行、经济上有效的农药使用方案，仅对病虫草害的危害区域进行按需定点喷雾。目前通常有两种方式，一是基于地图的农药精准使用系统（图 2-19），二是基于实时传感的农药精准使用系统（图 2-20）。

（二）信息采集与处理技术

信息采集与处理技术主要包括地理信息系统（GIS）、定位系统、传感器、植物目标图像采集与处理技术、决策支持系统（DSS）。该部分通过各种传感器以及植物目标图像采集系统实时获取农田病虫草害发生的具体信息以及全球定位系统（GPS）数据，转化为数字信息传输给决策支持系统，由该系统根据农药使用技术要求、田间及气候条件和实时数据，结合历史上病虫草害发生情况和植物保护专家在长期生产中获得的知识，进行病虫草害发展趋势统计和技术经济分析，建立农药使用技术专家系统，并结合决策支持系统，形成执行图件和信息分布图。然后根据实时数据处理、喷雾目标特征和病虫草害防治目标阈值，建立地理信息系统和专家系统（ES）集成的农药精准使用智能决策支持系统，从而可针对不同农林生产情况及病虫害发生类型和程度等实际需要确定农药投入的种类、数量。

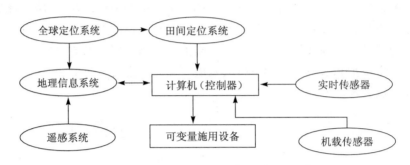

图 2-19　典型的基于地图的农药精准使用系统

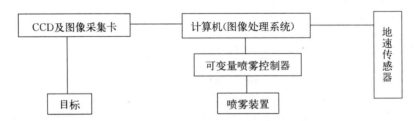

图 2-20　典型的基于实时传感的农药精准使用系统

（三）可变量控制技术

可变量控制技术的核心是控制器（计算机硬件和软件），实现对喷雾目标的定点施药需要基于可变量技术的喷雾控制系统，可变量的实现依赖于流量控制系统。农药精准使用要求控制系统（包括电磁阀和喷头）有良好的动态特性。图 2-21 是澳大利亚 Farmscan 公司生产的 Farmscan 2400 喷雾控制器的示意图。

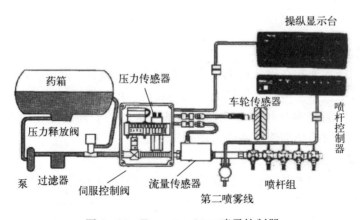

图 2-21　Farmscan 2400 喷雾控制器

二、定点杂草控制技术

定点杂草控制技术由美国伊利诺伊大学农业与生物工程系研究开发。包括3部分：①实时可视杂草识别系统，采用CCD摄像头和图像采集卡实时采集田间杂草和作物图像，通过计算机图像处理获取杂草长势和密度特征；②最佳喷量专家决策系统，根据识别出的杂草信息，综合数据库内的其他信息，例如气象条件、以前的防治作业记录、机具作业速度和农药类型等，按最佳效益模型决定施药量；③喷雾量控制系统，根据专家决策系统给出的电子数据表分别对各单个喷头的喷量通过喷雾阀进行控制（图2-22）。

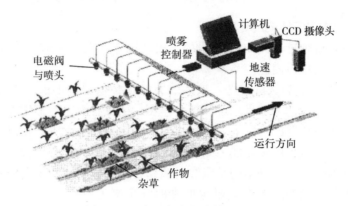

图2-22 农业定点杂草管理系统

思 考 题

1. 什么是农药分散度？其对农药加工和使用有哪些影响？
2. 简述表面活性剂的结构特征和应用特征。
3. 简述农药剂型的发展方向和趋势。
4. 油溶性农药可以加工成哪些剂型？各有什么优缺点？
5. 举例说明直接使用的农药剂型、稀释后使用的农药剂型和特殊用法的农药剂型。
6. 简述农药使用技术研究的方向和发展趋势。
7. 密闭空间例如保护地可使用哪些施药技术？其优缺点如何？

第三章 杀虫杀螨剂

第一节 杀虫剂毒理学基础

一、杀虫剂的穿透与在昆虫体内的分布

(一) 杀虫剂进入昆虫体内的途径

杀虫剂施用后,必须进入昆虫体内到达作用部位才能发挥毒效。药剂可以从昆虫的口腔、体壁及气门进入昆虫体内。

1. 从口腔进入 杀虫剂从口腔进入虫体的关键是必须通过害虫的取食活动。首先,害虫必须对含有杀虫剂的食物不产生忌避和拒食作用。昆虫有敏锐的感化器,大部分集中在触角、下颚须、下唇须及口器的内壁上,能被化学药剂激发产生反应。无机杀虫剂大多数是很难挥发的化合物,激发昆虫的嗅觉能力差,因此驱避作用较弱。有机合成杀虫剂品种多,性能差别很大。例如有机氮杀虫剂中的杀虫脒对鳞翅目幼虫有明显的拒食作用;而另一种含氮的苯甲酰基苯基脲类化合物灭幼脲,黏虫取食时几乎毫无拒食作用。昆虫口器部位的感化器,对含有药剂的液体及固体食物均有一定的反应,药剂在食物中的含量过高时,害虫即产生拒食作用,使药剂的防治效果降低。

咀嚼式口器害虫取食时的呕吐现象会影响药剂从口腔进入虫体。一些夜蛾科的幼虫取食含有无机杀虫剂(酸性砷酸铅、氟化钠)的食物时产生呕吐现象,并且呕吐以后拒绝再取食。有机合成杀虫剂引起害虫呕吐反应更是明显,例如害虫口器接触到拟除虫菊酯杀虫剂立即出现呕吐症状。像这一类作用快的神经毒剂,即使在处理表皮时也会产生呕吐反应。

有内吸性能的杀虫剂(例如克百威、乐果、磷胺等),施用以后被植物吸收,随植物汁液在植物体内运转。当害虫尤其是刺吸式口器害虫(例如蚜虫、叶蝉、飞虱等)吸取植物的汁液时,药剂也进入口腔、消化道,穿透肠壁到达血液,随血液循环而到达作用部位神经系统,与咀嚼式口器害虫相比较,仅仅是取食方式不同,药剂仍然是由口腔进入虫体发挥胃毒作用。

2. 从体壁进入

(1) 昆虫体壁的结构 体壁是以触杀作用为主的杀虫剂进入昆虫体内的主要屏障。昆虫的体壁是由表皮、真皮细胞及底膜构成的(图3-1)。

①表皮:表皮来源于皮细胞分泌的非细胞质物质,硬化以后成为昆虫的外骨骼,是节肢动物的重要特征。表皮分为3层:上表皮、外表皮及内表皮。上表皮又分为3层,最外层是护蜡层,主要成分是类脂及鞣化蛋白;第二层是蜡层,由含有25~34个碳原子的碳氢化合物构成;第三层是角质精层,主要含鞣化脂蛋白、类脂及一些尚不清楚化合物。外表皮是表皮中最硬的一层,对蜕皮液有很强的抵抗性,其主要成分为鞣化蛋白、几丁质和脂类。内表皮是表皮中最厚的一层,含有很多平列薄片和纵行孔道,内表皮的化学成分主要是几丁质-蛋白质复合体,有亲水性。

②真皮细胞：内表皮的内面即为真皮细胞层，为单层细胞，它是一种特化的细胞组织，能通过连接膜区域的、电化学上的信息极化传输来识别自身在体内和体节间的位置和定向。真皮细胞能够控制膜的渗透性，调节表皮营养状况和控制昆虫的蜕皮等。

③底膜：底膜是由血细胞分泌的中性黏多糖组成的，它是真皮细胞层与血腔的分隔层。

（2）农药从体壁进入虫体 绝大多数陆栖昆虫的体壁，由于上表皮所含的

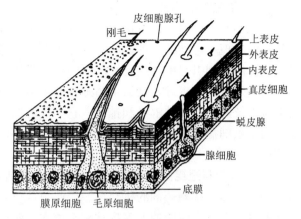

图 3-1 昆虫体壁层次构造

蜡质及类脂与水无亲和性，故表皮不能被水湿润。因此任何药剂由体壁进入虫体时，必须首先在昆虫体壁湿润展布。当药液喷洒到虫体上时，如果液滴不能湿润展布，就会积聚成球状从昆虫体表滚落而流失。有些昆虫（例如蚜虫、介壳虫）由于表皮覆盖了较厚的蜡质，不易被药液湿润，对很多药剂表现了高度的耐药性。

在各种加工剂型中乳油的湿润性能比较好，由于乳化剂的表面活性作用容易在昆虫体壁湿润展布。乳油中的溶剂可以溶解上表皮的蜡质，使药剂更容易进入表皮层。溶剂不仅本身可以穿透上表皮，还可以携带药剂一同进入表皮。由于上表皮为亲脂性，因此杀虫剂中脂溶性强的非极性化合物易溶解于蜡质而被上表皮吸收，故这类杀虫剂具有很强的触杀作用。杀虫剂中水溶性强的极性化合物，由于难溶于上表皮的蜡质，不易被上表皮吸收，故表现触杀作用弱。

虽然昆虫整个体躯被硬化的表皮所包围，但是表皮的构造并非完全一致。例如节间膜、触角、足的基部及部分昆虫的翅都是未经骨化的膜状组织，这些部位药剂容易侵入。此外，昆虫的跗节、触角及口器是感觉器集中的部位，这些部位药剂也较容易侵入。例如家蝇的跗节着生有大量的感化器，第一个感化器是一个特化的空心刚毛，并且有部分极薄的表皮层，脂溶性杀虫剂极易从此部分表皮穿透而到达感觉神经细胞。就整个昆虫体躯而言，药剂从体壁侵入的部位愈靠近脑和体神经节，愈容易使昆虫中毒。

3. 从气门进入 绝大多数陆栖昆虫的呼吸系统是由气门和气管系统组成的。气管系统是由外胚层细胞内陷形成的，因此气管系统的内壁与表皮相连，并与表皮具有同样的构造。气门是体壁内陷时气管的开口，也是昆虫进行呼吸时空气及二氧化碳的进出口。气体药剂（例如氯化苦、磷化氢、溴甲烷等）可以在昆虫呼吸时随空气进入气门，沿着昆虫的气管系统最后到达微气管而产生毒效。敌敌畏挥发的气体由气门进入虫体的气管系统，由微气管而进入血液，到达神经系统产生毒效。一般以喷雾起触杀作用的杀虫剂，靠湿润展布能力进入气门，与从表皮进入情况相似。矿物油乳剂由于有较强的穿透性能，由气门进入虫体比一般乳剂更为容易，并且进入气管后产生堵塞作用，阻碍气体的交换，使害虫窒息而死。

昆虫的气门大都有开闭的结构，这些开闭结构是由化学刺激及神经冲动来控制气门肌实现的。二氧化碳（CO_2）有助于刺激气门肌的活动，使气门开启。因此在使用熏蒸剂防治储粮害虫时，常常在熏蒸气体中混入二氧化碳，使气体药剂更容易进入虫体。

（二）杀虫剂的穿透

杀虫剂使用以后，害虫接触、吞食了药剂，或者通过呼吸而吸进药剂的气体，经过一定时间，即出现一系列的中毒症状，例如兴奋、不停地运动、痉挛、呕吐、腹泻、麻痹直至最后死亡。由药剂引起中毒或死亡的原因称为作用机制，或者称为毒理。

研究杀虫剂的毒理，是为了明确各类杀虫剂在昆虫体内的生理生化反应、药剂的主要作用部位以及药剂如何被解毒和排泄。它不仅可以指导新药的合成，而且为害虫防治上合理安全使用杀虫剂提供理论依据。杀虫剂毒理已发展成为对环境、生态及人类安全具有重大意义的环境毒理学。

1. 杀虫剂穿透昆虫体壁　现在使用的杀虫剂大多数是触杀剂。由于昆虫体积小，相对表面积大，体壁接触药剂的机会多。因此与从口腔及气门相比较，药剂从体壁进入虫体是更重要的途径。昆虫体壁的上表皮具有不透水的蜡层，如果用惰性粉或砂磨去表皮蜡质后，可引起虫体水分迅速丧失。用有机溶剂去除表皮表面蜡质后，表皮透水性相对增加。昆虫的表皮是一个代表油水（或者蜡水）两相的结构。上表皮代表油相，原表皮（包括外表皮及内表皮）代表水相。当昆虫接触到药剂以后，药剂溶解于上表皮的蜡层，再按照药剂中的油水分配系数而进入原表皮。油水分配系数是指一种溶质在油相（即非极性溶剂）及水相中溶解度的比值。因此油水分配系数小，表示溶质的亲水性强。杀虫剂中，亲水性强而易溶于水的药剂，因为不能溶于表皮的蜡层，不能穿透表皮。这类药剂的触杀作用极小，例如杀虫脒。一般情况下，脂溶性的药剂因为溶解于蜡质，比较容易穿透上表皮，但是能否继续穿透原表皮则决定于药剂是否有一定的水溶性。脂溶性强的化合物，由于向原表皮的穿透很慢，因此穿透速率（单位时间穿透量）很低。

昆虫表皮中的孔道和上表皮丝也有助于杀虫剂向体内渗透。孔道是皮细胞的细胞质向外伸出的细丝，在分泌活动结束时缩回皮细胞留下的细管道。这些细管道贯穿整个表皮层直到上表皮蜡层的下面。因此被蜡层吸收的药剂可以通过孔道渗入虫体。另外，在上表皮层中还有一部分液晶体状的上表皮丝，是从原表皮穿过上表皮向角质精层输送类脂及蜡质后遗留下来的细管道。目前对上表皮丝的研究还很少。推断它们是脂蛋白、类脂或蛋白晶体，它们是后来被固定的，是永久性的上表皮孔道。上表皮丝既能让脂溶液通过，也能让水溶液通过。这样的特点，Locke（1976）认为正可以用来解释为什么昆虫表皮对水分有时能渗透，有时不能渗透，以及为什么杀虫剂的任何剂型都可以从上表皮丝进入虫体。

杀虫剂穿透表皮的机制目前有两种观点，大多数人认为药剂从表皮穿透，经过皮细胞而进入血腔，随血液循环而到达作用部位神经系统。在这个过程中可能有部分药剂由血液转移到气管系统，由微气管进入神经系统。另一种观点是 Gerolt（1969，1970，1972，1983）提出的，并被部分人所证实，认为狄氏剂及一些其他化合物从表皮施药进入到昆虫体内，完全从侧面沿表皮的蜡层进入气管系统，最后由微气管而到达作用部位神经系统。由于表皮蜡层与气管的内壁在结构上是连续的，因此后一种解释的可能性是存在的。特别是一些非极性化合物，从上表皮蜡层向极性的原表皮扩散时有可能从侧面沿蜡层扩散而进入气管。药剂从气管系统进入中枢神经系统在毒理学上是很有意义的，如果是事实的话，可以解释为什么杀虫剂中非极性化合物对昆虫具有较高的触杀毒力。

2. 杀虫剂穿透昆虫的消化道　昆虫取食了含有杀虫剂的食物后，杀虫剂能否穿透肠壁被消化道吸收，这是决定胃毒剂是否有效的重要因素。昆虫的消化道分为前肠、中肠及后肠。前肠和后肠都是发生于外胚层，肠壁的构造和性质与表皮很相似，所以对杀虫剂穿透的反应也与体壁相近。而昆虫的中肠则与前肠和后肠不同，肠壁结构有其特异性，是昆虫消化食物、吸收营养成分的主要场所。

杀虫剂在昆虫消化道中的穿透和吸收是一个复杂的过程，除了被动扩散外，还有主动运输，涉及多方面因素，其中还包括消化道中酶系对杀虫剂化学结构的改变，从而产生活化（增毒）或降解（减毒）作用。杀虫剂穿透昆虫中肠肠壁细胞、体壁的皮细胞与穿透高等动物消化道壁、皮肤、胎盘、口腔黏膜及肝细胞等在理论上是一致的，都要受到细胞质膜这个主要障碍的选择透性影响。质膜是一个典型的生物膜，一切细胞都有这样一层外膜包围，保护细胞的内容物（例如细胞质、细胞核、内质网、线粒体等）。质膜本身是一个双分子类脂层，厚度为 30～50 nm，夹在两层蛋白质之间。质膜表面有细小的、充满了水的孔洞，直径只有 4 nm，水溶性化合物可以从这种水孔进入到膜内，而质膜本身可允许亲脂性化合物的简单扩散通过。一些亲水性的化合物不能靠扩散作用进入质膜，但它们可以靠质膜上的嵌入蛋白质作为介导体，与蛋白质暂时性结合，蛋白质靠分子构型上产生的变化，就可以把结合的物质转移入膜内。大多数外来化合物，通过质膜是靠被动的扩散作用，受膜内外浓度梯度的影响，由高浓度向低浓度扩散。一些亲水性化合物及小分子离子化合物通过水孔时，也受浓度梯度的影响，向浓度低的一边扩散。由于离子化的毒物在非离解形式时通常都是脂溶性，所以化合物的电离度非常重要，同时质膜内外溶液的 pH 可影响杀虫剂的解离程度和穿透能力，对化合物的穿透速率起决定性的影响。

昆虫消化道的生理学特性对杀虫剂穿透肠壁的影响是很大的，消化道的酶促反应可影响杀虫剂的毒性。例如主要存在于昆虫消化道和马氏管内的多功能氧化酶（mixed function oxidase，MFO），能对许多类型的杀虫剂起氧化作用，从而改变这些杀虫剂的化学结构，影响其穿透力与毒性。杀虫剂穿透肠壁组织还受其他因素的影响，例如肠液及血液的流动、杀虫剂在肠组织及血液中被代谢的情况、脂肪体的吸收等。

在昆虫及动物的试验中，Shah 及 Cauthrie（1970，1971，1972）报道了有机氯、有机磷及氨基甲酸酯等杀虫剂穿透蜚蠊（*Blaberus* sp.）和烟草天蛾（*Manduca sexta*）幼虫离体的中肠及小鼠的一段小肠的过程。试验的方法是将昆虫的中肠及小鼠的小肠结扎成囊，悬挂在一个适宜的生理缓冲溶液中（血清介质），置不同的杀虫剂于囊中，在一定的间隔时间分析血清、肠组织及肠液中的剂量。用 ^{14}C 甲萘威 0.1 μg 放入小鼠小肠中，80 min 以后，发现 63% ^{14}C 甲萘威穿过肠壁进入到血清中，其中未分解的甲萘威占 82%，1-萘酚占 11%，其余为水溶性的代谢物。留在肠组织中的 ^{14}C 甲萘威占 12%。在烟草天蛾幼虫的肠组织及血清中只有 31%。滴滴涕及狄氏剂穿透上述几种肠组织非常缓慢，被滞留在肠组织中，可能是受到油水分配系数的影响。

从以上的试验可以看到各种杀虫剂都可以穿透昆虫肠壁，穿透速率因药剂的种类不同而有明显的差异。穿透速率受到药剂油水分配系数的影响，亲脂性强的化合物容易被肠壁吸收。但是从肠组织进入血浆时，同药剂穿透表皮的原表皮层一样，需要一定的水溶性才能较快地扩散到血浆中，因此也表现出极性化合物的穿透速率大于非极性化合物。

杀虫剂穿透肠组织还受其他因素的影响，例如肠液及血液的流动、肠组织及血液中被代谢的情况、脂肪体的吸收等。

进入昆虫血淋巴的药剂，已经知道是结合在血细胞或可溶性蛋白质上，再转移到各个组织的。

3. 杀虫剂从血液到达作用部位神经系统 昆虫的血液循环，自从在头部离开背血管以后就在血腔内由头部向后流动。在头部，血液已经到达中枢神经的四周。在脊椎动物的脑及脊髓的外围有一个血脑屏障，能限制血液中的某些物质进入脑内。

1953年Hoyle提出昆虫的血淋巴与神经系统之间也有一个血脑屏障的设想。现已有很多试验证实了这个屏障的确存在。由于现在使用的杀虫剂大多数都是作用于神经系统的，因此确定昆虫的中枢神经系统存在血脑屏障对进一步了解杀虫剂的作用机制很有意义。

昆虫的血脑屏障的位置可能在胶质细胞与其附近区域。昆虫的这个屏障也是类似生物膜的结构，非离子部分可以穿过，电解质的离子部分被阻挡在屏障的外面。杀虫剂的电离常数、溶液的pH等因素也影响穿过血脑屏障。如果能控制处理溶液的pH，降低电离度，可以增加杀虫剂对血脑屏障的穿透，从而增加对昆虫的毒力。

杀虫剂中有个别的乙酰胆碱酯酶（acetylcholine esterase，AChE）抑制剂是离子化合物，例如胺吸磷，它的作用部位是神经元之间的胆碱能突触，对突触部位的乙酰胆碱酯酶产生抑制。由于昆虫的胆碱能突触全部集中在中枢神经系统，胺吸磷不能越过血脑屏障，因此对昆虫的毒力很低。在哺乳动物中，外周神经系统有胆碱能突触，而且没有膜屏障保护，所以胺吸磷对哺乳动物毒性大。

4. 昆虫体内排泄杀虫剂的过程 昆虫中有多种器官具有排泄外来化合物的功能。昆虫能代谢外来化合物，将它们转变为水溶性的轭合物。昆虫的马氏管与后肠组成排泄系统，它们的功能很像哺乳动物的肾。马氏管开口于后肠的前端，另一端封闭。全部马氏管都浸在血淋巴中，吸收血淋巴中的水分及废物，转移到后肠，由直肠排到体外。血淋巴中的小分子外来化合物可以靠扩散作用进入马氏管。马氏管中的液体在进入后肠流向直肠的途中再度被直肠吸收进入血淋巴。直肠阻挡了大分子外来物和离解的化合物穿过肠壁回到虫体，例如杀虫剂中的轭合物在直肠排泄过程中，就不被直肠壁吸收。

昆虫体内的脂肪体有类似哺乳动物肝的功能。它能储存脂肪、蛋白质、糖类等营养物质，同时也能储存代谢外来化合物。由于脂肪体大部分裸露在昆虫的血液中，因此进入血液的杀虫剂很容易被脂肪体吸收。特别是一些亲脂性强的杀虫剂可被脂肪体吸收，直接影响到达作用部位的药量，从而形成了在昆虫体内大量储存、缓慢释放的现象，在时间上给了昆虫解毒的机会，因此毒效大大降低。例如有机氯杀虫剂对鳞翅目幼虫的毒效随龄期增高而降低，其中一个重要原因就是高龄幼虫有大量的脂肪体，储存有机氯杀虫剂的能力大于低龄幼虫。现在知道，脂肪体不仅仅是一个储存器官，昆虫体内蛋白质及核酸的合成都受它的影响，外来化合物的代谢也受它的影响，脂肪体中还含有代谢杀虫剂的重要酶类多功能氧化酶（即微粒体氧化酶）。

昆虫血腔中的围心细胞有肾细胞之称，具有代谢废物和组织碎片的功能。一般认为它的主要功能在于分离血液中暂时不需要的物质，而这些物质又不能被马氏管吸收，可能对杀虫剂的转移、排泄产生影响，这方面的研究还很少。

（三）杀虫剂在昆虫体内的分布

一种杀虫剂施用于昆虫后，就可能遇到各种阻碍，首先在穿透表皮时，有一部分可被保留在表皮内；在血淋巴转运过程中，它可与血淋巴蛋白结合或被血细胞包围，还可能被运送和分布到体内其他组织和器官，例如被储存在脂肪体内、被排泄器官吸收排泄等（图3-

2)。为了发挥杀虫剂的最佳效果，这种杀虫剂首先必须较容易地穿透表皮，基本上大部分进入血淋巴内，然后再由血淋巴运送分布到作用靶标（例如神经组织等）。但实际上杀虫剂在昆虫体内的分布情况是非常复杂的，涉及许多方面的因素。

杀虫剂一进入虫体就面临着被解毒，敏感品系由于缺乏对杀虫剂的解毒机制或解毒

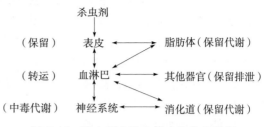

图3-2 杀虫剂在昆虫体内的分布平衡

机制不健全而中毒死亡，抗性品系对药剂耐受能力强，主要是由于虫体解毒速率接近杀虫剂的穿透速率，进入虫体的杀虫剂迅速被代谢解毒或储存。

杀虫剂在昆虫体内的分布动态是比较复杂的，受到多种因素的影响，例如杀虫剂的理化性质、昆虫本身存在的生理生化特点等。

何首林等（1983）研究了$^3H-738$（$^3H-JHA-738$）在家蚕组织器官内的分布，发现进入家蚕体内的$^3H-JHA-738$主要分布在脂肪体、体壁及性器官内，而其他组织中分布较少，例如血淋巴中仅占3%～4%，但脂肪体内却可高达60%左右。侯能俊等（1986）用^{14}C氰戊菊酯处理棉铃虫幼虫，却发现^{14}C氰戊菊酯在虫体内部器官组织中的分布以消化道、马氏管内最多，而脂肪体、体壁等组织内较少。陈文奎（1987）用^{14}C敌百虫处理不同季节的荔枝蝽，测得的^{14}C敌百虫在荔枝蝽体内组织器官的分布，主要以头部、前胸背板等处最多，而脂肪体、消化道内的分布较少。

二、杀虫剂在动物体内的代谢机制

杀虫剂在自然界的变化和消失是杀虫剂在整个环境中的代谢残留问题。

杀虫剂在动物体内的代谢过程，氧化作用很普遍。早期，只从化学结构及杀虫剂的分子反应来考虑，因此很难理解。例如带有酯键的有机合成杀虫剂很容易产生碱性水解，而这种水解应该是水解酶参与的催化反应。但是甲萘威的酯键水解最初参与生物转化作用的不是水解酶，而是微粒体氧化酶（一种位于细胞质微粒体部分的酶）。再如除虫菊素，最初认为它的酯键部位水解而被降解失效。但是最近研究指出，除虫菊素的降解首先是氧化作用，也是微粒体氧化酶参与的催化反应。

1960年孙云沛与Johanson首先指出，在杀虫剂的代谢中，氧化作用很普遍而且很重要。他们认为次甲基双氧苯环类增效剂的作用可使很多杀虫剂在昆虫体内的氧化代谢受到抑制。现在已经证实了这一点，很多杀虫剂在生物体内的降解都是由于微粒体氧化酶参与的生物转化反应的结果。这种氧化反应与药剂的降解代谢、药剂的增效作用、酶的诱导作用、昆虫对杀虫剂的抗药性等都是密切相关的。

有关微粒体氧化酶系可参考本书第八章害虫抗药性机制部分及相关专著。

三、杀虫剂对昆虫的作用机制

将杀虫剂按照对害虫的作用机制进行分类，是目前世界上权威的分类方法。这种方法是标记世界上所有杀虫剂的基础，同时也是害虫抗药性管理（IRM）的重要工具。

根据施药后害虫生理变化的不同，将杀虫剂分为几大类。这样分类可帮助理解和记忆杀

虫剂作用速率、施药后害虫症状以及杀虫剂其他特性。杀虫剂可以作用于害虫神经、肌肉及中肠,影响害虫生理过程及呼吸作用。除此之外,还有一些杀虫剂的作用机制未知。

杀虫剂对害虫的作用靶标可分为以下几类:①乙酰胆碱酯酶抑制剂(例如克百威、毒死蜱);②γ-氨基丁酸(GABA)门控氯离子通道拮抗剂(例如硫丹、苯基吡唑);③钠通道调控剂(例如氟氯苯菊酯、滴滴涕);④烟碱型乙酰胆碱受体(nAChR)激动剂(例如噻虫嗪、烟碱);⑤烟碱型乙酰胆碱受体变构调节剂(例如乙基多杀菌素、多杀菌素);⑥氯离子通道激动剂(例如阿维菌素、弥拜菌素);⑦仿生保幼激素(例如保幼激素类似物、苯氧威);⑧非特异性多靶标(multi-site)抑制剂(例如氯化苦、硼砂);⑨选择性同翅亚目昆虫摄食阻滞剂(例如吡蚜酮、氟啶虫酰胺);⑩螨虫生长抑制剂(例如四螨嗪、噻螨酮);⑪昆虫中肠微生物干扰物(例如苏云金芽孢杆菌、球形芽孢杆菌);⑫线粒体三磷酸腺苷(ATP)合成酶抑制剂(例如克螨特、杀螨锡);⑬干扰质子梯度影响氧化磷酸化的解偶联剂(例如二硝酚、氟虫胺);⑭烟碱型乙酰胆碱受体通道阻断剂(例如杀虫磺、杀虫环);⑮几丁质生物合成抑制剂 0 型(例如氟虫脲);⑯几丁质生物合成抑制剂 1 型(例如噻嗪酮);⑰双翅目蜕皮干扰剂(例如灭蝇胺);⑱蜕皮激素受体激动剂(例如环虫酰肼、甲氧虫酰肼);⑲章鱼胺受体激动剂(例如双甲脒);⑳线粒体电子传递复合体Ⅲ抑制剂(例如氟蚁腙、灭螨醌);㉑线粒体电子传递复合体Ⅰ抑制剂(例如鱼藤酮、哒螨灵);㉒压力依赖性钠离子通道阻断剂(例如茚虫威、氰氟虫腙);㉓乙酰辅酶 A 羧化酶抑制剂(例如螺螨酯、螺虫乙酯);㉔线粒体电子传递复合体Ⅳ抑制剂(例如磷化铝、磷化锌);㉕线粒体电子传递复合体Ⅱ抑制剂(例如丁氟螨酯、腈吡螨酯);㉖鱼尼丁受体调节剂(例如氯虫苯甲酰胺、溴氰虫酰胺);㉗作用机制尚不明确的化合物(例如印楝素、苯螨特)。

由上述可知,大多数杀虫剂作用于昆虫的神经系统,常常称为神经毒剂。它们的作用是在神经系统中干扰神经冲动的正常传导。神经组织是动物传导外来刺激并做出反应,同时控制体内生理生化活动的协调中心。这个中心受到任何干扰,将出现不正常现象,轻度干扰使动物行为紊乱,严重干扰引起动物死亡。杀虫剂作用于神经系统的部位各不相同。有机磷杀虫剂及氨基甲酸酯类杀虫剂主要作用于突触部位的神经冲动传导,对乙酰胆碱酯酶活性产生抑制;有机氯杀虫剂滴滴涕和拟除虫菊酯杀虫剂作用于轴突上的钠离子通道来影响神经冲动传导;而杀螟丹、烟碱等杀虫剂则作用于突触后膜上的胆碱受体而干扰神经冲动传导。药剂的作用部位不同,作用机制也不一样。

(一) 昆虫的神经构造

昆虫的神经系统是由无数个神经元(neuron)和胶质细胞构成的。神经元是神经系统的基本单位(神经细胞),分为轴突(axon)、树突(dendrite)和端丛(terminal arborization)。各类神经元的轴突或侧支的端丛并不是直接相连的,而是在脑、神经节等处,以突触(synapse)的形式相联系。神经元末梢即端丛与昆虫各器官的肌肉相连系,称为神经肌肉连接部(neurone-muscle junction),是另外一种神经突触。

神经元之间相互联系,构成一个非常严格、极其复杂的网络系统,使来自外界刺激所激发的神经冲动,沿着相对固定的神经通路传导,从而实现机体的相应运动。神经系统接受刺激使机体产生反应,由一个接受刺激的感觉器官和与其相连的感觉神经元,将冲动传导至神经节内,再经由联系神经元传导至运动神经元,最后传导至肌肉、腺体或其他效应器而产生相应的反应(图 3-3)。

(二) 昆虫神经系统传导神经冲动的机制

昆虫表皮的感受器接受外来的刺激，无论是物理刺激还是化学刺激，都需要转变成生物电反应，引起神经膜电位的改变产生神经冲动。神经冲动以动作电位的形式沿着感觉神经元传入中枢神经系统。在脑或神经节内，通过联系神经元和运动神经元之间的突触时，神经冲动转变为化学递质的传递。已经知道这个化学递质是乙酰胆碱。

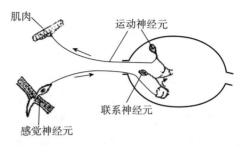

图 3-3 昆虫神经传导的反射弧

乙酰胆碱作用于突触后膜上的乙酰胆碱受体，受体被激发后使突触后膜产生动作电位，神经冲动沿着运动神经元传递下去，最后到达神经与肌肉连接点（或其他反应器的连接区）。在连接点运动神经纤维末梢释放化学物质激发肌纤维产生动作电位，这个化学物质可能是谷氨酸。经过一系列的化学反应使肌肉收缩（或腺体分泌）。这是一次冲动传导的全部过程，它包括了轴突上动作电位的传导和突触部位的化学递质的传导。

在轴突上，当神经膜处于静息状态时，受膜内外离子的影响，膜的表面带正电，膜的内面带负电，处于极化状态。Na^+ 不能进入膜内，K^+ 由于受到膜内大量阴离子的牵制也不能穿过神经膜，只能靠陶南平衡（Donnan equilibrium）的原理在膜的两边产生动态平衡。因此引起的膜电位称为静息电位，可以达到 50～100 mV。当神经膜（或者轴状突膜）受刺激产生兴奋时，神经膜的极化状态遭到暂时破坏，称为去极化作用。膜的通透性起了变化，Na^+ 由膜外渗入膜内，膜外负性增高，K^+ 自膜内向外渗透。由于膜内外包围着大量的电解质，在兴奋产生时膜内外形成了动作电位。膜外电流从未兴奋的部位流向兴奋的部位，引起未兴奋的部位不断地去极化产生一定间隔的脉冲动作电位。当神经冲动已过去，K^+ 被离子泵吸入神经膜内，Na^+ 被离子泵喷出膜外，神经膜恢复到静息状态，对 Na^+ 保持不通透性，膜的表面也恢复到原来的极化状态（图 3-4）。

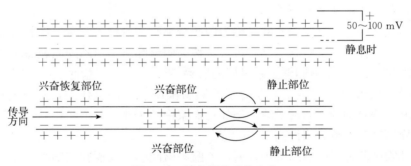

图 3-4 轴突部位动作电位

在突触部位，神经冲动的传导是靠化学递质乙酰胆碱来激发的。突触前神经纤维末梢中有许多排列成丛的直径为 400～500 nm 的囊泡，每个囊泡中含有近 2 000 个乙酰胆碱分子。神经冲动到达突触前膜神经末梢时，使神经膜产生收缩。囊泡与突触前膜进一步靠拢并与前膜碰撞而形成裂口，囊泡内的介质全部进入突触间隙。突触后膜的表面有很多颗粒，直径为 7～14 nm，明显地从膜外延伸穿过膜到达膜内。这些颗粒是乙酰胆碱受体。进入突触间隙的乙酰胆碱分子与受体结合后，突触后膜上的离子通道开放，Na^+ 通过后膜进入膜内，K^+

由膜内流向膜外，引起后膜产生动作电位。神经冲动沿着突触后神经纤维传递下去。在突触后膜表面存在着大量的乙酰胆碱酯酶，从囊泡中释放的乙酰胆碱，无论是结合在受体的，还是与受体结合后又离开受体的，都在 1 ms 时间内被乙酰胆碱酯酶水解为乙酸（Ac）和胆碱（Ch）。使介质很快失去活性。胆碱又穿过神经膜回到突触前神经末梢，在胆碱乙酰化酶催化下与乙酸合成乙酰胆碱，再度储存在囊泡中。乙酰胆碱酯酶在传导的过程中主要分解乙酰胆碱，如果乙酰胆碱不能被消除（或者称为失活），则对突触后膜的乙酰胆碱受体产生反复的激活作用，延长了动作电位在后膜上不断地向下传导（图 3-5）。

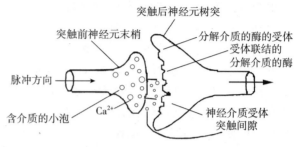

图 3-5 动作电位传导
（引自 Hassall，1990）

（三）杀虫剂对乙酰胆碱酯酶的抑制作用

有机磷及氨基甲酸酯类杀虫剂主要的作用是对乙酰胆碱酯酶产生抑制作用，使突触部位大量乙酰胆碱积累，突触后膜的乙酰胆碱受体不断地被激活，突触后神经纤维长时期处于兴奋状态。同时突触部位正常的神经冲动传导受阻塞，中毒的昆虫最初出现高度兴奋、痉挛，最后瘫痪、死亡。

1. 乙酰胆碱酯酶的生物学　乙酰胆碱酯酶是一个水解酶，底物是乙酰胆碱，水解作用的反应式如下。

$$CH_3COOCH_2CH_2N^+(CH_3)_3 \xrightarrow{H_2O} CH_3COOH + HOCH_2CH_2N^+(CH_3)_3$$

(1) 两种胆碱酯酶

① 乙酰胆碱酯酶：乙酰胆碱酯酶又称为真胆碱酯酶或者称为专一性胆碱酯酶，由于来源于红细胞，又称为红细胞胆碱酯酶。这个酶的特点：A. 乙酰胆碱是它的最好的底物；B. 它表现有过量底物时才产生抑制作用，即增加底物浓度，水解速率不断地增加，当底物浓度达到 $10^{-2.5}$ mol/L 时水解速率才下降。

② 丁酰胆碱酯酶：丁酰胆碱酯酶又称为假胆碱酯酶或者称为非专一性胆碱酯酶，由于来源于血浆，所以又称为血浆胆碱酯酶。过去也称为胆碱酯酶，与乙酰胆碱酯酶容易混淆。丁酰胆碱酯酶的特点：A. 丁酰胆碱是它最好的底物；B. 不表现过量底物的抑制作用，即底物在极低浓度时（低于 10^{-4} mol/L）即对丁酰胆碱酯酶产生抑制作用，水解速率明显下降。因此丁酰胆碱酯酶对抑制剂非常敏感。例如马血浆中的丁酰胆碱酯酶比马红细胞中的乙酰胆碱酯酶对四异丙基八甲磷敏感性高 11 300 倍。

在脊椎动物中两种胆碱酯酶都很普遍，乙酰胆碱酯酶被发现在红细胞、神经及肌肉组织中。动物中乙酰胆碱酯酶受到抑制时，达到一定程度即引起动物死亡。丁酰胆碱酯酶在动物的血浆、肝及神经组织中很普遍，但是丁酰胆碱酯酶受抑制时不会引起动物死亡。在动物（包括人）的血浆中丁酰胆碱酯酶的活性，可以作为药物中毒程度的指标。

(2) 乙酰胆碱酯酶的同工酶　在昆虫及哺乳动物中发现一种大分子的胆碱酯酶，具有一般乙酰胆碱酯酶的性能。使用电泳方法分离，证实这种大分子的酶是乙酰胆碱酯酶的同工酶（isozyme）。它们的寿命仅为乙酰胆碱酯酶的一半，在家蝇的头部及胸部发现的同工酶对抑制剂的敏感性低于乙酰胆碱酯酶。

2. 乙酰胆碱酯酶的催化作用

(1) 乙酰胆碱酯酶水解乙酰胆碱的过程　可用下列反应式来说明。

$$E + AX \underset{K_{-1}}{\overset{K_{+1}}{\rightleftharpoons}} E \cdot AX \xrightarrow[X]{K_2} EA \xrightarrow{K_3} A + E$$

式中，E 代表酶，AX 代表底物乙酰胆碱。从反应开始到酶恢复共分为 3 个步骤。

第一步，形成酶底物复合体（E·AX），可以用解离常数 K_d 来表示复合体的形成，$K_d = K_{-1}/K_{+1}$，K_d 值愈小表明酶和底物乙酰胆碱的亲和力愈强。

第二步，乙酰化的步骤，是化学反应，用速率常数 K_2 来表示反应速率，复合体放出胆碱（X），酶与乙酰基结合形成乙酰化酶（EA）。

第三步，水解反应，乙酰化酶被水解为乙酸（A）与酶（E），由于反应后酶与酰基分离故又称为脱酰基反应，以水解速率常数 K_3 表示这步反应。

全部反应从开始到酶恢复需要 2~3 ms。在哺乳动物中以脱酰基（K_3）步骤最慢，而家蝇头部的乙酰胆碱酯酶水解乙酰胆碱时以乙酰化（K_2）步骤最慢。

(2) 乙酰胆碱酯酶的功能部位　目前，对乙酰胆碱酯酶组成蛋白质的氨基酸尚未研究清楚，仅仅知道在乙酰胆碱酯酶上有与底物进行反应的酯动部位、结合部位和变构部位。

①酯动部位：酯动部位又称为催化部位，是乙酰胆碱酯酶与乙酰胆碱反应的主要部位，是催化分解乙酰胆碱发生乙酰化的部位，有机磷发生磷酰化在此部位进行。在这个部位，酶的丝氨酸 [HOCH$_2$CH(NH$_2$)COOH] 上的羟基与乙酰胆碱的乙酰基产生反应。

乙酰胆碱酯酶的催化作用来自酶蛋白分子本身的结构，不需要任何特异性辅基或中间媒介物参与。由于酶蛋白分子的卷曲，有些原来离得很远的氨基酸基团被拉得靠近了，形成一个活性区。乙酰胆碱酯酶活性中心由 3 个主要区域组成：A. 催化部位，含丝氨酸和组氨酸，能与乙酰胆碱的羰基碳原子结合；B. 阴离子部位，用于固定底物，从而决定其特异性。至少含一个羧基，可能来自谷氨酸，能以静电吸引乙酰胆碱的季铵阳离子基团（图 3-6）；C. 疏水性区域，催化底物水解过程，与酯解或季铵基团结合部位连接或在其附近，由色氨酸或酪氨酸等芳香族氨基酸组成，在与芳香基底物结合中起重要作用。

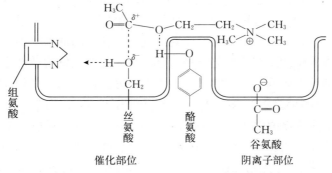

图 3-6　乙酰胆碱酯酶分子上的两个作用位点

一般情况下，单独的丝氨酸并不能与酰基化合物产生反应，因此认为乙酰胆碱酯酶上的丝氨酸有特殊的性质。它受相邻的组氨酸的影响，组氨酸上的咪唑基团可以对丝氨酸上的羟基产生活化作用，诱导羟基与乙酰基产生反应。

②结合部位：在乙酰胆碱酯酶上有结合部位。乙酰胆碱及各种抑制剂都可与乙酰胆碱酯酶上的酯动部位产生反应，但是在反应之前，酶必须先与抑制剂结合形成一个复合体。早期研究认为，乙酰胆碱酯酶上只有一个结合部位，称为阴离子部位。在阴离子部位，酶与乙酰胆碱的季铵基团—$N^+(CH_3)_3$结合。近代的研究认为，在酯动部位丝氨酸的四周有很多不同氨基酸的侧链基团，像一般蛋白质中的氨基酸一样，任何一个基团都有可能作为一个结合部位与底物或抑制剂相结合。根据Tripatri及O'Brien（1973）的研究，在一个抗性品系家蝇中得到一个突变型的乙酰胆碱酯酶，它与乙酰胆碱结合非常正常，但是与有机磷及氨基甲酸酯类杀虫剂的亲和力减低至1/500。说明这个突变型的乙酰胆碱酯酶与有机磷及氨基甲酸酯类化合物结合的部位，不是阴离子活动部位，必然还有其他结合部位。现在知道，在乙酰胆碱酯酶上与抑制剂（杀虫剂）之间可能还有3个结合部位。除了阴离子部位，乙酰胆碱酯酶与抑制剂之间可能还存在疏水基部位、电荷转移复合体（charge transfer complex，CTC）和吲哚苯基结合部位。

A. 疏水基部位：在这个部位，抑制剂的亲脂性基团（例如甲烷、乙烷及丙烷基团）与酶结合，可以减小K_d即增大亲和力。疏水基部位已在丁酰胆碱酯酶中证实。在乙酰胆碱酯酶上也可能有这个部位，已经发现N-甲基苯基氨基甲酸酯中，苯环上增加一个甲烷取代基对乙酰胆碱酯酶的抑制能力增加3倍。

B. 电荷转移复合体：在酶与抑制剂结合时，如果一方是易于失去电子的电子供体，而另一方是强亲电性的电子受体，则很容易结合。这种结合可以在吸收光谱中出现一个新的吸收峰。证明酶与抑制剂通过电荷的转移形成了复合体。在苯基氨基甲酸酯中，苯环上的取代基如果是吸电性基团则对乙酰胆碱酯酶的活性抑制能力降低，如果是拒电性基团则对乙酰胆碱酯酶的活性抑制能力增加，试验证实这种取代基主要是对乙酰胆碱酯酶的亲和力产生影响，而对氨基甲酰化反应无影响。拒电性基团使亲和力增加（K_d减小），认为是与酶的某一部位结合形成了电荷转移复合体。

C. 吲哚苯基结合部位：当乙酰胆碱酯酶被一些试剂处理后，对乙酰胆碱失去了活性，对苯基乙酸酯和萘基乙酸酯也失去了活性，唯独对吲哚苯基乙酸酯的活性增加。说明乙酰胆碱酯酶上有一个特殊的与吲哚苯基结合的部位。

③变构部位：近年来在很多种酶上发现变构部位（allosteric site），因此推测乙酰胆碱酯酶也有变构部位。变构部位远离酶的活性部位。这个部位与某种离子或是某个化合物上的取代基团结合时，酶的蛋白质分子结构产生立体变型，使酶的活性受到影响，酶被活化或者是受到抑制。在乙酰胆碱酯酶与各种化合物结合时，有的试剂使酶活性增强，有的使酶失去活性，可能是变构部位的影响。变构的影响在乙酰胆碱受体上已经得到证实。

（四）有机磷及氨基甲酸酯类杀虫剂对乙酰胆碱酯酶的抑制作用

1. 乙酰胆碱酯酶抑制剂的发现 早在18世纪，一种天然的氨基甲酸酯毒扁豆碱（eserine）就已经用于眼科治疗疾病，能使瞳孔收缩，用量过多则引起病人呼吸困难甚至死亡。1930年明确了这类药物是乙酰胆碱酯酶的抑制剂。1941年发现有机磷的作用与毒扁豆碱相似，同时肯定了这两类杀虫剂的作用都是对乙酰胆碱酯酶的抑制。

经过30余年的研究，认为这两类化合物也是作用于昆虫的乙酰胆碱酯酶，昆虫乙酰胆碱酯酶受抑制是致死的原因。早期研究，发现有机磷酸酯对脂族酯酶有比对乙酰胆碱酯酶更强烈的抑制作用。现在已经澄清，有机磷酸酯对脂族酯酶虽然产生抑制作用，但是试验昆虫并不出现中毒症状。昆虫中毒时与乙酰胆碱酯酶受抑制程度密切相关,严重中毒时酶的活性很低。昆虫复活时酶的活性增高,昆虫死亡时酶的活性最低。

2. 有机磷和氨基甲酸酯类杀虫剂对乙酰胆碱酯酶的抑制机制 有机磷和氨基甲酸酯同乙酰胆碱酯酶的反应与乙酰胆碱同乙酰胆碱酯酶的反应非常相似。

有机磷酸酯类杀虫剂与乙酰胆碱酯酶的反应式为

$$E + PX \underset{}{\overset{K_d}{\rightleftharpoons}} PX \cdot E \xrightarrow{K_2} PE \xrightarrow{K_3} P + E$$
$$\downarrow X$$

式中,PX 代表有机磷杀虫剂;X 代表侧链部分,例如对氧磷中的 $-O-\langle\!\!\!\bigcirc\!\!\!\rangle-NO_2$;E 代表乙酰胆碱酯酶;$K_d$ 是解离常数(或者称为亲和力常数);K_2 是磷酰化反应速率常数,有时写作 K_p;K_3 是脱磷酰基水解速率常数,或者称为酶致活常数。

反应开始时,有机磷酸酯先与酶形成复合体(PX·E),X 分离后形成磷酰化酶(PE),再经过脱磷酰基使乙酰胆碱酯酶恢复。其中以 K_3 步骤最慢。

氨基甲酸酯类杀虫剂的反应步骤与上完全相同,反应式为

$$E + CX \underset{}{\overset{K_d}{\rightleftharpoons}} CX \cdot E \xrightarrow{K_2} CE \xrightarrow{K_3} C + E$$
$$\downarrow X$$

氨基甲酸酯(CX),首先与酶形成复合体(CX·E),再分离侧链(X)形成氨基甲酰化酶(CE),最后氨基甲酰化酶经过脱氨基甲酰基水解作用使酶恢复。K_3 步骤比乙酰化酶水解慢,但是比磷酰化酶水解快得多。一般情况下,乙酰胆碱酯酶活性恢复 50% 需要 20 min。

根据上述酶与杀虫剂反应的 3 个步骤,分别介绍它们的机制如下。

(1) 形成可逆性复合体 K_d 的研究经过很长时间。由于复合体的形成和消失的时间很短,一般的试验条件很难得到复合体。因此对复合体是否存在争论了很多年。Main 及 Iversion 1966 年使用特殊的反应槽进行抑制剂与乙酰胆碱酯酶反应试验,得到复合体存在的时间是 1~10 s。Hart 及 O'Brien 使用示波器记录反应时间得到多种抑制剂的 K_d 及 K_2 值,复合体存在的时间从几毫秒到 2 s。目前,无论是在各种条件的试验还是化学动力学的分析中,都证实了酶与抑制剂在共价键形成之前先结合成复合体。

(2) 酰化反应 有机磷酸酯和氨基甲酸酯类杀虫剂都是通过酰化反应对乙酰胆碱酯酶产生抑制作用的,形成磷酰化酶和氨基甲酰化酶。

(3) 酶的复活 被抑制的乙酰胆碱酯酶主要靠水解作用恢复活性。如果不用酶复活剂,磷酰化酶恢复很慢。例如兔红细胞中的乙酰胆碱酯酶,受二甲基化合物抑制时形成的二甲基磷酰化酶,37 ℃ 时恢复活性 50% 需要 80 min;二乙基磷酰化酶恢复活性 50% 需要 500 min;二异丙基磷酰化酶基本上不能恢复活性。家蝇头部乙酰胆碱酯酶活体试验可以恢复,离体试验任何磷酰化酶都不能恢复活性。氨基甲酰化酶恢复活性比较快,牛红细胞中氨基甲酰化酶恢复活性 50% 需要 19 min(pH 7,38 ℃),家蝇头部氨基甲酰化酶恢复活性 50% 需要 24 min(pH 8,30 ℃),蜜蜂头部氨基甲酰化酶恢复活性 50% 需要 26 min(pH 8,30 ℃)。

在高等动物中被抑制的乙酰胆碱酯酶可以用化学药物使酶迅速恢复,有些药物已经作为高等动物有机磷酸酯中毒的治疗药物。这些药物都是亲核性试剂,它们的作用都是攻击磷酰化酶中的磷原子而取代它们。像乙酰胆碱酯酶被抑制时的步骤一样,酶(E)取代了有机磷

酸酯（PX）中的侧链（X）基团，而亲核试剂（A）又取代了P。反应的过程可以简单地用下式表示。

$$E+PX \longrightarrow PE+X$$
$$PE+A \longrightarrow P+EA$$

因为EA很不稳定，酶（E）很快与亲核试剂A分离，酶的活性完全恢复。

早期研究的亲核试剂是羟胺（NH_2OH），是一个弱的乙酰胆碱酯酶复活剂。例如用羟胺使酶的活性恢复只比自然恢复增加10%。对氨基甲酰化酶的效果比较好，可以使K_3步骤水解速率增加7倍。由于羟胺本身的毒性很大，不能用作治疗药物，后来的研究发现吡啶-2-甲醛肟（2-PAM）（图3-7）是磷酰化酶很有效的复活剂。但是对氨基甲酰化酶没有使酶复活的效果。

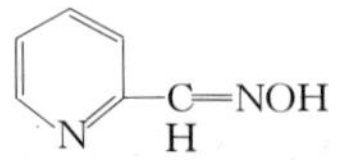

图3-7 吡啶-2-甲醛肟分子结构

（4）酶的老化 老化只发生在磷酰化酶中，氨基甲酰化酶未发现老化问题。所谓老化是指磷酰化酶在恢复过程中转化为另一种结构，以至于羟胺类的药物不能使酶恢复活性。例如二乙基磷酰化丁酰胆碱酯酶，在抑制作用开始10 min以内可以用羟胺药物恢复90%活性，如果24 h以后再用羟胺药物时则酶恢复活性不到10%。

产生老化的原因是磷酰化酶的脱烷基反应，反应式为

$$E \cdot P(O)(OR)_2 \longrightarrow EP(O)\begin{matrix}O^-\\OR\end{matrix} + R$$

磷酰化酶能够自发地脱掉一个烷基，变成一个带负电荷的一烷基磷酰化酶。由于带负电荷，对羟胺及其他亲核试剂不敏感，乙酰胆碱酯酶不能复活。Berends等1959年就证实了脱烷基反应，用放射性同位素标记的二异丙基氟磷酸酯抑制马血浆丁酰胆碱酯酶，后来形成了一异丙基磷酰化酶，结构式如图3-8所示。

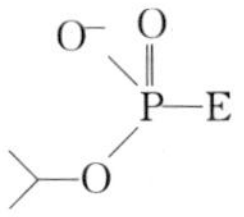

用吡啶-2-甲醛肟（2-PAM）处理后，发现酶恢复的速率与一异丙基磷酰化酶增长的速率几乎相等。同时还证实了一异丙基磷酰基的确结合在酶上。

图3-8 一异丙基磷酰化酶的分子结构

磷酰化酶的老化速率与磷酰基上的烷基有关。只有极少数的化合物，形成磷酰化酶后很快转变为老化酶，例如一种有机磷神经毒气（soman）O-1,2,2-三甲基丙基甲基氟磷酸酯，抑制牛红细胞中的乙酰胆碱酯酶后只要3.2 min就老化50%；又如去乙基胺吸磷[$(HO)(C_2H_5O)P(O)SCH_2CH_2N(C_2H_5)_2$]抑制的乙酰胆碱酯酶几乎完全不能用羟胺复活。大鼠红细胞中的乙酰胆碱酯酶被抑制后形成的二乙基磷酰化酶50%转变为老化酶需要36 h，而二异丙基磷酰化酶50%转变为老化酶只需要4 h。

3. 中毒和治疗

（1）中毒的原因 有机磷和氨基甲酸酯类杀虫剂对动物神经系统的乙酰胆碱酯酶产生抑制作用，如果长时间酶的活性不能恢复，则将引起动物死亡。死亡的原因往往是呼吸困难产生窒息作用。在脊椎动物的试验中发现有4种不同的情况：①支气管阻塞，吸入空气受阻；②血压降低；③膈神经肌肉联结点阻塞；④脑的呼吸中心出现故障。例如试验动物猴中毒时是呼吸中心出现故障，猫是支气管堵塞，兔子是膈肌出现故障。这些症状造成动物呼吸困难

窒息而死亡。

(2) 中毒的治疗　脊椎动物中毒治疗的方法有两种，一是使用药物抵抗过量的乙酰胆碱的作用，称为生理拮抗剂，常用的药物是阿托品；二是及早恢复酶的功能，称为中毒酶重活化剂（又称为复能剂）。对有机磷杀虫剂中毒可以用吡啶-2-甲醛肟类的药物。这两种方法对昆虫都无效。可能是因为昆虫的胆碱能突触全部在中枢神经系统脑和神经节内，离子的或是解离的化合物吡啶-2-甲醛肟及阿托品都难以到达中枢神经系统。

乙酰胆碱酯酶的复活剂主要是吡啶-2-甲醛肟类的药物，目前常用的有下述两种（图3-9）。

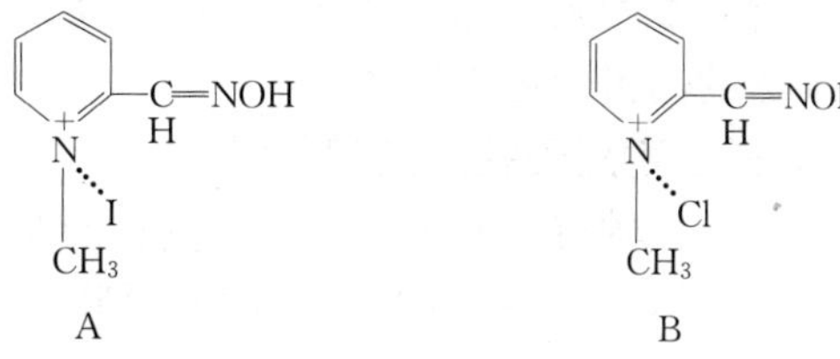

①解磷定：解磷定的化学名称为吡啶-2-甲醛肟碘甲烷（2-PAM-I），对哺乳动物毒性很小，大鼠口服 LD_{50} 为 4 000 mg/kg（体质量），静脉注射 LD_{50} 为 159 mg/kg（体质量）。

图 3-9　解磷定（A）和氯磷定（B）的分子结构

②氯磷定：氯磷定的化学名称为吡啶-2-甲醛肟氯甲烷（2-PAM-Cl），大鼠口服 LD_{50} 为 4 100 mg/kg（体质量），静脉注射 LD_{50} 为 95 mg/kg（体质量）。

这两种复活剂对有机磷中毒有疗效，对氨基甲酸酯类杀虫剂中毒无疗效。试验证实这两种药剂不但不能治疗甲萘威中毒的犬，反而增强了甲萘威对犬的毒性。解磷定及氯磷定是作用于酶而不是受体，由于它们是离子化合物而被高等动物的血脑屏障阻挡，不能进入中枢神经系统，因此不能使脑中的被抑制胆碱酯酶（包括乙酰胆碱酯酶）恢复活性。

由于阿托品对毒蕈碱型突触引起的症状有效，解磷定对外周神经烟碱型突触有效，因此二者合用是最好的治疗方法。

(五) 杀虫剂对乙酰胆碱受体的作用

早在 17 世纪乙酰胆碱还没有发现时，已经知道很多药物及毒物可以刺激或是抑制动物神经和肌肉。并且根据对药物反应将胆碱能突触分为两种类型：毒蕈碱型突触和烟碱型突触。1906 年 Langely 认为骨骼肌细胞中的一个成分与烟碱及箭毒碱反应时能使肌肉收缩，他将这个成分称为接受物质。后来，乙酰胆碱被证明是动物神经肌肉连接点的传递介质，而这个接受物质认为就是乙酰胆碱受体。

1. 乙酰胆碱受体的性质　乙酰胆碱受体的研究自 20 世纪 70 年代以来取得较大的进展。从对脊椎动物的研究中，特别是对电鱼类电器官的研究，已经证实乙酰胆碱受体是镶嵌在神经细胞膜内的大分子糖蛋白（相对分子质量为 450 000）。它从突触后膜的外表面向膜内延伸，穿过膜结构并且伸进细胞质中，每一个受体的疏水基部分排列在外表与膜结构中的类脂融合，而亲水基部分构成分子的中心。电鳗 [*Electrophorus electricus* (L.)] 及石纹电鳐 (*Torpedo marmorata*) 的电器官的受体，其组成氨基酸有 18 种，含量比较高的是天冬氨酸和谷氨酸，受体中的每种氨基酸的含量与两种电鱼组织中的乙酰胆碱酯酶的每种氨基酸的含量非常接近。这 18 种氨基酸中碱性氨基酸占 11%～12%，酸性氨基酸占 19%～26%，由于偏酸性受体的等电点为 4.5～4.8，表明受体是一种偏酸性的蛋白质。

2. 乙酰胆碱受体的机能　乙酰胆碱受体的功能是在突触部位接受由前膜释放的乙酰胆碱，使突触后膜离子通道激活产生动作电位。神经冲动沿突触后神经元向下传导。

3. 烟碱及类似物对乙酰胆碱受体的作用 烟碱是乙酰胆碱受体的激动剂，在低浓度时刺激烟碱型受体使突触后膜产生去极化，与乙酰胆碱对受体的作用相似。高浓度时对受体产生脱敏性抑制，即神经冲动传导受阻塞但神经膜仍然保持去极化。

4. 沙蚕毒素类对乙酰胆碱受体的作用 沙蚕毒素是从海生动物沙蚕（*Lumbriconeris heteropoda*）体中分离出的毒素。这种毒素对很多昆虫，特别是植食性咀嚼式口器昆虫有强烈的毒杀作用。杀螟丹及杀虫双就是合成的沙蚕毒素类似物，它们的代谢物是沙蚕毒素。它主要是抑制突触后膜对 Na^+ 及 K^+ 的通透性，但是究竟作用部位是在乙酰胆碱受体还是在控制离子通透的门蛋白还不清楚。

（六）杀虫剂对轴突部位的作用

神经膜（或轴突膜）上的神经冲动传导是膜内外的离子流跨过膜而产生的动作电位（前文已经介绍）。产生兴奋的神经膜改变对膜外 Na^+ 及膜内的 K^+ 的通透性。同时受膜内外电化学（离子浓度）梯度的影响，Na^+ 自膜外进入膜内，K^+ 自膜内流向膜外。任何杀虫剂对神经膜引起的动作电位，都是由于改变了神经膜对离子的通透性。神经膜上离子的通透是受离子通道的开放或关闭来控制的。离子通道的分子性质现在还不清楚，但是这种依靠电化学梯度的被动扩散作用是无需能量供应的。神经冲动沿着神经膜定向的传导是一种跨过膜的电流移动，也不需要能量的供应。神经冲动传导以后神经膜必须恢复到原来的静息状态时，Na^+ 被离子泵喷出膜外，K^+ 被离子泵吸入膜内。虽然离子泵的分子性质还不清楚，但是这种逆电化学梯度的主动运输是需要代谢的能量供应的。

（七）杀虫剂对昆虫呼吸作用的影响

昆虫的呼吸作用与其他动物一样，可以区分为外部和内部两个过程。前者属于气体的运送过程，即通过气门、气管吸进空气中的氧，排出二氧化碳；后者则是细胞内糖类、脂肪、蛋白质的代谢过程，通过食物的代谢分解获得生存需要的能量。杀虫剂中的油乳剂主要作用是阻塞气门、气管呼吸系统中的气体运送，使昆虫得不到空气中的氧，窒息而死。这里介绍的是作用部位在细胞质或线粒体的几种杀虫剂对昆虫细胞内的呼吸代谢作用机制。

昆虫细胞内的呼吸代谢过程可以分为 4 个阶段：第一阶段是食物中的糖类、脂肪、蛋白质代谢大部分转变为乙酰辅酶 A；第二阶段是从乙酰辅酶 A 开始的三羧酸循环；第三阶段是三羧酸循环产生的氢原子通过 NAD‑NADH 系统转移给黄素蛋白及细胞色素系统，称为电子转移阶段；在电子转移的同时偶联进行氧化磷酸化作用是第四阶段。呼吸代谢进行到这一步时，食物中的能量通过细胞内的代谢，在氧的参与下转变为磷酸高能键形式结合在三磷酸腺苷（ATP）上，储存或是供给体内各种生化反应的需求。食物呼吸代谢的过程见图 3‑10。

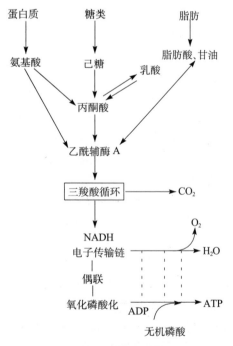

图 3‑10 呼吸代谢过程

1. 含砷的杀虫剂 含砷的杀虫剂有亚砷酸（As_2O_3，即白砒）、亚砷酸钠（$NaAsO_2$）、砷酸氢铅（$PbHAsO_4$）、砷酸钙 $[Ca_3(AsO_4)_2 \cdot Ca(OH)_2]$ 等，现已禁用。

2. 氟乙酸、氟乙酸钠和氟乙酰胺 这几种化合物曾被用作杀虫剂和杀鼠剂，后因剧毒被禁用。氟乙酸是三羧酸循环的抑制剂。氟乙酸钠和氟乙酰胺在动物体内代谢产生氟乙酸。氟乙酸与乙酰辅酶 A 结合形成氟乙酰乙酰辅酶 A（$FCH_2COCH_2CO \cdot CoA$），进一步与草酰乙酸形成氟柠檬酸。氟柠檬酸是乌头酸酶的抑制剂。乌头酸酶受抑制，则三羧酸循环被阻断。这个生物反应过程见图 3-11。

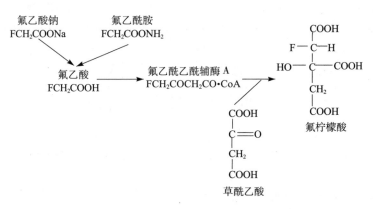

图 3-11 氟乙酸钠和氟乙酰胺在动物体内代谢过程

3. 鱼藤酮 鱼藤酮是豆科植物鱼藤（*Derris elliptica*）根中含有的杀虫有效成分。鱼藤酮是线粒体呼吸作用的抑制剂，使线粒体中的呼吸链被切断。由于氧化磷酸化作用与呼吸链偶联，因此鱼藤酮的作用间接影响 ATP，使其不能产生。被切断的部位在 NADH 与辅酶 Q 之间（图 3-12）。

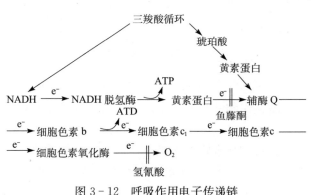

图 3-12 呼吸作用电子传递链

（"‖"表示杀虫剂作用部位）

（仿 Corebett）

一种真菌 *Streptomyces mobaraensis* 产生的抗霉素 A（piericidin A 或 antimycin A），它的化学结构很像辅酶 Q。它对蜚蠊肌肉线粒体 NADH 氧化作用的抑制浓度与鱼藤酮相似。但是抗霉素 A 对琥珀酸的氧化作用也产生抑制，也是呼吸链的抑制剂。

4. 氢氰酸 氰化钠、氰化钾及氰化钙与水及无机酸反应产生氢氰酸（HCN），在密闭的条件下是一种气体熏蒸杀虫剂。氢氰酸是细胞色素氧化酶的抑制剂，其作用部位见图 3-12。

氢氰酸不是专一的抑制剂，有40种酶可以被氢氰酸抑制，但是细胞色素氧化酶最敏感。氢氰酸的浓度在 10^{-8} mol/L 时抑制率达到50%，并且被抑制的酶不能原复。因此表现了氰化物的剧毒性。氢氰酸对犬的口服 LD_{50} 为 1.6 mg/kg（体质量）。

5. 其他杀虫剂　二硝基酚杀螨剂［例如4,6-二硝基邻甲酚（DNOC）］是呼吸作用的抑制剂。二硝基酚类化合物能破坏呼吸链与氧化磷酸化之间的紧密结合，使呼吸作用失去控制，沿呼吸链的电子传递高速率进行，但是不产生ATP。这类杀虫剂因为破坏了呼吸链与氧化磷酸化作用间的偶联关系而被称为解偶联剂。解偶联的作用机制，一般认为是由于在呼吸链释放的氧化还原能量传递过程中形成一些中间体，解偶联剂促使这些中间体的水解作用加快进行。也就是不等到形成ATP时中间体就被这类药剂水解了，因此ATP不能生成。

第二节　无机及重金属类杀虫剂

一、无机及重金属类杀虫剂概述

防治害虫使用的以天然矿物质为原料的无机化合物统称无机杀虫剂。

按其所含的元素，无机杀虫剂可分为：①无机砷杀虫剂，例如亚砷酸酐、砷酸铅、砷酸钙等；②无机氟杀虫剂；③其他无机杀虫剂。

早期的砷制剂、氟制剂因为毒性高、药效差、药害重而停产。现代使用的无机农药，主要有铜制剂与硫制剂。铜制剂有波尔多液、碱式硫酸铜悬浮剂等，硫制剂有硫悬浮剂、石硫合剂等，它们都是目前广泛应用的杀菌剂。

二、无机及重金属类杀虫剂的特性

无机及重金属类杀虫剂不溶于有机溶剂，因而其制剂种类不多，一般只加工成粉剂、可湿性粉剂、糊剂、毒饵等剂型使用。无机杀虫剂大多是胃毒剂，一般仅应用于防治咀嚼式口器害虫。无机杀虫剂一般不会引发害虫抗药性。

三、无机及重金属类杀虫剂的主要品种

无机及重金属类杀虫剂的主要品种是砷酸盐类、氟硅酸盐类、氟铝酸盐类以及氟化物类。氟硅酸钠饵剂可以撒施在作物叶片上诱杀斜纹夜蛾等鳞翅目害虫幼虫。

（一）砷制剂

砷制剂是指有效成分为含砷化合物的无机杀虫剂，对高等动物高毒。亚砷酸酐和砷酸钙对鱼类等水生生物毒性较高，砷酸铅对鱼类等水生生物毒性较低。砷制剂主要属原生质毒剂，具有胃毒作用。亚砷酸酐和砷酸钙配制成毒饵用于防治地下害虫和蝗虫，也用于灭鼠。砷酸铅和砷酸钙加工成粉剂和可湿性粉剂用于防治危害水稻、棉花、果树、蔬菜的咀嚼式口器害虫。这些砷制剂现均已禁用。

（二）氟制剂

氟制剂是指有效成分为含氟化合物的无机杀虫剂，主要品种有氟化钠、氟铝酸钠和氟硅酸钠，对高等动物高毒。氟化钠加工成毒饵用于防治蝼蛄等地下害虫和蜚蠊，用液剂处理木材防治白蚁。氟铝酸钠加工成粉剂和可湿性粉剂用于防治蝗虫、菜青虫、象鼻虫、豆瓢虫、苹果蠹蛾、甘蔗螟等。氟硅酸钠加工成毒饵用于防治地下害虫、蝗虫、蜚蠊等，加工成粉剂

用于防治甜菜象甲、甜菜跳甲、草地螟、苜蓿象甲、豌豆象、油菜叶甲等。

四、无机及重金属类杀虫剂的毒理机制

砷素剂（即三氧化二砷，又名砒霜）和无机氟杀虫剂大多可通过皮肤、呼吸道和胃肠道吸收，引起急性中毒。砷素剂毒理与胂相同。无机氟急性毒作用与有机氟杀虫剂不同，它们除引起皮肤、黏膜的刺激和腐蚀作用外，尚可影响糖代谢和形成氟血红蛋白，抑制琥珀酸脱氢酶，使氧合作用下降，影响细胞呼吸功能。此外，无机氟杀虫剂还可抑制骨磷酸化酶，与体液中的钙形成难溶的氟化钙，导致钙磷代谢障碍，引起低钙血症和直接细胞毒作用致心肌损害。

第三节 有机氯杀虫剂

有机氯杀虫剂是一类含氯原子的有机合成杀虫剂，也是发现和应用最早的一类人工合成杀虫剂。滴滴涕和六六六是这类杀虫剂的杰出代表，具有广谱、高效、价廉、急性毒性小等特点，20 世纪 40—70 年代，在全世界广泛应用，在防治卫生害虫和农业害虫方面发挥过重大作用。

由于大多数有机氯杀虫剂具有高度的化学、物理和生物学的稳定性，半衰期长达数年，在自然界极难分解，大量广泛应用后，造成在农产品、食品和环境中残留量过高。有机氯农药的脂溶性强，在食品加工过程中经单纯的洗涤不能去除，并能通过生物链富集，容易在人畜体内蓄积，对人畜产生慢性毒性，尤其是残留药剂进入人奶或牛奶中，对婴儿的健康有潜在危害性，还对鸟类等动物有慢性毒害等问题，引起人们极大关注。自 20 世纪 70 年代以来，滴滴涕、六六六、艾氏剂、狄氏剂等主要有机氯杀虫剂品种相继被禁用，但是世界卫生组织（WHO）推荐用于滞留喷洒防治蚊虫的杀虫剂还包括滴滴涕。我国也于 1983 年禁止使用滴滴涕和六六六，目前仍在使用的只有硫丹。

以苯为原料的代表品种为六六六和滴滴涕，不以苯为原料的有机氯杀虫剂代表品种有艾氏剂（aldrin）、狄氏剂（dieldrin）、毒杀芬（toxaphene）和硫丹（endosulfan）等。

（一）林丹

1. 化学名称 林丹（lindan，γ-六六六）的化学名称为 $1\alpha,2\alpha,3\beta,4\beta,5\alpha,6\beta$-六氯环己烷（图 3-13）。

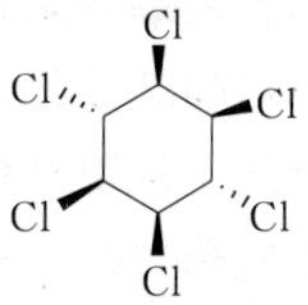

2. 主要理化性质 含 99% 以上的 γ-六六六就称为林丹（lindan）。林丹有一定的水溶性（水中溶解度为 5~10 mg/L），因此可被植物根部少量吸收输导，其主要杀虫作用还是触杀和胃毒作用，也有一定的熏蒸作用。在光、热、酸条件下稳定，在强碱条件下脱去氯化氢，最后形成三氯苯。林丹的急性经口 LD_{50} 大鼠为 88~270 mg/kg，小鼠为 59~246 mg/kg。

图 3-13 林丹的分子结构

3. 主要生物活性 林丹对土栖害虫、植食性害虫、卫生害虫及一些动物寄生虫都有效。林丹用于防治多种作物上的半翅目、鞘翅目、双翅目、鳞翅目等多种害虫和动物寄生虫，我国目前仅在特别许可下用于草原灭蝗及地下害虫防治。

（二）硫丹

1. 化学名称 硫丹（endosulfan）的化学名称为 1,2,3,4,7,7-六氯双环 [2,2,1] 庚

烯-（2）-双羟甲基-5,6-亚硫酸酯（图3-14）。

2. 主要理化性质 硫丹具有二氧化硫的气味，蒸气压为1.2 Pa；水溶性差，可溶于大多数有机溶剂；对日光稳定；在碱性介质中不稳定，并缓慢水解为二醇和二氧化硫。工业品硫丹油剂对大鼠急性经口LD_{50}为80～110 mg/kg，其中α异构体为76 mg/kg，β异构体为240 mg/kg。硫丹能在有机体内迅速降解，已通过分离得到其代谢的主要产物为环状硫酸酯和环状二醇，没有积累的危险。硫丹对鱼高毒，在实际应用中，对野生动物和蜜蜂无害。对人的ADI（每日允许最大摄入量）为0.008 mg/kg。

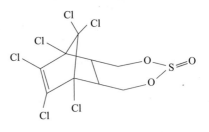

图3-14 硫丹的分子结构

3. 主要生物活性 硫丹为非内吸性触杀和胃毒杀虫剂，杀虫谱较广，可有效地防治禾谷类作物、棉花、果树、蔬菜和许多其他作物上的大多数害虫和某些螨类。

（三）有机氯杀虫剂的作用机制

滴滴涕作用于昆虫神经系统的轴突部位，影响钠离子通道而使昆虫的正常神经传导受到干扰而中毒。六六六及环戊二烯类杀虫剂则主要作用于中枢神经系统的突触部位，使突触前膜过多地释放乙酰胆碱，从而引起典型的兴奋、痉挛、麻痹等征象。此外，有些有机氯杀虫剂还是γ-氨基丁酸（GABA）受体的抑制剂。

第四节 有机磷杀虫剂

一、有机磷杀虫剂概述

有机磷就是含磷的有机化合物。第一个有机磷化合物的研究始于1820年。1932年Lange和Krueger首先发现了二烷基一氟磷酸酯有剧毒。直到1938年Schrader发现了特普（TEPP），有机磷化合物才开始作为杀虫剂使用，特普是第一个商品化有机磷杀虫剂勃拉盾（Bladan）的有效成分。

有机磷杀虫剂的广泛应用是第二次世界大战以后。在第二次世界大战期间，德国化学家Schrader合成了一系列有机磷毒剂，有机磷酸酯因作为战争毒气研究而受到重视。1937年，在寻找具有杀螨及杀蚜活性的酰氟化合物过程中，Schrader制成了具有强烈生理作用的撒林，由于撒林对哺乳动物也具有强烈毒性未能作为杀虫剂使用。1941年Schrader用二甲基氨基磷酰二氯合成了八甲基焦磷酰胺（八甲磷），八甲磷具有强内吸性，曾作为内吸杀虫剂，后来被内吸磷类农药替代。1944年Schrader合成了对硫磷，即对硝基酚的二乙基硫逐磷酸酯。

对硫磷杀虫活性高，杀虫谱极广，因而引起世界各国的重视，促进了有机磷杀虫剂的迅速发展，是农用药剂发展史上的一大成就，也是有机磷杀虫剂构效关系研究的起始。

1948年Schrader合成了高效内吸磷，以后又发现了一系列的新品种，例如氯硫磷、敌百虫、倍硫磷等；在美国有苯硫磷、马拉硫磷、毒死蜱等；英国有杀蚜磷；瑞士有二嗪磷、敌敌畏及磷胺；意大利有乐果；日本有杀螟硫磷等，这些都是农业上常用的杀虫剂。

至今，有机磷杀虫剂已发展成有机农药中品种最多，产量最大的一类。据统计，全世界已有300～400种有机磷原药，其中大量生产并广泛使用的基本品种约100种，加工品种可达10 000种以上。这类杀虫剂具有品种多、药效高、用途广等优点，因此在目前使用的杀虫剂中占有极其重要的地位。

在我国，北京农业大学黄瑞纶教授于1950年合成对硫磷，1956年第一家有机磷农药生产厂天津农药厂开始生产对硫磷。我国投入生产的有机磷品种有70～80种，例如毒死蜱、二嗪磷、敌百虫、敌敌畏、三唑磷、马拉硫磷、乐果等。

二、有机磷杀虫剂的化学结构类型

根据化学结构，有机磷杀虫剂可分为以下4类。

（一）磷酸酯

磷酸酯（phosphate）的通式见图3-15，例如敌敌畏、久效磷等。

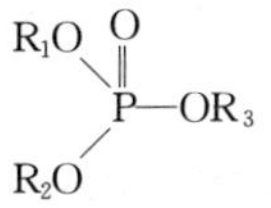

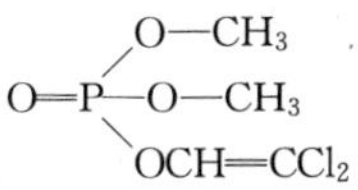

图3-15　磷酸酯结构通式（A）和敌敌畏的分子结构（B）

磷酸酯类农药，其3个取代基中一般有1个酸性基团，或称为亲核性基团，例如敌敌畏中的二氯乙烯基和久效磷中的1-甲基-2-甲胺基甲酰乙烯基就是酸性基团。这是一般具有生物活性的有机磷化合物的特点。

（二）硫代磷酸酯、二硫代磷酸酯和三硫代磷酸酯

磷酸酯分子中的氧原子被硫原子置换，即称为硫代磷酸酯，根据置换的硫原子数又可分为一硫代磷酸酯、二硫代磷酸酯和三硫代磷酸酯。其结构通式见图3-16。

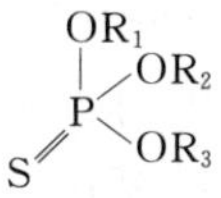

图3-16　一硫代磷酸酯（A）、二硫代磷酸酯（B）和三硫代磷酸酯（C）的分子结构

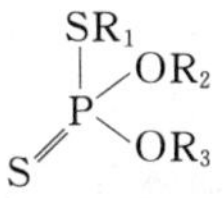

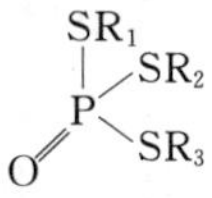

一硫代磷酸酯有对硫磷、杀螟硫磷等，二硫代磷酸酯有马拉硫磷、乐果、甲拌磷等，三硫代磷酸酯有脱叶磷等。

硫原子和磷的连接方式可以有P=S和P—S—R两种，分别称为硫逐磷酸酯（phosphorothionate）和硫赶磷酸酯（phosphorothiolate）。

（三）膦酸酯和硫代膦酸酯

1. 膦酸酯　磷酸中的一个羟基被有机基团置换即在分子中形成了P—C键，称为膦酸，它的酯称为膦酸酯（phosphonate），其结构通式，见图3-17，例如敌百虫。

2. 硫代膦酸酯　硫代膦酸酯（phosphonothioate）的结构通式，见图3-18，例如苯硫磷（EPN）。

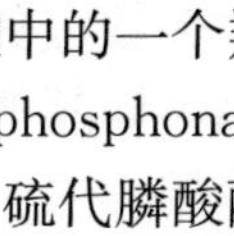

图3-17　膦酸酯的分子结构 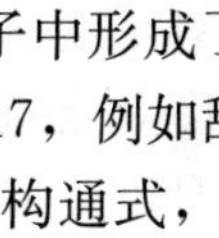　　图3-18　硫代膦酸酯的分子结构

（四）磷酰胺和硫代磷酰胺

磷酸分子中羟基（—OH）被氨基（—NH$_2$）取代，称为磷酰胺。磷酰胺分子中剩下的氧原子也可能被硫原子替换而成为硫代磷酰胺。

1. 磷酰胺 磷酰胺（phosphoramidate）的结构通式，见图 3-19，例如甲胺磷。

2. 硫代磷酰胺 硫代磷酰胺（phosphorothiolamidate）的结构通式，见图 3-20，例如乙酰甲胺磷、水胺硫磷等。

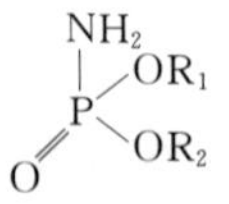

图 3-19 磷酰胺的分子结构 　　图 3-20 硫代磷酰胺的分子结构

三、有机磷杀虫剂的特点

（一）有机磷杀虫剂的理化性质

有机磷杀虫剂原药多为油状液体，少数为固体，密度一般比水小，有较高的折光率。沸点除少数例外，一般很高，在常温下蒸气压力都很低。有机磷杀虫剂大多数不溶于水或微溶于水，而溶于一般有机溶剂，但也有的在水中有较大溶解度，例如敌百虫、乐果、甲胺磷、磷胺等。

有机磷杀虫剂大都是一些磷酸酯或磷酰胺，这些化合物对酸不敏感，容易和水发生水解反应而分解，变为无毒的化合物，一般在碱性介质中更易于水解。水解性强弱的次序为膦酸酯＞磷酸酯＞磷酰胺，磷酰胺的氮原子上有烷基取代时较难水解，有两个烷基时更难水解。有机磷杀虫剂的水解方式与酯的类型、溶剂、pH 范围以及催化物有关，了解这种特性有利于按照实际应用的要求制成适用的产品。此外，在农药混配时也必须考虑这个性质。

有机磷杀虫剂在氧化剂作用下或生物酶催化下，容易被氧化，对其生物活性有重要意义的氧化反应有硫逐磷酸酯被氧化成磷酸酯以及含硫醚键的化合物被氧化成亚砜或砜，例如对硫磷氧化成对氧磷、甲拌磷氧化成甲拌磷亚砜等。

一般有机磷杀虫剂不能耐受较高温度，受热易发生分解作用，故宜储存于阴凉处。

有机磷杀虫剂存在立体异构现象。速灭磷、久效磷因具有 C=C 双键而出现顺反异构体。甲胺磷、乙酰甲胺磷因磷原子具有手性而存在光学异构体。内吸磷和异内吸磷是一对互变异构体。异构体性质差别显著，毒效相差也甚远。

（二）药效高，作用方式多种多样

有机磷杀虫剂一般对昆虫、螨类均有较高的防治效果。大多数有机磷杀虫剂具多种杀虫作用方式，故杀虫范围广，能同时防治并发的多种害虫。但因不同品种而异，即使同一品种的多种杀虫作用方式有时也有主次之分，例如对硫磷以触杀作用为主，敌百虫以胃毒作用为主，内吸磷以内吸作用为主。具有内吸作用的农药（例如乐果、磷胺、内吸磷）可用于防治刺吸式口器害虫以及钻蛀和潜道害虫。有些具有熏蒸作用（例如敌敌畏），可用于防治储粮害虫和卫生害虫。有些具有渗透作用（例如杀扑磷），可以杀死与药物没有直接接触的害虫。

有些有机磷品种具有强的选择性，仅对某些害虫有效，尤其是内吸性农药，可通过内吸作用杀虫，对天敌伤害小，有利于保护害虫天敌，使化学防治与生物防治能更好地协调起来。所谓内吸输导作用，是指当一种药剂接触到植物体，被植物吸收，随着养料或植物体液而输导至其他部位。在植物内部输导的药剂，不妨碍植物的生长，并在一个时期内药剂能对害虫起防治作用。大多数内吸杀虫剂具有在植物体内从下向上的输导作用，即可以被根部吸收，输导至植株上部。对禾本科植物来说，输导至叶片组织，尤其是叶尖部位内吸药剂积累特别多。另有少数种类的内吸药剂则可从植株上部向地下部输导，例如八甲磷在花生植株中的传导就是如此。

内吸输导性有机磷杀虫剂的种类比较多，一些有机磷杀虫剂（例如久效磷、乐果、磷胺、嘧啶氧磷等）进入植物体内后，较快被水解。另一些属于一硫代磷酸酯或二硫代磷酸酯类的内吸有机磷杀虫剂（例如内吸磷、甲拌磷等）进入植物或昆虫体内后，能代谢为毒性更强的化合物，且能保持较长时间，故持效期较长，容易造成对人畜的残毒问题。具内吸传导性能的有机磷杀虫剂一般可以防治害虫和螨类，例如久效磷和嘧啶氧磷可用于防治稻茎内的三化螟、稻瘿蚊以及低龄的稻纵卷叶螟。

（三）在生物体内易于降解为无毒物

大多数杀虫效果好的有机磷农药在人畜体内能够转化成无毒的磷酸化合物，这样的杀虫剂有马拉硫磷、杀螟硫磷、灭蚜硫磷、敌百虫、乙酰甲胺磷、双硫磷等。但有不少品种对哺乳动物急性毒性较高，它们对哺乳动物的作用机制与对害虫没有本质上的差别。对植物来说，有机磷杀虫剂在一般使用浓度下不致引起药害，只有个别药剂对某些作物会发生药害，例如高粱对敌百虫、敌敌畏很敏感，在较低浓度下也会引发严重药害。

（四）持效期有长有短

和有机氯杀虫剂相比，有机磷杀虫剂的持效期一般较短，且品种之间差异甚大，有的施药后数小时至 2～3 d 完全分解失效，例如辛硫磷、敌敌畏等；有的品种因植物的内吸作用可维持较长时间的药效，有的甚至能达 1～2 个月或以上，例如甲拌磷。有机磷杀虫剂持效期有长有短的特性，为合理选用适当品种提供了有利条件。

（五）作用机制

有机磷杀虫剂表现的杀虫性能和对人、畜、家禽、鱼类等的毒害，是由于抑制体内神经中的胆碱酯酶（ChE）的活性而破坏了正常的神经冲动传导，引起了一系列急性中毒症状：异常兴奋、痉挛、麻痹、死亡。

四、有机磷杀虫剂的毒性

有机磷杀虫剂以其种类繁多、毒性特殊、使用历史悠久和使用范围广泛，在给人类生产和生活带来利益的同时，也直接或间接地、短期或长期地对人类自身造成威胁，对生命造成危害，这也引起了社会各界的普遍关注。

（一）有机磷杀虫剂的急性毒性

有机磷杀虫剂的急性毒性是被公认的。有机磷杀虫剂的结构复杂多变，其化学性质、药效、毒性等方面也具有很大的差别。相当部分有机磷杀虫剂对人畜高毒，但大多数杀虫效果高的有机磷农药在人畜体内能够转化成无毒的磷酸化合物。

有机磷杀虫剂对哺乳动物的作用机制与对害虫没有本质上的差别，这类杀虫剂对包括昆虫和人在内的所有以乙酰胆碱为神经传导递质的生物都具有杀伤作用。

（二）有机磷杀虫剂的慢性毒性

有机磷杀虫剂化学性质不稳定，在自然界极易分解，污染食品后残留时间较短，所以慢性毒性较为少见。但也有一部分有机磷农药如除线磷（dichlofenthion）在体内存在的时间很长，一次中毒后，乙酰胆碱酯酶活性抑制时间在 2 个月以上，中毒后 54~75 d 患者脂肪内或血液内尚能检出完整的有机磷。

在实际应用过程中的潜在毒性（例如迟发性神经毒性等）引起了人们极大的关注。能引起迟发性多发神经病的有机磷农药以甲胺磷为最严重，其他依次为乐果、氧乐果、敌敌畏、稻瘟净、杀螟硫磷、马拉硫磷、甲基对硫磷、敌百虫等。

（三）有机磷杀虫剂的残留毒性

大多数有机磷杀虫剂在结构上比较简单，它们分解后可以简单地转化为氨、磷酸以及硫醇类小分子，成为植物可吸收的养分，不致对环境造成污染。

有机磷杀虫剂在我国杀虫剂中占有重要的地位。使用不当是造成有机磷农药残留的主要原因，包括施药次数多、使用剂量大以及在蔬菜上使用甲胺磷等高毒农药，使得有机磷农药残留成为我国食物中农药残留最突出的问题。

五、有机磷杀虫剂的重要品种及其应用

（一）甲基嘧啶磷

1. 化学名称　甲基嘧啶磷（pirimiphos-methyl）的化学名称为 O-（2-二乙基氨基-6-甲基-4-嘧啶基）-O,O-二甲基硫代磷酸酯（图 3-21）。

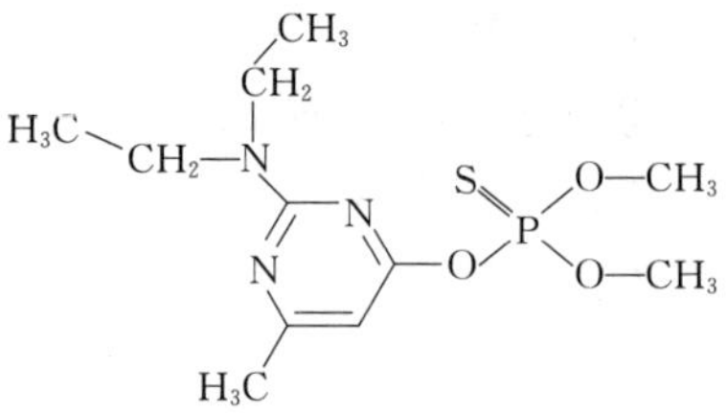

2. 主要理化性质　甲基嘧啶磷纯品为稻草色液体，蒸气压低，对光不稳定，可在强酸或碱介质中水解。原药为黄色液体，在常温下几乎不溶于水，能溶于大多数有机溶剂。甲基嘧啶磷对黄铜、不锈钢或塑料制品无腐蚀性，对软钢和锡钢有轻微的腐蚀性。

图 3-21　甲基嘧啶磷的分子结构

3. 主要生物活性　甲基嘧啶磷是广谱性速效有机磷杀虫剂，兼有胃毒和熏蒸作用。甲基嘧啶磷在木材、麻袋和砖石等惰性物面上药效持久，在原粮和其他农产品上可较好地保持生物活性；在较高温度下是相当稳定的谷物保护剂，主要用于防治仓储害虫。

4. 毒性　甲基嘧啶磷属低毒杀虫剂，原药对大鼠急性口服 LD_{50} 为 2 050 mg/kg，对兔子经皮急性毒性 LD_{50} 大于 2 000 mg/kg；对鸟类的毒性比其他动物高一些。

5. 防治对象　甲基嘧啶磷在低浓度时对大多数甲虫和蛾类均有效，但对谷蠹的防治效果较差。

6. 室内药效测定　甲基嘧啶磷对玉米象、赤拟谷盗、锯谷盗、长角扁谷盗、米象和谷蠹成虫药效均超过马拉硫磷。即使被锯谷盗、谷象和赤拟谷盗严重危害，也能保护谷物达 6 个月之久。

由于甲基嘧啶磷的熏蒸活力至少与四氯化碳相等，因而还能消灭隐蔽性储粮害虫的幼虫，这是其他谷物保护剂所不及的。

（二）敌百虫

1. 化学名称　敌百虫（trichlorphon）的化学名称为 O,O-二甲基-（2,2,2-三氯-1-羟

基乙基）膦酸酯（图 3-22）。

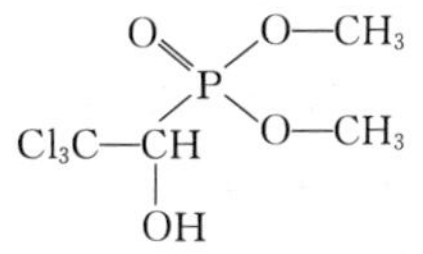

2. 主要理化性质 敌百虫纯品为白色结晶，熔点为 83～84 ℃。原药为白色块状固体，有氯醛气味，熔点为 78～80 ℃，20 ℃时的蒸气压为 0.21 mPa，密度为 1.73 g/cm³，在水中的溶解度约为 154 g/L（25 ℃）。敌百虫易溶于三氯甲烷、醇类、苯、乙醚和丙酮等溶剂，难溶于石油醚、四氯化碳等，在中性和弱酸性溶液中比较稳定，但其溶液长期放置也会变质；在碱性溶液中可以脱去 1 个分子的氯化氢，进行分子重排，转化成毒性更强的敌敌畏，如继续分解，即失效。

图 3-22 敌百虫的分子结构

3. 主要生物活性 敌百虫对半翅目蟥类具有特效。敌百虫毒性低、杀虫谱广，以胃毒作用为主，兼具触杀作用，对咀嚼式口器害虫（例如菜青虫、黏虫、茶毛虫等）的胃毒作用突出，也表现有较好的触杀作用。

4. 毒性 敌百虫对雌性和雄性大鼠急性经口 LD_{50} 分别为 630 mg/kg 和 560 mg/kg，大鼠急性经皮 LD_{50} 超过 2 000 mg/kg。

5. 药效 敌百虫在浓度超过 1%～2%时易发生药害。高粱极易发生药害而不宜使用。敌百虫对温血动物毒性很小，可以加在饲料中以杀死牛、马、猪、羊等家畜的肠道寄生虫。

（三）敌敌畏

1. 化学名称 敌敌畏（dichlorvos）的化学名称为 2,2-二氯乙烯基二甲基磷酸酯（图 3-23）。

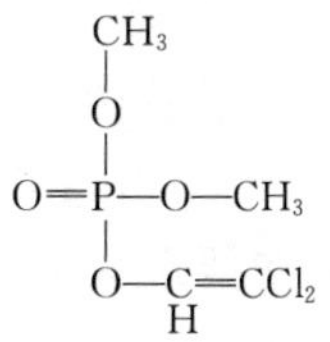

2. 主要理化性质 敌敌畏对水特别敏感，在室温下，饱和的敌敌畏水溶液转化成磷酸氢二甲酯和二氯乙醛，水解速度为每 10 d 约 3%，在碱性溶液中水解更快。敌敌畏纯品为无色液体，微带芳香味，沸点为 35 ℃（6.67 Pa），20 ℃时的蒸气压为 1.60 Pa，密度为 1.415 g/cm³。室温下水中的溶解度约为 10 g/L，在煤油中饱和时含 2%～3%，能与大多数有机溶剂和气溶胶推进剂混溶。敌敌畏对热稳定。

图 3-23 敌敌畏的分子结构

3. 主要生物活性 敌敌畏是一种高效、速效、广谱的有机磷杀虫剂，具有触杀、胃毒和熏蒸作用，对咀嚼式口器害虫和刺吸式口器害虫均有良好的防治效果。敌敌畏的蒸气压较高，对害虫有极强的击倒力，对一些隐蔽性的害虫（例如卷叶蛾幼虫）也具有良好效果。

4. 毒性 敌敌畏对雌性和雄性大鼠急性经口 LD_{50} 分别为 56 mg/kg 和 80 mg/kg，急性经皮 LD_{50} 分别为 75 mg/kg 和 107 mg/kg。

5. 药效 敌敌畏对瓢虫、食蚜蝇等天敌及蜜蜂具有杀伤力，对高粱、玉米易发生药害。

（四）辛硫磷

1. 化学名称 辛硫磷（phoxim）的化学名称为 O,O-二乙基-O-（苯乙腈酮肟）硫代磷酸酯（图 3-24）。

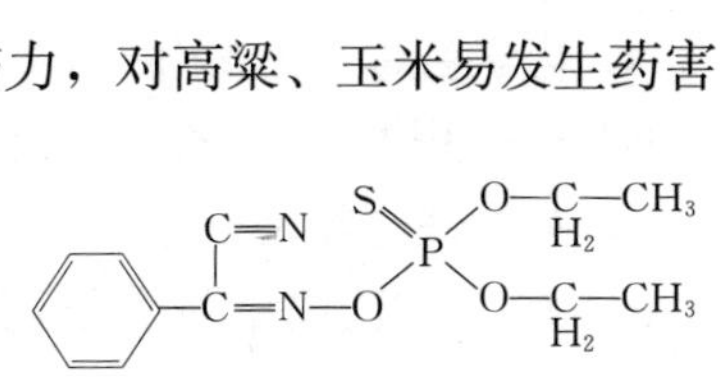

2. 主要理化性质 辛硫磷见光易分解，纯品为浅黄色油状液体，熔点为 5～6 ℃，沸点为 120 ℃（1.33 Pa），密度为 1.176 g/mL。辛硫磷在 20 ℃水中溶解度为 7 mg/kg，易溶于醇、酮、芳烃、卤代烃等有机溶剂，稍溶于脂肪烃、植物油和矿物油；在中性和酸性介质中稳定，在碱性介质中易分解。原药为红棕色油状液体。

图 3-24 辛硫磷的分子结构

3. 主要生物活性 辛硫磷杀虫谱广，具有强烈的触杀和胃毒作用；易光解，最适于防治地下害虫；对十字花科幼苗易发生药害。

4. 毒性 辛硫磷选择性高，对哺乳动物的毒性很低。对雌性和雄性大鼠急性经口 LD_{50} 分别为 2 170 mg/kg 和 1 976 mg/kg，对雄性大鼠急性经皮 LD_{50} 为 1 000 mg/kg。

（五）马拉硫磷

1. 化学名称 马拉硫磷（malathion）的化学名称为 O,O-二甲基-S-［1,2-二（乙氧基羰基）乙基］二硫代磷酸酯（图 3-25）。

2. 主要理化性质 马拉硫磷纯品为琥珀色透明液体，熔点为 2.85 ℃，沸点为 156～157 ℃（93.3 Pa），30 ℃时的蒸气压为 5.33 mPa，密度为 1.23 g/mL。马拉硫磷室温下微溶于水，能与多种有机溶剂混溶；对光稳定，对热稳定性差；在 pH 7.0 以上或 pH 5.0 以下迅速分解。

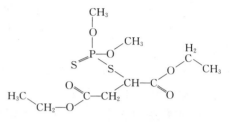

图 3-25 马拉硫磷的分子结构

3. 主要生物活性 马拉硫磷对高等动物毒性低而对害虫活性高；具有良好的触杀、胃毒作用和微弱的熏蒸作用。

4. 毒性 马拉硫磷对雌性和雄性大鼠急性经口 LD_{50} 分别为 1 751.5 mg/kg 和 1 634.5 mg/kg，大鼠急性经皮 LD_{50} 为 4 000～6 150 mg/kg，对蜜蜂高毒，对眼睛、皮肤有刺激性。

（六）乐果

1. 化学名称 乐果（dimethoate）的化学名称为 O,O-二甲基-S-（甲基氨基甲酰甲基）二硫代磷酸酯（图 3-26）。

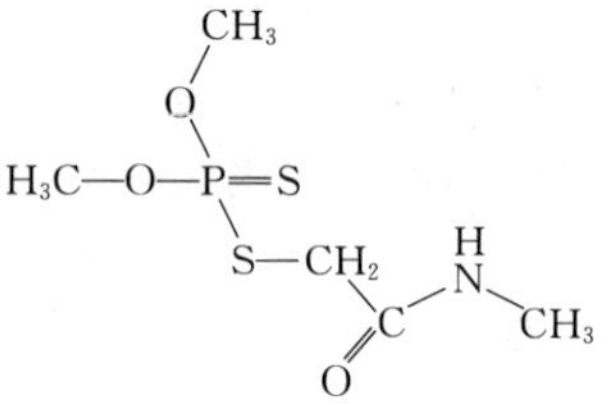

2. 主要理化性质 乐果纯品为无色结晶，具有樟脑气味，熔点为 51～52 ℃，25 ℃时的蒸气压为 1.13 mPa，密度为 1.281 g/cm³，折光率（n_D^{65}）为 1.533 4。乐果在 21 ℃水中的溶解度为 25 g/L，除己烷类饱和烃外，可溶于大多数有机溶剂；在酸性、中性溶液中较稳定，在碱性溶液中易分解失效，在 0.1 mol/L NaOH 溶液中半衰期为 1 min，故不宜与碱性药剂混用。

图 3-26 乐果分子的结构

3. 主要生物活性 乐果是广谱性的高效低毒选择性杀虫、杀螨剂，具有良好的触杀、内吸及胃毒作用。

4. 毒性 乐果原药对雄性大鼠急性经口 LD_{50} 为 320～380 mg/kg。

（七）乙酰甲胺磷

1. 化学名称 乙酰甲胺磷（acephate）的化学名称为 O-甲基-S-甲基-N-乙酰基硫代磷酰胺（图 3-27）。

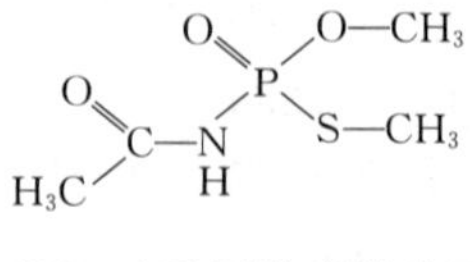

2. 主要理化特性 乙酰甲胺磷纯品为白色结晶，熔点为 90～91 ℃。乙酰甲胺磷原药为白色固体，熔点为 72～80 ℃，24 ℃时的蒸气压为 0.23 mPa，密度为 1.35 g/cm³；易溶于水（约 6.5 g/L）、甲醇、乙醇、丙酮等极性溶剂和二氯甲烷、二氯乙烷等卤代烷烃类，在苯、甲苯、二甲苯中的溶解度较小，在醚中溶解度很小，低温时储藏相当稳定；在酸性介质中很稳定，在碱性介质中易分解。

图 3-27 乙酰甲胺磷的分子结构

3. 主要生物活性 乙酰甲胺磷属内吸性广谱杀虫剂，具胃毒、触杀作用，并可杀卵；持效期长，是缓效型杀虫剂。

4. 毒性　乙酰甲胺磷对大鼠急性经口 LD_{50} 为 823 mg/kg。

（八）三唑磷

1. 化学名称　三唑磷（triazophos）的化学名称为 O,O-二乙基-O-（1-苯基-1,2,4-三唑-3-基）硫代磷酸酯（图 3-28）。

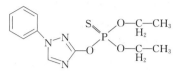

图 3-28　三唑磷的分子结构

2. 主要理化性质　三唑磷纯品为黄褐色液体，熔点为 0.5 ℃，30 ℃时的蒸气压为 0.39 mPa，密度为 1.433 g/mL；在 23 ℃水中的溶解度为 39 mg/L，溶于大多数有机溶剂。

3. 主要生物活性　三唑磷杀卵作用明显，对鳞翅目昆虫卵的杀灭作用尤为突出；属广谱性杀虫、杀螨剂，兼有一定的杀线虫作用。

4. 毒性　三唑磷对雌性大鼠急性经口 LD_{50} 为 57～59 mg/kg，急性经皮 LD_{50} 超过 2 000 mg/kg；对家兔眼睛呈现轻微刺激反应，对局部皮肤无刺激作用；对鱼、蜜蜂有毒害作用。

（九）毒死蜱

1. 化学名称　毒死蜱（chlorpyrifos）的化学名称为 O,O-二乙基-O-（3,5,6-三氯-2-吡啶基）硫代磷酸酯（图 3-29）。

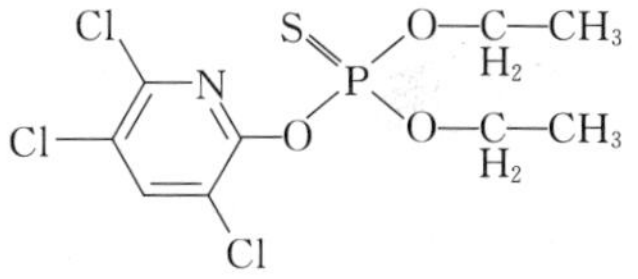

图 3-29　毒死蜱的分子结构

2. 主要理化性质　毒死蜱纯品为白色结晶，具有轻微的硫醇味，密度为 1.398 g/cm³，熔点为 42.5～43.0 ℃，25 ℃时的蒸气压为 2.52 mPa。毒死蜱在 35 ℃时的溶解度，水中为 2 mg/L，异辛烷中为 790 g/kg，甲醇中为 430 g/kg；可溶于丙酮、苯、氯仿等大多数有机溶剂；在碱性介质中易分解，可与非碱性农药混用。

3. 主要生物活性　毒死蜱属广谱性杀虫、杀螨剂，具有胃毒和触杀作用，在土壤中挥发性较强。

4. 毒性　毒死蜱对大鼠急性经口 LD_{50} 为 63 mg/kg，急性经皮 LD_{50} 超过 2 000 mg/kg，对眼睛有轻度刺激，对皮肤有明显刺激作用。

第五节　氨基甲酸酯类杀虫杀螨剂

一、氨基甲酸酯类杀虫杀螨剂概述

毒扁豆是非洲的一种豆科植物卡勒巴豆的种子，17—18 世纪，尼日利亚爱菲克斯人的统治者就开始利用毒扁豆制作的神裁毒药 esere 行死刑，后来欧洲人发现 esere 的毒性成分是生物碱，并于 1864 年分离出毒扁豆碱（physostigmine），1925 年确定了毒扁豆碱的分子式。毒扁豆碱本身是箭毒的解毒剂，可以使瞳孔收缩，能治疗青光眼，用量过多会使人呼吸困难以至死亡，但毒扁豆碱是离子化合物，由于缺乏脂溶性而不能渗入昆虫体内神经组织，不能用于杀虫。

毒扁豆的次生代谢物质毒扁豆碱是人类发现的第一个天然氨基甲酸酯类化合物。氨基甲酸酯类杀虫剂是以毒扁豆碱为模板的仿生合成农药，是在研究毒扁豆碱生物活性与化学结构关系的基础上发展起来的。

杜邦公司1931年研究的二硫氨基甲酸的衍生物四乙基硫代氨基甲酰硫化物是最早发现的有杀虫能力的氨基甲酸酯，其对蚜虫有触杀毒性。此外有一些化合物，例如福美双有拒食作用，可以保护植物不受天幕毛虫、日本甲虫、墨西哥豆甲虫等危害；四乙基硫代氨基甲酰硫化物及代森钠能杀螨。不过，这些氨基甲酸的盐（酯）具有卓越的杀菌活性，至今仍作为杀菌剂使用。

第一个真正的氨基甲酸酯杀虫剂是由瑞士嘉基公司的 Hans Gysin 博士在20世纪40年代中后期合成的。他在芳香酰胺里寻找更有效的化合物时合成了一系列环烷基氨基甲酸酯，其中一个就是地麦威，它的驱避作用不佳，却对家蝇、蚜虫及其他几种害虫的毒杀作用很强。当时 Gysin 证明最有希望的氨基甲酸酯类化合物是杂环烯醇的衍生物，其中异索威、敌蝇威和地麦威于20世纪50年代在欧洲进入商品生产。异索威大都用作选择性内吸杀蚜剂，地麦威用作接触性杀蚜剂，而敌蝇威则作杀蝇纸上用的触杀剂。

美国联合碳化物公司的 Joseph A. Lambrech 博士根据嘉基公司的发现和有些氨基甲酸酯是有效的除草剂这一点，在1953年合成了甲萘威。这个氨基甲酸酯和嘉基公司产品的不同之点是把烯醇基换成了芳基，把二甲基氨基甲酸酯换成了甲基氨基甲酸酯，并发现甲萘威是一个非常好的杀虫剂，1957年以西维因的商品名投入工业化生产。

美国加利福尼亚大学 Robert L. Metcalf 等发现了几种氨基甲酸酯，在体外虽然能抑制昆虫神经的胆碱酯酶，但直接施于昆虫体表却没有一个具有杀虫活性。Metcalf、Fukuto 等认为这些化合物之所以无效是因为胺盐及季铵结构上有固定的电荷，妨碍它们穿透昆虫表皮蜡质及多脂的神经系统。因此他们根据这一理论，合成了49个不带电荷的脂溶性毒扁豆碱类似物，其中有几个取代苯基甲基氨基甲酸酯对家蝇、温室蓟马、橘蚜等有强烈触杀活性。其中发展为商品的有害扑威、异丙威、灭除威及速灭威。但更重要的是，Metcalf 和 Fukuto 的研究确定了芳基-N-甲基氨基甲酸酯的卓越杀虫活性，成为大量研发氨基甲酸酯类新农药的基础。

联合碳化物公司的化学家们另一个结构上的创新是合成的氨基甲酸酯既在电子结构上具有芳基化合物的特点，又在空间结构上模拟神经胆碱酯酶的底物乙酰胆碱，即肟的氨基甲酸酯，特别是涕灭威，它不仅具有触杀和内吸作用，而且还具备杀线虫及杀螨活性。

二、氨基甲酸酯类杀虫剂的特点

氨基甲酸酯类杀虫剂与其他杀虫剂相比，具有如下特点。

1. 分子结构与毒性有密切关系 分子结构不同的氨基甲酸酯杀虫剂，其毒效和防治对象有很大差别。例如克百威结构中含有苯并呋喃，具有内吸性，可以有效防治三化螟、二化螟、飞虱、叶蝉、稻苞虫、黏虫、蓟马、稻瘿蚊、稻象甲、蚜虫、线虫等，但对螨类、潜叶虫、介壳虫等效果很差。速灭威苯环上含间位甲基，异丙威苯环上含邻位异丙基，速灭威和异丙威对叶蝉和飞虱有速效，但对另一些害虫的防治效果较差甚至无效。

2. 大多数品种的速效性好，持效期短，选择性强 对飞虱、叶蝉、蓟马等防治效果好，对螨类和介壳虫类无效，对天敌安全。某些品种的持效期很长，达1~2个月，适用于处理土壤或种子，防治作物苗期害虫和地下害虫、线虫等。某些品种对咀嚼式口器害虫的效果优于有机磷杀虫剂，适用于防治钻蛀性害虫。对鱼类比较安全，对人畜的毒性都较小，但对蜜蜂具有较高毒性。

3. 毒性差异大　多数品种（例如异丙威、仲丁威、混灭威、速灭威等）的毒性低；少数品种毒性高（例如克百威、涕灭威等），但可加工成使用安全的剂型，例如颗粒剂。

4. 增效性能多样　拟除虫菊酯杀虫剂用的增效剂（例如芝麻油、芝麻素、氧化胡椒基丁醚等），对氨基甲酸酯类杀虫剂亦有增效作用。不同结构类型的氨基甲酸酯类杀虫剂的品种间混合使用，对抗药性害虫有增效作用。氨基甲酸酯类杀虫剂也可作为某些有机磷杀虫剂的增效剂。

5. 残留量低　其原因是分子结构接近天然产物，在自然界易被分解。在土壤中，由于微生物的影响，氨基甲酸酯类杀虫剂会迅速分解，最终生成二氧化氮（NO_2）、氮气（N_2）、水等简单化合物。

三、氨基甲酸酯类杀虫剂的低毒衍生化

1965 年联合碳化物公司开发的涕灭威，1966 年杜邦公司开发的灭多威和 1967 年 FMC 公司开发的克百威等化合物，具有杀虫高效、广谱、持效期长等特点，弥补了甲萘威等第一代氨基甲酸酯类杀虫剂杀虫谱较窄的不足。然而这类化合物的毒性太高，如何降低这类杀虫剂对哺乳动物的毒性，而又不影响其杀虫活性，成了氨基甲酸酯类杀虫剂研究的一个重点。

对高毒的氨基甲酸酯类杀虫剂的低毒衍生化是从对马拉硫磷的代谢机制的研究中得到的启示。在氨基氮原子上引入取代基，使新的衍生物在昆虫体内转变成母体化合物而具有杀虫活性，而在其他动物体内通过酯酶转变成酚类而解毒，从而达到此类农药低毒化的目的。马拉硫磷在昆虫和其他动物体内存在不同的代谢途径而具有选择性。在昆虫体内，经多功能氧化酶（MFO）的作用，能使抑制胆碱酯酶活性低的 P═S 键转化成抑制胆碱酯酶活性高的 P═O 键，从而具有杀虫活性。但在其他动物体内，由于羧酸酯酶的作用，使马拉硫磷的酯基降解成酚类而解毒。

经过研究人员的大量试验比较，在氨基甲酸酯类杀虫剂的结构上引入含 N—S 键的衍生物，并由此开发出一系列的由 N—S 键引出的不同的氨基甲酸酯类化合物的衍生物。

1. 芳基和烷基硫基类衍生物　一些含 N-芳基和 N-烷基硫基的衍生物均对家蝇和蚊子表现出较高的杀虫活性，对小鼠的毒性比母体化合物低。

2. 二烷基氨基硫基类衍生物　这类衍生物中最成功的是 1974 年由 FMC 公司开发的丁硫克百威。丁硫克百威是克百威的衍生物，其杀虫活性与克百威相当，但毒性远低于克百威，对大鼠的急性经口毒性只有克百威的 1/31。丁硫克百威具有较高的内吸性和较长的持效期，是一种广谱性杀虫剂。

3. N,N'-硫双氨基类型　该类型是在两个相同或不同的氨基甲酸酯的氮原子上连接一个硫原子的衍生物。一系列的生物活性测定数据表明，硫双氨基甲酸酯与其母体的杀虫活性相当，而对小鼠的毒性仅为原来母体化合物的 1/29～1/5。该类型的突出代表是由美国联合碳化物公司商品化生产的硫双灭多威，其对大鼠的急性口服毒性约为灭多威的 1/23。

汽巴-嘉基公司研制开发的呋线威是不对称取代的衍生物，也具有卓越的杀虫活性，具有内吸、触杀和胃毒作用。

4. N-磷酰胺硫基类型　Nelson 等人合成了许多灭多威磷酰胺衍生物和灭多威环磷酰胺衍生物。美国 Upjohn 公司合成的 U-47319（磷亚威）和 U-56295（磷硫灭多威）的分子结构中，既含有氨基甲酸酯类的基本结构，又含有有机磷酸酯类杀虫剂的基本结构，故对鳞

翅目幼虫的杀虫活性与灭多威大体相等，但对植物药害较轻，并具有较长的持效期，且大大降低了对哺乳动物的毒性。

5. N-氨基酸酯硫基类型 日本大塚公司合成的丙硫克百威，是克百威的类似物，有非常高的杀虫活性，而毒性又比较低，在昆虫体内代谢成克百威和3-羟基克百威而起作用。

四、氨基甲酸酯类杀虫杀螨剂的重要品种及其应用

（一）茚虫威

1. 化学名称 茚虫威（indoxacarb）的化学名称为7-氯-2,5-二氢-2-[N-（甲氧基羰基）-4-（三氟甲氧基）苯]甲酰基茚戊[-1,2-e][1,3,4-]噁二嗪-4a（3H）-羧酸甲酯（图3-30）。

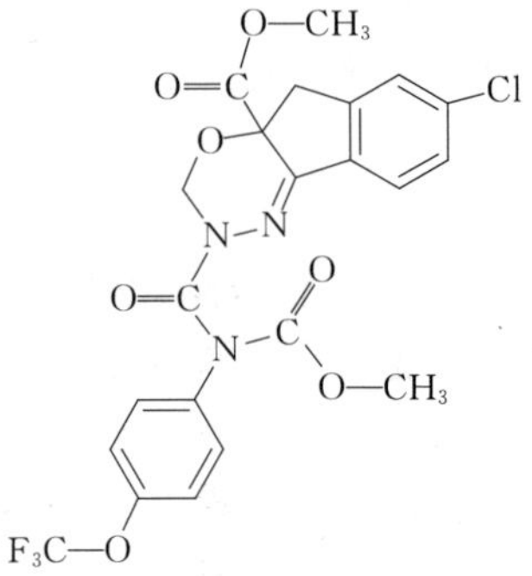

2. 主要理化性质 茚虫威的熔点为88.1 ℃，蒸气压为2.5×10^{-8} Pa；在水中溶解度小于0.2 mg/L，在丙酮中溶解度为250 g/L，在甲醇中溶解度为3 g/L。

3. 毒性 茚虫威的鼠急性经口LD_{50}为1 732 mg/kg，急性经皮LD_{50}超过5 000 mg/kg。茚虫威对哺乳动物、家畜低毒，同时对环境中的非靶标生物非常安全，在作物中残留量低，用药后第二天即可采收，尤其适用于蔬菜等多次采收类作物。

图3-30 茚虫威的分子结构

4. 作用方式 茚虫威具有触杀和胃毒作用，通过阻断昆虫神经细胞膜上的钠离子通道，使神经细胞丧失功能。

（二）异丙威

1. 化学名称 异丙威（isoprocarb）的化学名称为2-异丙基苯基甲基氨基甲酸酯（图3-31）。

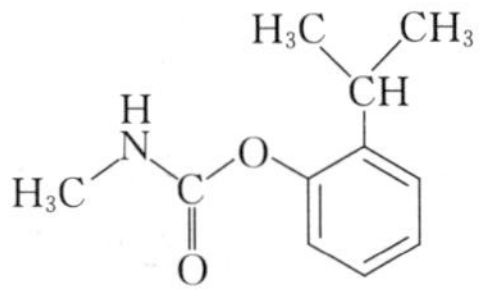

2. 主要理化性质 异丙威纯品为白色结晶，熔点为96～97 ℃，沸点为128～129 ℃（2.67×10^3 Pa），25 ℃时的蒸气压为0.133 Pa。异丙威不溶于卤代烷烃和水，难溶于芳烃，溶于丙醇、甲醇、乙醇、二甲基亚砜、乙酸乙酯等有机溶剂；在酸性条件下稳定，在碱性溶液中不稳定。异丙威原粉为浅红色片状结晶，熔点为89～91 ℃，密度为0.62 g/cm³。

图3-31 异丙威的分子结构

3. 作用方式 异丙威具有较强的触杀作用，速效性强，对叶蝉、飞虱有特效。

（三）涕灭威

1. 化学名称 涕灭威（aldicarb）的化学名称为（EZ）-2-甲基-2-（甲硫基）丙醛基-O-甲基氨基甲酰基肟（图3-32）。

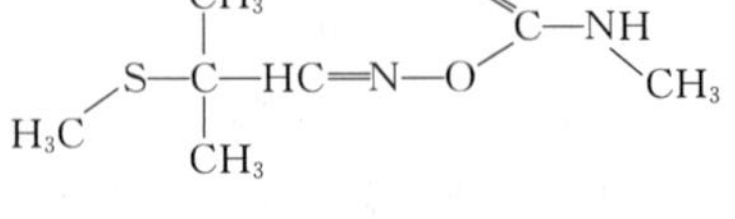

2. 主要理化性质 涕灭威是目前商品化农药中毒性最高的品种。其纯品为白色无味结晶，熔点为100 ℃，20 ℃时的蒸气压小于6.67 Pa，密度为1.195 g/cm³。室温下，涕灭威在水中的溶解度为0.6%，溶于大多数有机溶剂，例如丙酮、氯仿、甲苯；遇强碱不稳定。

图3-32 涕灭威的分子结构

3. 作用方式 涕灭威具有触杀、胃毒和内吸作用。

（四）灭多威

1. 化学名称　灭多威（methomyl）的化学名称为 1-（甲硫基）亚乙基氨甲基氨基甲酸酯（图 3-33）。

2. 主要理化性质　灭多威对柑橘潜叶蛾、美洲斑潜蝇等有特效。其纯品为白色结晶，稍带硫黄臭味，熔点为 78～79 ℃，25 ℃时的蒸气压为 6.67 mPa；能溶于水、丙酮、乙醇、异丙醇、甲醇、甲苯；在通常条件下稳定；在潮湿土壤中很易分解。

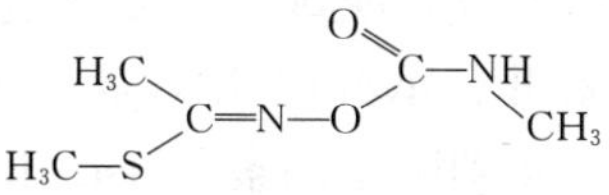

图 3-33　灭多威的分子结构

3. 作用方式　灭多威具触杀和胃毒作用，内吸性强。

（五）克百威

1. 化学名称　克百威（carbofuran）的化学名称为 2,3-二氢-2,2-二甲基-7-苯并呋喃基甲氨基甲酸酯（图 3-34）。

2. 主要理化性质　克百威纯品为白色无味结晶，熔点为 153～154 ℃；原药熔点为 151～152 ℃。33 ℃时的蒸气压为 29.3 mPa，密度为 1.180 g/cm³。克百威在 25 ℃水中溶解度为 700 mg/L，可溶于苯、乙腈、丙酮、二氯甲烷、环己酮、乙醇、二甲基亚砜、二甲基甲酰胺、N-甲基吡咯烷酮等多种有机溶剂，难溶于二甲苯和石油醚；遇碱不稳定。

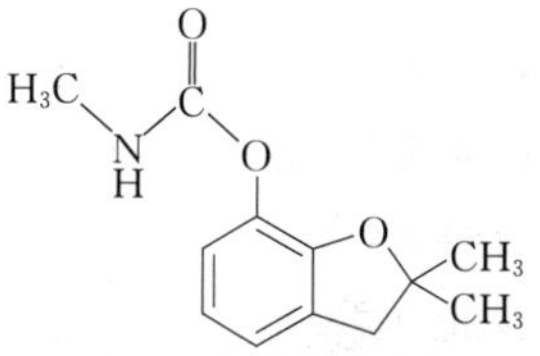

图 3-34　克百威的分子结构

3. 主要生物活性　克百威为广谱性杀虫和杀线虫剂，具有胃毒、触杀和内吸等作用，持效期长，内吸传导在叶部积聚最多，对水稻、棉花有明显的刺激生长作用。

4. 毒性　克百威属高毒农药，对鱼类等水生生物剧毒。对大鼠急性经口 LD_{50} 为 8～14 mg/kg，兔急性经皮 LD_{50} 大于 10 200 mg/kg，对眼睛和皮肤无刺激作用。

（六）硫双威

1. 化学名称　硫双威（thiodicarb）的化学名称为 3,7,9,13-四甲基-5,11-二氧杂-2,8,14-三硫杂-4,7,9,12-四氮杂十五烷-3,12-二烯-6,10-二酮（图 3-35）。

2. 主要理化性质　硫双威原药为浅棕褐色晶体，熔点为 173～173.5 ℃，20 ℃时的蒸气压为 5.1 mPa，密度为 1.4 g/cm³（20 ℃）。硫双威难溶于水，能溶于丙酮、甲醇、二甲苯；常温下稳定，在弱酸和碱性介质中迅速水解。

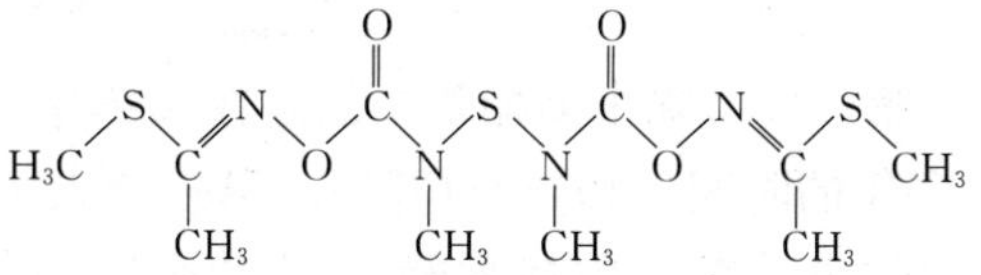

图 3-35　硫双威的分子结构

3. 毒性　硫双威对大鼠急性经口 LD_{50} 为 66 mg/kg。

4. 主要生物活性　硫双威具有一定的触杀和胃毒作用，防治抗性棉铃虫效果好。

第六节　拟除虫菊酯杀虫杀螨剂

一、拟除虫菊酯杀虫杀螨剂概述

除虫菊素（pyrethrin）是存在于菊科植物如白花除虫菊（*Chrysanthemum cinerariifolium*）和红花除虫菊（*Chrysanthemum coccineum*）等花中的杀虫有效成分。对其化学结构的研究始于 1908 年，并于 1909 年由日本的药物学家富士（Fujitani）发表了第一篇论文，

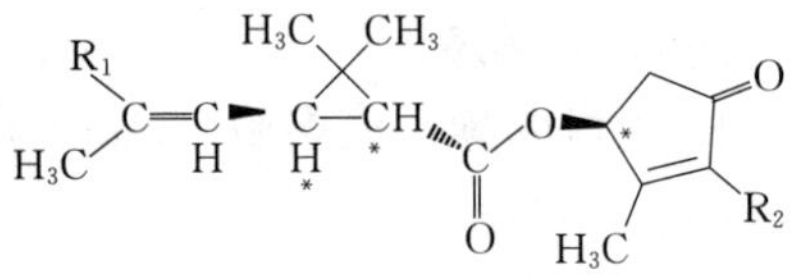

该报道提出除虫菊素的有效成分为"酯"结构。1923年，另一个日本人山本证实构成除虫菊素的酸具有三碳环结构（环丙烷）。后来，许多科学家又经过40多年的研究，明确了除虫菊花中含有除虫菊素Ⅰ、除虫菊素Ⅱ、瓜叶除虫菊素（cinerin）Ⅰ、瓜叶除虫菊素

图 3-36 除虫菊素的化学结构

Ⅱ、茉莉除虫菊素（jasmolin）Ⅰ和茉莉除虫菊素Ⅱ6种杀虫有效成分（图3-36和表3-1），总称为天然除虫菊素，以除虫菊素Ⅰ和除虫菊素Ⅱ含量最高，杀虫活性最强。

表 3-1 天然除虫菊素的化学结构和组成

组分	R_1	R_2	分子式	相对分子质量	含量（%）	报道年份
除虫菊素Ⅰ	—CH_3	—$CH_2CH=CHCH=CH_2$	$C_{21}H_{28}O_3$	328.43	35	1924*
除虫菊素Ⅱ	—CO—OCH_3	—$CH_2CH=CHCH=CH_2$	$C_{22}H_{28}O_5$	372.44	32	1924*
瓜叶除虫菊素Ⅰ	—CH_3	—$CH_2CH=CHCH_3$	$C_{20}H_{28}O_3$	316.42	10	1945
瓜叶除虫菊素Ⅱ	—CO—OCH_3	—$CH_2CH=CHCH_3$	$C_{21}H_{28}O_5$	360.43	14	1945
茉莉除虫菊素Ⅰ	—CH_3	—$CH_2CH=CHC_2H_5$	$C_{21}H_{30}O_3$	330.45	5	1964
茉莉除虫菊素Ⅱ	—CO—OCH_3	—$CH_2CH=CHC_2H_5$	$C_{22}H_{30}O_5$	374.46	4	1964

注：* 为除虫菊素Ⅰ、除虫菊素Ⅱ结构的最早报道年份，后经多人修正，直到1947年最后确定表中组分结构。

天然除虫菊素是一类比较理想的杀虫剂，杀虫毒力高，杀虫谱广，对人畜十分安全。从环境安全性来评价，它不污染环境，没有慢性毒性等不良效应，也不会发生累积中毒。它的唯一不足就是持效性太差，在光照下会很快氧化。因此天然除虫菊素不能在田间使用，只能用于室内防治卫生害虫。

在人们不懈地探索下，成功地获得了人工合成除虫菊酯（拟除虫菊酯），并逐渐解决了其存在的问题，发展为一类优良的拟除虫菊酯杀虫杀螨剂。

二、第一代拟除虫菊酯杀虫剂

第一代拟除虫菊酯杀虫剂是在天然除虫菊素化学结构的基础上发展起来的，大体经历了20多年的时间（1948—1971）。第一个人工合成的拟除虫菊酯是丙烯菊酯（allethrin），是由美国人Schechter和Laforge于1947年合成，并于1949年商品化。它以除虫菊酯Ⅰ为原型，用丙烯基代替环戊烯醇侧链的戊二烯基（即在醇环侧链除去一个双键）（图3-37），使光稳定性有些改善。

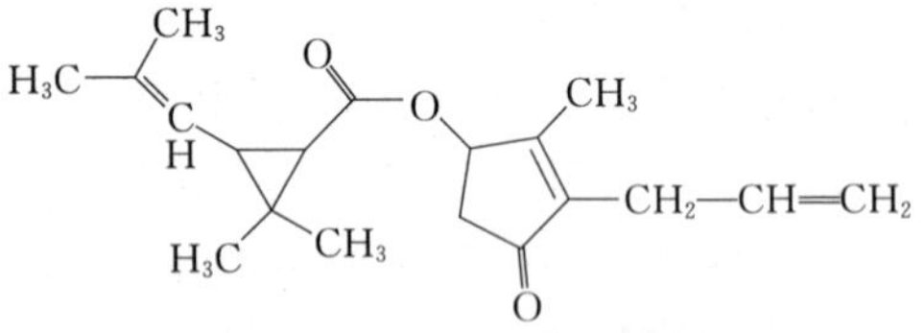

图 3-37 丙烯菊酯的分子结构

丙烯菊酯有8个立体异构体，Gersdorff和Elliott先后测定了其不同异构体与杀虫活性的关系，发现（+）反式，S（+）异构体对家蝇的毒力最高，比毒力最低的（一）反式，R（+）异构体高约500倍。表明丙烯菊酯与天然除虫菊素的高效异构体具有相同的立体构型。经过前后近40年（1908—1947）除虫菊酯化学的研究，终于出现了第一个人工合成除虫菊酯，虽然其杀虫活性与天然除虫菊素相比并没有很大程度的提高，但该化合物保持了天

然除虫菊素的优点。由于丙烯菊酯对光的不稳定性,其使用与天然除虫菊素一样受到了限制。改进化学结构以克服光不稳定性,是农药化学家们努力追求的一个目标,直到 20 世纪 70 年代初,在光稳定性的改造方面始终未获得明显突破。第一代拟除虫菊酯主要代表品种如表 3-2。

表 3-2 第一代拟除虫菊酯主要代表品种

药剂名称	英文名	化学结构	大鼠口服 LD_{50} (mg/kg)	主要制剂及用途	报道年份
苄菊酯	dimethrin		40 000	颗粒剂,杀孑孓、牛蝇	1959
苄呋菊酯	pyresmethrin		>2 500	乳油、可湿性粉剂、气雾剂,杀卫生、园艺及农业害虫	1965
胺菊酯	tetramethrin		>5 000	粉剂、液剂、气雾剂,杀卫生害虫	1965
苯醚菊酯	phenothrin		>10 000	乳油、气雾剂、混剂,杀卫生害虫、仓储害虫	1968
氰苯醚菊酯	cyphenothrin			乳油、气雾剂,杀卫生及园艺害虫	1971

在这些早期开发的拟除虫菊酯品种中,苯醚菊酯的杀虫活性并不是很强,但由于比较稳定的苯环结构(苯氧基苄醇)代替了醇部分的不饱和结构,光稳定性有了改进。日本住友公司又在此基础上在分子中引入了氰基,使化合物的毒力大为提高。这个醇部分的改造具有重大意义,因为这个改造,既改善了化合物的稳定性,又使毒力提高,这个醇也成了此后发展起来的一系列光稳定性拟除虫菊酯的基本组成部分。

三、第二代光稳定性拟除虫菊酯杀虫杀螨剂

在除虫菊酯类化合物结构改造中,由于醇部分改造提高了稳定性,但对于除虫菊酸部分的改造,虽然早已开始,但成就不大。至 1973 年 Mataui 在合成除虫菊酯化合物中引入苯氧基苄醇合成了甲氰菊酯,情况才有了改变。Mataui 合成的这个化合物对一些昆虫,特别是对螨类和粉虱等都有较好的效果,其缺点是对卵无效且口服毒性较高。

1973 年,英国洛桑试验站的 Elliott 博士用氯代菊酸与苯氧基苄醇成功合成了氯菊酯

(permethrin)（图 3-38），并于 1977 年商品化。这是第一个光稳定性的农用拟除虫菊酯，它解决了天然除虫菊素和第一代拟除虫菊酯分子中的两个光不稳定中心（除虫菊酸侧链的偕二甲基和醇部分的不饱和结构），这是一次意义重大的突破。

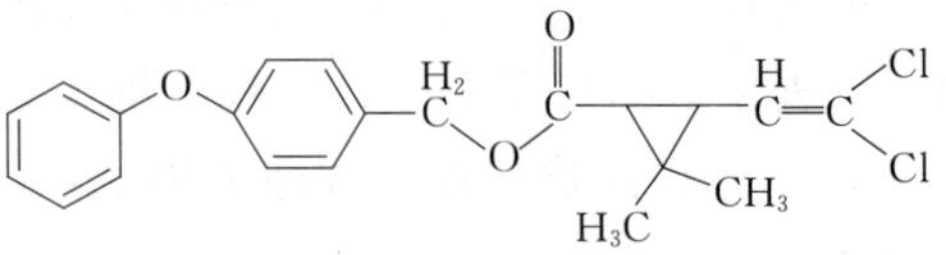

图 3-38 氯菊酯的分子结构

Elliott 的研究工作证实，以二氯菊酸配合其他醇合成的除虫菊酯化合物的毒力都有较大程度的提高，但对光的稳定性必须与相对稳定的苯氧基苄醇配合才有所改善。随后，Elliott 在以上结构中引入氰基相继合成了氯氰菊酯和溴氰菊酯。同时，日本人板谷将有机氯杀虫剂滴滴涕的有效结构嵌入除虫菊酸中，住友公司的大野等开发了分子结构中不具环丙烷的氰戊菊酯，从而突破了除虫菊酯类杀虫剂必须具有三碳环结构的传统局限，使合成工艺大大简化，这又是一次意义重大的突破。自此，第二代光稳定性农用拟除虫菊酯杀虫剂得到了空前的发展。

四、光稳定性拟除虫菊酯杀虫杀螨剂的发展

氯菊酯及其后来许多第二代光稳定性农用拟除虫菊酯杀虫剂的研究开发成功，促进了该类化合物研究的进展。这些化合物所存在的种种不足（例如对鱼毒性较高、对螨类和土壤害虫效果较差以及缺乏内吸性等）已经有了突破。

1. 在结构中导入氟原子 含氟化合物作为农药使用历史悠久，但早期的含氟无机化合物因毒性太高使其开发受到限制。在有机合成农药分子的适当部位用氟取代氢，由于氟原子的特殊性质，其理化性质变化较小，但确使原来的化合物增添了新的活性，同时具有选择性好、活性高、用量少或者毒性降低等优点，已经受到农药研究（包括医药研究）领域的高度重视。在除虫菊酯分子中引入氟原子，证明不仅仍保持或提高了原化合物的活性而且对螨类表现了很好的毒效，但对鱼和蜜蜂的毒性并未降低。通过在结构中导入氟原子开发成功的除虫菊酯类杀虫杀螨剂有联苯菊酯、氟氯氰菊酯、氯氟氰菊酯、七氟菊酯等。

2. 在结构中导入硅原子 除了氟原子外，在新的农药结构中引入硅和锡原子均有不少成功的例子。日本住友公司 20 世纪 80 年代以硅原子取代除虫菊酯结构中的碳原子，开发出了含硅的拟除虫菊酯。虽然此类取代品种在活性方面并没有较大的突破，但在发展拟除虫菊酯的结构上增添了一个新的领域。

3. 改变酯的结构 例如醚菊酯，在醚菊酯的结构中已经无除虫菊酸部分，但因其空间结构与除虫菊酯化合物有相似之处且有拟除虫菊酯化合物类似的生物活性，仍将其称为菊酯。醚菊酯对蜜蜂毒性大大降低，且对稻田的捕食性蜘蛛相对安全。这个结构的改进，打破了通常认为拟除虫菊酯杀虫剂具有高活性必须是酯结构的说法。

五、拟除虫菊酯杀虫杀螨剂的异构体与生物活性

拟除虫菊酯化合物的生物活性，包括杀虫活性和对哺乳动物的毒性，均有赖于除虫菊酸和醇组成的结构与其立体化学特性，特别是不同的光学异构体活性差异很大。鉴于这个特性，在一个光稳定性的农用拟除虫菊酯合成成功以后，化学家们还要对其进行高效异构体的拆分工作。例如氯氰菊酯分子结构中具有 3 个不对称碳原子，即有 8 个光学异构体。1986 年，匈牙利人 Hidasi 等报道，从 8 个异构体中拆分出 1R-顺式酸-S 醇酯/1S-顺式酸-R-醇酯（1∶1）和 1R-反式酸-S 醇酯/1S-反式酸-R-醇酯（1∶1）的混合物（即高效顺反

氯氰菊酯），其药效比氯氰菊酯高约1倍。同样，在溴氰菊酯的8个异构体中，单一右旋顺式异构体（1R，3R菊酸与S-α-氰醇合成的酯）杀虫活性最高。而S,S-氰戊菊酯则为氰戊菊酯的高效异构体。

六、拟除虫菊酯杀虫杀螨剂的作用方式和毒理学

拟除虫菊酯杀虫杀螨剂对昆虫和螨类（个别品种）有较高的生物活性，该类化合物以触杀和胃毒发挥作用，不具有内吸性；与有机氯杀虫剂滴滴涕一样，拟除虫菊酯化合物为负温度系数药剂。该类化合物作用于昆虫的外周和中枢神经系统，通过刺激神经细胞引起重复放电（discharge）而导致昆虫麻痹。如果上述影响发生在神经索上，其刺激程度远远大于滴滴涕。其准确的作用位点还不清楚，大概最初的毒性作用表现在对神经轴突的阻断作用（blocking action），因为这个解释刚好与其负温度系数现象相吻合。另外，此类化合物还具有极好的击倒（knockdown）活性，表明拟除虫菊酯类化合物能很快地麻痹昆虫的肌肉，可以推断是作用于中枢神经系统。

拟除虫菊酯引起的中毒征象可分为兴奋期与抑制期（或麻痹期）两个阶段。在兴奋期，昆虫表现活跃，爬动频繁；到抑制期，活动减少，进入麻痹状态，直至死亡。在兴奋期，可以检测到动作电位频率大大增加，有重复后放现象；兴奋期长短与药剂浓度相关，浓度越高，兴奋期越短，进入抑制期越快。在麻痹之后用生理盐水洗去药剂，不能或极少能使昆虫恢复，这个现象说明拟除虫菊酯的作用具有不可逆性。

拟除虫菊酯的作用机制是多方面的，包括对周围神经系统、中枢神经系统和其他组织器官（主要是肌肉）的作用。

七、拟除虫菊酯杀虫杀螨剂的主要品种及其应用

（一）氯氰菊酯和高效氯氰菊酯

1. 氯氰菊酯

（1）化学名称　氯氰菊酯（cypermethrin）的化学名称为（RS）-α-氰基-3-苯氧基苄基（SR）-3-(2,2-二氯乙烯基)-2,2-二甲基环丙烷羧酸酯（图3-39）。

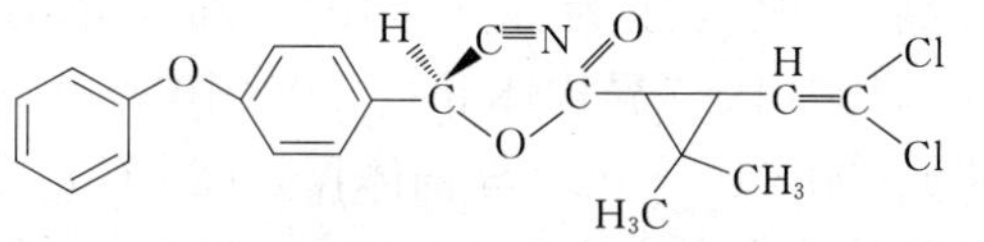

图3-39　氯氰菊酯和高效氯氰菊酯的分子结构

（2）主要理化性质　氯氰菊酯为棕黄色至深红色黏稠半固体（室温），熔点为60～80℃（工业品），闪点为80℃，水中溶解度极低，易溶于酮类、醇类及芳烃类溶剂，在中性、酸性条件下稳定，强碱条件下水解，热稳定性良好（220℃以内），常温储存2年以上。

（3）毒性　氯氰菊酯大鼠急性经口LD_{50}为250～4 150 mg/kg，经皮LD_{50}超过4 920 mg/kg，为中等毒性品种。

（4）作用方式　氯氰菊酯的作用方式为触杀和胃毒作用。

2. 高效氯氰菊酯

（1）化学本质　高效氯氰菊酯（β-cypermethrin）为氯氰菊酯的高效异构体。

（2）主要理化性质　高效氯氰菊酯为白色或略带奶油色的结晶或粉末，熔点为60～65℃，难溶于水，易溶于酮类及芳烃类中，在醇类、中性或弱酸性条件下稳定，遇碱易分

解，室温下储存2年不分解。

(3) **毒性** 高效氯氰菊酯大鼠急性经口 LD_{50} 为 649 mg/kg，经皮 LD_{50} 超过 1 830 mg/kg。

(4) **作用方式** 高效氯氰菊酯的作用方式为触杀和胃毒作用。

3. 药效 氯氰菊酯和高效氯氰菊酯杀虫谱广，药效迅速，对光、热稳定，对某些害虫的卵具有杀伤作用，可防治对有机磷产生抗性的害虫，但对螨类和盲蝽防治效果差。该药持效期较长，正确使用对作物安全。

(二) 溴氰菊酯

1. 化学名称 溴氰菊酯（δ-methrin）的化学名称为（S）-α-氰基-3-苯氧苄基-（+）-顺-3-（2,2,二溴乙烯基）-2,2-二甲基环丙烷羧酸酯（图3-40）。

2. 主要理化性质 溴氰菊酯为无色结晶，熔点为 100～102 ℃，蒸气压小于 1.33×10^{-5} Pa（25 ℃），密度为 0.55 g/cm³（25 ℃），微溶于水，易溶于有机溶剂，暴露于空气中非常稳定，低于 190 ℃稳定，在酸性条件下比碱性条件下更稳定，紫外光下脱溴，顺式异构化酯链打开。

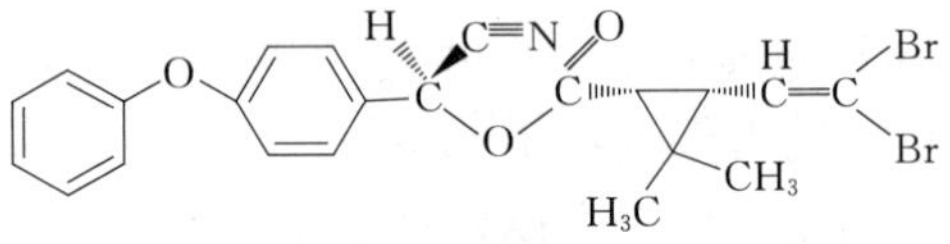

图 3-40 溴氰菊酯的分子结构

3. 毒性 溴氰菊酯大鼠急性经口 LD_{50} 为 135～5 000 mg/kg，经皮 LD_{50} 超过 2 000 mg/kg。

4. 作用方式 溴氰菊酯的作用方式为触杀和胃毒作用。

5. 药效 溴氰菊酯以触杀和胃毒作用为主，对害虫有一定驱避与拒食作用，无内吸熏蒸作用；杀虫谱广，击倒速度快，尤其对鳞翅目幼虫及蚜虫杀伤力大，但对螨类无效。

(三) 氟氯氰菊酯

1. 化学名称 氟氯氰菊酯（cyfluthrin）的化学名称为（RS）-α-氰基-4-氟-3-苯氧基苄基（1RS，3RS）-3-（2,2-二氯乙烯基）-2,2-二甲基环丙烷羧酸酯（图3-41）。

2. 主要理化性质 氟氯氰菊酯纯品为黏稠的、部分结晶的琥珀色油状物，熔点为 60 ℃（工业品），蒸气压为 960×10^{-9} Pa（异构体Ⅰ）、10×10^{-9} Pa（异构体Ⅱ）、20×10^{-9} Pa（异构体Ⅲ）、90×10^{-9} Pa（异构体Ⅳ）（20 ℃）。溶解度，

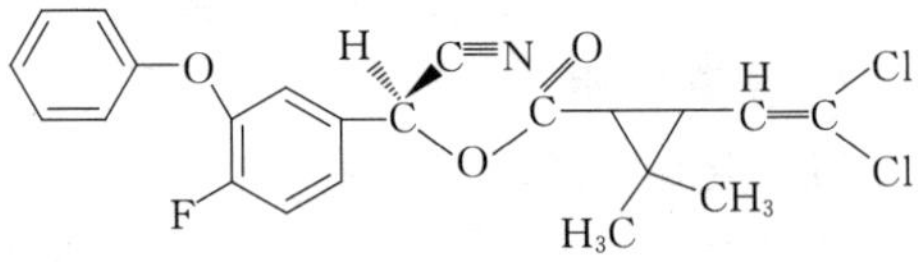

图 3-41 氟氯氰菊酯的分子结构

异构体Ⅰ在水中为 2.5 μg/L（pH 3，20 ℃）、2.2 μg/L（pH 7，20 ℃），在二氯甲烷和甲苯中超过 200 g/L（20 ℃），在正己烷中为 10～20 g/L（20 ℃），在异丙醇中为 20～50 g/L（20 ℃）；异构体Ⅱ在水中为 2.1 μg/L（pH 3，20 ℃）、1.9 μg/L（pH 7，20 ℃），在二氯甲烷和甲苯中超过 200 g/L（20 ℃），在正己烷中为 10～20 g/L（20 ℃），在异丙醇中为 5.0～10.1 g/L（20 ℃）；异构体Ⅲ在水中为 3.2 μg/L（pH 3，20 ℃）、2.2 μg/L（pH 7，20 ℃），在二氯甲烷和甲苯中超过 200 g/L（20 ℃），在正己烷和异丙醇中为 10～20 g/L（20 ℃）；异构体Ⅳ在水中为 4.3 μg/L（pH 3，20 ℃）、2.9 μg/L（pH 7，20 ℃），在二氯甲烷中超过 200 g/L（20 ℃），在正己烷中为 1～2 g/L（20 ℃），在甲苯中为 100～200 g/L（20 ℃），在异丙醇中为 2～5 g/L（20 ℃）。氟氯氰菊酯在室温下稳定。

3. 毒性 氟氯氰菊酯大鼠急性经口 LD_{50} 约 500 mg/kg，经皮 LD_{50} 超过 5 000 mg/kg，为中等偏低毒性品种。

4. 作用方式 氟氯氰菊酯的作用方式为触杀和胃毒作用。

5. 药效　氟氯氰菊酯可快速击倒害虫，持效期较长，对多种鳞翅目幼虫有良好效果，也可有效防治某些地下害虫和叶螨，对哺乳动物低毒，对作物安全。

高效氟氯氰菊酯又称为乙体氟氯氰菊酯（β-cyfluthrin），商品名为保得，是对氟氯氰菊酯高效异构体拆分后的产物，也为低毒产品，其特点是对刺吸式口器的害虫表现出较好的效果。

（四）氯氟氰菊酯

1. 化学名称　氯氟氰菊酯（cyhalothrin）的化学名称为 α-氰基-（*Z*）-（1*RS*，3*RS*）-3-苯氧基苄基-3-（2-氯-3,3,3-三氟-1-丙烯基）-2,2-二甲基环丙烷羧酸酯（图 3-42）。

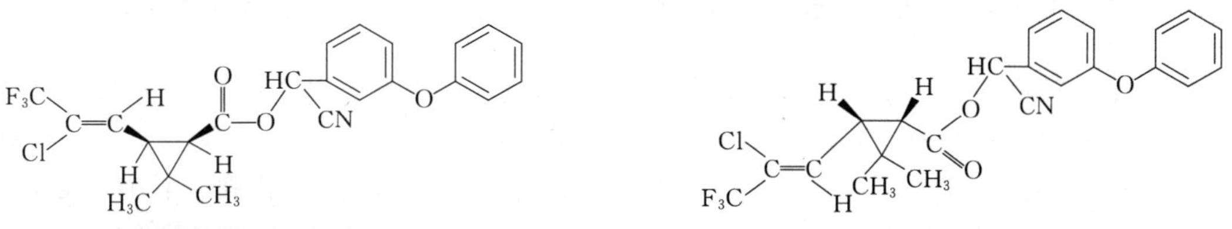

(*R*)(*Z*)-(1*R*，3*R*)-*cis*　　(*R*)(*Z*)-(1*S*，3*S*)-*cis*

图 3-42　氯氟氰菊酯的分子结构

2. 主要理化性质　氯氟氰菊酯为黄色至棕色黏稠油状液体（工业品），沸点为 187～190 ℃（0.2 Pa），蒸气压约 1 μPa（20 ℃），密度为 1.25 g/mL（25 ℃）；难溶于水；溶于丙酮、二氯甲烷、甲醇、乙醚、乙酸乙酯、己烷和甲苯，其溶解度均大于 500 g/L（20 ℃）；50 ℃黑暗处存放 2 年不分解，光下稳定，275 ℃分解，光下 pH 7～9 缓慢分解，pH>9 加快分解。

3. 毒性　氯氟氰菊酯大鼠急性经口 LD_{50} 为 166 mg/kg，经皮 LD_{50} 为 1 000～2 500 mg/kg，为中等毒性品种。

4. 作用方式　氯氟氰菊酯的作用方式为触杀和胃毒作用。

5. 药效　氯氟氰菊酯杀虫谱广，活性较高，药效迅速，喷洒后耐雨水冲刷，但长期使用易产生抗性，对刺吸式口器的害虫及害螨有一定防治效果，但防治叶螨的使用剂量要比常规杀虫用量增加 1～2 倍。

高效氯氟氰菊酯（λ-cyhalothrin）（图 3-43）、精高效氯氟氰菊酯（γ-cyhalothrin）（图 3-44）是氯氟氰菊酯的高效异构体，具有击倒速度快、击倒力强，用药量少等优点。

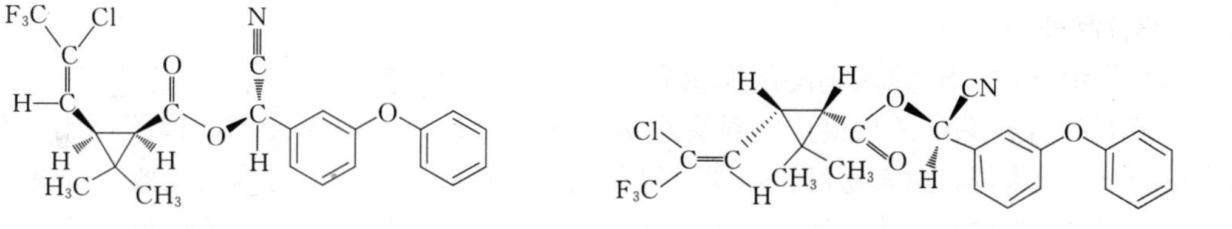

(*S*)(*Z*)-(1*R*，3*R*)-*cis*　　(*R*)(*Z*)-(1*S*，3*S*)-*cis*

图 3-43　高效氯氟氰菊酯的分子结构

（五）氰戊菊酯和 *S*-氰戊菊酯

1. 氰戊菊酯

（1）化学名称　氰戊菊酯（fenvalerate）的化学名称为（*RS*）-α-氰基-3-苯氧基苄基

(RS)-2-(4-氯苯基)-3-甲基丁酸酯(图3-45)。

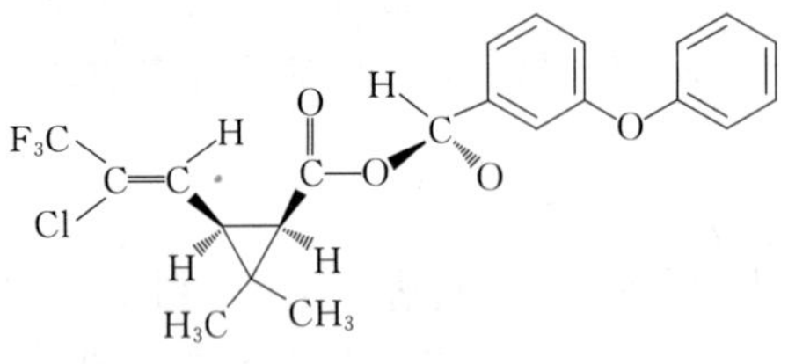

图3-44 精高效氯氟氰菊酯的分子结构

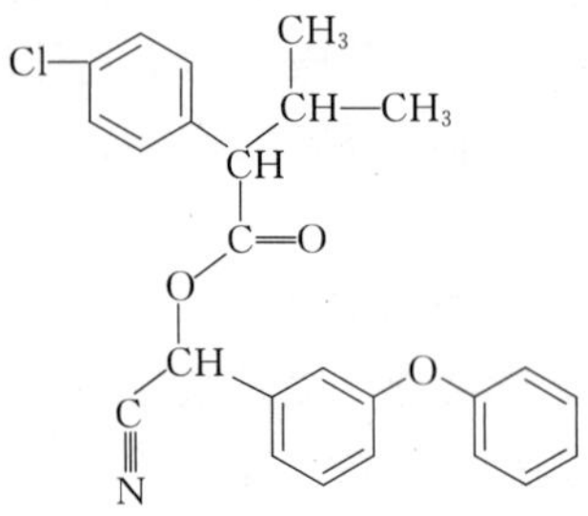

图3-45 氰戊菊酯的分子结构

(2) 主要理化性质　氰戊菊酯原药为黄色到褐色黏稠油状液体,室温下有部分结晶析出,蒸馏时分解,密度为1.175 g/mL (25 ℃),蒸气压为$1.92×10^{-5}$ Pa (20 ℃);溶解度,在水中小于10 μg/L (25 ℃),在正己烷中为53 g/L (20 ℃),在二甲苯中不小于200 g/L (20 ℃),在甲醇中为84 g/L (20 ℃);对热和潮湿稳定,在酸性介质中相对稳定,在碱性介质中迅速水解。

(3) 毒性　氰戊菊酯大鼠急性经口LD_{50}为451 mg/kg,经皮LD_{50}超过5 000 mg/kg。

(4) 作用方式　氰戊菊酯的作用方式为触杀和胃毒作用。

2. S-氰戊菊酯

(1) 化学名称　S-氰戊菊酯(esfenvalerate)的化学名称为(S)-α-氰基-3-苯氧基苄基-(S)-2-(4-氯苯基)-3-甲基丁酸酯(图3-46)。

(2) 主要理化性质　S-氰戊菊酯为无色晶体(原药为棕黄色黏稠液体或固体),熔点为59.0~60.2 ℃,沸点为151~167 ℃(原药),蒸气压为$2×10^{-7}$ Pa (25 ℃),密度为1.26 g/cm³ (4~26 ℃);溶解度,在水中为0.002 mg/L (25 ℃),在二甲苯、丙酮、氯仿、乙酸乙酯、二甲基甲酰胺和二甲基亚砜中均超过600 g/kg (25 ℃),在己烷中为10~50 g/kg (25 ℃),在甲醇中为70~100 g/kg (25 ℃);对光、热稳定。

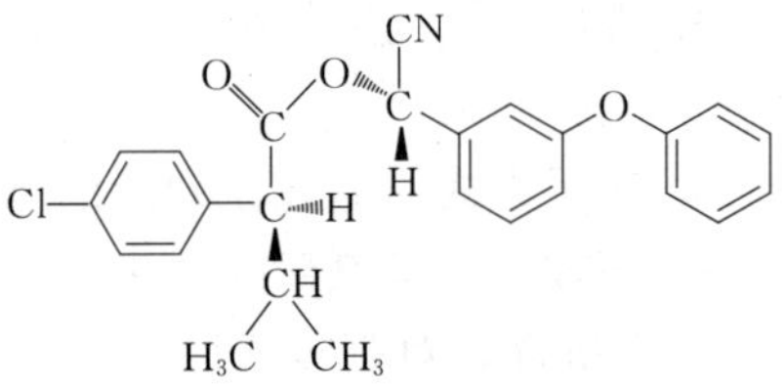

图3-46 S-氰戊菊酯的分子结构

(3) 毒性　S-氰戊菊酯大鼠急性经口LD_{50}为75~458 mg/kg,经皮LD_{50}超过5 000 mg/kg,为中等毒性品种。

(4) 作用方式　S-氰戊菊酯的作用方式为触杀和胃毒作用。

3. 药效　氰戊菊酯杀虫谱广,对害虫天敌无选择性,无内吸传导和熏蒸作用,对鳞翅目害虫的幼虫效果好,对直翅目、半翅目等害虫也有较好效果,但对螨类无效。S-氰戊菊酯是含顺式氰戊菊酯的异构体,其杀虫活性要比氰戊菊酯高出约4倍,因而使用剂量要低。

(六)醚菊酯

1. 化学名称　醚菊酯(etofenprox)的化学名称为2-(4-乙氧基苯基)-2-甲基丙基-3-苯氧基苄基醚(图3-47)。

2. 主要理化性质　醚菊酯为无色结晶,熔点为36.4~38 ℃,沸点为200 ℃ (24.00 Pa),蒸气压为3.2 mPa (100 ℃),密度为1.157 g/cm³ (23 ℃,固体)、1.067 g/cm³ (40.1 ℃,液

体);溶解度,在水中为 1 mg/L (25 ℃),在氯仿中为 858 g/L (25 ℃),在丙酮中为 908 g/L (25 ℃),在乙酸乙酯中为 875 g/L (25 ℃),在二甲苯中为 4.8 g/L (25 ℃),在甲醇中为 76.6 g/L (25 ℃);在酸碱介质中稳定,对光稳定。

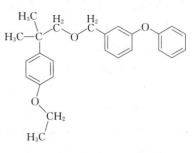

3. 毒性 醚菊酯大鼠急性经口 LD_{50} 超过 42 880 mg/kg,经皮 LD_{50} 超过 2 140 mg/kg,为低毒品种。

4. 作用方式 醚菊酯的作用方式为触杀和胃毒作用。

图 3-47 醚菊酯的分子结构

5. 药效 醚菊酯结构中无除虫菊酸,但因空间结构和拟除虫菊酯有相似之处,所以仍被称为拟除虫菊酯杀虫剂;具有杀虫谱广、杀虫活性高、击倒速度快、持效期较长、对稻田蜘蛛等天敌杀伤力较小、对作物安全等优点;无内吸传导作用,对螨无效。

(七) 四氟醚菊酯

1. 化学名称 四氟醚菊酯 (tetramethylfluthrin) 的化学名称为 2,3,5,6-四氟-4-甲氧甲基苄基-2,2,3,3-四甲基环丙烷甲酸酯(图 3-48)。

2. 主要理化性质 四氟醚菊酯工业品为淡黄色透明液体,沸点为 110 ℃,熔点为 10 ℃;难溶于水,易溶于有机溶剂;在中性和弱酸性介质中稳定,但遇强酸和强碱能分解,对紫外线敏感。

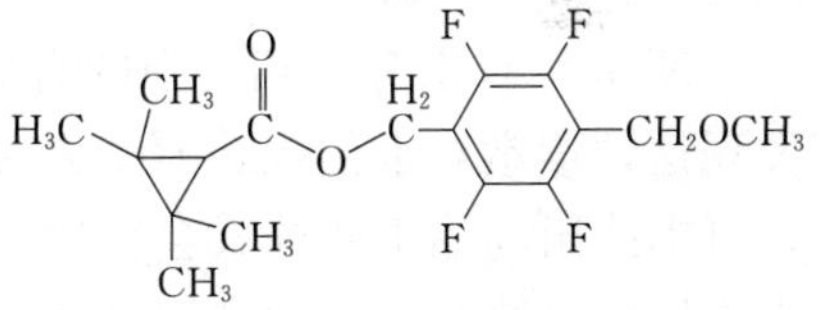

3. 主要生物活性 该产品具有很强的触杀作用,对蚊虫有卓越的击倒效果,其杀虫毒力是右旋烯丙菊酯的 17 倍以上。

图 3-48 四氟醚菊酯的分子结构

4. 毒性 四氟醚菊酯毒性属中等毒性,大鼠急性经口 LD_{50} 小于 500 mg/kg。

5. 防治对象 四氟醚菊酯是含氟拟除虫菊酯杀虫剂,具有很强的触杀作用,对蚊虫有卓越的击倒效果,能够有效防治蚊子、苍蝇、蟑螂、白粉虱等。

第七节 甲脒类杀虫杀螨剂

甲脒类杀虫杀螨剂主要有双甲脒和杀虫脒,杀虫脒由于其慢性毒性及致癌作用已被禁用,目前仍在广泛使用的为双甲脒。

(一) 双甲脒

1. 化学名称 双甲脒 (amitraz) 的化学名称为 N,N-双 (2,4-二甲基苯基亚氨基甲基) 甲胺(图 3-49)。

2. 主要理化性质 双甲脒纯品在水中的溶解度小于 1 mg/L,在丙酮和二甲苯中大于 300 g/L。在 pH 小于 7 时不稳定,吸湿会慢慢分解变质。

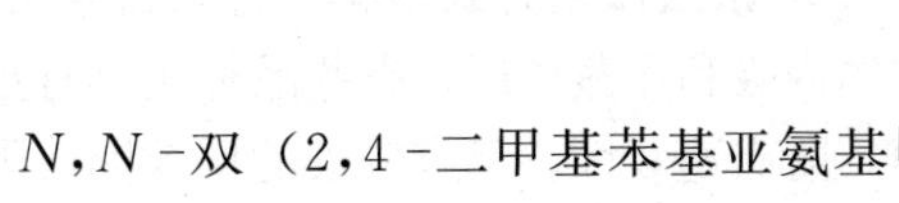

3. 主要生物活性 双甲脒属高效、广谱杀螨剂,具有触杀、拒食、驱避作用,也有一定的胃毒、熏蒸和内吸作用,对叶螨各个虫态都有效,对越冬卵效果较差。双甲脒用于防治对其他

图 3-49 双甲脒的分子结构

杀螨剂有抗性的螨有效，药后能较长时间地控制害螨数量的回升。

4. 毒性 双甲脒对大鼠急性口服 LD_{50} 为 800 mg/kg。

（二）杀虫脒

1. 化学名称 杀虫脒（chlordimeform）的化学名称为 N，N-二甲基-N'-（2-甲基-4-氯苯基）甲脒（图3-50）。

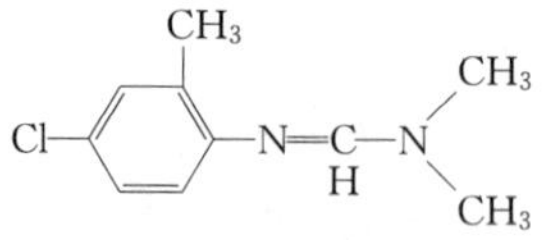

2. 主要生物活性 杀虫脒属高效广谱有机氮杀虫剂，能有效杀灭对有机磷、有机氯和氨基甲酸酯类农药有抗性的害虫。因对高等动物有致癌作用而被禁用。

图 3-50　杀虫脒的分子结构

第八节　沙蚕毒素类杀虫剂

一、沙蚕毒素类杀虫剂概述

（一）沙蚕毒素的发现及应用

沙蚕毒素类杀虫剂是20世纪60年代兴起的仿生杀虫剂。沙蚕（即异足索沙蚕，*Lumbriconeris heteropoda*）是生活在海滩泥沙中的一种环节蠕虫，日本的钓鱼者用它作诱饵，发现蚊蝇、蝗、蚂蚁等在沙蚕死尸上爬行或取食后会中毒死亡或麻痹瘫痪。1934年新田清三郎（Nitta）首次分离到其中的有效成分，并取名为沙蚕毒素（nereistoxin，NTX），1964年发现这种毒素对水稻螟虫具有特殊的毒杀作用。1965年Hagiwara等人工合成了沙蚕毒素，日本武田药品工业株式会社成功开发了第一个沙蚕毒素类杀虫剂杀螟丹（巴丹），这也是人类历史上第一次成功利用动物毒素进行仿生合成的杀虫剂。

1974年，我国贵州省化工研究所首次发现了杀虫双对水稻螟虫的防治效果，并成功将其开发为商品。1975年，瑞士山德士公司开发出杀虫环。Jacobsen等于1983年报道了源于藻类生物的1,3-二巯基-2-甲硫基丙烷的衍生物二硫戊环和三硫己环的类似物有与沙蚕毒素相似的杀虫作用。1987年，Baillie等根据沙蚕毒素的结构与活性，合成了一系列与沙蚕毒素作用机制相同的有杀虫活性的化合物，这些统称为沙蚕毒素类杀虫剂。

（二）沙蚕毒素类杀虫剂的特性

1. 杀虫谱广 沙蚕毒素类杀虫剂可用于防治水稻、蔬菜、甘蔗、果树、茶树等多种作物上的多种食叶害虫、钻蛀性害虫，有些品种对蚜虫、叶蝉、飞虱、蓟马、螨类等也有良好的防治效果。

2. 杀虫作用方式多样 沙蚕毒素类杀虫剂对害虫具有很强的触杀和胃毒作用，还具有一定的内吸和熏蒸作用，有些品种还具有拒食作用。沙蚕毒素类杀虫剂对成虫、幼虫和卵有杀伤力，既有速效性，又有较长的持效期，因而在田间使用时，施药适期长，防治效果稳定。

3. 作用机制特殊 沙蚕毒素类杀虫剂与有机磷杀虫杀螨剂、氨基甲酸酯类杀虫杀螨剂、拟除虫菊酯杀虫杀螨剂虽同属神经毒剂，但作用机制不同。沙蚕毒素类杀虫剂是一种弱的胆碱酯酶抑制剂，主要通过竞争性对烟碱型乙酰胆碱受体的占领而使乙酰胆碱不能与乙酰胆碱受体结合，阻断正常的神经节胆碱能突触间的信息传递，是一种非去极化型（nondepolarizing）阻断剂。这种对乙酰胆碱受体的竞争性抑制是沙蚕毒素类杀虫剂的杀虫基础及其与其他神经毒剂的区别所在。沙蚕毒素类杀虫剂极易渗入昆虫的中枢神经节中，侵入神经细胞间的突触部位。昆虫中毒后虫体很快呆滞不动，随即麻痹，身体软化瘫痪，直到死亡。由于作用靶标的不同，与有机磷杀虫杀螨剂、氨基甲酸酯类杀虫杀螨剂、拟除虫菊酯杀虫杀螨剂无交互抗药性，对抗药性害虫采用沙蚕毒素类杀虫剂防治仍然有很好的效果。

4. 低毒低残留 至今开发出来的沙蚕毒素类杀虫剂品种，对人畜、鸟类、鱼类及水生动物的毒性均在低毒和中等毒范围内，使用安全；对环境影响小，施用后在自然界容易分解，不存在残留毒性。

5. 对家蚕和蜜蜂毒性较高 在放养蜜蜂、饲养家蚕地区，沙蚕毒素类杀虫剂使用时须特别慎重，选择合适的施药方法、剂型、时期，以免污染桑树和蚕具，并避开蜜蜂采蜜期。

6. 某些品种对某些作物有不良影响 例如大白菜、甘蓝等十字花科蔬菜的幼苗对杀螟丹、杀虫双敏感，在夏季高温或作物生长较弱时更敏感；豆类、棉花等对杀虫环、杀虫双特别敏感，易产生药害。

二、沙蚕毒素类杀虫剂的重要品种及其应用

（一）杀螟丹

1. 化学名称 杀螟丹（cartap hydrochloride）的化学名称为1,3-二（氨基甲酰硫）-2-二甲胺基丙烷盐酸盐（图3-51）。

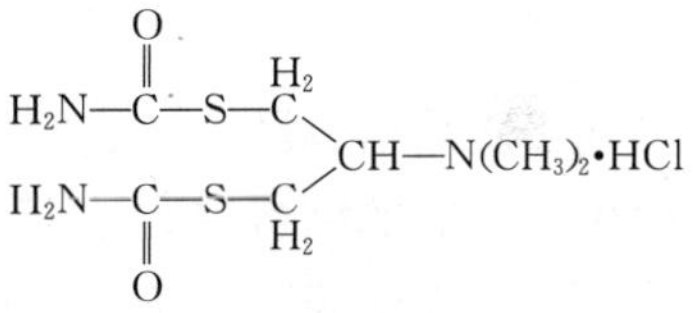

2. 主要理化性质 杀螟丹水溶性很好，难溶于除醇类外的有机溶剂，在碱性条件下不稳定。

3. 毒性 杀螟丹对大鼠口服急性毒性LD_{50}为250 mg/kg。

4. 主要生物活性 杀螟丹具有内吸、胃毒及触杀作用，有较长的持效期，对螟虫及一些其他鳞翅目害虫高效，用于防治水稻、蔬菜及果树害虫。杀螟丹在昆虫体内转变为沙蚕毒素，作用于昆虫中枢神经突触的乙酰胆碱受体，阻碍突触部位的兴奋传导，造成害虫麻痹以致死亡。

图3-51 杀螟丹的分子结构

（二）杀虫双和杀虫单

1. 化学名称 杀虫双（bisultap）的化学名称为$2-N,N$-二甲胺基-$1,3$-双（硫代硫酸钠基）丙烷（图3-52），杀虫单（monosultap）的化学名称为$2-N,N$-二甲胺基-1-硫代硫酸钠基-3-硫代硫酸基丙烷（图3-53）。

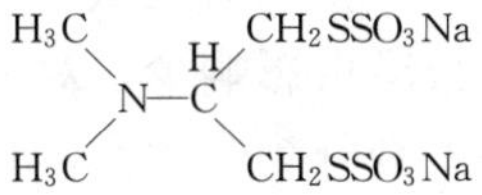

图3-52 杀虫双的分子结构 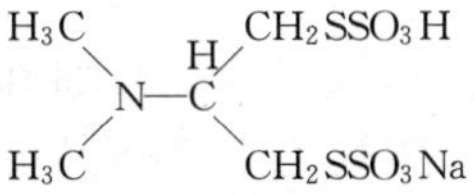　　图3-53 杀虫单的分子结构

2. 主要理化性质 杀虫双和杀虫单都具有很好的水溶性。在水溶液中，杀虫双和杀虫单在硫代硫酸钠的作用和空气的氧化下都转变为沙蚕毒素，从而起杀虫作用。

3. 毒性 杀虫双和杀虫单对大鼠（雄）口服LD_{50}为342 mg/kg，对小鼠（雄）LD_{50}为316 mg/kg。

4. 主要生物活性 杀虫双和杀虫单具胃毒、触杀和内吸作用，对水稻螟虫、稻纵卷叶螟有特效，对许多果树及蔬菜鳞翅目害虫均有较好的防治效果，也是防治蔬菜黄曲条跳甲的有效药剂。

（三）杀虫环和杀虫磺

1. 化学名称 杀虫环（thiocyclam）的化学名称为N,N-二甲基-$1,2,3$-三硫杂己-5-

基胺（图 3-54），杀虫磺（bensultap）的化学名称为 1,3-（苯磺酰基）-2-二甲氨基丙烷（图 3-55）。

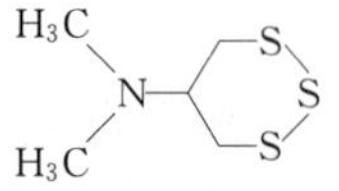

图 3-54 杀虫环的分子结构 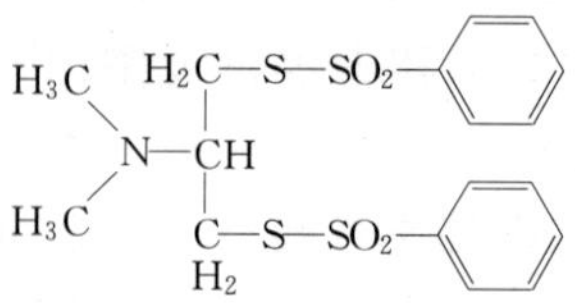　　　　图 3-55 杀虫磺的分子结构

2. 主要生物活性　杀虫环和杀虫磺为沙蚕毒素类似物中两个很好的品种，均具胃毒、触杀和内吸作用，主要用于防治鳞翅目及鞘翅目害虫，特别对水稻害虫持效期较长。

3. 毒性　对大鼠急性口服 LD_{50}，杀虫环为 310 mg/kg，杀虫磺为 1 120 mg/kg。

第九节　苯甲酰苯脲类和嗪类杀虫杀螨剂

一、苯甲酰苯脲类和嗪类杀虫杀螨剂概述

几丁质是组成昆虫表皮的主要成分，在昆虫的外骨骼中起着至关重要的作用。它是由低聚糖聚合而成的糖蛋白。昆虫表皮的若干重要物理性质（例如弹性、韧度等），多半是由于几丁质的存在而表现出来的。在几丁质合成过程中，需要有 20-羟基蜕皮激素的参与，合成开始于昆虫体内保幼激素滴度下降之时。发展几丁质合成抑制剂成为发展新型杀虫剂的一个重要方面。

Wellinga 等（1973）在筛选除草剂敌草腈的过程中，偶然发现了能抑制昆虫几丁质合成的苯甲酰苯脲类化合物，合成了第一个具有杀虫作用的毒虫脲（代号 Du-1911）后，这个领域即迅猛发展开来，实用和商品化的品种不断出现，并很快在农林害虫防治中得到应用。噻二嗪类的噻嗪酮（buprofezin）是由日本农药株式会社（Nihon Nohyaku）于 1981 年研发的，它是第一个用于防治刺吸式口器害虫（例如白粉虱和介壳虫）的几丁质合成抑制剂；三嗪胺类的灭蝇胺也是嗪类杀虫剂的一个代表，为一类新颖的昆虫生长调节剂。

这两类杀虫剂杀虫力强，对哺乳动物毒性低，对天敌昆虫影响少，对环境无污染，是一类环境友好农药。按其化学结构又可将苯甲酰苯脲类杀虫剂分为 7 大类，其化学结构通式见图 3-56。

苯甲酰基取代苯基脲类 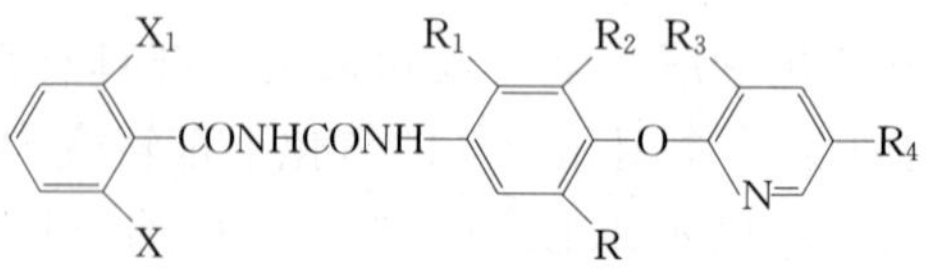　　　　苯甲酰基吡啶氧基苯基脲类

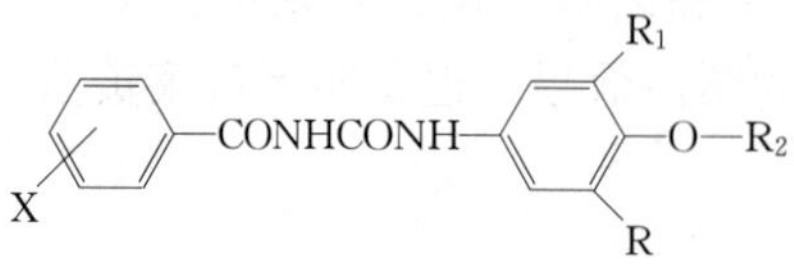

苯甲酰基烷（烯）氧基苯基脲类 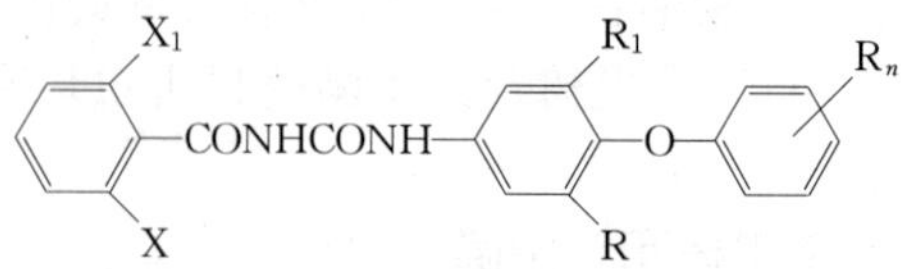　　　　苯甲酰基氧苯基脲类

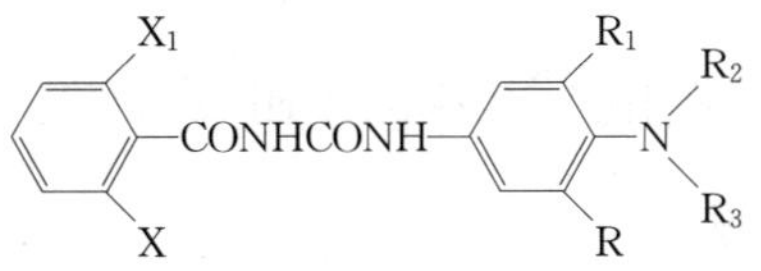

苯甲酰基取代氨基苯脲类

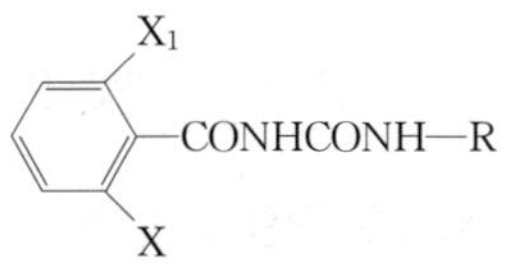

苯甲酰基杂环基脲类（R=杂环）

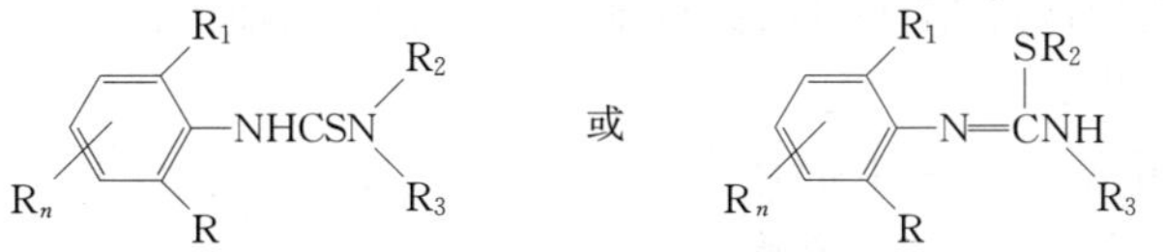

苯甲酰基苯基脲类似物、硫脲或异硫脲衍生物

图 3-56　苯甲酰苯脲类杀虫剂的结构通式

二、苯甲酰苯脲类和嗪类杀虫杀螨剂的作用方式和毒理学

（一）苯甲酰苯脲类和噻二嗪类杀虫杀螨剂的作用方式

苯甲酰苯脲类和噻二嗪类杀虫剂属于昆虫生长调节剂。它们既不是神经毒剂，也不是呼吸毒剂，而主要是抑制昆虫表皮的几丁质合成。被此类化合物处理后的昆虫，由于不能蜕皮或不能化蛹而死亡。此类化合物还可以干扰昆虫体内 DNA 合成而导致绝育，即具有不育作用。

（二）昆虫的苯甲酰苯脲类和噻二嗪类杀虫杀螨剂中毒症状

用苯甲酰苯脲类和噻二嗪类杀虫剂处理过的昆虫，中毒症状大体相似，首先是虫体活动减少，继而身体逐渐缩小及体表出现黑斑或整个虫体变黑色，至蜕皮时出现下列症状：①中毒昆虫不能蜕皮立即死亡；②蜕皮进行一半而死亡；③老熟幼虫不能蜕皮化蛹或呈半幼虫半蛹畸形状态，或虽能蜕皮化蛹但为不正常畸形蛹，或虽能正常化蛹但羽化后成为畸形成虫。

（三）苯甲酰苯脲类和噻二嗪类杀虫杀螨剂的毒理学

关于苯甲酰苯脲类和噻二嗪类杀虫剂对几丁质抑制的毒理学，早期的研究结果有如下几个方面：①用灭幼脲处理的昆虫，几丁质酶活性提高（Ishaaya 和 Casida，1974）；②影响蜕皮激素代谢，再影响几丁质合成（Yu 和 Terriere，1977）；③灭幼脲能激活蛋白分解，而这些蛋白可以作为几丁质合成酶的酶原，从而间接抑制几丁质的合成（Leighton 等，1981）。对以上这些假设，Cohen（1993）做了进一步总结：①灭幼脲迅速抑制几丁质合成酶的活性是未必可能的，这只是第二步的结果，是经过了较长时间的激素系统干扰或几丁质酶水平增加的结果；②尚未有证据说明苯甲酰苯脲类化合物对激素有抑制作用，而对于由于激活蛋白分解而抑制了几丁质酶的酶原理论也是站不住脚的，因为酶活动从未间断过。

对于几丁质酶抑制剂毒理学的最新研究结果包括：①几丁质合成抑制剂对几丁质合成酶的作用与 20-羟基蜕皮激素有关；②几丁质合成抑制剂通过影响表皮蛋白的沉积来抑制几丁质的合成，产生含非聚合体的非层状的表皮层；③几丁质合成抑制剂可能干扰类似外源凝集素（lectin-like）受体蛋白，从而抑制几丁质的合成。该受体蛋白能促进几丁质微纤维的形成。

噻嗪酮的化学结构虽然不同于苯甲酰苯脲类化合物，但也是作用于几丁质合成，其症状出现在蜕皮和羽化期，使中毒昆虫不能蜕皮而死。灭蝇胺被认为是直接或间接影响昆虫蜕皮酶的代谢作用，干扰昆虫的蜕皮而导致死亡。

三、苯甲酰苯脲类杀虫杀螨剂的代谢降解和安全性

（一）苯甲酰苯脲类杀虫杀螨剂的代谢与降解

苯甲酰苯脲类杀虫剂在光作用下很容易被分解，但在土壤、水、动物、植物中有适度的稳定性。在动物体内会很快以原结构形式被排泄，没有生物富集问题；少量被生物降解后，常以大分子结合物形式排出。

1. 光解作用 苯甲酰苯脲类杀虫剂在光照特别是紫外光下很易被分解，主要光解产物为2,6-二氟苯甲酰胺、2,6-二氟苯甲酸、异氰酸对氯苯酯、4-氯苯甲脲、N-苯氨基甲酸甲酯、4-氯苯胺、苯胺等。例如除虫脲的光解（图3-57）。

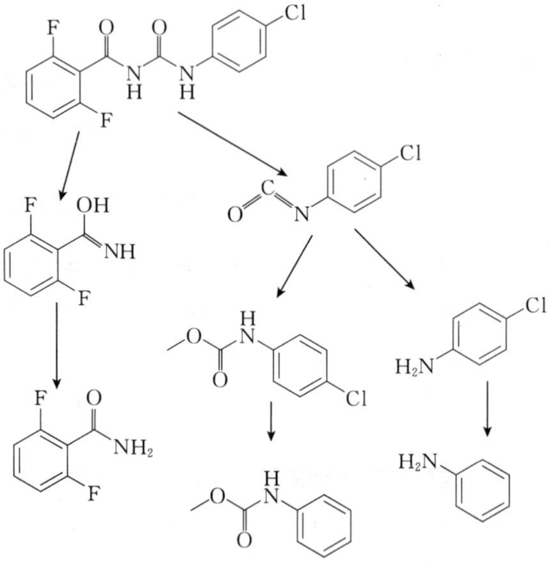

2. 在土壤中的降解 苯甲酰苯脲类化合物在土壤中主要是微生物对分子脲桥处的分解，其产物为4-氯苯基脲及2,6-二氟苯甲酸，二者在降解产物中占70%。2,6-二氟苯甲酸再进一步降解为二氟苯及二氧化碳，而4-氯苯基脲将在土壤中成为结合态物。灭幼脲在土壤中另一个代谢途径是形成4-氯苯胺和2,6-二氟苯甲酰胺，二者占整个代谢物总量的20%。

图3-57 除虫脲光解途径

3. 在动物体内的代谢 苯甲酰苯脲类化合物在动物体内的代谢主要是在微粒体多功能氧化酶（MFO）催化下的羟基化，其产物占全部代谢产物的80%。这些羟基化过程可以发生在氯苯环上，也可以发生在二氟苯环上，然后，这些羟基化产物与动物体内的氨基酸、葡萄糖醛酸或谷胱甘肽螯合生成水溶性大分子产物随粪便排出体外。除此之外，另有20%代谢产物是通过脲基桥断裂，生成2,6-二氟苯甲酸和4-氯苯基脲。

（二）苯甲酰苯脲类杀虫杀螨剂的安全性

因为苯甲酰苯脲类化合物的作用对象是几丁质合成过程，故它对不含几丁质成分的脊椎动物是安全的。另外，苯甲酰苯脲类杀虫剂对脊椎动物无明显蓄积毒性，对兔皮肤无刺激性。

四、苯甲酰苯脲类和嗪类杀虫杀螨剂重要品种及其应用

（一）除虫脲

1. 化学名称 除虫脲（diflubenzuron）的化学名称为1-(4-氯苯基)-3-(2,6-二氟苯甲酰基)脲（图3-58）。

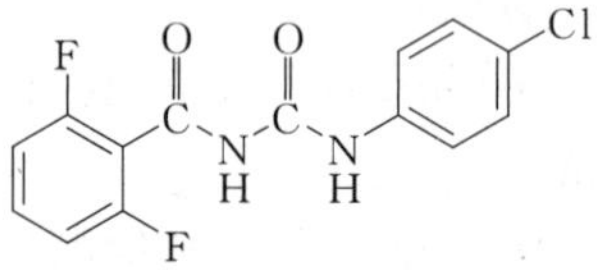

2. 主要理化性质 除虫脲为无色晶体，熔点为230~232℃（分解），蒸气压为1.2×10^{-7} Pa（25℃）；溶解度，在水中为0.08 mg/L（pH 5.5，20℃），在丙酮中为6.5 g/L

图3-58 除虫脲的分子结构

(20 ℃)，在二甲基甲酰胺中为 104 g/L（25 ℃），中度溶于极性有机溶剂，微溶于非极性有机溶剂（<10 g/L）；在溶液中对光敏感，以固体存在时对光稳定。

3. 毒性 除虫脲大鼠急性经口 LD_{50} 超过 4 640 mg/kg，经皮 LD_{50} 超过 2 000 mg/kg（兔），为低毒品种。

4. 作用方式 除虫脲的作用方式为胃毒和触杀作用。

5. 药效 除虫脲对鳞翅目、鞘翅目和双翅目多种害虫有效；在有效用量下对植物无药害；对有益生物（例如鸟、鱼、青蛙、蜜蜂、瓢虫、步甲、蜘蛛、草蛉、蚂蚁、寄生蜂等）无不良影响。

（二）氟啶脲

1. 化学名称 氟啶脲（chlorfluazuron）的化学名称为 1-［3,5-二氯-4-（3-氯-5-三氟甲基-2-吡啶氧基）苯基］-3-（2,6-二氟苯甲酰基）脲（图 3-59）。

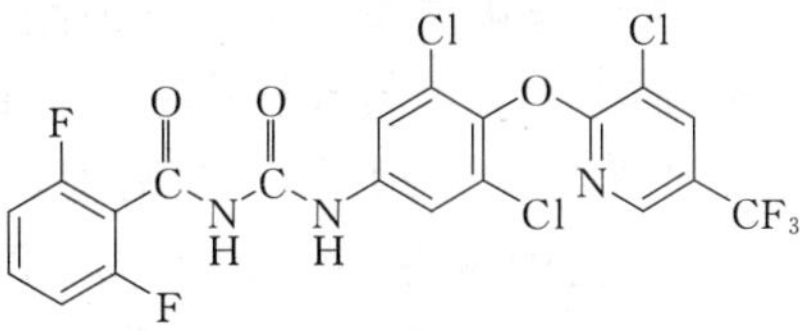

2. 主要理化性质 氟啶脲为白色结晶，熔点为 226.5 ℃（分解），蒸气压小于 1×10^{-8} Pa（20 ℃）；20 ℃时溶解度，在水中小于 0.01 mg/L，在丙酮中为 55 g/L，在环己酮中为 110 g/L；在光和热下稳定。

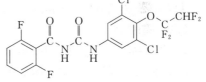

图 3-59 氟啶脲的分子结构

3. 毒性 氟啶脲大鼠急性经口 LD_{50} 超过 8 500 mg/kg，经皮 LD_{50} 超过 1 000 mg/kg。

4. 作用方式 氟啶脲的作用方式为胃毒和触杀作用。

5. 药效 氟啶脲作用速度较慢，对多种鳞翅目害虫以及直翅目、鞘翅目、膜翅目、双翅目等活性高，但对蚜虫、叶蝉和飞虱无效。

（三）氟铃脲

1. 化学名称 氟铃脲（hexaflumuron）的化学名称为 1-［3,5-二氯-4-（1,1,2,2-四氟乙氧基）苯基］-3-（2,6-二氟苯甲酰基）脲（图 3-60）。

2. 主要理化性质 氟铃脲为无色固体，熔点为 202～205 ℃，蒸气压为 5.9×10^{-5} Pa（25 ℃）；溶解度，在水中为 0.027 mg/L（18 ℃），在甲醇中为 11.3 g/L（20 ℃），在二甲苯中为 5.2 g/L（20 ℃）；35 d 内（pH 9）60％发生水解。

图 3-60 氟铃脲的分子结构

3. 毒性 氟铃脲大鼠急性经口 LD_{50} 超过 5 000 mg/kg，经皮 LD_{50} 超过 5 000 mg/kg，为低毒品种。

4. 作用方式 氟铃脲的作用方式为胃毒和触杀作用。

5. 药效 氟铃脲具有很高的杀虫和杀卵活性，而且速效，尤其对棉铃虫，是苯甲酰苯脲类最速效的品种；但对十字花科蔬菜易产生药害。

（四）氟虫脲

1. 化学名称 氟虫脲（flufenoxuron）的化学名称为 1-［4-（2-氯-α,α,α-三氟对甲苯氧基）-2-氟苯基］-3-（2,6-二氟苯甲酰基）脲（图 3-61）。

2. 主要理化性质 氟虫脲工业品为白色晶状固

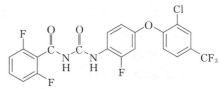

图 3-61 氟虫脲的分子结构

体,熔点为 169~172 ℃(分解),蒸气压为 6.52×10^{-12} Pa(20 ℃),密度为 1.57 g/cm³ (20 ℃),水中溶解度为 4 μg/L(25 ℃),190 ℃以下稳定,自然光照下稳定,模拟光照下稳定半衰期超过 100 h。

3. 毒性 氟虫脲大鼠急性经口 LD_{50} 超过 3 000 mg/kg,经皮 LD_{50} 超过 2 000 mg/kg。

4. 作用方式 氟虫脲作用方式为胃毒和触杀作用。

5. 药效 氟虫脲兼具杀虫和杀螨作用,尤其对幼螨和若螨具有高活性,广泛用于柑橘、棉花和其他多种大田和园艺作物上防治植食性害螨。

(五) 丁醚脲

1. 化学名称 丁醚脲(diafenthiuron)的化学名称为 1-叔丁基-3-(2,6-二异丙基-4-苯氧基苯基)硫脲(图 3-62)。

2. 主要理化性质 丁醚脲纯品为无色粉末,熔点为 144.6~147.7 ℃,蒸气压小于 2×10^{-6} Pa(25 ℃),密度为 1.09 g/cm³(20 ℃);溶解度,在水中为 0.06 mg/L (25 ℃),在丙酮中为 320 g/L(25 ℃),在乙醇中为 43 g/L(25 ℃),在正己烷中为 9.6 g/L(25 ℃),在甲苯中为 330 g/L(25 ℃),在正辛醇中为 26 g/L(25 ℃);在光、空气中和水中稳定。

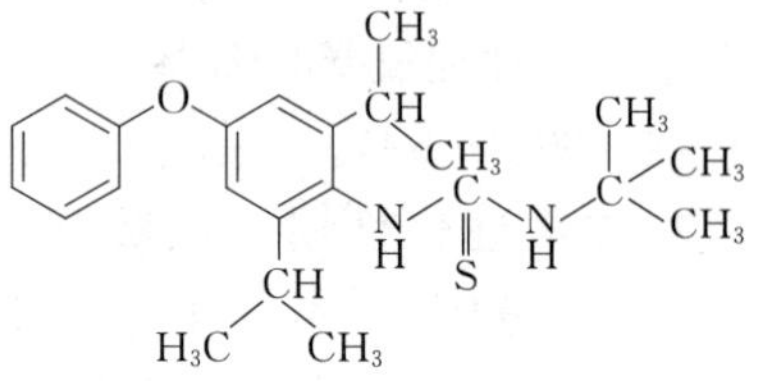

图 3-62 丁醚脲的分子结构

3. 毒性 丁醚脲大鼠急性经口 LD_{50} 为 2 068 mg/kg,经皮 LD_{50} 超过 2 000 mg/kg,为低毒品种。

4. 作用方式和药效 丁醚脲作用方式比较全面,具胃毒和触杀作用、一定的杀卵活性,是一种新型杀虫杀螨剂,广泛用于棉花、水果、蔬菜和茶叶上。丁醚脲可以控制蚜虫的敏感品系及对氨基甲酸酯类杀虫杀螨剂、有机磷杀虫杀螨剂和拟除虫菊酯杀虫杀螨剂产生抗性的蚜虫、大叶蝉、烟粉虱等,还可以控制小菜蛾、菜粉蝶和多种夜蛾科害虫的危害。该品种可以和大多数杀虫剂和杀菌剂混用。该药剂为前体农药,光降解的产物才有杀虫活性。

(六) 噻嗪酮

1. 化学名称 噻嗪酮(buprofezin)的化学名称为 2-叔丁亚氨基-3-异丙基-5-苯基-3,4,5,6-四氢-2H-1,3,5-噻二嗪-4-酮(图 3-63)。

2. 主要理化性质 噻嗪酮纯品为无色晶体,熔点为 104.5~105.5 ℃,蒸气压为 1.25 mPa(25 ℃),微溶于水,易溶于丙酮、三氯甲烷、甲苯等有机溶剂,在酸与碱性介质中稳定。

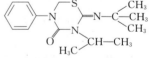

图 3-63 噻嗪酮的分子结构

3. 毒性 噻嗪酮大鼠急性经口 LD_{50} 超过 2 198 mg/kg,经皮 LD_{50} 超过 5 000 mg/kg。

4. 作用方式 噻嗪酮的作用方式为触杀和胃毒作用。

5. 药效 噻嗪酮对幼虫和若虫有效,对成虫没有直接杀伤力,但可缩短其寿命,减少产卵量,并且产出的多是不育卵,幼虫即使孵化也很快死亡;对飞虱、叶蝉、粉虱及介壳虫类害虫有良好防治效果,持效期长达 30 d 以上。

(七) 灭蝇胺

1. 化学名称 灭蝇胺(cyromazine)的化学名称为 N-环丙基-2,4,6-三氨基-1,3,5-三嗪(图 3-64)。

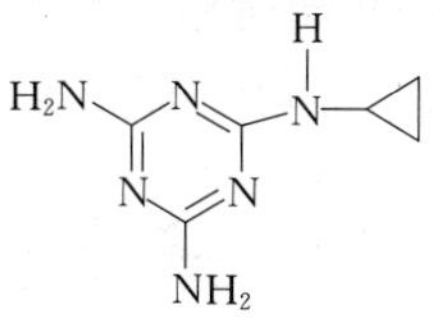

2. 主要理化性质 灭蝇胺纯品为无色结晶，熔点为 220～222 ℃，20 ℃时蒸气压小于 0.13 mPa，密度为 1.35 g/cm³；在20 ℃、pH 7.5 时水中溶解度为 11 g/L，稍溶于甲醇；在 pH 5～9 时水解不明显，310 ℃以下稳定。

3. 毒性 灭蝇胺大鼠急性经口 LD_{50} 为 3 387 mg/kg，经皮 LD_{50} 超过 3 100 mg/kg。

图 3-64 灭蝇胺的分子结构

4. 作用方式 灭蝇胺的作用方式为内吸、触杀和胃毒作用。

5. 药效 灭蝇胺具有强内吸传导作用，使双翅目幼虫和蛹在形态上发生畸变，使成虫羽化受抑制。

（八）虱螨脲

1. 化学名称 虱螨脲（lufenuron）的化学名称为 (RS)-1-[2,5-二氯-4-(1,1,2,3,3,3-六氟丙氧基) 苯基]-3-(2,6-二氟苯甲酰基) 脲（图 3-65）。

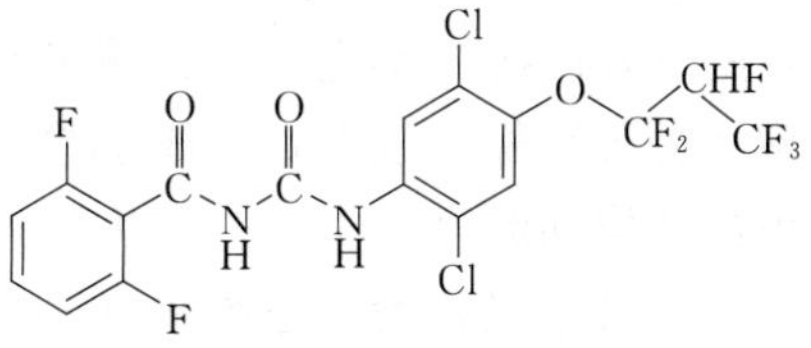

2. 主要理化性质 虱螨脲为白色结晶体，熔点为 164.7～167.7 ℃，蒸气压小于 1.2×10^{-9} Pa（25 ℃），在水中溶解度（20 ℃）小于 0.006 mg/L；20 ℃时在其他溶剂中的溶解度，甲醇为 41 g/L，丙酮为 460 g/L，甲苯为 72 g/L；在空气、光照下稳定。

图 3-65 虱螨脲的分子结构

3. 药效 虱螨脲主要用于防治棉花、玉米、蔬菜、果树上的鳞翅目幼虫。

4. 毒性 虱螨脲对 SD 大鼠亚慢性（90 d）经口毒性的最大无作用剂量雌、雄分别为 41.4 mg/kg 和 37.9 mg/kg，最小有作用剂量雌、雄分别为 152.0 mg/kg 和 147.8 mg/kg。

5. 作用方式 虱螨脲为最新一代取代脲类杀虫剂，是几丁质合成抑制剂，对昆虫具有胃毒和触杀作用，影响害虫蜕皮而致其死亡，还能杀卵和减少成虫产卵量，能防除多种作物上的鳞翅目害虫，对蓟马、锈螨、白粉虱有独特的杀灭机制，适于防治对拟除虫菊酯类和有机磷农药产生抗性害虫。

虱螨脲对蜜蜂和大黄蜂低毒，对哺乳动物低毒，蜜蜂采蜜期可以使用，适合于害虫的综合治理。药剂的持效期长，耐雨水冲刷。

（九）双三氟虫脲

1. 化学名称 双三氟虫脲（bistrifluron）的化学名称为 1-[2-氯-3,5-双(三氟甲基) 苯基]-3-(2,6-二氟苯甲酰基) 脲（图 3-66）。

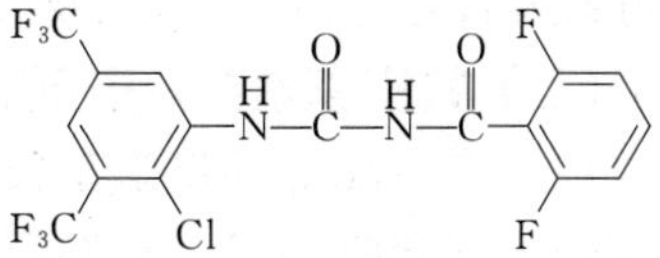

2. 主要理化性质 双三氟虫脲为白色粉末，熔点为 172～175 ℃，蒸气压为 2.7 mPa；溶解度，在水中小于 0.03 mg/L（25 ℃），在丙酮中大于 500 mg/L（25 ℃），在二氯甲烷中为 105 mg/L（25 ℃）；在室温和 pH 为 5～9 时稳定。

图 3-66 双三氟虫脲的分子结构

3. 主要生物活性 双三氟虫脲作用机制独特且生物活性高，对昆虫具有显著的生长发育抑制作用，对白粉虱有特效。该化合物属几丁质合成抑制剂，能抑制昆虫几丁质合成，影响内表皮生成，使昆虫不能顺利蜕皮而死亡。

4. 毒性 双三氟虫脲大鼠急性经口 LD_{50} 超过 5 000 mg/kg，急性经皮 LD_{50} 超过 2 000 mg/kg。

5. 防治对象 双三氟虫脲具有高效、低毒的特点，对抗药性害虫普遍有效，能有效防治蔬菜、茶叶、棉花等多种植物的大多数鳞翅目害虫，且对作物、人畜和环境高度安全。

第十节 保幼激素与蜕皮激素类杀虫剂

一、保幼激素与蜕皮激素类杀虫剂概述

昆虫脑激素、保幼激素、蜕皮激素等，对昆虫的生长、变态、滞育等主要生理现象具有重要的调控作用，保幼激素与蜕皮激素类杀虫剂就是在对上述激素研究的基础上发展起来的，人们往往将这些化合物及几丁质合成抑制剂称为昆虫生长调节剂（insect growth regulator）。这些杀虫剂并不快速杀死害虫，而是通过干扰害虫的生长发育来减轻害虫对农作物的危害。

保幼激素（juvenile hormone，JH）是由昆虫咽侧体分泌，控制昆虫生长发育、变态及滞育的重要内源激素之一。自 Roller 等（1967）分离鉴定了第一个保幼激素以来，迄今已发现 4 种天然保幼激素，合成了数以千计的保幼激素类似物，有些人工合成品的生物活性比昆虫内源保幼激素高 1 000 倍以上。

蜕皮激素又称为变态激素（ecdysone 或 moulting hormone，MH）是由昆虫前胸腺分泌的一类昆虫内源激素，它和保幼激素共同控制昆虫的生长与变态。天然昆虫蜕皮激素是一种甾族化合物，结构复杂，难以人工合成。且由于极性基团多，难以从昆虫表皮进入体内，而且昆虫体内存在着大量的钝化酶，因此蜕皮激素本身难以作为害虫控制剂使用。1988 年，Wing 等报道了一种具有蜕皮激素活性的非甾族化合物 1,2-二苯甲酰-1-叔丁基肼，即抑食肼，随后又合成了其系列物虫酰肼，即 N-叔丁基-N-（4-乙基甲酰基）-3,5-二甲基苯甲酰肼。虽然合成的抑食肼和虫酰肼在化学结构上与天然昆虫蜕皮激素相去甚远，但它们却具有天然蜕皮激素的特性，虽然目前还不能以结构相似去解释抑食肼与虫酰肼的活性机制，但这类化合物的成功合成，对从蜕皮激素化合物中筛选新型害虫控制剂产生了巨大的推动作用。

二、保幼激素与蜕皮激素类杀虫剂的作用方式和毒理学

（一）保幼激素类杀虫剂的作用方式和毒理学

保幼激素和保幼激素类杀虫剂对昆虫的主要作用是阻止昆虫发育，抑制变态发生。另外，此类化合物还可表现于形态发育生长、生殖作用的调节、卵黄发育生长、多型现象和社会昆虫的分级发育等方面。保幼激素分子所起的是直接作用，不需要通过细胞内第二信使的传递。

（二）蜕皮激素类杀虫剂的作用方式和毒理学

1988 年 Wing 等将烟草天蛾（*Manduca sexta*）幼虫用细绳扎住，分为前后两部分，在头部施以抑食肼处理，结果发现头部发生表皮蜕离（蜕皮）且取食活动停止，而整体却依然是一个完整的幼虫。不久，这个结果在其受试的其他鳞翅目昆虫上也得到了证实，其中包括欧洲玉米螟（*Ostrinia nubilalis*）、亚热带黏虫（*Spodoptera eridania*）、斜纹夜蛾（*Spodoptera litura*）、大菜粉蝶（*Pieris brassicae*）等。试验结果表明，抑食肼可以在昆虫生长发育中，作为变态过程的生理诱导剂。在作用过程中，并非由于该化合物的存在使内源蜕皮激素含量提高，而是直接作用于靶标组织，从而诱导其产生更多的蜕皮激素，这种"早熟的"变态，可以由非甾族化合物抑食肼或虫酰肼刺激而产生，且这种变态通常是不彻底的，

因而也是致命的。用上述化合物处理昆虫后 6 h，即形成皮层剥离，且新上表皮的分泌过程也随之开始。这个过程与正常蜕皮过程没有什么区别。然而，在正常情况下，因为大量内表皮层的存在，分泌上表皮层的过程是中断的。实际上由于昆虫体内另一类内源激素即保幼激素的大量存在，变态过程是不可能发生的。只有在体内蜕皮激素突增的情况下，昆虫才可能分泌上表皮并开始进入变态蜕皮状态。

一些室内研究报告指出，用抑食肼处理昆虫后，可以对某些组织细胞生长产生影响，例如可以使正常细胞的增殖停止、丛生（clumping）和膨大，这些生理变化与天然蜕皮激素对细胞的影响相似，只是影响程度前者较后者为小。使用 10 μmol/L 浓度的抑食肼处理试虫，可以抑制 50% 的细胞增殖，而 0.2 μmol/L 虫酰肼就可以使 50% 的细胞停止增殖，与天然蜕皮激素的效果相当。另有研究报道，天然蜕皮激素处理昆虫，会使体内乙酰胆碱酯酶活性提高。用抑食肼处理昆虫也具有同样的效果。有的研究还发现，抑食肼和虫酰肼与天然昆虫蜕皮激素一样，可以抑制几丁质的合成，这个结果解释了昆虫经以上化合物处理后原表皮发育不良的原因。总之，非甾族类化合物抑食肼和虫酰肼对昆虫的毒理学是多方面的，随着研究的扩展和深入，会有更多新的发现。

三、保幼激素与蜕皮激素类杀虫剂的防治范围、选择性和安全性

（一）保幼激素类杀虫剂的防治范围、选择性和安全性

天然昆虫保幼激素性质很不稳定，极易受日光和温度的破坏而失去生物活性，而且合成困难，因此用天然昆虫保幼激素防治害虫几乎是不可能的。20 世纪 70 年代筛选出了一批烷基烯羧酸酯类化合物，比天然昆虫保幼激素具有更高的活性，具有明显的选择性，对害虫天敌也比较安全，对高等动物毒性极低。1973 年合成了第一个商品化的保幼激素类似物烯虫酯，该化合物对蚊、蝇的幼虫有较强的杀灭作用；而烯虫乙酯对鳞翅目、半翅目和某些鞘翅目害虫有效；烯虫炔酯对蚜虫和小粉蚧有效。20 世纪 80 年代开发的二苯醚类化合物，比烷基烯羧酸酯类化合物更具稳定性和持久性，应用更为广泛。其后合成的保幼激素类似物更是引人注目，商品化的有吡丙醚、苯氧威、苯虫醚等。

（二）蜕皮激素类杀虫剂的防治范围、选择性和安全性

抑食肼和虫酰肼克服了天然蜕皮激素的缺点，成为继保幼激素及几丁质合成抑制剂之后的又一类昆虫生长调节剂。虫酰肼已在许多国家被注册用于防治农林业多种害虫，在北美商品名为 Mimic 和 Confirm；在东南亚地区被登记用于防治水稻、葡萄、蔬菜和大豆害虫；在日本被登记用于防治水稻、苹果、甜菜和茶树害虫；在法国和瑞典被登记用于防治苹果、葡萄、甘蓝和其他食叶蔬菜害虫；在比利时被登记用于防治苹果蠹蛾；在中国由美国和中国台湾的两家公司分别以"米满"和"天地扫"两个商品名称进行登记，用于防治马尾松毛虫和甜菜夜蛾。另外一些试验结果是很有意义的，即不管是喷洒叶片喂食还是人工或半人工饲料混用饲喂或点滴抑食肼或虫酰肼，都能引起试虫由于"早熟"蜕皮而死亡。此外，抑食肼具有内吸活性，可以进行土壤处理防治马铃薯甲虫，亦可以在播种时通过灌水保护玉米种子不受鳞翅目幼虫的危害。虫酰肼比抑食肼具有更高的活性，且其独一无二的作用方式使其对鳞翅目害虫具有更优良的专一性及更广的防治谱（鳞翅目害虫）。

抑食肼和虫酰肼特别是虫酰肼对田间有益节肢动物（例如捕食性蜘蛛和多种非鳞翅目的昆虫天敌）有相当高的选择性，虫酰肼对传粉昆虫相对安全，对哺乳动物、鸟类和鱼类安全。

由于抑食肼和虫酰肼的作用方式不同于常规杀虫剂,故不存在与其他类杀虫剂的交互抗药性问题,相反,该类化合物可被用于杀虫剂抗性治理(IRM)系统中,例如 Hereby、Smagghe 和 Degheele(1997)报道了虫酰肼对具有多重抗性的斜纹夜蛾品系有很高的生物活性。长期单用虫酰肼也可能使昆虫对其产生抗性,但产生抗性的速度和程度远远低于拟除虫菊酯及氨基甲酸酯类等常规杀虫剂。

四、保幼激素与蜕皮激素类杀虫剂的重要品种及其应用

(一)保幼激素类似物的重要品种及其应用

1. 烯虫酯

(1)化学名称 烯虫酯(methoprene)的化学名称为 (E,E)-(RS)-11-甲氧基-3,7,11-三甲基十二碳-2,4-二烯酸异丙酯(图 3-67)。

(2)主要理化性质 烯虫酯原药为淡黄色液体,密度为 0.926 1 g/mL(20 ℃),沸点为 100 ℃(6.67 Pa),蒸气压为 3 mPa(25 ℃),在水中溶解度为 1.4 mg/L。制剂外观为透明蓝色液体,密度为 0.79~0.80 g/mL(24~25 ℃)。

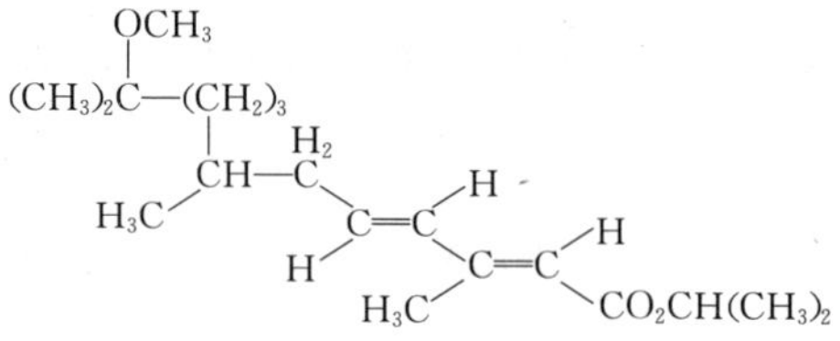

(3)毒性 烯虫酯大鼠急性经口 LD_{50} 超过 34 600 mg/kg,兔经皮 LD_{50} 为 5 000~10 000 mg/kg。

图 3-67 烯虫酯的分子结构

(4)作用方式 烯虫酯的作用方式为胃毒和触杀作用。

(5)药效 该化合物为烟叶保护剂,干扰烟草甲虫、烟草粉螟的生长发育过程。

2. 吡丙醚

(1)化学名称 吡丙醚(pyriproxyfen)的化学名称为 4-苯氧基苯基-(RS)-[2-(2-吡啶基氧)丙基]醚(图 3-68)。

(2)主要理化性质 吡丙醚为无色晶体,熔点为 45~47 ℃,蒸气压为 0.29 mPa(20 ℃),密度为 1.23 g/cm³(20 ℃),易溶于己烷、甲醇和二甲苯。

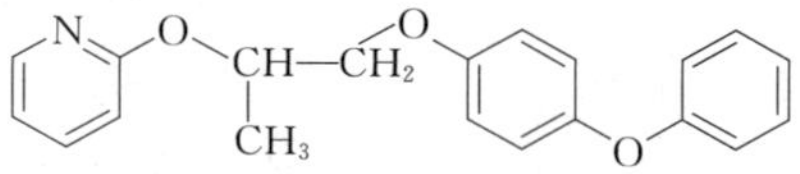

图 3-68 吡丙醚的分子结构

(3)毒性 吡丙醚大鼠急性经口 LD_{50} 超过 5 000 mg/kg,经皮 LD_{50} 超过 2 000 mg/kg。

(4)作用方式 吡丙醚的作用方式为胃毒、触杀和内吸作用,具有强烈的杀卵作用。

(5)药效 吡丙醚主要用来防治公共卫生害虫如蚊、蝇、蟑螂、毛蠓、跳蚤等,农业上用来防治粉虱和蓟马。

(二)蜕皮激素类似物的重要品种及其应用

1. 抑食肼

(1)化学名称 抑食肼(RH-5849)的化学名称为 2'-苯甲酰-1'-叔丁基苯甲酰肼(图 3-69)。

(2)主要理化性质 抑食肼原药外观为白色结晶,熔点为 168~174 ℃,蒸气压为 0.2 mPa(25 ℃);溶解度,在水中为 5×10^{-2} g/L,在环己酮中为 50 g/L,在异丙叉酮中为 150 g/L。

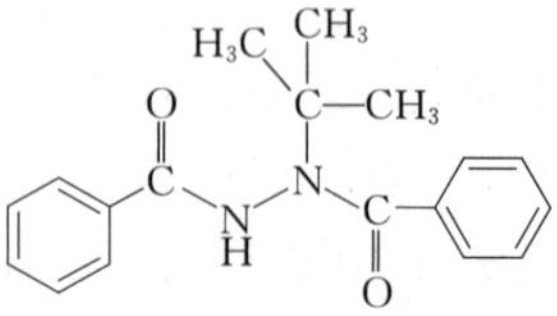

图 3-69 抑食肼的分子结构

(3)毒性 抑食肼大鼠急性经口 LD_{50} 为 258.3 mg/kg,经皮 LD_{50} 超过 5 000 mg/kg。

(4) 作用方式　抑食肼的作用方式为胃毒、触杀和内吸作用。

(5) 药效　抑食肼杀虫谱广，速效性差。

2. 虫酰肼

(1) 化学名称　虫酰肼（tebufenozide）的化学名称为 N -叔丁基- N -（4-乙基苯甲酰基）-3,5-二甲基苯甲酰肼（图3-70）。

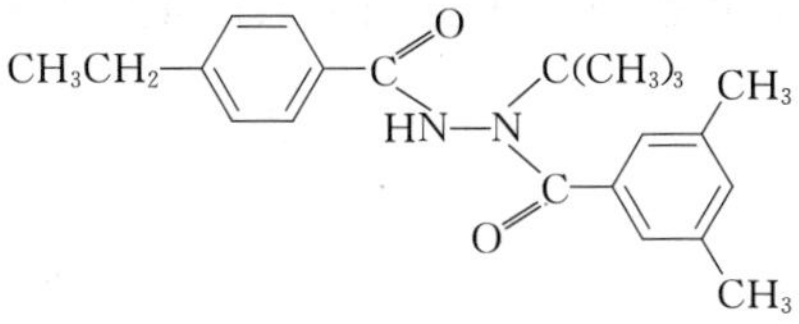

(2) 主要理化性质　虫酰肼为灰白色粉末，熔点为191 ℃，蒸气压为3.0 μPa（25 ℃），密度为1.03 g/cm³（20 ℃，Pycrometer method），lg K_{ow} 为4.25（pH 7）（K_{ow} 为正辛醇水分配系数，是某物质在某温度下，在正辛醇-水体系中分配达到平衡后，在正辛醇相与水相中的浓度比），在水中溶解度小于 1 mg/L（25 ℃），微溶于有机溶剂，94 ℃可稳定 7 d，对光稳定（pH 7，25 ℃），黑暗中无菌水里 25 ℃下可稳定 30 d。

图3-70　虫酰肼的分子结构

(3) 毒性　虫酰肼大鼠急性经口 LD_{50} 超过 5 000 mg/kg，经皮 LD_{50} 超过 5 000 mg/kg。

(4) 作用方式　虫酰肼的作用方式为胃毒和触杀作用。

(5) 药效　虫酰肼药效高，对鳞翅目幼虫有极高的选择性。

3. 环虫酰肼

(1) 化学名称　环虫酰肼（chromafenozide）的化学名称为 2′-叔丁基-5-甲基-2′-（3,5-二甲基苯甲酰基）色满-6-甲酰肼（图3-71）。

(2) 主要理化性质　环虫酰肼为白色晶体，熔点为186.4 ℃，蒸气压不超过 $4×10^{-9}$ Pa（25 ℃），在水中溶解度为 1.12 mg/L（20 ℃）。

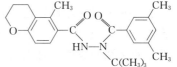

图3-71　环虫酰肼的分子结构

(3) 毒性　环虫酰肼大鼠和小鼠急性经口 LD_{50} 超过 5 000 mg/kg，兔急性经皮 LD_{50} 超过 2 000 mg/kg，小鼠急性经皮 LD_{50} 超过 2 000 mg/kg。本品对兔皮肤无刺激作用，对兔眼睛有轻微刺激性但无致敏性。通过大鼠和小鼠试验，无致癌作用，对小鼠的繁殖无影响；对小鼠和兔的致畸作用试验呈阴性。

(4) 主要生物活性　环虫酰肼为昆虫生长调节剂的一种，为蜕皮激素类杀虫剂，主要是干扰昆虫的正常生长发育即使害虫蜕皮而死，不仅对所施用的植物安全、没有药害，而且对环境和生态没有不良影响，是综合治理体系中理想的药剂。

同系列化合物已经商品化的还有甲氧虫酰肼（methoxyfenozide）、氯虫酰肼（halofenozide）、呋喃虫酰肼等。

第十一节　氯化烟酰类杀虫剂

一、氯化烟酰类杀虫剂概述

氯化烟酰类杀虫剂（chloronicotinyl insecticide）指硝基甲撑、硝基胍及其开链类似物，烟碱属于此类化合物。1978年，在苏黎世的国际纯粹化学与应用协会（IUPAC）会议上，Soloway等人提出了一类称为杂环硝基甲撑（heterocyclic nitromethylene）类杀虫剂的新化合物Ⅰ，并提出此类化合物中杀虫活性最高的为SD35651。1979年，Soloway等又提出过一种此类化合物Ⅱ，但未报道其生物活性。此后，日本拜耳农业化学（Nihon Bayer Agrochem）的化学家们对此类化合物的杀虫潜能表现了极大的乐观。1984年，日本特殊农药制造公司合成了硝基胍 NTN33893Ⅲ作为杀虫剂，1985年进行了登记并推荐通用名吡虫啉（imidacloprid）（图3-72）。吡虫啉是第一个作用于烟碱型乙酰胆碱受体的氯化烟酰类化合物，现已成为杀虫剂最大产量的品种。

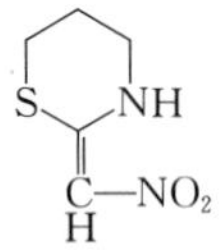

图3-72 氯化烟酰类杀虫剂的分子结构

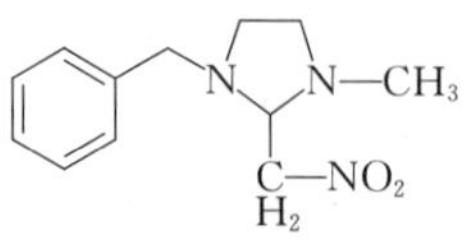

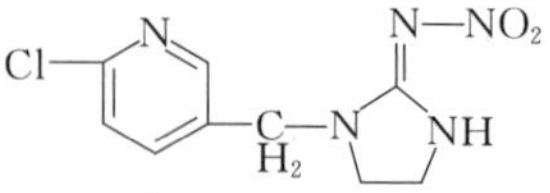

1995年日本武田药品工业株式会社合成了烯啶虫胺（nitenpyram），同年日本曹达株式会社合成了啶虫脒（acetamiprid）。氯化烟酰类对蚜虫类、白粉虱等有卓越的生物活性，在不同的生物体间有明显的选择性，以其独特的生化性质而具有良好的内吸性。

二、氯化烟酰类杀虫剂的生物活性

（一）氯化烟酰类杀虫剂对靶标害虫的活性

吡虫啉对同翅亚目害虫（例如蚜虫、叶蝉、飞虱、白粉虱）和缨翅目害虫蓟马表现极高的活性，对鞘翅目、双翅目和鳞翅目的一些种类也具有不同程度的杀伤作用，但还未发现其对线虫和螨类的效果。吡虫啉在植物的木质部有很好的移动性，用其进行种子处理和土壤处理防治一些害虫具有很好的效果。

（二）氯化烟酰类杀虫剂的内吸活性

土壤中如果含有2.5~5 mg/L吡虫啉，就可以有效地防治许多种作物的诸如金针虫（Agriotes sp.）、黄瓜条叶甲（Diabrotica balteata）、葱蝇（Hylemyia antiqua）等典型的土壤害虫。然而，吡虫啉在土壤中的使用不仅仅如此，更重要的在于它的内吸活性，例如吡虫啉在土壤中的浓度仅为0.15 mg/L时，就可以对作物地上部的害虫（例如桃蚜和蚕豆蚜）表现极好的防治效果。

虽然吡虫啉有较高的水溶性，但使用同位素标记的该化合物做渗漏测定，结果表明没有淋洗问题。实际上吡虫啉在土壤中的稳定性是比较高的，其半衰期为150 d。但土壤使用吡虫啉后，停留在土壤表层的量却急剧减少，这种"生物抽提"现象是由于该化合物的内吸作用所致。这就意味着在最后代谢之前，吡虫啉在植物根部要有一定的残留期，继而被根所吸收而保护作物。吡虫啉的残留活性对于土壤或种子处理是至关重要的（表3-3）。

（三）氯化烟酰类杀虫剂在不同作物中的输导性

1. 氯化烟酰类杀虫剂在冬小麦中的输导性 用 ^{14}C 标记的吡虫啉处理小麦种子（每100 kg种子的有效成分用量为100 g），其在小麦第一片叶上的蓄积量有逐渐增加的趋势，根据不同的土壤湿度，其蓄积浓度为最初的1%到成熟期的19%。该化合物属于典型的木质部输导品种，具有明显的顶端优势且在老叶片和幼嫩叶片间形成浓度梯度。即使吡虫啉在幼嫩叶片上只有0.12 mg/kg，其对粟缢管蚜（Rhopalosiphum padi）的防治效果仍可高达98%。

表 3-3　土壤或种子处理后吡虫啉和其他杀虫剂对两种蚜虫的残留活性

(引自 Elbert 等，1991)

杀虫剂	土壤处理			种子处理	
	土壤中浓度 (mg/L)	桃蚜 (周数)	蚕豆蚜 (周数)	每 100 kg 种子的有效成分用量 (g)	蚕豆蚜 (周数)
吡虫啉 (imidacloprid)	2.5	>8	>5	100	>5
	1.25	>8	5	25	5
	0.625	>8	4	6	3
乙硫苯威 (ethiofencarb)	2.5	4	2	100	>5
	1.25	1	1	25	2
	0.625	<1	<1	6	<2
克百威 (carbofuran)	2.5	2	—	—	—
	1.25	<1	—	—	—
	0.625	<1	—	—	—
涕灭威 (aldicarb)	2.5	5	—	—	—
	1.25	3	—	—	—
	0.625	3	—	—	—

注：表中周数为在此期间害虫死亡率仍高于 95%。

2. 氯化烟酰类杀虫剂在棉花中的输导性　棉花幼苗对吡虫啉的吸收及该化合物在棉花植株内的输导完全不同于小麦，试验中发现，在播种 27 d 后，只有 5%～6% 的吡虫啉可以被棉花幼株吸收且大部分集中在子叶中，而其余则以其未变化的母体化合物蓄积在种衣或种子周围的土壤中。在播种 52 d 后，在棉株内则再也检测不到吡虫啉。进入到棉株中的吡虫啉只有少量能输导到真叶中，但这个量仍可以保护棉花幼株在 6 周内不受棉蚜 (Aphis gossypii) 的危害，其保护期远远低于小麦。

吡虫啉在棉花真叶中的分布不像在小麦中具有顶端优势，这是由于棉花中腺体的作用所致。这些腺体的存在限制了吡虫啉的广泛输导和大面积分布。这也可能是棉蚜较其他蚜虫更难以防治的原因，因为取食时不刺吸腺体的蚜虫可能免于接触到杀虫剂。

(四) 氯化烟酰类杀虫剂的亚致死剂量效应

因为吡虫啉具有极好的内吸性，故人们非常关心其内吸后的命运，例如代谢趋势及其非致死剂量（浓度）对害虫的作用。在致死剂量下，由于吡虫啉对烟碱型乙酰胆碱受体的干扰，中毒昆虫表现为典型的神经中毒症状，即行动失控、发抖、麻痹直至死亡。在亚致死浓度下，取食含有吡虫啉汁液的蚜虫，则从叶片上逃逸或掉落，并由分析蜜露的排放量可知，亚致死浓度的吡虫啉对蚜虫有拒食作用，即小于 10 μg/L 浓度的吡虫啉可以引起取食蚜虫惊厥、排放蜜露减少，最终饥饿而死。饥饿是相对的，如果棉株均被吡虫啉处理，蚜虫则会因饥饿而死亡。但如果将这些饥饿蚜虫再转移到无吡虫啉处理的植株上，则蚜虫可以恢复取食活动，再次正常排放蜜露并健康生长。用黑异爪犀金龟 (Heteronychus arator)、伪切根虫 (Somaticus sp.)、野棉象甲 (Anthonomus grandis) 和烟芽夜蛾 (Heliothis virescens) 进行试验，也证明了吡虫啉的亚致死剂量对这些昆虫表现拒食作用。

亚致死剂量的吡虫啉还可以降低蚜虫的出生率,其降低程度因蚜虫种类而异。例如仅为 $0.2\,\mu g/L$ 浓度的吡虫啉,就可以使桃蚜的出生率降低 50% 以上,从而大大减缓田间蚜虫虫口的回升速度,使作物得到更长时间的保护。

三、氯化烟酰类杀虫剂的毒理学、选择性和生态效应

用美洲蜚蠊(Periplaneta americana)的神经节试验表明,吡虫啉能取代同位素标记的 α 金环蛇毒素(α-bungarotoxin),而该毒素是烟碱型乙酰胆碱受体上的一个特殊配体。此结果表明,吡虫啉是对乙酰胆碱受体产生影响而表现对昆虫毒效的。对美洲蜚蠊运动神经电生理学研究结果表明,用吡虫啉处理试虫后,其胆碱能运动神经膜表现去极化,类似于乙酰胆碱处理结果。此外,用厩蝇(Stomoxys calcitrans)的中枢神经系统(CNS)研究表明,用吡虫啉处理试虫后,实际上几乎完全抑制了突触后烟碱型乙酰胆碱受体的活性,而且这个闭锁过程是不可逆的。用蜜蜂(Apis mellifera)头、家蝇和桃蚜作试材的研究,也都证明了吡虫啉与烟碱型乙酰胆碱受体的高度亲和性。

鉴于脊椎动物与昆虫的烟碱型乙酰胆碱受体在结构上相似但又不完全相同这一点,研究表明,吡虫啉对大鼠肌肉的乙酰胆碱受体也表现抑制作用,但作用程度均为昆虫的 0.1%,这也是吡虫啉对害虫高效而对高等动物低毒的原因。例如吡虫啉对桃蚜的点滴 LD_{50} 为 $0.062\,mg/kg$,而对大鼠的经口 LD_{50} 则为 $450\,mg/kg$。

吡虫啉除在脊椎动物和昆虫间具有选择性外,在昆虫间的生物活性也有很大差别。吡虫啉对绝大多数刺吸式口器害虫防治效果很好,而只对极少数咀嚼式口器害虫有效。

吡虫啉对有益的节肢动物以及鸟类和鱼类的影响是人们普遍关心的问题。吡虫啉即使在极高的施用剂量下($2\,000\,g/hm^2$)对土壤微生物也无影响;超过田间施用量 4 倍时,可以使土壤中蚯蚓密度下降,但到秋季又可恢复到正常水平;在实验室用吡虫啉对甜菜种子进行包衣处理,对赤子爱胜蚓(Eisenia fetida)没有影响,但处理过的种子对鸟类急性毒性较高,且对其繁殖有中等程度的影响(亚急性毒性)。另有报导,吡虫啉对鸟类有拒食影响,这一点是不可忽略的,即应避免鸟类取食吡虫啉处理过的种子。另外,吡虫啉对水藻和鱼类安全;田间喷雾施用对倍足亚纲和蜘蛛安全;对寄生阶段的有益昆虫安全,而对捕食昆虫例如七星瓢虫(Coccinella septempunctata)主要表现在食物的缺乏,虽然吡虫啉对其有击倒活性,但恢复很快。吡虫啉对蜜蜂有毒,应避免在植物开花期使用。

四、氯化烟酰类杀虫剂的主要品种及其应用

(一)吡虫啉

1. 化学名称 吡虫啉(imidacloprid)的化学名称为 1-(6-氯吡啶-3-基甲基)-N-硝基亚咪唑烷-2-基胺(图 3-73)。

2. 主要理化性质 吡虫啉为无色晶体,有微弱气味,蒸气压为 $2\times10^{-7}\,Pa$($20\,℃$),密度为 $1.543\,g/cm^3$($20\,℃$),$\lg K_{ow}$ 为 0.57($22\,℃$),在水中溶解度为 $0.51\,g/L$($20\,℃$),易溶于二氯甲烷,在 pH 5~11 时稳定。

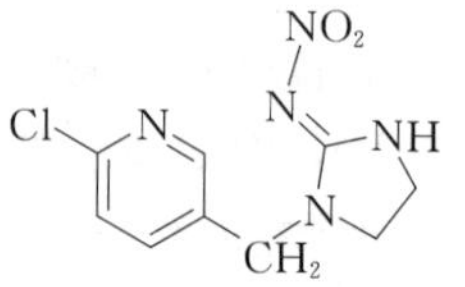

3. 毒性 吡虫啉急性经口 LD_{50} 约为 $450\,mg/kg$,经皮 LD_{50}

图 3-73 吡虫啉的分子结构

超过 5 000 mg/kg。

4. 作用方式 吡虫啉的作用方式为内吸、触杀和胃毒作用。

（二）啶虫脒

1. 化学名称 啶虫脒（acetamiprid）的化学名称为 E-N-[（6-氯吡啶-3-基）甲基]-N-（2）-氰基-N-甲基乙脒（图 3-74）。

2. 主要理化性质 啶虫脒为浅黄色结晶粉，密度为 1.330 g/cm³，熔点为 98～101 ℃，蒸气压小于 1.3 μPa（25 ℃），在水中溶解度约 4 g/L，可溶于大多数极性有机溶剂；在中性或偏酸性介质中稳定，常温下稳定。

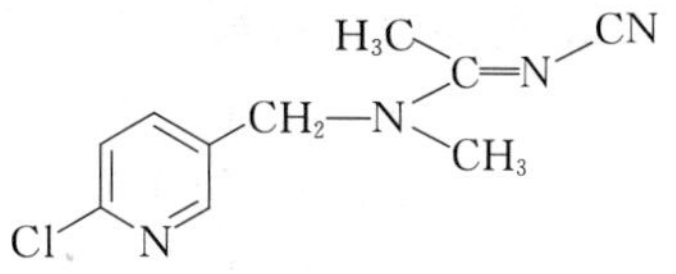

图 3-74 啶虫脒的分子结构

3. 毒性 啶虫脒大鼠急性经口 LD_{50} 为 217 mg/kg，大鼠急性经皮 LD_{50} 超过 2 000 mg/kg。

4. 作用方式 啶虫脒的作用方式为内吸、触杀和胃毒作用。

（三）噻虫嗪

1. 化学名称 噻虫嗪（thiamethoxam）的化学名称为 3-（2-氯-1,3-噻唑-5-基甲基）-5-甲基-1,3,5-噁二嗪-4-基叉（硝基）胺或 3-（2-氯-5-噻唑基甲基）-5-甲基-N-硝基-4H-1,3,5-四氢噁二嗪-4-亚胺（图 3-75）。

2. 主要理化性质 噻虫嗪纯品为白色结晶粉末，熔点为 139.1 ℃，蒸气压为 6.6×10^{-9} Pa（20 ℃）；纯品 25 ℃下溶解度，在水中为 4.1 g/L，在丙酮中为 48.0 g/L，在二氯甲烷中为 110.0 g/L。

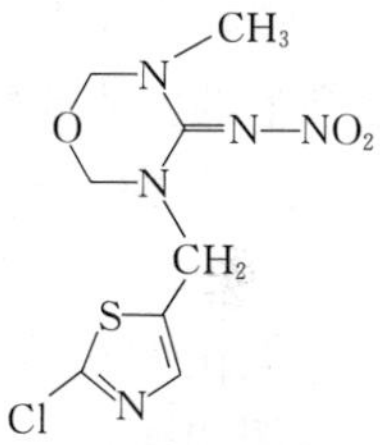

图 3-75 噻虫嗪的分子结构

3. 毒性 噻虫嗪大鼠急性经口 LD_{50} 为 1 563 mg/kg，大鼠急性经皮 LD_{50} 超过 2 000 mg/kg，为低毒品种。

4. 作用方式 噻虫嗪的作用方式为内吸、触杀和胃毒作用。

（四）氟啶虫胺腈

1. 化学名称 氟啶虫胺腈（sulfoxaflor）的化学名称为 {1-[6-（三氟甲基）吡啶-3-基]乙基}甲基（氧）-λ^4-巯基氨腈（图 3-76）。

2. 主要理化性质 氟啶虫胺腈原药外观为灰白色粉末，熔点为 112.9 ℃，沸点为 167.7 ℃；水溶性，pH 5 时为 1 380 mg/L，pH 7 时为 570 mg/L，pH 9 时为 550 mg/L。

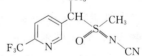

图 3-76 氟啶虫胺腈的分子结构

3. 主要生物活性 氟啶虫胺腈是砜亚胺杀虫剂，作用于烟碱类乙酰胆碱受体内独特的结合位点而发挥杀虫功能；具有触杀和胃毒作用，具有内吸传导性和渗透性，可经叶、茎、根吸收而进入植物体内。

4. 毒性 原药急性经口 LD_{50} 雌大鼠为 1 000 mg/kg，雄大鼠为 1 405 mg/kg；原药大鼠（雌/雄）急性经皮 LD_{50} 超过 5 000 mg/kg；制剂大鼠急性经口 LD_{50} 超过 2 000 mg/kg。

5. 防治对象 氟啶虫胺腈适用于防治棉花盲蝽、蚜虫、粉虱、飞虱、介壳虫等，高效、快速、持效期长，耐雨水冲刷，能有效防治对烟碱类、拟除虫菊酯、有机磷和氨基甲酸酯类农药产生抗性的吸汁类害虫，对非靶标节肢动物毒性低，是害虫综合治理优选药剂。氟啶虫胺腈被杀虫剂抗性行动委员会（IRAC）认定为唯一的 Group 4C 类全新有效成分，是美国历史上唯一一个出现的没有通过正式登记即审批进行应用的农药。

(五) 哌虫啶

1. 化学名称　哌虫啶（paichongding）的化学名称为 1-（6-氯吡啶-3-基）甲基-5-丙氧基-7-甲基-8-硝基-1,2,3,5,6,7-六氢咪唑并[1,2-a]吡啶（图 3-77）。

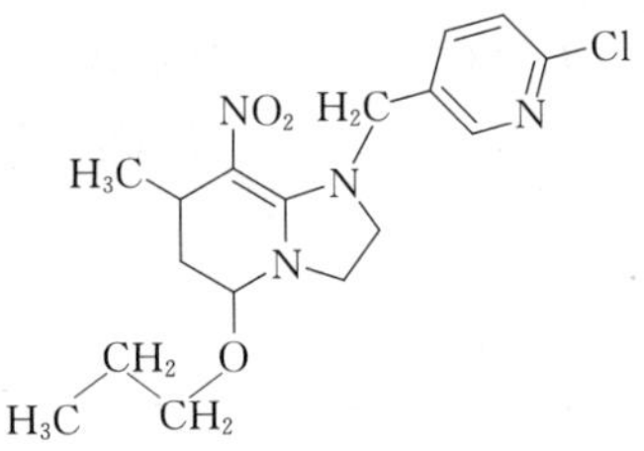

2. 主要理化性质　哌虫啶纯品为淡黄色粉末，熔点为 130.2~131.9℃，在水中溶解度为 0.61 g/L，溶于乙腈（溶解度为 50 g/L）、二氯甲烷（溶解度为 55 g/L）、丙酮、氯仿等溶剂，蒸气压为 200 mPa（20℃），在常温条件下储存及中性、微酸性介质中稳定，在碱性水介质中缓慢水解。

图 3-77　哌虫啶的分子结构

3. 主要生物活性　哌虫啶为新型高效、广谱、低毒烟碱类杀虫剂，主要用于防治同翅亚目害虫，对稻飞虱有良好的防治效果。

4. 毒性　哌虫啶大鼠急性经口 LD_{50} 超过 5 000 mg/kg，急性经皮 LD_{50} 超过 2 000 mg/kg；对家兔眼睛和皮肤无刺激性。3 项致突变试验：Amse 试验、小鼠骨髓细胞微核试验和小鼠睾丸精母细胞染色体畸变试验结果均为阴性，未见致突变性。

5. 防治对象　哌虫啶主要用于防治同翅亚目害虫，对稻飞虱和蔬菜蚜虫具有良好的防治效果，可广泛用于果树、小麦、大豆、蔬菜、水稻、玉米等多种作物害虫防治。

由于氯化烟酰类杀虫剂的独特性质，特别是其良好的内吸性，它可以用来防治刺吸式口器害虫（例如蚜虫、白粉虱、叶蝉、飞虱）以及一些咀嚼式口器害虫（例如马铃薯甲虫等），以及由刺吸式口器害虫传播的病毒病。

第十二节　阿维菌素类杀虫杀螨剂

一、阿维菌素类杀虫杀螨剂概述

阿维菌素是十六元大环内酯类化合物，是日本 Kitasato 研究所 Merck 研究室从静冈县伊东市川奈地区采集的土样中分离的灰色链霉菌（*Streptomyces avermitilis*）MA-4680（NRRL 8165）发酵液中分离得到的。从其发酵液中共分离出 8 个结构十分相近的化合物，总称作阿维菌素（avermectin）。目前市售的为阿维菌素 B_{1a} 和阿维菌素 B_{1b} 的混合物，其中阿维菌素 B_{1a} 的比例不低于 80%，阿维菌素 B_{1b} 的比例不高于 20%，称为 abamectin。

Merck 实验室的研究人员于 1976 年首先发现了阿维菌素优良的驱蠕虫活性。在此之前，1975 年 Mishima 曾报道了另一类十六元大环内酯类化合物米尔贝霉素（milbemycin）的杀虫和杀螨活性，但当时并未发现其驱蠕虫活性。在 Merck 实验室报道了阿维菌素的驱蠕虫活性后，才发现米尔贝霉素也可以作为牲畜驱蠕虫剂使用。

阿维菌素对叶螨和许多种类的昆虫有非常强有力的杀灭效力。现在阿维菌素已在世界上许多国家应用，防治大多数农作物和园艺作物的害虫和害螨。

伊维菌素（ivermectin）是在阿维菌素结构基础上改造成功的产物，它还原了 B_1 组分上 22、23 位不饱和双键（图 3-78），其中伊维菌素 B_{1a} 所占比例不小于 80%，伊维菌素 B_{1b} 所占比例不高于 20%，也已经在世界上许多国家登记用于防治家畜寄生虫。

虽然阿维菌素对叶螨类和一些昆虫防治效果优良，但不能满足市场需求。这种状况促使人们去研究价廉物美的阿维菌素系列化合物，并于 1984 年发现了半合成的甲氨基阿维菌素

(emamectin)（4″-外-甲氨基-4″-脱氧阿维菌素 B₁）（图3-79），并制成了甲氨基阿维菌素的盐酸盐，这个产品是在阿维菌素的基础上，经5步合成获得的衍生物。随后的研究发现甲氨基阿维菌素苯甲酸盐的稳定性和水溶性好于其盐酸盐，被命名为 MK-244，并在1997年在美国进行登记用于植物保护，河北省石家庄化工厂在国内首先合成了甲氨基阿维菌素苯甲酸盐并于1999年取得登记用于防治棉铃虫。

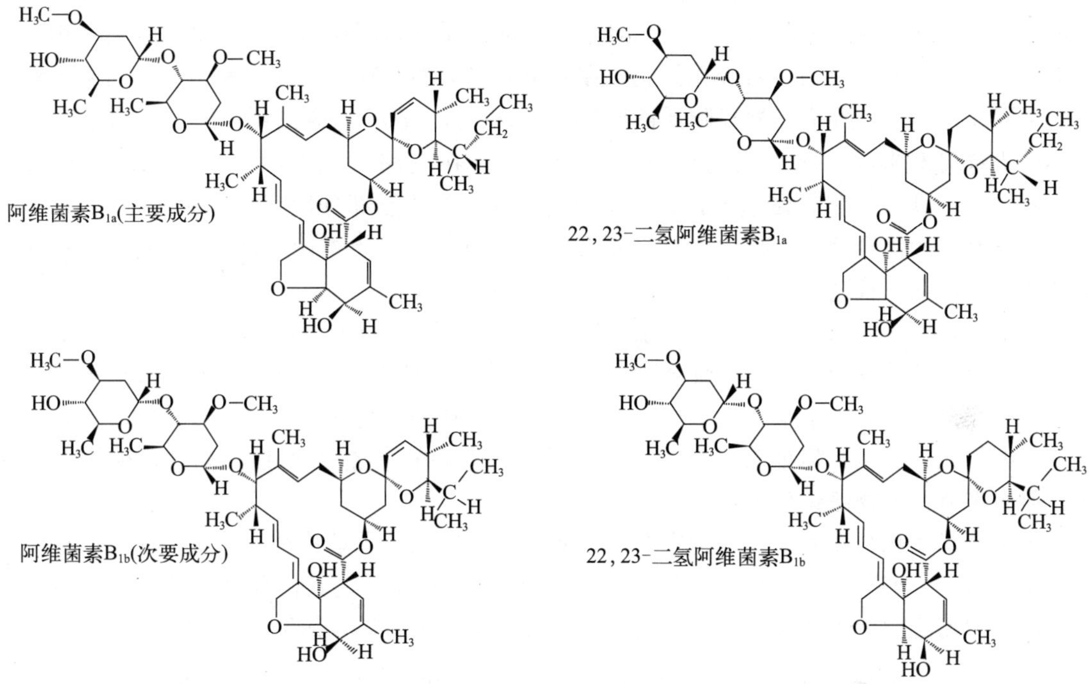

图3-78 阿维菌素的分子结构

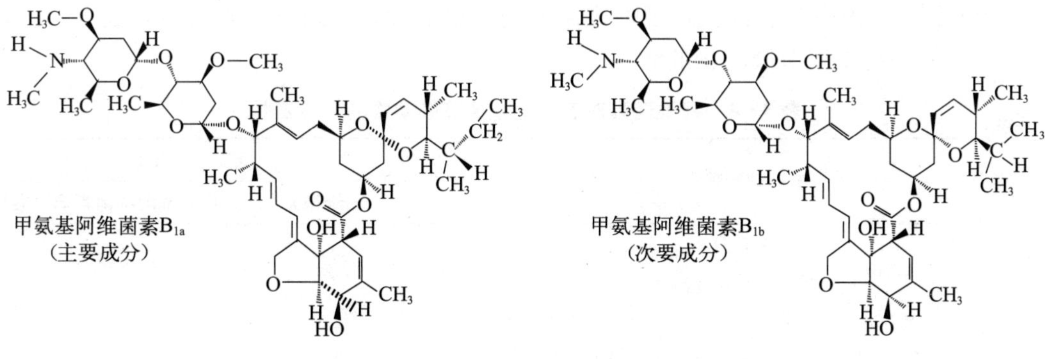

图3-79 甲氨基阿维菌素的分子结构

二、阿维菌素类杀虫杀螨剂的作用方式和毒理学

脊椎动物和昆虫的神经系统是有所不同的。二者最主要的区别在于运动神经胆碱能的性质。在脊椎动物中，调节运动神经的化学介质是胆碱（包括乙酰胆碱、丁酰胆碱等），而在昆虫和其他非脊椎动物体内，运动神经活性是由 γ-氨基丁酸（GABA）和/或谷氨酸盐来调

节。此外，非脊椎动物具有一族谷氨酸门控的 Cl^- 通道，而在哺乳动物中无此通道。这个区别，可以使化合物通过该 Cl^- 通道到达昆虫的 γ-氨基丁酸或谷氨酸受体，而不能穿透脊椎动物的中枢神经系统，而且脊椎动物的 γ-氨基丁酸受体恰恰位于中枢神经系统。阿维菌素就是这样一类化合物，它可以通过谷氨酸门控 Cl^- 通道加强氯离子的传导性，从而刺激大量释放 γ-氨基丁酸，使中毒昆虫麻痹、瘫痪而死亡。

阿维菌素对不同的生物体有不同的药理作用。例如神经系统中不含 γ-氨基丁酸分布的绦虫和吸虫，就不受阿维菌素的影响。对于亲和部位而言，研究表明，阿维菌素系列物在果蝇头部的神经膜上有饱和的高亲和位点；在蝗虫的肌肉神经膜上有高亲和位点。阿维菌素系列的不同化合物对家蝇头部神经膜活性抑制的 I_{50} 不同，且 I_{50} 与成虫死亡的 LD_{50} 密切相关。

昆虫对阿维菌素类化合物的反应因剂量而异。在施用低浓度时（$7.5\times10^{-5}\sim7.5\times10^{-3}$ mg/L），伊维菌素剂量越大，氯离子渗透性越小，并能部分地阻止能诱导 γ-氨基丁酸产生的氯离子的传导性。在高浓度时（0.01～1.00 mg/L），伊维菌素诱导 γ-氨基丁酸的氯离子传导性加强，且这个过程是不可逆的。

阿维菌素类化合物主要是通过触杀和胃毒作用对节肢动物发挥作用，而胃毒作用被认为是积累致死剂量的途径。由于阿维菌素打开 Cl^- 通道，使 Cl^- 大量涌入膜内导致细胞膜功能丧失，并使神经系统的正常动作电位传导受到破坏，其表现是导致中毒节肢动物麻痹，停止取食，继而死亡。尽管阿维菌素类化合物对节肢动物的击倒能力不强，但可以很快导致麻痹，使有害节肢动物停止危害。

阿维菌素类化合物对哺乳动物安全的主要原因为：①哺乳动物神经系统缺乏谷氨酸门控氯离子（Cl^-）通道；②阿维菌素类化合物对哺乳动物神经系统其他配体门控氯离子通道结合度低；③阿维菌素类化合物不能穿透血脑屏障（blood-brain barrier）。

三、阿维菌素类杀虫杀螨剂的生物活性、光稳定性和穿透性

（一）阿维菌素类杀虫杀螨剂的防治谱

Ostlind 等于 1979 年首次报道了阿维菌素的杀虫活性。以阿维菌素为例，表 3-4 显示了该杀虫剂对一些重要节肢动物的活性。

表 3-4 阿维菌素对农业上重要节肢动物的比较毒性

节肢动物种类	LC_{90} (μg/mL)	
	阿维菌素	甲氨基阿维菌素苯甲酸盐
蛛形纲		
蜱螨目　叶片浸渍法		
番茄叶刺皮瘿螨（*Aculops lycopersici*）	0.009	—
棉叶螨（*Tetranychus urticae*）成虫	0.03	0.29
土格斯坦红叶螨（*Tetranychus turkestani*）成虫	0.08	—
太平洋红叶螨（*Tetranychus pacificus*）成虫	0.16	—
橘锈螨（*Phyllocoptruta oleivora*）成虫	0.02	—
橘全爪螨（*Panonychus citri*）成虫	0.24	—
苹果红蜘蛛（*Panonychus ulmi*）成虫	0.04	—
侧多食跗线螨（*Polyphagotarsonemus latus*）成虫	0.03	—

(续)

节肢动物种类	LC_{90} (μg/mL)	
	阿维菌素	甲氨基阿维菌素苯甲酸盐
昆虫纲		
鞘翅目　叶片喷雾		
马铃薯甲虫（*Leptinotarsa decemlineata*）初孵虫	0.03	
墨西哥瓢虫（*Epilachna varivestis*）初孵虫	0.2	0.2
双翅目　植物浸渍		
三叶草斑潜蝇（*Liriomyza trifolii*）1龄幼虫	0.19	1.45
同翅亚目　叶片喷雾		
蚕豆蚜（*Aphis fabae*）若蚜、成蚜	0.2~0.5	19.9
棉蚜（*Aphis gossypii*）若蚜、成蚜	0.4~1.5	—
豌豆蚜（*Acyrthosiphon pisum*）若蚜、成蚜	0.4	—
鳞翅目		
烟草天蛾（*Manducca sexta*）初孵幼虫，叶面喷雾	0.02	0.003
小菜蛾（*Plutella xylostella*）初孵幼虫，叶面喷雾	0.02	0.002
番茄蠹蛾（*Keiferia lycopersicella*）1龄幼虫，药膜残留	0.03	—
美洲烟夜蛾（*Heliothis virescens*）初孵幼虫，叶面喷雾	0.13	0.003
粉纹夜蛾（*Trichoplusia ni*）初孵幼虫，叶面喷雾	1.0	0.014
玉米穗夜蛾（*Heliothis zea*）初孵幼虫，叶面喷雾	1.5	0.002
甜菜夜蛾（*Spodoptera exigua*）初孵幼虫，叶面喷雾	1.97	0.005
亚热带黏虫（*Spodoptera eridania*）初孵幼虫，叶面喷雾	6.0	0.005
草地黏虫（*Pseudoplusia frugiperda*）初孵幼虫，叶面喷雾	25.0	0.01
大豆夜蛾（*Pseudoplusia includens*）初孵幼虫，叶面喷雾	—	0.019
欧洲玉米螟（*Ostrinia nubilalis*）初孵幼虫，饲喂	—	0.024
小地老虎（*Agrotis ypsilon*）初孵幼虫，饲喂	—	0.041
苹果蠹蛾（*Cydia pomonella*）初孵幼虫，饲喂	135.0	0.89

从这个测定结果可以看出，阿维菌素和甲氨基阿维菌素苯甲酸盐对蜱螨目的不同种类和昆虫纲不同目的不同种类表现不同的生物活性。其中甲氨基阿维菌素苯甲酸盐对鳞翅目昆虫的生物活性明显高于阿维菌素，例如对草地黏虫初孵幼虫的毒力，二者相差2 500倍之多。阿维菌素对各种螨类的活性相当高，但对不同昆虫的活性存在较大差异。而甲氨基阿维菌素苯甲酸盐对有益生物毒性较低，防治谱广，特别对鳞翅目害虫特效。

（二）阿维菌素类杀虫杀螨剂的光稳定性和穿透性

阿维菌素光解性很强。在模拟阳光照射下，阿维菌素的半衰期短于10 h。但阿维菌素的光解速度，在培养皿内、在叶片上和在黑暗的环境下差别很大。

阿维菌素对叶片有较好的穿透性（内渗性），并因此而对危害植物叶片的螨类产生优良的防治效果。但有研究表明，阿维菌素对同样在叶片危害的蚜虫无效。对这个现象的解释是，阿维菌素在植物叶片的薄壁组织积蓄很多，此浓度完全可以对取食该组织的叶螨发挥作用；而蚜虫以其口针穿透韧皮部取食，而阿维菌素到达韧皮部的量很少，不足以将蚜虫杀死。阿维菌素在植物薄壁组织的蓄积同样能对双翅目和鳞翅目害虫表现优良的防治效果。

四、阿维菌素类杀虫杀螨剂的重要品种及其应用

（一）阿维菌素类杀虫杀螨剂的重要品种

1. 阿维菌素

（1）主要理化性质　阿维菌素（abamectin）原药为白色或黄色结晶（含阿维菌素 B_{1a} 80%，含阿维菌素 B_{1b} 不足 20%），蒸气压小于 $2×10^{-7}$ Pa，熔点为 150～155 ℃，21 ℃时在水中溶解度为 7.8 mg/L，易溶于丙酮、甲苯、异丙醇等，常温下不易分解，25 ℃时在 pH 5～9 的溶液中无分解现象。

（2）毒性　阿维菌素大鼠急性经口 LD_{50} 为 10 mg/kg，兔经皮 LD_{50} 大于 2 000 mg/kg。

（3）作用方式　阿维菌素的作用方式为胃毒和触杀作用。

2. 甲氨基阿维菌素苯甲酸盐

（1）化学名称　甲氨基阿维菌素苯甲酸盐（emamectin benzoate）的化学名称为 4″-脱氧-4″-表-甲氨基阿维菌素苯甲酸盐（图 3-80）。

（2）主要理化性质　甲氨基阿维菌素苯甲酸盐原药为白色或淡黄色结晶粉末，熔点为 141～146 ℃（晶体）；可溶于丙酮和甲醇等极性溶剂，微溶于水，溶解度（20 ℃）为 0.024 g/L（pH 7）或 0.3 g/L（pH 5），不溶于乙烷；在通常储存条件下对热稳定，对光不稳定，但可被强氧化剂氧化，强酸、强碱条件不稳定；易于吸附在土壤颗粒中。

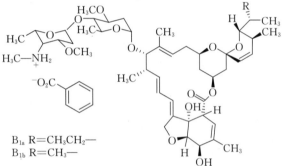

图 3-80　甲氨基阿维菌素苯甲酸盐的分子结构

（3）毒性　甲氨基阿维菌素苯甲酸盐大鼠急性经口 LD_{50} 为 126 mg/kg。

（4）作用方式　甲氨基阿维菌素苯甲酸盐的作用方式为胃毒和触杀作用。

（5）防治对象　甲氨基阿维菌素苯甲酸盐主要用于防治菜心野螟、谷实夜蛾、草地夜蛾、卷心菜薄翅野螟、菜青虫、烟芽夜蛾、大豆尺夜蛾、白菜金翅夜蛾和斑潜蝇类。另外，甲氨基阿维菌素苯甲酸盐对家畜的体内外寄生虫也有很好的防治效果，具体防治的害虫有跳蚤、虱子、绿头实蝇、家蝇、蜱螨等，可用于防治猪、山羊、绵羊、马、犬、猫、牛等动物的寄生虫。

（二）阿维菌素类杀虫杀螨剂在农业上的应用

阿维菌素类杀虫杀螨剂用于防治观赏植物、园艺作物和棉花的叶螨和一些害虫。田间使用量在当前应用的杀虫剂中是最低的（有效成分用量为 5.4～27.0 g/hm²）。阿维菌素起初主要被用来防治叶螨，故我国曾将其称为齐墩螨素或齐螨素。许多国家将其用来防治潜叶蝇、小菜蛾、番茄蠹蛾、潜叶蛾、菜青虫、梨木虱等。有些地方还将其制成诱饵防治红火蚁（*Solenopsis invicta*）、蜚蠊和卡里宾果蝇（*Anastrepha suspena*）。此外，将阿维菌素注入树体，可以防治某些食叶害虫如榆叶甲（*Pyrrhalta luteola*），持效期长达 83 d。

甲氨基阿维菌素苯甲酸盐主要被登记用来防治蔬菜和其他作物上的鳞翅目害虫,并已证明该化合物对多种鳞翅目害虫有非常卓越的防治效果。该化合物的有效成分使用量低至 $8.4\sim16.8\ g/hm^2$。它可以被组合到任何作物的害虫综合治理系统中去。

(三) 阿维菌素类杀虫杀螨剂的选择性和在综合治理中的和谐性

在害虫综合治理系统中,农药在该系统中的和谐性(compatibility)是依据其对害虫的毒力和对有益节肢动物的毒性比较来衡量的。毒性差异可以依靠药剂在害虫和有益生物间的药物动力学(pharmacokinetic)或称为代谢来产生,或者该化合物本身对害虫高效而对有益生物低毒的性质来达到,阿维菌素系列杀虫剂二者兼而有之。

在不同的作物生态系统中,考察农药在害虫综合治理中的和谐性是至关重要的。例如在一个精耕细作且常年使用多种农药的观赏植物温室内,和谐性将是很困难的;在那些高产出的园艺场,农民要获得最大的收益,几乎每个季都使用各种农药,那么要求和谐性也是很困难的。然而,与其相对的是,对于那些栽培低价值的作物,每年使用农药次数较少的农田,就较容易造成这种和谐性。阿维菌素类杀虫剂与生物防治方法在以上两种情况下均具有和谐性,可以在害虫综合治理中发挥作用,无论室内还是室外,阿维菌素和甲氨基阿维菌素都可以参与害虫综合治理。

阿维菌素对不同害虫(螨)和天敌昆虫(包括捕食性螨类)的生理选择性(不同的毒性)也有许多研究结果。譬如对不同螨的毒性,虽然阿维菌素对捕食性的西方盲走后绥伦螨 (*Metaseiulus occidentalis*) 具有杀伤作用,但对棉叶螨的毒性更高。Dybas(1989)和 Lasota 等(1991)也报道了阿维菌素对靶标害虫毒性高而对害虫天敌毒性较小。

生态选择性对阿维菌素类杀虫剂来说是非常明显的。该类化合物被施用后,能迅速进入叶片的薄壁组织储存起来,而未进入叶片内的部分则很快光解,在施用 1 d 后,留在叶表未被光解的该化合物微乎其微,阿维菌素类化合物的这种独特性质决定了其生态选择性的基础。

第十三节 吡咯类杀虫杀螨剂

一、吡咯类杀虫杀螨剂概述

农药的发展历史上天然产物具有不可磨灭的功劳,例如拟除虫菊酯杀虫杀螨剂是在天然除虫菊素的研究基础上发展起来的;氨基甲酸酯类杀虫杀螨剂的问世则得益于生物碱毒扁豆碱的研究;沙蚕毒素类杀虫剂则直接来自于沙蚕毒素结构的启发。除此而外,一些微生物的发酵产物也同样为杀虫剂的发现做出了重大贡献,吡咯类化合物就是一例,它是在美国氰胺公司(Cyanamid's)药物研究所于 1985 年从链霉菌属真菌 *Streptomyces fumanus* 的代谢产物中分离出的二噁吡咯霉素(图 3-81)的基础上发展起来的。

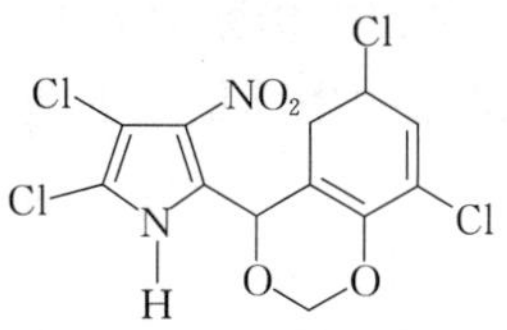

图 3-81 二噁吡咯霉素的分子结构

二噁吡咯霉素对为数众多的昆虫和蜱螨目的蜘蛛表现中等程度的生物活性,但对哺乳动物的毒性却非常高(小鼠口服 LD_{50} 为 14 mg/kg)。这些研究结果激发了人们对其化学结构改造的兴趣。

吡咯类化合物的亲脂性和酸性这两个物理化学参数与此类化合物的活性及选择性有重要

关系。人们以二噁吡咯霉素为先导物，1987年法国罗纳-普朗克公司开发成功了氟虫腈；1988年美国氰胺公司又向世界推出了一个全新的杀虫、杀螨剂溴虫腈。这个化合物对烟芽夜蛾幼虫的防治效果与氯氰菊酯相当，比其他常规药剂防治效果高出4～16倍，为广谱性杀虫杀螨剂。大连瑞泽农药股份公司于2005年研制成功了丁烯氟虫腈。

二、吡咯类杀虫杀螨剂的作用方式和毒理学

溴虫腈作用于细胞内线粒体膜，是一个优良的氧化磷酸化解偶联剂。该化合物具体的作用方式是干扰质子浓度，使质子透过线粒体膜受阻，从而影响ATP产生，导致细胞破坏，最终死亡。

溴虫腈亲脂性强，但酸性不够（pH 4.6），需在进入昆虫体内后氧化成为酸性较强的代谢产物AC303268（图3-82）发挥作用，这个氧化作用在食草动物体内都可以进行，而在烟芽夜蛾（*Heliothis virescens*）体内用同位素标记的溴虫腈进行处理，处理2 d后，虫体内AC303268所占比例就达到71%，而未代谢的溴虫腈所占比例仅为13%。

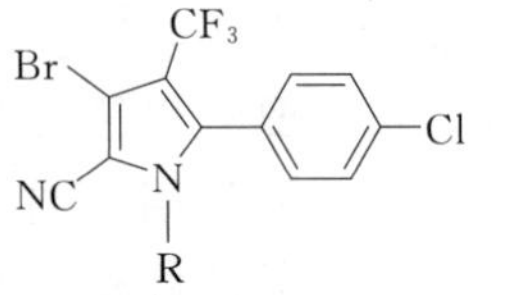

图3-82 溴虫腈和AC303268的分子结构
（R＝CH$_2$OC$_2$H$_5$为AC303630，即溴虫腈；R＝H为AC303268）

三、吡咯类杀虫杀螨剂的主要品种及其应用

（一）溴虫腈

1. 化学名称 溴虫腈（chlorfenapyr）的化学名称为4-溴-2-（4-氯苯基）-1-乙氧基甲基-5-三氟甲基吡咯-3-腈（图3-83）。

2. 主要理化性质 溴虫腈原药为白色至淡黄色固体，熔点为100～101 ℃，蒸气压小于1.33×10^{-4} Pa（25 ℃），可溶于丙酮，在去离子水中溶解度为0.13～0.14 g/L（pH 7）。

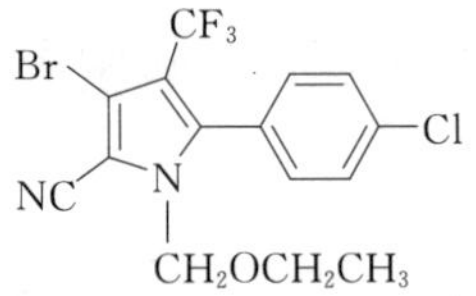

3. 毒性 溴虫腈大鼠急性经口LD_{50}为626 mg/kg，兔经皮LD_{50}超过2 000 mg/kg。

图3-83 溴虫腈的分子结构

4. 作用方式 溴虫腈的作用方式为触杀和胃毒作用。

5. 防治对象 溴虫腈可作为广谱性杀虫杀螨剂使用。以烟芽夜蛾不同龄期的幼虫为试材、用浸叶饲喂法进行生物测定，结果（表3-5）表明，3龄幼虫的用药量仅为1龄幼虫的2.6倍，其相差倍数大大低于有机磷酸酯类的丙溴磷和氨基甲酸酯类的灭多威，二者对该两个龄期幼虫的用药量倍数差均在12倍左右。

表3-5 溴虫腈对不同龄期的烟芽夜蛾幼虫生物测定结果

（引自Treacy等，1991）

药剂及害虫龄期	LC_{50}（mg/L）
1龄幼虫	
溴虫腈	2.8（2.4～3.1）
丙溴磷	2.9（2.6～3.4）
灭多威	2.4（1.8～4.0）

药剂及害虫龄期	LC_{50} (mg/L)
3龄幼虫	
溴虫腈	7.5 (6.7～8.5)
丙溴磷	32.5 (27.4～37.3)
灭多威	31.8 (26.1～39.5)

注：括号内数据为置信区间。

几种药剂对不同龄期的烟芽夜蛾幼虫表现出的不同毒力这个结果，指出了一个重要的问题，即大龄幼虫由于氧化代谢作用增强，其对外来化合物的解毒能力也随之提高，因在昆虫体内多功能氧化酶和谷胱甘肽-S-转移酶是两大重要解毒酶系，而其解毒机制即氧化水解过程，但这个过程对吡咯型化合物虫螨腈来讲，却是加快其氧化代谢成毒力更高的AC303268的过程。

（二）氟虫腈

1. 化学名称 氟虫腈（fipronil）的化学名称为5-氨基-1-（2,6-二氯-4-三氟甲苯基）-4-三氟甲基亚磺酰基吡唑-3-腈（图3-84）。

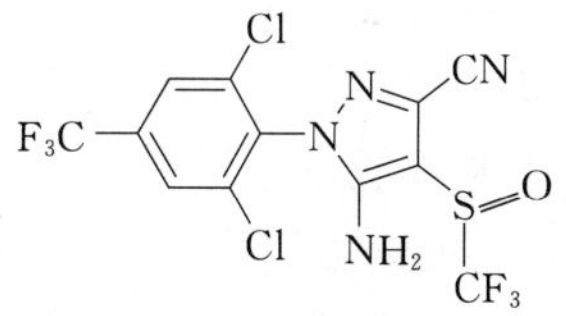

2. 主要理化性质 氟虫腈为白色固体，熔点为200～201℃，蒸气压为$3.7×10^{-7}$ Pa（20℃）；溶解度，在水中为2 mg/L，在丙酮中大于50%，在玉米油中大于10 g/L。

3. 毒性 氟虫腈大鼠急性经口LD_{50}为100 mg/kg，经皮LD_{50}超过2 000 mg/kg。

图3-84 氟虫腈的分子结构

4. 作用方式 氟虫腈的作用方式为触杀、胃毒和内吸作用；杀虫广谱；有报道该化合物能阻碍与昆虫γ-氨基丁酸受体有关的氯化物代谢。

（三）丁烯氟虫腈

1. 化学名称 丁烯氟虫腈（flufiprole）的化学名称为5-甲代烯丙基氨基-3-氰基-1-（2,6-二氯-4-三氟甲基苯基）-4-三氟甲基亚磺酰基吡唑（图3-85）。

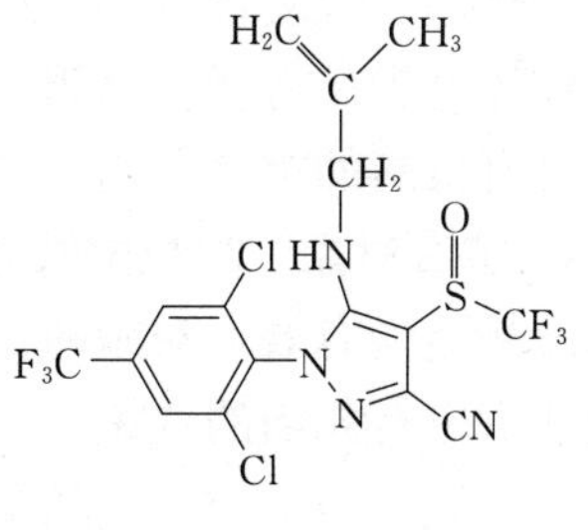

2. 主要理化性质 丁烯氟虫腈纯品为白色固体结晶，熔点为172～174 ℃，蒸气压为$2.8×10^{-9}$ Pa（25℃）；25℃时的溶解度，在水中为0.02 g/L，在乙酸乙酯中为260.02 g/L；在常温条件下储存稳定。

3. 毒性 丁烯氟虫腈大鼠急性经口LD_{50}为4 640 mg/kg，经皮LD_{50}为2 150 mg/kg；对鱼的毒性低于氟虫腈。

图3-85 丁烯氟虫腈的分子结构

4. 作用方式 丁烯氟虫腈具触杀、胃毒及弱内吸性，杀虫广谱。

（四）乙虫腈

1. 化学名称 乙虫腈（ethiprole）的化学名称为1-（2,6-二氯-4-三氟甲基苯基）-3-氰基-4-乙基亚磺酰基-5-氨基吡唑（图3-86）。

2. 主要理化性质 乙虫腈纯品为白色无特殊气味晶体粉末，密度为1.69 g/cm³，分解温度为165.1℃；蒸气压为$9.1×10^{-8}$ Pa（25℃）；在水中溶解度为9.2 mg/L（20℃）；能溶于大多数有机溶剂中，例如丙酮、甲醇、乙腈、乙酸乙酯、二氯甲烷、正辛醇、甲苯、正庚烷；在中性和酸性条件下稳定。

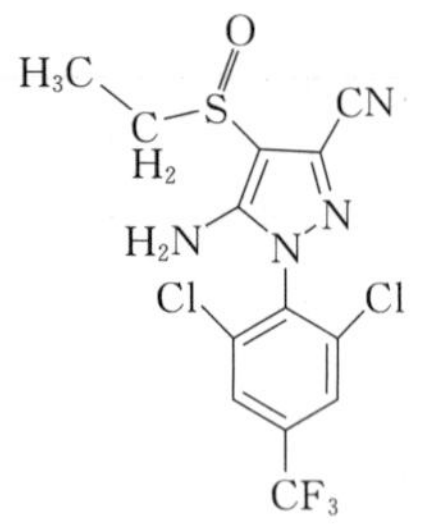

3. 主要生物活性 乙虫腈是由罗纳-普朗克发现、拜耳公司开发的杀虫杀螨剂，属于第二代作用于γ-氨基丁酸（GABA）的杀虫剂，杀虫谱广，其作用方式为触杀性，不具内吸性；低用量下对多种咀嚼式和刺吸式害虫有效。

图3-86 乙虫腈的分子结构

4. 毒性 乙虫腈原药大鼠急性经口LD_{50}超过7 080 mg/kg，急性经皮LD_{50}超过2 000 mg/kg，急性吸入LC_{50}超过5.21 mg/L；100 g/L乙虫腈悬浮剂对虹鳟LC_{50}（96 h）为2.4 mg/L；鹌鹑LD_{50}超过1 000 mg/kg；该制剂对鱼中毒，有一定风险；对鸟低毒；对蜜蜂接触和经口均为高毒，高风险；对家蚕中毒，中等风险。乙虫腈对水生动物毒性比氟虫腈低，被推荐用于替代氟虫腈。

5. 防治对象 乙虫腈在水稻、蔬菜、果树上用于防治咀嚼式和刺吸式口器害虫，例如蓟马、木虱、盲蝽、象鼻虫、潜叶虫、蚜虫、圆蜻、飞虱、蝗虫，特别是对极难防治的水稻害虫稻绿蝽有很强的活性，可用于种子处理和叶面喷雾，持效期长达21～28 d；对仓储害虫也较为有效。

（五）唑虫酰胺

1. 化学名称 唑虫酰胺（tolfenpyrad）的化学名称为4-氯-3-乙基-1-甲基-N-{［4-(4-甲基苯氧基)苯基］-甲基}-1H-吡唑-5-羧酰胺（图3-87）。

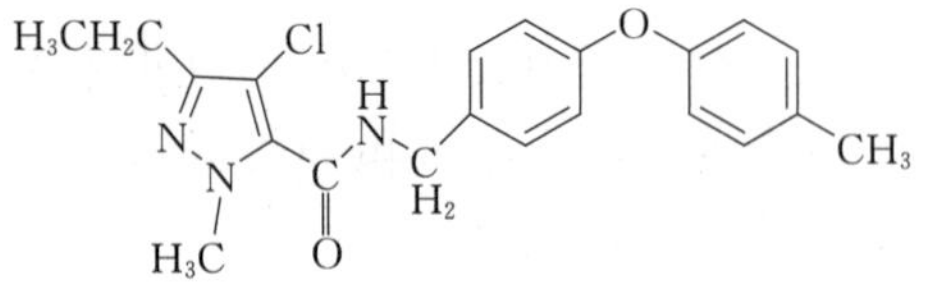

2. 主要理化性质 唑虫酰胺为类白色固体粉末，密度为1.18 g/cm³（25 ℃），蒸气压小于$5×10^{-7}$ Pa（25 ℃）；25 ℃时溶解度，在水中为0.037 mg/L，在正己烷中为7.41 g/L，在甲苯中为366 g/L，在甲醇中为59.6 g/L。

图3-87 唑虫酰胺的分子结构

3. 主要生物活性 唑虫酰胺为新型吡唑杂环类杀虫杀螨剂，其作用机制为阻碍线粒体的电子传递系统复合体Ⅰ，从而使电子传递受到阻碍，使昆虫不能获得和储存能量，故被称为线粒体电子传递复合体阻碍剂（METI）；杀虫谱广，具有触杀作用，对鳞翅目和鞘翅目害虫具有很高的拒食作用。

4. 防治对象 唑虫酰胺杀虫谱广，对各种鳞翅目、半翅目、鞘翅目、膜翅目、双翅目、蓟马及螨类均有效，对鳞翅目幼虫小菜蛾、缨翅目害虫蓟马有特效。该药剂对黄瓜白粉病等真菌病害也有相当的效果。

第十四节 吡啶类杀虫剂
一、吡啶类杀虫剂概述

通常将吡啶及其衍生物统称为吡啶类化合物。吡啶具有芳香性，与苯环结构相类似，故二者的化学性质在很多方面是相似的。但吡啶环上因氮原子含有1对孤对电子而具有一定的亲核能力，使二者的疏水性差别较大（苯的疏水常数为1.96，吡啶为0.65）。因此当用吡啶环取代苯环时，由于吡啶环有较好的内吸性，得到的新化合物往往具有更高的生物活性、较低的毒性、高的内吸性或更高的选择性等特点。进入20世纪90年代后吡啶类农药有了长足的发展，已经渗透到了农药的各个应用分支和结构类型中。

含吡啶环的新型农药类型繁多，生物活性也多种多样。从新型含吡啶类农药品种来看，含吡啶环农药不仅高效、低毒，而且对人及有益生物有着卓越的环境相容性，符合新型农药的发展要求和趋势。

二、吡啶类杀虫剂的主要品种及其应用

（一）吡蚜酮

吡蚜酮（pymetrozine）吡啶类杀虫剂是由汽巴-嘉基（Ciba-Geigy）公司研究开发并市场化的，是全新的一类杀虫剂，对刺吸式口器害虫表现出优异的防治效果，对高等动物低毒，对鸟类、鱼和非靶标生物安全，在昆虫间具有高度的选择性。

1. 化学名称 吡蚜酮的化学名称为 (E) - 4,5 - 二氢 - 6 - 甲基 - 4 - (3 - 吡啶亚甲基氨基) - 1,2,4 - 三嗪 - 3($2H$) - 酮（图3 - 88）。

2. 主要理化性质 吡蚜酮原药为白色或淡黄色固体粉末，熔点为234 ℃，20 ℃时蒸气压小于9.7 mPa；20 ℃时溶解度，在水中为0.27 g/L，在乙醇中为2.25 g/L，在正己烷中小于0.01 g/L；对光热稳定，在强碱性条件下有一定的分解。

3. 毒性 吡蚜酮对大鼠急性经口 LD_{50} 为1 710 mg/kg，经皮 LD_{50} 超过2 000 mg/kg。

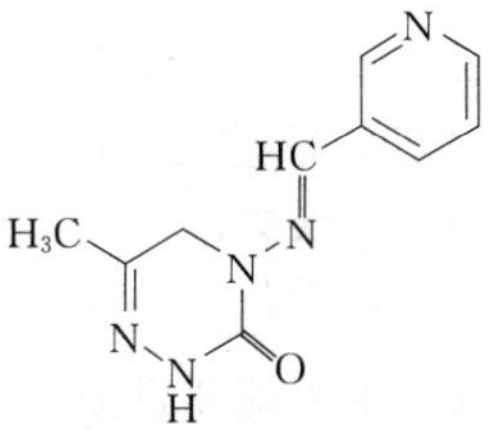

图3 - 88　吡蚜酮的分子结构

4. 作用方式 吡蚜酮的作用方式为内吸、触杀和胃毒作用。

5. 毒理学 吡蚜酮作为杀虫剂出现，不但代表了一类全新的化合物，而且在作用方式上也是独树一帜的。吡蚜酮可用于防治大部分同翅亚目害虫，尤其是蚜虫、粉虱科、叶蝉科及飞虱科害虫，适用于蔬菜、水稻、棉花、果树及多种大田作物。吡蚜酮不具"击倒"效果，对昆虫也没有直接毒性，但昆虫一接触到该化合物，即立刻停止取食，而且"停食"不是由于"拒食作用"所引起的。用吡蚜酮处理后的昆虫最初死亡率是很低的，实际上，处理昆虫在因"饥饿"致死前仍可存活数日，且死亡率高低与气候条件有关。实验室试验表明，在处理后3 h内，蚜虫的取食活动可降低90%左右，处理后48 h，死亡率可接近100%。

利用昆虫刺探电位谱（electrical penetration graph，EPG）技术进行研究表明，无论是点滴、饲喂还是注射试验，只要蚜虫一接触到吡蚜酮几乎立刻产生口针阻塞效应，并且是不可逆的，最终使其饥饿致死，此作用方式被称为口针穿透阻塞（blockage of stylet penetration）。用桃蚜和棉蚜的点滴试验表明，其口针功能在取食一开始即被有效阻塞。假如供试蚜虫口针能穿透韧皮部，它能摄取汁液的时间也是极为短暂的。吡蚜酮对桃蚜具有活性的最低剂量是每头蚜虫1.2 ng，超过这个剂量即立刻表现口针穿透抑制。喂饲试验表明，蚜虫取食含吡蚜酮浓度为300 μg/L的食物，经5～10 min即可产生口针阻塞。

吡蚜酮在植物中既能在木质部输导也能在韧皮部输导；既能用于茎叶喷雾，也可用于土壤处理。由于其良好的输导特性，在茎叶喷雾后新长出的枝叶也可以得到有效保护。

从毒理学角度来考察吡蚜酮，该化合物的特性实在令人兴奋，在正常使用下，在安全性方面不会发生任何问题。实际上，该化合物对哺乳动物毒性极低，对大多数非靶标生物如节肢动物、鸟类和鱼非常安全。吡蚜酮在环境中可迅速降解，在土壤中的半衰期仅为2～29 d。

吡蚜酮及其主要代谢产物在土壤中的淋溶性很低,且在土壤使用后仅停留在浅表土层中,不污染地下水。

6. 应用

(1) 吡蚜酮的防治谱　吡蚜酮对同翅亚目害虫的若虫和成虫有非常好的防治效果。白粉虱1龄若虫和成虫对该化合物最敏感,但2～4龄若虫敏感度明显降低。相比之下,蚜虫对该化合物更为敏感,使用剂量仅是防治白粉虱的1/2。此外,吡蚜酮对叶蝉和飞虱均有较理想的防治效果。

(2) 吡蚜酮的选择性和害虫对该化合物的抗性　吡蚜酮与其他类型杀虫剂不存在交互抗药性。

(3) 吡蚜酮在农业上的应用　吡蚜酮由于其特有的安全性,主要被用于蔬菜和花卉上防治刺吸式口器害虫如各种蚜虫和白粉虱。用于防治蚜虫,有效成分使用剂量为10 g/hm²;而用于白粉虱则需要较高剂量,为20 g/hm²。另外,该化合物也可以用于防治诸如烟草、棉花、马铃薯等作物上的刺吸式害虫(例如烟蚜和棉蚜等),有效成分使用剂量为100～200 g/hm²;用于柑橘和落叶果树上的蚜虫防治有效成分使用剂量为5～20 g/hm²。

(二) 氟啶虫酰胺

1. 化学名称　氟啶虫酰胺(flonicamid)的化学名称为N-氰甲基-4-三氟甲基-3-吡啶甲酰胺(图3-89)。

2. 主要理化性质　氟啶虫酰胺为白色无味固体粉末,熔点为157.5 ℃,20 ℃时蒸气压为2.55 μPa;20 ℃时溶解度,在水中为5.2 g/L,在丙酮中为157.1 g/L,在甲醇中为89.0 g/L;对热稳定。

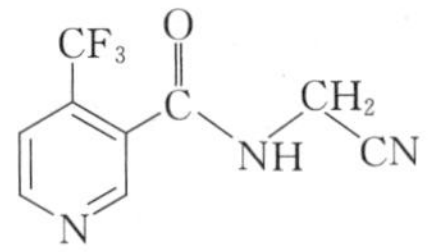

图3-89　氟啶虫酰胺的分子结构

3. 主要生物活性　氟啶虫酰胺是一种新型低毒吡啶酰胺类昆虫生长调节剂,生物活性极高,对各种刺吸式口器害虫有效,并具有良好的内吸作用。它可从根部向茎部、叶部输导,但由叶部向茎、根部输导作用较弱。该药剂通过阻碍害虫吮吸作用而致效。害虫摄入药剂后很快停止吮吸,最后饥饿而死。

4. 毒性　氟啶虫酰胺原药对雄大鼠急性经口LD_{50}为884 mg/kg,急性经皮LD_{50}超过5 000 mg/kg。对大鼠和小鼠(包括雌性和雄性)急性吸入LD_{50}超过4.90 mg/L。对兔皮肤无刺激性,对眼睛有极轻微刺激性,无致敏性。其对变异性、染色体异常及DNA修复等均为阴性。该药剂对水生动植物无影响。它对鲤鱼LC_{50}(96 h)超过100 mg/L,该药剂以100 mg/L混饵对蚕无影响,以超过1 000 mg/kg的剂量对蚯蚓无影响。

5. 防治对象　氟啶虫酰胺主要用于防治蚜虫类、粉虱、蓟马、茶小绿叶蝉、稻飞虱等吸汁类害虫,对蚜虫、粉虱等具有高效杀伤力。施用后,害虫一般在0.5～1.0 h内迅速停止吸汁与取食,害虫因拒食而饿死,同时能有效阻止病毒传播。因其具有较好的渗透传导性,对作物的新叶和新生组织具有较好的保护作用,对访花益虫和天敌友好,对蜜蜂没有影响。氟啶虫酰胺可用于防控马铃薯蚜虫和木虱类昆虫,以及园艺作物中的刺吸式口器害虫。

(三) 氟虫酰胺

1. 化学名称　氟虫酰胺(flubendiamide)的化学名称为N-(2-甲磺酰基-2,2-二甲基)丙基-N'-{2-甲基-4-七氟异丙基}苯基-3-碘代邻苯二甲酸酰胺(图3-90)。

2. 主要理化性质 氟虫酰胺为白色晶状粉末，熔点为 218.5～220.7 ℃，蒸气压为 10^{-4} Pa（25 ℃），在水中溶解度为 29.9 mg/L（20 ℃）。

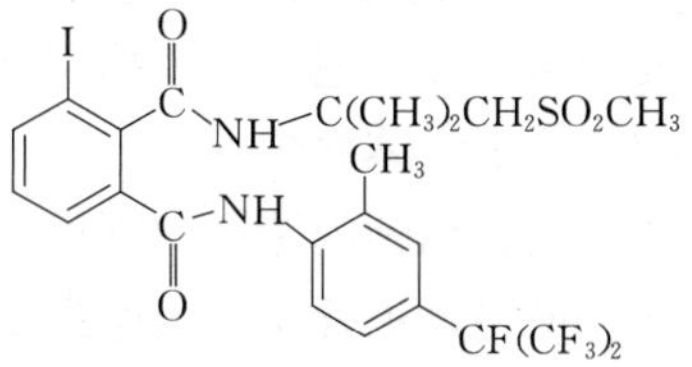

3. 主要生物活性 氟虫酰胺属新型邻苯二甲酰胺类杀虫剂，激活鱼尼丁受体细胞内钙释放通道，导致储存钙离子的失控性释放。氟虫酰胺是目前为数不多的作用于昆虫细胞鱼尼丁受体的化合物，对鳞翅目害虫有广谱防治效果，与现有杀虫剂无交互抗药性产生，非常适宜于对现有杀虫剂产生抗性的害虫的防治；对幼虫有非常突出的防治效果，没有杀卵作用。氟虫酰胺耐雨水冲刷，渗透植株体内后通过木质部略有传导。

图 3-90 氟虫酰胺的分子结构

4. 毒性 氟虫酰胺对蜜蜂毒性很低，对鲤鱼（水生生物的代表）毒性也很低，在一般用量下对益虫几乎无毒。大鼠急性经口 LD_{50} 超过 2 000 mg/kg（雌性和雄性），大鼠急性经皮 LD_{50} 超过 2 000 mg/kg（雌性和雄性）；对兔眼睛具轻微刺激性，对兔皮肤没有刺激性；Ames 试验呈阴性。蜜蜂经口 LD_{50} 超过 200 mg/只（48 h）；鲤鱼 LD_{50} 超过 548 mg/L（96 h）。

5. 防治对象 氟虫酰胺对几乎所有的鳞翅目害虫均具有很好的活性，作用速度快、持效期长，对水稻二化螟和卷叶螟效果尤优，在虫害发生早期的预防和控制中能起到很好的作用。

（四）氯虫苯甲酰胺

1. 化学名称 氯虫苯甲酰胺（chlorantraniliprole）的化学名称为 3-溴-N-［4-氯-2-甲基-6-（甲氨基甲酰基）苯基］-1-（3-氯吡啶-2-基）-1H-吡唑-5-甲酰胺（图 3-91）。

2. 主要理化性质 氯虫苯甲酰胺为灰白色结晶粉末，密度为 1.51 g/cm²（20 ℃），熔点为 208～210 ℃，蒸气压为 $6.3×10^{-12}$ Pa（20 ℃），在水中溶解度为 1.0 mg/L（20 ℃），无挥发性。

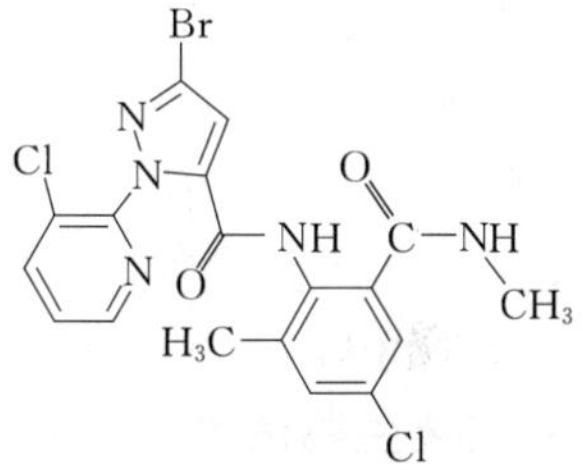

3. 主要生物活性 氯虫苯甲酰胺是一种具有新型邻甲酰胺基苯甲酰胺类化学结构的广谱杀虫剂，具有独特的化学结构和新颖的作用方式，可有效防治对其他杀虫剂产生抗性的害虫。其对非靶标节肢动物具有良好的选择性，对哺乳动物、鱼和鸟类的毒性极低。

图 3-91 氯虫苯甲酰胺的分子结构

4. 毒性 该剂大鼠急性经口 LD_{50} 超过 5 000 mg/kg，大鼠急性经皮 LD_{50} 超过 5 000 mg/kg，对兔眼和皮肤无刺激性。

5. 防治对象 氯虫苯甲酰胺对鳞翅目害虫高效，在水稻螟虫和蔬菜小菜蛾的防治上获得了大面积推广。

（五）溴氰虫酰胺

1. 化学名称 溴氰虫酰胺（cyantraniliprole，DPX-HGW86）的化学名称为 3-溴-1-（3-氯-2-吡啶基）-N-［4-氰基-2-甲基-6-（甲氨基甲酰基）苯基］-1H-吡唑-5-甲酰胺（图 3-92）。

2. 主要理化性质 溴氰虫酰胺纯品为白色粉末，熔点为 168～173 ℃，密度为 1.387 g/cm³（20 ℃），不易挥发；在水中溶解度为 0～20 mg/L；能溶于多数有机溶剂中。

3. 主要生物活性 溴氰虫酰胺是继氯虫苯甲酰胺之后，开发的第二代鱼尼丁受体抑制剂类杀虫剂，通过激活靶标害虫的鱼尼丁受体而防治害虫。鱼尼丁受体的激活可释放横纹肌和平纹肌细胞内储存的钙离子，损害肌肉运动调节，导致麻痹，最终害虫死亡。溴氰虫酰胺与其他种类的杀虫剂成分无交互抗性，对幼虫阶段的鳞翅目昆虫有较高的防控效果；也能防控牧草害虫、蚜虫及部分鞘翅目和双翅目昆虫。

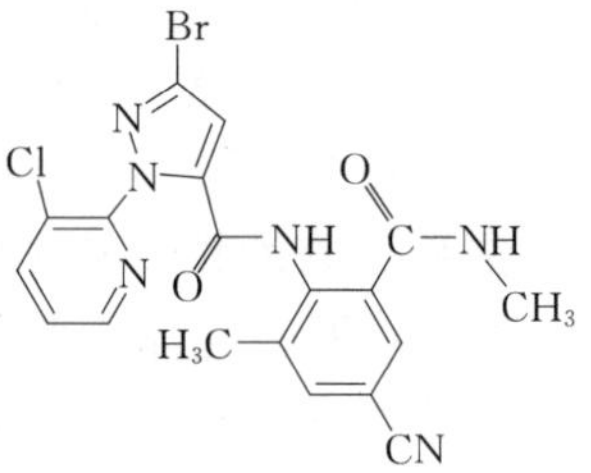

图 3-92 溴氰虫酰胺的分子结构

4. 毒性 大鼠急性经口 LD_{50} 超过 5 000 mg/kg，大鼠急性经皮 LD_{50} 超过 5 000 mg/kg。溴氰虫酰胺表现出对哺乳动物与害虫鱼尼丁受体极显著的选择性差异，大大提高了对哺乳动物、其他脊椎动物以及天敌的安全性。

5. 防治对象 溴氰虫酰胺属于新型苯甲酰胺类杀虫剂，首创既能控制咀嚼式口器昆虫又能防治刺吸式、锉吸式和舐吸式口器昆虫的多谱型杀虫剂。在害虫发生早期使用时，能阻止或推迟高繁殖力害虫种群的增长，例如粉虱、蚜虫、蓟马和木虱，对主要的飞虱生物型有非常优异的活性，包括 B 型和 Q 型烟粉虱等。

（六）三氟甲吡醚

1. 化学名称 三氟甲吡醚（pyridalyl）的化学名称为 2-{3-[2,6-二氯-4-(3,3-二氯-2-丙烯-1-基-氧基)苯氧基]丙氧基}-5-(三氟甲基)吡啶（图 3-93）。

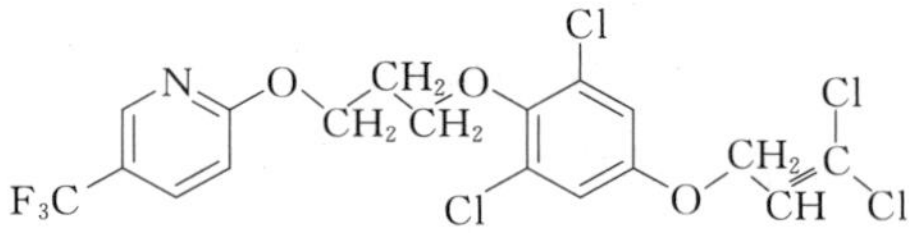

2. 主要理化性质 三氟甲吡醚原药（质量分数不小于 91%）为液体，纯品沸腾前在 227 ℃时分解；纯品蒸气压为 $6.24×10^{-8}$ Pa（20 ℃）；

图 3-93 三氟甲吡醚的分子结构

在水中溶解度为 0.15 μg/L（20 ℃），在有机溶剂辛醇、乙腈、己烷、二甲苯、氯仿、丙酮、乙酸乙酯、二甲基甲酰胺中溶解度均超过 1 000 g/L（20 ℃），在甲醛中溶解度超过 500 g/L（20 ℃）；在 pH 5～9 时稳定。

3. 主要生物活性 三氟甲吡醚的化学结构独特，属二卤丙烯类杀虫剂，与常用农药的作用机制不同，对鳞翅目害虫具有卓越的防治效果，与现有鳞翅目杀虫剂无交互抗药性，可能具有一种新的作用机制。

4. 毒性 三氟甲吡醚原药对大鼠（包括雄性和雌性）急性经口、经皮 LD_{50} 均超过 5 000 mg/kg，大鼠急性吸入 LC_{50}（4 h）超过 2.01 mg/L；对家兔眼睛结膜有轻度刺激性，对皮肤无刺激性。

5. 防治对象 三氟甲吡醚主要用于防治危害作物的鳞翅目幼虫，对缨翅目蓟马、双翅目潜叶虫也具有较好的防治效果。

（七）氰氟虫腙

1. 化学名称 氰氟虫腙（metaflumizone）的化学名称为 2-[2-(4-氰基苯)-1-(3-三氟甲基苯)亚乙基]-N-(4-三氟甲氧基苯)联氨甲酰胺（图 3-94）。

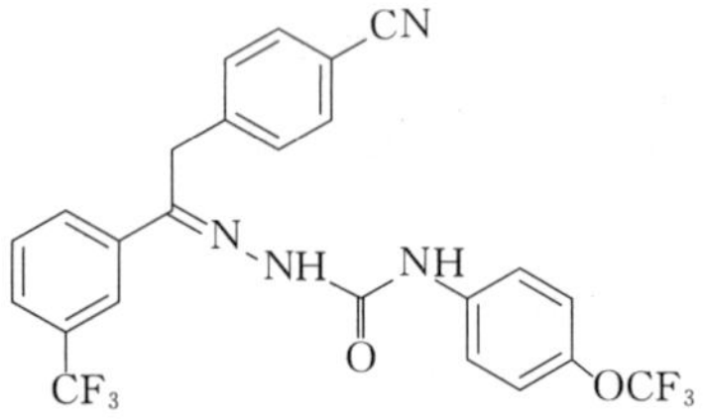

2. 主要理化性质 氰氟虫腙原药为白色晶体粉末，熔点为 190 ℃，蒸气压为 $1.33×10^{-9}$ Pa，在水中溶解度小于 0.5 mg/L，在水中光解迅速。

图 3-94 氰氟虫腙的分子结构

3. 主要生物活性 氰氟虫腙是一种全新的化合物,属于缩氨基脲类杀虫剂。氰氟虫腙的作用机制独特,通过附着在钠离子通道的受体上,阻断害虫神经元轴突膜上的钠离子通道,使钠离子不能通过轴突膜,进而抑制神经冲动,使虫体过度放松、麻痹而死亡。氰氟虫腙与现有的各类杀虫剂无交互抗药性;以胃毒作用为主,具有微弱触杀活性,无内吸作用;可以有效地防治鳞翅目害虫及某些鞘翅目的幼虫、成虫,还可以用于防治蚂蚁、白蚁、蝇类、蟑螂等害虫。

4. 毒性 氰氟虫腙原药大鼠(包括雄性和雌性)急性经口 LD_{50} 均超过 5 000 mg/kg,急性经皮 LD_{50} 均超过 5 000 mg/kg,急性吸入 LC_{50} 均超过 5.2 mg/L;对兔眼睛、皮肤无刺激性;对哺乳动物无神经毒性,Ames 试验呈阴性;鹌鹑经口 LD_{50} 超过 2 000 mg/kg,蜜蜂经口 LD_{50} 超过 106 mg/只(48 h),鲑鱼 LC_{50} 超过 343 ng/g(96 h);在水中能迅速水解和光解,对水生生物无实际危害。

5. 防治对象 氰氟虫腙对鳞翅目、鞘翅目具有明显的防治效果,对鳞翅目和鞘翅目昆虫的所有生长阶段都有活性,对半翅目的卵无效。

第十五节 天然产物源杀虫杀螨剂

印楝素、鱼藤酮、天然除虫菊素、烟碱、苦参碱等是来源于植物的生理活性物质,多杀菌素、阿维菌素等是来源于微生物的代谢产物,昆虫保幼激素类似物双氧威、昆虫蜕皮激素类似物抑食肼和虫酰肼则是来源于动物体,这些药剂本质上都是属于化学农药的范畴,有人称之为生物化学农药。

基于人民生活水平的提高,对环境和食品安全的要求越来越高,国家出台了多项政策,限制高毒农药的使用,加快推广低毒农药的进程。这些天然产物源农药的最大优势在于能避免像化学农药那样的对生态环境的污染,减少农副产品中农药的残留量。

一、印 楝 素

印楝(*Azadirachta indica*)是楝科楝属乔木,原产于印度次大陆,具有杀虫、杀菌、杀线虫等多种生物活性。印楝素杀虫剂是当今世界公认的最优秀的天然产物源农药之一,其国际影响与市场空间日益扩大。印度、巴基斯坦和缅甸具有丰富的印楝资源,目前,印楝已被引种到 70 多个国家和地区,广泛分布于亚洲、非洲、澳大利亚、美国南部、加勒比群岛、巴西等地。1983 年,赵善欢院士从非洲多哥将印楝树成功引种到我国广东省徐闻县和海南岛万宁县。2002 年,我国将印楝适生区北界从北纬 21°移到北纬 27°,至 2005 年,建立了世界上最大的人工印楝林。

(一)印楝素的活性成分

印楝素是从印楝种仁中分离出来的四环三萜类化合物,化学结构与昆虫蜕皮激素相似,是印楝抵御害虫危害的主要物质。目前,已明确鉴定出化学结构的印楝素类似物主要为印楝素 A、印楝素 B、印楝素 D、印楝素 E、印楝素 F、印楝素 G、印楝素 H、印楝素 I、印楝素 K 和印楝素 L 共 10 种化合物(图 3-95),这些类似物均具有良好的拒食活性,其中印楝素 A 在种仁中的含量最高,拒食活性最强。商品化印楝素植物性杀虫剂一般以印楝素 A 和印楝素 B 为检测指标。

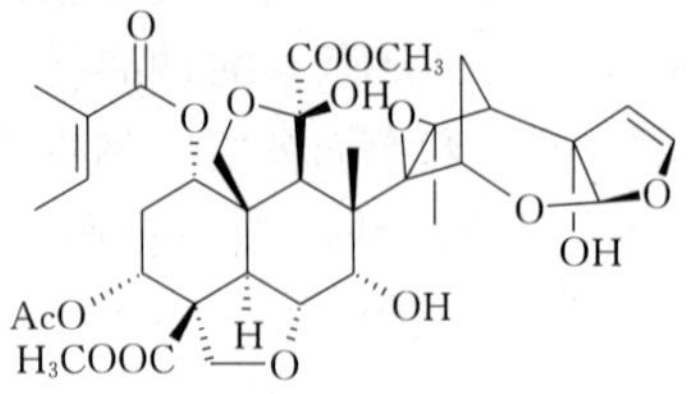

印楝素A

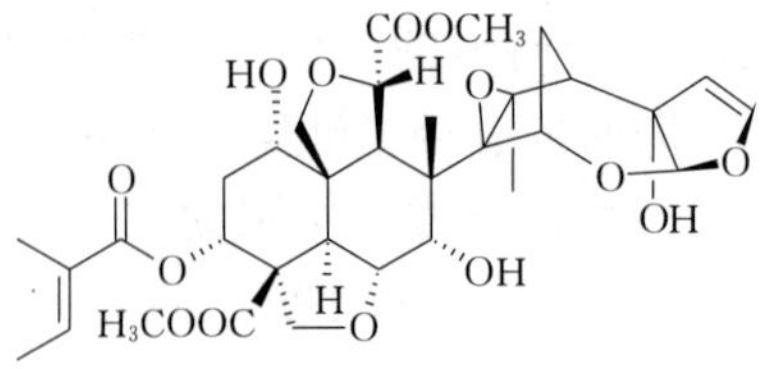

印楝素B

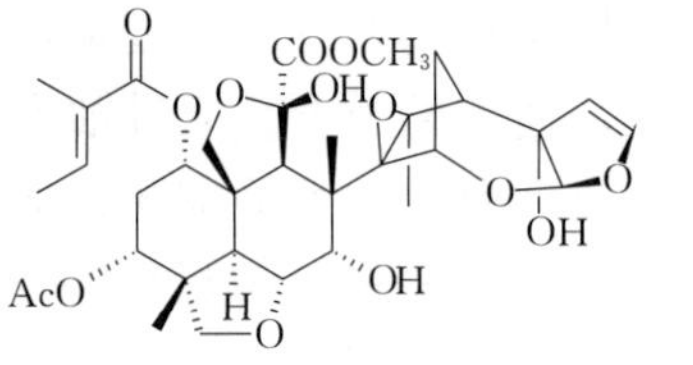

印楝素D

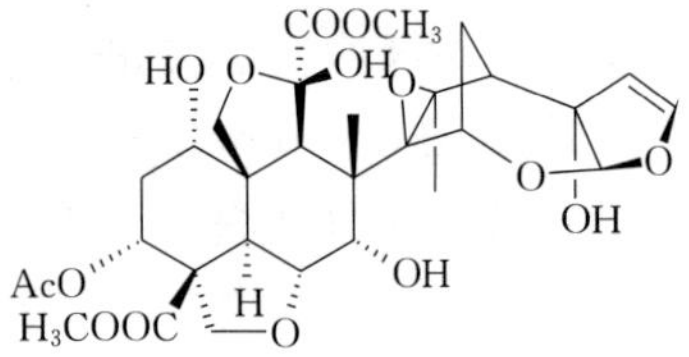

印楝素E

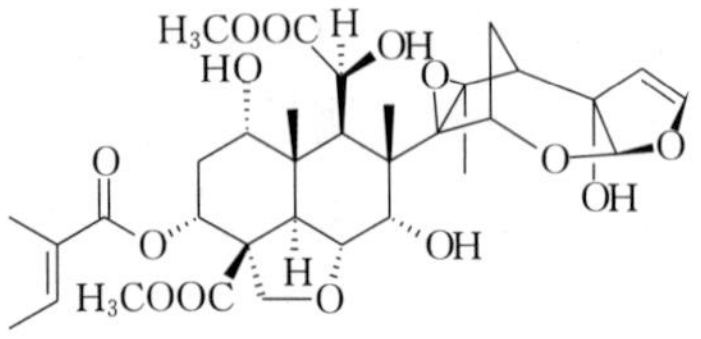

印楝素F

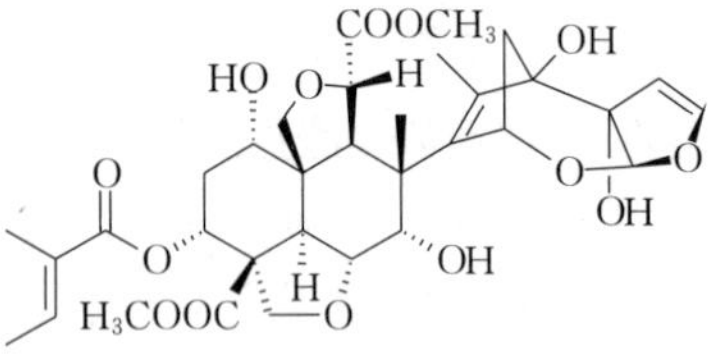

印楝素G

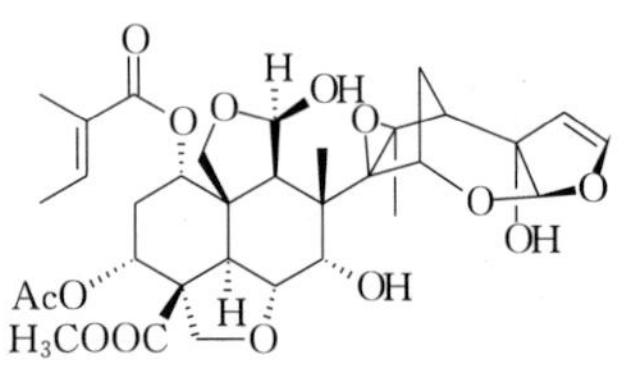

印楝素H

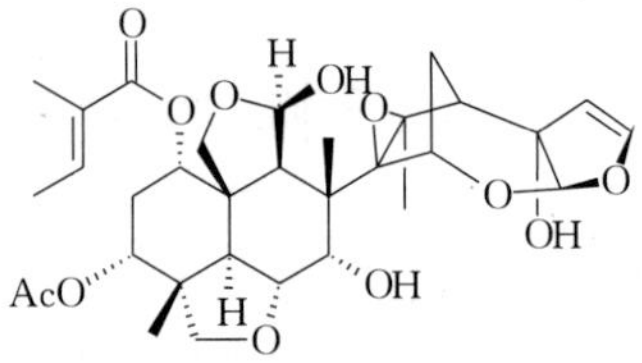

印楝素I

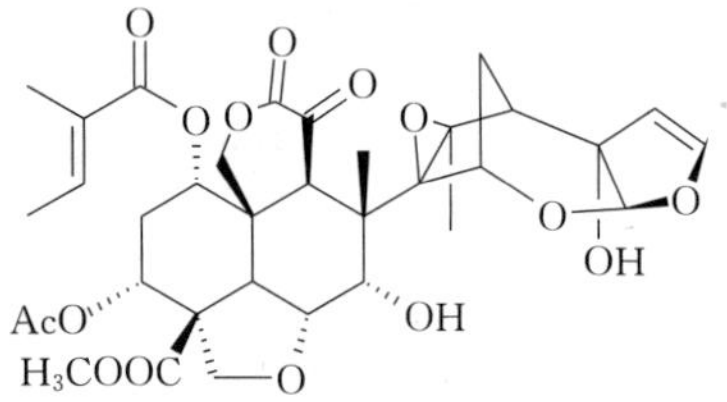

印楝素K

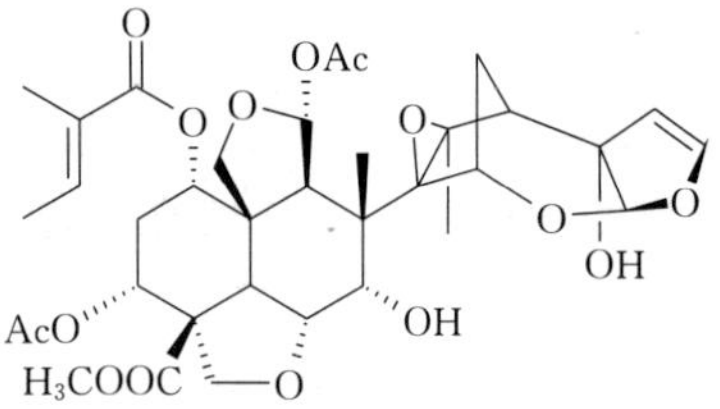

印楝素 L

图 3－95　印楝素的分子结构

印楝素难溶于水，也难溶于石油醚、正己烷等有机溶剂，易溶于丙酮、甲醇、乙醇、乙酸乙酯等有机溶剂。印楝素分子中含有酯基、烯键、环氧结构、烯醇式结构等不稳定基团，在紫外光、阳光、高温下及微生物的影响下易降解。

（二）印楝素的作用方式和毒理学

印楝素具有杀虫、杀菌、杀线虫等生物活性，对蜚蠊科、蝗亚目、鞘翅目、革翅目、双翅目、蚤亚目、异翅亚目、同翅亚目、膜翅目、等翅目、鳞翅目、竹节虫目、虱目和缨翅目的 400～500 种害虫有明显影响，对一些介形亚纲动物、线虫、蜗牛和真菌有活性。

印楝素的杀虫作用方式主要有拒食活性、驱避活性和生长发育抑制作用，以拒食活性为主。印楝素对不同昆虫的拒食活性差异较大，拒食中浓度（AFC_{50}）为 0.1～1 000 mg/L 不等。印楝素能抑制引起食欲神经元的信号传递。印楝素的主要作用靶标是脑神经分泌系统、心侧体、前胸腺等，扰乱昆虫的内分泌，影响促前胸腺激素（PTTH）的合成与释放，降低前胸腺对促前胸腺激素的敏感性，导致 20－羟基蜕皮酮合成和分泌的不足，从而抑制昆虫的生长发育。

印楝素能降低昆虫的血细胞数量，降低血淋巴中蛋白质含量，降低血淋巴中海藻糖和金属阳离子浓度，能抑制昆虫中肠酯酶和脂肪体中蛋白酶、淀粉酶、脂肪酶、磷酸酶和葡萄糖酶的活性，降低昆虫的取食率和对食物的转化利用率，能影响昆虫的正常呼吸节律，降低昆虫脂肪体中 DNA 和 RNA 含量，降低雌虫卵巢、输卵管和受精囊中的蛋白质、糖原和脂类的含量及一些酶的活性，对雄虫生殖系统有影响，使昆虫的脑、咽侧体、心侧体、前胸腺、脂肪体等发生病变，影响昆虫体内激素平衡，从而干扰昆虫生长发育。

印楝素能降低幼虫体内蜕皮激素的含量，干扰幼虫的内分泌系统，从而抑制幼虫蜕皮。

印楝素可以抑制昆虫卵黄生成作用，这和细胞毒性与扰乱内分泌及神经内分泌有关。

通过抑制复合胺对中肠的刺激作用和肠胃神经系统对中肠的控制作用，印楝素抑制蝗虫中肠的蠕动，从而抑制蝗虫的取食。

印楝素对东亚飞蝗几丁质的生物合成有抑制作用，从而影响体壁微管系统的形成，而表皮的沉积作用需要完整的微管系统。

（三）印楝素的毒性

在印度许多地方，印楝的花是可以食用的，印楝叶被用作食品，印楝嫩枝被用作牙刷，印楝产物被用作化妆品、家畜和家禽的饲料、防腐材料及医药。许多鸟类和啮齿动物取食印楝种子。这些现象表明，印楝对脊椎动物是相当安全的。1989 年，世界卫生组织（WHO）及联合国环境规划署（UNEP）将印楝杀虫剂定为环境和谐的天然产物源农药。

将印楝素与花生油混匀，以 5 000 mg/kg 的剂量饲喂成年鼠（Rattus norvigicus），处理后 24 h，雌鼠和雄鼠均没有表现出任何中毒症状，也没有死亡。印楝素对雌鼠和雄鼠处理后 24 h 的 LD_{50} 大于 5 000 mg/kg。

将印楝素与花生油混匀，以 500 mg/kg、1 000 mg/kg 和 1 500 mg/kg 的日饲喂剂量喂食成年鼠，连续喂食 90 d 后，各处理鼠除表现好斗外，没有表现出任何中毒症状，没有出现死亡现象。分别迅速取出鼠的肝、肾、脑、睾丸、附睾、前列腺、卵巢、子宫、子宫颈、阴道、心、肺、脾、肾等器官，并称量。结果发现，印楝素处理后，这些器官的质量没有明显的变化。尸检结果表明，这些器官没有发生明显的变化。

以印楝素 500 mg/kg、1 000 mg/kg 和 1 500 mg/kg 的日饲喂剂量喂食妊娠反应后 6~15 d 的雌鼠，印楝素在各剂量下对胚胎没有不良影响。

二、鱼藤酮

鱼藤酮（rotenone）是黄酮类化合物，是 3 大传统植物性杀虫剂之一，是我国无公害农产品生产的理想用药。

几千年以前，南美洲的土著居民就将含鱼藤酮的尖荚豆属植物用作毒鱼剂获取食物。在广东的东部地区，至今还有人采用鱼藤根毒鱼。19 世纪中叶就有人把鱼藤酮当作杀虫剂使用，至今已有 100 多年的历史，广东的东部地区（例如丰顺、五华等地）农民长期种植鱼藤。目前，我国鱼藤酮的主要原材料是华南特色植物鱼藤的根和非洲山毛豆的叶。

鱼藤酮主要存在于热带和亚热带的鱼藤属、尖荚豆属、灰叶属和鸡血藤属植物中。

鱼藤属（Derris）植物为豆科藤本植物，是商业生产鱼藤酮的主要原材料，盛产于热带和亚热带。鱼藤属一共有 68 种植物含有鱼藤酮，主要分布于东南亚和我国南部。鱼藤酮主要存在于其根部。

灰叶属（*Tephrosia*）植物是一种小型灌木，主要分布于亚洲南部，整株含鱼藤酮。

尖荚豆属（*Lonchocarpus*）植物又称梭果属或茅荚属植物，主要分布于美洲、西印度群岛、非洲和大洋洲热带地区。

广东的东部地区是我国鱼藤的重要种植基地，仅丰顺和五华等地鱼藤的种植面积就约667 hm^2（1万亩）。

1986年，华南农业大学从菲律宾和坦桑尼亚成功引进了非洲山毛豆紫花和白花品种，并在华南农业大学杀虫植物标本园试种成功，干叶中鱼藤酮含量在3%左右，在广东雷州半岛、河源、陆丰、深圳等地进行了大面积推广种植，植株均长势良好。非洲山毛豆已成为我国鱼藤酮生产的又一重要原材料。

（一）鱼藤酮的活性成分

Power于1902年从鱼藤（*Derris trifoliata*）中分离得到鱼藤酮。同年，日本人Nagai从中华鱼藤（*Derris chinesis*）根中分离得到鱼藤酮（rotenone）并将之定名。Takei等（1929）首先提出了鱼藤酮的分子式为$C_{23}H_{22}O_6$。随后，各国工作者从鱼藤类植物中先后分离并鉴定出鱼藤酮、灰叶素（tephrosin）、鱼藤素（deguelin）、灰叶酚（toxicarol）等多种杀虫活性成分（图3-96），由于这类化合物都具有一个与鱼藤酮类似的结构母核，通常称为鱼藤酮类化合物（rotenoid）。

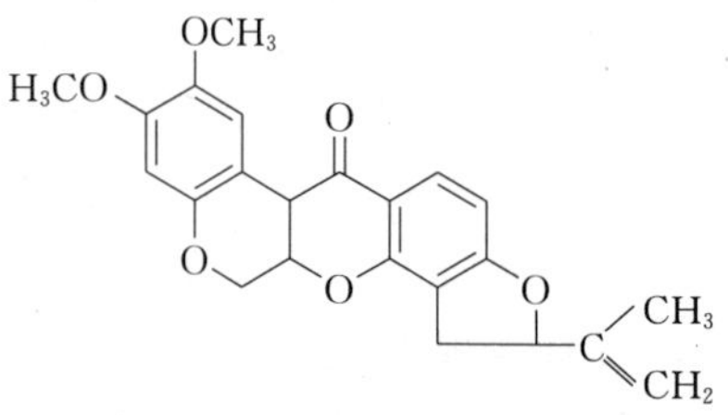

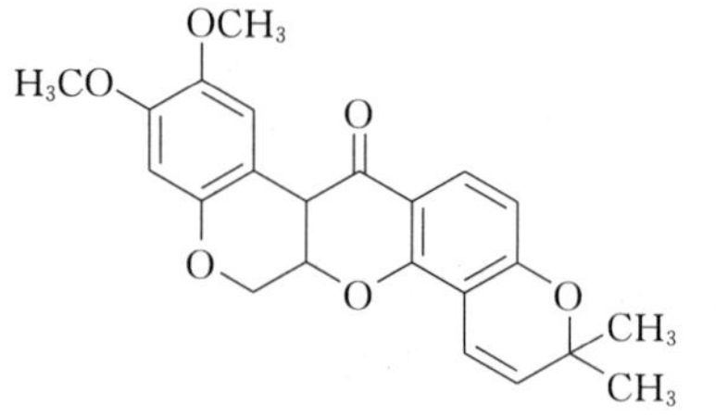

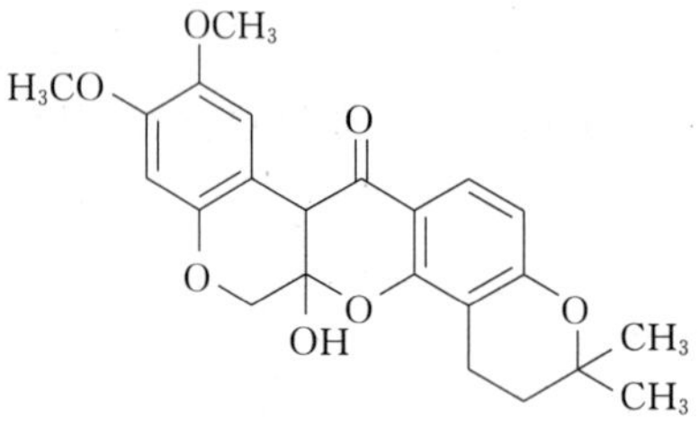

图3-96 鱼藤酮类化合物的分子结构

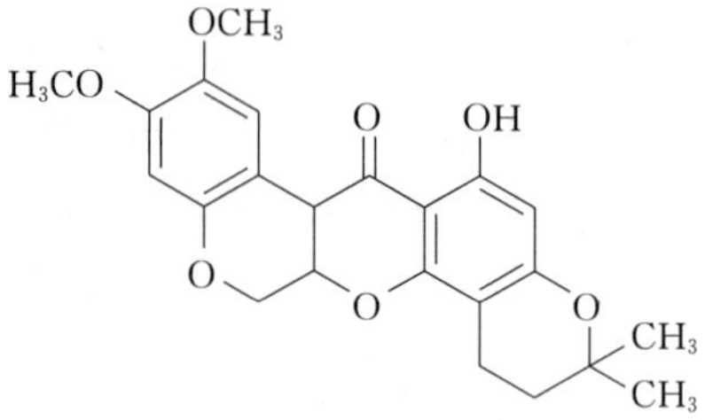

鱼藤酮的相对分子质量为394.4，为无色六角板状结晶，熔点为163℃，在有机溶剂中呈强左旋性；易溶于多种有机溶剂中，难溶于水和石油醚。25℃时鱼藤酮的溶解度，在三氯甲烷中为493 g/kg，在二氯甲烷中为582 g/kg，在苯中为96.5 g/kg，在甲苯中为77.6 g/kg，在二甲苯中为39.5 g/kg，在吡啶中为389 g/kg。鱼藤酮易溶于植物精油，25℃时的溶解度，在冬青油中为103 g/kg，在八角茴油中为85 g/kg，在黄樟油中为27 g/kg，在褐色樟油中为34 g/kg。植物精油是制造鱼藤酮乳油的良好溶剂。在100℃时，鱼藤酮在水中的溶解度为15 mg/kg。

光照、氧气、碱性条件和较高温度均能促进鱼藤酮的降解，鱼藤酮遇碱消旋，易氧化，尤其在水和碱的条件下，因氧化快而失去杀虫活性，抗氧化剂对苯二酚、丁香酚、β-萘酚等可延缓鱼藤酮的氧化反应。

（二）鱼藤酮的作用方式和毒理学

鱼藤酮具有强烈的胃毒和触杀活性，无内吸性，具有选择性，杀虫谱广，见光易分解，在空气中易氧化，在作物上的持留时间短，在环境中无残留，对天敌安全，安全间隔期为3 d。

鱼藤酮对 15 目 137 科的 800 多种害虫具有一定的毒杀活性，尤其对蚜虫和螨类毒杀效果显著。鱼藤酮对铁甲虫、白背飞虱、桑毛虫、黄曲条跳甲、茶毛虫、桃蚜、柑橘全爪螨等害虫均有良好的防治效果，对鳞翅目害虫（例如菜青虫）也有较高的防治效果，对豆蚜的毒力比烟碱高 10~15 倍，对家蝇的毒力比除虫菊素高 6 倍，对家蚕的胃毒防治比砷酸铅高 30 倍，对蚜虫的毒力比对硫磷好。但鱼藤酮对二十八星瓢虫及夜蛾科幼虫的毒杀活性不佳，例如对斜纹夜蛾、亚热带黏虫和烟芽夜蛾幼虫的防治效果不显著。

鱼藤酮可用于防治根结线虫。鱼藤酮制剂可用于驱杀各种动物的体外寄生虫，制成饵剂诱杀各种卫生害虫，制成擦剂、膏剂根治人体癣疥湿疹和跌打肿痛等。鱼藤酮能抑制某些病菌孢子的萌发和生长，或阻止病菌侵入植株。鱼藤酮还能刺激作物叶绿素增生，尤其对于果树、蔬菜、烟草、茶叶及花生等作物具有明显的丰产作用。

鱼藤酮是一种作用于电子传递链上的呼吸抑制剂，主要作用于 NADH 脱氢酶与辅酶 Q 之间的某一成分上，而且偏向于辅酶 Q 这一边，这个成分可能是脂蛋白。鱼藤酮使昆虫细胞的电子传递链受到抑制，从而降低生物体内的 ATP 水平，最终使害虫得不到能量供应，行动迟滞、麻痹而缓慢死亡。

鱼藤酮能穿透昆虫表皮层作用于体壁真皮细胞，引起细胞病变，致使昆虫在蜕皮过程中旧表皮的代谢和新表皮的沉积形成受到干扰，出现表皮中几丁质、蛋白质和脂肪含量的异常变化，造成旧表皮较厚韧，新体壁薄软，从而导致昆虫畸变而死。

鱼藤酮可抑制细胞中纺锤体微管的组装，从而抑制微管的形成，还可影响丁二酸、甘露醇以及其他物质在细胞中的循环。鱼藤酮可抑制隐毡蚜（$Cryptococcus\ neoformans$）细胞中甘露醇的合成，从而间接地对昆虫产生影响。鱼藤酮可抑制布氏锥虫（$Trypanosoma\ brucei$）线粒体内膜的电动势，从而间接地影响 NADH 脱氢酶的活性。鱼藤酮还可抑制布氏锥虫线粒体呼吸链中的 NADH 到细胞色素 c 和 NADH 到辅酶 Q 还原酶的活性。

（三）鱼藤酮的毒性

鱼藤酮原药属中等毒，对大鼠急性经口 LD_{50} 为 124.4 mg/kg，急性经皮 LD_{50} 超过 2 050 mg/kg；对家兔相对安全，致死剂量为 3 000 mg/kg，毒性是砷酸铅的 1/30，是烟碱的 1/100。

2.5%鱼藤酮乳油属中等毒，对大鼠急性经口 LD_{50} 为 176.6 mg/kg，急性经皮 LD_{50} 超过 2 086 mg/kg；对农作物无药害，不产生不良气味。

鱼类对鱼藤酮极为敏感，水中鱼藤酮含量达 0.075 mg/L 时，就可使金鱼在 2 h 内死亡；在 0.025 mg/L 的剂量下，鱼藤酮就可毒死或麻痹大多数鱼类。在施药过程中应尽量避免污染水域。

鱼藤酮是细胞呼吸抑制剂，其作用是普遍的，对所有细胞均有损伤。在中枢神经系统中，多巴胺神经元对鱼藤酮比较敏感。以低剂量鱼藤酮长期静脉或皮下注射处理，大鼠脑多巴胺神经元内出现典型的 Lewy 小体、黑质纹状体和前额皮层的多巴胺神经元退行变性，黑质纹状体的酪氨酸羟化酶免疫活性降低，出现类似引起帕金森病的神经化学物质、神经病理学特征以及行动呆滞、僵住症等帕金森病临床症状。鱼藤酮可增强多巴胺神经细胞对其他毒害因子的敏感性，也可直接诱发其细胞凋亡，还可促进多巴胺神经元释放多巴胺，多巴胺经自身氧化而反过来损伤多巴胺神经元。

鱼藤酮对人的致死剂量为 3.6~20.0 g。误食鱼藤酮将导致严重的抽搐、昏迷、呼吸衰竭及心、肝、肾等多器官功能衰竭。

肝脏是鱼藤酮的主要代谢场所，在细胞色素 P_{450} 作用下，鱼藤酮氧化降解为鱼藤醇 I、鱼藤醇 II、8-羟基鱼藤酮和 6,7-二氢二羟基鱼藤酮。鱼藤酮及其代谢产物可经多种途径排泄，但主要是经胆汁和尿液排泄。

三、苦 参 碱

苦参碱是从苦参中提取分离的杀虫活性成分，近年来在农业生产上获得了广泛的应用。

苦参是我国历史悠久的传统药物之一，为多年生草本或灌木，高 1.5~3.0 m。历史上许多文献记载了苦参的杀虫杀菌作用。《名医别录》记载苦参"渍酒饮，治疥杀虫"。《本草纲目》记载："杀疳虫，炒存性米饮服，治肠风泻血并热痢"。1942 年，赵善欢等调查了苦参在农业上的应用情况，报道了贵州和广西的农民长期用苦参杀虫，并记载了苦参对黑足守瓜和黄足黑守瓜的毒杀作用。据《中国土农药志》记载，苦参可防治多种农业和卫生害虫，防治对象包括甘蓝蚜、棉蚜、红蜘蛛、棉叶跳虫、菜青虫、叶蝉、黏虫、蛴螬、蝼蛄、地老虎、蚱蜢等农业害虫，以及蚊子、家蝇等卫生害虫。苦参在我国各地皆有分布，生于山坡草地、平原、路旁、沙质地和红壤地的向阳处，以山西、湖北、河南和河北产量较大。

（一）苦参碱的活性成分

从苦参根、茎、叶及其花中共分离出 27 种生物碱，主要为喹啉联啶类生物碱，少数为双哌啶类生物碱。其中苦参碱、氧化苦参碱、槐醇碱（羟基苦参碱）、槐果碱、臭豆碱、鹰靛叶碱、氧化槐果碱等为含量较多的生物碱（图 3-97）。从苦参中分离出来的双哌啶类生物碱仅有苦参胺碱和异苦参胺碱。

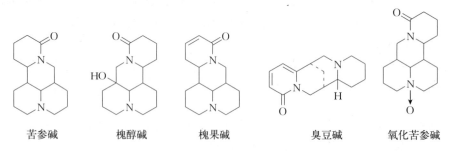

苦参碱　　槐醇碱　　槐果碱　　臭豆碱　　氧化苦参碱

图 3-97　苦参碱的部活性成分

1. 苦参总碱　苦参总碱为苦参根中提取得到的总生物碱，其中氧化苦参碱含量大于 70.0%。苦参总碱为深棕色膏状物，微臭，味极苦；有引湿性；易溶于水、乙醇、氯仿和稀盐酸。

2. 苦参碱 苦参碱（matrine）分子式为 $C_{15}H_{24}N_2O$，相对分子质量为248.36；为针状或棱状结晶，熔点为76 ℃，易溶于水、苯、氯仿、乙醚和二氧化碳，难溶于石油醚。

3. 氧化苦参碱 氧化苦参碱（oxymatrine）分子式为 $C_{15}H_{24}N_2O_2$，相对分子质量为264.36；熔点为162～163 ℃（水合物）、207 ℃（无水物），易溶于水、氯仿和乙醇，难溶于乙醚、甲醚和石油醚。

（二）苦参碱的作用方式和毒理学

苦参碱主要表现为胃毒和触杀作用，能防治蔬菜上的菜青虫、菜蚜、瓜蚜、蝽虫、瓢虫、甜菜夜蛾、小菜蛾、甘蓝夜蛾、黄曲条跳甲、韭蛆等，也能防治果树上的天幕毛虫、舟形毛虫、刺蛾、尺蠖、红蜘蛛和蜡蚧，还能防治粮食作物上的黏虫、小麦吸浆虫、蝗虫等多种害虫。氧化苦参碱对菜青虫和黄掌舟蛾有强触杀作用，其 LD_{50} 分别是敌百虫的20.9倍和5.5倍。对桃蚜、萝卜蚜、梨二叉蚜和小麦蚜虫等的防治效果均达90%以上。1%苦参碱醇溶剂800倍稀释液施药后5 d对菜青虫的防治效果达93%，施药后3 d对小菜蛾的防治效果达80%。

苦参碱具有较广谱的杀菌活性，除在医药上的抗炎抑菌活性外，在农业生产上，也对多种病菌具有较强的生物活性。0.1 mg/L苦参丙酮提取物处理后72 h对小麦赤霉病和苹果炭疽病、番茄灰霉病的病菌菌丝生长抑制率分别为93.2%、99.2%和90.8%，处理后24 h对苹果炭疽病病菌孢子萌发的抑制率为87.0%，对玉米大斑病菌和辣椒疫霉病的病菌也具有良好的抑制作用。

250 mg/L苦参乙酸乙酯提取物对引起植物枯萎病的尖镰孢菌、引起红腐病的串珠镰孢菌、引起立枯病的丝核菌、引起叶斑病的葡萄孢、引起曲霉病的黑曲霉均有显著的抑制作用。

此外，苦参提取物还对蔬菜上的霜霉病、白粉病、灰霉病、疫病等多种病害具有抑制作用。

苦参碱对稻恶苗病病菌孢子萌发产生明显的抑制作用，2 mg/mL苦参碱溶液对稻恶苗病病菌的抑制作用显著，对立枯丝核菌、十字花科蔬菜软腐病病菌、茄科蔬菜青枯病病菌的抑制作用极为显著。

苦参碱的杀虫作用机制尚未完全明确。苦参碱作用于神经系统，先麻痹中枢神经，而后中枢神经产生兴奋，进而作用于横隔膜及呼吸肌神经，使昆虫因窒息而死亡。

（三）苦参碱的毒性

苦参根和种子有毒。人中毒后出现以神经系统中毒为主的症状，有流涎、呼吸和脉搏加速、步态不稳症状，严重者惊厥，因呼吸抑制而死亡。牛马食干根45 g以上，猪羊食15 g以上，均可中毒，主要症状有呕吐、流涎、疝痛、下痢、精神沉郁、搐搦等。

苦参总碱对小鼠灌肠、皮下注射和腹腔注射的 LD_{50} 分别为1.18 g/kg、297 mg/kg和147.2 mg/kg。小鼠中毒后出现中枢神经抑制，然后间歇性抖动和惊厥，进而中枢深度抑制，呼吸麻痹，数分钟后心跳停止而死亡。

苦参碱对小鼠腹腔注射的 LD_{50} 为150 mg/kg，对大鼠腹腔注射的 LD_{50} 为125 mg/kg。氧化苦参碱对小鼠静脉注射的 LD_{50} 为150 mg/kg，腹腔注射的 LD_{50} 为750 mg/kg。

槐果碱对小鼠灌胃的 LD_{50} 为241.5 mg/kg，肌肉注射的 LD_{50} 为92.4 mg/kg；对大鼠腹腔注射的 LD_{50} 为120 mg/kg，肌肉注射的 LD_{50} 为130 mg/kg，口服的 LD_{50} 为195 mg/kg。

槐定碱对小鼠静脉注射的 LD_{50} 为 50.4 mg/kg，腹腔注射的 LD_{50} 为 64.3 mg/kg。

以氧化槐果碱灌胃处理小鼠 0.5 h 后，小鼠出现中毒症状：兴奋、跑动、跳跃、碰撞网盖，约 10 min 后开始安静，精神委顿，活动量减少，毛直立，尿失禁，继而蜷缩于窝巢内似在寒冷中的形态，闭眼、身体发抖、厌食等，直到死亡。

以氧化苦参碱灌胃处理小鼠后 2 h 后，中毒小鼠出现精神委顿，活动量减少，继而蜷缩于窝巢内似在寒冷中的形态，出现闭眼、震颤、厌食等现象，直到死亡。

以苦参碱灌胃法处理小鼠后约 0.5 h，小鼠行动缓慢，3 h 后精神委顿，活动量减少，继而蜷缩于窝巢内似在寒冷中的形态，出现闭眼、震颤、不进食、不饮水现象，直到死亡。

四、除虫菊素

除虫菊是重要的杀虫剂原料植物，也可作观赏花卉。除虫菊有 15 种，其中杀虫活性成分含量较高的有 4 种，常用于家庭治虫的是白花除虫菊和红花除虫菊。除虫菊花、茎、叶含有除虫菊酯，广泛用于高效、低毒、广谱、速效、无残留的除虫菊酯农药及蚊香、驱蚊油、臭虫粉、灭虱粉等。我国于 1917 年将除虫菊引种于江苏、浙江一带，现华东、西南各地都有栽培。

白花除虫菊（*Chrysanthemun cinerariifolium*）是菊科菊属多年生或二年生草本植物，原产于前南斯拉夫的达尔马希亚。除虫菊适应性强，具有耐寒、耐高温、耐瘠薄、抗干旱、自杀虫、不需修剪、不整枝打杈等特性，在我国南北方均可种植。

红花除虫菊早在 19 世纪前就于波斯栽培，供观赏和制作杀虫药剂；白花除虫菊叶形似西瓜叶，故又称为瓜叶除虫菊，1840 年在南斯拉夫被发现，其杀虫效果高于红花除虫菊而被广泛人工栽培，是世界上 3 大植物源杀虫剂原材料之一。早在第一次世界大战前，除虫菊花在原产地达尔马希亚开始栽培生产，有达尔马希亚除虫菊之称。第一次世界大战后，世界除虫菊栽培中心转移到了日本，从 1911 年起日本开始生产除虫菊花。第二次世界大战后，世界除虫菊花的栽培中心又从日本转移到非洲的肯尼亚、坦桑尼亚等国，受拟除虫菊酯的冲击，天然除虫菊在 20 世纪 30—90 年代产量有所下降。由于人们的健康与环境保护意识的不断提高，对化学农药给农产品带来的污染问题十分关注，随着绿色食品兴起，天然除虫菊市场需求也随之增长，各除虫菊生产国产量也不断上升。

（一）除虫菊酯的活性成分

白花除虫菊中杀虫活性成分主要在花里，其含量受品种、气候和栽培条件影响。

已明确花中所含的除虫菊素，共有 6 种杀虫有效成分：除虫菊素Ⅰ（pyrethrin Ⅰ）、除虫菊素Ⅱ（pyrethrin Ⅱ）、瓜叶除虫菊素Ⅰ（cinerin Ⅰ）、瓜叶除虫菊素Ⅱ（cinerin Ⅱ）、茉莉除虫菊素Ⅰ（jasmolin Ⅰ）和茉莉除虫菊素Ⅱ（jasmolin Ⅱ）。一般条件下，在除虫菊素总量中，除虫菊素Ⅰ约占 35%，除虫菊素Ⅱ约占 32%，瓜叶菊素Ⅰ约占 10%，瓜叶菊素Ⅱ约占 14%，茉莉除虫菊素Ⅰ约占 5%，茉莉除虫菊素Ⅱ约占 4%。除虫菊素Ⅰ和除虫菊素Ⅱ起主要的杀虫作用。

白花除虫菊干花中除虫菊素Ⅰ和除虫菊素Ⅱ的含量总和最高可达 3%，肯尼亚白花除虫菊品种干花中除虫菊素Ⅰ和除虫菊素Ⅱ的平均含量为 1.2%~1.3%，云南泸西二年生白花除虫菊品种干花中除虫菊素Ⅰ和除虫菊素Ⅱ的平均含量为 1.3%~1.6%，最高可达 1.6%。除虫菊素主要存在于花和瘦果中，占 90% 以上，花萼、花托、花瓣中含量一般占 1%~2%。

除虫菊干花储存期间在空气中易被氧化,一年后丧失约20%的杀虫活性,磨制成粉后则将丧失达30%的活性,因此在加工成杀虫粉剂时,常需加入抗氧化剂以便于储存。常用的抗氧化剂有对苯二酚、连苯三酚、异丙基甲酚、丹宁酸等。近代除虫菊制剂中通用的抗氧化剂是2,6-二叔丁基-4-甲基苯酚。

(二) 除虫菊素的作用方式和毒理学

除虫菊素的杀虫谱广,主要表现为胃毒作用和触杀作用,无内吸性,对蚊子、家蝇等多种害虫具有驱避作用,对哺乳动物安全,易降解,无残留。在10 mg/L的剂量下,除虫菊素几乎对所有的农业害虫及卫生害虫(家蝇、蚊子、蟑螂等)表现出良好的毒杀活性。5%除虫菊素乳油稀释2 500倍,施药后1 d对甘蓝蚜的防治效果可达80%,明显高于相同稀释倍数的10%氯氰菊酯乳油。

在一定温度范围内,随着温度的升高,除虫菊素的杀虫活性降低。在较高温度下,除虫菊素更易水解,当除虫菊素的用量不足以杀死害虫时,害虫容易因除虫菊素的水解而从"击倒"中恢复过来。当除虫菊素的用量足以杀死害虫时,随着温度的升向,害虫的死亡速度加快。

与拟除虫菊酯不同,由于活性成分复杂,害虫难以对除虫菊素产生抗药性。经过多代连续用药后,家蝇和蚊子能对氯氰菊酯和溴氰菊酯产生很强的抗药性,但对除虫菊素几乎不产生抗性。

除虫菊素与有机磷、拟除虫菊酯等杀虫剂一样,都属于神经毒剂。

除虫菊素作用于钠离子通道,引起神经细胞的重复开放,最终导致害虫麻痹、死亡。钠离子通道是神经细胞上的一个重要结构,细胞膜外的钠离子只有通过钠离子通道才能进入细胞内。当受到刺激时,在刺激部位上膜的通透性改变,钠离子通道打开,大量钠离子进入细胞内。钠离子通道通过允许钠离子进入细胞内而达到传递神经冲动的作用。

除虫菊素与滴滴涕的毒理机制十分类似,但除虫菊素击倒作用更为突出。除虫菊素不但对周围神经系统有作用,对中枢神经系统,甚至对感觉器官也有作用,而滴滴涕只对周围神经系统有作用。除虫菊素的毒理作用比滴滴涕复杂,因为它同时具有驱避、击倒和毒杀3种不同作用。

除虫菊素的中毒症状一般只分为兴奋期、麻痹期和死亡期共3个阶段。在兴奋期,昆虫到处爬动、运动失调、翻身或从植物上掉下,到抑制期后,活动逐渐减少,然后进入麻痹期,最后死亡。在前2个时期中,神经活动各有其特征性变化。

兴奋期长短与药剂浓度有关,浓度越高,兴奋期越短,进入抑制期越快,而低浓度药剂可延长兴奋期的持续时间。除虫菊素对周围神经系统、中枢神经系统及其他器官组织主要是肌肉同时起作用。由于药剂通常是通过表皮接触进入,因此先受到影响的是感觉器官及感觉神经元。

除虫菊素对突触体上ATP酶的活性也有抑制作用,对ATP酶活性的影响程度与除虫菊素的浓度有关,浓度越高,酶活性下降越大。在除虫菊素中加入增效醚能增加对ATP酶的抑制程度。

(三) 除虫菊素的毒性

除虫菊素属低毒农药。除虫菊素对大鼠的急性口服LD_{50}为1 500 mg/kg,对小鼠的为400 mg/kg。大鼠的急性口服LD_{50},除虫菊素Ⅰ为260~420 mg/kg,除虫菊素Ⅱ为

7 600 mg/kg。除虫菊素对大鼠的急性经皮 LD_{50} 超过 1 800 mg/kg。除虫菊素 I 大鼠的静脉注射 LD_{50} 为 5 mg/kg，除虫菊素 II 的静脉注射 LD_{50} 为 1 mg/kg。

除虫菊素在哺乳动物胃中能迅速水解为无毒物质，个别人长期接触，皮肤可能出现皮炎，但无慢性中毒症状。长期用除虫菊素超过 5 000 mg/kg 的饲料喂食大鼠，未出现明显中毒病症。在工作场所工作超 7～8 h，空气中除虫菊素最高允许浓度为 15 mg/m³。

除虫菊素对鱼有毒，在 12 ℃ 的静水中，对鱼类的 LD_{50}（96 h）为 24.6～114 μg/L，对幼年大西洋鲤的 LD_{50} 为 0.032 μg/mL。

除虫菊素的浓乳剂对蜜蜂有毒，其水稀释喷射液则无害，且对蜜蜂有驱避作用。

在温血动物体内，除虫菊素通过酯链的水解而降解，当受日光和紫外线的影响时，就开始在羟基上降解，促使其结构上的酸和醇部分发生氧化。

除虫菊素在鸟类和哺乳动物体内的代谢和排泄比在昆虫和鱼体内快得多，在植物上最初的代谢和在牲畜体内的代谢相类似。除虫菊素在土壤中也发生同样形式的水解和氧化反应。

五、多杀菌素

（一）多杀菌素的主要理化性质

多杀菌素（spinosad）（图 3‑98）为浅灰白色晶体，带有一种类似于轻微陈腐泥土的气味，A 型熔点为 84～99.5 ℃，D 型熔点为 161.5～170 ℃，密度为 0.512 g/cm³（20 ℃）。在水中溶解度，A 型在 pH 为 5、7 和 9 时分别为 270 mg/L、235 mg/L 和 16 mg/L，D 型在 pH 为 5、7 和 9 时分别为 28.7 mg/L、0.332 mg/L 和 0.053 mg/L。多杀菌素在环境中通过多种途径组合的方式进行降解，主要为光解和微生物降解。

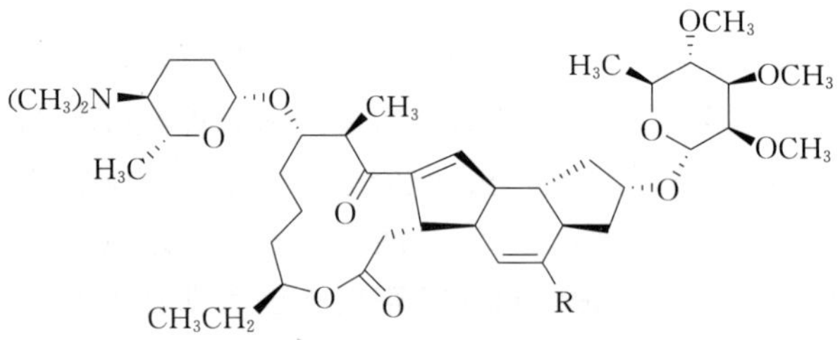

多杀菌素 A（spinosad A）：R=—H
多杀菌素 D（spinosad D）：R=—CH₃
图 3‑98 多杀菌素的分子结构

（二）多杀菌素的主要生物活性

多杀菌素是放线菌刺糖多孢菌（*Saccharopolyspora spinosa*）经有氧发酵后的次级代谢产物，通过被害虫食入后作用于其神经系统，使害虫迅速麻痹、瘫痪，最后导致死亡，其杀虫速度可与化学农药相媲美。多杀菌素安全性高，且与目前常用杀虫剂无交互抗药性，为低毒、高效、低残留的广谱杀虫剂，既有高效的杀虫性能，又有对有益虫和哺乳动物安全的特性。

（三）多杀菌素的毒性

多杀菌素原药对雌性大鼠急性口服 LD_{50} 超过 5 000 mg/kg，雄性大鼠急性口服 LD_{50} 为 3 738 mg/kg；小鼠口服急性 LD_{50} 超过 5 000 mg/kg；兔急性经皮 LD_{50} 超过 5 000 mg/kg；对皮肤无刺激性，对眼睛有轻微刺激性，2 d 内可消失。多杀菌素在环境中可降解，无富集作用，不污染环境。

（四）多杀菌素的防治对象

多杀菌素是一种广谱的生物农药，能有效控制的害虫包括鳞翅目、双翅目和缨翅目害虫，同时对鞘翅目、直翅目、膜翅目、等翅目、蚤目、革翅目和啮虫目的某些种类也有一定的毒杀作用，但对刺吸式口器昆虫和螨类防治效果不理想；适合于蔬菜、果树等园艺作物上使用。多杀菌素的杀虫效果受下雨影响较小。含有多杀菌素的产品还被登记用于温室食用作物和景观作物、室外食用作物和景观作物以及草坪等防控多种害虫。

六、乙基多杀菌素

（一）乙基多杀菌素的主要理化性质

乙基多杀菌素（spinetoram）（图3-99）是带有霉味的灰白色固体，pH为6.46（1%水溶液，23.1℃）；熔点，乙基多杀菌素J为143.4℃，乙基多杀菌素L为70.8℃。20~25℃时在水中的溶解度，乙基多杀菌素J为11.3 mg/L（pH 7）、423.0 mg/L（pH 5），乙基多杀菌素L为46.7 mg/L（pH 7）、1 630.0 mg/L（pH 5）。

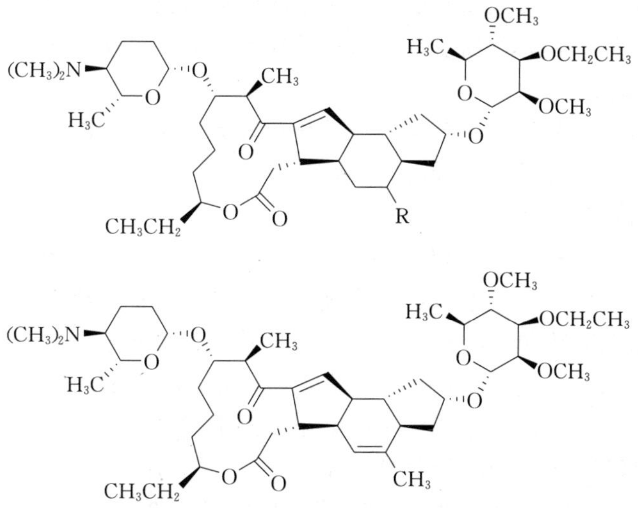

图3-99 乙基多杀菌素J（上）和乙基多杀菌素L（下）的分子结构

（二）乙基多杀菌素的主要生物活性

乙基多杀菌素是通过对多杀菌素A（主要成分）和多杀菌素D混合物的鼠李糖部分的3-O位进行乙基化修饰，对所得主要成分的环己烯结构部分进一步氢化反应而得。

乙基多杀菌素是乙酰胆碱受体的激活剂，但作用位点和烟碱或新烟碱等不同，3-O位进行乙基化修饰后能够提高其生物活性，5,6位双键氢化后缩短乙基多杀菌素J在田间的滞留时间。

（三）乙基多杀菌素的毒性

乙基多杀菌素原药大鼠急性经口、经皮LD_{50}超过5 000 mg/kg，急性吸入LC_{50}超过5.5 mg/L；没有致癌、致畸和致突变作用。

（四）乙基多杀菌素的防治对象

乙基多杀菌素广泛用于防治蔬菜、棉花、葡萄、坚果等植物上的鳞翅目、双翅目、缨翅目、等翅目、鞘翅目、直翅目和部分同翅亚目害虫。

第十六节 专门性杀螨剂

一、专门性杀螨剂概述

（一）专门性杀螨剂的概念及特点

杀螨剂是指用于防治危害植物的螨类的化学药剂，一般是指只杀螨不杀虫或以杀螨为主的药剂。生产上用来控制螨类的农药有两类，一类是专性杀螨剂，即通常所说的杀螨剂，只杀螨不杀虫或以杀螨为主；另一类是兼性杀螨剂，以防治害虫或病菌为主，兼有杀螨活性，这类农药又称为杀虫杀螨剂或杀菌杀螨剂。

螨类属于节肢动物门蛛形纲蜱螨目。螨类个体较小，在一个群体中可以存在所有生长阶段的螨，包括卵、若螨、幼螨和成螨。螨类繁殖迅速，越冬场所变化大。这对研制一种好的杀螨剂提出了很高的要求。作为理想的杀螨剂，应具有以下特点：①杀螨能力强，不但杀死成螨，对螨卵、若螨和幼螨也应具有良好的杀伤作用，即可防治螨类的各个虫态；②持效期长，即可以防治作物整个生长期间的螨；③化学性质相对稳定，可以与其他农药混用，以达到兼治其他病虫的目的；④对作物安全，对高等动物安全，不伤害天敌，不造成环境污染。

（二）第一代杀螨剂

早期使用的杀螨剂主要是硫黄粉、多硫化合物等无机化合物以及矿物油（主要是机油乳剂）、皂角液、苦楝液等，杀螨效果低，容易产生药害。

（三）第二代杀螨剂

1944年美国Stuffer化学公司开发的一氯杀螨砜是第一个有机合成的专用化学杀螨剂。随着高效有机杀虫剂的出现，也带动了杀螨剂从低效的无机化合物走向高效的有机化合物的发展，后来逐步发展为有机氯、有机硫、有机锡、脒类、硝基苯类、杂环类等多种类型的杀螨剂，其中有机氯和有机硫类杀螨剂在市场上占有主要地位，有机磷、拟除虫菊酯杀虫杀螨剂在农业生产上也有广泛应用。第二代杀螨剂主要有下述类型。

1. 硝基酚类杀螨剂 1892年发现的2-甲基-4,6-二硝基酚钾（图3-100）可用于防治毛虫和杀螨卵，是目前已知最早人工合成的杀螨剂。这类杀螨剂主要品种有消螨酚、乐杀螨和消螨通等。

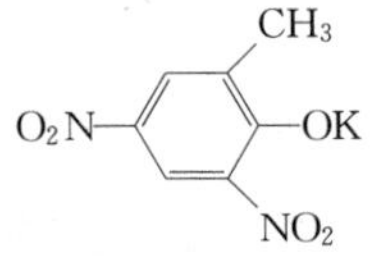

图3-100 2-甲基-4,6-二硝基酚钾的分子结构

2. 偶氮及肼衍生物类杀螨剂 早在1945年就已经开始使用偶氮苯在温室熏蒸杀螨，但该类品种对许多观赏植物有一定的药害。主要代表品种有敌螨丹和杀螨脒（图3-101）。

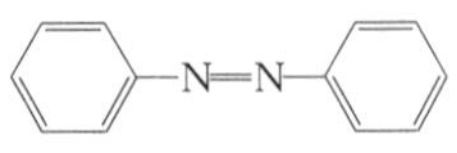

偶氮苯 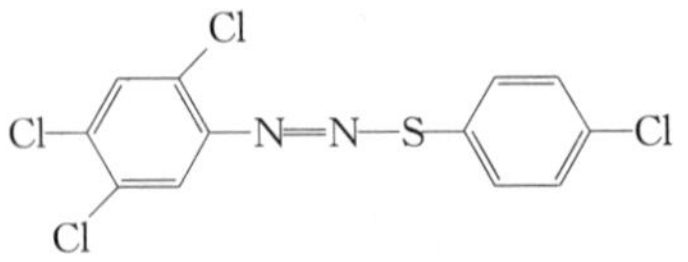　　　敌螨丹 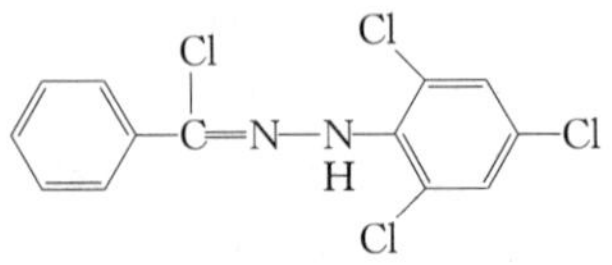　　　杀螨脒

图3-101 偶氮及肼衍生物类杀螨剂的分子结构

3. 有机氯杀螨剂 有机氯杀螨剂（图3-102）有三氯杀螨醇、杀螨醇等，广谱高效，见效快，不易分解，残留量高。

4. 有机硫类杀螨剂 有机硫类杀螨剂的代表品种有杀螨硫醚、杀螨酯、炔螨特等,它们都是触杀性杀螨剂,持效期较长,对高等动物毒性低且不易产生药害。

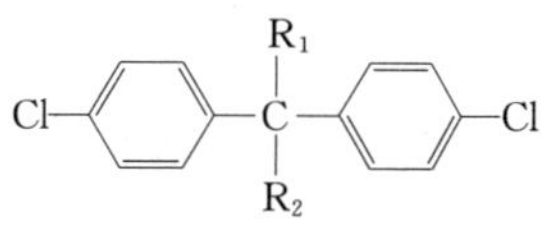

5. 有机锡类杀螨剂 有机锡类杀螨剂的代表品种有三环锡、三唑锡、苯丁锡、三磷锡等。

图 3-102 有机氯杀螨剂的分子结构

6. 脒类杀螨剂 脒类杀螨剂的代表品种有杀虫脒、双甲脒和单甲脒。

7. 杂环类杀螨剂 杂环类杀螨剂的代表品种有哒螨灵、噻螨酮、四螨嗪等。这类药剂属选择性杀螨剂,毒性低,对人畜、天敌安全,持效期长。

二、专门性杀螨剂的主要品种及其应用

(一) 嘧螨酯

1. 化学名称 嘧螨酯 (fluacrypyrim) 的化学名称为甲基 (E) -2{$α$-[2-异丙氧基-6-(三氟甲基) 嘧啶-4-基氧基] -邻-甲苯基}-3-甲氧基丙烯酸甲酯 (图 3-103)。

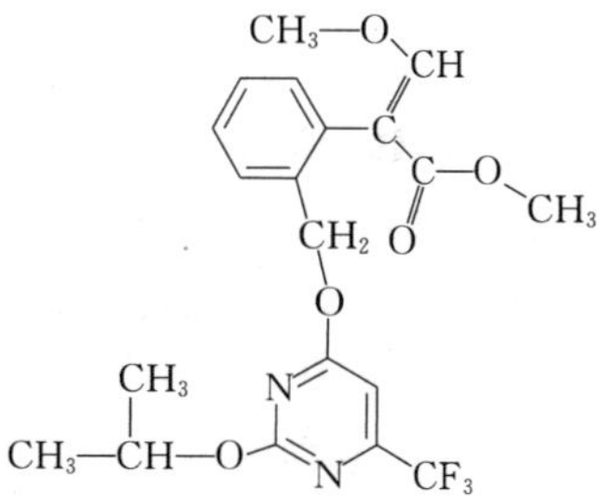

2. 主要理化性质 嘧螨酯纯品为白色固体,熔点为 107.2~108.6 ℃,密度为 1.276 g/cm³ (20 ℃),蒸气压为 2.69 μPa (20 ℃);20 ℃时的溶解度,在水中为 $3.44×10^{-6}$ g/L,在二氯甲烷中为 579 g/L,在丙酮中为 278 g/L,在甲苯中为 192 g/L,在二甲苯中为 119 g/L,在乙腈中为 287 g/L,在乙酸乙酯中为 232 g/L,在甲醇中为 27.1 g/L,在乙醇中为 1.6 g/L,在正己烷中为 1.84 g/L;对热 (200 ℃) 稳定。

图 3-103 嘧螨酯的分子结构

3. 毒性 嘧螨酯属低毒产品,但对鱼类毒性较大。

4. 主要生物活性 嘧螨酯为线粒体呼吸抑制剂,阻断细胞色素 b 和细胞色素 c_1 间的电子转移,主要用于防治苹果、柑橘、梨等果树的多种螨类。

(二) 噻螨酮

1. 化学名称 噻螨酮 (hexythiazox) 的化学名称为 5-(4-氯苯基) -3-(N-环己基氨基甲酰) -4-甲基噻唑烷-2-酮 (图 3-104)。

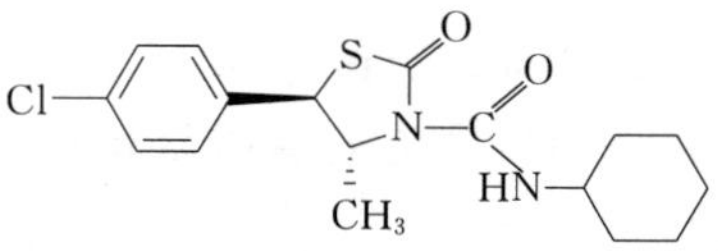

2. 主要理化性质 噻螨酮纯品为无色结晶,微溶于水,能溶于甲醇和丙酮,易溶于氯仿;300 ℃以下稳定;在酸碱介质中水解。

3. 毒性 噻螨酮大鼠和小鼠急性经口 LD_{50} 均大于 5 000 mg/kg。

图 3-104 噻螨酮的分子结构

4. 主要生物活性 噻螨酮为非内吸性杀螨剂,对螨类的各虫态都有效;速效,持效期长。

(三) 炔螨特

1. 化学名称 炔螨特 (propargite) 的化学名称为 2-(4-叔丁基苯氧基) 环己基丙炔-2-基亚硫酸酯 (图 3-105)。

2. 主要理化性质 炔螨特原药为黑色黏性液体,密度为 1.085~1.115 kg/L,闪点为 28 ℃,20 ℃时蒸气压为 400 Pa,25 ℃时在水中溶解度为 0.5 mg/L;易燃,易溶于有机溶

剂，不能与强酸、强碱相混；通常条件下储存至少 2 年不变质。

3. 毒性 炔螨特低毒，大鼠急性经口 LD_{50} 为 2 200 mg/kg，大鼠急性吸入 LC_{50} 为 2.5 mg/L。

4. 主要生物活性 炔螨特具有触杀和胃毒作用，无内吸和渗透传导作用，对成螨和若螨有效，杀卵效果差。

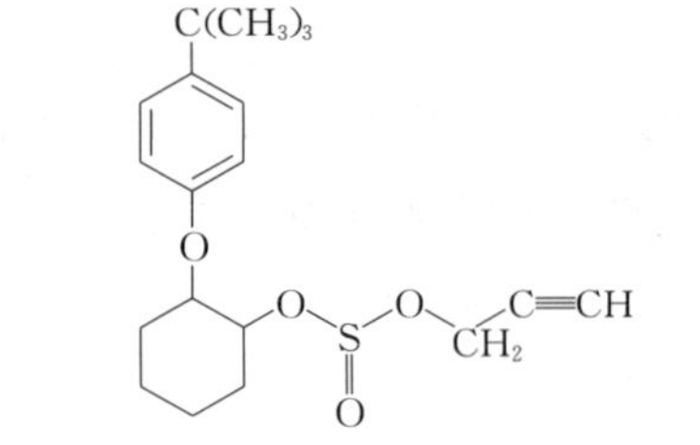

（四）哒螨灵

1. 化学名称 哒螨灵（pyridaben）的化学名称为 2-叔丁基-5-（4-叔丁基苄硫基）-4-氯-2H-哒嗪-3-酮（图 3-106）。

图 3-105 炔螨特的分子结构

2. 主要理化性质 哒螨灵纯品为白色晶体，无味，熔点为 111～112 ℃，20 ℃时蒸气压为 253.3 μPa；25 ℃时的溶解度，在水中为 $1.2×10^{-5}$ g/L，在二甲苯中为 390 g/L，在甲苯中为 190 g/L，在苯中为 110 g/L。

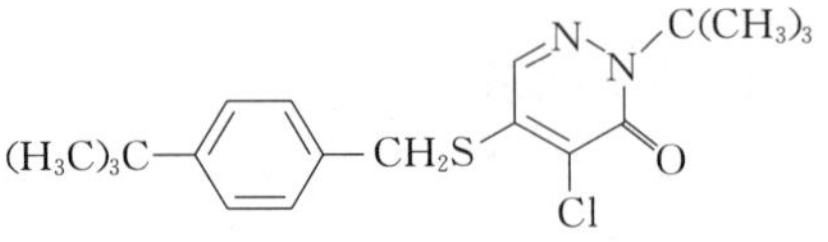

图 3-106 哒螨灵的分子结构

3. 毒性 哒螨灵大鼠（雄）急性经口 LD_{50} 为 1 350 mg/kg，急性经皮 LD_{50} 超过 2 000 mg/kg，急性吸入 LC_{50} 为 0.62 mg/L；对兔的皮肤无刺激性，对兔的眼睛有轻微的刺激作用；对鸟类低毒，对鱼、虾和蜜蜂毒性较高。哒螨灵在土壤中的半衰期为 12～19 d，在土壤中光解半衰期为 4～6 d，在水中光解半衰期在 30 min 以内。

4. 主要生物活性 哒螨灵是一种速效广谱性杀螨剂，触杀性强，无内吸、传导和熏蒸作用，对叶螨的各个生育期（卵、幼螨、若螨和成螨）均有较好防治效果；对锈螨的防治效果也较好；速效性好，持效期长，一般可达 1～2 月。

（五）螺甲螨酯

1. 化学名称 螺甲螨酯（spiromesifen）的化学名称为 3-（2,4,6-三甲基）苯基-2-氧代-1-氧杂螺[4,4]-壬-3-烯-4-基-3,3-二甲基丁酸酯（图 3-107）。

2. 主要理化性质 螺甲螨酯纯品为无色粉末，熔点为 98 ℃，蒸气压为 7 μPa（20 ℃）；在水中溶解度为 0.13 mg/mL；分配系数（正辛醇/水）为 4.55（pH 2～7.5，20 ℃）；在土壤中降解时间为 5 d；无土壤流动性问题。

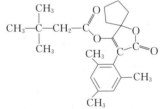

图 3-107 螺甲螨酯的分子结构

3. 毒性 螺甲螨酯大鼠急性经口 LD_{50} 超过 2 500 mg/kg（雌性和雄性），大鼠急性经皮 LD_{50} 超过 2 000 mg/kg（雌性和雄性），大鼠急性吸入 LC_{50} 超过 4 873 mg/m³；对兔皮肤（4 h）无刺激性，对兔眼（24 h）无刺激性；犬慢性毒性（12 月）为 50 mg/L；鸟急性毒性 LD_{50} 超过 2 000 mg/kg，蚯蚓 LC_{50} 超过 1 000 mg/kg（以干土壤计）；蜜蜂经口 LD_{50} 超过 790 μg/只，蜜蜂接触 LD_{50} 超过 200 μg/只；对七星瓢虫无毒；对捕食螨有轻微伤害。

4. 主要生物活性 螺甲螨酯的作用机制是抑制害螨体内的脂肪合成，破坏螨体的能量代谢活动，干扰其脂质体的生物合成，尤其对幼螨阶段有较好的活性，同时还可以产生卵巢管闭合作用，降低螨和粉虱成虫的繁殖能力，大大减少产卵数量。

(六) 螺螨酯

1. 化学名称　螺螨酯（spirodiclofen）的化学名称为3-（2,4-二氯苯基）-2-氧代-1-氧杂螺[4,5]-癸-3-烯-4-基-2,2-二甲基丁酸酯（图3-108）。

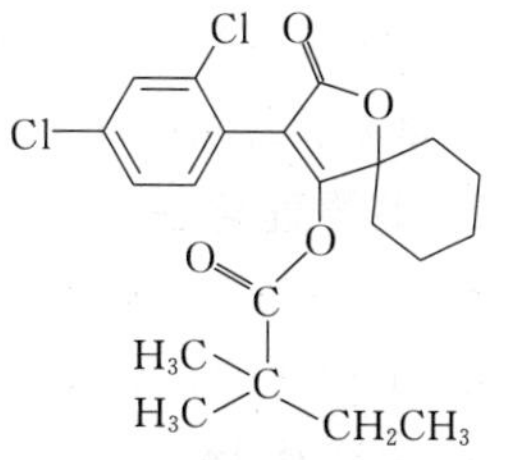

2. 主要理化性质　螺螨酯为白色粉状，无特殊气味，熔点为94.8 ℃，20 ℃时蒸气压为$3×10^{-7}$ Pa，20 ℃时密度为1.29 g/cm³；20 ℃时溶解度，在正己烷中为20 g/L，在二氯甲烷中超过250 g/L，在异丙醇中为47 g/L，在二甲苯中超过250 g/L，在水中为0.05 g/L。

图3-108　螺螨酯的分子结构

3. 主要生物活性　螺螨酯具有全新的作用机制，具触杀作用，没有内吸性。其主要作用是抑制螨的脂肪合成，阻断螨的能量代谢，对螨的各个发育阶段都有效，包括卵。

4. 毒性　螺螨酯大鼠急性经口LD_{50}超过2 500 mg/kg，急性经皮LD_{50}超过4 000 mg/kg；翻车鱼LC_{50}超过0.045 5 mg/L，虹鳟LC_{50}超过0.035 1 mg/L，水蚤LC_{50}超过100 mg/L，北美鹌鹑LD_{50}超过2 000 mg/kg。

5. 防治对象　螺螨酯用于防治柑橘、蔬菜、棉花、梨果、核果、葡萄、草莓、咖啡、橡胶、啤酒花、坚果等作物上的害螨，例如全爪螨、锈螨、短须螨、瘿螨、叶螨等；杀卵效果优异，对幼螨和若螨高毒；虽然不能较快杀死雌成螨，但能显著降低雌成螨的繁殖力，使被处理过的雌成螨所产卵的孵化率大大降低。螺螨酯为高效、低毒、广谱、选择性、非内吸型杀螨剂，持效期较长，具有触杀作用；与快速击倒的杀螨剂相比，致效显慢；与几丁质昆虫生长调节剂类杀螨剂相比，药效较快。

(七) 螺虫乙酯

1. 化学名称　螺虫乙酯（spirotetramat）的化学名称为4-（乙氧基羰基氧基）-8-甲氧基-3-（2,5-二甲苯基）-1-氮杂螺[4,5]-癸-3-烯-2-酮（图3-109）。

2. 主要理化性质　螺虫乙酯纯品外观为无特殊气味的浅米色粉末，分解温度为235 ℃，熔点为142 ℃，蒸气压为$1.5×10^{-8}$ Pa（25 ℃）；20 ℃时的溶解度，在水中为33.4 mg/L（pH 6.0～6.3），在正己烷中为0.055 g/L，在乙醇中为

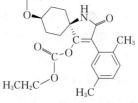

图3-109　螺虫乙酯的分子结构

44 g/L，在甲苯中为60 g/L，在乙酸乙酯中为67 g/L，在丙酮中为100～120 g/L，在二甲基亚砜中为200～300 g/L，在二氯甲烷中超过600 g/L；热储稳定。

3. 主要生物活性　螺虫乙酯是季酮酸类化合物，与螺螨酯和螺甲螨酯属同类化合物。螺虫乙酯具有双向内吸传导性能，可以在整个植物体内向上向下移动，抵达叶面和树皮，因而可防治蔬菜叶片上和果树皮上的害虫，可保护新生茎、叶和根部，防止害虫的卵和幼虫生长；持效期长，可提供长达8周的有效防治。螺虫乙酯对重要益虫（例如瓢虫、食蚜蝇和寄生蜂）具有良好的选择性。

4. 毒性　螺虫乙酯大鼠（雌性和雄性）急性经口LD_{50}超过2 000 mg/kg，大鼠（雌性和雄性）急性经皮LD_{50}超过2 000 mg/kg。

5. 防治对象　螺虫乙酯高效广谱，可有效防治各种刺吸式口器害虫，例如蚜虫、蓟马、木虱、粉蚧、粉虱和螨虫等。

(八) 丁氟螨酯

1. 化学名称 丁氟螨酯（cyflumetofen）的化学名称为 2-甲氧基乙基-(R，S)-2-(4-叔丁基苯基)-2-氰基-3-氧代-3-(α，α，α-三氟甲基苯基)丙酸酯（图 3-110）。

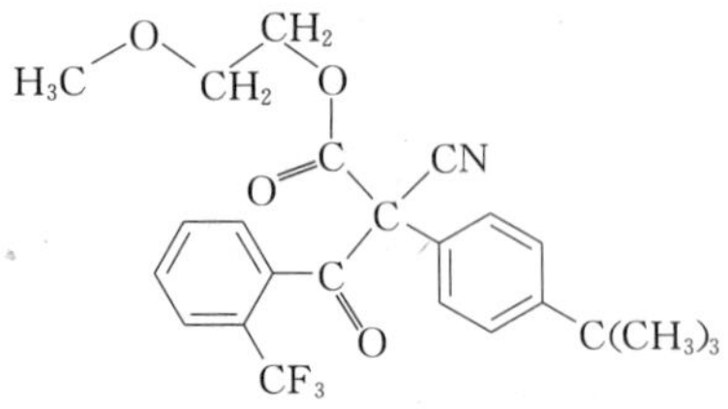

2. 主要理化性质 丁氟螨酯原药为乳白色固体，无味，沸点为 269.2 ℃，熔点为 77.9～81.7 ℃，在水中溶解度为 0.028 mg/L（20 ℃），在土壤和水中迅速代谢、分解。

3. 主要生物活性 丁氟螨酯是苯甲酰乙腈类化合物，通过干扰螨细胞内的能量合成过程来对其起到防控作用。丁氟螨酯具有触杀活性和高度选择性，在螨虫体内通过代谢产生抑制螨虫线粒体复合物Ⅱ，抑制螨类线粒体的呼吸作用，对各发育阶段的螨均有较好的活性，且对幼螨的防治效果远高于成螨。该药剂与其他杀螨剂无交互抗药性，对已产生抗性的螨类品系防治效果显著。

图 3-110 丁氟螨酯的分子结构

4. 毒性 丁氟螨酯大鼠（雌）急性经口 LD_{50} 超过 2 000 mg/kg，对兔眼睛和皮肤无刺激性，对豚鼠皮肤致敏；大鼠吸入 LC_{50} 超过 2.65 mg/L；无致畸（大鼠和兔），无致癌（鼠），无生殖毒性（大鼠和小鼠），无致突变（Ames 试验、染色体畸变试验和微核试验）。

5. 防治对象 丁氟螨酯用于果树、蔬菜、茶树等农作物和花卉防治主要螨类。

(九) 腈吡螨酯

1. 化学名称 腈吡螨酯（cyenopyrafen）的化学名称为（E）-2-(4-叔丁基苯基)-2-氰基-1-(1,3,4-三甲基吡唑-5-基)烯基-2,2-二甲基丙酸酯（图 3-111）。

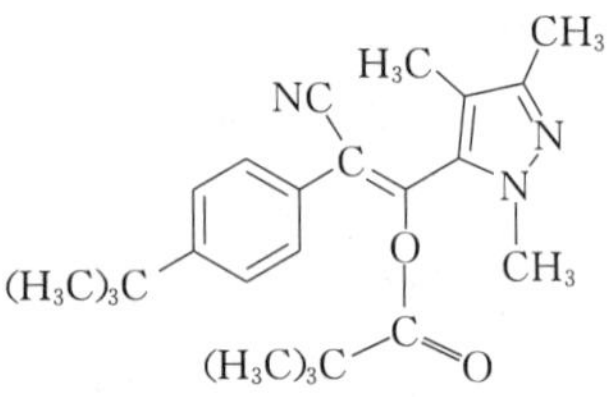

2. 主要理化性质 腈吡螨酯纯度超过 96%，为白色固体，熔点为 106.7～108.2 ℃，蒸气压为 5.2×10^{-7} Pa（25 ℃），密度为 1.11 g/cm³（20 ℃），在水中溶解度为 0.30 mg/L（20 ℃），54 ℃下 14 d 内稳定。

图 3-111 腈吡螨酯的分子结构

3. 主要生物活性 腈吡螨酯为触杀型杀螨剂，具有高效的杀螨活性，通过在螨体内代谢成羟基形式产生活性。这种羟基形式在呼吸电子传递链上通过扰乱复合物Ⅱ（琥珀酸脱氢酶）达到抑制线粒体的效能。叔丁酯在水解后对线粒体蛋白复合体Ⅱ表现出优秀的抑制作用，阻碍电子传递，破坏氧化磷酸化过程。腈吡螨酯预计与现有杀虫杀螨剂无交互抗药性。

4. 毒性 腈吡螨酯大鼠急性经口 LD_{50} 超过 5 000 mg/kg，大鼠急性经皮 LD_{50} 超过 5 000 mg/kg，大鼠吸入 LC_{50}（4 h）超过 5.01 mg/L。

5. 防治对象 腈吡螨酯可有效控制水果、柑橘、茶叶、蔬菜上的各种害螨。

(十) 灭螨醌

1. 化学名称 灭螨醌（acequinocyl）的化学名称为 2-(乙酰氧基)3-十二烷基-1,4-萘醌（图 3-112）。

2. 主要理化性质 灭螨醌纯品为淡黄色粉状固体，熔点为 59.6 ℃，密度为 1.15 g/cm³，蒸气压大于 5.1×10^{-5} Pa（40 ℃）；20 ℃时溶解度，在正己烷中为 44 mg/L，在甲苯中为 450 mg/L，在二氯甲烷中为 620 mg/L，在丙酮中为 220 mg/L，在甲醇中为 7.8 mg/L，在二甲基甲酰胺中为 190 g/L，几乎不

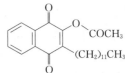

图 3-112 灭螨醌的分子结构

溶于水。

3. 主要生物活性　灭螨醌对许多农业害螨的整个生长期具有杰出防治效果。灭螨醌是一个前体杀螨剂，可以分解成有活性的化合物——灭螨醌O-脱乙酰基代谢物（图3-113）。灭螨醌O-脱乙酰基代谢物作用机制的研究表明：其可以抑制电子传递链中复合物Ⅲ的线粒体呼吸作用，键合点为复合物Ⅲ辅酶氧化作用点（Q_o）。

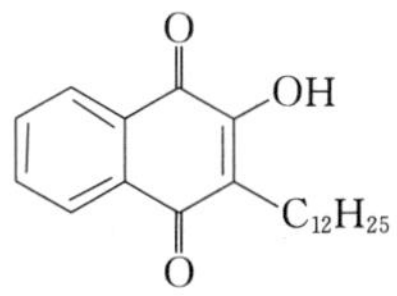

图3-113　灭螨醌O-脱乙酰基代谢物

4. 毒性　灭螨醌大鼠和小鼠急性经口LD_{50}大于5 000 mg/kg，急性经皮LD_{50}（24 h）大于2 000 mg/kg；对兔皮肤无刺激性，对眼睛有一些刺激作用。

5. 防治对象　灭螨醌为触杀性杀螨剂，无内吸活性，适用于果树（例如梨、桃、柑橘、葡萄）和蔬菜的螨类防治。

思　考　题

1. 简述杀虫剂的发展历史与各历史阶段杀虫剂类别与品种的特点。
2. 简述杀虫剂对昆虫虫体的穿透与其在体内的分布。
3. 简述不同类型杀虫剂对昆虫的作用靶标与毒理学意义。
4. 简述杀虫剂的分类与各类杀虫剂的重要品种。
5. 杀螨剂有何特点？重要杀螨剂品种有哪些？
6. 有机磷杀虫剂、氨基甲酸酯类杀虫剂、拟除虫菊酯杀虫剂的作用机制有何差异？
7. 作用于γ-氨基丁酸受体、章鱼胺受体、乙酰胆碱受体的杀虫剂有哪些？
8. 哪些杀虫剂具有内吸作用？哪些杀虫剂具有熏蒸作用？哪些杀虫剂具有杀螨作用？

第四章 杀 菌 剂

第一节 杀菌剂概述
一、杀菌剂的基本含义

早期的杀菌剂是用来防治作物真菌病害的一类化合物,又称为杀真菌剂(fungicide)。fungicide 一词是由前缀"fungi-"(fungus 真菌)和后缀"-cide"(caedo 杀死)衍生而来。因此杀菌剂的本意就是杀死植物病原真菌的化学药剂。虽然后来发现和使用的一些防治植物细菌病害的杀细菌剂(bactericide)、防治病毒病害的杀病毒剂(viricide)、防治线虫病害的杀线虫剂(nematocide)等也常常归纳为杀菌剂类别,但是杀真菌剂仍然是防治植物病害最常见的化合物。杀菌剂杀死真菌的生物学性质称为杀菌作用(fungitoxicity),其表现是抑制真菌孢子萌发或者使孢子在萌发中死亡,其作用机制是抑制真菌呼吸作用,导致能量和糖代谢物供应不足而死亡。早期研发和使用的杀菌剂大多数都是将病菌杀死的化合物,它们对呼吸代谢过程中的许多关键酶具有抑制作用,作用位点多,选择性差,抑制孢子萌发的剂量远远低于抑制菌丝生长的剂量。然而,20 世纪 60 年代中期以后研发的许多杀菌剂并不抑制孢子萌发,但是能够强烈抑制芽管发育和菌丝生长,而且受到生长抑制的真菌在一定时间内脱离这些杀菌剂又能够恢复生长。杀菌剂的这种暂时性抑制真菌生长的生物学性质称为抑菌作用(fungistasis)。表现抑菌作用的杀菌剂主要是干扰真菌生长发育必需物质的生物合成,导致菌体的营养代谢失去平衡,细胞分裂、芽管或者菌丝的生长停滞,或者使芽管和菌丝的形态产生变化,例如芽管粗糙、芽管末端膨大、芽管扭曲和畸形、子实体或孢子发育受阻等。具有抑菌作用的杀菌剂又称为抑菌剂(fungal inhibitor)或生物合成抑制剂(biosynthesis inhibitor),具有抑制真菌产孢的抑菌剂又称为抗产孢剂(antisporulant)。

植物病害是病原物、寄主和环境条件互作的结果。因此具有防治植物病害作用的杀菌剂不一定仅仅局限于抑制病原菌孢子萌发、菌体生长和发育的化合物。基于这个理念,通过改变杀菌剂的筛选方法,已经成功开发出许多在离体下(in vitro)无杀菌毒力或毒力很低,但是在活体上(in vivo,施用到植物上)却能够防治病害的化合物,这些化合物被称为无杀菌毒力的化合物(non-fungitoxic compound)或抗菌化合物(antifungal compound)。其防治病害的原理包括 3 方面:①干扰病原物的致病机制,削弱病原物的致病力,减轻病害发生;②提高寄主植物的抗病能力,抵御病原物的侵染;③改变病原物与寄主互作的环境,不利于病原物与寄主建立寄生关系。三环唑(tricyclazole)是干扰病原物致病机制的典型化合物,该杀菌剂通过抑制与真菌孢子萌发、生长、发育无关的黑色素(melanin)生物合成(又称为黑色素生物合成抑制剂),导致稻瘟病病菌直接侵入水稻的重要器官附着胞不能形成,从而成为防治稻瘟病的特异性杀菌剂。黑色素是稻瘟病病菌附着胞细胞壁的组分,缺乏黑色素的附着胞不能保持细胞的膨压(turgor pressure),导致其侵入丁（penetration peg）失去了穿透侵入寄主细胞的能力。因此三环唑又称为抗穿透剂（antipenetrant）。目前，生产上已经有多种商品化黑色素合成抑制剂，例如咯喹酮（pyroquilon）、四氯苯酞（phthalide）、环丙酰菌胺（carpropamid）等。烯丙苯噻唑（probenazole）则是诱导植物抗病性、抵御病原物侵染的典型化合物。在离体下烯丙苯噻唑对稻瘟病病菌几乎没有毒力，但是在植物体内能够启动植物的防卫机制，从而达到防病的目的。其机制是：①诱导寄主细胞形成木质素化壁等物理屏障，阻止病原菌进一步向邻近细胞蔓延；②诱导寄主植物产生和积累 α-亚麻酸等化学物质，抑制病菌的定殖和蔓延。由于其机制是提高了寄主的抗病性，因此烯丙苯噻唑也可以防治水稻白叶枯病等细菌病害。近年，诱导寄主系统性获得抗病性（systemic acquired resistance，SAR）的化合物是植物病害化学防治研究开发的热点领域之一。活化酯（acibenzolar-S-methyl）等化合物已经商品化。这些化合物又称为植物激活剂（plant activator）或植物防卫激活剂（plant defense activator）。植物防卫激活剂的防病谱较广，能够防治真菌、细菌、病毒等多种不同类型的病害。石灰处理土壤防治十字花科蔬菜根肿病的原理是改变土壤酸碱度，使土壤偏碱性而不利于根肿病病菌与蔬菜根系建立寄生关系，从而达到控制病害的目的。这些对病原物孢子萌发、生长和发育没有毒力或毒力较低的所谓无杀菌毒力、施用到植物上能够防治植物病害的化合物也被称为病害防治化合物（disease control compound），防治植物病害的作用机制也被称为间接作用机制（indirect mode of action）。

综上所述，随着人们对植物真菌病害化学防治研究的不断深入，杀菌剂的含义已经从最初的杀真菌剂，发展到抑菌剂，乃至无杀菌毒力的病害防治剂。但是，无论是在中文还是在英文中，人们都已经习惯了使用杀真菌剂（fungicide）这个词，在不做严格的区分情况下，杀菌剂（杀真菌剂简称）即指用于防治植物病害的化学农药。

二、杀菌剂的发展简史

杀菌剂是人类在与自然灾害抗争中发展起来的一类防治植物病害、保护劳动成果的化学武器。即使在唯心主义盛行的古代，人们虽然把植物病害看作上帝对人类的惩罚，但是仍然不断积累和总结出了一些控制植物病害的经验，先后发现了许多天然药物具有防治植物病害的性能。早在公元前1000年古希腊诗人荷马（Homer）就记载了硫黄的防病作用。公元25—200年，我国开始制造小批量的白砒用于植物病虫防治，公元304年我国晋代葛洪所著《抱朴子》载有"铜青涂木，入水不腐"，即用氧化铜防止木材腐烂。公元533—544年贾思勰所著《齐民要术》中介绍了"凡种法先用水净淘瓜子，以盐和之……盐和则不笼死"的种子处理防治病害的方法。18世纪中叶至19世纪80年代，随着植物病害病原学理论形成，人们先后发现了砷、汞、硫酸铜、氯化锌、石灰硫黄合剂、石灰硫酸铜混合液等具有良好的防病作用。19世纪中叶巴斯德建立的病原学理论，为人类研发杀菌剂提供了理论依据。1882年法国波尔多大学米拉迪特（P. M. A. Millardet）教授发现波尔多液能够防治葡萄霜霉病，并于1885年发表了研究论文，该研究被公认为是人类研发杀菌剂历史的开始。自发现波尔多液的130多年以来，杀菌剂的发展可以归纳为3个阶段：①以含砷、汞、铜等重金属元素和含硫等非金属元素为代表的无机杀菌剂发展阶段（1880年至20世纪30年代）；②以取代苯、醌、萘等芳烃化合物，福美双、代森锰锌等二硫代氨基甲酸盐（酯）类化合物及有机砷、有机汞为代表的有机杀菌剂发展阶段（20世纪30—60年代）；③以萎锈灵、苯菌灵、甲霜灵、三唑酮、三环唑、嘧菌酯、氟噻唑吡乙酮等含氮、硫、氧杂环化合物为代表的内吸性杀菌剂发展阶段（20世纪60年代至今）。

无机杀菌剂的发展与应用，改变了人们面对植物病害束手无策的局面。氯化汞、红砒、碳酸铜、硫酸铜、氯化锌、硫黄、盐酸、硫酸、石硫合剂、波尔多液等的广泛应用，有效控制了麦类作物黑穗病和许多作物叶面病害。但是这些杀菌剂的杀菌活性低、用量大，大多数对人畜和植物的毒性高，使用范围和使用方法受到很大限制，主要用作种子处理及果树和林木喷雾处理防治植物病害。

活性较高、毒性较低的有机杀菌剂问世，极大地提高了植物病害化学保护的能力。六氯苯、五氯硝基苯、二硝基苯、百菌清、四氯苯醌、二氯萘醌等芳烃类杀菌剂，福美类和代森类硫代氨基甲酸酯（盐）类杀菌剂，有机砷、有机汞、有机锡等有机重金属类杀菌剂，克菌丹、灭菌丹等邻苯二甲酰亚胺类杀菌剂等的发现和应用，很大程度上解决了杀菌剂的动植物毒性问题，有效控制了许多作物的种传病害、土传病害和叶面病害。但是这些杀菌剂在病原菌和植物之间仍然没有选择性，不能用于药敏性植物，用量和喷施质量控制要求高，其中取代苯和有机重金属化合物还具有残留的环境问题。

有机杀菌剂和早期发展的无机杀菌剂具有作用位点多，杀菌谱广的优点，又称为传统多作用位点杀菌剂或非选择性杀菌剂。这些杀菌剂在植物和病原菌之间没有选择性，只能在植物体外和病原菌侵入之前发挥杀菌和保护作用，持效期短，难以保护作物新生长器官免遭侵害，如果使用对象、方法、剂量和时间不当还会出现药害和残留问题。

内吸性杀菌剂的发现开启了现代选择性杀菌剂发展新的里程碑。1965年发现抑制琥珀酸脱氢酶的氧硫杂环类杀菌剂萎锈灵等，通过种子处理能够防治种子内部带菌的散黑穗病，从此杂环杀菌剂的内吸性得到关注。尤其是20世纪60年代末发现了具有广谱、内吸、治疗作用的苯并咪唑类杀菌剂苯菌灵、噻菌灵、多菌灵等，标志着现代选择性杀菌剂的发展进入了一个新纪元。人们以杂环化合物单作用位点的选择性原理作为内吸性杀菌剂（systemic fungicide 或 systemic）研发的理论，先后开发出大量活性高、毒性低、选择性强的重要内吸性生物合成抑制剂。例如抑制磷脂生物合成的克瘟散、异稻瘟净等硫代磷酸酯类杀菌剂，抑制核糖核酸合成的甲霜灵、苯霜灵等苯基酰胺类，抑制纤维素生物合成的烯酰吗啉、氟吗啉等羧酰胺类杀卵菌剂，抑制甲硫氨酸生物合成的嘧菌胺、嘧菌环胺等苯氨基嘧啶类杀菌剂，抑制麦角甾醇生物合成的三唑酮、咪鲜胺、丙环唑等唑类杀菌剂，抑制黑色素生物合成的三环唑等苯并噻唑类杀菌剂，抑制肌球蛋白5功能的氰基丙烯酸酯类氰烯菌酯杀菌剂等。近年又开发出作用位点单一的内吸性呼吸抑制剂，例如抑制呼吸链复合物Ⅲ中细胞色素b的嘧菌酯、吡唑醚菌酯等甲氧基丙烯酸酯类杀菌剂（又称为 Q_oI），抑制琥珀酸脱氢酶系（呼吸链复合物Ⅱ）的啶酰菌胺、吡唑萘菌胺等新型杂环羧酰胺类杀菌剂（又称为 SDHI）。这些作用位点单一的生物合成抑制剂和呼吸抑制剂均具有高度选择性和极高的生物活性，用来防治植物病害不仅单位面积用药量下降了一个数量级，而且减少了农药使用次数。含有多种杂环、对卵菌超高活性的氟噻唑吡乙酮杀菌剂及无杀菌毒力的病害防治化合物活化酯的相继发现，为未来开发符合人类安全需求的新型杀菌剂指明了方向。

三、杀菌剂在保证农产品安全和食品安全中的作用

虽然通过利用抗病品种、改善栽培及农田管理等技术措施，在生态规模上可以一定程度地控制植物病害的流行危害，但是杀菌剂具有可以通过规模化生产、储存、运输及标准化质量保障，适应作物病害大规模应急防控的优点，确立了杀菌剂在保障农产品安全生产中无可替代的地位和作用。在19世纪末至20世纪中叶，人们利用无机杀菌剂和有机杀菌剂有效控制了一些重大植物病害的危害。例如波尔多液的广泛应用，挽救了欧洲葡萄生产和酿酒工业。砷、汞、铜制剂和取代苯类杀菌剂进行种子处理，使人类能够有效控制当时禾谷类作物黑穗病的严重危害，在一些重病地区，使粮食增产30%以上。随着社会发展和杀菌剂科学技术进步，一些高毒、高残留的传统多作用位点杀菌剂（例如汞制剂、砷制剂和酚类化合物等）已经相继被禁止使用，也有一些毒性较低、活性较高和无残留问题的传统杀菌剂作为现代选择性杀菌剂抗性治理的重要资源，至今仍然被广泛用于植物病害的防治，例如波尔多液、氢氧化铜、硫黄、克菌丹、福美双和代森锰锌等。

现代选择性杀菌剂的广泛使用，不仅使人类有了控制各种植物病害流行危害的有效武器，大大减少了病害造成的粮食、蔬菜、水果等农产品产量损失，而且许多杀菌剂还能增强作物抗逆能力，延缓衰老，促进同化物运输，显著提高作物产量，例如三唑类和甲氧基丙烯酸酯类杀菌剂在小麦和水稻生长早期使用，可以提高作物的抗寒、抗旱能力，促进作物健康生长，在作物生长后期使用可以大幅度增加千粒重，提高作物产量。杀菌剂通过对病害的有效控制，改善了农产品的品质，从而提高了农产品的商品性和食品安全性，还降低了农产品的生产成本。食品安全的提高与减少真菌毒素（mycotoxin）以及植物保卫素（phytoalexin）密切相关，例如黄曲霉素（aflatoxins）、麦角毒素（ergot toxin）、镰刀菌毒素（fusarium toxin）、展青霉素（patulin）、细交链孢菌酮酸（tenuazonic acid）等。

然而杀菌剂防治植物病害的作用不像杀虫剂防治害虫的效果那样显而易见，使用技术要求也较高，所以植物病害化学防治或杀菌剂的应用水平与植物保护科学技术水平有关。随着现代科学技术的迅猛发展和人类对农产品的要求日益提高，杀菌剂在保障农产品安全中的作用越来越显著。2008年，全球杀菌剂销售额占农药总量的23.7%，首次超过了杀虫剂（22.86%）。但值得注意的是，在植物保护技术和科学意识还比较落后的发展中国家，杀虫剂的用量远远高于杀菌剂，例如我国杀菌剂的用量只有杀虫剂的1/5。随着人们对生活质量要求的提高及科学知识的普及，传统手工农业向机械化、集约化农业发展，杀菌剂在我国有极大的市场应用潜力。

四、杀菌剂的毒理学和环境毒理学

杀菌剂对哺乳动物的急性毒性（acute toxicity）较低。除了被淘汰的少数传统杀菌剂（例如砷制剂和汞制剂）属于高毒（大鼠口服 LD_{50} 为 5~50 mg/kg）类别以外，只有三环唑等极少数杀菌剂属于中毒类别（大鼠口服 LD_{50} 为 50~500 mg/kg），绝大多数杀菌剂属于低毒化合物（大鼠口服 LD_{50} 超过 500 mg/kg）。事实上，大多数的现代选择性杀菌剂的大鼠经口 LD_{50} 大于 1 000 mg/kg，甚至大于 10 000 mg/kg。所以杀菌剂的可接受每日摄入量（acceptable daily intake，ADI）都比较高。因此杀菌剂残留（residue）对人体健康的威胁远远低于其他农药，这是杀菌剂发展的显著成就之一。人们关注杀菌剂毒性的焦点从急性毒性转移到

慢性毒性（chronic toxicity）[例如致癌（carcinogenicity）、致畸（teratogenicity）和致突变（mutagenicity）]、环境污染等问题。新的杀菌剂登记要求进行广泛的慢性毒性试验。过去在传统杀菌剂进行登记的时候，这些试验还没有要求。但是在过去的几十年间，很多国家都强制性地要求进行杀菌剂毒理学（toxicology）复评。不同的权威登记机构要求的资料不同，一些杀菌剂产品如含汞化合物和敌菌丹（captafol）在复评中失去了登记资格。1996年美国环境保护局（Environmental Protection Agency）的B2致癌物质名单包括了4种在植物病害治理中非常重要的杀菌剂：百菌清（chlorothalonil）、克菌丹（captan）、代森锰（maneb）和代森锰锌（mancozeb），主要是因为这些杀菌剂在生产中容易存在致癌物质超标的杂质。最近研究表明，噻枯唑杀菌剂在紫外光下容易转化或降解成几种毒性更高的化合物，例如敌枯双致癌物质。多菌灵在欧洲应用的许可证也因被发现致突变等毒性而于2014年11月30日失效。

杀菌剂是否能够达到环境标准是比较难以确定的，因为环境标准本身也是经常被复评，而且不同国家的环境标准不同。根据荷兰的最新环境标准，如果达不到下列标准，农药使用将不予登记：①使用导致离地面2 m深的地下水的杀菌剂浓度大于 0.1 μg/L；②使用导致地面水浓度高于对鱼、藻菌和小龙虾的 LC_{50} 值的 1/10；③化合物的半衰期（50% degradation time，DT_{50}）长于 60 d。

根据这个新的半衰期标准，少数持效期特别长的内吸性唑类杀菌剂重新登记时将会受到影响。显然，未来的内吸杀菌剂研发应当关注适当的持久性和较低的环境迁移性（mobility）。

许多杀菌剂会减少作物叶围有益腐生微生物（例如木霉、芽孢杆菌等）的群体数量，连续使用具有抑制有益微生物的杀菌剂，就会降低对次要病原物（minor pathogen）的生态控制力，导致次要病害加重或成为新的主要病害。此外，葡萄收获前使用杀菌剂可能减少酵母菌，影响葡萄汁的发酵，例如使用克菌丹、苯氟磺胺和福美双等防治葡萄灰霉病（*Botrytis cinerea*）时，就发现残留的杀菌剂会抑制葡萄汁发酵。

第二节　植物病害化学防治策略及作用原理

一、植物病害化学防治策略

植物病害化学防治的策略就是要科学地使用杀菌剂，提高植物病害化学防治的效果和最大限度地发挥化学防治的经济效益、生态效益和社会效益。因此不管是策略还是具体的措施都要充分考虑防治效果、生态影响、经济和社会等因素。植物病害化学防治的效果是杀菌剂与病原物、寄主、环境相互作用的结果。因此制定植物病害化学防治的策略时除了需要考虑杀菌剂本身的生物学和物理化学性质以外，还必须考虑杀菌剂与病害三角关系的相互作用。如果存在大量病原物、缺乏抗病性寄主并在有利于病害发生流行的环境条件下，增加剂量提高的防治效果的速率会降低，而且还会加速病原物抗药性的发展，因而难以保证选择性杀菌剂的持续有效的防治效果。因此植物病害化学防治的策略应该包含预防为主、综合防治和科学用药3方面的核心内容，是针对不同病害发生特点将化学防治、生态及生物控制、栽培技术等防治措施有机结合的植物病害综合治理（IPM），其目标是将植物病害控制在经济损害允许水平之下，以获得最佳的经济效益、生态效益和社会效益。预防为主的策略就是要坚持在病原菌侵染之前或侵染后的早期使用杀菌剂，把病害的发生控制在较低水平，充分发挥化学防治的效果和延缓抗药性群体的形成。综合防治策略就是要坚持在植物病害化学防治实践中配合利用各种利于减轻病害发生的技术，例如注意田园卫生、铲除越冬（越夏）的病原、减少侵染来源、监测病原菌抗药性群体发生与流行、选用抗病品种和利用作物防御反应、加强水肥管理、合理轮栽和调节播种期，配合生态和生物控制，充分发挥杀菌剂在植物病害综合防治中的作用。科学用药的策略就是要坚持依据杀菌剂的生物学和理化性状、病害的生物学、寄主和环境对植物病害发生的影响，正确选用杀菌剂品种、剂型和使用的方法、剂量、时间、频率，保证杀菌剂的高效、安全使用。

二、杀菌剂防治植物病害的作用原理

根据在病原物侵染过程或者病害循环中的不同时期使用杀菌剂而达到的防病效果，可以将杀菌剂的防治作用原理分为：保护作用、治疗作用、铲除作用和抗产孢作用。

（一）保护作用

保护作用（protective action）是在病菌侵入寄主之前将其杀死或抑制其活动，阻止侵入，使植物避免受害而得到保护。具有保护作用的杀菌剂称为保护剂（protectant）。采用保护的原理防治植物病害必须强调的是在病原菌侵入寄主植物之前用药，主要有以下3种防治策略。

1. 消灭侵染来源 植物病害初期发生的接种体来源包括病菌越冬越夏场所、中间寄主、带菌土壤、带菌种子等繁殖材料和田间发病中心。在接种体来源上施药，消灭或减少病原菌的侵染来源数量是保护植物免遭危害的重要策略。采用这种策略防治植物病害的效果与接种体来源存在场所、数量和传播途径有关。如果仅仅是通过种苗等繁殖材料传播的病害和通过发病中心扩散的病害，可以在比较容易控制的条件下通过种苗药剂处理或在发病中心使用具有铲除作用的杀菌剂，经济有效地防止病害的流行危害。例如使用福美双、二硫氰基甲烷等进行种子处理，防治禾谷类作物坚黑穗病、腥黑穗病、条纹病、水稻恶苗病、干尖线虫病等种传病害，不仅成本低，而且效果可以高达95%以上，长期采用这种消灭侵染来源的策略，使半个世纪以前严重流行危害的一些禾谷类作物种传病害已经得到完全控制。但是通过土壤、水、病残体、气流或多种途径传播的病害，会因为病原菌侵染来源的场所复杂和数量巨大而难以完全消灭，药剂处理侵染来源后所残存的病菌足以引起流行危害，很难达到理想效果。例如小麦纹枯病（立枯病）、小麦赤霉病、小麦白粉病、小麦锈病、水稻稻瘟病、水稻纹枯病、水稻白叶枯病、棉花枯萎病、棉花黄萎病、蔬菜细菌性青枯病、蔬菜霜霉病、苹果和梨黑星病等大多数重要土传和气传病害，目前都无法通过消灭侵染来源的策略进行有效化学防治。

2. 药剂处理可能被侵染的植物或农产品表面 在寄主植物被病原菌侵染之前施药，杀死病原物，阻止真菌的孢子萌发，或干扰病菌与寄主互作阻止病菌的侵染，使植物得到化学保护。这是一种防治大多数气流传播的植物茎叶和果实储藏期病害最有效的策略，一般通过喷施、浸蘸等方法将药剂均匀地施用于寄主植物或器官上，使植物表面形成一层药膜，杀死病菌孢子或阻止病菌侵染。非内吸性杀菌剂（例如硫黄、碱性硫酸铜、代森锰锌、福美双等传统杀菌剂和异菌脲、醚菌酯等现代选择性杀菌剂）以及内吸性杀菌剂三环唑等只有在病菌侵染之前施用，才能防治植物病害。使用内吸性杀菌剂三唑醇、嘧菌酯等进行种子处理，可以防治苗期土传立枯病和气传白粉病、锈病等。

3. 在病菌侵染之前施用药剂干扰病原菌的致病或者诱导寄主产生抗病性 黑色素抑制剂三环唑抑制稻瘟病病菌附着胞黑色素的生物合成，使附着胞失去侵入寄主的能力，从而保护植物。植物防卫激活剂活化酯通过诱导寄主获得抗病性来防治真菌、细菌、病毒等多种类型的植物病害，由于诱导寄主抗性需要一定的时间，并主要在病原菌与寄主建立寄生关系的早期发挥作用，所以必须进行保护性施药。

（二）治疗作用

治疗作用（curative action）是在病原物侵入以后至寄主植物发病之前使用杀菌剂，抑制或杀死植物体内外的病原物，终止或解除病原物与寄主的寄生关系，阻止发病。具有内吸治疗作用的杀菌剂也称为治疗剂。治疗剂在病菌侵入至发病的潜育期，使用越早效果越好。用于治疗的杀菌剂必须具备两种重要的生物学特性。其一是必须具备能够被植物吸收和输导的内吸性。杀菌剂的内吸性是指药剂能够被植物的根、叶、嫩茎及其他组织器官吸收，并通过质外体或共质体输导，在植物体内再分配的性质。内吸性杀菌剂不仅能够治疗已经被病菌侵染的组织，还能保护植物新生组织免遭病菌侵害。其二是必须具备高度的选择性，以免对植物产生药害。例如利用杀菌剂的内吸性使用萎锈灵和唑类杀菌剂处理种子，防治散黑穗病；使用苯并咪唑类、唑类、苯酰胺类杀菌剂防治已经侵染的多种真菌性叶斑病和卵菌病害等。

（三）铲除作用

铲除作用（eradicative action）是指利用杀菌剂完全抑制或杀死已经发病部位的病菌，阻止已经出现的病害症状进一步扩展，防止病害加重和蔓延。一些植物病原菌主要是寄生在植物表面，例如白粉病菌和锈菌。喷施非内吸性杀菌剂（例如石硫合剂、硫黄粉、福美双、代森锰锌、醚菌酯等）可直接杀死植物表面的病菌，获得铲除作用。一些渗透性较强的杀菌剂（例如异菌脲、腐霉利等），通过对植物发病部位喷施可以杀死病部病菌，阻止番茄早疫病、烟草赤星病等的蔓延。石硫合剂、波尔多液、丁香菌酯等可以用来涂抹用刀刮去病部的果树或林木树干，防治腐烂病。内吸性杀菌剂可以渗透到寄主体内和再分布，杀死或完全抑制寄生在植物病部表面和内部的病菌。例如喷施多菌灵防治梨黑星病、唑类杀菌剂防治多种叶斑病、嘧菌酯防治瓜类白粉病等。用于表面化学铲除的杀菌剂可以是非内吸性和内吸性杀菌剂，但采用系统化学铲除的策略，使用的杀菌剂必须具备内吸性和选择性。

（四）抗产孢作用

抗产孢作用（antisporulation）是指利用杀菌剂抑制病菌的繁殖，阻止发病部位形成新的繁殖体，控制病害流行危害。例如甲氧基丙烯酸酯类杀菌剂嘧菌酯等和唑类杀菌剂三唑酮、戊唑醇、丙环唑等可以强烈抑制白粉病病菌分生孢子形成，嘧菌酯还强烈抑制卵菌的孢子囊形成。黑色素生物合成抑制剂三环唑等也能够强烈抑制稻瘟病等病斑上的病菌分生孢子形成。

不同的杀菌剂具有不同防治病害的作用原理。大多数传统多作用位点杀菌剂只具有保护作用或局部和表面化学铲除作用。现代选择性杀菌剂往往具备多种防治作用，例如三唑类杀菌剂三唑酮、丙环唑等除了有极好的化学治疗作用以外，还具有较好的抗产孢作用和保护作用；甲氧基丙烯酸酯类的嘧菌酯、吡唑醚菌酯等除了具有极好的保护作用外，还具有很好的铲除作用和抗产孢作用。内吸性杀菌剂三环唑防治稻瘟病的原理除了已知的保护作用以外，最近发现还能够抑制分生孢子产生和释放，具有很好的抗产孢作用。

需要指出的是，内吸治疗剂虽然有较好的治疗作用，但是保护作用仍然是主要的防病作用原理（图 4-1）。

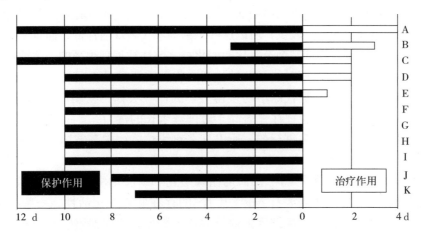

图 4-1　一些杀菌剂在温室条件下防治葡萄霜霉病（*Plasmopara viticola*）
的保护作用（黑色条框）和治疗作用（空心条框）持续时间
A. 精甲霜灵　B. 霜脲氰　C. 乙膦铝　D. 烯酰吗啉　E. 嘧菌酯　F. 代森锰锌
G. 灭菌丹　H. 铜制剂　I. 苯酰菌胺　J. 氟啶胺　K. 噁唑菌酮

第三节　杀菌剂的作用机制

　　杀菌剂对病原菌的作用机制最早是在 1956 年由具有杀菌剂之父之称的著名杀菌剂科学家 Horsfall 在所著的《杀菌剂作用原理》一书中进行了比较全面的论述。但是当时的杀菌剂都是非内吸性、选择性低的传统多作用位点杀菌剂，大多数起杀菌作用。限于当时的实验技术和生物学科的发展水平，决定了对杀菌剂作用机制认识的局限性。20 世纪 70 年代以来，现代选择性杀菌剂的广泛使用导致病原菌抗药性问题日益严重，人们为了科学、高效、安全协同使用杀菌剂，以及有效治理抗药性问题和发掘杀菌剂新靶标，广泛开展杀菌剂的作用机制和抗性机制研究。化学分析技术的提高、计算机模拟技术和电子显微镜的普遍使用，以及生物化学和分子生物学的快速发展，特别是一些重要植物病原菌基因库的建立，大大提高了杀菌剂作用机制的研究水平和研究速度。同时，杀菌剂作用靶标和抗性机制研究的深入，也促进了分子植物病理学和分子生物学的发展。例如利用杀菌剂作用机制的知识，研究其靶标的生命功能和在病害发生中的作用；杀菌剂抗性作为遗传标记已经成为分子生物学研究不可缺少的手段。

　　杀菌剂的作用机制不仅包含杀菌剂与菌体细胞内的靶标互作，还包含杀菌剂与靶标互作以后使病菌中毒或失去致病能力的原因，以及间接作用杀菌剂在生物化学或分子生物学水平上的防病机制。由于杀菌剂作用机制研究需要多学科知识和技术，存在着极大的难度和复杂性，目前只有部分杀菌剂的作用机制得到证实。杀菌剂作用机制可以归纳为抑制或干扰病菌能量的生成、抑制或干扰病菌的生物合成和对病菌的间接作用 3 种类型。

一、抑制或干扰病菌能量的生成

　　生物体的能量主要来源于细胞呼吸作用。杀菌剂抑制病菌呼吸作用的结果是破坏能量的生成，导致菌体死亡。大多数传统多作用位点杀菌剂和一些现代选择性杀菌剂，它们的作用靶标正是病菌呼吸作用过程中催化物质氧化降解的专化性酶或电子传递过程中的专化性载体，属于呼吸抑制剂。但是传统多作用位点杀菌剂的作用靶标多为催化物质氧化降解的非特异性酶，菌体在物质降解过程中释放的能量较少，所以这些杀菌剂不仅表现活性低，而且缺乏选择性。电子传递链中的一些酶的复合物抑制剂及氧化磷酸化抑制剂往往表现很高的杀菌活性和选择性。

病原菌的不同生长发育时期对能量和糖代谢产物的需要量是不同的，真菌孢子萌发要比维持菌丝生长所需要的能量和糖代谢产物多得多，因而呼吸作用受阻时，孢子就不能萌发，呼吸抑制剂对孢子萌发的毒力也往往显著高于对菌丝生长的毒力。

由于有氧呼吸是在线粒体内进行的，所以许多对线粒体结构有破坏作用的杀菌剂，也会干扰有氧呼吸而破坏能量生成。

1. 对糖酵解和脂质氧化的影响 在葡萄糖磷酸化和磷酸烯醇式丙酮酸形成丙酮酸的过程中，己糖激酶和丙酮酸激酶需要有 Mg^{2+} 及 K^+ 的存在才有催化活性。一些含重金属元素的杀菌剂可以通过离子交换，破坏细胞膜内外的离子平衡，使细胞质中的糖酵解受阻。

百菌清、克菌丹和灭菌丹可以与磷酸甘油醛脱氢酶的—SH 结合，使其失去催化 3-磷酸甘油醛和磷酸二羟丙酮酸形成 1,3-二磷酸甘油醛的活性。

脂肪是菌体内能量代谢的重要物质来源之一。因此对脂质氧化的影响也是杀菌剂的重要作用机制之一。在菌体内脂质氧化主要是 β 氧化，即脂肪酸羧基的第二个碳的氧化。β 氧化必须有辅酶 A 参与，所以一些抑制辅酶 A 活性的杀菌剂（例如克菌丹、二氯萘醌等）都会影响脂肪的氧化，减少能量的生成。

2. 对乙酰辅酶 A 形成的影响 细胞质内糖降解产生的丙酮酸通过渗透方式进入线粒体，在丙酮酸脱氢酶系的作用下形成乙酰辅酶 A，然后进入柠檬酸循环进行有氧氧化。克菌丹能够特异性抑制丙酮酸脱氢酶的活性，阻止乙酰辅酶 A 的形成。作用位点是丙酮酸脱氢酶系中的硫胺素焦磷酸（TPP）。硫胺素焦磷酸在丙酮酸脱羧过程中起转移乙酰基的作用，而硫胺素焦磷酸接受乙酰基时只能以氧化型（TPP^+）进行。但有克菌丹存在的情况下，氧化型硫胺素焦磷酸结构受破坏，失去转乙酰基的作用，乙酰辅酶 A 不能形成。

3. 对柠檬酸循环的影响 柠檬酸循环在线粒体内进行，参与柠檬酸循环每个生物化学反应的酶都分布在线粒体膜、基质和液泡中。杀菌剂对柠檬酸循环的影响主要是对这些关键酶活性的抑制，使代谢过程不能进行。福美双、克菌丹、硫黄、二氯萘醌等能够使乙酰辅酶 A 失活，并可以抑制柠檬酸合成酶、乌头酸酶的活性；代森类杀菌剂、8-羟基喹啉等可以与菌体柠檬酸循环中的乌头酸酶螯合，使酶失去活性；克菌丹通过破坏 α-酮戊二酸脱氢酶的辅酶硫胺素焦磷酸结构使活性丧失；硫黄和萎锈灵可抑制琥珀酸脱氢酶和苹果酸脱氢酶的活性；含铜杀菌剂能够抑制延胡索酸酶的活性。

4. 对呼吸链的影响 呼吸链是生物有氧呼吸能量生成的主要代谢过程，1 分子葡萄糖完全氧化为二氧化碳和水时，在细胞内可产生 36 分子 ATP，其中 32 分子 ATP 是在呼吸链中通过氧化磷酸化形成的。因此抑制或干扰呼吸链的杀菌剂常常表现很高的杀菌活性。

在真菌和植物的线粒体呼吸中，有 6 个关键酶复合物（Ⅰ～Ⅵ）参与了从 NADH 和 $FADH_2$ 到 O_2 的电子传递，并通过电子传递产生 ATP。在复合物 Ⅰ 中，由 NADH-辅酶 Q 氧化还原酶（NADH-ubiquinone oxidoreductase）催化，电子从 NADH 传递到辅酶 Q。然而，在复合物 Ⅱ 中，电子是从 $FADH_2$ 传递到辅酶 Q，这个过程是由琥珀酸辅酶 Q 氧化还原酶（succinate-ubiquinone oxidoreductase）催化。然后，在辅酶 Q 细胞色素 c 氧化还原酶的催化下，辅酶 Q 或还原型辅酶 Q（ubiquinone/ubiquinol，Q/QH$_2$）将电子传递到细胞色素 bc$_1$ 酶复合物（复合物Ⅲ）。复合物Ⅲ有 2 个活性中心：还原型辅酶 Q 氧化位点（在外部，Q$_o$）和辅酶 Q 还原位点（在内部，Q$_i$）。Q$_o$ 位点由低势能细胞色素 b 的亚铁血红素 b$_L$（heme b$_L$）和一个铁硫蛋白组成，而 Q$_i$ 位点则包含高势能细胞色素 b 的亚铁血红素 b$_H$（heme b$_H$）。因此电子从辅酶 Q 流动到细胞色素 c，要么经过直线的 Q$_o$ 链（linear Q$_o$ chain），要么经过循环的 Q$_i$ 路径（cyclic Q$_i$ route），这个循环的 Q$_i$ 路径具有反馈反应（feedback reactions）。然后，细胞色素 c 将电子经过细胞色素 aa$_3$（末端）氧化酶（复合物Ⅳ，氰化物敏感酶系）传递到最终的受体 O$_2$。特殊环境下，在真菌中电子能够绕过正常的呼吸路径从辅酶 Q 传递到 O$_2$，这个途径对氰化物不敏感，由旁路氧化酶（alternative oxidase，也称为复合物Ⅴ）催化。这种呼吸作用也称为旁路呼吸（alternative respiration）。在呼吸电子传递过程中，所释放的质子在几个不同的位点由 ATP 合成酶（复合物Ⅵ）催化经过氧化磷酸化产生 ATP。

一些杀菌剂或者抗菌化合物作用于这 6 个酶复合物。杀虫剂鱼藤酮（rotenone）和杀菌剂敌磺钠（fenaminosulf）是复合物Ⅰ抑制剂。羧酰替苯胺类（carboxamide）杀菌剂如萎锈灵（carboxin）和最新发现的杂环羧酰胺类杀菌剂如啶酰菌胺（boscalid）、氟酰胺（flutolanil）、噻氟酰胺（thifluzamide）、吡唑萘菌胺（isopyrazam）等 10 多种新型杀菌剂是复合物Ⅱ抑制剂（又称为琥珀酸脱氢酶抑制剂，SDHI）。对于复合物Ⅲ的 2 个活性中心，甲氧基丙烯酸酯类如嘧菌酯（azoxystrobin）和吡唑醚菌酯（pyraclostrobin）等、噁唑烷二酮类噁唑菌酮（famoxadone）和咪唑啉酮类咪唑菌酮（fenamidone）等多种重要的杀菌剂是 Q$_o$ 位点抑制剂（Q$_o$I），氰霜唑（cyazofamid）等杀菌剂则是 Q$_i$ 位点抑制剂。Q$_o$ 位点抑制剂和 Q$_i$ 位点抑制剂之间没有交互抗药性。氰化物（cyanide）和叠氮化物（azide）是复合物Ⅳ抑制剂，一些含有—CN 基团的杀菌剂也是复合物Ⅳ的强烈抑制剂，例如二硫氰基甲烷杀菌杀线虫剂。水杨基肟酸（salicyl-hydroxamic acid，SHAM）是旁路氧化酶抑制剂。氧化磷酸化抑制剂包括二硝基苯胺类解偶联剂乐杀螨（binapacryl）、二硝巴豆酸酯（meptyl dinocap）、氟啶胺（fluazinam）、嘧菌腙（ferimzone）等和 ATP 合成酶抑制剂三苯醋锡（fentin acetate）等有机锡（organotin）杀菌剂。

5. 对旁路氧化途径的影响　旁路氧化途径也称为旁路呼吸途径（alternative pathway），是电子传递链中的一个支路。旁路氧化酶（alternative oxidase，AOX 或 AO）是关键酶，将电子直接从辅酶 Q 传递至 O$_2$，不经过复合物Ⅲ和复合物Ⅳ，也称为抗氰呼吸途径，但能量生成的效率只有细胞色素介导的呼吸链的 40%。旁路氧化酶在真菌中的存在方式有两种。在粗糙脉孢霉和稻瘟病病菌中，旁路氧化酶是诱导型表达的，正常条件下旁路氧化酶活性很低或检测不到，但如果以细胞色素介导的呼吸链被阻断或线粒体电子传递载体蛋白质合成受抑制，旁路氧化酶则被诱导表达。在灰霉和香蕉黑斑病病菌中，旁路氧化酶是组成型（constitutional）表达的。水杨基肟酸（SHAM）是旁路氧化酶的特异性抑制剂，离体下与 Q$_o$ 位点抑制剂具有显著的增效互作。植物体内普遍存在的（类）黄酮类物质对病原菌旁路氧化作用具有强烈抑制作用，植物的这些次生代谢物与旁路氧化酶的相互作用至少包括通过清除自由氧抑制旁路氧化酶的诱导和直接抑制旁路氧化酶活性两种方式，确保了 Q$_o$ 位点抑制剂在植物上防治病害的效果。病菌线粒体旁路氧化酶活性有无或高低及寄主作物（类）黄酮物质的含量直接关系到复合物Ⅲ和复合物Ⅳ的抑制剂活性及防病效果。

二、抑制或干扰病菌的生物合成

病菌生命活动必需物质的生物合成受到抑制或干扰，其生长发育则会停滞，表现孢子芽管粗糙、末端膨大、扭曲畸形，菌丝生长缓慢或停止或过度分枝，细胞不能分裂、细胞壁加厚或沉积不均匀，细胞膜损伤，细胞器变形或消失，细菌原生质裸露等中毒症状，继而细胞死亡。

1. 抑制细胞壁组分的生物合成　　不同类型病原菌细胞壁的主要组分和功能有很大的差异，以致抑制细胞壁组分生物合成的杀菌剂具有选择性或不同的抗菌谱。

（1）对肽多糖生物合成的影响　　细菌的细胞壁主要成分是多肽和多糖形成的肽多糖。已知青霉素的抗菌机制是药剂与转肽酶结合，抑制肽多糖合成，阻止 G^+ 细菌细胞壁形成。

（2）对几丁质生物合成的影响　　真菌中的子囊菌、担子菌和半知菌的细胞壁主要成分是几丁质（N-乙酰葡萄糖胺同聚物）。几丁质的前体 N-乙酰葡萄糖胺（GlcNAc）及其活化是在细胞质内进行的，然后输送到细胞膜外侧，在几丁质合成酶的作用下合成几丁质，其合成途径如下。

$$N\text{-乙酰葡萄糖胺(GlcNAc)} \longrightarrow N\text{-乙酰葡萄糖胺-6-磷酸} \xrightarrow{UTP\ \ Pi}$$

$$UDP\text{-}GlcNAc+(GlcNAc)_n \xrightarrow{\text{几丁质合成酶 } Mg^{2+}} (GlcNAc)_{n+1}+UDP$$

已知多抗霉素类抗生素的作用机制是竞争性抑制真菌几丁质合成酶，干扰几丁质合成，使真菌缺乏组装细胞壁的物质，生长受到抑制。多抗霉素对不同真菌的抗菌活性存在很大差异，这是因为不同真菌的细胞壁组分及其含量存在差异，药剂通过细胞壁到达壁的内侧难易程度不同。同样，多抗霉素的不同组分因其结构上的辅助基团不同而表现不同的抗菌谱。

（3）对纤维素生物合成的影响　　卵菌的细胞壁主要成分是纤维素或半纤维素，不含几丁质。已知羧酸酰胺类杀菌剂（CAA）防治卵菌病害的作用机制是抑制纤维素合成酶的活性，干扰纤维素在细胞壁上的沉积。

（4）对黑色素生物合成的影响　　黑色素是许多植物病原真菌细胞壁的重要组分之一，有利于细胞抵御不良物理化学环境和有助于侵入寄主。黑色素化的细胞最大的秘密就是黑色素的分布与附着胞功能间的关系。黑色素沉积于附着胞壁的最内层，与质膜临近，但有1个环形区域非黑色素化，该区域称为附着胞孔，并由此产生侵入丝。附着胞壁的黑色素层是保证侵入时维持强大的渗透压所必不可少的。真菌黑色素大多属于二羟基萘酚（DHN）黑色素，主要合成途径见图4-2。

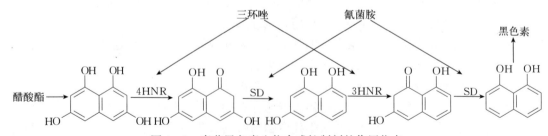

图4-2　真菌黑色素生物合成抑制剂的作用位点

三环唑、咯喹酮、灭瘟唑、稻瘟醇、唑瘟酮、四氯苯酞（phthalide）等对真菌的作用机制是抑制1,3,6,8-四羟基萘酚还原酶（4HNR）和1,3,8-三羟基萘酚还原酶（3HNR）的活性；环丙酰菌胺（carpropamid）、氰菌胺（zarilamide）等则是抑制小柱孢酮脱水酶（SD）的活性，使真菌附着胞黑色素的生物合成受阻，失去侵入寄主植物的能力。

2. 抑制细胞膜组分的生物合成 菌体细胞膜是由许多含有脂质、蛋白质、甾醇、盐类的亚单位组成，亚单位之间通过金属桥和疏水键连接。细胞膜各亚单位的精密结构是保证膜的选择性和流动性的基础。膜的流动性和选择性吸收与排泄则是细胞膜维护细胞新陈代谢最重要的生物学性质。杀菌剂抑制细胞膜特异性组分的生物合成或药剂分子与细胞膜亚单位结合，都会干扰和破坏细胞膜的生物学功能，甚至导致细胞死亡。目前已知抑制细胞膜组分生物合成和干扰细胞膜功能的杀菌剂作用机制有如下几种。

（1）对麦角甾醇生物合成的影响 麦角甾醇是真菌生物膜的特异性组分，对保持细胞膜的完整性和流动性、细胞的抗逆性等具有重要的作用。目前已知抑制麦角甾醇生物合成的农用杀菌剂包括多种化学结构类型，其中吡啶类、嘧啶类、哌嗪类、咪唑类、三唑类杀菌剂的作用靶标是 C_{14}-脱甲基酶（Cyt P_{450} 加单氧酶），又称为脱甲基抑制剂（DMI）。药剂的氮（N）原子与酶铁硫蛋白中心的铁原子配位键结合，阻止 24（28）甲撑二氢羊毛甾醇第 14 碳位 α 面的甲基氧化脱除，中断麦角甾醇生物合成途径，目前已知 C_{14}-脱甲基酶是真菌麦角甾醇生物合成途径中最重要的关键酶。吗啉和哌啶类杀菌剂的作用靶标是 $\Delta^{8\to7}$ 异构酶和 Δ^{14-15} 还原酶。烯丙胺类的萘替芬（naftifine）等作用于鲨烯环氧酶（squalene epoxidase），胺类（amine）杀菌剂苯锈啶（fenpropidin）和螺环菌胺（spiroxamine）作用于 Δ^{14-15} 还原酶，羟基苯胺类（hydroxyanilide）杀菌剂环酰菌胺（fenhexamid）作用于 C_4-脱甲基酶（图 4-3）。

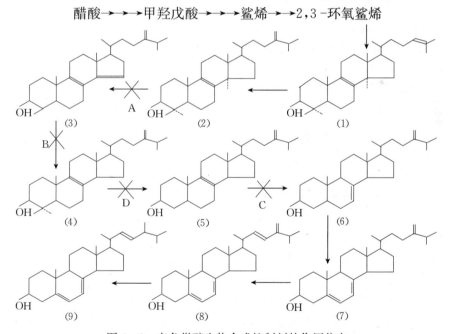

图 4-3 麦角甾醇生物合成抑制剂的作用位点
A. 脱甲基抑制剂类杀菌剂的作用位点　B、C. 吗啉和哌啶类杀菌剂的作用位点
D. 羟基苯胺类杀菌剂的作用位点
(1) 羊毛甾醇　(2) 24-甲叉二氢羊毛甾醇　(3) 4,4-二甲基麦角甾-8,14,24(28)-三烯醇
(4) 4,4-二甲基麦角甾-8,24(28)-二烯醇　(5) 麦角甾-8,24(28)-二烯醇　(6) 表甾醇
(7) 麦角甾-5,7,24(28)-三烯醇　(8) 麦角甾-5,7,22,24(28)-四烯醇　(9) 麦角甾醇

麦角甾醇不仅参与细胞膜的结构，其代谢产物还是有关遗传表达的信息素，因此麦角甾醇生物合成抑制剂可以引起真菌多种中毒症状。

（2）对卵磷脂生物合成的影响　磷脂和脂肪酸是细胞膜双分子层结构的重要组分。硫赶磷酸酯类的异稻瘟净、克瘟散等的作用机制是抑制细胞膜的卵磷脂生物合成。通过抑制 S - 腺苷高半胱氨酸甲基转移酶的活性，阻止磷脂酰乙醇胺的甲基化，使磷脂酰胆碱（卵磷脂）的生物合成受阻，改变细胞膜的透性。例如细胞膜的透性改变可以减少 UDp-N-乙酰葡萄糖胺泌出，进一步影响几丁质的生物合成。

（3）对脂肪酸生物合成的影响　脂肪酸是细胞膜的重要组分。已知稻瘟灵杀菌剂的作用靶标是脂肪酸生物合成的关键酶乙酰 CoA 羧化酶，干扰脂肪酸生物合成，改变细胞膜透性。

（4）对细胞膜的直接作用　有机硫杀菌剂与膜上亚单位连接的疏水键或金属桥结合，致使生物膜结构受破坏，出现裂缝、孔隙，使膜失去正常的生理功能。含重金属元素的杀菌剂可直接作用于细胞膜上的 ATP 水解酶，改变膜的透性。

3. 抑制核酸生物合成和细胞分裂　核酸是重要的遗传物质，细胞分裂分化则是病菌生长和繁殖的前提。因此抑制和干扰核酸的生物合成和细胞分裂，会使病菌的遗传信息不能正确表达，生长和繁殖停止。

（1）抑制 RNA 生物合成　核糖核酸（RNA）是在 RNA 聚合酶的催化下合成的。细胞内有 3 种 RNA 聚合酶，分别合成 rRNA、mRNA 和 tRNA。近年发现细胞中还存在一种 5S RNA。已知苯酰胺类杀菌剂甲霜灵的作用机制是专化性抑制 rRNA 的合成。

（2）干扰核酸代谢　腺苷脱氨形成次黄苷是重要的核酸代谢反应之一，而且次黄苷与白粉病病菌的致病性有关。烷基嘧啶类的乙菌定作用机制是抑制腺苷脱氨酶的活性，阻止次黄苷的生物合成（图 4-4）。

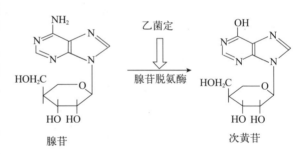

图 4-4　乙菌定杀菌剂的作用位点

嘌呤通过四氢叶酸代谢途径生物合成的，已知杀菌剂敌锈钠的作用机制是模仿叶酸前体对氨基苯甲酸，竞争性抑制叶酸合成酶的活性，从而阻止嘌呤的合成。

（3）干扰细胞分裂　苯并咪唑类杀菌剂多菌灵和秋水仙素一样是细胞有丝分裂的典型抑制剂。苯菌灵和甲基硫菌灵在生物体内也是转化成多菌灵发挥作用的，所以它们有类似的生物活性和抗菌谱。多菌灵通过与构成纺锤丝的微管的亚单位 β 微管蛋白结合，阻碍其与另一组分 α 微管蛋白装配成微管，破坏纺锤体的形成，使细胞有丝分裂停止，表现染色体加倍、细胞肿胀。最近研究表明，多菌灵在引起小麦赤霉病的禾谷镰孢菌中主要是与 $β_2$ 微管蛋白结合，阻碍细胞分裂的。β 微管蛋白功能域的个别氨基酸发生改变即会强烈影响对多菌灵的敏感性。因此苯并咪唑类杀菌剂具有高度选择性。

芳烃类和二甲酰亚胺类杀菌剂尽管确切的最初作用机制还不清楚，但药剂处理后除了发现引起脂质过氧化外，还可以观察到影响真菌 DNA 的功能，出现 DNA 股的断裂和染色体畸形，有丝分裂增加。

（4）干扰肌动蛋白功能　肌动蛋白对于细胞内物质运输和维持细胞骨架具有重要的功

能。周明国研究团队最近发现新型氰基丙烯酸酯类氰烯菌酯（phenamacril）杀菌剂的作用靶标是肌球蛋白5，干扰细胞物质运输和破坏细胞骨架。氰烯菌酯处理的禾谷镰刀菌表现菌丝生长缓慢或停止、孢子肿胀、萌发的芽管畸形等中毒症状。

4. 抑制病菌氨基酸和蛋白质生物合成　氨基酸是蛋白质的基本结构单元，蛋白质则是生物细胞重要的结构物质和活性物质。尽管很多杀菌剂处理病菌以后，氨基酸和蛋白质含量减少，但是已经确认最初作用靶标是氨基酸和蛋白质生物合成的杀菌剂并不多。苯胺嘧啶类杀菌剂，例如嘧霉胺、甲基嘧啶胺、环丙嘧啶胺等现代选择性杀菌剂的作用机制是抑制真菌蛋氨酸生物合成，从而阻止蛋白质合成，破坏细胞结构。

蛋白质的生物合成是一个十分复杂的过程，从氨基酸活化、转移、mRNA装配、密码子识别、肽键形成、移位、肽链延伸、终止以至肽链从核糖体上释放，几乎每一步骤都可以被药剂干扰。但是目前确认最初作用机制是抑制或干扰蛋白质生物合成的杀菌剂主要是抗生素。一些抗生素可以在菌体细胞内质网上与RNA大亚基或小亚基结合，例如春雷霉素通过干扰rRNA装配和tRNA的酰化反应抑制蛋白质合成的起始阶段；链霉素、放线菌酮、稻瘟散、氯霉素等通过错码、干扰肽键的形成、肽链的移位等抑制核糖体上肽链的延长。蛋白质生物合成抑制剂处理病菌以后，往往表现细胞内的蛋白质含量减少、菌丝生长明显减缓、体内游离氨基酸增多、细胞分裂不正常等中毒症状。

三、对病菌的间接作用

传统筛选或评价杀菌剂毒力的指标是抑制孢子萌发或菌丝生长的活性。但是后来发现有些杀菌剂在离体下对病菌的孢子萌发和菌丝生长没有抑制作用，或作用很小。但施用到植物上以后能够表现很好的防病活性。很多研究表明，这些杀菌剂的作用机制很可能是通过干扰寄主与病菌的互作而达到或提高防治病害效果的。例如三环唑除了抑制附着胞黑色素生物合成，阻止稻瘟病病菌对水稻的穿透侵染以外，还能够在稻瘟病病菌侵染的情况下诱导水稻体内 O_2^- 产生及过氧化物酶（POX）等抗病性相关酶的活性和抑制稻瘟病病菌的抗氧化能力等作用。因此三环唑在水稻上防治稻瘟病的有效剂量远远低于离体下对黑色素合成的抑制剂量。

三乙膦酸铝在离体下对病菌生长发育几乎没有抑制作用，施用于番茄上可以防治致病疫霉（*Phytophthora infestans*）引起的晚疫病，但在马铃薯上不能防治同种病菌引起的晚疫病。这是因为三乙膦酸铝在番茄体内可以降解为亚磷酸发挥抗菌作用，而在马铃薯体内则不能降解成亚磷酸。

随着分子生物学研究的发展，近年来在有机酸、核苷酸、小分子蛋白质等诱导寄主植物抗病性研究方面取得许多新成果，尤其是水杨酸诱导抗性得到生产应用的证实。活化酯是第一个商品化的植物防卫激活剂，诱导激活植物的系统性获得抗病性。β-氨基丁酸也被报道有这种功能。

事实上，很多对病菌具有直接作用的杀菌剂也会通过影响病菌与寄主的互作，改善或提高防治病害的效果。例如麦角甾醇生物合成抑制剂等可以清除寄主植物细胞的活性氧，干扰细胞凋亡程序，延缓衰老，提高寄主的抗病性。抑制细胞色素介导的电子传递链的甲氧基丙烯酸酯类杀菌剂，可以与寄主体内抑制旁路呼吸的（类）黄酮类物质协同作用，提高对病菌的毒力。噻唑锌除了具有抑制黄单胞杆菌的生长繁殖以外，还可以通过抑制细菌胞外多糖的生物合成，丧失胞外多糖解除水稻防御机制的作用，增强防病效果。

生物体内的各种生理生化过程是相互联系的，因此上述的杀菌剂作用机制绝不是孤立的作用。例如能量生成受阻，许多需要能量的生物合成就会受到干扰，糖降解产物常常是许多次生代谢物的合成原料，抑制糖降解也会使菌体细胞内的生物合成受到抑制，菌体的细胞器就会受到破坏，又必然会导致菌体细胞代谢的深刻变化。例如麦角甾醇生物合成中的脱甲基作用受到抑制以后，有些含有甲基的甾醇组入细胞膜，影响了细胞膜的正常功能，改变了膜的透性，引起一系列生理变化，而且有些甲基甾醇本身很可能也是有毒的。

病原菌药敏性分子靶标结构的特异性是杀菌剂获得选择性的重要基础，但不同病原菌的药敏性差异还取决于基因组对药剂分子靶标的遗传调控，包括药剂靶标和非靶标点突变导致的代谢组变化，非编码 RNA（ncRNA）对药靶基因的转录、翻译、修饰及其与药剂分子互作的调控等。

第四节　杀菌剂的使用技术

在人们生活水平日益提高的情况下，对农药使用以后的食品安全、生态安全和环境安全越来越关注，使用农药时需要考虑的问题也越来越复杂。但是我们必须遵循这样的原则：在把植物病害控制在经济阈值以下的同时最大限度地降低农药在自然界的释放量。因此首先应该考虑需要防治的病害循环特征，然后确定策略，以达到有效、经济、安全的目的。决定用药的原则简单地说为：①根据防治对象病原菌种类，选用最安全、最经济、最有效的药剂；②采用较低的使用量；③最少的施药次数；④使用最简便的施药方法。

杀菌剂的使用方法有多种，其中最主要的是：喷雾和喷粉、种子处理和土壤处理。

一、喷雾和喷粉

叶面喷雾和喷粉是防治作物生长期气传病害最主要的和最有效的施药方法。喷雾比喷粉在植物的表面更容易形成一层有效的保护性滞留药层，因此防病的效果更好。在下雨时喷雾和喷粉都不能得到良好的黏着。在喷雾中加入降低表面张力的表面活性剂（surfactant）能够达到较好的展着，加入有较好黏着能力的化合物则能够提高杀菌剂在植物表面的黏着。最常用的方法是对植物茎叶喷雾，将可以均匀分散在水中的各种杀菌剂制剂用水稀释后，使用喷雾器械进行喷施。气传病害的侵染来源具有持续性，因此防治气传病害的杀菌剂必须具备足够的持效期。虽然杀菌剂对病原菌直接作用的毒力或间接作用的毒力是有效防治植物病害的基础，但是防治气传病害的效果并不完全取决于药剂的毒力大小。如果一种化合物有很高的杀菌或抑菌活性，但是药剂本身极易变性或挥发，则达不到理想的防治效果。所以一些医用表面消毒剂不能用于喷雾防治植物病害。传统的杀菌剂在植物表面容易受环境因素影响，例如光解、雨水冲刷等，持效期较短，一般 5~7 d。内吸性杀菌剂在植物体内不受光解和雨水冲刷，持效期较长，一般 7 d 至几周。但是内吸性杀菌剂的持效期与药剂的活性、在植物体内的代谢稳定性、病菌对药剂的生理反应等有关。防治植物病害的喷药技术要求要比防治害虫高得多，要达到较好的防治效果，施药者应该了解杀菌剂和所防治植物病害的生物学特性，有针对性地进行喷施。喷施非内吸性杀菌剂时，不仅需要保证药液能够喷施到所有需要保护的茎叶，而且还需要在茎叶表面能够形成均匀的药膜，对于在叶背面发生的病害，还要将药剂喷施到叶片背面。内吸性杀菌剂虽然具有在植物体内再分布的特性，但是常见的内吸性杀菌剂主要在质外体系输导，只有喷施到植物嫩茎和叶腋处的药剂可以被吸收，随水分和无机盐输导到上部功能叶片，而喷施在叶面的药剂只能沿着叶脉方向朝叶尖和叶缘输导，不能从一张叶片向另一叶片传导。叶面喷洒杀菌剂除了需要喷施均匀外，还要注意使药液尽可能多地沉积在植物的茎叶上。喷施的药液雾滴较小时有利于在叶面沉积，大雾滴容易在风的作用下从茎叶上滚落到土壤中。因此一般喷雾器的喷孔直径控制在 0.7~1.0 mm。小雾滴喷雾不仅有利于药液沉积，而且能够更均匀地分布。

二、种子处理

(一) 种子处理的防病效果

许多植物病害是由种子（包括苗木、块根、鳞茎、插条及其他繁殖材料）携带传播，种子处理旨在用化学药剂杀死种子传播的病原物，保护或治疗带病种子，使其能正常萌芽，也可用来防止土传性病原物的侵染。采用保护性杀菌剂处理种子，可以消灭种子表面黏附的病菌或保护种子的正常萌发，也可以使幼苗免受土传病菌的侵染。采用内吸性杀菌剂处理种子，除起上述作用外，还可以消灭潜伏在种子内部的病菌，治疗带病种子。持效期长的内吸性杀菌剂还可以通过种子吸收，进入幼芽并随着植株生长转移到植株的地上部位，保护枝叶免受气流传播的病菌侵染。

以种子带菌为唯一侵染来源的系统性病害，例如禾谷类作物黑穗病、条纹病、水稻恶苗病、水稻干尖线虫病等只有种子处理才是最有效的方法，一旦田间发病以后则无法再用药剂防治。一些以种子和其他途径同时传播的植物病害（例如水稻稻瘟病、水稻白叶枯病、水稻细菌性条斑病、大麦网斑病等）进行种子处理可以有效减少初侵染来源，推迟发病，降低病害流行程度。

种子处理防治病害的效果及安全性与药剂的种类及其处理剂量、处理时间、处理温度、病害种类和种子类型有关。有的作物不同品种的种子对同一种药剂的敏感性可能存在很大差异，敏感的品种容易出现药害。药剂处理种子之前，应该对药剂种类及其活性、种子类型和病菌所在种子部位进行全面考虑，大面积推广应用之前还应该做预备试验和参考文献经验，避免造成药害。

由于种子的体积小，比较集中，容易在人为控制条件下进行药剂处理，能够比较彻底地消灭病原菌，所以种子处理是植物病害防治中最经济、最有效的方法。

(二) 种子处理的方法

1. 浸种　种子浸泡在杀菌剂药液中一定时间，沥出种子晾干即行播种。安全性低的杀菌剂浸种后有的还要求清洗，防止药害。为了使药剂与种子均匀接触，保证药效，用于浸种的药液必须是真溶液或乳浊液，不溶于水的可湿性粉剂浸种时会发生不均匀沉淀，不宜作为浸种剂。浸种的药液一般以浸过种子 5~10 cm 为宜。药剂品种及其药液浓度、浸泡时间和温度是影响药效和可能造成药害的 3 个主要因子。其中两个因子一定时，药液浓度增加或浸泡时间延长或浸泡药液温度提高都会提高效果或增加药害的可能性。为增强药剂的渗透力，提高药效，可把药液加热到一定温度后浸种，这是热力处理和化学处理的结合，其优点是可减少药剂的消耗量和缩短浸种时间。所用浓度可为普通浸种用的几分之一。浸种消毒比较彻底，但浸种后种子不能堆放，晾干后应立即播种。

2. 拌种 拌种处理可以分为干拌和湿拌。干拌的药剂必须是粉状的，使用干燥的药剂和种子有利于所有种子表面均匀黏附上药粉。一般传统多作用位点杀菌剂的有效成分用量是种子量的 0.2%～0.5%。活性高的现代选择性杀菌剂的用量较少，例如用三唑醇进行小麦拌种时只用种子量的 0.012%。为了防止在拌种时药粉的飞散，大量拌种时应该用拌种箱（机），少量可用塑料薄膜袋进行。药粉和种子要分别分次加入（3～4次），封盖（口）后充分混合。

随着活性高的现代选择性杀菌剂发展，湿拌成为越来越普遍的拌种方法。使用的杀菌剂的剂型一般是胶悬剂，也可以是乳油和可湿性粉剂。根据种子量先用适量的水将药剂稀释，再用喷雾器械将药剂均匀喷施在种子表面，并同时搅拌。湿拌的种子不像浸泡处理的种子需要立即播种，可以通过晾干或干燥后储藏。

拌种法可提早在播种前数个月或1年进行，以延长药剂的作用时间。拌过药的种子要加鲜艳的着色剂起警戒作用，以免在储放时与粮食、饲料混淆，造成事故。

3. 种衣法 种衣法就是使用种衣剂对种子包衣处理的方法。种衣剂在加工过程中添加了成膜剂、黏着剂等，经过处理的种子在表面包上一层药膜，由于种衣剂中含有黏结剂而使药剂不易从种子表面脱落。播种后药剂缓慢释放，可连续不断地进入植物体内，使其能维持较长时间的防病作用，甚至运转到地上部防治气流传播的病害。这些药剂的作用方式不同，有的起到保护作用，有的进入植物体而起治疗作用。

三、土壤处理

（一）土壤处理的防病作用

土壤是许多病原菌（包括线虫）栖居的场所，是许多植物病害初次侵染的来源。例如蔬菜和果树幼苗猝倒病、棉花苗期病害（例如立枯病、黄萎病、枯萎病）、麦类作物立枯病等重要作物病害都是由土壤带菌传染的。土壤处理显然是防治这些土传病害最有效的方法。在种植前，一些挥发性杀菌剂（土壤熏蒸剂，fumigant）经常被用来熏蒸土壤，以减少线虫、真菌和细菌的侵染接种体数量。一些杀菌剂则作为粉剂、土壤浇灌或者颗粒剂等方式使用到土壤中防治幼苗的猝倒、苗期疫病、冠腐、根腐以及其他病害。保护性杀菌剂在土壤中使用可以杀灭土壤中病原微生物，在播种前或播种时使用可以保护种子萌发时的幼根和胚芽不被侵染，在植物生长期使用可以防止病菌的根部和茎基部侵染。现代内吸性杀菌剂由于活性高、选择性强、持效期长，可以在种植前一次性使用于土壤处理而达到一个作物生长季节的防治效果。在某些例子中，叶部病害（比如霜霉病和锈病）也可在种植前使用杀菌剂（例如甲霜灵、三唑醇等）于土壤中达到防治的效果。

用于土壤熏蒸处理的杀菌剂，不仅需要考虑其抗菌谱及其活性，而且也要考虑药剂的物理化学特性。土壤熏蒸处理的效果与药剂在土壤中能否均匀分布有关，一般用于土壤熏蒸处理的药剂需要有较高的蒸气压和一定的水溶性，才能保证在土壤中具有良好的扩散或浸透作用。但是水溶性太强的药剂容易污染地下水，挥发性强的药剂又存在污染大气的问题。不同的土壤种类和结构，由于吸附性能的不同，对药剂的扩散有很大影响。黏土中含水量高，可直接影响药剂气体扩散，还会由于土粒不易打碎而影响药剂的均匀性。有机质含量高的土壤，由于吸附性太强而使药剂分布不均匀。在土壤中施药后，药剂的气体向各个方向扩散，一般向上扩散比向下快，因此有时仅存在于通气性强的表层土壤，并挥发到大气中，药剂在植物根际达不到足以杀菌的浓度，为了提高土壤熏蒸处理的防治效果和减少对大气的污染，施药后常常在土壤表面覆盖塑料薄膜。大多数传统的土壤熏蒸消毒剂没有选择性，对植物毒性高。因此为了保证对植物的安全，土壤熏蒸处理后需要有一定的候种期，即土壤用药与栽种作物之间的间隔期。间隔期长短依药剂、土壤种类、土壤温度、种苗对药剂的敏感性和气候条件而定，一般应为2~4周。

保护剂和内吸剂也可以通过灌溉水（例如滴灌）施用到土壤中以防治土传病害。

（二）土壤处理的方法

1. 浇灌法 用水稀释杀菌剂，使用浓度与叶丛喷雾浓度相仿，单位面积所需药量以能渗透到土壤10~15 cm深处为准。一般防治苗期猝倒病、根腐病或土表感染的病害，在作物出苗前后灌施土壤表面，用量为每平方米土面浇灌2.5~5.0 L药液。

2. 沟施法 杀菌剂施于作物播种沟中，或施于犁沟中，一般将药剂施于第一犁的底，继而盖以第二犁翻上的土壤。覆盖的土壤应该整碎，黏重结块的土壤使用此法效果较差。

3. 撒布法（翻混法） 把药剂尽可能均匀地撒布在土表（也可结合施肥进行），随即翻入土层与土壤拌和，此法也可用于挥发性较低的药剂，例如五氯硝基苯、棉隆等。

4. 注射法 用土壤注射器每隔一定距离注射一定量的药液，每平方米25个孔（孔深15~20 cm）。每孔注入药液10 mL，药剂浓度可根据药剂种类、土壤湿度和病菌种类而定。

四、其他施药方法

在作物生长期防治气传病害，除了喷施的方法以外，还可以根据药剂性质和植物的类型采用其他施药方法。例如防治果树、森林病害时，可采用内吸性杀菌剂对树干进行吊水处理。吊水法就是在树干基部钻斜孔1至多个，倒挂药瓶，把针头插入孔内，使药液缓慢注入树干内部。杀菌剂的油水分配系数会影响吊水法施药的效果，亲脂性过强的杀菌剂容易被木质素吸附，难以在树干内移动。防治保护地作物和森林气流传播的病害时，可以选用能燃烧发烟或加热挥发的杀菌剂（例如硫黄、百菌清、三唑类杀菌剂）进行烟雾熏蒸。

防治果品储藏病害常用浸蘸（dip）的方法，在果品储藏前浸蘸处理。或者在收获后立即用药剂洗果。一些化合物，例如硫等，可以作为粉剂或晶体使用，在储藏期间自行升华。一些化合物，例如二氧化硫，则作为气体使用。有些化合物则被直接置于装载果品的箱子或容器中。

第五节 杀菌剂的种类

杀菌剂的种类繁多，一般按药剂的作用方式、化学类型和使用目的分类。通常将具有相同作用方式和类似化学结构的杀菌剂按化学结构类型的名称进行分类。例如芳烃类、二硫代氨基甲酸酯（盐）类、硫赶磷酸酯类、苯并咪唑类、苯基酰胺类、二甲酰亚胺类、三唑类、苯吡咯类、苯胺基嘧啶类、甲氧基丙烯酸酯类、羧酸酰胺类、酰替苯胺类杀菌剂等。对那些化学结构不同、但具有相同作用方式的杀菌剂通常以作用方式进行分类。下面简要阐述我国常用杀菌剂的性质和使用方法。

一、传统多作用位点杀菌剂

传统多作用位点杀菌剂是指早期开发的没有选择性或选择性较差的一类杀菌剂。这类杀菌剂不能进入植物体内，对已侵入植物体内的病菌没有作用，对施药后新长出的植物部分亦不能起到保护作用。一般来说这类药剂的作用位点多、杀菌谱广，病菌不易产生抗药性。因此传统多作用位点杀菌剂至今在植物病害化学防治领域仍保持有一定的地位。其中曾在木材防腐、种子消毒中发挥重要作用的含汞保护性杀菌剂，因汞对人畜的累积毒性问题，已于20世纪70年代初被禁止使用。有机砷杀菌剂因对植物可能造成药害和在土壤中残留的问题，近年也被停止使用。但是有些传统多作用位点杀菌剂采用现代农药加工技术，改善了剂型、药剂颗粒细度、辅助剂性质，提高了使用效果。例如传统的铜制剂氧化亚铜加工成粉粒带有电荷的粉剂，增加了在植物表面的附着性；代森锰锌的粉粒细度可通过700目筛，增加了覆盖面和黏附性；百菌清也加工成水分散粒剂，提高了在药液中的分散性。

（一）铜制剂

铜化合物的毒性于1 000多年前在我国就已有记载。但用于防治真菌危害的最早记载应该是公元304年我国晋代葛洪所著《抱朴子》一书中所述的"铜青涂木，入水不腐"，即用碳酸铜处理防止木材腐烂。法国Prevest在1807年的一个偶然机会，发现铜和石灰的混合物具有较好的杀菌作用。到了1882年，Millardet研究和使用了硫酸铜和石灰的混合液（波尔多液）对葡萄霜霉病的防治效果，开始了杀菌剂及植物病害化学防治研究的历史。目前生产上常见的铜素杀菌剂有波尔多液、王铜、碱式硫酸铜、氢氧化铜、氧化亚铜、硫酸络氨铜（又称为硫酸四氨络合剂）、丁戊己二元酸铜、8-羟基喹啉铜等。

铜制剂的杀菌作用取决于制剂释放的铜离子浓度。但要特别注意的是，较高浓度的游离铜离子对绿色植物也有很强的毒性，故一般水溶性的铜盐不能直接喷施于植物上，而是加工成难溶性的铜盐。这些难溶性铜盐喷施到作物表面以后，在植物体分泌的有机酸或呼吸放出的二氧化碳与水形成的碳酸作用下，可以逐步分解，缓慢释放铜离子起杀菌作用。

$$\text{碱式铜盐} \xrightarrow{\text{有机酸；} CO_2 + H_2O \longrightarrow H_2CO_3} Cu^{2+}$$

然而，在高温、高湿条件下，植物呼吸作用加强、分泌有机酸的量加大，在植物表面的酸性物质大幅度增加，加速铜盐分解，释放过量铜离子。或者遇到碱性物质，例如在使用碱式铜盐前后1周内使用碱性的石硫合剂等，铜盐在碱性条件下溶解度增加，也会过量释放铜离子。铜制剂在生产和加工过程中，如果原料质量低劣或比例不准确，会导致产品本身存在多余的水溶性铜盐，配制的药液中游离铜离子过多。因此高温、高湿和前后使用酸、碱性化合物，或使用劣质碱式铜盐的情况下，很容易出现药害现象。

在对Cu^{2+}特别敏感和比较敏感的植物上，一般不能施用铜素杀菌剂。

由于铜制剂消耗珍贵的工业原料金属铜，而且大量使用含铜杀菌剂会造成重金属残留和环境污染，含铜杀菌剂已逐渐被有机合成杀菌剂所代替。

此外，应该注意的是一些果园长期使用铜制剂还会诱发螨类猖獗危害。

重要的铜素杀菌剂如下。

1. 波尔多液

（1）化学名称　波尔多液（Bordeaux mixture）的化学名称为碱式硫酸铜[$CuSO_4 \cdot xCu(OH)_2 \cdot yCa(OH)_2 \cdot zH_2O$]。

（2）主要理化性质　波尔多液是硫酸铜和石灰的混合液，组成中的x、y、z因配比和配制方法而不同。波尔多液是一种天蓝色的胶状悬浊液，刚配好的波尔多液悬浮性很好，但放置过久悬浮的胶粒会相互聚合沉淀并形成结晶，性质也会发生变化，所以波尔多液必须随配随用，不能储存。波尔多液呈碱性，对金属容器有腐蚀作用。

(3) 主要生物活性　波尔多液是一种良好的保护剂，可以防治多种真菌病害、卵菌病害及细菌病害，最好在病菌侵入寄主前施用，发病后施用的铲除作用效果会显著降低，但具有防止病菌再侵染的效力。波尔多液黏着力很强，在作物表面形成一层薄膜，不易被雨水冲刷，持效期可达 15 d 左右。不同植物对硫酸铜或石灰的敏感性不同。对石灰敏感的植物有茄科、葫芦科和葡萄；对硫酸铜最敏感的植物有李、桃、鸭梨、白菜、小麦等，其次为苹果、中国梨、柿、大豆、芜菁等。含铜杀菌剂一般不宜使用于比较敏感的作物上。此外，潮湿多雨时，由于铜的离解度及叶表面的渗透能力的变化而易产生药害；在高温干旱的情况下，又可因石灰而造成药害。此药对人畜低毒。

(4) 配合量　波尔多液的有效含量一般以硫酸铜的含量进行标注。硫酸铜与石灰有多种配合量，配制时应根据保护的作物和防治的病害种类选择合适的配合量。柑橘上经常使用的 1% 波尔多液，其配比是硫酸铜 1 kg、生石灰 1 kg、水 100 L。这种硫酸铜和生石灰质量相等的也称为等量式波尔多液。在葡萄上使用的 0.5% 倍量式波尔多液的配比是硫酸铜 0.5 kg、生石灰 1 kg、水 100 L。豆类作物上使用的 0.5% 等量式波尔多液的配比是硫酸铜和生石灰各 0.5 kg、水 100 L。蕉类作物可以使用含铜量高、黏着力强的波尔多液（配比为硫酸铜 1 kg、生石灰 0.3~0.4 kg、水 100 L）。外科铲除果树腐烂病可使用波尔多浆（配比为硫酸铜 1 kg、生石灰 3 kg、水 15 L，另加动物油 0.4 kg）涂在伤口表面。具体配制方法详见《植物化学保护学实验指导》。

2. 王铜

(1) 化学名称　王铜 (copper oxychloride) 的化学名称为氧氯化铜 $[3Cu(OH)_2 \cdot CuCl_2]$。

(2) 主要理化性质　王铜为绿色或蓝绿色粉末，含铜量为 59.5%（理论值），难溶于水、乙醇、乙醚，可溶于氨水，在酸性溶液中分解。

(3) 主要生物活性　王铜低毒，杀菌谱与波尔多液相同。

(二) 无机硫杀菌剂

无机硫杀菌剂是指一类以硫黄为主加工而成的不同制剂。硫黄是最古老的消毒杀菌剂。早在约公元前 1000 年古希腊人 Homer 在史诗中就载有硫黄的防病作用。到 19 世纪人类已逐渐有意识地利用硫黄，1802 年就有了石硫合剂的记载，后来在 1833 年和 1888 年，进一步明确了石硫合剂对白粉病的防治效果。1850 年由于硫黄的大量使用，促使了喷粉法的创立。1891 年首次成功地使用硫黄进行土壤处理防治植物病害。

以硫黄为主体的无机硫杀菌剂，由于原料易得、加工工艺简单、价格便宜、防病效果稳定，至今在我国仍然被广泛用于防治橡胶白粉病和与其他现代选择性杀菌剂复配防治多种作物病害。

硫黄的杀菌作用主要依赖于制剂释放单质硫起作用，也可以被还原形成毒力更强的硫化氢（H_2S）起杀菌作用。

硫黄一般以晶体颗粒的形式存在，不能被植物吸收。因此以硫黄为有效成分的各种杀菌剂只能利用化学保护的原理防治植物病害。硫黄颗粒在植物表面的覆盖程度决定了对病害的防治效果。在一定单位面积硫黄用量的情况下，硫黄颗粒越小，黏着性越强，覆盖植物的表面积也越大。为了提高硫黄防治植物病害的效果，一般把硫黄加工成有利于分散和黏着的各种制剂。

1. 硫黄粉

（1）有效成分　硫黄粉（sulphur）的有效成分为单质硫。

（2）主要理化性质　硫黄粉为黄色粉末，有几种同素异形体，其中正交晶体最稳定，熔点为112 ℃，难溶于水，微溶于乙醚和石油醚，较易溶于二硫化碳和热的苯及丙酮，易燃烧。

（3）主要生物活性　硫黄粉具有杀菌、杀螨和杀虫作用，是防治植物白粉病的重要保护性杀菌剂。其杀菌、杀虫效力与粉粒大小有密切关系，一般粉粒大于 25 μm 时在植物上的沉积率低。在一定范围内颗粒越细，附着植物体的表面积就越大，效果也越好。但粉粒过细，不仅容易聚结成团，不能很好地分散，影响药效，而且小于 1 μm 的颗粒容易通过气孔进入植物体，并可能造成药害。对葫芦科作物、杏和其他硫敏感植物有药害。30～35 ℃或以上的高温时也可能对水稻产生药害。硫对人畜低毒，使用安全。

2. 胶体硫　胶体硫一般含硫黄 40％以上，黄褐色块或胶糊状，可均匀分散在水中，颗粒直径为 1～2 μm，最大不超过 5 μm。胶体硫黏着力比硫黄可湿性粉剂更强，药效也较长，保护作用更好。喷雾使用的方法和防治对象与硫黄可湿性粉剂相同。

3. 石硫合剂

（1）化学名称　石硫合剂（lime sulphur）的化学名称为多硫化钙（$CaS \cdot S_x$）。

（2）主要理化性质　石硫合剂为褐色透明液体，具有强烈臭蛋味，15.6 ℃时的密度为 1.28 g/L；含 $CaS \cdot S_x$ 不少于 74％（V/V）。石硫合剂含有少量水溶性 CaS_2O_3，呈碱性，遇酸分解。石硫合剂在空气中易被氧化，特别在高温及日光照射下，更易引起变化，生成游离的硫黄及硫酸钙。故储存时要严加密封。

（3）主要生物活性　石硫合剂的有效成分是多硫化钙，具有杀菌、杀虫作用。石硫合剂喷洒在植物表面上接触空气，经水、氧和二氧化碳的作用可发生一系列变化（图 4-5），形成极微小的单质硫颗粒沉积。因此多硫化钙也可以通过水解、氧化和复分解反应形成单质硫和硫化氢起杀菌作用。石硫合剂的杀菌作用比其他硫黄制剂强。同时石硫合剂渗透性强，呈碱性，有侵蚀昆虫表皮蜡质层的作用，故对介壳虫及其卵有较强的杀伤力。不同植物对石硫合剂的敏感性差异很大，幼嫩的植物及嫩叶易受药害。气温愈高，药效愈好，药害也愈重。

（4）毒性　石硫合剂对人畜毒性低，但对皮肤有腐蚀作用。

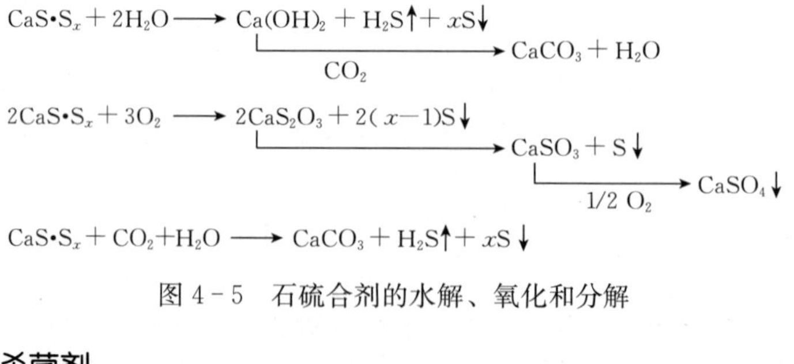

$$CaS \cdot S_x + 2H_2O \longrightarrow Ca(OH)_2 + H_2S\uparrow + xS\downarrow$$
$$\xrightarrow{CO_2} CaCO_3 + H_2O$$

$$2CaS \cdot S_x + 3O_2 \longrightarrow 2CaS_2O_3 + 2(x-1)S\downarrow$$
$$\longrightarrow CaSO_3 + S\downarrow$$
$$\xrightarrow{1/2\ O_2} CaSO_4\downarrow$$

$$CaS \cdot S_x + CO_2 + H_2O \longrightarrow CaCO_3 + H_2S\uparrow + xS\downarrow$$

图 4-5　石硫合剂的水解、氧化和分解

（三）有机硫杀菌剂

1934 年 Tisdale、Williams 和 Martin 分别发现提高橡胶耐磨度的添加剂福美双对植物病害有很好的防治效果，从而推动了有机硫杀菌剂的发展。有机硫制剂是杀菌剂发展史上最早广泛用于防治植物病害的一类有机化合物,是一类高效、广谱、低毒、价格比较便宜的保护性杀菌剂。它的出现是杀菌剂从无机化合物发展到有机合成化合物的标志,在替代含铜、汞等重金属杀菌剂方面起了重要作用。它在农业生产中的广泛使用证明不易引致病菌产生抗药性。因此即使在内吸性杀菌剂广泛使用后,仍以相当的规模继续生产和使用。当前有机硫杀菌剂除单剂外,多与内吸性杀菌剂混配,在延缓和治理内吸剂抗性上起着重要作用。

我国常用的有机硫杀菌剂,主要有下列两类。

1. 二硫代氨基甲酸盐类 二硫代氨基甲酸盐类杀菌剂从结构特点又分为乙撑二硫代氨基甲酸盐类和二甲基二硫代氨基甲酸盐类两组。

(1) 乙撑二硫代氨基甲酸盐类 此组化合物的特点是氮原子上的两个氢原子仍保留一个不被取代。氮原子上负荷的游离氢能使 H_2S 或 HS^- 分裂出来,形成异硫氰酸酯类化合物。代表品种是代森锰锌。

①化学名称:代森锰锌(mancozeb)是代森锰和锌离子的配位化合物(图 4-6)。

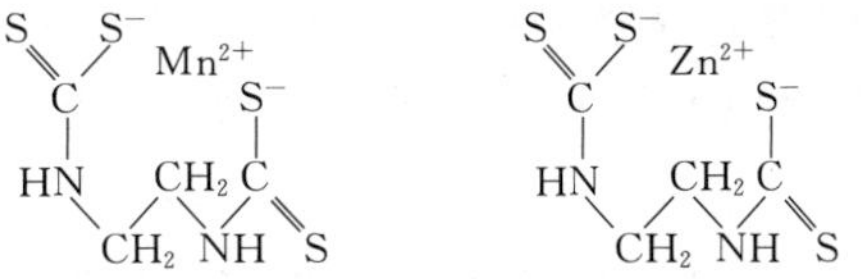

②主要理化性质:代森锰锌原药是灰黄色粉末,在熔点前即可分离;不溶于水及大多数有机溶剂;在 35 ℃ 储存时,每月失重

图 4-6 代森锰(左)和代森锌(右)的分子结构

0.18%,在高温时遇潮湿和遇酸则分解;可与大多数农药混合使用,但不能与含铜化合物混用。

③主要生物活性:代森锰锌为保护剂,可防治多种卵菌、子囊菌、半知菌和担子菌引起的作物叶部病害,对小麦锈病、玉米大斑病及蔬菜霜霉病、炭疽病、疫病和果树黑星病、炭疽病有很好的防治效果。

④毒性:代森锰锌比代森锰药害轻,对大鼠急性口服 LD_{50} 为 5 000 mg/kg;常接触对皮肤有刺激性。

(2) 二甲基二硫代氨基甲酸盐类 此组化合物氮原子上的两个氢原子都被取代,是一类有强螯合力的化合物,例如福美肼、福美锌、福美铁等。至今二甲基二硫代氨基甲酸盐(酯)类杀菌剂仍在大量使用的品种是福美双。

①化学名称:福美双(thiram)的化学名称为四甲基秋兰姆二硫化物(图 4-7)。

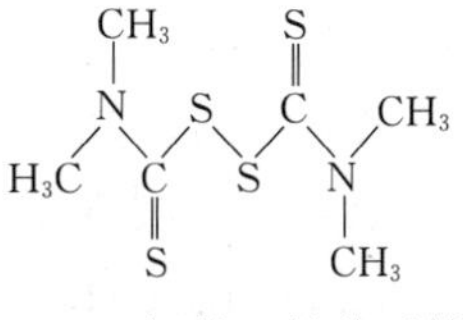

②主要理化性质:福美双原药为白色无味结晶,熔点为 155~156 ℃,难溶于水,微溶于乙醇和乙醚中,可溶于氯仿、丙酮、苯、二硫化碳等有机溶剂中;遇酸易分解。

图 4-7 福美双的分子结构

③主要生物活性:福美双为保护剂,叶面喷雾防治小麦赤霉病、葡萄灰霉病、观赏植物锈病、苹果和梨黑星病以及储藏病害、核果类果树的缩叶病、油料作物菌核病等。福美双种子处理防治丝核菌等引起的猝倒病和镰刀菌引起的其他病害,也作为鸟类的驱避剂。福美双以单剂使用的效果低,持效期短,目前主要与内吸性杀菌剂复配使用,并且常常表现增效作用。

④毒性:福美双对大鼠急性口服 LD_{50} 为 865 mg/kg;对鼻黏膜有刺激作用。

2. 三氯甲硫基类 三氯甲硫基(Cl_3CS-)类又称为邻苯二甲酰亚胺类,是 20 世纪 50 年代初发展起来的一类有机硫杀菌剂。1951 年 Kittleson 首先报道了克菌丹是一种比较安全高效的杀菌剂,并很快与二硫代氨基甲酸盐类一样成为铜、汞类杀菌剂的重要替代杀菌剂。三氯甲硫基类杀菌剂主要有克菌丹和灭菌丹两种,目前克菌丹在我国仍有生产和使用。

(1) 化学名称 克菌丹(captan)的化学名称为 N-三氯甲硫基-4-环己烯-1,2-二甲酰亚胺(图4-8)。

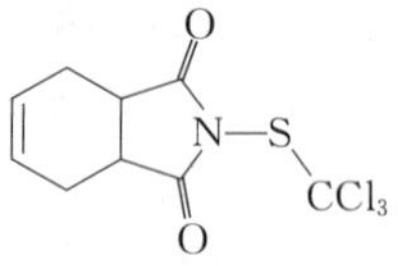

(2) 主要理化性质 克菌丹为白色结晶,工业品带棕色,熔点为 177～178 ℃;难溶于水,在室温水中溶解度低于 0.5 mg/L;遇碱不稳定,分解产物有腐蚀性。

图4-8 克菌丹的分子结构

(3) 主要生物活性 克菌丹为广谱保护剂,亦有杀螨作用,对植物安全;可用于防治小麦、水稻、玉米、果树和蔬菜作物的多种真菌病害。

(4) 毒性 克菌丹对大鼠急性口服 LD_{50} 为 9 000 mg/kg。

(四) 芳烃类和其他保护性杀菌剂

1. 芳烃类保护性杀菌剂 芳烃类保护性杀菌剂是一类苯环上的氢原子被氯原子或其他基团所取代的保护性杀菌剂,包括六氯苯、四氯硝基苯、五氯硝基苯、氯硝胺、百菌清、地茂散等,大多用于种子处理和土壤处理。其中的一些品种由于活性较低及残留和慢性毒性等问题而停止使用。目前在生产上仍然使用的品种有下述2种。

(1) 五氯硝基苯

①化学名称:五氯硝基苯的通用名为 quintozene,化学英文名为 pantachloronitrobenzene(图4-9)。

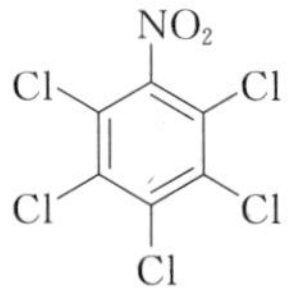

②主要理化性质:五氯硝基苯原药为无色针状结晶,熔点为146 ℃,25 ℃时蒸气压为 1.78×10^{-2} Pa,难溶于水,可溶于苯、二硫化碳、氯仿等;在土壤中相当稳定,积累性残留;除强碱外,可与常用农药混用。

图4-9 五氯硝基苯的分子结构

③主要生物活性:五氯硝基苯为著名的拌种剂和土壤处理剂,可有效防治丝核菌属、葡萄孢属、核盘菌属真菌和炭疽菌引起的植物病害,也可以通过土壤处理防治十字花科蔬菜根肿病;但对腐霉属、疫霉属和镰刀菌属病原菌引起的植物病害无效。

④毒性:五氯硝基苯对大鼠急性口服 LD_{50} 大于 5 000 mg/kg。

(2) 百菌清

①化学名称:百菌清(chlorothalonil)的化学名称为 2,4,5,6-四氯-1,3-间苯二腈(图4-10)。

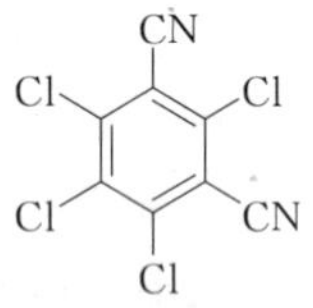

②主要理化性质:百菌清纯品为无色结晶,熔点为250～251 ℃,稍有刺激性臭味,对碱、酸、水、紫外光都稳定,不腐蚀容器,对皮肤、眼睛有刺激性。

图4-10 百菌清的分子结构

③主要生物活性:百菌清为广谱保护剂,但是产品中如果含有六氯苯等杂质,则对人和动物具有慢性毒性问题。因此原药中六氯苯杂质的含量一般需要控制在 30 mg/kg 以下。百菌清虽然急性毒性低,但在我国也曾出现过急性中毒事故,加上慢性毒性问题,应尽量少用于粮油作物和果蔬作物上,特别对多次采收的果蔬作物的使用更要严格控制。为此我国药检部门规定,百菌清在水稻上最终残留量不能超过 0.2 mg/kg,安全间隔期为 10 d;在苹果、梨和葡萄上不能超过 1 mg/kg,安全间隔期分别为 21 d、25 d 和 21 d。

④毒性:百菌清对大鼠急性口服 LD_{50} 大于 5 000 mg/kg。

根据百菌清杀菌谱广和低毒的特点，不仅可以用来防治各种植物的卵菌、半知菌、子囊菌和担子菌病害，还可以防治家蚕真菌疾病。百菌清对鳙有明显的驱避作用，驱避率为 63.4%。

2. 其他保护性杀菌剂 敌磺钠（fenaminosulf）也属于氨基磺酸盐类杀菌剂。

（1）化学名称 敌磺钠的化学名称为 4-二甲氨基苯重氮磺酸钠（图 4-11）。

（2）主要理化性质 敌磺钠为棕黄色无臭粉末，易溶于水，在水中呈重氮离子状态分解，分解时放出氮气，同时因生成 4-二甲氨基苯酚而褪色，光、热、碱可促进其分解，其水溶液易光解失效。

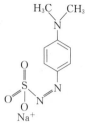

图 4-11 敌磺钠的分子结构

（3）主要生物活性 敌磺钠为著名的种子和土壤消毒剂，对腐霉属（*Pythium*）及丝囊霉属（*Aphanomyces*）所致的作物病害有特效；但对丝核菌属（*Rhizoctonia*）效果差。敌磺钠具有弱的内吸渗透性，能被植物根、茎吸收，吸收后再从植物木质部输导至其他部位。

（4）毒性 敌磺钠毒性较高，对大鼠急性口服 LD_{50} 为 60 mg/kg。

二、现代选择性杀菌剂

选择性一般是指杀菌剂在不同生物种类之间具有活性差异的生物学特性。现代选择性杀菌剂与传统多作用位点杀菌剂相比，最大的特点是作用位点（靶标）在不同的生物之间存在活性的差异。近年来相继开发并在农业生产上广泛使用的杀菌剂大都具有选择性，包括羧酰替苯胺类、有机磷类、苯并咪唑类、羟基嘧啶类、二甲酰亚胺类、苯基酰胺类、噻唑类、麦角甾醇生物合成抑制剂类、氨基甲酸酯类、取代脲类、苯吡咯类、苯胺基嘧啶类、甲氧基丙烯酸酯类及氰基丙烯酸酯类等。这些杀菌剂的选择性基础除了不同生物体内的杀菌剂受体或靶标结构差异以外，还包括杀菌剂在不同生物细胞内积累水平的差异、对化合物的活化能力的差异、对杀菌剂钝化能力的差异、靶标或受体在细胞中的遗传调控差异等。

现代选择性杀菌剂大多数具有内吸传导或至少有局部移动的性能，具有治疗作用。但是也有现代选择性杀菌剂只在施药部位或在病菌侵入以前发挥作用，仅有保护作用。

内吸性杀菌剂在叶面和嫩茎上主要通过渗透作用进入植物体，在土壤水分中主要是随着根毛的水分吸收进入根系和输导组织。杀菌剂进入植物体内以后的输导方式包括质外体输导、共质体输导和双向输导（apo-symplast transport）。现有内吸性杀菌剂绝大多数的输导方式是质外体输导，只有极少数杀菌剂是共质体输导和双向输导。

质外体输导（apoplastic transport）是指药剂在植物细胞间的自由空间体系、细胞壁和非活性细胞（导管）中的输导。共质体输导（symplastic transport）是指在由胞间连丝连接的原生质体系（symplast）内的传导。质外体输导方式的杀菌剂通过在植物细胞壁和细胞间的自由空间传导进入木质部（导管），随水分和无机盐输导。杀菌剂在木质部的移动速度较快，并与蒸腾作用及土壤和空气水分中潜在的化学组分有关。内吸性杀菌剂一般直接从根部传导到蒸腾部位（主要是叶片）或叶尖和叶缘。决定蒸腾作用的因子例如相对湿度、温度、光照、植物激素（尤其 ABA）均会影响溶解在木质部汁液中杀菌剂的移动速率和分布。木质部输导的杀菌剂分布具有以下特点：①积累在高蒸腾作用的部位，例如叶片、叶尖和叶缘；②很少传导到没有蒸腾作用的植物器官，例如果实和幼嫩叶片；③输导方向是向上输导,在完全成熟的叶片内也不向下传导,如果施药于叶基部则向叶尖输导。

共质体输导的杀菌剂通过细胞壁和细胞膜后进入原生质体,通过胞间连丝在细胞之间传导,最终进入韧皮部(筛管),随同化物输导。杀菌剂在韧皮部的移动速度慢于在木质部的移动,输导方向与同化物源和库的运输有关,一般是向下输导,可从叶片输送到根部或果实及幼叶。

双向输导的杀菌剂是指既可以在质外体系中输导,也可以在共质体系中输导。

内吸性杀菌剂的输导方式取决于药剂本身的理化性质。质外体输导的杀菌剂一般没有特殊的结构特征,而共质体和双向输导的农药一般是酸。多数情况下,其酸度取决于羧基(苯氧酸)、酚羟基(马来酰肼)、或者在所谓 N 酸(mefludid, asulam)中—SO_2—NH—的排列。研究表明,药剂分子中除去—COOH 基团,在韧皮部的移动则消失。相反,在木质部输导的药剂分子中引入—COOH,则能够得到双向输导的同系物。质外体输导的杀菌剂也可以通过渗透作用有少量的、暂时性地进入共质体,共质体输导的杀菌剂也可以有少量的、暂时性地进入质外体输导。药剂的输导方式可以通过计算输导商(translocation quotient,Q_{tr})进行区分。Q_{tr} 代表药剂在韧皮部和木质部移动的比例,$Q_{tr}>1$ 时为韧皮部(共质体)输导型杀菌剂,Q_{tr} 为 1.0~0.2 时为双向输导型杀菌剂,$Q_{tr}<0.2$ 时为木质部(质外体)输导型杀菌剂。

为了提高植物病害化学防治效果,需要深入研究和改善内吸性杀菌剂的再分布性能。内吸性杀菌剂的移动包括植物的吸收、传导和在植物体内再分布到病原菌所在部位。因此要达到理想的防治效果,不仅需要杀菌剂有很强的毒力,而且还需要在植物体内有良好的移动性能。

内吸性杀菌剂与植物可能存在着改变其生物学性质的复杂互作关系。杀菌剂在通过植物组织细胞外层的细胞壁、细胞和细胞间隙的过程中及进入原生质体系后,可能与细胞组分发生物理、化学的相互作用而影响杀菌剂的毒力。杀菌剂可能被吸附、生物化学固定或转化而降低活性;也可能通过在植物体内的输导、在病菌存在位点积累、活化代谢等提高活性。杀菌剂化学结构上的差异可能导致其物理、化学性能的不同,例如脂溶性、水溶性、摩尔体积、立体参数、电离作用、电荷密度分布等。这些性质影响杀菌剂在植物体内的吸收和传导。然而杀菌剂的代谢或非代谢变化可能改变这些特性,并影响移动性。杀菌剂的移动性、稳定性和毒力之间存在紧密的相关性。在高等植物体内和寄生性病菌细胞内的杀菌剂相对浓度取决于植物和病菌细胞对药剂的吸收和降解的平衡。

目前在生产上常见的现代选择性杀菌剂按化学结构和作用方式分为下述类型。

(一)二甲酰亚胺类杀菌剂

1967 年日本住友公司首先发现属于该类化合物的菌核利(dichlozoline)对核盘菌属(*Sclerotinia*)和灰葡萄孢属(*Botrytis*)引起的植物菌核病和灰霉病有极好的防治效果,但后来发现该杀菌剂有致癌毒性,于 1973 年停止生产和使用。通过结构与活性相互关系的研究发现,噁唑烷环的氮(N)原子上必须具有 3,5-二氯苯基才有抗菌活性,同时在 5 位上最多保留一个甲基或在亚胺环上进行结构改造,即能消除致癌毒性并保留对核盘菌和灰葡萄孢霉的生物活性。1974—1976 年相继发现了异菌脲、乙烯菌核利和腐霉利 3 种高活性的二甲酰亚胺类杀菌剂。这类杀菌剂的共同特点是对灰葡萄孢属、核盘菌属、长蠕孢属等真菌引起的植物病害具有特效。

除腐霉利有一定的渗透性外,都不能被植物吸收,属于非内吸的保护剂。但又不同于传统的保护性杀菌剂,具有很高的选择性和作用专化性,是一类现代选择性保护剂。

二甲酰亚胺类杀菌剂与苯并咪唑类、三唑类和甲氧基丙烯酸酯类等现代选择性杀菌剂没有交互抗药性,但与芳烃类和甲基立枯磷存在一定的交互抗药性。

1. 乙烯菌核利

(1) 化学名称　乙烯菌核利(vinclozolin)的化学名称为3(3,5-二氯苯基)-5-甲基-5-乙烯基-1,3-二唑烷-2,4-二酮(图4-12)。

(2) 主要理化性质　乙烯菌核利为白色结晶,熔点为108 ℃,在水中溶解度为1 g/L,室温下在水中稳定,在碱性溶液中缓慢水解。

(3) 主要生物活性　乙烯菌核利为保护剂,可用于多种作物,对核盘菌、灰葡萄孢霉、交链孢霉及长蠕孢霉有特效。

(4) 毒性　乙烯菌核利对大鼠急性口服LD_{50}超过15 000 mg/kg。

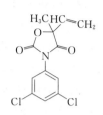

图4-12　乙烯菌核利的分子结构

2. 腐霉利

(1) 化学名称　腐霉利(procymidone)的化学名称为N-(3,5-二氯苯基)-1,2-二甲基环丙烷-1,2-二羧基亚胺(图4-13)。

(2) 主要理化性质　腐霉利为白色结晶,熔点为166 ℃,在日光、高温条件下仍稳定,可溶于丙酮和二甲苯,微溶于水,常温储存稳定2年以上。

(3) 主要生物活性　腐霉利为保护剂,具有较强的渗透性,能抑制侵入植物组织表层内的病菌而表现局部治疗作用,对核盘菌、灰葡萄孢霉、交链孢霉和长蠕孢霉有特效;亚致死剂量下容易产生抗药性。

(4) 毒性　腐霉利对人畜低毒;大鼠急性口服LD_{50},雄鼠为6 800 mg/kg,雌鼠为7 700 mg/kg。

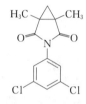

图4-13　腐霉利的分子结构

3. 异菌脲

(1) 化学名称　异菌脲(iprodione)的化学名称为3(3,5-二氯苯基)-1-异丙基氨基甲酰基乙内酰脲(图4-14)。

(2) 主要理化性质　异菌脲为白色结晶,熔点为136 ℃,20 ℃时在水中溶解度为13 mg/L,在一般条件下储存稳定,无腐蚀性。

(3) 主要生物活性　异菌脲为触杀性保护剂,也具有一定的渗透性;除对核盘菌、灰霉菌特效外,对丛梗孢霉、交链孢霉和小菌核菌也有效。

(4) 毒性　异菌脲对大鼠和小鼠急性口服LD_{50}均大于2 000 mg/kg。

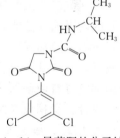

图4-14　异菌脲的分子结构

4. 菌核净

(1) 化学名称　菌核净(dimetachlone)的化学名称为3-(3,5-二氯苯基)丁二酰亚胺(图4-15)。

(2) 主要理化性质　菌核净纯品为白色鳞片状结晶,熔点为136.5~137.5 ℃;难溶于水,溶于丙酮、环己醇等有机溶剂。

(3) 主要生物活性　菌核净为非内吸保护性杀菌剂,对葡

图4-15　菌核净的分子结构

萄孢霉、核盘菌、尾孢、长蠕孢霉、交链孢霉具有很高的活性，但对某些作物也存在药害问题，使用范围有限。

（二）有机磷杀菌剂

早在20世纪30年代德国就开始研发了有机磷杀虫剂，1958年发现有机磷杀虫剂也具有一定的杀菌作用。20世纪60年代以后相继开发了多种有机磷杀菌剂，主要用于防治黄瓜白粉病、禾谷类作物白粉病、稻瘟病、立枯病等，同时也兼有杀虫和杀螨作用。不同结构类型的有机磷杀菌剂具有完全不同的抗菌谱，硫赶磷酸酯类杀菌剂主要用于防治稻瘟病和其他水稻病害；硫逐磷酸酯类杀菌剂主要用于防治白粉病和立枯病；烷基亚磷酸盐类杀菌剂主要用于防治卵菌病害；而磷酸酰胺类杀菌剂已经被淘汰。这些杀菌剂抗菌谱的差异取决于它们具有不同的作用靶标和药剂本身不同的油水分配系数。

目前仍有使用的有机磷杀菌剂主要是硫赶磷酸酯类、硫逐磷酸酯类和烷基亚磷酸盐类的化合物。

1. 硫赶磷酸酯类杀菌剂和稻瘟灵 这类杀菌剂，最早开发的是稻瘟净，但很快被异稻瘟净和克瘟散所取代。

（1）异稻瘟净

①化学名称：异稻瘟净（iprobenfos，kitazin-P，IBP）的化学名称为 O,O-二异丙基-S-苄基硫代磷酸酯（图4-16）。

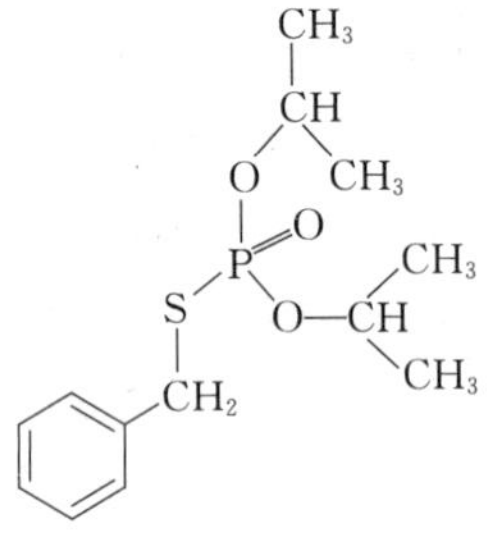

②主要理化性质：本品为无色透明的油，或黄色的油；溶解度，在水中为 430 mg/L（20 ℃），在丙酮和甲醇等中大于 1 kg/L；沸点为 126 ℃，遇碱易分解。

③主要生物活性：异稻瘟净为内吸性杀菌剂，具有保护和治疗作用，主要用于防治水稻叶瘟和穗瘟，也可以防治水稻纹枯病和胡麻斑病，对叶蝉具有兼治效果，与一些杀虫剂混用可以增强对叶蝉的杀虫效果，特别对抗药性的叶蝉。异稻瘟净具有很好的内吸输导性能，特别适合施于稻田水层，由根部及水面下的叶鞘吸收并输导到地上部位，所以一般加工成颗粒剂撒施，其防治效果是叶面喷药的2~3倍。水面施药3 d后即可见效果，5~7 d内吸收量达到最大，在水中逐步溶解被根系吸收，持效期可达3~4周。该杀菌剂还具有使稻株茎秆矮化抗倒伏的作用，但不影响产量。

图4-16 异稻瘟净的分子结构

④毒性：异稻瘟净对大鼠急性口服 LD_{50}，雄鼠为 790 mg/kg，雌鼠为 680 mg/kg；小鼠急性口服 LD_{50}，雄鼠为 1 830 mg/kg，雌鼠为 1 760 mg/kg。

（2）克瘟散

①化学名称：克瘟散（edifenphos）的化学名称为 O-乙基-S,S-二苯基二硫代磷酸酯（图4-17）。

②主要理化性质：克瘟散为黄色至淡褐色液体，带特殊臭味，易溶于甲醇、丙酮、苯及二甲苯，极易溶于庚烷；难溶于水，在水中的溶解度只有 56 mg/L（20 ℃），且水溶液不稳定。

图4-17 克瘟散的分子结构

③主要生物活性：克瘟散为具有保护和治疗作用的叶面喷雾剂，主要用于防治稻瘟病。因其水溶性低和在水中不稳定，故只适合用于叶面喷施。

④毒性：克瘟散对大鼠急性口服 LD_{50} 为 100~260 mg/kg，对蜜蜂无毒，对叶蝉和鳞翅

目幼虫有兼治作用。

(3) 稻瘟灵

①化学名称：稻瘟灵（isoprothiolane）的化学名称为1,3-二硫戊环-2-亚基丙二酸二异丙酯（图4-18）。

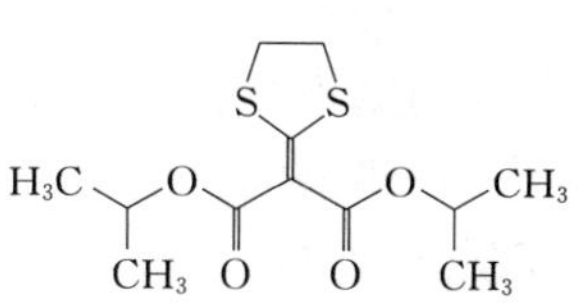

②主要理化性质：稻瘟灵纯品为无色结晶，稍有臭味；熔点为54~54.5 ℃；溶解度，在水中为54 mg/L（25 ℃），在甲醇中为1 510 mg/L，在丙酮中为4 060 mg/L，在氯仿中为4 130 mg/L，在苯中为2 770 mg/L；对光、热及在pH 3~10时均稳定；在水中、紫外线下不稳定。

图4-18 稻瘟灵的分子结构

③主要生物活性：稻瘟灵与硫赶磷酸酯类杀菌剂异稻瘟净有类似的生物活性，对稻瘟病有特效。稻株吸收药剂后，累积于叶组织，特别集中于穗轴与枝梗上，抑制病菌生长和侵入，具有保护和治疗作用。稻瘟灵对真菌的作用机制是抑制脂肪酸生物合成，破坏细胞膜透性。对稻瘟灵产生抗药性的菌株对硫赶磷酸酯类杀菌剂表现正交互抗药性。稻瘟灵防治稻瘟病的速效性不及有机磷杀菌剂，但药效期长，一般为20~45 d，甚至长达65 d。在常温下，稻瘟灵可储存3年以上。稻瘟灵对人畜安全，对植物无药害。稻瘟灵可作为植物生长调节剂，也被用于促进水稻生根和促进根的伸长。稻瘟灵还有杀虫作用。

2. 硫逐磷酸酯类杀菌剂 1965年开发的属于此类的用于防治白粉病的定菌磷（pyrazophos）等杀菌剂因毒性较高，没有广泛使用。目前生产上使用的为甲基立枯磷（tolclofos-methyl）。

(1) 化学名称 甲基立枯磷的化学名称为O,O-二甲基-O-（2,6-二氯-对-甲苯基）硫代磷酸酯（图4-19）。

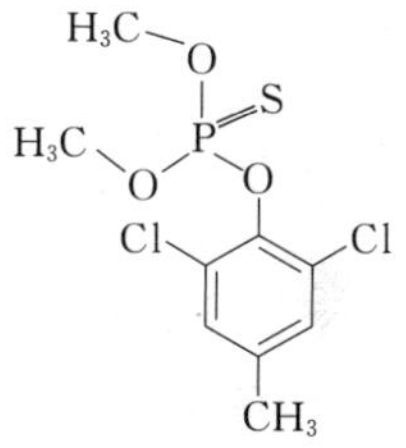

(2) 主要理化性质 甲基立枯磷纯品为无色晶体，原药为浅棕色固体，熔点为78~80 ℃，23 ℃水中溶解度为0.3~0.4 mg/L，对光、热和潮湿均较稳定，在碱和酸性介质中易分解。

(3) 主要生物活性 甲基立枯磷为内吸性杀菌剂，有保护和治疗作用，对罗氏白绢菌、丝核菌属、玉米黑粉菌、灰葡萄孢霉、核盘菌、禾谷全蚀菌、青霉菌有高效，但对疫霉、腐霉、镰刀菌和轮枝孢菌无效。甲基立枯磷进行种子处理，还可以促进根系生长。

图4-19 甲基立枯磷的分子结构

(4) 毒性 甲基立枯磷属低毒杀菌剂，对大鼠急性口服LD_{50}为5 000 mg/kg。

3. 烷基亚磷酸盐类杀菌剂 这里介绍三乙膦酸铝（fosetyl-aluminium）。

(1) 化学名称 三乙膦酸铝的化学名称为三乙基亚磷酸铝（图4-20）。

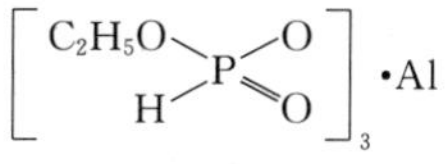

(2) 主要理化性质 三乙膦酸铝纯品为白色无味结晶，工业品为白色或淡黄色粉末，通常在储藏条件下稳定，不易挥发；在水中的溶解度为120 g/L（20 ℃）。

图4-20 三乙膦酸铝的分子结构

(3) 主要生物活性 三乙膦酸铝主要用于防治疫霉引起的根茎疫病和叶面的霜霉病、白锈病，亦可防治少数半知菌病害。三乙膦酸铝是第一个具有双向输导性能的内吸性杀菌剂，进入植物体内移动迅速并能持久，具有保护和治疗作用。根据作物种类的不同，药效可维持

4周到4个月。三乙膦酸铝在离体条件下对病菌的毒力受磷酸盐拮抗。三乙膦酸铝可防治由致病疫霉（*Phytophthora infestans*）引起的番茄晚疫病，但不能防治该菌引起的马铃薯晚疫病，这种现象被认为是三乙膦酸铝在番茄体内可转化成亚磷酸根离子起抑菌作用，而在马铃薯体内则不能转化。大鼠和小鼠急性口服 LD_{50} 均大于 2 000 mg/kg。

三乙膦酸铝自使用以来，对其作用机制一直有争论。但目前普遍认为其有效作用的物质是亚磷酸盐（phosphate）或乙基亚磷酸盐（ethylphosphate），三乙膦酸铝可以在某些植物体内的生物化学作用下转化成亚磷酸根离子或乙基亚磷酸根离子起杀菌作用。Al^{3+} 虽然有抗菌作用，但不能穿透进入植物体发挥作用。由于三乙膦酸铝在离体条件下往往只表现很低的抑菌活性，所以早期也有报道认为三乙膦酸铝防治植物病害的原理是诱导植物的防御反应，提高寄主的抗病能力。

（三）苯并咪唑类及其相关化合物杀菌剂

自1968年苯菌灵进入杀菌剂市场以后，其降解产物多菌灵也于1969年开始直接用于防治植物病害。1971年进入市场的甲基硫菌灵因通过生物转化形成多菌灵（图4-21）发挥抗菌作用，并与苯并咪唑类杀菌剂具有相同的生物学性质和作用靶标，所以通常也把甲基硫菌灵归纳为苯并咪唑类杀菌剂。之后，相继发现与苯菌灵和多菌灵表现负交互抗药性的乙霉威（diethofencarb）、对担子菌表现高活性的戊菌隆（pencycuron）、专化性防治卵菌病害的苯酰菌胺（zoxamide）等杀菌剂，虽然结构上不含有苯并咪唑杂环，但与苯并咪唑类杀菌剂一样，作用靶标是 β 微管蛋白，阻止微管组装。因此这些杀菌剂一般也归到苯并咪唑类杀菌剂进行讨论。

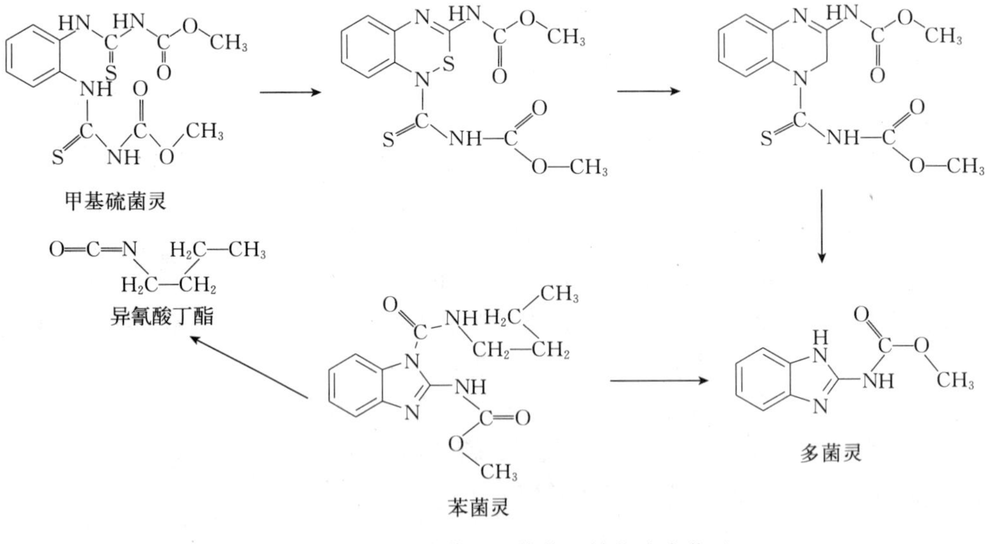

图 4-21 甲基硫菌灵和苯菌灵转化成多菌灵

苯并咪唑类杀菌剂因作用靶标的特异性而具有高度的选择性，对几乎所有的植物安全，能够被植物吸收防治已经侵染的病原菌。这类杀菌剂还具有强烈的广谱抗菌活性，对大部分植物病原子囊菌、半知菌和担子菌有效，但对半知菌中的交链孢属、长蠕孢属、轮枝孢属等真菌和卵菌及细菌无效。然而苯并咪唑类杀菌剂的大量、广泛使用，使植物病害化学防治出现了抗药性的新问题。苯并咪唑类杀菌剂之间存在正交互抗药性。我国常用的苯并咪唑类杀菌剂品种有以下几种。

1. 多菌灵

(1) 化学名称 多菌灵（carbendazim，MBC）的化学名称为苯并咪唑-2-氨基甲酸甲酯（图4-22）。

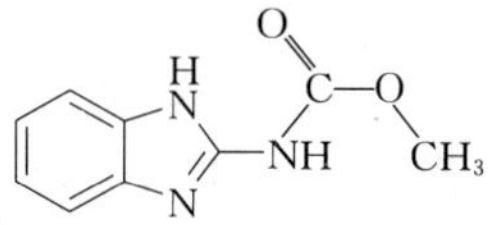

图4-22 多菌灵的分子结构

(2) 主要理化性质 多菌灵纯品为白色结晶粉末，无味，熔点为318～324 ℃，20 ℃时蒸气压小于 $1.33×10^{-5}$ Pa；难溶于水和有机溶剂，易溶于无机酸和有机酸，并形成相应的盐；在pH 4的水溶液中溶解度为29 mg/L，在pH 8的水溶液中溶解度为7 mg/L。在阴凉干燥处，原药至少可储存2～3年，对酸、碱不稳定。

(3) 主要生物活性 多菌灵为广谱内吸性杀菌剂，在植物体内通过质外体向顶性输导，具有保护和治疗作用，对葡萄孢霉、镰刀菌、尾孢、青霉、壳针孢、核盘菌、黑星菌、白粉菌、炭疽菌、稻梨孢、丝核菌、锈菌、黑粉菌等属的真菌效果较好。

2. 噻菌灵

(1) 化学名称 噻菌灵（thiabendazole，TBZ）的化学名称为2-(噻唑-4-基)苯并咪唑（图4-23）。

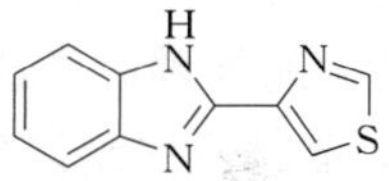

图4-23 噻菌灵的分子结构

(2) 主要理化性质 噻菌灵原药为白色粉末，熔点为304～305 ℃，在室温下不挥发，但加热到310 ℃即升华，溶于甲醇等有机溶剂和酸性水溶液，对酸、碱、热均稳定。

(3) 主要生物活性 噻菌灵为内吸性杀菌剂，杀菌谱与多菌灵相同，主要用于防治储藏病害。

(4) 毒性 噻菌灵属低毒杀菌剂，原药对大鼠急性口服 LD_{50} 为3 100 mg/L，对鸟安全，对鱼有毒。

3. 甲基硫菌灵

(1) 化学名称 甲基硫菌灵（thiophanate-methyl）的化学名称为1,2-双(3-甲氧羰基-2-硫脲基)苯（图4-24）。

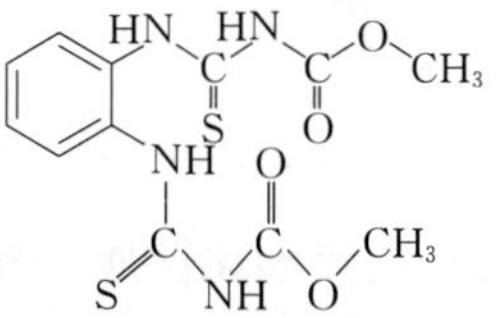

图4-24 甲基硫菌灵的分子结构

(2) 主要理化性质 甲基硫菌灵纯品为无色结晶，熔点为172 ℃（分解），20 ℃时蒸气压为9.44 μPa；难溶于水，易溶于二甲基甲酰胺等有机溶剂；对酸碱稳定。

(3) 主要生物活性 甲基硫菌灵为内吸性杀菌剂，在植物体内和菌体细胞内转化为多菌灵起作用，在水中转化速度慢。甲基硫菌灵抗菌谱与苯并咪唑类杀菌剂相似，主要用于防治子囊菌、担子菌和半知菌真菌病害，具有内吸、保护、铲除和治疗作用，可用于防治小麦赤霉病、白粉病、黑穗病和根腐病，蔬菜菌核病、炭疽病、叶霉病等，稻瘟病和水稻纹枯病，棉立枯病，甜菜叶斑病等；也被使用为树木剪枝造成的伤口的保护剂。

(4) 毒性 甲基硫菌灵对大鼠急性口服 LD_{50} 为7 510 mg/kg（雄）和6 640 mg/kg（雌）。

4. 乙霉威

(1) 化学名称 乙霉威（diethofencarb）的化学名称为3,4-二乙氧基苯基氨基甲酸异丙酯（图4-25）。

(2) 主要理化性质 乙霉威纯品为白色结晶,原药为无色至浅褐色固体,熔点为100.3 ℃,25 ℃时蒸气压为 1.406×10^{-4} Pa,难溶于水,可溶于乙烷,易溶于甲醇,遇酸易分解。

(3) 主要生物活性 乙霉威为内吸性杀菌剂,具有保护和治疗作用,主要用于防治对多菌灵等苯并咪唑类杀菌剂产生抗药性的灰霉病抗性菌。因此作为苯并咪唑类杀菌剂抗药性治理策略之一,一般与苯并咪唑类杀菌剂复配使用,防治已产生抗药性的真菌病害,例如葡萄、蔬菜灰霉病、油菜菌核病、梨黑星病等。乙霉威对野生型病原菌无效。值得注意的是病菌也很容易对该杀菌剂产生双重抗药性。

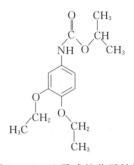

图4-25 乙霉威的分子结构

(4) 毒性 乙霉威对人、畜、鸟类、鱼类低毒,对大鼠急性口服 LD_{50} 大于 5 000 mg/kg。

(四) 羧酰替苯胺类杀菌剂

1960 年 Uniroyal 公司发现这类化合物具有内吸活性,并在 1966 年通过大田试验正式确定其药效,1969 年在法国首先登记使用。其主要品种有早期开发的萎锈灵和氧化萎锈灵及后来开发的拌种灵。这些杀菌剂主要用来防治担子菌病害。

1. 萎锈灵和氧化萎锈灵

(1) 化学名称

① 萎锈灵:萎锈灵(carboxin)的化学名称为5,6-二氢-2-甲基-1,4-氧硫杂芑-3-甲酰替苯胺(图4-26)。

② 氧化萎锈灵:氧化萎锈灵(oxycarboxin)的化学名称为2,3-二氢-6-甲基-5-甲酰替苯胺-1,4-氧硫杂芑-4,4-二氧化物(图4-27)。

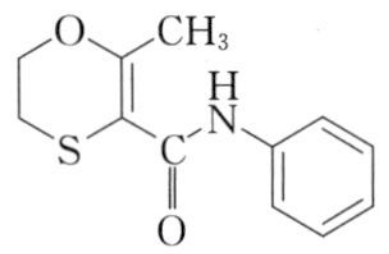

图4-26 萎锈灵的分子结构 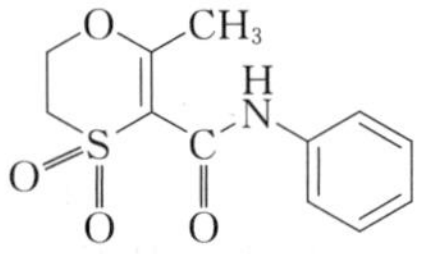　　图4-27 氧化萎锈灵的分子结构

(2) 主要理化性质 萎锈灵和氧化萎锈灵的纯品分别为米黄色和白色结晶,熔点分别为91.5～100 ℃和127.5～130 ℃;微溶于水,易溶于有机溶剂,对光、强酸、强碱不稳定。萎锈灵稳定性不及氧化萎锈灵,在土壤中和植物体内易被氧化为无效的亚砜衍生物。

(3) 主要生物活性及使用方法 萎锈灵和氧化萎锈灵主要用于防治担子菌亚门真菌引起的许多重要病害,例如禾谷类作物散黑穗病、坚黑穗病、多种作物锈病和丝核菌引起的立枯病。萎锈灵和氧化萎锈灵对植物生长有刺激作用,有利于增产。萎锈灵和氧化萎锈灵常加工成乳油和悬浮剂,主要用于种子处理和土壤处理。

(4) 毒性。萎锈灵和氧化萎锈灵对大鼠急性口服 LD_{50} 为 3 820 mg/kg(小鼠)和 1 000 mg/kg(大鼠)。

2. 拌种灵

(1) 化学名称 拌种灵(amicarthiazole)的化学名称为2-氨基-4-甲基-5-甲酰替苯胺基噻唑(图4-28)。

(2) 主要理化性质 拌种灵纯品为白色无臭固体,熔点为222～224 ℃,270～285 ℃时分解；难溶于水，稍溶于一般有机溶剂，易溶于二甲基甲酰胺；对光不稳定，与酸反应可生成盐，对碱较稳定。

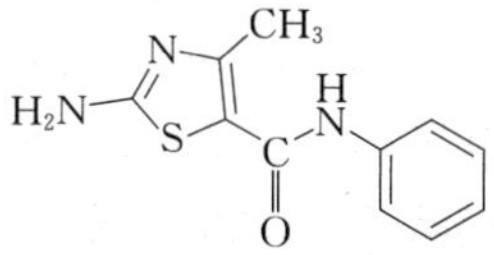

（3）主要生物活性　拌种灵为内吸性杀菌剂，对担子菌亚门的植物病原真菌有特效，对黄单胞菌等植物病原细菌亦有很好的杀菌作用，主要用于防治高粱黑穗病、小麦散黑穗病、小麦坚黑穗病、小麦锈病，以及红麻、橡胶树、棉花、柑橘、芒果等立枯病和柑橘溃疡病。

图 4-28　拌种灵的分子结构

（4）毒性　拌种灵对人畜毒性低，对双子叶植物的种子安全，对禾谷类作物的种子安全性差。

3. 啶酰菌胺

（1）化学名称　啶酰菌胺（boscalid）的化学名称为 2-氯-N-（4′-氯联苯-2-基）烟酰胺（图 4-29）。

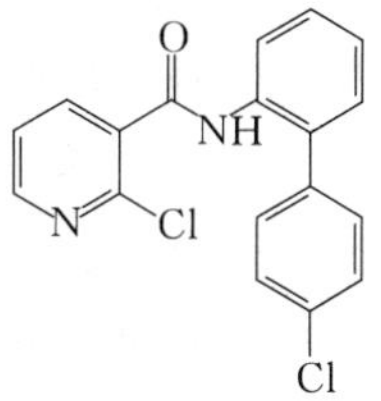

（2）主要理化性质　啶酰菌胺纯品（99.7%）外观为白色结晶固体，无气味；蒸气压为 7×10^{-9} hPa（20 ℃）；沸点为 300 ℃，分解；熔点为 142.8～143.8 ℃；密度为 1.381 g/cm³；20 ℃条件下的溶解度，在水中为 4.58～4.70 mg/L，在 N,N-二甲基甲酰胺中超过 250 g/L，在二氯甲烷中为 200～250 g/L，在丙酮中为 160～200 g/L，在乙酸乙酯中为 67～80 g/L，在乙腈中为 40～50 g/L，在甲醇中为 40～50 g/L，在甲苯中为 20～25 g/L，在庚烷、正辛醇、橄榄油和异丙醇中小于 10 g/L。

图 4-29　啶酰菌胺的分子结构

（3）主要生物活性　啶酰菌胺是巴斯夫公司研发的吡啶羧酰胺类琥珀酸脱氢酶抑制剂（SDHI），与非琥珀酸脱氢酶抑制剂类杀菌剂没有交互抗药性。啶酰菌胺用于防治锈菌、丝核菌、灰霉、核盘菌等高等真菌引起的多种作物病害，通过抑制真菌孢子萌发、芽管伸长和吸器形成发挥优良的保护作用和较好的治疗作用。

4. 吡唑萘菌胺

（1）化学名称　吡唑萘菌胺（isopyrazam）的化学名称为 3-二氟甲基-1-甲基-N-（1,2,3,4-四氢-9-异丙基-1,4-亚甲基萘-5-基）吡唑-4-酰胺（图 4-30）。

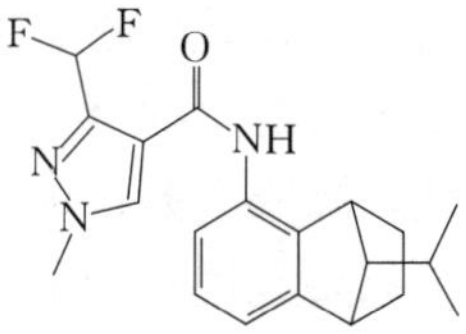

（2）主要理化性质　吡唑萘菌胺纯品为白色无味粉末，熔点高于 130 ℃，沸点高于 260 ℃，非高度易燃物，不具有爆炸性。

图 4-30　吡唑萘菌胺的分子结构

（3）主要生物活性　吡唑萘菌胺为吡唑羧酰胺类琥珀酸脱氢酶抑制剂，具有很强的选择性。其独特的双环［吡唑环（pyrazole ring）和苯并降冰片烯环（benzonorbornene ring）］结构，使其不仅可以与病原菌的作用位点（琥珀酸脱氢酶）牢固结合，而且是可以与植物表皮的蜡质层强力结合，具有双重结合力（double-binding）。吡唑萘菌胺在植物表面可快速横向展布，形成稳定的保护层，扩大叶片保护面积，抑制多种真菌孢子萌发及芽管和附着胞发育，抑制菌丝生长。其防治植物病害以保护作用为主，亦有治疗作用。

5. 噻呋酰胺

（1）化学名称　噻呋酰胺（thifluzamide）的化学名称为 2′,6′-二溴-2-甲基-4′-三氟甲氧基-4-三氟甲基-1,3-噻二唑-5-羟酰苯胺（图 4-31）。

(2) 主要理化性质 噻呋酰胺纯品为白色粉状固体；密度为 1.930 g/cm³；熔点为 177.9~178.6 ℃；20 ℃时在水中溶解度为 1.6 mg/L，易溶于甲醇、丙酮、二甲基甲酰胺等有机溶剂；油水分配系数为 4.1；pH 5~9 时稳定。

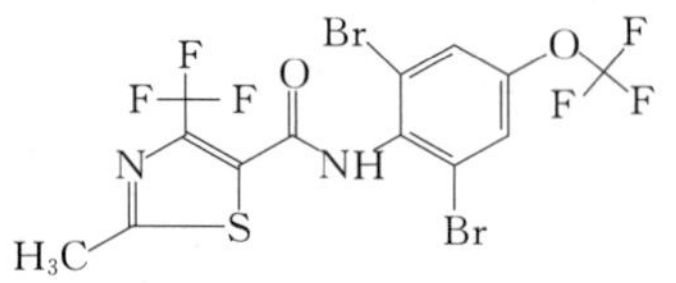

图 4-31 噻呋酰胺的分子结构

(3) 主要生物活性 噻呋酰胺属于噻唑羧酰胺类琥珀酸脱氢酶抑制剂，对丝核菌属、柄锈菌属、腥黑粉菌属、伏革菌属、黑粉菌属等担子菌引起的病害有很好的防治效果。噻呋酰胺用于水稻等禾谷类作物、草坪茎叶处理防治纹枯病、锈病和立枯病时，有效成分使用剂量为 125~250 g/hm²；用于种子处理防治黑穗病和立枯病时，有效成分使用剂量为 7~30 g/100kg 种子。

(五) 麦角甾醇生物合成抑制剂类杀菌剂

1970 年代初发现了甾醇（固醇）生物合成抑制剂（sterol biosynthesis inhibitor，SBI）的抗菌作用机制，从此研究和开发甾醇生物合成抑制剂类杀菌剂引起了农药界、医药界、植物病理学和生物化学学科的高度重视。甾醇是细胞膜的重要组分，不同类型生物的甾醇结构和组分也各有所区别。真菌除了参与细胞膜结构的麦角甾醇（ergosterol）以外，其生物合成过程中的一些中间体及衍生物在细胞生命活动中还具有调节作用和激素作用。抑制麦角甾醇生物合成，即可破坏真菌细胞膜的结构和功能，干扰细胞正常的新陈代谢，导致菌体生长停滞、繁殖率下降，甚至细胞死亡。目前已知的甾醇生物合成抑制剂包含了可用于医药、农药的多种化学结构类型的衍生物，例如吡啶类、嘧啶类、哌嗪类、咪唑类、三唑类、哌啶类、吗啉类、多烯大环内酯类、烯丙胺类等化合物。甾醇生物合成抑制剂在甾醇生物合成途径中具有不同的作用靶标。

20 世纪 80 年代以来，许多新型高效、低毒、广谱、安全的麦角甾醇生物合成抑制剂（ergosterol biosyntheses inhibitor，EBI）相继应用于植物真菌病害防治，包括了吡啶类、嘧啶类、哌嗪类、咪唑类、三唑类、哌啶类、吗啉类 40 余种化合物，尤以三唑类杀菌剂活性最高、抗菌谱最广。麦角甾醇生物合成抑制剂类杀菌剂的发现和使用，是继苯并咪唑类杀菌剂以后再次推动植物病害防治水平提高的重要里程碑，它们的特点如下。

①麦角甾醇生物合成抑制剂类杀菌剂具有广谱的抗菌活性，对几乎所有作物的白粉病和锈病特效，除鞭毛菌、细菌和病毒外，对子囊菌、担子菌、半知菌都有一定效果。因此在许多情况下只要施用一种杀菌剂就可以防治该作物上的多种真菌病害。

②大多数麦角甾醇生物合成抑制剂类杀菌剂具有内吸特性和明显的熏蒸作用，不仅具有极好的治疗作用，而且还具有保护作用和抗产孢作用；既可以对植物地上部分进行喷雾使用，也可作为种子处理剂防治种传、土传病害及地上部的气传植物病害。

③麦角甾醇生物合成抑制剂抗药性风险较低。一般来说，植物病原真菌对麦角甾醇生物合成抑制剂抗药性水平较低，抗药性群体形成和发展速度慢，同时抗药性菌株通常表现繁殖率下降，适合度降低。

④麦角甾醇生物合成抑制剂具有极高的杀菌活性，持效期长，一般为 3~6 周。大田用药量一般低于以前的内吸性杀菌剂一个数量级，果树上使用量为传统保护剂的 1%。

卵菌仅在营养生长阶段可以吸收外源植物甾醇，细菌可以合成构型类似甾醇的多萜化合物供自身生长发育，因此麦角甾醇生物合成抑制剂不能防治卵菌和细菌病害。但是也发现麦角甾醇生物合成抑制剂在离体条件下对少数几种低等卵菌有抗菌活性，这可能是干扰了卵菌中存在着的某些涉及甾醇的调节作用。从理论上讲，所有麦角甾醇生物合成抑制剂都应该对所有子囊菌、半知菌和担子菌有相似的抗菌活性。其实不然，不同的麦角甾醇生物合成抑制剂有着不同的抗菌谱，并存在着很大的活性差异。这是因为不同杀菌剂的脂水平衡系数和不同真菌的细胞壁及细胞膜结构存在差异，决定了药剂进入菌体细胞的速度和数量；药靶的遗传分化及菌体细胞和植物细胞内的遗传调控、生物化学反应和代谢的不同也极大影响着麦角甾醇生物成抑制剂的抗菌活性和防治病害的效果。

麦角甾醇生物合成抑制剂类杀菌剂分子上一般都具有1~2个不对称碳原子，存在2个或4个对映体。不同对映体之间常常存在着很大的抗菌活性差异和抑制植物生长的调节活性差异。因此如果麦角甾醇生物合成抑制剂杀菌剂原药发生不同对映体比例的变化，就会影响防治病害的效果和对植物的安全性。

目前，绝大多数麦角甾醇生物合成抑制剂类杀菌剂在我国均有生产或使用，其代表性品种如下。

1. 氯苯嘧啶醇

（1）化学名称　氯苯嘧啶醇（fenarimol）的化学名称为2-氯苯基-4-氯苯基-α-嘧啶-5-基甲醇（图4-32）。

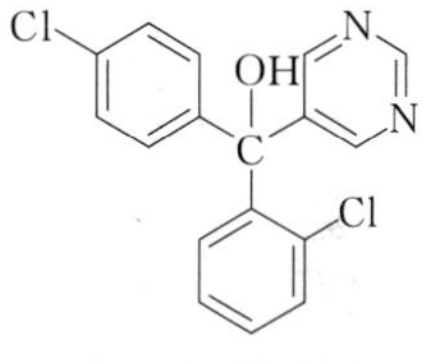

（2）主要理化性质　氯苯嘧啶醇纯品为白色结晶，熔点为117~119℃，25℃时蒸气压为$1.3×10^{-5}$ Pa；难溶于水，易溶于丙酮、乙腈、苯、氯仿、甲醇，对酸、碱、高温稳定，见光易分解。

图4-32　氯苯嘧啶醇的分子结构

（3）主要生物活性　氯苯嘧啶醇为嘧啶类脱甲基抑制剂，为内吸性杀菌剂，具有保护、治疗和铲除作用，对果树和蔬菜白粉病菌和疮痂病病菌、苹果和梨黑星病病菌、甜菜叶斑病病菌、杨梅叶枯病病菌和草坪根腐病病菌等有很高的抗菌活性。

（4）毒性　氯苯嘧啶醇对大鼠急性口服LD_{50}为2 500 mg/kg。

2. 抑霉唑

（1）化学名称　抑霉唑（imazalil）的化学名称为1（β-烯丙氧基）2,4-二氯苯乙基咪唑（图4-33）。

（2）主要理化性质　抑霉唑原药为淡黄色至棕色结晶，微溶于水，易溶于多数有机溶剂中，对热稳定。

（3）主要生物活性　抑霉唑为咪唑类脱甲基抑制剂，为内吸性杀菌剂，具有保护和治疗作用，主要用于防治各种植物的白粉病，防治柑橘、香蕉等水果的储藏病害，特别是青霉菌、胶孢炭疽菌、拟茎点霉和茎点霉菌等；也可以作为种衣剂防治

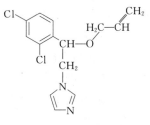

图4-33　抑霉唑的分子结构

禾谷作物病害，特别是镰刀菌病害；对苯并咪唑类抗药性菌株有很高的活性。

（4）毒性　抑霉唑对大鼠急性口服LD_{50}为277~343 mg/kg。

3. 咪鲜胺

（1）化学名称　咪鲜胺（prochloraz）的化学名称为N-丙基-N-[2-(2,4,6-三氯苯氧基)乙基]-1-咪唑-1-基甲酰胺（图4-34）。

（2）主要理化性质　咪鲜胺纯品为无色无味结晶，熔点为46.5~49.3℃，20℃时蒸气压为$4.8×10^{-4}$ Pa；难溶于水，易溶于丙酮、二氯甲烷、乙醇、乙酸乙酯、甲苯和二甲苯；

对强酸、强碱和光不稳定。

(3) 主要生物活性　咪鲜胺为咪唑类脱甲基抑制剂，广谱、活性高，具有良好的渗透性，但在植物体内容易被质子化，输导性能差，具有保护和铲除作用。乳剂对假尾孢属、核腔菌属、喙孢属及壳针孢属引起的禾谷类作物病害，壳二孢属、葡萄孢属引起的豆科植物病害，尾孢属、白粉菌属引起的甜菜病害有很好的防治效果。咪鲜胺对柑橘和热带水果的储藏病害具有很高的活性。可湿性粉剂推荐使用于蘑菇防治轮枝孢菌病害和水稻稻瘟病等。

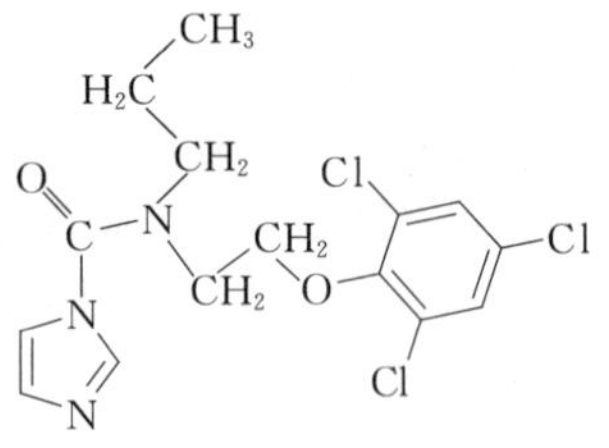

图 4-34　咪鲜胺的分子结构

(4) 毒性　咪鲜胺对大鼠口服 LD_{50} 为 1 600～2 400 mg/kg，对眼睛有刺激作用。

4. 三唑酮

(1) 化学名称　三唑酮（triadimefon）的化学名称为 1-(4-氯苯氧基)-3,3-二甲基-1-(1,2,4-三氮唑-1-基)-2-丁酮（图 4-35）。

(2) 主要理化性质　三唑酮纯品为无色结晶，有轻微臭味，熔点为 82.3 ℃，在 20 ℃下蒸气压为 7.5×10^{-5} Pa，在水中溶解度为 64 mg/L（20 ℃），可溶于大部分有机溶剂。

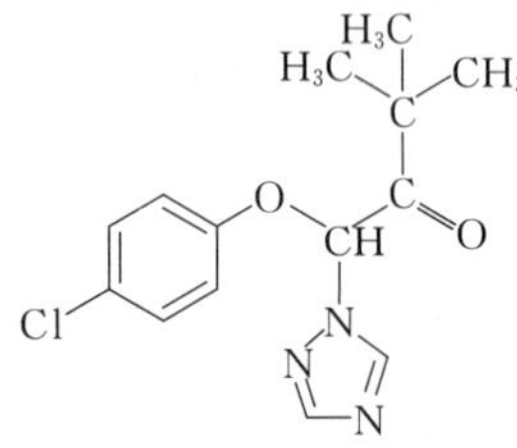

(3) 主要生物活性　三唑酮为三唑类脱甲基抑制剂，为内吸剂，在植物和真菌体内转变为活性更高的三唑醇起作用。三

图 4-35　三唑酮的分子结构

唑酮具有保护、治疗和铲除作用，主要用于防治各种植物的锈病、白粉病、叶斑病等病害。

(4) 毒性　三唑酮对鱼类及鸟类安全，对蜜蜂和天敌无害，对大鼠急性口服 LD_{50} 为 1 000～1 500 mg/kg。

5. 烯唑醇

(1) 化学名称　烯唑醇（diniconazole）的化学名称为 (E)-(RS)-1-(2,4-二氯苯基)-4,4-二甲基-2-(1H-1,2,4-三唑-1-基)戊-1-烯-3-醇（图 4-36）。

(2) 主要理化性质　烯唑醇纯品为无色结晶，熔点为 134～156 ℃，25 ℃时蒸气压为 4.9 mPa，难溶于水，易溶于多种有机溶剂；在通常储存情况下稳定，对热、光和潮湿稳定，常温下储存稳定 2 年。

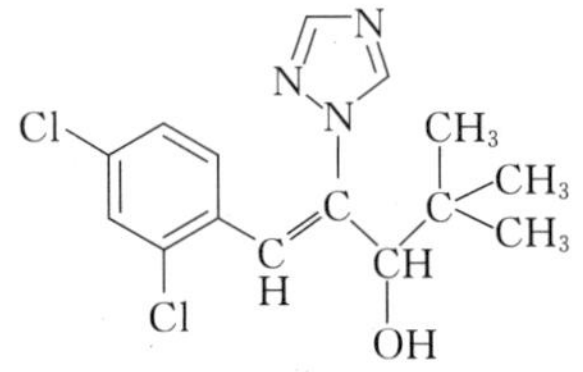

图 4-36　烯唑醇的分子结构

(3) 主要生物活性　烯唑醇为三唑类脱甲基抑制剂，为内吸性保护和治疗剂，防病谱广，对白粉病和锈病特效，对子囊菌、担子菌、半知菌有较高防治效果。烯唑醇常用来防治小麦锈病、白粉病、叶枯病等，花生叶斑病，苹果白粉病、锈病，梨黑星病以及多种作物的白粉病、锈病；播前种子处理可防治小麦散黑穗病、坚黑穗病、腥黑穗病和苗期白粉病、锈病，玉米丝黑穗病，高粱丝黑穗病等。烯唑醇是麦角甾醇生物合成抑制剂类杀菌剂中具有较强植物生长抑制作用的杀菌剂，尤其是种子处理和在大田双子叶作物上使用，或与碱性农药混用易产生药害。

(4) 毒性　烯唑醇对大鼠急性口服 LD_{50} 为 639 mg/kg（雄鼠）、474 mg/kg（雌鼠）。

6. 丙环唑

(1) 化学名称　丙环唑（propiconazole）的化学名称为 1-[2-(2,4-二氯苯基)-4-丙基-1,3-二氧戊环-2-甲基]-1-氢-1,2,4-三唑（图 4-37）。

（2）主要理化性质　丙环唑原药为透明淡黄色黏稠液体，无臭味，密度为 1.27 g/mL，闪点为 61 ℃，沸点为 180 ℃，20 ℃时蒸气压为 1.33×10^{-4} Pa，在水中溶解度为 100 mg/L（20 ℃），易溶于有机溶剂；在 320 ℃以下稳定，对光比较稳定，水解不明显，在酸、碱中稳定。

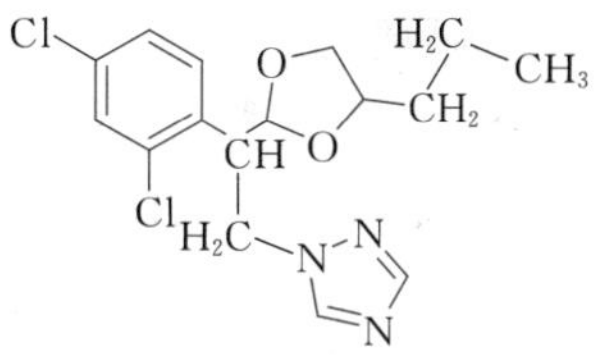

图 4-37　丙环唑的分子结构

（3）主要生物活性　丙环唑为三唑类脱甲基抑制剂，具有很好的内吸治疗作用，兼有保护和抗产孢作用。丙环唑在水稻上施药 14 d 后，标记的活性部分有 71%被水稻吸收；在葡萄上喷施 3 d 内有 63%的标记物存在于植株中；在香蕉上使用 30 min 后即可吸收 30%～70%（根据天气）。丙环唑对子囊菌、担子菌及半知菌等植物病原真菌有高活性，对白粉病和锈病特效，主要用于防治禾谷类作物和果树叶斑病，包括壳针孢、尾孢、锈菌、白粉菌、丝核菌引起的各种病害，以及种子传播的黑穗病病菌；对苹果和葡萄的少数品种有抑制生长的反应，种子处理对大多数作物都会引起延缓萌发的药害症状。

（4）毒性　丙环唑对大鼠急性口服 LD_{50} 为 1 517 mg/kg。

7. 戊唑醇

（1）化学名称　戊唑醇（tebuconazole）的化学名称为 1-（4-氯苯基）-3-（1H-1,2,4-三唑-1-基甲基）-4,4-二甲基戊-3-醇（图 4-38）。

（2）主要理化性质　戊唑醇纯品为无色晶体，原药为无色至淡褐色粉末，熔点为 102.4 ℃，蒸气压为 1.3×10^{-5} Pa，难溶于水，易溶于异丙醇、甲苯等。

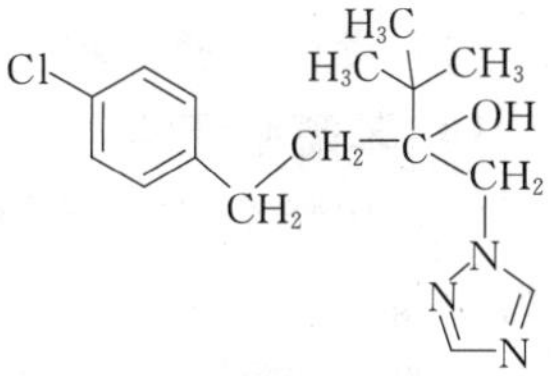

图 4-38　戊唑醇的分子结构

（3）主要生物活性　戊唑醇为三唑类脱甲基抑制剂，为内吸性杀菌剂，具有保护、治疗和铲除作用，防病谱广，用于防治锈病、白粉病等多种植物的各种高等真菌病害，也用于防治香蕉叶斑病等病害；可作为种衣剂，对禾谷类作物各种黑穗病有很高的活性。

（4）毒性　戊唑醇对大鼠急性口服 LD_{50} 为 4 000 mg/kg（雄鼠）、1 700 mg/kg（雌鼠）。

8. 己唑醇

（1）化学名称　己唑醇（hexaconazole）的化学名称为（R, S）-2-（2,4-二氯苯基）-1-（1H-1,2,4-三唑-1-基）-己-2-醇（图 4-39）。

（2）主要理化性质　己唑醇纯品为白色晶体状固体，熔点为 111 ℃，25 ℃时蒸气压为 1.1×10^{-4} Pa，难溶于水，易溶于甲醇、丙酮和甲苯；室温下至少 9 个月内不分解，酸、碱性（pH 5.0～9.0）水溶液中 30 d 内稳定，pH 7.0 水溶液中紫外线照射下 10 d 内稳定。

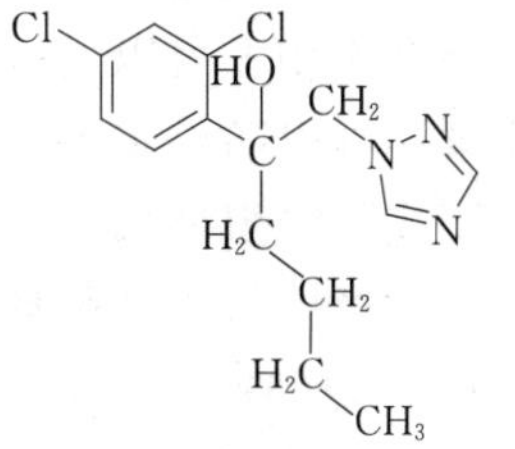

图 4-39　己唑醇的分子结构

（3）主要生物活性　己唑醇为三唑类脱甲基抑制剂，抗菌活性极高，具有内吸保护作用和治疗作用；防病谱广，特别对子囊菌和担子菌病害高效。对苹果白粉病病菌和黑星病病菌、葡萄球座菌和葡萄钩丝壳菌、咖啡上的锈菌和花生上的尾孢菌有高活性。

（4）毒性　己唑醇对大鼠急性口服 LD_{50} 为 2 189 mg/kg（雄鼠）、6 071 mg/kg（雌鼠）。

9. 腈菌唑

(1) 化学名称　腈菌唑（myclobutanil）的化学名称为2-(4-氯苯基)-2-(1H-1,2,4-三唑-1-基甲基)己腈（图4-40）。

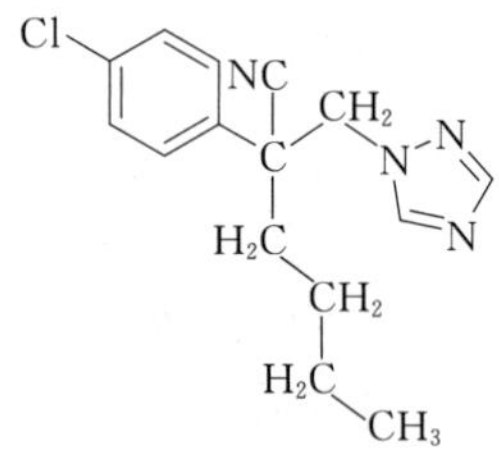

(2) 主要理化性质　腈菌唑为淡黄色固体，熔点为68~69℃，25℃时蒸气压为0.213 Pa，在水中溶解度为142 mg/L（25℃），溶于醇、芳烃、酯和酮，不溶于脂族烃。

(3) 主要生物活性　腈菌唑为三唑类脱甲基抑制剂，为内吸性杀菌剂，具有保护和治疗作用，防病谱广，可用于防治多种作物的子囊菌、半知菌和担子菌病害，对各种作物上的白粉病病菌、仁果上的锈菌和黑星病病菌、核果上的褐腐病病菌、链格孢菌及禾谷类作物上的散黑穗病病菌、腥黑粉菌、颖枯病病菌、镰刀菌、核腔菌等具有很高的活性。由于该化合物是麦角甾醇生物合成抑制剂类杀菌剂中对植物的副作用较小的杀菌剂，所以常被用于防治双子叶植物叶面的锈病、白粉病、黑星病和各种叶斑病等真菌病害，例如防治苹果黑星病、白粉病、葡萄白粉病和黑腐病等。用腈菌唑进行种子处理，可以防治大麦、玉米、棉花、水稻、小麦等作物的多种种传和土传病害。腈菌唑也用于储藏病害的防治。

图4-40　腈菌唑的分子结构

(4) 毒性　腈菌唑对大鼠急性口服LD_{50}为1 600 mg/kg（雄鼠）、2 290 mg/kg（雌鼠）。

10. 苯醚甲环唑

(1) 化学名称　苯醚甲环唑（difenoconazole）的化学名称为3-氯-4-[4-甲基-2-(1H-1,2,4-三唑-1-基甲基)-1,3-二噁戊烷-2-基]苯基-4-氯苯基醚（图4-41）。

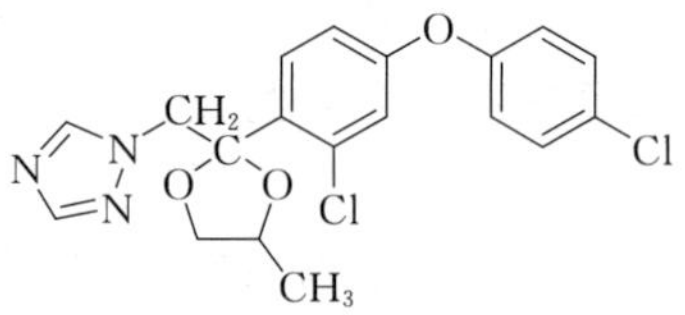

(2) 主要理化性质　苯醚甲环唑纯品为白色至淡米黄色晶体，熔点为76℃，沸点为220℃（4 Pa），20℃时蒸气压为1.2×10^{-4} Pa；难溶于水，易溶于有机溶剂。

图4-41　苯醚甲环唑的分子结构

(3) 主要生物活性　苯醚甲环唑为三唑类脱甲基抑制剂，为内吸性保护和治疗剂，被叶片内吸，有强的向上输导和跨层转移作用，防病谱广，对子囊菌、半知菌和担子菌病害具有很强的保护和治疗活性；主要用于防治甜菜褐斑病，小麦颖枯病、叶枯病、锈病，马铃薯早疫病，花生叶斑病、网斑病，苹果黑星病、白粉病、早期落叶病，葡萄白粉病、黑腐病等；在禾谷类作物上可以用来防治后期综合性真菌病害，例如叶枯病和颖枯病、锈病、烟霉等；在蔬菜上可以防治多种叶斑病，特别是交链孢菌引起的病害；种子处理可以防治禾谷类作物散黑穗病、坚黑穗病、腥黑穗病及矮腥黑穗病。

(4) 毒性　苯醚甲环唑对大鼠急性口服LD_{50}为1 453 mg/kg。

11. 氟环唑

(1) 化学名称　氟环唑（epoxiconazole）的化学名称为(2RS, 3RS)-1-[3-(2-氯苯基)-2,3-环氧-2-(4-氟苯基)丙基]-1H-1,2,4-三唑（图4-42）。

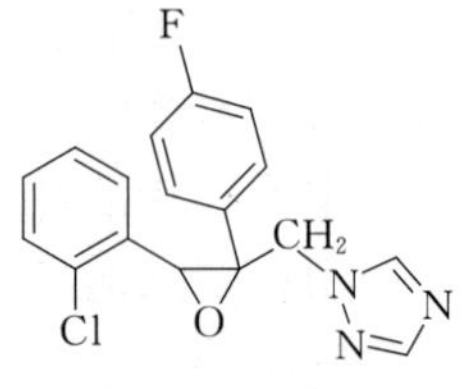

(2) 主要理化性质　氟环唑为浅黄色至白色粉末，熔点为136.2℃，沸点为463.085℃（0.101 MPa），蒸气压小于1×10^{-5} Pa，在水中溶解度为8.42 mg/L（20℃），易溶于二氯甲

图4-42　氟环唑的分子结构

烷、丙酮、乙酸乙酯、乙腈；在 pH 7~9 在水中 12 d 不能降解。

(3) 主要生物活性　氟环唑为三唑类脱甲基抑制剂，为内吸性保护和治疗剂，被叶片内吸，有向上输导和跨层转移作用；防病谱广，对子囊菌、半知菌和担子菌病害具有很强的保护和治疗活性。氟环唑可提高作物的几丁质酶活性，抑制病菌侵入，对香蕉、葱、蒜、芹菜、菜豆、瓜类、芦笋、花生、甜菜等作物上的叶斑病、白粉病、锈病以及葡萄上的炭疽病、白腐病等病害有良好的防治效果，持效期可达 40 d 以上。

(4) 毒性　氟环唑对大鼠急性口服 LD_{50} 大于 5 000 mg/kg。

12. 叶菌唑

(1) 化学名称　叶菌唑（metconazole）的化学名称为 5-(4-氯苯基)-2,2-二甲基-1-(1,2,4-三唑-1-基甲基)-环戊醇（图 4-43）。

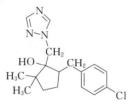

图 4-43　叶菌唑的分子结构

(2) 主要理化性质　叶菌唑为白色或淡黄色固体，熔点为 110~113 ℃，沸点为 285 ℃，蒸气压为 1.23×10^{-5} Pa（20 ℃）；20 ℃时溶解度，在水中为 15 mg/L，在甲醇中为 235 mg/L，在丙酮中为 238.9 mg/L；有很好的热稳定性和水解稳定性。

(3) 主要生物活性　叶菌唑为三唑类脱甲基抑制剂，顺反两种异构体都有杀菌活性，但顺式活性高于反式；用量低而杀菌活性高，对禾谷类作物子囊菌、半知菌和担子菌病害具有很强的保护和治疗活性，尤其对壳针孢、镰孢霉、白粉菌和柄锈菌引起的叶斑病、赤霉病、白粉病和锈病具有卓越的防治效果。

(4) 毒性　叶菌唑对大鼠急性经口 LD_{50} 超过 661 mg/kg。

13. 丙硫菌唑

(1) 化学名称　丙硫菌唑（prothioconazole）的化学名称为 2-[2-(1-氯环丙基)-3-(2-氯苯基)-2-羟丙基]-1,2-二氢-3H-1,2,4-三唑-3-硫酮（图 4-44）。

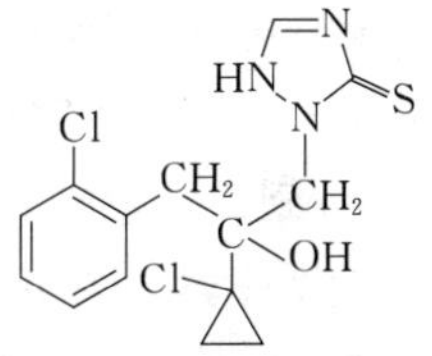

(2) 主要理化性质　丙硫菌唑为白色结晶性粉末，熔点为 139~144 ℃，闪点为 248.2 ℃，蒸气压为 4×10^{-7} Pa，在水中溶解度为 300 mg/L（20 ℃）。

图 4-44　丙硫菌唑的分子结构

(3) 主要生物活性　丙硫菌唑为三唑类脱甲基抑制剂，具有很好的保护、治疗和铲除活性，且持效期长；较其他三唑类杀菌剂有更广谱的杀菌活性，可用于防治禾谷类作物（例如小麦、大麦）的纹枯病、枯萎病、叶斑病、锈病、菌核病、网斑病、云纹病、赤霉病等；还能防治油菜和花生的土传病害（例如菌核病）以及主要叶面病害（例如灰霉病、黑斑病、褐斑病和锈病等）。

(4) 毒性　丙硫菌唑对大鼠急性经口 LD_{50} 超过 6 200 mg/kg。

14. 十三吗啉

(1) 化学名称　十三吗啉（tridemorph）的化学名称为 2,6-二甲基-4-十三烷基吗啉（图 4-45）。

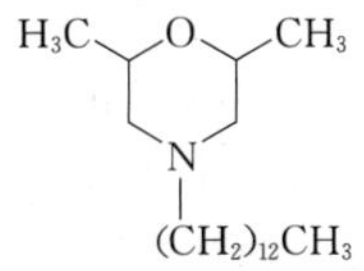

(2) 主要理化性质　十三吗啉为黄色油状液体，20 ℃时密度为 0.86 g/mL，沸点为 134 ℃，闪点为 142 ℃，可溶于大多数有机溶剂中，于 50 ℃以下储存稳定 2 年。

图 4-45　十三吗啉的分子结构

(3) 主要生物活性 十三吗啉为吗啉类麦角甾醇合成 $\Delta^{8\to7}$ 异构酶和 Δ^{14-15} 还原酶抑制剂，为内吸性杀菌剂，具有铲除和治疗作用，能被植物的根、茎、叶吸收并在体内运转；可用于防治麦类和热带作物白粉病和锈病、香蕉叶斑病、茶疱疫病等；与脱甲基抑制剂没有交互抗药性，混合使用可以延缓脱甲基抑制剂类杀菌剂的抗性；与多菌灵混用可以扩大对禾谷作物病害的防病谱。

(4) 毒性 十三吗啉对大鼠急性口服 LD_{50} 为 480 mg/kg。

15. 苯锈啶

(1) 化学名称 苯锈啶（fenpropidin）的化学名称为 (RS)-1-[3-(4-叔丁基苯基)-2-甲基丙基]哌啶（图 4-46）。

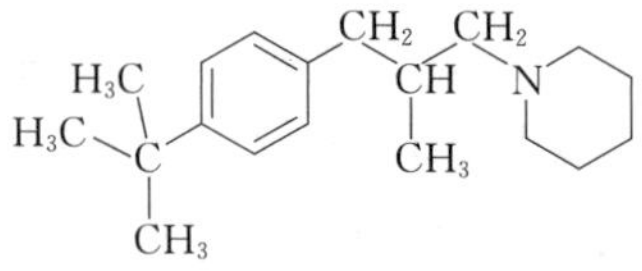

(2) 主要理化性质 苯锈啶原药为淡黄色、无味、轻黏性液体，难溶于水，易溶于丙酮、乙醇等，室温下对光稳定。

图 4-46 苯锈啶的分子结构

(3) 主要生物活性 苯锈啶为哌啶类麦角甾醇合成 $\Delta^{8\to7}$ 异构酶和 Δ^{14-15} 还原酶抑制剂，为内吸性杀菌剂，具有保护、治疗和铲除作用；对多种白粉病病菌和锈菌有特效，对交链孢、青霉、炭疽菌也有很高活性。

(4) 毒性 苯锈啶对大鼠急性口服 LD_{50} 大于 1 447 mg/kg。

（六）苯基酰胺类杀菌剂

1977 年 Ciba-Geigy（现先正达公司）发现了对卵菌有特效的选择性内吸治疗杀菌剂甲霜灵等苯基酰胺类化合物，使卵菌病害的化学防治进入到一个崭新的阶段。苯基酰胺类杀菌剂在植物体内具有双向输导的性能，但仍然以质外体系内的向顶性输导为主。

苯基酰胺类杀菌剂在结构上与作为先导物进行杀菌剂筛选的氯乙酰替苯胺类除草剂相关，实际上包含 3 种亚结构的杀菌剂：①酰基丙氨酸类（acylalanine）的甲霜灵、呋霜灵（furalaxyl）、苯霜灵（benalaxyl）等；②酰胺-丁内酯类（acylamino-butyrolactone）的呋酰胺（ofurace）；③噁唑烷酮类（acylamino-oxazolidinone）的噁霜灵（oxadixyl）等杀菌剂。

苯基酰胺类杀菌剂几乎对所有霜霉目的病原菌都有抗菌活性，这也为研究霜霉目病原菌的共同特性提供了极好的工具，并推动了对卵菌作用机制和抗性机制的研究。对代表性杀菌剂甲霜灵的作用方式的大量研究认为，甲霜灵最初的作用方式是抑制 rRNA 生物合成。作用靶标 rRNA 聚合酶发生突变，将产生高水平抗药性。不同的苯基酰胺类杀菌剂及具有抗菌活性的氯乙酰替苯胺类除草剂之间存在正交互抗药性。

1. 甲霜灵

(1) 化学名称 甲霜灵（metalaxyl）的化学名称为 D,L-N-(2,6-二甲基苯基)-N-(2-甲氧基乙酰)丙氨酸甲酯（图 4-47）。

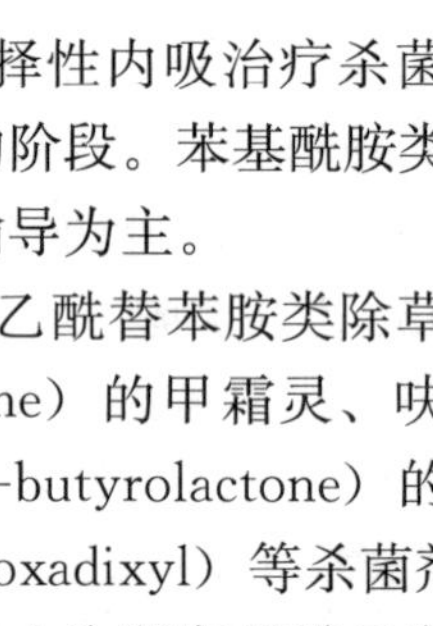

(2) 主要理化性质 甲霜灵原药为白色细粉末，熔点为 71.8~72.3 ℃，在水中溶解度为 8.4 g/L（22 ℃），易溶于有机溶剂中，储存稳定性好。

(3) 主要生物活性 甲霜灵为内吸性杀菌剂，具有保护和治疗作用，对霜霉目卵菌具有选择性抗菌活性，可阻止菌丝生长和孢子形成。甲霜灵可被植物绿色部分快速吸收，施药后

图 4-47 甲霜灵的分子结构

30 min可内吸传导至各部位，持效期长，在推荐用量下可维持药效14 d左右。甲霜灵可用于防治霜霉目的种传、气传和土传病害，主要用于防治各种作物霜霉病、疫病、白锈病和腐霉引起的立枯病、猝倒病等；喷雾使用时，宜与保护剂混合使用；用于种子处理时，对谷子白发病有特效，是目前为止苯基酰胺类化合物中抗菌活性最高的品种。

（4）毒性　甲霜灵对大鼠急性口服LD_{50}为633 mg/kg。

甲霜灵单剂极易导致病菌产生抗药性，生产上使用的都是复配剂，不单独使用。

2. 精甲霜灵

（1）化学名称　精甲霜灵（metalaxyl-M）的化学名称为D-N-（2,6-二甲基苯基）-N-（2-甲氧基乙酰）丙氨酸甲酯（图4-48）。

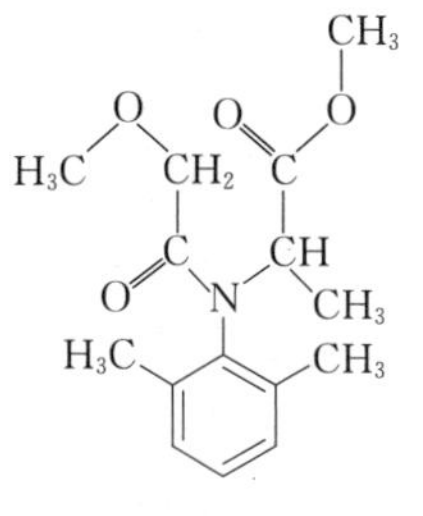

（2）主要理化性质　精甲霜灵是甲霜灵的（R）对映异构体，为灰黄色至淡褐色黏性液体，在水中溶解度为26 g/L（25 ℃），易混合于有机溶剂中，储存稳定性好。

（3）主要生物活性　精甲霜灵为内吸性保护和治疗剂，与甲霜灵的作用机制相同；防病谱也与甲霜灵相似，但是防治效果差别很大，精甲霜灵的活性更强、活性谱更广，达到相同的活性，精甲霜灵的用量可以减少一半；而且在土壤中精甲霜灵比甲霜灵更容易降解。

（4）毒性　精甲霜灵对大鼠急性口服LD_{50}为667 mg/kg。

图4-48　精甲霜灵的分子结构

3. 噁霜灵

（1）化学名称　噁霜灵（oxadixyl）的化学名称为2-甲氧基-N-（2-氧-1,3-噁唑烷-3-基）乙酰胺基-2,6-二甲基替苯胺（图4-49）。

（2）主要理化性质　噁霜灵原药为无色无臭结晶，熔点为104～105 ℃，25 ℃时蒸气压为3.3 μPa，可溶于水和极性溶剂中，室温储存稳定，对微酸、微碱和光稳定。

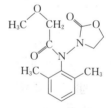

图4-49　噁霜灵的分子结构

（3）主要生物活性　噁霜灵为内吸性杀菌剂，具有治疗和保护作用。噁霜灵在植株体内的移动性稍次于甲霜灵，具有双向传导作用，但是以向上输导为主，也具有跨层转移作用。噁霜灵抗菌谱与甲霜灵相似，对指疫霉、疫霉、腐霉、指霜霉、指梗霜霉、白锈菌、葡萄生轴霜霉等具有高的抗菌活性，主要用于防治霜霉目卵菌引起的植物霜霉病、疫病等。

（4）毒性　噁霜灵对大鼠急性口服LD_{50}为3 480 mg/kg（雄鼠）、1 860 mg/kg（雌鼠）。

（七）噻唑、噻二唑类杀菌剂

含有S和N原子的五环结构称为噻唑。最早发现的具有极好杀细菌活性的噻二唑化合物敌枯唑和敌枯双因有致畸毒性而被禁止使用。20世纪70年代四川化工研究所在具有致畸作用的敌枯双分子基础上，通过在噻二唑环上引入—SH副链，发现了内吸、低毒、安全、可以防治植物细菌病害的杀细菌剂叶枯唑。美国和日本则分别发现了专化性防治稻瘟病的三唑并苯并噻唑（三环唑）和噻瘟唑。噻唑类化合物往往具有以下特殊的生物活性：①一般具有防治植物病害的极高专化性，例如三环唑和噻瘟唑只对防治稻瘟病有高的活性；②一般具有极强的选择性，可以被植物吸收和输导，对植物安全；③或多或少地表现作用于寄主与病原菌的早期互作过程,防治植物病害的原理主要是化学保护作用,例如三环唑和噻瘟唑只对稻瘟病菌的孢子侵入过程有抑制作用;叶枯唑在水稻上防治白叶枯病的实际浓度也低于离体下抑制生长的浓度。因此相信随着分子生物学的发展,人们将会进一步了解噻唑类化合物防治植物病害的分子机制,从而推动新型杀菌剂和植物病害化学防治的发展。

1. 三环唑

(1) 化学名称 三环唑(tricyclazole)的化学名称为1,2,4-三唑并[b]4-甲基苯并噻唑(图4-50)。

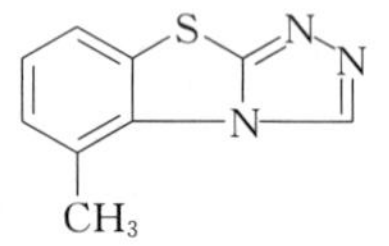

(2) 主要理化性质 三环唑原药为白色结晶,熔点为187~188 ℃,20 ℃时蒸气压为 2.66×10^{-5} Pa;在水中溶解度为 0.7 g/L,在氯仿中溶解度大于 500 g/L;在水中稳定,对光、热也稳定。

图4-50 三环唑的分子结构

(3) 主要生物活性 三环唑是第一个用于防治水稻稻瘟病的黑色素生物合成抑制剂。三环唑为内吸性杀菌剂,从根部迅速吸收,并能迅速在稻株内转移,主要用于防治稻瘟病,但对稻瘟病只有预防作用,没有治疗作用。三环唑在植株体内和土壤中分解缓慢,持效期长达7~10周。离体下三环唑对稻瘟病菌的孢子萌发、附着胞形成和菌丝生长没有直接的毒力作用,但是能够完全阻碍菌丝和附着胞的黑色素生成。试验证实,三环唑影响黑色素合成的浓度低于 0.1 mg/L,但即使高至 20 mg/L 的浓度也不能抑制稻瘟病菌的生长。

(4) 毒性 三环唑对大鼠急性口服 LD_{50} 为 314 mg/kg,对水生动物毒性较低。

2. 烯丙苯噻唑

(1) 化学名称 烯丙苯噻唑(probenazole)的化学名称为1,1-二氧-3-丙烯[1]-氧基苯并[b]噻唑(图4-51)。

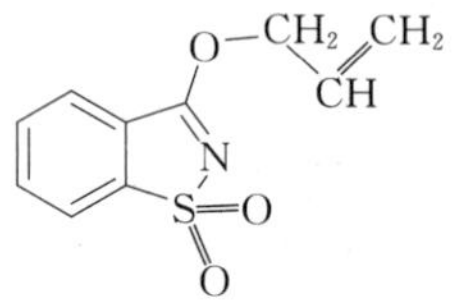

(2) 主要理化性质 烯丙苯噻唑纯品为无色晶体,熔点为138~139 ℃;难溶于水,可溶于甲醇,易溶于丙酮、二甲基甲酰胺等。

图4-51 烯丙苯噻唑的分子结构

(3) 主要生物活性 烯丙苯噻唑为内吸性杀真菌剂和杀细菌剂,可被根部吸收,向顶输导;可用于防治水稻稻瘟病和水稻白叶枯病,也用于防治黄瓜细菌性角斑病。烯丙苯噻唑在培养基上对菌丝生长和在玻片上对孢子萌发均不表现毒力,但在水稻叶鞘上对孢子萌发的影响却十分明显,通过根部施药也观察到分生孢子萌发、附着胞形成、芽管侵入、菌丝生长以及孢子形成等几个发育阶段都受到影响。烯丙苯噻唑在稻株体内持效期长,每公顷有效成分使用量为 300 g 时,持效期可达2~3周。

烯丙苯噻唑处理能诱导稻株产生几种抗菌物质,其中主要的是 β-羟基-顺-9-反-11-顺-15-十八碳三烯亚麻酸和顺-9-反-12-顺-15-十八碳三烯亚麻酸。这些物质对病菌都有抑制作用;同时稻株经药剂处理后,一些酶(例如苯丙氨酸裂解酶和儿茶酚-O-二甲基转移酶)的活性也提高了,使侵染点周围组织纤维屏障增强,病菌难以扩展。

(4) 毒性 烯丙苯噻唑对大鼠急性口服 LD_{50} 为 2 030 mg/kg。烯丙苯噻唑对鱼有毒。

3. 叶枯唑

(1) 化学名称 叶枯唑(bismerthiazol)的化学名称为 N,N'-甲撑-双(2-氨基-5-巯基-1,3,4-噻二唑)(图4-52)。

(2) 主要理化性质　叶枯唑纯品为白色长方柱状结晶或浅黄色疏松细粉，熔点为189～191 ℃，难溶于水，可溶于吡啶、乙醇、甲醇等有机溶剂。

(3) 主要生物活性　叶枯唑为内吸性杀细菌剂，主要用来防治水稻白叶枯病等细菌病害。

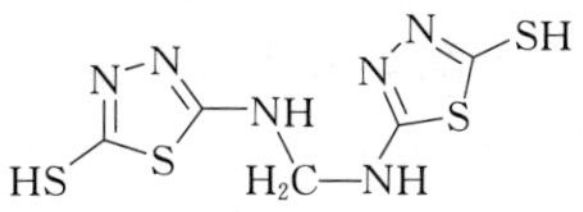

图4-52　叶枯唑的分子结构

(4) 毒性　叶枯唑原药对大鼠急性口服 LD_{50} 为 3 160～8 250 mg/kg，但存在代谢物毒性问题。

4. 噻唑锌

(1) 化学名称　噻唑锌（zinc thiazole）的化学名称为 2-氨基-5-巯基-1,3,4-噻二唑锌（图4-53）。

(2) 主要理化性质　噻唑锌原药为灰白色至白色粉末，熔点高于300 ℃；不溶于水，微溶于吡啶、二甲基甲酰胺；储存稳定性好。

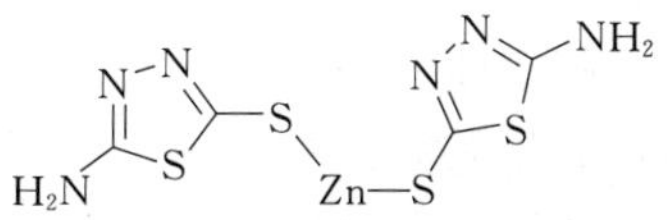

图4-53　噻唑锌的分子结构

(3) 主要生物活性　噻唑锌为内吸性杀菌剂，具有保护和极好的治疗作用，对黄单胞菌、假单胞菌、欧文氏菌、劳尔氏菌等多种细菌具有抗菌活性，具有杀菌谱广、安全性好、作用方式多样、毒性低、抗性风险低等特点；主要用于防治水稻细菌性条斑病、柑橘溃疡病、黄瓜细菌性角斑病、桃树细菌性穿孔病、烟草野火病等。

(4) 毒性　噻唑锌对大鼠急性经口 LD_{50} 超过 5 000 mg/kg，大鼠急性经皮 LD_{50} 超过 2 000 mg/kg。

（八）甲氧基丙烯酸酯类杀菌剂

甲氧基丙烯酸酯（β-methoxyacrylate）类杀菌剂来源于一种担子菌 *Oudemansiella mucida* 的天然抗生素 strobilurin A，所以又称为嗜球果伞素类（strobilurin）杀菌剂。自1969年 Musilek 等发现 strobilurin A 抗菌活性以后，科学家们经过20多年的结构优化研究，此类杀菌剂的开发获得巨大成功。先正达和巴斯夫公司首先于1996年分别在德国登记注册了嘧菌酯和醚菌酯防治小麦白粉病和叶枯病，至2000年，仅嘧菌酯就已经在全球100多种作物上登记用于防治400多种真菌病害。嘧菌酯和醚菌酯创造了单品种连续年销售在4亿美元以上的历史纪录，单品种销售仅次于草甘膦和吡虫啉分别列第三位和第五位，在杀菌剂开发史上树立了继三唑类杀菌剂之后又一个新的里程碑。目前已有10多种甲氧基丙烯酸酯类杀菌剂进入了市场应用，它们具有以下突出优点：①具有很高的选择性，对几乎所有的作物和生态安全，符合人类对环境的要求；②具有特别广谱高效的抗菌活性，对卵菌、子囊菌、担子菌和半知菌都有很高的杀菌活性，符合综合防治策略；③具有保护、铲除、抗产孢和治疗作用，符合预防为主的植物保护方针；④具有良好的内吸输导性能和扩散性能，其中嘧菌酯和吡唑醚菌酯比三唑类杀菌剂更好地在植物体内均匀分布，并可以在植物冠层内通过气相扩散；⑤具有独特的作用靶标，与其他现有杀菌剂没有交互抗药性；⑥具有显著的延缓植物衰老，促进植物生长的作用，可提高农产品产量和品质。

甲氧基丙烯酸酯类杀菌剂独特的作用机制决定了防治植物病害的种类和效果，不仅取决于药剂本身的物理化学和生物学特性，还取决于药剂、病原菌和寄主的互作。甲氧基丙烯酸酯类杀菌剂主要作用于真菌的线粒体呼吸，破坏能量合成从而抑制真菌生长或将病菌杀死。药剂与线粒体电子传递链中复合物Ⅲ（Cyt bc_1 复合物）中的细胞色素 b（Cyt b）的 Q_o 位点结合，阻断电子由细胞色素 bc_1（Cyt bc_1）复合物流向细胞色素 c（Cyt c）。所以甲氧基丙烯酸酯类杀菌剂或 strobilurin 又称为 Q_o 抑制剂，简称 Q_oI。最近发现噁唑烷酮类的咪唑菌酮（fenamidone）和噁唑菌酮（famoxadone）的作用机制也是抑制 Q_o 位点，故也将这两种杀菌剂归为甲氧基丙烯酸酯类。真菌对呼吸链电子传递中断的适应性生物进化是存在旁路呼吸途径。在旁路呼吸途径中只有一个关键的旁路氧化酶（alternative oxidase，AOX）复合物。旁路氧化酶在不同真菌中存在着固有型或诱导型表达，所以甲氧基丙烯酸酯类杀菌剂对那些存在固有型旁路氧化酶表达的真菌（例如灰霉和香蕉黑斑病病菌）的效果较差。真菌体内旁路氧化酶诱导表达的机制比较复杂，但是已知在某些真菌细胞中超氧自由基浓度增加能够诱导旁路氧化酶表达，因此超氧自由基清除剂能够增强或延长甲氧基丙烯酸酯类杀菌剂的抗菌活性。同样，已知在某些植物代谢过程中存在（类）黄酮等物质，这些物质具有抑制旁路氧化酶活性的作用，所以甲氧基丙烯酸酯类杀菌剂对于某些真菌来说，在植物上能够表现比离体更高的抗菌活性。

在甲氧基丙烯酸酯类杀菌剂开发和使用早期，对其抗药性风险研究认为是中等抗药性风险。实际上，在这类杀菌剂应用 2 年以后，就产生了抗药性且出现防治效果显著下降的现象。例如醚菌酯在实际应用 1 年后就有关于小麦和大麦白粉病病菌抗药性发生的报道，到 2000 年在德国的北部、法国的北部和英国的田间病原群体中抗药性分生孢子就已经占 2%～99%。1999 年，日本也检测到黄瓜和甜瓜上的白粉病病菌和霜霉病病菌的抗药性菌株。然而小麦叶斑病、褐锈病和网斑病病菌产生抗药性的速度则较慢。当前甲氧基丙烯酸酯类杀菌剂除单剂使用外，多与其他类型杀菌剂混用，这将成为该类杀菌剂进一步发展的趋势。拜耳公司 2001 年开发了肟菌酯+丙环唑的混配药剂；先正达公司于 2004 年也推出了嘧菌酯+丙环唑的混配药剂。

到目前为止，有关甲氧基丙烯酸酯类杀菌剂的各种发明专利已达数千件，有 10 多个品种已经商品化，包括嘧菌酯、吡唑醚菌酯、醚菌酯、肟菌酯、烯肟菌酯、苯氧菌胺、啶氧菌酯、唑菌胺酯、氟嘧菌酯、氯啶菌酯等。还有许多品种正在进入市场之前的研发之中。

1. 嘧菌酯

(1) 化学名称 嘧菌酯（azoxystrobin）的化学名称为 2-[6-(2-氰基苯氧基)嘧啶-4-氧基]苯基-3-甲氧基丙烯酸甲酯（图 4-54）。

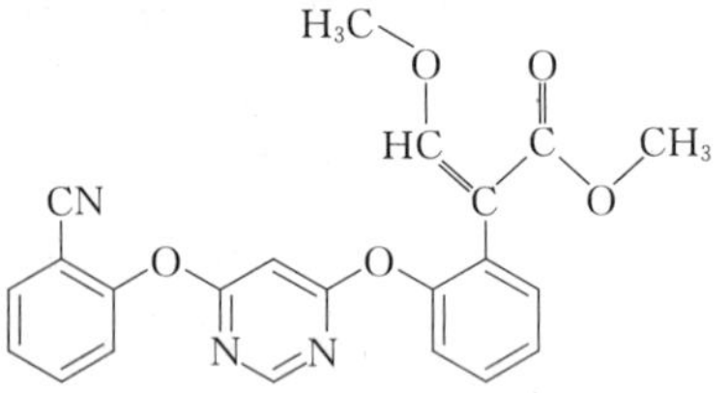

(2) 主要理化性质 嘧菌酯原药纯品为白色固体，熔点为 116 ℃，20 ℃下密度为 1.25 g/cm³，25 ℃时蒸气压为 $1.1×10^{-13}$ Pa，在水中的溶解度为 6 mg/L（20 ℃），易溶于有机溶剂。

图 4-54 嘧菌酯的分子结构

(3) 主要生物活性 嘧菌酯具有保护、治疗、铲除和抗产孢作用，在植物病害防治中主要表现保护作用和铲除作用，对某些病害也具有治疗作用。嘧菌酯具内吸和跨层转移作用，可被植物根、叶、嫩茎吸收，在植物体内质外体系输导。嘧菌酯高效、广谱，对几乎所有的子囊菌、担子菌、卵菌和半知菌都有很高的活性，可用于防治对 14-脱甲基抑制剂、苯基酰胺类、二甲酰亚胺类和苯并咪唑类杀菌剂的抗药性病原菌。

(4) 毒性 嘧菌酯对大鼠和小鼠急性经口 LD_{50} 均大于 5 000 mg/kg，小鼠急性经皮 LD_{50} 大于 2 000 mg/kg；对家兔眼睛和皮肤有一定的刺激作用。

2. 吡唑醚菌酯

（1）化学名称　吡唑醚菌酯（pyraclostrobin）的化学名称为甲基（N）-｛[1-（4-氯苯）吡唑-3基)-氧]-O-甲氧基｝-N-甲氧氨基甲酸酯（图4-55）。

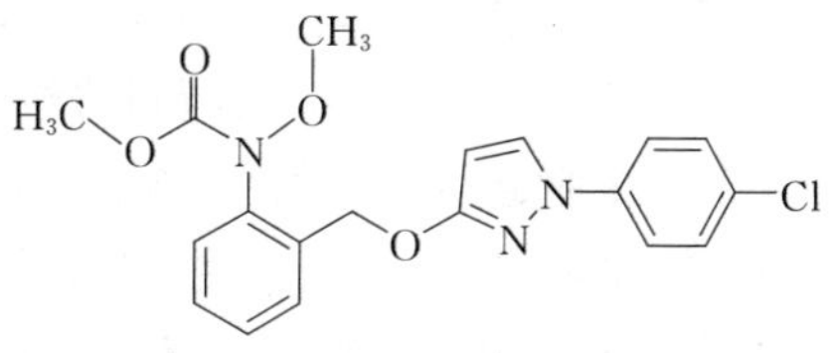

（2）主要理化性质　吡唑醚菌酯纯品为白色至浅米色无味结晶体，熔点为63.7～65.2 ℃，蒸气压为 $2.6×10^{-8}$ Pa（20～25 ℃）；难溶于水，易溶于丙酮、乙酸乙酯、甲苯、二氯甲烷、乙腈和二甲基甲酰胺；正辛醇/水分配系数为4.18（pH 6.5）。

图4-55　吡唑醚菌酯的分子结构

（3）主要生物活性　吡唑醚菌酯为内吸性杀菌剂，具有保护、治疗和铲除作用，持效性长，对黄瓜白粉病、霜霉病和香蕉黑星病、叶斑病、菌核病等有较好的防治效果，对表面发生的白粉病和锈病有治疗作用，对大多数子囊菌、担子菌、半知菌和卵菌都有良好的杀菌活性。

（4）毒性　吡唑醚菌酯对大鼠急性经口 LD_{50} 大于5 000 mg/kg，经皮 LD_{50} 大于2 000 mg/kg；对家兔眼睛、皮肤无刺激性。

3. 肟菌酯

（1）化学名称　肟菌酯（trifloxystrobin）的化学名称为（E，E）-2-[1′-（3′-三氟甲基苯基）-乙基亚胺-O-甲苯基]-2-羰基乙酸甲酯-O-甲酮肟（图4-56）。

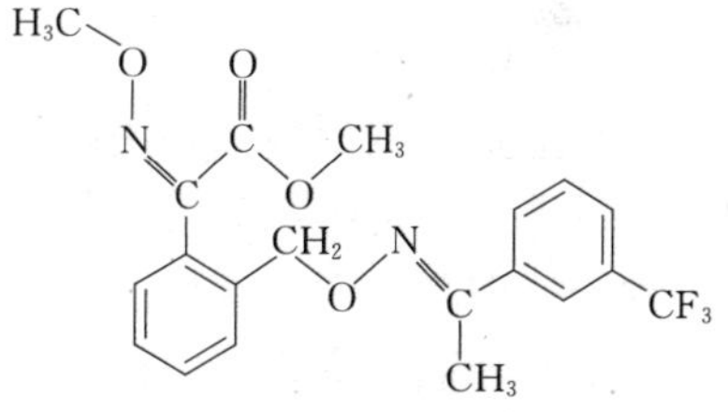

（2）主要理化性质　肟菌酯原药为无臭白色固体，熔点为72.9 ℃，沸点为312 ℃，密度为1.36 g/cm³，25 ℃时蒸气压为3.4 μPa，在水中的溶解度为0.61 mg/L（25 ℃），易溶于丙酮、乙酸乙酯、二氯甲烷和甲醇；在pH 2～12范围内不会分解；20 ℃储存稳定2年以上。

图4-56　肟菌酯的分子结构

（3）主要生物活性　肟菌酯杀菌谱广，除对白粉病和叶斑病有特效外，对锈病病菌、霜霉病病菌、立枯病病菌、苹果黑星病病菌有良好的活性；具有优良的保护和一定的治疗作用，不具有内吸性，有一定的渗透性，在表面上通过气相再分布，也有跨层转移作用；耐雨水冲刷，持效期长。

（4）毒性　肟菌酯对大鼠急性经口 LD_{50} 大于5 000 mg/kg；对家兔眼睛和皮肤有一定的刺激作用。

4. 烯肟菌酯

（1）化学名称　烯肟菌酯（enestroburin）的化学名称为α-[2-[[[[4-（4-氯苯基）-丁-3-烯-2-基]亚胺基]氧基]甲基]苯基]-β-甲氧基丙烯酸甲酯（图4-57）。

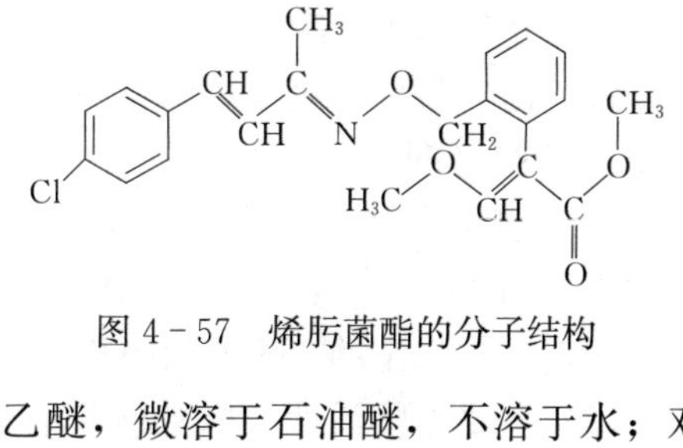

（2）主要理化性质　烯肟菌酯原药为顺（E）反（Z）异构体的混合物，外观为棕色黏稠物，熔点为99 ℃（E体）；易溶于丙酮、三氯甲烷、乙酸乙酯和乙醚，微溶于石油醚，不溶于水；对光、热比较稳定。

图4-57　烯肟菌酯的分子结构

（3）主要生物活性　烯肟菌酯在作物叶面有较好的渗透性，具有杀菌谱广、活性高的预防及治疗作用，对多种卵菌、子囊菌、担子菌及半知菌引起的植物病害有良好的防治效果，尤其对黄瓜和葡萄霜霉病、小麦白粉病等有良好的防治效果。

(4) 毒性　烯肟菌酯原药对雄性大鼠急性毒性经口 LD_{50} 为 1 470 mg/kg。

(九) 苯吡咯类和苯胺基嘧啶类杀菌剂

1. 苯吡咯类　这是一类以假单胞菌（*Pseudomonas* spp.）的天然产物硝吡咯菌素（pyrrolnitrin）为先导物，在苯环上进行分子结构改造，使其对光稳定而合成成功的新型高效、低毒、非内吸性杀菌剂。其主要品种有咯菌腈（fludioxonil）和拌种咯（fenpiclonil）。在实验室获得了不同抗药性水平的灰霉突变体，这些抗药性突变体对二甲酰亚胺类杀菌剂表现交互抗药性，并对高渗透压特别敏感。

这类杀菌剂杀真菌谱广，包括子囊菌和担子菌，可以用于种子处理来防治镰刀菌、腥黑粉菌和其他种传病害。

这里介绍咯菌腈（fludioxonil）。

(1) 化学名称　咯菌腈的化学名称为 4-（2,2-二氟-1,3-苯并二氧杂环戊-4-基）-1H-吡咯-3-腈（图 4-58）。

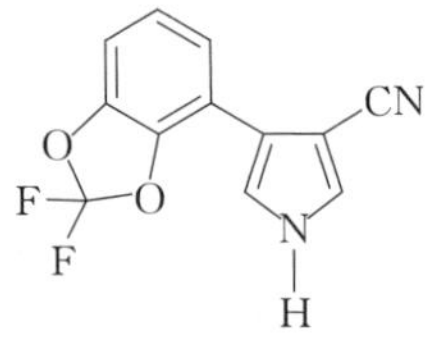

(2) 主要理化性质　咯菌腈为淡黄色晶体，熔点为 199.8 ℃，25 ℃时蒸气压为 3.9×10^{-7} Pa；难溶于水，易溶于丙酮、乙醇、甲苯等。

图 4-58　咯菌腈的分子结构

(3) 主要生物活性　咯菌腈为非内吸杀菌剂，具较长的持效期，内吸进入植物组织和治疗作用有限。咯菌腈防病谱与二甲酰亚胺类杀菌剂相似。咯菌腈用于种子处理防治镰刀菌属、丝核菌属、腥黑粉菌属、长蠕孢属和壳针孢属真菌引起的作物病害，也可叶面喷洒用于防治葡萄孢属、丛梗孢属、核盘菌属、丝核菌属和链格孢属真菌引起的病害。咯菌腈用于种子进行包衣时，不仅可杀灭种子表面和潜伏在种皮内的病原真菌，还可渗入种子内部，杀灭侵入种子内部的病原真菌。

(4) 毒性　咯菌腈对大鼠和小鼠急性经口 LD_{50} 超过 5 000 mg/kg，大鼠急性经皮 LD_{50} 超过 2 000 mg/kg；对兔眼睛和皮肤无刺激性。咯菌腈在土壤中残留时间长，对水生动物和水生植物有高的毒性。

2. 苯胺基嘧啶类　苯胺基嘧啶类杀菌剂主要有嘧菌胺（mepanipyrim）、嘧霉胺（pyrimethanil）和嘧菌环胺（cyprodinil）。其作用机制是抑制氨基酸甲硫氨酸（methionine）的合成，与其他类杀菌剂无交互抗药性。这 3 种化合物都是疏水性的，并且对哺乳动物低毒（对小鼠经口毒性 LC_{50} 约为 5 000 mg/kg）。

以下介绍苯胺基嘧啶类杀菌剂的代表品种嘧霉胺（pyrimethanil）。

(1) 化学名称　嘧霉胺的化学名称为 N-（4,6-二甲基嘧啶-2-基）苯胺（图 4-59）。

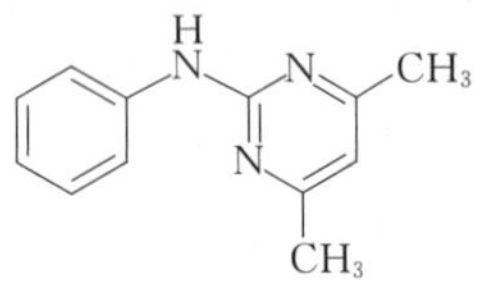

(2) 主要理化性质　嘧霉胺原药为无色晶体，熔点为 93.3 ℃，在 25 ℃下蒸气压为 2.2 mPa；难溶于水，能溶于大多数有机溶剂；在一定的 pH 范围内稳定。

图 4-59　嘧霉胺的分子结构

(3) 主要生物活性　嘧霉胺具有保护和治疗作用，是防治各种作物灰霉病的特效药剂，且与目前防治灰霉病的其他杀菌剂无交互抗药性，对已对二甲酰亚胺类、苯并咪唑类以及乙霉威产生抗药性的菌株也有很好的防治效果。嘧霉胺主要抑制灰葡萄孢霉的芽管伸长和菌丝生长，在一定的用药时间内对灰葡萄孢霉的孢子萌发也具有一定抑制作用。但是病原菌很容易产生抗药性。

(4) 毒性　嘧霉胺属低毒杀菌剂，大鼠急性经口 LD_{50} 为 4 150～5 971 mg/kg。

（十）氰基丙烯酸酯类杀菌剂

这里介绍氰烯菌酯（phenamacril）。

(1) 化学名称　氰烯菌酯的化学名称为 2-氰基-3-氨基-3-苯基丙烯酸乙酯（图 4-60）。

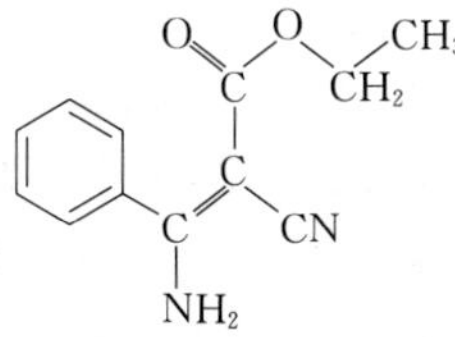

(2) 主要理化性质　氰烯菌酯原药为白色固体粉末，熔点为 117～119 ℃；难溶于水、石油醚、甲苯等非质子性溶剂，易溶于氯仿、丙酮、二甲基亚砜、二甲基甲酰胺等质子极性溶剂；在酸碱性介质中和对光稳定。

图 4-60　氰烯菌酯的分子结构

(3) 主要生物活性　氰烯菌酯是江苏农药研究所有限公司和南京农业大学发现的一种作用于肌球蛋白 5 的新型内吸性杀菌剂，质外体输导，具有很好的保护和治疗作用，持效期长；对镰刀菌属病原真菌具有很高的专化性活性，对环境其他微生物和植物安全；主要用来防治麦类赤霉病和水稻恶苗病。

(4) 毒性　氰烯菌酯对大鼠急性经口、经皮 LD_{50} 超过 5 000 mg/kg。

（十一）氨基甲酸酯类、异噁唑类、取代脲类、羧酸酰胺类和哌啶类杀菌剂

这 5 类杀菌剂均是 20 世纪 70 年代中期以后发展起来的，都是防治卵菌纲引致的病害的新药剂。尤其是新型哌啶类杀菌剂氟噻唑吡乙酮组合了多种杂环结构，表现了前所未有的超高活性和选择性。

1. 氨基甲酸酯类杀菌剂　这里介绍霜霉威（propamocarb hydrochloride）。

(1) 化学名称　霜霉威的化学名称为 N-[3-(二甲氨基)丙基]-氨基甲酸酯（图 4-61）。

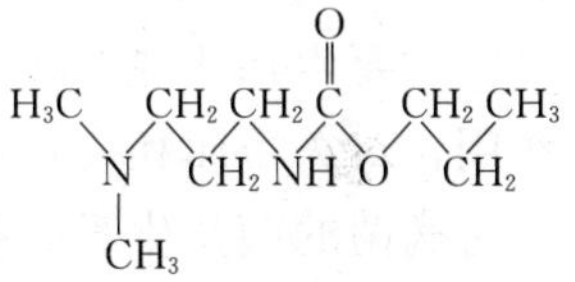

(2) 主要理化性质　霜霉威原药为无色、极轻微芳香、吸湿性结晶，熔点为 45～55 ℃，25 ℃时蒸气压为 $8×10^{-4}$ Pa；易溶于水、甲醇、二氯甲烷等；易光解，易水解，不能与碱性物质混用。

图 4-61　霜霉威的分子结构

(3) 主要生物活性　霜霉威为内吸性杀菌剂，专用于防治卵菌病害，特别是用于腐霉菌和疫霉菌；也用来防治黄瓜、葡萄、莴苣、啤酒花等作物的霜霉病等。

(4) 毒性　霜霉威对大鼠急性口服 LD_{50} 为 2 000～2 900 mg/kg。

2. 异噁唑类杀菌剂　这里介绍噁霉灵（hymexazol）。

(1) 化学名称　噁霉灵的化学名称为 3-羟基-5-甲基异噁唑（图 4-62）。

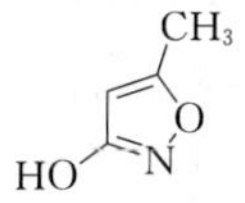

(2) 主要理化性质　原药为无色结晶，熔点为 86 ℃，蒸气压小于 0.133 Pa，易溶于水和甲醇等有机溶剂，对酸、碱稳定，没有腐蚀性。

图 4-62　噁霉灵的分子结构

(3) 主要生物活性　噁霉灵为内吸性土壤和种子杀菌剂；酸性条件下与土壤中的铝、铁离子结合活化，抑制病菌孢子萌发；对腐霉、镰刀菌和丝核菌有活性，对疫霉无效；能被植物的根吸收并在根系内移动，在植物体内代谢产生两种无毒产物：O-糖苷和 N-糖苷，这

两种代谢产物对植物生长有刺激作用,因而又是植物生长促进剂。

(4) 毒性 噁霉灵对大鼠急性口服 LD_{50} 为 4 678 mg/kg。

3. 取代脲类 这里介绍霜脲氰(cymoxanil)。

(1) 化学名称 霜脲氰的化学名称为 2-氰基-N-[(乙胺基)羰基]-2-(甲氰基亚胺基)乙酰胺(图 4-63)。

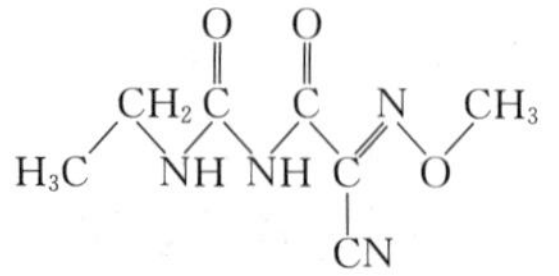

(2) 主要理化性质 霜脲氰原药(有效成分含量最低为 96%)为无色无臭结晶,熔点为 160~161 ℃,25 ℃时蒸气压为 8×10^{-5} Pa;微溶于水,易溶于二甲基甲酰胺、氯仿、丙酮和甲醇;在中性、酸性介质中稳定,遇碱及光照条件下分解。

图 4-63 霜脲氰的分子结构

(3) 主要生物活性 霜脲氰能够渗透进入植物体,具有局部内吸活性,有保护和治疗作用,并有抑制病菌产孢和孢子侵染的能力,主要用于防治霜霉目卵菌病害,特别是疫霉菌、霜霉菌和单轴霉菌引起的病害;宜与保护性杀菌剂混用,以提高持效性。霜脲氰主要用于经济作物由卵菌引起的霜霉病、早疫病、晚疫病、疫霉病、猝倒病等病害。单剂使用效果欠佳,一般与代森锰锌、铜制剂、克菌丹等保护性杀菌剂混用。

(4) 毒性 霜脲氰对大鼠急性口服 LD_{50} 为 960 mg/kg。

4. 羧酸酰胺类杀菌剂 这里介绍氟吗啉、烯酰吗啉和双炔酰菌胺。

(1) 氟吗啉

①化学名称:氟吗啉(flumorph)的化学名称为 4-[3-(3,4-二甲氧基苯基)-3-(4-氟苯基)丙烯酰]吗啉(图4-64)。

②主要理化性质:氟吗啉纯品为无色结晶,熔点为 105~110 ℃(由 $Z/E=55:45$ 异构体组成),易溶于乙酸乙酯、丙酮等有机溶剂,20~40 ℃下对光、热稳定。

③主要生物活性:氟吗啉为内吸性杀菌剂,具有治疗和保护作用,对霜霉属和疫霉属所引起的卵菌病害有优异的防治效果,对病菌的菌丝生长、孢子囊产生、休止孢萌发、孢子囊萌发均有抑制作用;在黄瓜中的半衰期为 1.7~2.7 d,在土壤中的半衰期为 9.1~10.0 d。

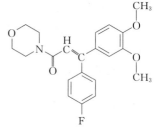

图 4-64 氟吗啉的分子结构

④毒性:氟吗啉对雄性大鼠经口 LD_{50} 超过 2 710 mg/kg。

(2) 烯酰吗啉

①化学名称:烯酰吗啉(dimethomorph)的化学名称为 4-[3-(3,4-二甲氧基苯基)-3-(4-氯苯基)丙烯酰]吗啉(图 4-65)。

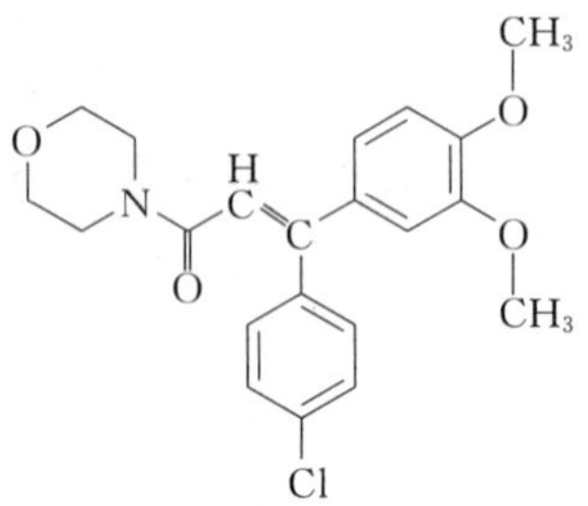

②主要理化性质:烯酰吗啉为无色结晶,熔点为 127~148 ℃;20~23 ℃时溶解度,在水中小于 50 mg/L,在丙酮中为 15 g/L(Z),88 g/L(E)。稳定性,在暗处稳定 5 d 以上;在日光下,E 异构体和 Z 异构体不稳定,可互相转变;缓慢水解。

图 4-65 烯酰吗啉的分子结构

③主要生物活性:烯酰吗啉为局部内吸杀菌剂,具有保护和抗产孢作用;对卵菌纲有效,特别是对霜霉属、疫霉属特别有效,对腐霉属效果稍差。烯酰吗啉具有 E 和 Z 两种异构体,只有 Z 异构体具有杀菌活性,但在田间条件下两种异构体的比例能迅速达到 $Z:E=$

80∶20 的平衡。

④毒性：烯酰吗啉对大鼠急性口服 LD_{50} 为 4 300 mg/kg（雄鼠）、3 500 mg/kg（雌鼠）。

（3）双炔酰菌胺

①化学名称：双炔酰菌胺（mandipropamid）的化学名称为 2-（4-氯苯基）-N-［2-（3-甲氧基-4-（2-丙炔氧基）-苯基）-乙烷基］-2-（2-丙炔氧基）-乙酰胺（图 4-66）。

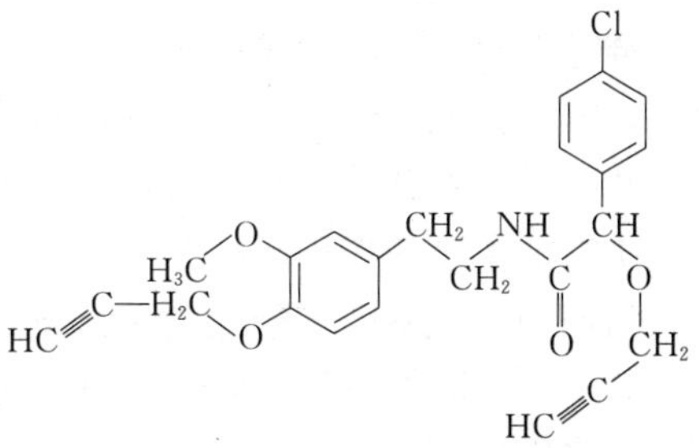

②主要理化性质：双炔酰菌胺纯品外观为浅褐色无味粉末，熔点为 96.4~97.3 ℃，蒸气压小于 $9.4×10^{-7}$ Pa（25 ℃）；在水中的溶解度为 4.2 mg/L（25 ℃），易溶于二氯甲烷、丙酮、乙酸乙酯、甲醇等；辛醇/水的分配系数为 3.2（25 ℃）。

图 4-66 双炔酰菌胺的分子结构

③主要生物活性：双炔酰菌胺抑制磷脂的生物合成，对绝大多数由卵菌引起的叶部和果实病害均有很好的防治效果。离体下双炔酰菌胺对游动孢子萌发、孢子囊形成和萌发具有特别强烈的抑制作用，对菌丝生长亦有强烈抑制作用，活性高于氟吗啉 10 倍左右。双炔酰菌胺在作物叶片上有较强的渗透作用，在叶表蜡质层中沉积，对叶片起保护作用，主要用于防治多种作物的霜霉病、晚疫病和腐霉病。

④毒性：双炔酰菌胺对大鼠急性经口、经皮 LD_{50} 均大于 5 000 mg/kg。

5. 哌啶类杀菌剂 这里介绍氟噻唑吡乙酮（oxathiapiprolin）。

（1）化学名称 氟噻唑吡乙酮的化学名称为 1-［1-［1-［5-（2,6-二氟苯基）-1,5-二氢-3-异噁唑］-2-噻唑］-1-哌啶］-2-［5-甲基-3-（三氟甲基）-1H-吡唑-1-基］乙酮（图 4-67）。

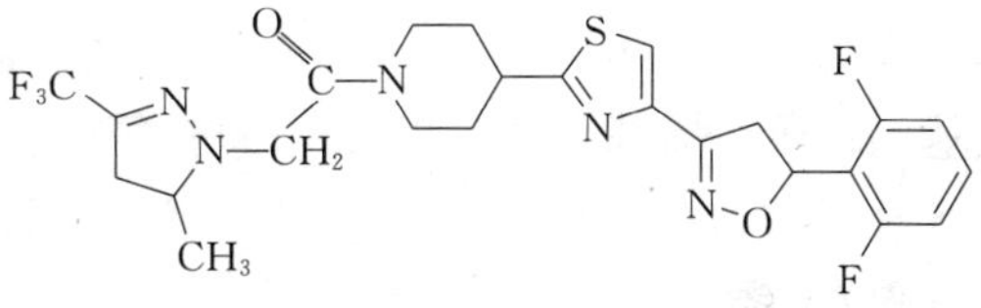

（2）主要理化性质 氟噻唑吡乙酮易溶于丙酮、乙腈、乙酸乙酯、甲醇等有机溶剂。

图 4-67 氟噻唑吡乙酮的分子结构

（3）主要生物活性 氟噻唑吡乙酮属于一种含有哌啶、噁唑、吡唑、噻唑多元杂环的杀菌剂，内吸性强，在植物组织内跨层和向顶传导，作用于卵菌的氧化固醇结合蛋白（OSBP），与现有的杀菌剂不存在交互抗药性。氟噻唑吡乙酮对卵菌生活史各个生长时期，包括孢子囊形成、游动孢子释放、萌发和菌丝生长均有强烈抑制作用，主要用于防治马铃薯晚疫病、葡萄霜霉病、黄瓜霜霉病、番茄晚疫病和辣椒疫病。

（4）毒性 氟噻唑吡乙酮对大鼠急性经口、经皮 LD_{50} 均大于 5 000 mg/kg。

（十二）抗生素

抗生素是由微生物代谢产生的一类抗生物质，多数是从土壤中分离的放线菌类的代谢物，例如放线菌酮、庆丰霉素、链霉素、春雷霉素、公主岭霉素等。大部分农用抗生素具有选择性强、活性高等特点，具有保护和治疗作用。同时，抗生素在自然界降解速度快，对环境安全，得到广泛的研发和应用。尤其在人们关注环境和食品安全的今天，抗生素更是受到人们的重视。但是也必须看到，有许多抗生素存在着慢性毒性和容易导致病原菌产生抗药性的问题，研发抗生素的替代药物也是当今医药界的热门课题。

有些抗生素已经能够人工合成，解决了发酵生产中质量控制的许多难题，例如叶枯炔。分子生物学的进步也为抗生素生产创造了新的技术，例如最近我国已经成功克隆了井冈霉素合成基因，并能够在大肠杆菌中表达，为定向生产高活性的井冈霉素A提供了可能。

不同的抗生素具有不同的抗菌谱，有的具有广谱的抗菌活性，例如放线菌酮、庆丰霉素、链霉素等可以防治多种植物真菌和细菌病害；有的只具有较窄的抗菌活性，例如灭瘟素和春雷霉素只能防治稻瘟病，井冈霉素只能防治丝核菌病害。但是最近研究也发现了春雷霉素和井冈霉素对其他少数病害也有较好的防治效果。

研究抗生素的作用靶标为开发类似机制的高效、安全的化学农药提供了基础。苯并咪唑类杀菌剂和甲氧基丙烯酸酯类杀菌剂的作用机制，就分别与灰黄霉素抑制真菌的细胞分裂和strobilurin A阻止真菌线粒体的电子传递，干扰能量合成相似或完全相同。抗生素的作用机制具有多样性，已知放线菌酮、灭瘟素、春雷霉素、链霉素等都抑制蛋白质生物合成；多抗霉素是抑制真菌细胞壁的主要成分几丁质的生物合成；井冈霉素具有独特的作用方式，对丝核菌的毒力主要表现在抑制菌丝顶端细胞的伸长，只有在缺乏可降解碳源的条件下才表现对菌丝生长的抑制作用。生物化学分析证明，井冈霉素能够抑制海藻糖酶的活性，干扰糖代谢。随着对抗生素作用靶标的研究和利用，越来越符合人类要求的新型杀菌剂将不断出现。

大多数抗生素很容易导致病原菌产生抗药性，例如单独使用多抗生素防治梨黑斑病和链霉素防治细菌病害，一般在2～3年后便会出现抗药性问题。但也有的抗生素长期使用以后并没有出现抗药性，例如井冈霉素。

1. 井冈霉素

（1）化学名称 井冈霉素（jinggangmycin A）的化学名称为［N-1S-（1,4,6/5）-3-羟甲基-4,5,6-三羟基-2-环己烯基］［O-β-D-吡喃葡萄糖基-（1→3）］-1S-（1,2,4/3,5）-2,3,4-三羟基-5-羟甲基环己基胺（图4-68）。

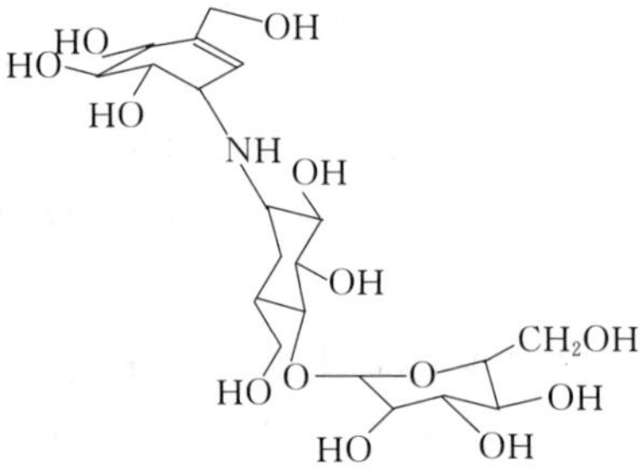

（2）主要理化性质 井冈霉素是由吸水链霉菌井冈变种产生的一种葡萄糖苷类化合物，共有A、B、C、D、G和F 6个组分，其中以A组分为主要活性成分。井冈霉素纯品为白色粉末，约在135 ℃分解；易溶于水，可

图4-68 井冈霉素的分子结构

溶于甲醇，微溶于乙醇；吸湿性极强，在酸性条件下较稳定，易被多种微生物降解失活。其理化性能和生物活性与日本开发的有效霉素（validamycin）相似。

（3）主要生物活性 井冈霉素主要用于防治丝核菌引起的各种立枯病、纹枯病，对稻曲病也有很好的防治效果。水稻对井冈霉素的吸收能力差，但可以在有水条件下通过毛细管作用向水稻上部扩散。真菌的菌丝可以吸收井冈霉素并在菌丝体内传导，抑制新分支的菌丝顶部细胞伸长。

（4）毒性 井冈霉素低毒，对环境生物安全。

2. 多抗霉素类杀菌剂 多抗霉素（polyoxin）类杀菌剂的分子结构见图4-69。

（1）化学名称 多抗霉素B（polyoxin B）的化学名称为5-（2-氨基-5-O-氨基甲酰基-2-脱氧-L-木质酰胺基）-1,5-二脱氧-1-（1,2,3,4-四氢-5-羟基甲基-2,4-二氧代嘧啶-1-基）-β-D-别呋喃糖醛酸。多抗霉素D（polyoxin D, polyoxorim）的化学名称为

5-（2-氨基-5-O-氨基甲酰基-2-脱氧-L-木质酰胺基）-1-（5-羧基-1,2,3,4-四氢-2,4-二氧代嘧啶-1-基）-β-D-别呋喃糖醛酸。

(2) 主要理化性质　多抗霉素为链霉菌产生的肽嘧啶核苷类抗生素。含有 A～N 共 14 种同系物，除多抗霉素 N 没有抗菌活性外，其他组分均有一定的生物活性，但常用的是多抗霉素 B 和多抗霉素 D。多抗霉素 B 是无定型粉末，在水中溶解度为 1 kg/L（20 ℃）。多抗霉素 D 为无色结晶，149 ℃以上会分解。多抗霉素 D 锌盐在水中溶解度小于 200 mg/L（20 ℃），也难溶于有机溶剂。多抗霉素在紫外光、酸性及中性条件下稳定。

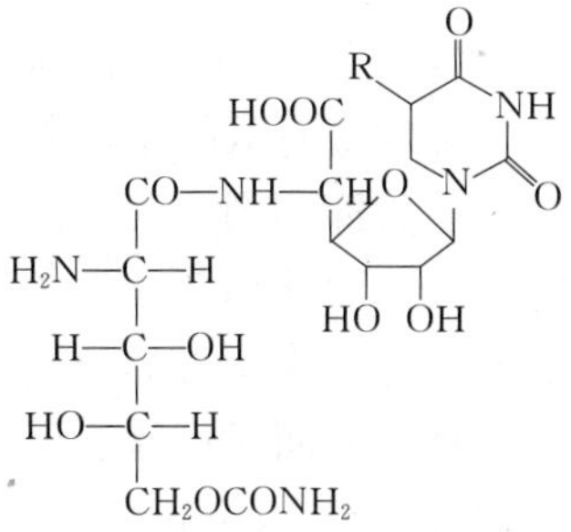

图 4-69　多抗霉素类杀菌剂的分子结构
（多抗霉素 B：R＝—CH_2OH；
多抗霉素 D：R＝—COOH）

(3) 主要生物活性　多抗霉素为广谱内吸性抗生素，主要用于防治麦类白粉病、水稻纹枯病、水果蔬菜灰霉病、瓜类霜霉病、烟草赤星病、梨黑斑病、苹果早期落叶病等。

(4) 毒性　多抗霉素 B 对大鼠急性口服 LD_{50} 为 21 000 mg/kg（雄鼠）、21 200 mg/kg（雌鼠）。多抗霉素 D 大鼠急性口服 LD_{50} 雄鼠和雌鼠均大于 9 600 mg/kg；对皮肤和眼睛无刺激作用，对水生生物和蜜蜂低毒。

(十三) 间接作用杀菌剂

间接作用杀菌剂又称为无杀菌毒性化合物。在寄主内转化为对病菌具有直接作用的化合物，不属于无杀菌毒性化合物或间接作用的杀菌剂。无杀菌毒性化合物比直接作用的杀菌剂具有以下优点：①这类化合物对病原菌或植物具有更加专化的作用靶标，选择性更强，对非靶标生物和环境的危害小；②调节寄主抗性的无杀菌毒性化合物，很多情况下很可能是在非常低的水平上发挥活性作用的，使用浓度极低，诱导的抗病性比杀菌剂的直接作用更加持久；③增强寄主抗性的这些化合物不像传统的内吸性杀菌剂那样容易产生抗药性。

根据防治植物病害的作用方式可以把无杀菌毒性化合物分为两类：作用于病原菌致病机制的化合物、作用于寄主防御系统的化合物。

1. 作用于病菌致病机制的化合物　无杀菌毒性化合物可在多方面影响病菌的致病能力。它们可能阻止寄主组织内与病菌侵入或定殖有关的酶的诱导或功能，例如三环唑抑制附着胞的发育及孢子在叶面的附着，角质酶抑制剂阻止病菌对寄主的穿透侵入。真菌产生的专化性或非专化性毒素在病菌侵入和扩展过程中也起着关键作用，虽然从理论上来说，抑制病菌毒素产生或中和毒素作用可以改变病菌的致病过程，降低致病力，但是真菌毒素也往往是诱导寄主抗病反应的激发子。植物保卫素是寄主防卫反应过程中产生的抑制病原菌的活性物质，在病原菌与寄主亲和互作的进化过程中，许多病菌能够产生降解植物保卫素的酶。因此开发能够抑制植物保卫素降解酶的产生或抑制酶功能的无杀菌毒性化合物可能是成功的途径。作用于病菌致病机制的化合物有下列几种。

(1) 黑色素生物合成抑制剂　黑色素生物合成抑制剂又称为抗穿透化合物。病原真菌必须穿透植物表皮，才能侵入下层组织。真菌穿透植物表皮需要特殊酶的活性或机械力，或者二者共同的作用。利用影响真菌穿透植物表皮过程的化合物防治植物病害已经取得成功。目前最成功的是真菌黑色素生物合成抑制剂，其作用是干扰附着胞胞壁的黑色素形成，使附着胞不能形成足够的压力而完成对寄主表皮的穿透。20世纪50年代和70年代初引入市场的稻瘟醇（blastin，后因有药害问题停用）和四氯苯酞的防病机制就是影响病菌的穿透效能。目前防治稻瘟病最有效的杀菌剂三环唑和氰菌胺（zarilamide）就是黑色素生物合成抑制剂。

（2）角质酶抑制剂 角质层是植物表皮细胞最外层组织，也是病菌进入植物表皮组织必须穿过的屏障。因此病菌产生角质酶对其致病性具有重要意义。通过抑制这种酶的产生或抑制其活性来防治植物病害的可能性已受到人们的重视。目前已有证据表明，病原物的侵染可以由作用于角质酶而对离体病菌无毒的化合物所制止。例如专化的角质酶抗血清或有效的角质酶抑制剂（cutinase inhibitor）二异丙基氟代磷酸酯和对氧磷（paraoxon），在无杀菌作用的浓度（I_{50}低于1 mmol/L）下，就能保护无损伤的豌豆表面不受腐皮镰孢（*Fusarium solani*）的侵染，也可使无损伤的木瓜果实不受胶孢炭疽（*Colletotrichum gloeosporioides*）的侵染。

（3）抑制或钝化病菌产生的毒素的化合物 近30年，植物病原菌毒素的研究受到了重视。植物病原菌毒素，特别是特异性毒素，在病害发生发展过程中具有重要作用。采用化学的方法中和毒素，消除有害作用或抑制毒素产生，则必然会干扰病原菌的致病过程，达到防病目的。但也有人认为毒素是诱导寄主防御反应的重要因子，抑制或钝化病菌毒素的化合物使用价值并不大。

2. 作用于寄主防御系统的化合物 此类化合物的使用是人们对植物病害化学防治策略的一种新观念，避开了直接作用于病原微生物，而是作用于寄主防御系统，即采用化学方法来调节植物和病菌之间的相互反应，激发植物抗病的主导作用而使病害得到控制。许多噻唑类杀菌剂具有这种作用，例如活化酯（acibenzolar-S-methyl，CGA245704），以下予以介绍。

（1）化学名称 活化酯的化学名称为S-（S-甲基-硫代甲酸酯）-1,3,4-苯并噻二唑（图4-70）。

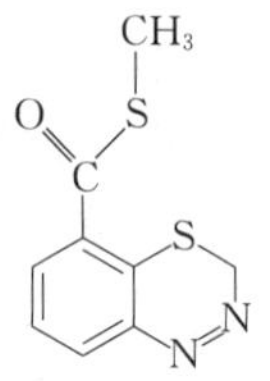

（2）主要理化性质 活化酯为白色至米黄色粉末，在水中溶解度为7.7 mg/L（25℃），在丙酮中溶解度为28 g/L（25℃），在二氯甲烷中溶解度为160 g/L（25℃）。

（3）主要生物活性 活化酯无杀菌毒性，是系统性获得抗病性天然信号分子水杨酸的功能同类物，通过激发植物的天然防卫机制（系统性获得抗病性，SAR）而间接发挥防病作用。在植物系统性获得抗病性进程中，生物和化学诱导剂具有相同的信号传导途径，因而对缺乏系统性获得抗病性信息传递途径的植物无效。此药引起植物体内的生化反应与生物诱导因子相同。在用药一段时间以后，植物的防卫反应才能增强，因此应在发病初期施用。药剂能被植物迅速吸收和输导，诱导的植物防卫反应对病原菌生活史中多个环节都有影响。活化酯可用于防治小麦的多种真菌病害和蔬菜霜霉病。

图4-70 活化酯的分子结构

（4）毒性 活化酯对大鼠急性口服LD_{50}大于2 000 mg/kg。

思 考 题

1. 植物病害防治水平的提高与杀菌剂的发展有何关系？

第四章 杀 菌 剂

2. 制定植物病害化学防治策略时为何要考虑杀菌剂、病原物、寄主和环境的相互关系？
3. 杀菌剂防治植物病害的作用原理与病害循环有何联系？
4. 进行杀菌剂田间施药时应注意哪些问题？
5. 什么是杀菌剂的选择性？杀菌剂的选择性与内吸性有何关系？
6. 传统多作用位点杀菌剂与现代选择性杀菌剂的区别有哪些？
7. 不同种类的传统多位点杀菌剂与现代选择性杀菌剂的使用技术要求有哪些异同点？
8. 植物病害化学防治和杀菌剂发展的趋势是什么？
9. 不同的麦角甾醇生物合成抑制剂有何类似的生物学特性和不同的抗菌谱？
10. 如何科学使用甲氧基丙烯酸酯类和琥珀酸脱氢酶抑制剂类选择性杀菌剂？

第五章 除 草 剂

化学除草具有高效、快速，经济等优点，有的品种还兼有促进作物生长的作用，它是大幅度提高劳动生产率，实现农业现代化必不可少的一项先进技术，成为农业高产、稳产的重要保障。

早在19世纪末人们发现用硫酸铜可以防除麦田一些十字花科杂草，后来用硫酸、矿物油等防除杂草。真正能够选择性地防除作物田杂草除草剂的发现应是在1932年，二硝酚和地乐酚被发现可以防除部分禾谷类作物田中的阔叶杂草。除草剂大规模应用可追溯到1942年，得益于2,4-滴除草活性的发现，以及后来2甲4氯等除草剂的研发成功，这些除草剂选择性更强，对作物更安全。

随着植物生理、生化技术、化工合成等领域的发展，除草剂发展也十分迅速，近几十年来，新的除草剂类别大量涌现，例如靶标为乙酰乳酸合成酶的除草剂品种磺酰脲类、咪唑啉酮类、嘧啶水杨酸类、磺酰胺类等，这些类别的出现更加丰富了除草剂品种，带动了除草剂的发展，使人们对化学除草的认识更加全面。

随着农业发展水平的提高，人们越来越认识到除草剂的重要作用，世界上一些农业发达国家已普遍采用化学除草。尤其是20世纪90年代转基因抗除草剂作物的大量种植，使得除草剂应用更加普及。

我国从1956年开始在稻田、麦田使用2,4-滴防除杂草。20世纪60年代初开始试验五氯酚钠、敌稗和除草醚防除稻田杂草取得成功后，迅速向全国各地推广。20世纪70年代末从国外引进一些新的除草剂，例如甲草胺、丁草胺、噁草酮、氟乐灵、氟磺胺草醚、吡氟禾草灵、烯禾啶、草甘膦等，为我国大面积化学除草的开展起到了积极的推动作用。近30多年来，一些选择性强、高效除草剂的大量引进和国内生产，以及广大植物保护工作者不懈的努力，我国化学除草蓬勃发展。这些除草剂品种中，最受注目的是以乙酰乳酸合成酶（ALS）、乙酰辅酶A羧化酶（ACCase）、原卟啉原氧化酶（PPO）和以对羟苯基丙酮酸双氧化酶（HPPD）为作用靶标的除草剂，这些高效、超高效除草剂正受到农民欢迎，在科技兴农中发挥重要作用。

除草剂与其他农药一样，由于高频率地重复使用，也会伴随产生许多不利的影响，诸如除草剂对环境的污染、对当茬或后茬作物的药害、除草剂在作物中的残留、杂草的抗药性等。近些年来抗药性杂草种群的蔓延以及药害问题，给农业生产带来较大的影响。因此在推广使用除草剂的同时，还要加强对广大农村技术人员和农民的宣传，引导合理地使用除草剂，提高他们科学使用除草剂的水平。

要科学施用除草剂，就必须掌握除草剂的作用原理，掌握除草剂的分类和常见品种的使用方法。除草剂可以按作用方式、在植物体内的转移性、使用方法、化学结构系统等分类。按对植物的选择可分为选择性除草剂和灭生性除草剂；按在植物体内输导性可分为输导型除草剂和触杀型除草剂；按使用方法可分为土壤处理剂与茎叶处理剂。这些分类方法在第一章中已介绍,本章按化学结构系统分类来详细介绍一些重要的除草剂类别及其品种。

第一节 除草剂选择性原理

除草剂在某个用量下对一些植物敏感,而对另外一些植物安全,这种现象称为选择性。

作物与杂草同时发生,而绝大多数杂草同作物一样属于高等植物,因此要求除草剂具备特殊选择性或采用恰当的使用方式而使除草剂获得选择性,这样才能安全有效地应用于农田。除草剂的选择性原理大致可划分为下述5个方面。

一、位差与时差选择性

(一)位差选择性

一些除草剂对作物具有较强的毒性,施药时可利用杂草与作物在土壤内或空间中位置的差异而获得选择性。

1. 土壤位差选择性 利用作物和杂草的种子或根系在土壤中位置的不同,施用除草剂后,使杂草种子或根系接触药剂,而作物种子或根系不接触药剂或接触到的药剂少,从而杀死杂草,保护作物安全。下列两种方法可达到此目的。

(1)播后苗前土壤处理法 在作物播种后出苗前用药,利用药剂仅固着在表土层(1~2 cm),不向深层淋溶的特性,杀死或抑制表土层中能够萌发的杂草种子,作物种子因有覆土层保护,可正常发芽生长(图5-1)。例如利用乙草胺、异丙甲草胺防除玉米田杂草,由于玉米播种较深,而一年生杂草多在土壤表层发芽,故杂草得以防除。

下列情况可导致土壤位差选择性的失败:①浅播的小粒种子作物(例如谷子、部分小粒种子蔬菜)易造成药害;②一些淋溶性强的除草剂,药剂易到达作物种子层,导致药害产生,例如扑草净等;③砂性、有机质含量低的地块易使药剂向下淋溶,造成作物药害;④低洼地块降雨后容易积水,易造成作物药害。同样,一些大粒种子杂草,由于分布在较深的土层,除草剂对其作用减弱,往往药效较差。例如苍耳、苘麻土壤处理较难防除。

(2)深根作物生长发育期土壤处理法 利用除草剂在土壤中的位差,杀死表层浅根杂草,而无害于深根作物(图5-2)。例如应用乙草胺、莠去津等防除果园杂草。

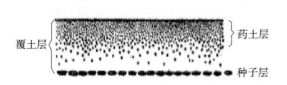

图5-1 播后苗前土壤处理法除草原理

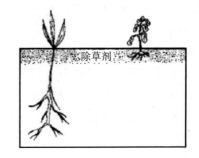

图5-2 利用土壤位差除草剂杀死浅根杂草而无害于深根作物

2. 空间位差选择性 一些行距较宽且作物明显高于杂草的作物田或果园、树木、橡胶园等，可采用定向喷雾或保护性喷雾措施，使作物接触不到药液或仅仅是非要害部位接触到药液，而药液只喷在杂草上。这种施药方法称为生长发育期行间处理法（图 5-3）。例如果园、橡胶园等应用草铵膦防除行间杂草。

图 5-3　作物生长发育期行间处理

利用作物与杂草的高度不同也可获得选择性，例如应用草甘膦涂抹法防除高于作物的农田杂草等。

（二）时差选择性

对作物有较强毒性的除草剂，利用作物与杂草发芽及出苗期早晚的差异而形成的选择性，称为时差选择性。例如草铵膦或草甘膦用于作物播种、移栽或插秧之前，杀死已萌发的杂草，而这两种除草剂在土壤中很快失活或钝化，因此可安全地播种或移栽作物。目前，应用这种技术面积最大的作物是免耕油菜田，一般在油菜种植前，采用灭生性除草剂防除水稻田残留杂草或稻茬苗。在玉米、大豆田免耕法中将草铵膦或草甘膦两种灭生性除草剂与其他苗前土壤处理剂混用除草，此时玉米、大豆未出土，草铵膦与草甘膦伤不到这两种作物，但可杀死已出土的杂草。同时，土壤处理剂还可覆盖未出土的杂草，以致控制杂草种子的萌发。

（三）利用位差与施药方法等的综合选择性

水稻插秧缓苗后可安全有效地施用丁草胺、禾草丹等除草剂，其原因有 3 个：①杂草处在敏感的萌芽期，而此时，稻秧已生长健壮，对药剂有较强的耐药性；②除草剂采用颗粒剂或混土、混化肥撒布，药剂不会黏附在秧苗上，从而使秧苗避免受害；③药剂固着在杂草萌动的表土层，能杀死杂草，而插秧后的水稻根系与生长点处在药层下，接触不到药剂，因此比较安全（图 5-4）。

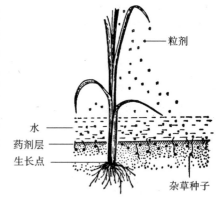

图 5-4　水稻本田施用除草剂的除草原理

采用这种方法应注意：①漏水田易产生药害；②水层深度不应浸没上部秧苗，但最好将已出苗杂草淹没，且应在 3～5 d 保持适宜的水层；③水稻缓苗后用药；④抛秧田或小苗移栽田部分除草剂安全性较差；⑤降雨过后或有露水时易黏附毒土，引起药害。

二、形态选择性

利用作物与杂草的形态结构差异而获得的选择性，称为形态选择性。植物叶的形态、叶表面的结构、生长点的位置等，直接关系到药液的附着与吸收，因此这些差异往往影响植物的耐药性。例如单子叶植物与双子叶植物在形态上彼此有很大不同，见表5-1。

表5-1 双子叶与单子植物叶植物形态差异与耐药性

植物	形态	
	叶片	生长点
单子叶	竖立，狭小，表面角质层和蜡质层较厚，表面积较小，叶片和茎秆直立，药液易于滚落	顶芽被重重叶鞘所包围、保护，触杀性除草剂不易伤害分生组织
双子叶	平伸，面积大，叶表面角质层较薄，药液易于在叶面上沉积	幼芽裸露，没有叶鞘保护，触杀性药剂能直接伤害分生组织

由于表5-1所列的原因，用除草剂喷雾，双子叶植物常较单子叶植物敏感。

田间应用2,4-滴、2甲4氯防除玉米、小麦或甘蔗田的双子叶杂草等可能都与形态因素有重要关系。当然形态仅是某些除草剂选择性的因素之一，不是唯一因素。例如三棱草虽属单子叶植物，但对2甲4氯很敏感。近年来发展起来的多种苗后除草剂例如烯禾啶、精吡氟禾草灵、高效氟吡甲禾灵、精喹禾灵、噁唑禾草灵等，禾本科杂草对它们表现敏感而阔叶杂草则表现耐药性。

三、生理选择性

植物茎叶或根系对除草剂吸收与输导的差异而产生的选择性，称为生理选择性。易吸收与输导除草剂的植物对除草剂常表现敏感。

（一）吸收的差异

不同植物，其根、茎、叶对除草剂的吸收程度不同。例如黄瓜易从根部吸收草灭畏，故表现敏感，用黄瓜作砧木，无论接穗是黄瓜还是接穗南瓜，均表现^{14}C-草灭畏的大量吸收（图5-5左）。而某些南瓜品种，其根部吸收草灭畏的能力极弱，用南瓜作砧木，无论接穗是黄瓜还是南瓜，均表现^{14}C-草灭畏极微弱的吸收，表现较高的耐药性（图5-5右）。同样，叶片的老嫩，叶片表面角质层的厚薄，气孔的多少、大小及开张程度均影响对除草剂的吸收。

图5-5 黄瓜与南瓜嫁接对草灭畏的敏感性

（二）输导的差异

不同植物施用同一除草剂或同种植物施用不同除草剂在植物体内的输导性均存在差异，输导速度快的植物对该除草剂敏感。

利用^{14}C标记的2,4-滴除草剂试验证明，在双子叶植物体内的输导速度高于单子叶植物。例如用菜豆与甘蔗试验，用局部叶片施药测定生长点中的2,4-滴浓度，菜豆比甘蔗的浓度约高10倍。图5-6表示除草剂2,4-滴在单子叶植物和双子叶植物体内输导差别。可见双子叶植物从施药点输导药剂的速度要高于单子叶植物，因此双子叶植物易受害。

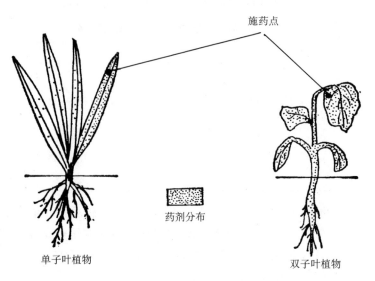

图 5-6　2,4-滴在单子叶植物和双子叶植物体内的输导

虽然大多数情况下除草剂在植物体内输导快常表现毒性强,但也有例外。例如双苯酰草胺在田旋花植株内,由根部输导至茎部的速度较快,但茎部是其代谢解毒的部位,因而田旋花对双苯酰草胺具有较强的耐药性。燕麦对双苯酰草胺表现敏感,这是由于药剂不能快速输导离开根,而根部是双苯酰草胺的主要作用部位。

四、生物化学选择性

利用除草剂在植物体内生物化学反应的差异产生的选择性,称为生物化学选择性。这种选择性在作物田应用,安全性高,属于除草剂真正意义的选择性。除草剂在植物体内进行的生物化学反应多数都属于酶促反应,这些反应可分为活化反应与钝化反应两大类型。

(一) 除草剂在植物体内活化反应差异产生的选择性

这类除草剂本身对植物并无毒害或毒害较小,但在植物体内经过代谢而成为有毒物质。因此此类除草剂的毒性强弱,主要取决于植物转变药剂的能力。转变能力强者将被杀死,而转变能力弱者则得以生存。例如 2 甲 4 氯丁酸或 2,4-滴丁酸本身对植物并无毒害,但经植物体内 β 氧化酶系的催化产生 β 氧化反应,生成杀草活性强的 2 甲 4 氯或 2,4-滴(图 5-7)。

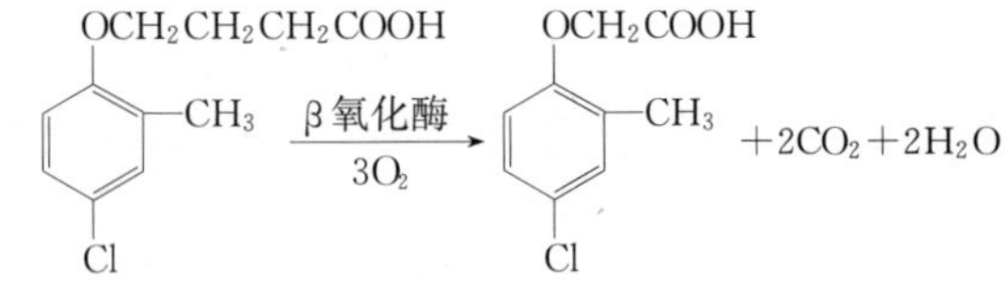

图 5-7　2 甲 4 氯丁酸在植物体内转化为 2 甲 4 氯

由于不同植物体内所含 β 氧化酶活性的差异,因而转化 2 甲 4 氯丁酸或 2,4-滴丁酸的能力也有不同。大豆、芹菜、苜蓿等植物含 β 氧化酶活性很低,不能将药剂大量转变成有毒的 2 甲 4 氯或 2,4-滴,故不会受害或受害很轻。一些 β 氧化能力强的杂草(例如荨麻、藜、蓟等),将药剂大量地转变为有毒的 2 甲 4 氯或 2,4-滴,故被杀死。同样道理,其他一些除草剂在敏感杂草体内也是通过不同的生物化学反应转变为生物活性型而产生除草效应,例如

新燕灵在野燕麦体内通过羧酸酯酶转变为生物活性酸,从而对野燕麦起作用。

(二)除草剂在植物体内钝化反应差异产生的选择性

这类除草剂本身虽对植物有毒害,但经植物体内酶或其他物质的作用,则能钝化而失去其活性。由于药剂在不同植物中的代谢钝化反应速度与程度的差别而产生了选择性。以下列举一些重要例子。

1. 均三氮苯类除草剂 西玛津与莠去津对玉米安全,而对大多数杂草有毒害,其原因是它们在玉米体内发生3种反应(图5-8):①脱氯反应,由于玉米根系中含有一种特殊解毒物质玉米酮(2,4-二羟基-7-甲氧基-1,4-苯并噁嗪-3-酮),使莠去津迅速产生脱氯反应,生成毒性低的羟基衍生物;②谷胱甘肽轭合反应,由于玉米叶部谷胱甘肽轭合酶的作用,使莠去津产生谷胱甘肽轭合物,从而丧失活性;③N脱烷基反应,也是玉米对莠去津的解毒途径之一。

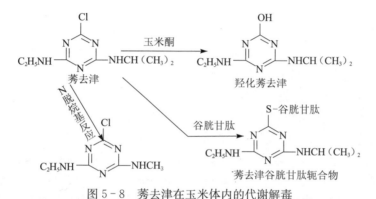

图5-8 莠去津在玉米体内的代谢解毒

2. 敌稗 敌稗对水稻和稗草的选择性差异,主要是由于水稻和稗草叶中含有的酰胺水解酶活性差异造成的。水稻能迅速地水解钝化敌稗,生成无杀草活性的3,4-二氯苯胺和丙酸(图5-9),而稗草含有酰胺水解酶的活性很低,难以分解钝化敌稗,故仍能维持敌稗的毒性。有机磷酸酯类和氨基甲酸酯类药剂对酰胺水解酶有一定抑制作用。因此敌稗在水稻田应用不能与上述两类药剂混用或前后间隔应用,否则易造成水稻药害。同样道理,敌稗可以同上述两类药剂混用,用于果园除草,具有增效作用。

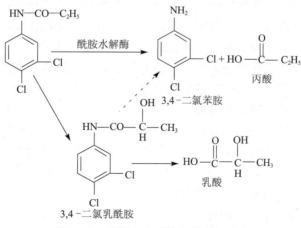

图5-9 敌稗在水稻体内的水解反应

另外，磺酰脲类除草剂在植物体内解毒作用主要是在谷胱甘肽转移酶的作用下与谷胱甘肽发生轭合反应。例如氯嘧磺隆在大豆幼苗内发生谷胱甘肽轭合反应，从而丧失活性。

氟乐灵可安全地用于胡萝卜地除草。这是由于氟乐灵在胡萝卜体内易产生 N 脱丙基反应而迅速失去其活性，而多种杂草反应能力差，能被氟乐灵杀死。

五、利用保护物质或安全剂获得选择性

一些除草剂选择性较差，可以利用保护物质或安全剂而获得选择性。

（一）保护物质

目前已广泛应用的保护物质为活性炭。活性炭具有很高的吸附性能，因此用它处理种子或种植时施入种子周围，可以使种子免遭除草剂的药害。例如用活性炭处理水稻、玉米、高粱等作物种子，从而避免或降低三氮苯类、取代脲类等药剂的药害。另外，在作物种植带表层土壤施用活性炭，然后使用除草剂，作物种子即可得到保护。

（二）安全剂

除草剂安全剂（safener）近年来进展迅速，被认为是化学除草的选择性进入了一个新纪元。利用安全剂提高某些除草剂的选择性，增加对作物的安全性，有着广泛的应用前景。早在 1947 年，Hoffman 在番茄上应用 2,4-滴，发现 2,4,6-三氯苯氧乙酸可减轻其药害。1972 年美国施多福化学公司研制出二氯丙烯胺（dichlormid, R-25788），可与多种药剂混用来减轻一些作物药害。1973 年第一个安全剂与除草剂的复配制剂 eradcane（茵草敌 12 份，二氯丙烯胺 1 份）开始出售。另外，商品莠丹系丁草敌与二氯丙烯胺混剂已成为玉米田的重要除草剂。扫弗特系丙草胺与安全剂解草啶（fenclorim, CGA-123407）的混剂，可安全地用于水稻秧田、直播田、抛秧田和移栽田。小麦田禾本科杂草除草剂骠马系精噁唑禾草灵可与安全剂解草唑配成混剂。通常异丙甲草胺不宜用在高粱田，但在应用安全剂解草酮处理种子后，则能够相对安全地应用异丙甲草胺。这种措施已被美国有些州列为高粱田化学除草的重要方法。现将部分安全剂列于表 5-2。

在除草剂中应用作物安全剂有两种应用方式。一种是在种子播种前应用安全剂，另一种是直接把安全剂和除草剂混用。

应用方式的选择取决于安全剂的活性。如果安全剂对杂草和作物都有活性，那么安全剂就用作作物的种子处理剂；如果安全剂能够降低除草剂对作物的伤害，但不降低控制杂草的能力，那么安全剂就可以与除草剂混用。与除草剂混用是安全剂比较理想的使用方式。在作物出土前和出土后施用安全剂能够有效降低除草剂对作物的毒性。

有两种作用机制与增强作物新陈代谢能力而降低除草剂的毒性有关。许多安全剂提高了作物体内谷胱甘肽或谷胱甘肽-S-转移酶的含量或活性，谷胱甘肽-S-转移酶催化除草剂与谷胱甘肽作用，从而使除草剂失去活性。

安全剂的另一作用机制是提高作物体内细胞色素 P_{450} 单加氧酶系的活性或含量。细胞色素 P_{450} 单加氧酶系通过氧化反应使除草剂失去活性。通过细胞色素 P_{450} 单加氧酶系的氧化反应之后，再进一步使除草剂转变为葡萄糖或其他天然植物成分，这个转变往往是由次级酶系来完成（例如与葡萄糖有关的葡萄糖基转移酶）。

有报道称，安全剂可降低作物对除草剂的吸收和除草剂在作物体内的传输。但多数研究者认为，除草剂的吸收和传导并不直接受安全剂影响，可能是安全剂与其他过程相互作用的

结果。

值得注意的是，在未施用除草剂的情况下，某些安全剂能引起作物的轻微毒害。例如在作物生长期内萘二酸酐能对作物产生轻微毒害（抑制生长）。在种植作物之前用安全剂处理作物种子时产生的一个问题就是轻微毒害，这种毒害随着种子与安全剂接触时间的延长而毒害加重。在储藏期内，随着种子与萘二酸酐接触时间的延长，萘二酸酐对作物的毒害作用也相应加重。

表 5-2 主要安全剂品种

安全剂	化学结构	保护作物	解毒的除草剂
萘二甲酐 (protect, NA)		玉米、高粱	氨基甲酸酯类、氯代乙酰胺类、咪唑乙烟酸、咪唑喹啉酸
二氯丙烯胺 (dichlormid, R-25788)		玉米	硫代氨基甲酸酯类、氯代乙酰胺类、均三氮苯类、绿磺隆
呋喃解草唑 (furilazole)		玉米	磺酰脲类、咪唑啉酮类
吡唑解草酯 (mefenpyr-diethyl)		小麦	精噁唑禾草灵、碘甲磺隆钠盐
解草酮 (benoxacor)		高粱、玉米	异丙甲草胺
解草啶 (fenclorim, CGA-123407)		水稻	丙草胺

(续)

安全剂	化学结构	保护作物	解毒的除草剂
解草唑 (fenchlorazole-ethyl)		小麦	精噁唑禾草灵
双苯噁唑酸 (isoxadifen)		玉米	烟嘧磺隆

了解除草剂的选择性原理十分重要，它对指导除草剂应用具有重要指导意义。但应特别注意，除草剂的选择性是相对的而不是绝对的，是有条件的。上述所归纳的除草剂选择性原理不是彼此孤立的，实际上，除草剂在作物与杂草之间的选择可能是几种原理共同的结果，同时，除草剂的选择性受多种因素影响，例如植物的生长状况、环境因素、除草剂使用方法、施用量等。

第二节 除草剂的吸收与输导

除草剂对杂草产生毒害作用要经过一系列过程，其中包括吸收、输导、降解与引起植物的生理生化的变化，最后植物呈现毒害症状，直至死亡。通常把上述全部过程称为除草剂的作用方式。了解除草剂的作用方式，对合理使用药剂具有重要意义。

一、除草剂的吸收

除草剂要对杂草产生毒害，首先必须进入杂草体内。杂草吸收除草剂的主要部位是叶、茎、根系、幼芽、胚轴等。茎叶处理剂主要是通过植物出土的幼芽或茎叶吸收，而土壤处理剂则是通过植物的根系、胚芽鞘和胚轴吸收。

（一）除草剂的茎叶吸收

1. 除草剂茎叶吸收的途径 除草剂可通过叶表皮或气孔进入植物体内。大多数情况下，除草剂主要通过叶片的角质层进入。在进入植物体内之前，除草剂必须穿透植物表面不同组成成分的各种结构，这些结构包括角质层、细胞壁和质膜（图5-10）。角质层外层主要是蜡质层，内层主要是角质和蜡质镶嵌。角质层是除草剂进入的第一道屏障，角质层由于药剂的亲水性与亲脂性的差别，渗入的部位稍有不同。极性药剂选择表皮角质层薄的地方进入（图5-10A），而非极性药剂易从角质层厚的部位或通道（图5-10B）到达表皮细胞的外壁上。然后，一些药剂进入细胞壁运转，一些药剂穿过细胞壁、质膜进入细胞内，通过细胞间运转，最后进入韧皮部或木质部。

除草剂也可通过气孔进入植物体内。气孔内腔部角质层一般较薄，并且易于水合，一旦除草剂从气孔经过，便容易进入植物体内。除草剂通过气孔渗透进入植物体内，要求喷雾液具备比较低的表面张力。值得注意的是，大多数杂草的气孔在叶片的背面，如果喷雾液没有喷洒在叶部背面，气孔吸收就难以发生。因此对大多数植株而言，气孔渗透不是主要的。

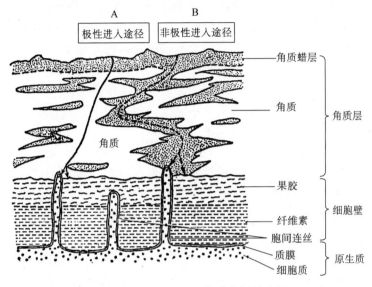

图 5-10 植物叶面吸收除草剂的途径

2. 除草剂茎叶吸收的影响因素 除草剂要有效地被植物茎叶吸收，首先必须使一定量的除草剂附着在植物茎叶表面，然后使穿过植物表皮的除草剂进入到靶标位点。

下列 4 个因素影响除草剂在叶面的接收量与展布：①喷雾液的表面张力，喷雾液的表面张力越小，越有利于药液在植物叶表面的润湿与展着，降低喷雾液表面张力的最有效方法是加入表面活性剂。②植物叶表面对除草剂的润湿与展着性能，如前所述，植物叶表面为蜡质层且不同植物蜡质层光滑程度不同或附着长短不一的绒毛，这样的结构会影响喷雾液的展着和除草剂的渗透吸收。幼嫩的叶片蜡质层较薄，相对容易吸收。长期干旱会增加角质层的厚度，增多绒毛，不利于除草剂的吸收。③植物叶片面向喷雾液的方位，一般直立叶片比平展的叶片接受药剂的量少。④植物叶的总表面积，表面积越大，接受药液的量越多。

当除草剂接触到叶表面后，将可能发生下列 5 种情形（图 5-11）：①药液的挥发、流失和雨水的冲刷。在空气湿度较低或光照强的情况下，除草剂喷雾液容易挥发，包括水分和部分除草剂的挥发。喷液量过大或喷雾液润湿性能差均可造成药液的流失。除草剂施用后，短时间内遇到降雨，大量药剂会被雨水冲刷，影响药效发挥。不同除草剂吸收速度不同，例如百草枯在 2 h 内即可达到有效吸收，而灭草松则需要 48 h。因此施药后降雨时间的早晚对茎叶处理剂的影响不一。②除草剂以黏

图 5-11 接触植物叶表面的除草剂可能发生的情形
1. 挥发 2. 表面停留或结晶 3. 滞留在角质层内
4. 通过质外体传导 5. 通过共质体传导

滞性液体或结晶停留在叶表面而不被吸收。空气干燥、光照强均可加速有效成分结晶析出。③一些除草剂在进入表皮后,滞留在角质层内,而不发挥药效。脂溶性极强的除草剂容易积累于角质层中。④渗透进入角质层,然后进入细胞壁,在进入共质体前进行传导(质外传导),也包括在木质部的传导。⑤通过角质层,进入细胞壁,通过质膜进入细胞内进行共质体传导,也包括韧皮部的传导(见下文"除草剂在植物体内的输导")。

除上述影响因素外,温度对除草剂吸收影响较大。在一定范围内,温度升高,药剂吸收速度加快。但过高的温度又会促使形成较厚的渗透性差的角质层。

另外,不同除草剂被植物叶面吸收程度不同。例如在均三氮苯类除草剂中,扑草净、莠去津较易由叶面吸收,而西玛津则吸收困难。

(二) 除草剂的根系吸收

大多数除草剂在土壤中可被植物的根部吸收,但吸收的速度有差别。例如2,4-滴、莠去津、西玛津、灭草隆等很容易被根部吸收,而抑芽丹、茅草枯、杀草强等则吸收较缓慢。

根系要从土壤中吸收大量的水分与营养物质,而土壤处理剂与水结合接触根系后而被吸收。除草剂从根部进入植物体内有3个途径:质外体系、共质体系与质外-共质体系(图5-12)。除草剂经质外体系吸收的途径,主要是在细胞壁中移动,中间经过凯氏带而进入木质部。除草剂经共质体系的途径,最初为穿过细胞壁,然后进入表皮层与皮层的细胞原生质中,通过胞间连丝在细胞间移动,经过内皮层、中柱而到达于韧皮部。除草剂经质外-共质体系的途径,基本上和经共质体途径相同,不过药剂在通过凯氏带后,可能再进入细胞壁而达木质部(图5-12)。

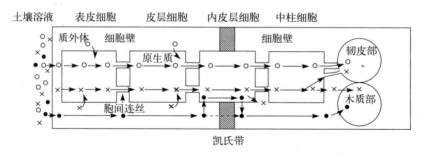

图 5-12 除草剂进入根部

[○表示分子可能进入原生质(共质体系),细胞间通过胞间连丝而进入韧皮部;
•表示分子可能进入细胞壁(质外体系),扩散经凯氏带而进入木质部(虚线途径尚未被证实);
×表示分子可能同时从细胞壁(质外体系)与原生质(共质体系)进入木质部与韧皮部]

根部表面的保护层缺乏蜡质与角质,因此比叶面吸收更容易。极性化合物比较容易被吸收,而非极性化合物则较难吸收。除草剂经根部质外体系进入植物体内,比共质体系进入重要。因为质外体系能借助木质部的蒸腾液流,将除草剂快速地向上转移;而共质体系主要是在韧皮部,向上输导是很有限的。多种重要除草剂(例如均三氮苯类、取代脲类等)均是靠质外体系途径进入根的内部的。

(三) 除草剂的幼芽吸收

有些除草剂是在种子萌芽出土的过程中,经胚芽鞘或幼芽吸收,从而发挥杀草作用的。例如多种禾本科杂草对氟乐灵的吸收,主要是通过胚芽鞘进行的。甲草胺、乙草胺也是通过芽部吸收而对杂草起作用的，通过根部吸收的药量很少。此外，一些杂草的种子对除草剂也有吸收作用。

二、除草剂在植物体内的输导

除草剂通过吸收进入植物体后，必须到达特殊的敏感部位才能起作用。一些情况下，只需要极少的移动就可杀死植物，而在另外一些情况下，除草剂必须在植物体内输导到达其作用位点后才能杀死杂草，甚至要求从上部叶片进入根部。

除草剂在植物体的移动有3种方式：①除草剂不能移动或输导甚微（该类除草剂称为触杀型除草剂）；②质外体系的输导；③共质体系的输导（有时也可以进入质外体系）。

（一）触杀型除草剂

一些触杀型的除草剂在被植物吸收后，不能在植物体内输导，只在吸收部位起作用。

叶面吸收的触杀型除草剂，被植物吸收后迅速在吸收部位起作用而在几小时内对杂草起杀伤作用。这类除草剂要求药液全面覆盖叶部表面，否则达不到应有的药效。触杀型叶面处理剂只对一年生杂草防治效果彻底，对多年生杂草则由于除草剂不能进入地下根茎则难以达到彻底防除的目的。

土壤处理的触杀型除草剂很容易被植物幼芽、芽鞘、幼根吸收，它们不需要输导，即可杀死杂草或抑制杂草萌发或生长。例如氟乐灵被幼根吸收后只在根尖很少的细胞层中移动，通过干扰细胞分裂而抑制杂草根的生长。

（二）共质体系输导除草剂

这类除草剂进入叶内后，在细胞间通过胞间连丝的通道进行移动，直至进入韧皮部，然后借助茎内的同化液流而上下移动，并与光合作用形成的糖共同输导，从而积累在需糖的生长地方。由于共质体系的输导是在植物的活组织中进行，因此高急性毒力的除草剂施用后即将韧皮部细胞杀死后，共质体的输导也就停止了。

除草剂在共质体系中的转移速度，受植株龄期、用药量、温度、湿度等外界环境条件的影响。一般幼龄植株输导药剂的能力强于老龄植株。使用某些除草剂时，有时并不是药量越多效果越好，例如应用2,4-滴类防除多年生杂草，使用过量，易杀伤韧皮部而影响输导。由于这类除草剂是随光合产物一起转移的，因此当光合作用强度高时，输导作用也强。

除草剂在共质体系内的输导由于可以向根转移，故一些除草剂叶面施用后可以杀死地下繁殖器官，例如草甘膦等。

（三）质外体系输导除草剂

这类除草剂经植物根部吸收后，随水分移动进入木质部，沿导管随蒸腾液流向上输导。质外体系的主要组成是细胞壁与木质部，木质部为无生命的组织，因此即使施药量较高，也不损害木质部，甚至在根部被杀死后，仍能继续吸收与输导一段时间。质外体系输导的方向，主要是向上移动。但在特殊情况下，药剂也可能沿木质部向下移动。例如在干燥与高蒸腾速度的条件下，植物体内水分不足，除草剂也可能通过木质部向下移动。

叶面吸收除草剂在质外体系输导一般沿叶脉向上或向叶边缘输导。

（四）质外-共质体系输导除草剂

有些除草剂的输导，并不局限于单一的体系，而能同时发生于两种输导体系中，例如杀草强、茅草枯、麦草畏、氨氯吡啶酸等。有时有些药剂在输导的过程中，可能由邻近细胞的一条输导体系，而进入另外的一条输导体系中。

上述输导途径是人为划分的，它不能真正反映除草剂在植物体内的移动特性。因为所有除草剂都有能力在木质部和韧皮部移动，只是有的除草剂在木质部的移动量大于在韧皮部的移动量，有的除草剂则在韧皮部的移动量大于在木质部的移动量。

第三节 除草剂的作用机制

除草剂的作用机制比较复杂，多数除草剂涉及植物的多种生理生化过程。

一、抑制光合作用

（一）光合作用概述

通常绿色植物是靠光合作用来获得养分的。光合作用的本质是植物将光能转变为化学能储存的过程。植物以二氧化碳与水为原料，在光能的作用下产生糖类和其他储能丰富的物质，并放出氧气。这个过程，最少包括两个步骤：光反应和暗反应。

1. 光反应 这个步骤需要光，故称为光反应。光合作用的光反应包含两个光反应色素系统：光系统Ⅰ与光系统Ⅱ。这种光反应在叶绿体中的类囊体膜内进行。类囊体膜上的色素包含有叶绿素 a、叶绿素 b、类胡萝卜素等多种色素，这些色素都能吸收光能。

2. 暗反应 这个步骤不需要光，故称为暗反应。暗反应利用光反应所形成的具有同化力的 NADPH（还原型辅酶Ⅱ）与 ATP，将二氧化碳还原为糖类化合物。

3. 光合电子传递的顺序 叶绿体中电子传递的顺序是光系统Ⅱ（PSⅡ）反应中心色素 P_{680} 受光激发后，产生了一个强氧化势，使水氧化，并将电子转移给原初电子供体 Z，然后不断将电子传递到原始电子受体 Q_A。Q_A 是一个特殊状态的质醌，它把电子传递到另一个特殊的质醌 Q_B，Q_B 从 Q_A 连续接受两个电子后再传递给质醌 PQ。电子从 PQ 向光系统Ⅰ（PSⅠ）方向传递时，先通过铁硫中心和细胞色素 f（Cyt f），随后经过质体蓝素（PC）传递到光系统Ⅰ反应中心 P_{700}。P_{700} 受光激发后，以非常快的速度把电子传递给铁氧还蛋白 Fd，然后电子传递给光合电子传递链的终端受体 $NADP^+$，完成了电子从水到 $NADP^+$ 的传递。此外，铁氧还蛋白也可以通过细胞色素 b 把电子传回到 PQ，形成光系统Ⅰ的环式电子流（图 5-13）。

（二）除草剂的作用部位

目前，已知除草剂的作用部位是：阻断电子由 Q_A 到 Q_B 的传递、作用于光合磷酸化部位和截获传递到 $NADP^+$ 的电子（图 5-13）。

1. 阻断电子由 Q_A 到 Q_B 的传递 一些光合作用抑制剂与质体醌 Q_B 结合，使 Q_B 钝化而失去其功能，不能接受来自 Q_A 的电子，因此也就阻断了电子的传递（图 5-13a）。大部分光合作用抑制剂作用于此部位，例如取代脲类、三氮苯类、尿嘧啶类等。

2. 抑制光合磷酸化反应 在光合作用过程中，光能通过叶绿体最终转变为化学能，即产生 ATP。除草剂氟草磺胺（perfluidone）属解偶联剂，影响光合磷酸化作用，抑制 ATP 的生成。一些酚类、腈类药剂也作用于光合磷酸化。1,2,3-硫吡唑基苯脲类属于能量转换抑制剂，直接作用于磷酸化部位（图 5-13b）。当然上述一些药剂实际上也能作用于呼吸作用中氧化磷酸化，使能量形成受阻。

3. 截获传递到 $NADP^+$ 上的电子　季铵盐类除草剂敌草快和百草枯，可充当电子传递受体，从电子传递链中争夺电子，其作用部位见图5-13c。即作用于PSⅠ中充当铁氧还蛋白（Fd）的作用，使正常传递到 $NADP^+$ 中的电子被截获，从而影响 $NADP^+$ 的还原。与此同时，敌草快、百草枯争夺电子后被还原，还原态的敌草快、百草枯可自动氧化产生相应的阳离子，同时产生超氧根阴离子，这种有害物质可致使生物膜中的不饱和脂肪酸产生过氧化作用。最后迅速造成细胞死亡，即表现杂草枯死。

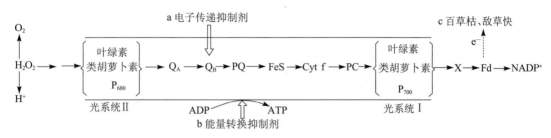

图5-13　光合作用抑制剂的作用部位

二、破坏植物的呼吸作用

植物的呼吸作用和其他生物一样，都发生于细胞内的线粒体上。呼吸作用是糖类等基质的氧化过程，即基质通过糖酵解与三羧酸循环的一系列酶的催化而进行的有机酸氧化，其间通过氧化磷酸化反应，将产生的能变为ATP，以供生命活动的各种需要。

除草剂通常不影响植物的糖酵解与三羧酸循环，主要影响氧化磷酸化偶联反应，致使不能生成ATP。有些除草剂就是典型的解偶联剂，例如酚类除草剂五氯酚钠、二硝酚和地乐酚，腈类除草剂碘苯腈、溴苯腈等。此外，敌稗、氯苯胺灵及一些苯腈类等也具有解偶联性质。当五氯酚钠等解偶联剂作用于氧化磷酸化部位后，由ADP生成ATP的反应受到抑制，于是ADP维持在高浓度水平，增强了植物的呼吸作用，但却不能生成ATP，不能满足植物生长的能源需要，植物终因正常代谢受干扰而死亡。

三、抑制植物的生物合成

（一）抑制色素的合成

高等植物叶绿体内的色素主要是叶绿素和类胡萝卜素。叶绿素包括叶绿素a和叶绿素b，类胡萝卜素包括胡萝卜素和叶黄素。胡萝卜素有3类：α胡萝卜素、β胡萝卜素和γ胡萝卜素，叶黄素则是胡萝卜素的衍生物。胡萝卜素和叶黄素都是脂溶性化合物，在叶绿素的片层结构中与脂类结合，被束缚于叶绿体片层结构的同一蛋白质中，光合作用中光能吸收与传递以及光化学反应和电子传递过程均在这里进行。因此抑制色素的合成，最终将抑制光合作用。因此部分文献将抑制色素合成的除草剂也看作光合作用抑制剂。

1. 抑制叶绿素的生物合成及质膜的破坏　松中昭一发现了对硝基二苯醚除草剂的光活化现象。新的二苯醚类、环亚胺类除草剂的出现，给科技工作者提供了更多的研究此类除草剂作用机制的机会。研究发现，这两类除草剂的靶标酶为叶绿素合成过程中的原卟啉原氧化酶（protoporphyrinogen Ⅸ oxidase, Protox或PPO，图5-14）。当植物用二苯醚类、环亚胺类（如噁草酮）处理后，迅速抑制原卟啉原氧化酶，造成原卟啉Ⅸ的瞬间积累，过量的原卟啉原Ⅸ在叶绿体内积累，引起泄漏，渗漏到细胞质中。在细胞质中，原卟啉原Ⅸ氧化生成原卟啉Ⅸ，结果在细胞膜内或附近原卟啉Ⅸ积累程度高达 20 nmol/mg（以鲜物质量计）。原卟啉Ⅸ是一种光敏剂，有氧存在时，在光照下，产生高活性的单线态氧分子，作用于细胞膜脂，从而导致细胞膜结构解离，细胞内容物渗漏，最终导致细胞死亡，从而杀死杂草。而正常情况下的原卟啉Ⅸ在叶绿体包封的环境中被螯合和被保护，不会造成细胞膜的破坏。由于这个过程必须在光照下才能进行，因此这类除草剂作用速度和药效的发挥受光的影响明显。

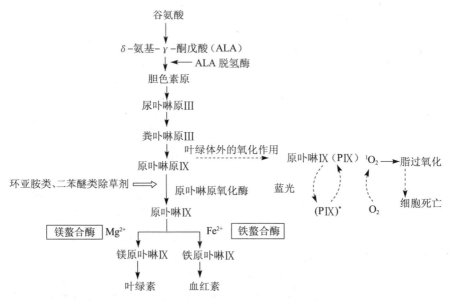

图 5-14 叶绿素生物合成路线与除草剂的作用部位
（虚线表示除草剂抑制路线，实线表示非除草剂抑制路线）

2. 抑制类胡萝卜素的生物合成 类胡萝卜素生物合成过程中的重要酶类有异戊烯转移酶、八氢番茄红素脱氢酶、δ胡萝卜素脱氢酶和对羟苯基丙酮酸双氧化酶（间接影响）。类胡萝卜素在光合作用中可以保护叶绿素分子，防止受到光氧化而遭到破坏。有些除草剂可以抑制类胡萝卜素合成，致使叶绿素失去保护色素而出现失绿、白化现象，例如异噁草松、氟草敏、嘧啶类、三酮类、异噁唑类等除草剂。它们各自作用部位不同，见图 5-15。

（1）抑制八氢番茄红素脱氢酶 八氢番茄红素脱氢酶（phytoene desaturase，PDS）是类胡萝卜素合成过程中八氢番茄红素生成δ胡萝卜素的重要酶。研究表明，氟草敏、氟咯草酮、氟啶草酮、吡氟酰草胺等除草剂抑制八氢番茄红素脱氢酶，从而最终抑制类胡萝卜素的合成。

（2）抑制对羟苯基丙酮酸双氧化酶 对羟苯基丙酮酸双氧化酶（4-hydroxyphenylpyruvate dioxygenase，HPPD）是植物体合成质体醌和α生育酚的关键酶。其合成路线为

$$酪氨酸 \longrightarrow 4\text{-}羟苯基丙酮酸 \xrightarrow{HPPD} 尿黑酸 \longrightarrow 质体醌 + \alpha 生育酚$$

当对羟苯基丙酮酸双氧化酶受到抑制后，由 4-羟苯基丙酮酸氧化脱羧转变为尿黑酸的合成受阻，进而影响质体醌的合成。而质体醌是八氢番茄红素脱氢酶（PDS）的一种关键辅因子，质体醌的减少使八氢番茄红素脱氢酶的催化作用受阻，进而影响类胡萝卜素的生物合

成，导致植物白化症状，最终使植物死亡。

三酮类除草剂（例如磺草酮、硝磺草酮、苯唑草酮等）、异噁唑类除草剂（例如异噁唑草酮、异噁氯草酮等）和吡唑酮类除草剂（例如吡草酮）的靶标酶均为对羟苯基丙酮酸双氧化酶。

(3) 其他 在类胡萝卜素合成过程中，由 ζ 胡萝卜素生成番茄红素需要 ζ 胡萝卜素脱氢酶（ζ-carotene desaturase, ZDS）催化，嘧啶类除草剂可以抑制该酶。ζ 胡萝卜素脱氢过程的作用机制与八氢番茄红素脱氢过程是相似的。因此八氢番茄红素脱氢酶抑制剂也能够抑制 ζ 胡萝卜素脱氢酶（Simkin 等，2000）。还有一些除草剂作用于类胡萝卜素的合成，其表现症状与上述除草剂相同，但其作用机制尚不十分清楚，例如异噁草松等。

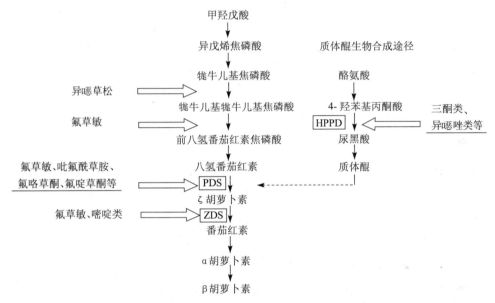

图 5-15 类胡萝卜素、质体醌生物合成与除草剂作用部位

(二) 抑制氨基酸、核酸和蛋白质的合成

氨基酸是植物体内蛋白质及其他含氮有机物合成的重要物质，氨基酸合成的受阻将导致蛋白质合成的停止。蛋白质与核酸是细胞核与各种细胞器的主要成分。因此对氨基酸、蛋白质、核酸代谢的抑制，将严重影响植物的生长、发育，造成植物死亡。

1. 抑制氨基酸的合成 目前已开发并商品化的抑制氨基酸合成的除草剂有：部分有机磷除草剂（例如草甘膦、草铵膦、双丙氨膦）、磺酰脲类、咪唑啉酮类、磺酰胺类、嘧啶水杨酸类等。在这些类别中，除含磷除草剂外，其他均为抑制支链氨基酸生物合成的除草剂。它们的抑制部位见图 5-16。

(1) 部分有机磷除草剂对氨基酸的抑制作用 目前常用的有机磷除草剂有草甘膦、草铵膦和双丙氨膦。草甘膦的作用部位是抑制莽草酸途径中的 5-烯醇丙酮酸基莽草酸-3-磷酸酯合成酶（5-enolpyruvylshikimic acid-3-phosphate synthase，EPSPS），使苯丙氨酸、酪氨酸、色氨酸等芳族氨基酸生物合成受阻。

草铵膦和双丙氨膦则抑制谷氨酰胺的合成，其靶标酶为谷氨酰胺合成酶（glutamine sythase，GS）。这两种除草剂通过对谷氨酰胺合成酶不可逆抑制及破坏其后谷氨酰胺合成酶有关过程而引起植物死亡，这些过程破坏的结果导致细胞内氨积累、氨基酸合成及光合作用受抑制、叶绿素破坏。

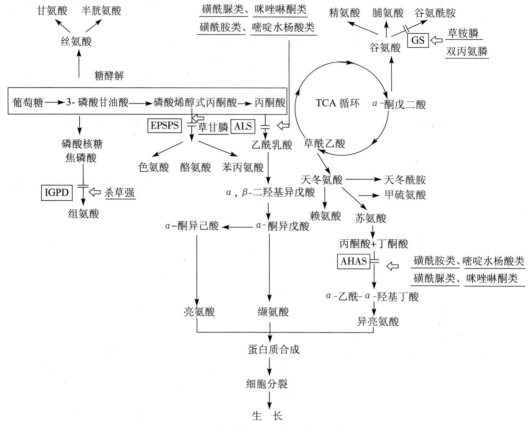

图 5-16 抑制氨基酸生物合成的除草剂

（2）抑制支链氨基酸的合成　亮氨酸、异亮氨酸和缬氨酸是植物生命过程中 3 种必需的支链氨基酸。乙酰乳酸合成酶（acetolactate synthase，ALS）或乙酰羟基酸合成酶（acetohydroxyl acid synthase，AHAS）是植物内上述 3 种支链氨基酸生物合成途径第一阶段的关键酶。乙酰乳酸合成酶可将两分子的丙酮酸催化缩合生成乙酰乳酸，乙酰羟基丁酸合成酶可将一分子丙酮酸与 α-丁酮酸催化缩合生成乙酰羟基丁酸（图 5-16）。磺酰脲类、咪唑啉酮类、磺酰胺类、嘧啶水杨酸类等除草剂的作用靶标酶为乙酰乳酸合成酶或乙酰羟基丁酸合成酶。通常将该类除草剂统称为乙酰乳酸合成酶抑制剂，乙酰乳酸合成酶抑制剂是目前开发最活跃的领域之一。乙酰乳酸合成酶活性被抑制后植物生命活动必需的 3 种支链氨基酸亮氨酸、异亮氨酸和缬氨酸合成受阻，进而导致植物细胞不能完成有丝分裂，使植株生长停止逐步死亡。

另外，杀草强为杂环类灭生性除草剂，其通过抑制咪唑甘油磷酸酯脱水酶（imidazole glycerol phosphate dehydratase，IGPD）而阻碍组氨酸的合成。

综上所述，植物体内氨基酸合成受相应酶的调节控制，而各种氨基酸抑制剂则正是通过控制氨基酸合成过程不同阶段的酶以发挥其除草效应的。表 5-3 列出了一些除草剂及其抑制相应氨基酸合成的靶标酶。

第五章 除草剂

表 5-3 阻碍氨基酸合成的除草剂及靶标酶

除草剂	抑制氨基酸	靶标酶
杀草强	组氨酸	咪唑甘油磷酸酯脱水酶（IGPD）
草甘膦	芳香族氨基酸	5-烯醇丙酮酸基莽草酸-3-磷酸酯合成酶（EPSPS）
草铵膦、双丙氨膦	谷氨酰胺	谷氨酰胺合成酶（GS）
磺酰脲类、咪唑啉酮类、磺酰胺类、嘧啶水杨酸类	支链氨基酸	乙酰乳酸合成酶（ALS）或乙酰羟基丁酸合成酶（AHAS）

2. 干扰核酸和蛋白质的合成 除草剂抑制核酸和蛋白质的合成主要是间接性的，直接抑制蛋白质和核酸合成的报道很少。已知干扰核酸、蛋白质合成的除草剂几乎包括了所有重要除草剂的类别：苯甲酸类、氨基甲酸酯类、酰胺类、二硝基酚类、二硝基苯胺类、卤代苯腈类、苯氧羧酸类、三氮苯类等。试验证明，很多抑制核酸和蛋白质合成的除草剂干扰氧化与光合磷酸化作用。通常除草剂抑制 RNA 与蛋白质合成的程度与降低植物组织中 ATP 的浓度存在相关，除草剂干扰核酸和蛋白质合成，是 ATP 被抑制的结果。磺酰脲类除草剂通过抑制支链氨基酸的合成而影响核酸和蛋白质的合成，氯磺隆能抑制玉米根部 DNA 的合成。目前尚未有商品化的除草剂直接作用于核酸和蛋白质的合成。

（三）抑制脂类的合成

脂类包括脂肪酸、磷酸甘油酯、蜡质等。它们是组成细胞膜、细胞器膜与植物角质层的重要成分。脂肪酸是各种复合脂类的基本结构成分。例如磷酸甘油酯是脂肪酸与磷脂酸的复合体。因此除草剂抑制脂肪酸的合成，也就抑制了脂类合成，最终造成细胞膜、细胞器膜或蜡质生成受阻，细胞膜的完整性因脂质的缺乏而遭到破坏，进而导致细胞内电解质外泄和杂草的死亡。

乙酰辅酶 A 羧化酶（acetyl-CoA carboxylase，ACCase）是脂肪酸生物合成的关键酶或限速酶，催化脂肪酸合成中起始物质乙酰辅酶 A 生成丙二酸单酰辅酶 A，可表达为

$$乙酰 CoA + HCO_3 + ATP \xrightarrow{ACCase} 丙二酸单酰 CoA + ADP + Pi$$

目前已确定在植物体内有两种乙酰辅酶 A 羧化酶的同工酶，主要位于质体和胞质溶胶中。细菌及双子叶植物和非禾本科单子叶植物的质体中是异质型，也称为原核型；而在动物、酵母、藻类及植物的胞质溶胶中是同质型，也称为真核类型。质体中乙酰辅酶 A 羧化酶主要负责脂肪酸的合成，胞质溶胶中乙酰辅酶 A 羧化酶主要负责长链脂肪酸、黄酮等次生代谢产物的合成。但乙酰辅酶 A 羧化酶在植物中的定位有两个例外：目前，已知大豆、油菜的叶绿体中可能同时包含异质型和同质型乙酰辅酶 A 羧化酶，禾本科植物质体和胞质溶胶中的乙酰辅酶 A 羧化酶都属于同质型。

研究表明，芳氧苯氧基丙酸酯类（aryloxyphenoxypropionate，APP）、环己烯酮类（cyclohexanedione，CHD）、新苯基吡唑啉类（phenylpyraxoline，PPZ）除草剂作用于质体中同质型乙酰辅酶 A 羧化酶，抑制禾本科植物脂肪酸合成，导致禾本科杂草死亡（图 5-17）。双子叶或非禾本科植物质体中异质型乙酰辅酶 A 羧化酶则不被上述除草剂抑制而存活下来。

另外，硫代氨基甲酸酯类（thiocarbamate）除草剂是抑制长链脂肪酸合成的除草剂，它

通过抑制脂肪酸链延长酶系而阻碍长链脂肪酸的合成（图5-17）。

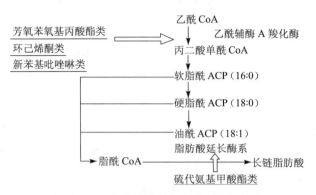

图5-17 除草剂抑制脂肪酸合成的部位

四、干扰植物激素的平衡

植物体内含有多种植物激素，它们对协调植物的生长、发育、开花与结果具有重要的作用。它们在植物不同组织中的含量与比例都有严格的要求。激素型除草剂是人工合成的具有天然植物激素作用的物质，例如苯氧羧酸类（例如2,4-滴、2甲4氯等）、苯甲酸类（例如草芽畏、草灭畏、麦草畏等）、氨氯吡啶酸等。这些化合物都很稳定，在进入植物体后，会打破原有的天然植物激素的平衡，因而严重影响植物的生长发育。激素型除草剂的作用特点，是低浓度对植物有刺激作用，高浓度时则产生抑制作用。由于植物不同器官对药剂的敏感程度及药量积累程度的差别，受害植物常可见到刺激与抑制同时存在的症状，导致植物产生扭曲与畸形。例如2,4-滴对双子叶杂草表现的毒害症状：顶端与根部生长停止、叶片皱缩、茎叶扭曲、茎基部变粗、肿裂或出现瘤状物等，严重时则全株枯死。

五、抑制微管与组织发育

微管是存在于所有真核细胞中的丝状亚细胞结构。高等植物中，纺锤体微管则是决定细胞分裂程度的功能性机构，微管的组成与解体受细胞末端部位的微管机能中心控制，微管机能中心是一种细胞质的电子密布区。由于除草剂类型与品种不同，它们对微管系统的抑制部位不同：①抑制细胞分裂的连续过程；②阻碍细胞壁或细胞板形成，造成细胞异常，产生双核及多核细胞；③抑制细胞分裂前的准备阶段如G_1与G_2阶段。二硝基苯胺类除草剂是抑制微管的典型代表，它们与微管蛋白结合并抑制微管蛋白的聚合作用，造成纺锤体微管丧失，使细胞有丝分裂停留于前期或中期，产生异常的多形核。由于细胞极性丧失，液泡形成增强，故在伸长区进行放射性膨胀，结果造成根尖肿胀。

植物组织是通过细胞分裂、伸长、分化而发育的细胞群体。苯氧羧酸类及苯甲酸类除草剂往往抑制韧皮部与木质部发育，阻碍代谢产物及营养物质的运转与分配，造成形态畸形。

第四节 除草剂的使用技术

除草剂防除农田杂草的使用方法很多，按除草剂的喷施目标可分为土壤处理法和茎叶处理法。按施药方法又可划分为喷雾法、撒施法、泼浇法、甩施法、涂抹法、除草剂薄膜法等。本节仅介绍土壤处理法和茎叶处理法。

一、土壤处理法

将除草剂施用于土壤，称为土壤处理法。根据处理时期不同又可划分为播前土壤处理、播后苗前土壤处理与苗后土壤处理。采用该方法的药剂是土壤处理剂，值得注意是，多数传统土壤处理剂对已出土杂草防除效果差，因此土壤处理法适应于杂草尚未出土的作物田。

（一）播前土壤处理

此法是在作物播种或移栽前用除草剂处理土壤，具体施药方法可分为以下两种。

1. 播前土表处理 此法是在作物种植前将除草剂施于土壤表面。例如稻田插秧前施用噁草酮用于土表防除杂草、蔬菜等移栽前施用异丙甲草胺等防除杂草。

2. 播前混土处理 作物种植前施用除草剂于土表，并均匀地混入浅土层中的方法称为播前混土处理法。为了使药剂均匀地混入土层内，可用钉齿耙、圆盘耙、旋转耙等混拌。据国内经验，用圆盘耙交叉耙两次，耙深 10 cm 就能将药剂均匀地分散到 3～5 cm 的土层内。药层内的杂草萌芽或穿过药层时，吸收药剂而死亡。这种处理法的特点是：①能够减少易挥发与光解的除草剂的流失，例如挥发性强的茵草敌、燕麦敌等硫代氨基甲酸酯类，易挥发与光解的氟乐灵、仲丁灵等二硝基苯胺类除草剂，采用土表处理效果较差，而混土处理则能维持较长的持效期。②土壤深层也能萌发的杂草（例如野燕麦等），采用土表处理常表现药效差，而混土处理法能发挥较高的药效。③在土壤墒情差的情况下，由于苗前土壤处理药剂不能淋溶下渗接触杂草种子，故药效较差；而采用播前混土处理则药剂能接触到杂草种子，故可获得较好的效果。例如土壤墒情差的条件下使用西玛津防除玉米田杂草，利用播前混土处理就能提高药效。

采用播前混土处理也可能出现一些问题。首先是药剂如果混入种子层内，会降低药剂的选择性，要求所用的除草剂必须具有足够的选择性，否则会出现药害。其次是当除草剂从表层被分散到较深土层后，不一定都能增加除草效果，有些除草剂可能适得其反，因为土壤中的药剂浓度被稀释而降低了药效。

（二）播后苗前土壤处理

作物播种后尚未出苗时处理土壤，称为播后苗前土壤处理或苗前土壤处理。多数土壤处理剂是用这种方法施药的，包括取代脲类、三氮苯类和酰胺类等重要的除草剂种类。播后苗前土壤处理可以应用选择性除草剂，例如丁草胺用于稻秧田，乙草胺与莠去津用于玉米田。但大多数情况是利用土壤位差等的综合选择性，达到安全除草的目的。供土壤处理用的除草剂必须具有一定的持效期，才能有效地控制杂草。落于土壤立即钝化或降解的除草剂，例如敌稗、草铵膦、草甘膦等茎叶处理剂，则不宜作土壤处理剂。

（三）苗后土壤处理

作物生长发育阶段处理土壤或移栽缓苗后处理土壤，称为苗后土壤处理。例如稻田插秧后杂草尚未出土或处在幼苗期施用丁草胺或禾草丹等。为了减少药剂附着在水稻上，常采用颗粒或药剂混以湿土撒布，从而避免产生药害。一些移栽蔬菜在缓苗后使用异丙甲草胺等除草剂控制未出土杂草等。但该种施药方法必须注意：①在作物缓苗后施药；②所选用的除草剂必须对作物苗期安全或采取适宜的施药方法，例如水稻田移栽后丁草胺等药剂不能喷洒施药；③杂草尚未出土。

二、茎叶处理法

将除草剂直接喷洒到生长着的杂草茎叶上的方法称为茎叶处理法。按农田作业的时期又可分为播前茎叶处理与生长发育阶段茎叶处理。

（一）播前茎叶处理

这种方法是农田尚未播种或移栽作物前，用药剂喷洒已长出的杂草。这时农田尚未栽培作物，故能安全有效地消除杂草。此法通常要求除草剂具有广谱性，药剂易被叶面吸收，落在土壤上不致影响种植作物。常用的药剂有草铵膦、草甘膦等。但这种施药方法仅能消除已长出的杂草，对后发杂草则难以控制。

（二）生长发育阶段茎叶处理

作物出苗后施用除草剂处理杂草茎叶的方法称为生长发育阶段茎叶处理。这种方法不仅药剂能接触到杂草，也能接触到作物，因而要求除草剂具有较高选择性。例如 2,4-滴或 2 甲 4 氯防除麦田中双子叶杂草，二氯喹啉酸防除稻田稗草，灭草松防除大豆田双子叶杂草等。一些对作物毒性强的除草剂可通过定向喷雾或保护装置，达到安全施药的目的。

茎叶处理法一般采用喷雾法而不用喷粉法，因为喷雾法使药剂易于附着与渗入杂草组织，有较好的药效。生长发育阶段茎叶处理的施药适期，宜在杂草敏感而对作物安全的生长发育阶段。例如用 2,4-滴防除小麦田杂草，宜在小麦 3～5 叶期至拔节期前，阔叶杂草 2～5 叶期最佳；烟嘧磺隆防除玉米田杂草，应在玉米 3～5 叶期，杂草 2～5 叶期。

第五节 除草剂常用类型及其品种

一、苯氧羧酸类除草剂

1941 年 Pokrny 首次报道了 2,4-滴的合成方法，次年 Zimmerman 和 Hitchcock 报道了 2,4-滴作为植物生长调节剂和除草剂的效果，随后 2,4-滴迅速发展，类似品种相继被开发出来。例如在苯环上不同基团取代，开发出 2,4,5-涕、2 甲 4 氯。在侧链脂肪酸上取代，开发出 2,4-滴的丙酸和丁酸。在羧酸基团衍生物合成，开发出盐类品种（例如 2,4-滴的钠盐、钾盐、铵盐、二甲胺盐、胆碱等）和酯类品种（例如 2,4-滴的甲酯、乙酯、丁酯、异辛酯等）。

苯氧羧酸类（phenoxyalkanoic acids）除草剂的基本结构见图 5-18。

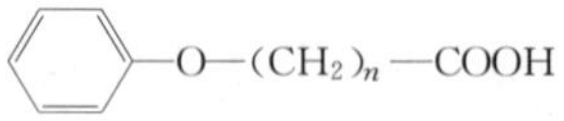

图 5-18 苯氧羧酸类除草剂的基本结构

常用苯氧羧酸类除草剂的基本特性：①由于酸不易溶于水和常见的有机溶剂，生产上多应用其盐或酯；②苯氧羧酸类为选择性输导型除草剂，多数品种具有较高的茎叶处理活性，并兼具土壤封闭效果；③该类除草剂的作用机制为干扰植物的激素平衡，使受害植物扭曲、肿胀、发育畸形等，最终导致死亡；④主要用于水稻、玉米、小麦、甘蔗、苜蓿等作物田防除阔叶杂草和部分莎草科杂草。

（一）2,4-滴

1. 化学名称 2,4-滴（2,4-dichlorophenoxyacetic acid，2,4-D）的化学名称为 2,4-

二氯苯氧乙酸（图5-19）。

2. 主要理化性质　2,4-滴纯品为白色无臭结晶，熔点为141℃，工业品稍带酚类气味，易溶于乙醇、丙酮、醚等有机溶剂，微溶于水，但其钠、铵与胺盐易溶于水，在硬水中能和钙、镁反应，生成相应的盐，产生白色沉淀。

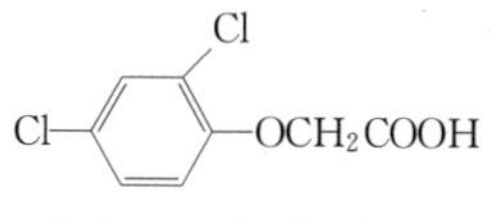

图5-19　2,4-滴的分子结构

应用品种一般多为可溶性盐类（例如2,4-滴钠盐、2,4-滴二甲胺盐）或酯类（例如2,4-滴丁酯、2,4-滴异辛酯）。相对于盐类，酯类挥发性较强。我国应用最多的是2,4-滴丁酯。

3. 主要生物活性　2,4-滴为选择性内吸传导型除草剂，对阔叶类植物具有较高的生物活性。低浓度（10~30 μg/mL）可促进植物生长，高浓度时（>100 μg/mL）表现出抑制植物生长，特别在双子叶植物上表现明显。植物的根、茎、叶均能吸收。茎、叶吸收的药剂随光合产物沿韧皮部筛管运往生长点部位，根部吸收的药剂随蒸腾流沿木质部导管向上传导至茎叶生长点，破坏植物的正常生理功能。2,4-滴主要用于小麦、春玉米田防除阔叶杂草，但应严格注意用药量，以免产生药害。由于2,4-滴丁酯挥发性强，易导致邻近作物产生药害等，农业部办公厅2016年5月9日发布，自发布之日起不再受理、批准含2,4-滴丁酯产品的境内使用续展登记申请。

4. 毒性　2,4-滴对大鼠急性口服 LD_{50} 为375 mg/kg。

（二）2甲4氯

1. 化学名称　2甲4氯（2-M-4-X；2-methyl-4-chlorophenoxy acetic acid，MCPA）的化学名称为2-甲基-4-氯苯氧乙酸（图5-20）。

2. 主要理化性质　2甲4氯纯品为无色无臭结晶，熔点为118~119℃，难溶于水，易溶于有机溶剂。一般制成2甲4氯钠盐使用，商品为棕色粉末，易溶于水，吸湿后易结块。

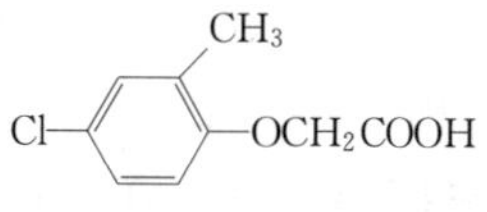

图5-20　2甲4氯的分子结构

应用品种一般多为可溶性盐类（例如2甲4氯钠盐、2甲4氯二甲胺盐、2甲4氯异丙胺盐）或酯类（例如2甲4氯丁酸乙酯、2甲4氯异辛酯、2甲4氯硫代乙酯、2甲4氯异硫酯）。相对于盐类，酯类挥发性较大。我国应用最多的是2甲4氯钠盐。

3. 主要生物活性　2甲4氯为选择性内吸传导激素型除草剂，可被植物的根、茎、叶吸收，在禾本科植物体内易被代谢而失去毒性；双子叶植物不易代谢，导致茎、叶扭曲，根变形，丧失吸收水分和养分的能力，逐渐死亡。2甲4氯主要用于水稻、小麦田防除阔叶杂草和莎草科杂草。

4. 毒性　2甲4氯对大鼠急性经口 LD_{50} 为700 mg/kg。

二、芳氧苯氧基丙酸酯类除草剂

道化学公司在研究2,4-滴类似物时，用吡啶基替换2,4-滴结构中苯基得到了吡啶氧乙酸类化合物，优化后开发出Dowco233。与此同时赫斯特公司在研究2,4-滴类似物时发现，将2,4-滴结构中苯基以二苯醚替换后所得化合物不具激素活性，进一步研究发现了禾草灵（diclofop-methyl），仅对禾本科杂草有效，而对阔叶杂草无效。禾草灵可谓芳氧苯氧丙酸类除草剂的先导化合物。自以上两个除草剂发现后，世界许多公司纷纷加入此领域，例如日本石原产业公司参照Dowco233和禾草灵的结构设计并合成了化合物SL-501，该化合物对禾本科杂草的活性比禾草灵高 10 倍以上，后经结构优化，开发出吡氟禾草灵 fluazifop-butyl）。道化学公司、赫斯特公司、日产化学公司分别研制出吡氟氯禾草灵（haloxyfop-methyl）、噁唑禾草灵（fenoxaprop-ethyl）和喹禾灵（quizalofop）等。

芳氧苯氧基丙酸酯类（aryloxyphenoxy propionate）除草剂的基本结构见图 5-21。

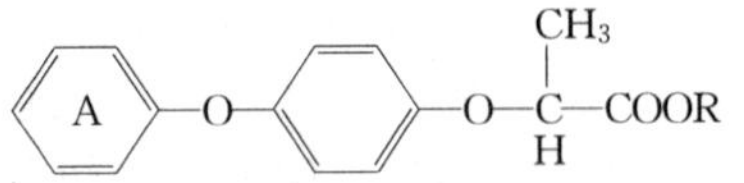

图 5-21 芳氧苯氧基丙酸酯类除草剂的基本结构
A. 苯环、吡啶、苯并噁唑啉、喹唑啉、苯并噁唑、喹啉等
R. —H, —CH_3, —C_2H_5

芳氧苯氧基丙酸酯类除草剂的共同特点：①以茎叶处理为主，表现出很强的茎叶吸收活性；②多用于阔叶作物田，少数品种可用于水稻和高粱田；③用来防除禾本科杂草；④均具有输导性；⑤在丙酸部位具有手性碳，因而具有同分异构体 R 体和 S 体，其中 R 体为活性体。目前生产上应用品种多为 R 体，在品种名称前冠以"精""高效"等；⑥为脂肪酸合成抑制剂，其靶标酶为乙酰辅酶 A 羧化酶；⑦对哺乳类动物低毒；⑧多数品种环境降解较快；⑨杂草对该类药剂易产生抗药性。

（一）精喹禾灵

1. 化学名称 精喹禾灵（quinofop-p-ethyl）的化学名称为（R）-2-[4-（6-氯喹喔啉-2-基氧）苯氧基]丙酸乙酯（图 5-22）。

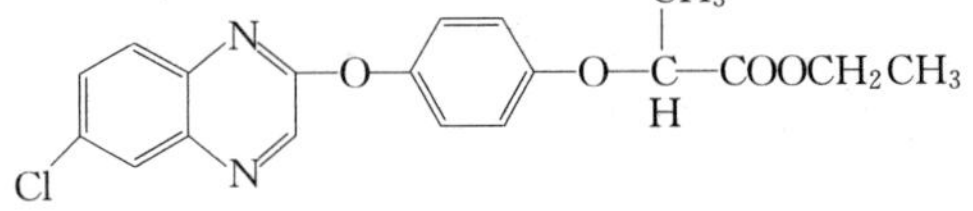

2. 主要理化性质 精喹禾灵为淡褐色结晶，熔点为 76~77 ℃，沸点为 220 ℃（26.6 Pa），密度为 1.36 g/cm³，蒸气压为 $1.1×10^{-7}$ Pa（20 ℃）；20 ℃时溶解度，在水中为 0.4 mg/L，

图 5-22 精喹禾灵的分子结构

在丙酮中为 650 g/L，在乙醇中为 22 g/L，在己烷中为 5 g/L，在甲苯中为 360 g/L；pH 9 时半衰期为 20 h；在酸性中性介质中稳定，在碱中不稳定。

3. 主要生物活性 精喹禾灵为选择性输导型茎叶处理剂，根、茎、叶皆可吸收。其作用机制为抑制脂肪酸合成过程中的关键酶乙酰辅酶 A 羧化酶，使脂肪酸合成受阻。精喹禾灵主要用于大豆、花生、棉花等阔叶作物田防除禾本科杂草。

4. 毒性 精喹禾灵对雄大鼠急性经口 LD_{50} 为 1 210 mg/kg；对鱼类有毒，虹鳟 LC_{50}（96 h）大于 0.5 mg/L。

（二）高效氟吡甲禾灵

1. 化学名称 高效氟吡甲禾灵（haloxyfop-p-methyl）的化学名称为（R）-2[4-（3-氯-5-三氟甲基-2-吡啶氧基）苯氧基]丙酸甲酯（图 5-23）。

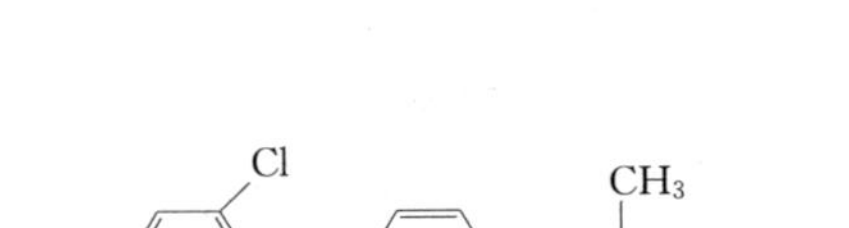

图 5-23 高效氟吡甲禾灵的分子结构

2. 主要理化性质 高效氟吡甲禾灵为氟吡甲禾灵的 R 体化合物，原药外观为褐色液体，具淡芳香气味。纯品为亮棕色无臭液体，沸点高于 280 ℃，蒸气压为 $3.28×10^{-4}$ Pa（25 ℃）；溶解度，在水中为 8.74 mg/L（25 ℃），在丙酮、环己酮、二氯甲烷、乙醇、甲醇、甲苯和二甲苯中超过 1 kg/L（20 ℃）。

3. 主要生物活性 高效氟吡甲禾灵为选择性输导型茎叶处理剂，根、茎、叶皆可吸收。其作用机制同精喹禾灵。高效氟吡甲禾灵主要用于大豆、花生、棉花等阔叶作物田防除禾本科杂草。

4. 毒性 高效氟吡甲禾灵对大鼠急性经口 LD_{50}，雄为 300 mg/kg，雌为 623 mg/kg；对鱼类有毒，虹鳟鱼 LC_{50}（96 h）为 0.7 mg/L。

（三）精吡氟禾草灵

1. 化学名称 精吡氟禾草灵（fluazifop-p-butyl）的化学名称为（R）-2-［4-（5-三氟甲基-2-吡啶氧基）苯氧基］丙酸丁酯（图5-24）。

2. 主要理化性质 精吡氟禾草灵为浅色液体，熔点约5℃，沸点为164℃，蒸气压为$5.4×10^{-4}$ Pa（20℃），密度为1.22 g/mL（20℃）；溶解度，在水中为1 mg/L，溶于丙酮、己烷、甲醇、二氯甲烷、乙酸乙酯、甲苯和二甲苯；紫外光下稳定，25℃保存1年以上，50℃保存12周，210℃分解。

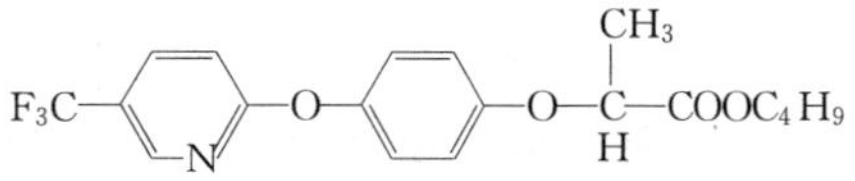

图5-24 精吡氟禾草灵的分子结构

3. 主要生物活性 精吡氟禾草灵为吡氟禾草灵的R体，属选择性输导型茎叶处理剂。精吡氟禾草灵易被植物吸收，并迅速被水解为相应的酸，通过木质部而到达植物的生长部位。其作用机制同精喹禾灵，主要用于大豆、花生、棉花等阔叶作物田防除禾本科杂草。

4. 毒性 精吡氟禾草灵对人畜低毒，大鼠急性口服LD_{50}为3 680 mg/kg，兔经皮LD_{50}大于2 076 mg/kg，对眼睛、皮肤有轻微刺激作用；对鱼类中等毒性，虹鳟96 h LC_{50}为1.07 mg/L；对蜜蜂、鸟类表现低毒。

（四）精噁唑禾草灵

1. 化学名称 精噁唑禾草灵（fenoxaprop-p-ethyl）的化学名称为（R）-2-［4-（6-氯-1,3-苯并噁唑-2-基氧）苯氧基］丙酸乙酯（图5-25）。

2. 主要理化性质 精噁唑禾草灵为白色无味固体，熔点为89~91℃，蒸气压为$5.3×10^{-7}$ Pa（20℃），密度为1.3 g/cm³，25℃时溶解度，在水中为0.9 mg/L，在丙酮中超过500 g/L，在甲苯中超过300 g/L，在乙酸乙酯中超过200 g/L，在乙醇、环己烷和正丁醇中超过10 g/L。

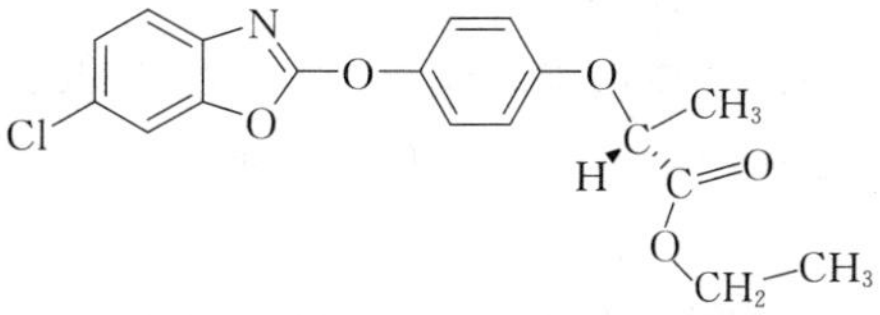

图5-25 精噁唑禾草灵的分子结构

3. 主要生物活性 精噁唑禾草灵为选择性输导型茎叶处理剂。不加安全剂的精噁唑禾草灵制剂主要用于阔叶作物田防除禾本科杂草。精噁唑禾草灵在制剂中加入安全剂解草唑后，可用于小麦田防除禾本科杂草（例如看麦娘、日本看麦娘、野燕麦等），但不能用于大麦田。目前，拜耳公司生产的"大骠马"，可用于大麦田防除禾本科杂草。

4. 毒性 精噁唑禾草灵对人畜低毒，对大鼠急性口服LD_{50}为3 040 mg/kg，对兔经皮LD_{50}大于2 000 mg/kg，对眼睛、皮肤有轻微刺激作用；对鱼类中等毒性，虹鳟96 h LC_{50}为0.46 mg/L，对蜜蜂、鸟类低毒。

（五）氰氟草酯

1. 化学名称 氰氟草酯（cyhalofop-butyl）的化学名称为（R）-2-［4（4-氰基-2-氟苯氧基）苯氧基］-丙酸丁酯（图5-26）。

2. 主要理化性质 氰氟草酯原药为白色结晶固体，密度为1.237 5 g/cm³（20℃），沸点为363℃，熔点为48~49℃，蒸气压为$1.17×10^{-6}$ Pa（20℃），溶于大多数有机溶剂，不溶于水。

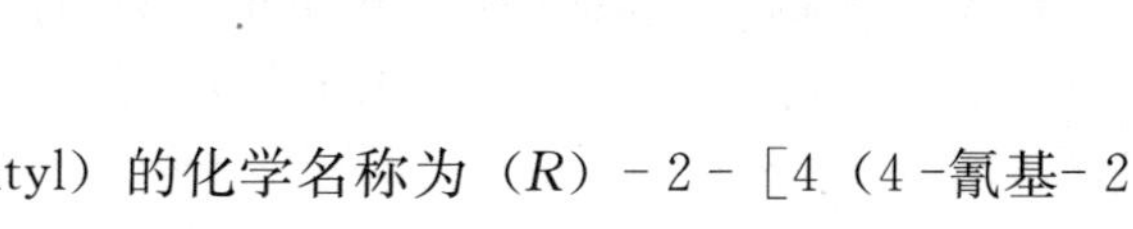

图5-26 氰氟草酯的分子结构

3. 主要生物活性 氰氟草酯为选择性输导型茎叶处理剂，作用特点及作用机制同精喹禾灵，用于水稻田防除稗草、千金子等禾本科杂草。

4. 毒性 氰氟草酯对人畜低毒，对大鼠急性经口 LD_{50} 大于 5 000 mg/kg，经皮 LD_{50} 大于 2 000 mg/kg。

(六) 喹禾糠酯

1. 化学名称 喹禾糠酯 (quizalofop-p-tefuryl) 的化学名称为 (R)-2-[4-(6-氯喹喔啉氧) 苯氧基] 丙酸-2-甲基呋喃氢酯基 (R)-2-乙酯 (图 5-27)。

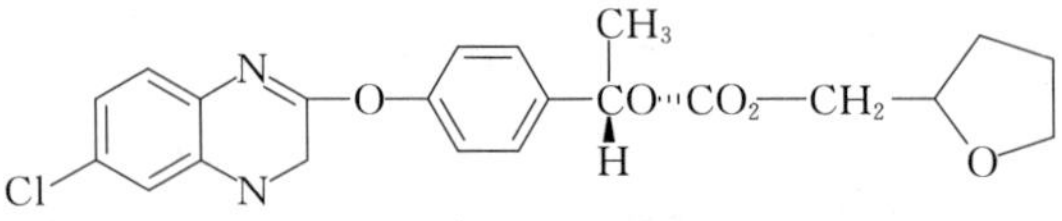

2. 主要理化性质 喹禾糠酯为深黄色液体，在室温下有结晶存在，熔点为 59~68 ℃，蒸气压为 7.9×10^{-6} Pa (25 ℃); 25 ℃时溶解度，在水中为 4 mg/L，在甲苯中为 652 g/L，在己烷中为 12 g/L，在甲醇中为 64 g/L。

图 5-27 喹禾糠酯的分子结构

3. 主要生物活性 喹禾糠酯为选择性输导型茎叶处理剂，其作用特点及作用机制同精喹禾灵，主要用于大豆、花生、棉花等阔叶作物田防除禾本科杂草。

4. 毒性 喹禾糠酯对人畜低毒，对大鼠急性经口 LD_{50} 为 1 012 mg/kg。

(七) 炔草酯

1. 化学名称 炔草酯 (clodinafop-propargyl) 的化学名称为 R-2-[4-(5-氯-3-氟-2-氧基吡啶)-苯氧基]-丙酸炔丙基酯 (图 5-28)。

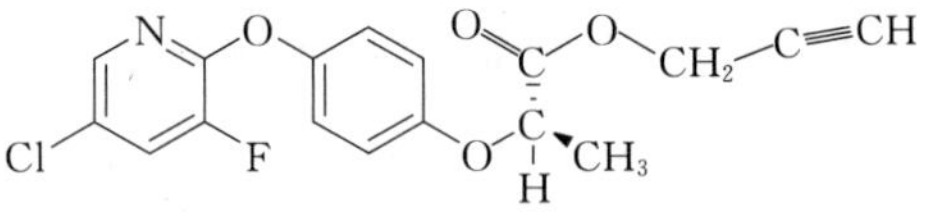

2. 主要理化性质 炔草酯纯品为白色结晶体，熔点为 59.5 ℃ (原药熔点为 48.2~57.1 ℃)，蒸气压为 3.19×10^{-6} Pa (25 ℃); 25 ℃时溶解度，在水中为 4.0 mg/L，在甲苯中为 690 g/L，在丙酮中为 880 g/L，在乙醇中为 97 g/L，在正己烷中为 0.008 6 g/L。

图 5-28 炔草酯的分子结构

3. 主要生物活性 炔草酯为选择性输导型茎叶处理剂，其作用特点及作用机制同精喹禾灵，主要用于小麦田防除禾本科杂草，例如野燕麦、看麦娘、黑麦草、普通早熟禾、狗尾草等。

4. 毒性 炔草酯对大鼠急性经口 LD_{50} 为 1 829 mg/kg，急性经皮 LD_{50} 超过 2 000 mg/kg。

(八) 噁唑酰草胺

1. 化学名称 噁唑酰草胺 (metamifop) 的化学名称为 (R)-2-{4-[(6-氯-2-苯噁唑基) 氧] 苯氧基}-N-(2-氟苯基)-N-甲基丙酰胺 (图 5-29)。

2. 主要理化性质 噁唑酰草胺原药外观为浅褐色粉末，熔点为 77.0~78.5 ℃，在水中溶解度为 0.69 mg/L (20 ℃, pH 7); 25 ℃时，正常条件下在土壤中的半衰期为 40~60 d。

3. 主要生物活性 噁唑酰草胺为选择性输导型茎叶处理剂，其作用特点及作用机制同精喹禾灵。噁唑酰草胺主要用于防除水稻田禾本科杂草 (例如稗草、千金子、马唐、牛筋草等)，不可与吡

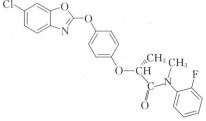

图 5-29 噁唑酰草胺的分子结构

嘧磺隆、苄嘧磺隆等混用。杂交稻制种田不推荐使用。

4. 毒性　噁唑酰草胺低毒，对环境安全，大鼠急性口服 LD_{50} 超过 2 000 mg/kg，急性经皮 LD_{50} 超过 2 000 mg/kg；对皮肤和眼无刺激作用，皮肤接触无致敏反应。

三、二硝基苯胺类除草剂

1960 年第一个二硝基苯胺类除草剂氟乐灵问世，以后相继出现了许多新品种。二硝基苯胺类除草剂有以下特点：①均为选择性触杀型土壤处理剂，在播种前或播后苗前应用；②杀草谱广，对一年生禾本科杂草高效，同时还可以防除部分一年生阔叶杂草；③易于挥发和光解，尤其是氟乐灵；④土壤中半衰期为 2～3 个月，对大多数后茬作物安全；⑤水溶性低并易被土壤吸附，在土壤中不易移动，不易污染水源；⑥对人畜低毒，使用安全。

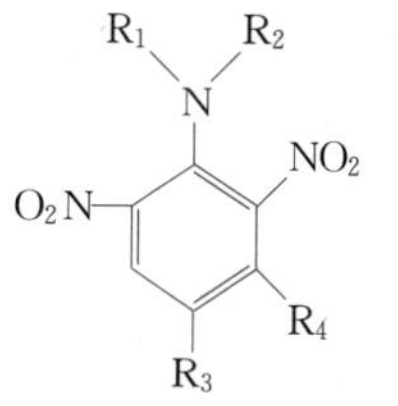

二硝基苯胺类除草剂的两个硝基位置以 2,6-二硝基结构的化合物生物活性最强，该类除草剂的结构通式见图 5-30。

图 5-30　二硝基苯胺类除草剂的结构通式

（一）氟乐灵

1. 化学名称　氟乐灵（trifluralin）的化学名称为 α,α,α-三氟-2,6-二硝基-N,N-二丙基-对-甲苯胺（图 5-31）。

2. 主要理化性质　氟乐灵纯品为橘黄色结晶，熔点为 48.5～49 ℃，蒸气压为 1.37×10^{-2} Pa（25 ℃），密度为 1.36 g/cm³（22 ℃）；几乎不溶于水，溶于二甲苯、丙酮等有机溶剂；具有一定的挥发性，易光解；易被土壤吸附固着而不被雨淋溶至下层土壤。

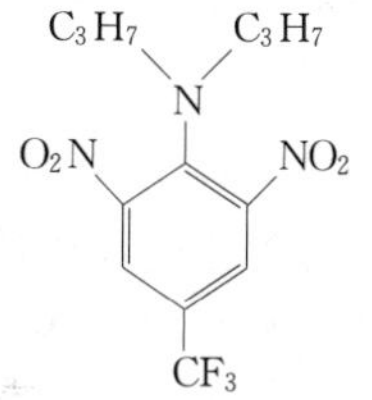

图 5-31　氟乐灵的分子结构

3. 主要生物活性　氟乐灵属选择性触杀型土壤处理剂。单子叶植物的主要吸收部位为胚芽鞘，双子叶植物的吸收部位为下胚轴。氟乐灵的作用机制主要是影响激素的生成和传递，抑制细胞分裂而使杂草死亡。氟乐灵主要用于棉花、大豆等作物田防除禾本科杂草和部分阔叶杂草，施用方法为播前混土处理。

4. 毒性　氟乐灵属低毒除草剂，原药对大鼠急性经口 LD_{50} 大于 10 000 mg/kg；对皮肤和眼睛有一定的刺激作用；对鱼类高毒，对鸟类、蜜蜂低毒。

（二）二甲戊灵

1. 化学名称　二甲戊灵（pendimethalin）的化学名称为 N-（1-乙基丙基）-2,6-二硝基-3,4-二甲基苯胺（图 5-32）。

2. 主要理化性质　二甲戊灵纯品为橙色晶状固体，熔点为 54～58 ℃，蒸馏时分解，蒸气压为 4.0×10^{-3} Pa（25 ℃），密度为 1.19 g/cm³（25 ℃），$\lg K_{ow}$ 为 5.18，水中溶解度为 0.3 mg/L（20 ℃），易溶于丙酮、二甲苯、苯、甲苯、氯仿和二氯甲烷，微溶于石油醚和汽油；5～130 ℃ 储存稳定，对酸碱稳定，光下缓慢分解，在水中半衰期小于 21 d。

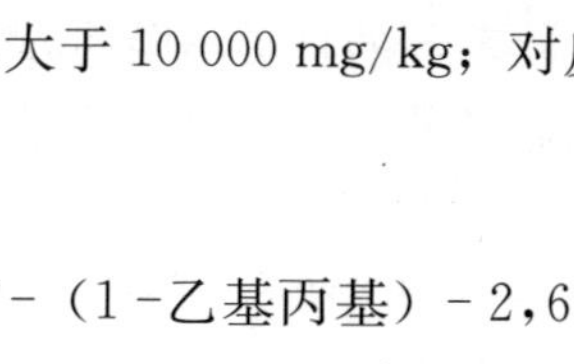

图 5-32　二甲戊灵的分子结构

3. 主要生物活性　二甲戊灵属选择性触杀型土壤处理剂。单子叶植物的主要吸收部位为胚芽鞘，双子叶植物的吸收部位为下胚轴，其受害症状是幼芽和次生根被抑制。二甲戊灵不影响杂草种子的萌发，在杂草种子萌发过程中幼芽、茎和根吸收药剂后起作用，主要抑制分生组织细胞分裂，主要用于大豆、棉花、玉米、部分蔬菜（大蒜、生姜、葱、胡萝卜等），也可作为烟芽抑制剂。

4. 毒性 二甲戊灵原药对大鼠急性经口 LD_{50} 为 1 250 mg/kg；对皮肤和眼睛无刺激作用；对鱼类及水生生物高毒，对鸟类、蜜蜂毒性较低。

除上述两种药剂在我国推广面积较大外，仲丁灵（地乐胺，butralin）应用也较为广泛，其主要应用作物与上述两种药剂基本相同。

四、三氮苯类除草剂

1952 年 Gast 等人首先发现了可乐津（chlorazine）的除草活性，特别是 Gast 1956 年发现西玛津的优异杀草活性，并由瑞士嘉基（Geigy）公司开发生产后，此类除草剂迅速发展，共有 30 多个品种商品化，其中莠去津的产量最大，是玉米田最重要的除草剂之一。三氮苯类除草剂属于氮杂环衍生物。目前开发出的这类药剂绝大多数是均三氮苯类，较重要的非均三氮苯类仅有嗪草酮一种。

三氮苯类除草剂的基本结构见图 5-33。

均三氮苯类除草剂按其环上 R_1 的取代基的不同，可以分为"津""净"和"通" 3 个系统。即 R_1 取代基为氯原子（—Cl）时称为津类，为甲硫基（—SCH_3）时称为净类，为甲氧基（—OCH_3）时称为通类。这 3 类除草剂在性质与用途上都有一定的差别。

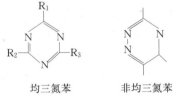

图 5-33 三氮苯类除草剂的基本结构

三氮苯类除草剂的具有以下通性。

(1) 基本性状 三氮苯类除草剂纯品为白色结晶，水溶性非常低，多数不易在有机溶剂中溶解。它们在水中的溶解度，通常是通类＞净类＞津类。多数三氮苯类除草剂的性质稳定，具有较长的持效期，但有时会对后茬敏感作物产生影响。

(2) 除草原理 三氮苯类除草剂属于选择性输导型土壤处理剂，易被植物根部吸收，并随蒸腾流向上转移至地上部分，转移仅限制在质外体系中。三氮苯类除草剂自叶部吸收的情况，因药剂的种类不同而异，一般净类较容易由叶部吸收，而津类中以西玛津与扑灭津由叶部吸收较差，氰草津、莠去津则吸收能力较强。被叶部吸收的三氮苯类除草剂基本上不输导。

三氮苯类除草剂的作用机制与取代脲类除草剂相似，主要抑制植物光合作用中的电子传递。杂草中毒症状，首先是在叶片尖端和边缘产生失绿，进而扩及整个叶片，终致全株枯死。

三氮苯类除草剂在土壤中有较强的吸附性，通常在土壤中不会过度淋溶，因此对有些敏感作物也能利用土壤位差，达到安全施药的目的。三氮苯类除草剂在土壤中的淋溶性，主要受土壤胶体粒子吸附力的影响，与药剂本身的水溶性关系不大。

净类（例如扑草净）和通类（例如扑灭通）的吸附受土壤质地（黏粒含量）的影响较大，而津类（例如西玛津、莠去津和扑灭津）则与土壤有机质含量高度相关。

三氮苯类除草剂的种类很多，在我国常用的有西玛津、莠去津、扑草净、西草净、氰草津、嗪草酮等。

(一) 莠去津

1. 化学名称 莠去津（atrazine）的化学名称为 2-氯-4-乙胺基-6-异丙胺基-1,3,5-三嗪（图 5-34）。

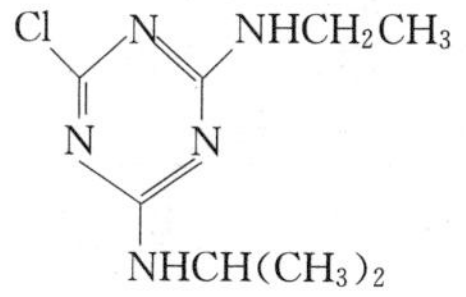

2. 主要理化性质 莠去津纯品为白色结晶，熔点为 173~175 ℃，25 ℃时在水中溶解度为 33 g/mL，微溶于有机溶剂；在微酸或微碱性介质中较稳定，在较高温度下能被较强的酸和碱水解；不可燃，不爆炸，无腐蚀性。

图 5-34 莠去津的分子结构

3. 主要生物活性 莠去津属选择性内吸传导型苗前、苗后除草剂，主要以植物根部吸收并传导到分生组织和叶面，干扰光合作用使杂草致死。玉米植株体内的玉米酮及谷胱甘肽-S-转移酶能使莠去津转化为无毒化合物，因此对玉米较安全。

(二) 扑草净

1. 化学名称 扑草净（prometryn）的化学名称为 2-甲硫基-4,6-双异丙胺基-1,3,5-三嗪（图 5-35）。

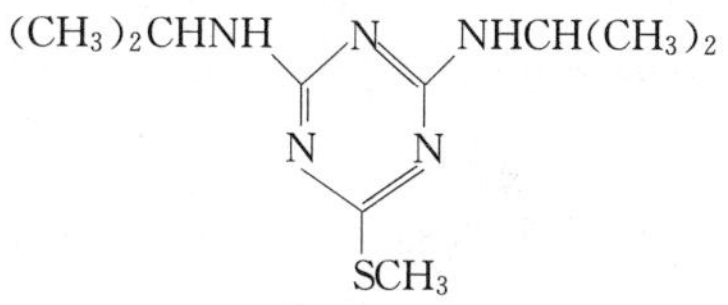

2. 主要理化性质 扑草净原药为白色粉末，熔点为 118~120 ℃，稍具硫醇恶臭，蒸气压为 1.69×10^{-4} Pa (25 ℃)，密度为 1.15 g/cm³ （20 ℃）；25 ℃时溶解度，在水中为 33 mg/L，在丙酮中为 300 g/L，在乙醇中为 140 g/L，在己烷中为 6.3 g/L，在甲苯中为 200 g/L，在正辛醇中为 110 g/L；在中性介质（20 ℃）、微酸和微碱介质中稳定，在热酸和碱中水解，紫外光下分解，pK_b 为 9.9。

图 5-35 扑草净的分子结构

3. 主要生物活性 扑草净属选择性内吸传导型除草剂，主要从根部吸收，也可从茎叶渗入体内，并传导至绿色叶片内抑制光合作用，中毒杂草产生失绿症状，逐渐干枯死亡。扑草净水溶性较差，施药后可被土壤黏粒吸附在 0~5 cm 表土中，形成药层，使杂草萌发出土时接触药剂；持效期为 20~70 d，旱地较水田长，黏土中更长。扑草净应用作物较广，主要用于大豆、花生、棉花、水稻、甘蔗等作物田，防除禾本科杂草与阔叶杂草。

4. 毒性 扑草净对人畜低毒，对大鼠急性口服 LD_{50} 为 5 235 mg/kg。

(三) 氰草津

1. 化学名称 氰草津（cyanazine）的化学名称为 2-氯-4-（1-氰基-1-甲基乙胺基）-6-乙胺基-1,3,5-三嗪（图 5-36）。

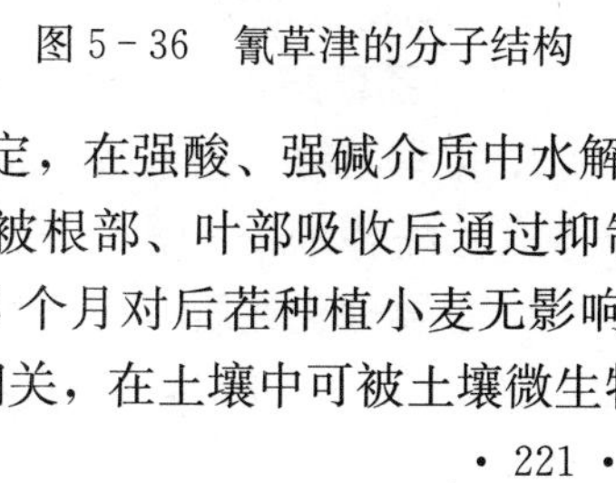

2. 主要理化性质 氰草津为无色晶状固体（工业品），熔点为 167.5~169 ℃，蒸气压为 2.0×10^{-7} Pa（20 ℃），密度为 1.29 g/cm³（20 ℃）；25 ℃时溶解度，在水中为 171 mg/L，在乙醇中为 45 g/L，在甲基环己酮和氯仿中为 210 g/L，在丙醇中为 195 g/L，在苯和己烷中为 15 g/L，在四氯化碳中大于 10 g/L；对光和热稳定，在 pH 5~9 下稳定，在强酸、强碱介质中水解。

图 5-36 氰草津的分子结构

3. 主要生物活性 氰草津为选择性内吸传导型除草剂，被根部、叶部吸收后通过抑制光合作用使杂草枯萎死亡。氰草津对玉米安全，施药后 2~3 个月对后茬种植小麦无影响，可防除禾本科杂草与阔叶杂草。其除草活性与土壤类型密切相关，在土壤中可被土壤微生物分解。

4. 毒性　氰草津对人畜低毒,对大鼠急性口服 LD_{50} 为 $182\sim334\ \text{mg/kg}$。

(四) 嗪草酮

1. 化学名称　嗪草酮 (metribuzin) 的化学名称为 4-氨基-6-叔丁基-4,5-二氢-3-甲硫基-1,2,4-三嗪-5 (4H) -酮 (图 5-37)。

2. 主要理化性质　嗪草酮为无色晶体,略带特殊气味,熔点为 126.2 ℃,沸点为 132 ℃,蒸气压为 $5.8\times10^{-5}\ \text{Pa}$ (20 ℃),密度为 $1.31\ \text{g/cm}^3$ (20 ℃),在水中溶解度为 $1.05\ \text{g/L}$ (20 ℃),可溶于大部分有机溶剂;对紫外光稳定,在 20 ℃酸碱中稳定,在水中光解迅速。

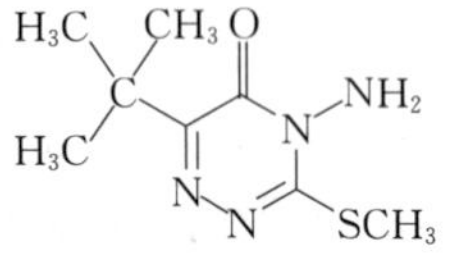

图 5-37　嗪草酮的分子结构

3. 主要生物活性　嗪草酮为选择性输导型土壤处理剂,有效成分被杂草根系吸收随蒸腾流向上部传导,也可被叶片吸收在体内做有限的传导,主要通过抑制敏感植物的光合作用发挥杀草活性,施药后各敏感杂草萌发出苗不受影响,出苗后叶片褪绿,最后营养枯竭而死。土壤具有适当的湿度有利于根的吸收,若土壤干燥应于施药后浅混土。作为苗后剂处理除草效果更为显著,剂量要酌情降低,否则会对阔叶作物产生药害。由于大豆苗期的耐药安全性差,嗪草酮对大豆只宜进行萌芽前处理。土壤有机质及结构对嗪草酮的除草效能及作物对药剂的吸收有影响,若土壤含有大量黏质土及腐殖质,药量要酌情提高,反之减少。

三氮苯类除草剂品种较多,除已介绍的外,国内还生产特丁津、扑灭津、西玛津、莠灭净、西草净、特丁净等。

五、酰胺类除草剂

从生理活性及化学结构考虑,可将酰胺类 (amides) 除草剂分为芳酰胺类和氯代乙酰胺类。1956 年第一个芳酰胺类除草剂敌稗 (propanil) 问世,是第一个被发现也是目前唯一存在的具有属间 (水稻与稗草) 选择性的除草剂。同年孟山都公司成功开发了第一个氯代乙酰胺类除草剂二丙烯草胺,在此基础上孟山都公司于 1965 年开发了第一个 N-苯基-α-氯代乙酰胺类除草剂毒草胺 (propachlor)。后来相继开发了与毒草胺结构类似的选择性强、活性高的氯代乙酰胺类除草剂,例如甲草胺、丁草胺、乙草胺、异丙草胺、异丙甲草胺、丙草胺等。

酰胺类除草剂中目前应用较为广泛的是氯代乙酰胺类除草剂。

氯代乙酰胺类除草剂的特点:①都是选择性输导型除草剂;②广泛应用的绝大多数品种为土壤处理剂,部分品种只能进行茎叶处理;③几乎所有品种都是防除一年生禾本科杂草的除草剂,对小粒种子阔叶杂草也有一定防治效果;④作用机制主要是抑制发芽种子 α 淀粉酶及蛋白酶的活性等;⑤土壤中持效期较短,一般为 1~3 个月;⑥在植物体内降解速度较快;⑦对高等动物毒性低。

(一) 乙草胺

1. 化学名称　乙草胺 (acetochlor) 的化学名称为 $2'$-乙基-$6'$-甲基-N-(乙氧甲基)-2-氯代乙酰替苯胺 (图 5-38)。

2. 主要理化性质　乙草胺为蓝紫色油,熔点为 0 ℃,蒸气压为 $4.53\ \text{mPa}$ (25 ℃),沸点为 162 ℃ (933 Pa),密度为 $1.135\ 8\ \text{g/mL}$ (20 ℃),在水中溶解度为 $223\ \text{mg/L}$ (25 ℃),

可溶于多种有机溶剂中；20 ℃时2年内不分解。

3. 主要生物活性 乙草胺为选择性输导型土壤处理剂，靠植物的幼芽吸收，单子叶植物以胚芽鞘吸收为主，双子叶植物下胚轴吸收，吸收后向上传导。种子和根也吸收传导，但吸收量较少，传导速度慢。主要作用机制是抑制蛋白酶活性，破坏蛋白质的合成，使幼芽、幼根停止生长。禾本科杂草表现心叶卷曲萎缩，其他叶皱缩，整株枯死。阔叶杂草叶皱缩变黄，整株枯死。玉米、大豆等作物吸收乙草胺后在体内迅速代谢为无毒化合物，在正常条件下安全，但在低温等不良环境条件下易产生药害。

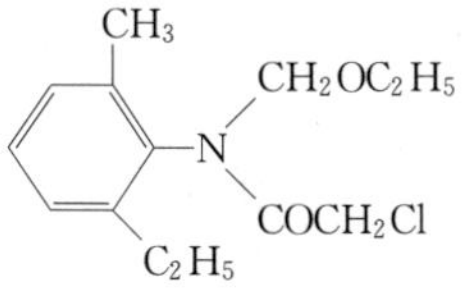

图 5-38 乙草胺的分子结构

4. 毒性 乙草胺对人畜低毒，对大鼠急性经口 LD_{50} 为 2 148 mg/kg，对兔急性经皮 LD_{50} 为 4 166 mg/kg；对眼睛无刺激性。

（二）异丙甲草胺

1. 化学名称 异丙甲草胺（metolachlor）的化学名称为 N-（2-乙基-6-甲基苯基）-N-（1-甲基-2-甲氧基乙基）-氯乙酰胺（图 5-39）。

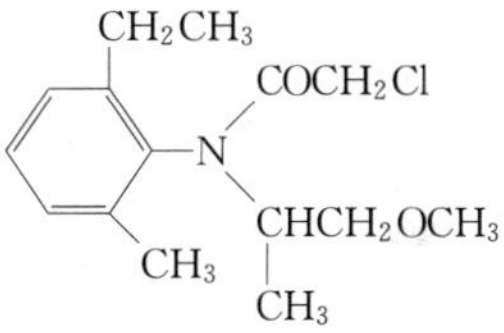

2. 主要理化性质 异丙甲草胺纯品为无色液体，沸点为 100 ℃（0.13 Pa）；在水中溶解度较低，易溶于苯、二氯甲烷等有机溶剂。

图 5-39 异丙甲草胺的分子结构

3. 主要生物活性 异丙甲草胺为选择性输导型土壤处理剂，靠植物的幼芽吸收，单子叶植物以胚芽鞘吸收为主，双子叶植物由下胚轴吸收，主要作用机制是抑制蛋白酶活性，破坏蛋白质的合成。

4. 毒性 异丙甲草胺原药对大鼠急性经口 LD_{50} 为 2 780 mg/kg，大鼠急性经皮 LD_{50} 超过 3 170 mg/kg；对兔皮肤稍有刺激作用，对眼睛无刺激作用。

异丙甲草胺分子结构中含有一个不对称碳原子，具有旋光异构体，通用名称为精异丙甲草胺，商品名为金都尔（Dual Gold）。通过增加高活性异构体的浓度，使65%的精异丙甲草胺的活性相当于100%异丙甲草胺的活性。

（三）丁草胺

1. 化学名称 丁草胺（butachlor）的化学名称为 N-（2,6-二乙基苯基）-N-丁氧基甲基-氯乙酰胺（图 5-40）。

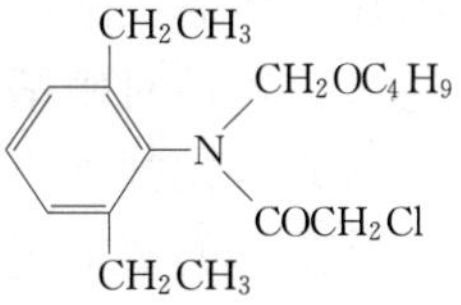

2. 主要理化性质 丁草胺纯品为淡黄色液体，熔点为 −5 ℃，易溶于丙酮、苯、乙醇等有机溶剂，在水中溶解度较小，在土壤中持留时间为 42～47 d。

3. 主要生物活性 丁草胺为选择性输导型芽前除草剂，主要通过幼芽吸收，根也可吸收，抑制敏感植物的蛋白质合成。

图 5-40 丁草胺的分子结构

4. 毒性 丁草胺对人畜低毒，对大鼠急性经口 LD_{50} 为 2 000 mg/kg，兔急性经皮 LD_{50} 超过 13 000 mg/kg。

酰胺类除草剂品种较多，除上述介绍的品种外，我国生产或推广应用的品种还有：甲草胺（用于玉米、花生、大豆、棉花等作物田）、丙草胺（用于水稻田）、异丙草胺（用于玉米、花生、大豆、棉花等作物田）、敌草胺（用于烟草、蔬菜等作物田）、苯噻酰草胺（用于水稻田）等，其结构式见图 5-41。

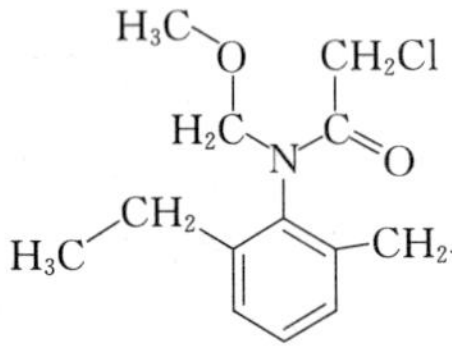

甲草胺(alachlor) 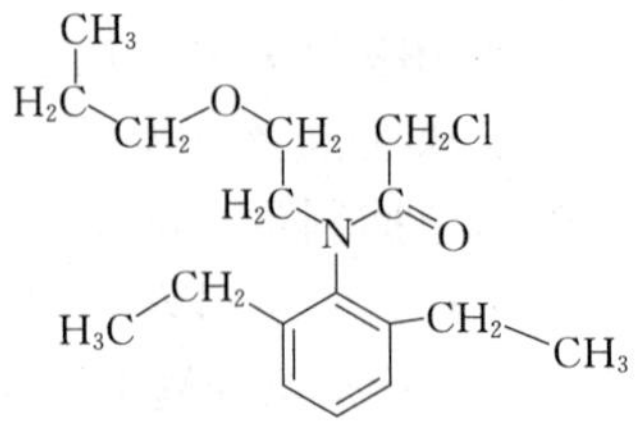　丙草胺(pretilachlor) 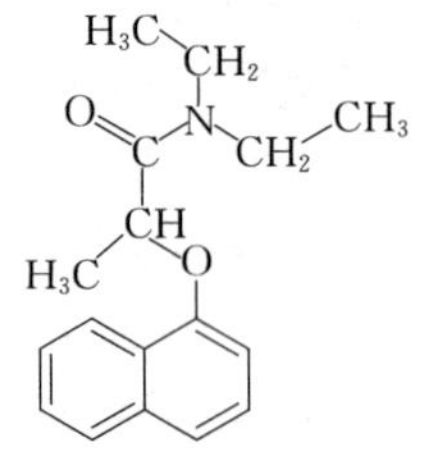　敌草胺(napropamide)

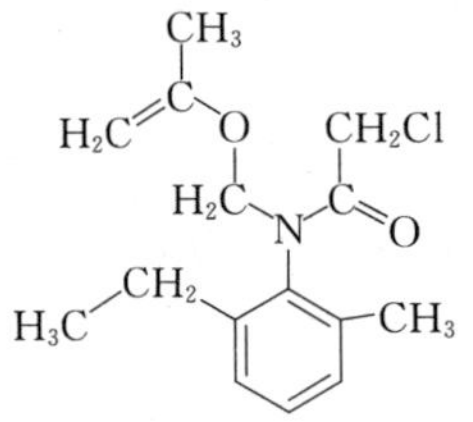

异丙草胺(propisochlor) 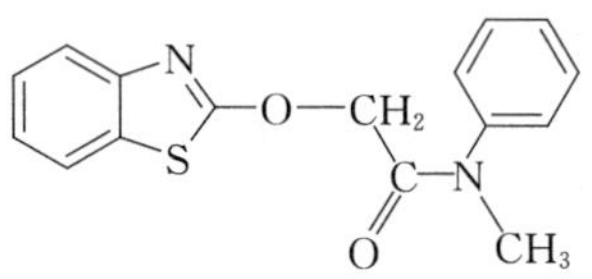　苯噻酰草胺(mefenacet)

图 5-41　其他常用酰胺类除草剂的分子结构

六、二苯醚类除草剂

20 世纪 60 年代初期罗门·哈斯公司最早发现了除草醚的活性，日本相继开发出了草枯醚。近 20 多年来这一类除草剂在作用机制和开发方面进展迅速，有近 20 个品种已商品化。

由于除草醚对哺乳动物具有致癌、致畸、致突变作用，我国在 2000 年 12 月 31 日全面停止除草醚的生产。

二苯醚类（diphenylether）除草剂的基本结构见图 5-42。

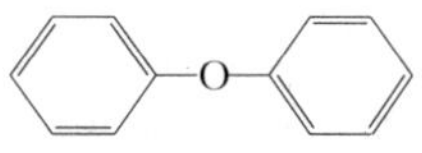

图 5-42　二苯醚类除草剂的基本结构

常用品种且占多数品种为对硝基二苯醚，在这一类中邻位取代的品种占重要地位，它们具有光活化机制，目前生产中应用的都是此类除草剂。

常用二苯醚类除草剂的特点：①多数品种为触杀型除草剂，可以被植物吸收，但传导性差；②邻位置换对硝基二苯醚除草剂的作用机制是抑制叶绿素的合成或破坏脂膜，其靶标酶为原卟啉原氧化酶（Protox）；③用于防除一年生杂草和种子繁殖的多年生杂草，多数品种防除阔叶杂草的效果优于防除禾本科杂草；④该类品种对所应用作物安全性略低，应用剂量严格；⑤对高等动物低毒。

（一）氟磺胺草醚

1. 化学名称　氟磺胺草醚（fomesafen）的化学名称为 5-（2-氯-α,α,α-三氟-对甲苯氧基）-N-甲磺酰基-2-硝基苯甲酰胺（图 5-43）。

2. 主要理化性质　氟磺胺草醚为无色晶体，熔点为 220～221 ℃，蒸气压小于 1×10^{-4} Pa（50 ℃），密度为 1.28 g/cm³（20 ℃）；20 ℃时溶解度，在纯水中约 50 mg/L，在 pH 1～2 时小于 10 mg/L，在 pH 7 时大于 600 mg/L。20 ℃时在其他溶剂中的溶解度，在丙

酮中为 300 mg/L，在二甲苯中为 1.9 mg/L。50 ℃下可保存 6 个月以上，见光分解，酸碱介质中不易水解。

3. 主要生物活性 氟磺胺草醚为选择性触杀型茎叶处理剂，兼有一定的土壤封闭活性，主要防除大豆田阔叶杂草，在土壤中有较高残留，光照下才能发挥除草活性，抑制原卟啉原氧化酶，使叶绿素合成受阻；在大豆体内可迅速被代谢，对大豆较安全。喷药后 4～6 h 内降雨亦不降低其除草效果。

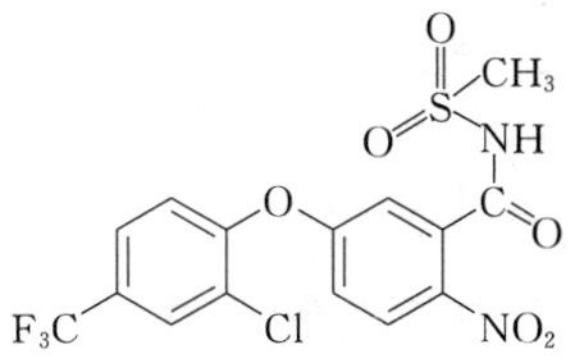

图 5-43 氟磺胺草醚的分子结构

4. 毒性 氟磺胺草醚对大鼠急性口服 LD_{50} 为 1 250～2 000 mg/kg，兔急性经皮 LD_{50} 超过 1 000 mg/kg；对皮肤有轻度刺激作用；对眼睛有中度刺激作用；对鸟类、蜜蜂毒性低。

（二）乙羧氟草醚

1. 化学名称 乙羧氟草醚（fluoroglycofen-ethyl）的化学名称为 O-［5-（2-氯-α,α,α-三氟-对甲苯氧基）-2-硝基苯甲酰基］氧乙酸乙酯（图 5-44）。

2. 主要理化性质 乙羧氟草醚原药为深琥珀色固体，密度为 1.01 g/cm³，熔点为 64～65 ℃，蒸气压为 133 Pa（25 ℃），在水中溶解度为 0.000 1 g/L（25 ℃），在大多数有机溶剂中溶解度超过 100 g/kg。

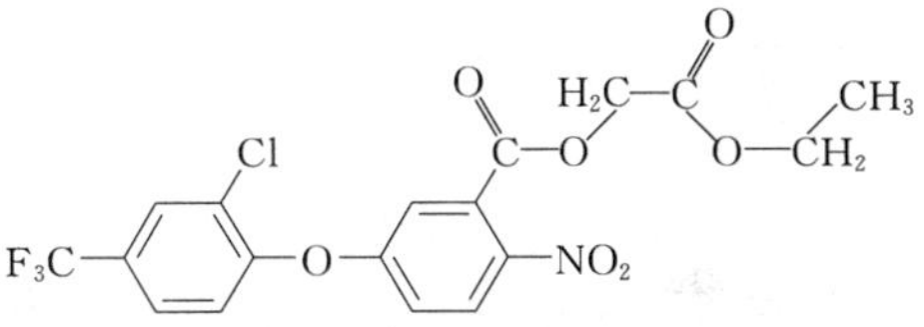

图 5-44 乙羧氟草醚的分子结构

3. 主要生物活性 乙羧氟草醚的作用特性及作用机制同氟磺胺草醚，主要用于大豆田，也可用于花生、小麦田防除阔叶杂草。

4. 毒性 乙羧氟草醚对人畜低毒，对大鼠急性口服 LD_{50} 为 926 mg/kg，急性经皮 LD_{50} 为 2 150 mg/kg。

（三）三氟羧草醚

1. 化学名称 三氟羧草醚（acifluorfen sodium）的化学名称为 5-［2-氯-4-（三氟甲基）-苯氧基］-2-硝基苯甲酸（钠）（图 5-45）。

2. 主要理化性质 三氟羧草醚原药为浅褐色固体，密度为 1.546 g/cm³，熔点为 142～160 ℃，蒸气压为 0.01 mPa（20 ℃）；在水中溶解度为 120 mg/L（23～25 ℃），在丙酮中溶解度为 600 g/kg（25 ℃），在乙醇中溶解度为 500 g/kg（25 ℃），在二甲苯中溶解度超过 10 g/kg（25 ℃），在煤油中溶解小于 10 g/kg（25 ℃）；50 ℃时储存 2 个月稳定；在酸碱性介质中稳定。

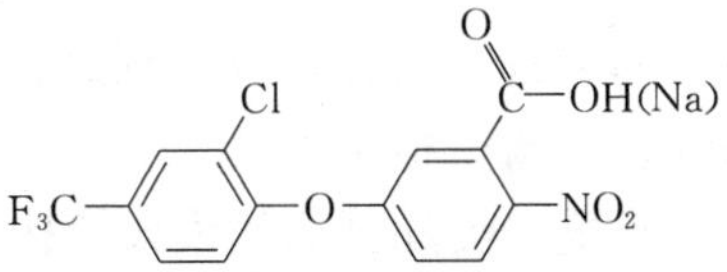

图 5-45 三氟羧草醚的分子结构

3. 主要生物活性 三氟羧草醚的作用特性及作用机制同氟磺胺草醚，主要用于大豆田，也可用于花生田防除阔叶杂草。

4. 毒性 三氟羧草醚对人畜低毒，对大鼠急性口服 LD_{50} 为 1 300 mg/kg，急性经皮 LD_{50} 大于 2 000 mg/kg。

（四）乙氧氟草醚

1. 化学名称 乙氧氟草醚（paraoxon）的化学名称为 2-氯-α,α,α-三氟-对甲苯基-3-

乙氧基-4-硝基苯基醚（图 5-46）。

2. 主要理化性质　乙氧氟草醚工业品为红色或黄色固体，熔点为 65～84 ℃，易溶于丙酮、氯仿、环己酮等有机溶剂中，难溶于水。

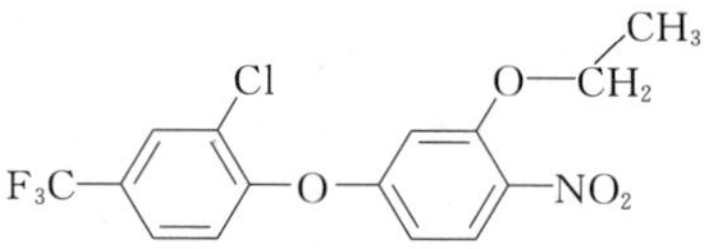

3. 主要生物活性　乙氧氟草醚为选择性触杀型除草剂，既可用于土壤处理，也具有高的茎叶处理活性。其作用机制为抑制原卟啉原氧化酶，阻碍叶绿素的合成。乙氧氟草醚主要用于水稻移栽田、大蒜田、生姜田和森林苗圃，防除禾本科杂草和阔叶杂草。

图 5-46　乙氧氟草醚的分子结构

4. 毒性　乙氧氟草醚对人畜低毒，对大鼠急性口服 LD_{50} 大于 5 000 mg/kg；对皮肤和眼睛有一定刺激作用；对鱼毒性较大，对鸟类和蜜蜂毒性较小。

（五）乳氟禾草灵

1. 化学名称　乳氟禾草灵（lactofen）的化学名称为 2-硝基-5-（2-氯-4-三氟甲基苯氧基）苯甲酸-1-（乙氧羰基）乙基酯（图 5-47）。

2. 主要理化性质　乳氟禾草灵纯品外观为棕色至深褐色液体，熔点为 44～46 ℃，蒸气压为 9.3 μPa（20 ℃），在水中溶解度小于 1 mg/L（20 ℃）。

3. 主要生物活性　乳氟禾草灵的作用特性及作用机制同氟磺胺草醚，主要用于大豆田，也可用于花生田防除阔叶杂草。

4. 毒性　乳氟禾草灵对大鼠急性口服 LD_{50} 超过 5 000 mg/kg，急性经皮 LD_{50} 超过 2 000 mg/kg。

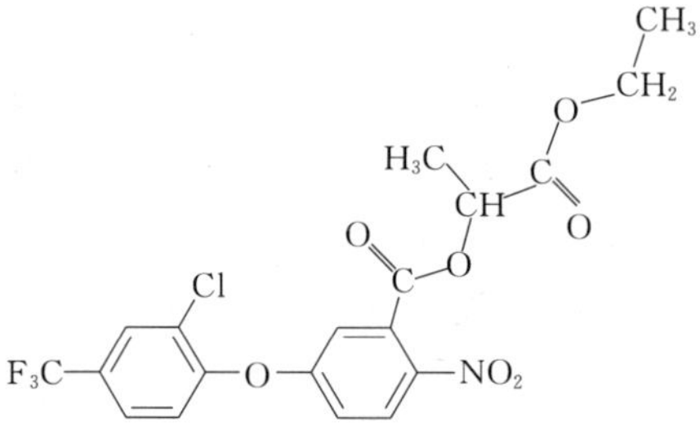

图 5-47　乳氟禾草灵的分子结构

七、磺酰脲类除草剂

磺酰脲类（sulfonylurea）除草剂是由美国杜邦公司首先发现的，其是除草剂进入超高效时代的标志。1975 年，Levitt 发现了磺酰脲类除草剂的先导化合物，并于 1976 年发现了磺酰脲类除草剂中第一个商品化品种氯磺隆，1982 年杜邦公司在美国注册登记了该品种。到目前为止，已有 30 多个品种问世。它们被用于小麦、水稻、大豆、玉米、油菜、甜菜、草坪、果园、林业等。

磺酰脲类除草剂的模式结构包括 3 部分：芳环、脲桥与杂环（图 5-48），每一个部分的分子结构都与除草活性都有关。芳环邻位含取代基时，化合物的除草活性最高；将苯环改为吡啶、呋喃、噻吩、萘及其他五元或六元芳环时，化合物也有较高活性；当杂环为嘧啶或三氮苯环时，第 4、6 位含有甲基或甲氧基的化合物活性最高。

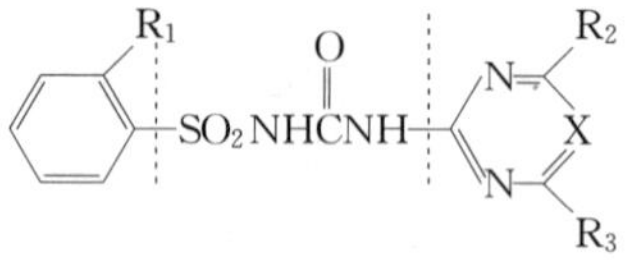

图 5-48　磺酰脲类除草剂的基本结构

磺酰脲类除草剂的共同特点：①活性高，用量极低；②杀草谱广，所有品种都能防除阔叶杂草，部分品种还可防除禾本科或莎草科杂草；③选择性强，对作物安全；④使用方便，多数品种既可进行土壤处理，也可进行茎叶处理；⑤植物根、茎、叶都能吸收，并可迅速传导；⑥作用机制为抑制乙酰乳酸合成酶（ALS）/乙酰羟基丁酸合成酶（AHAS），阻碍支链氨基酸的合成，该类除草剂通常称为乙酰乳酸合成酶抑制剂；⑦一些品种土壤残留期较长，影响下茬作物；⑧对人畜毒性极低；⑨长期大量重复使用，易导致杂草对其产生抗性。

（一）甲基二磺隆

1. 化学名称 甲基二磺隆（mesosulfuron-methyl）2-[3-(4,6-二甲氧基嘧啶-2-基)脲磺酰]-4-甲磺酰胺甲基苯甲酸甲酯（图5-49）。

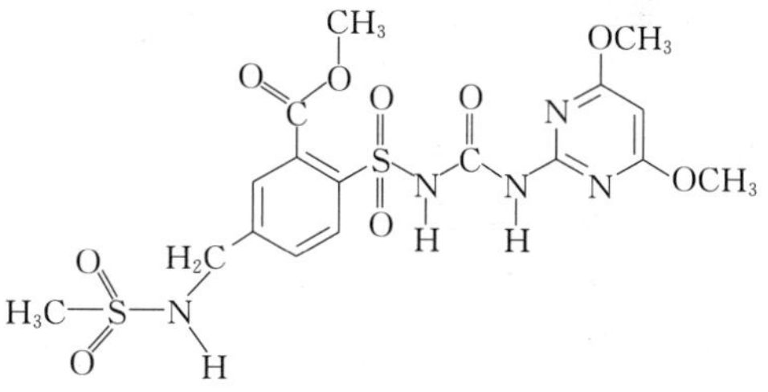

2. 主要理化性质 甲基二磺隆原药外观为奶色细粉状，略带辛辣味，密度为1.48 g/cm³（4 ℃），熔点为195.4 ℃，蒸气压为1.1×10^{-11} Pa（25 ℃）；20 ℃时在水中溶解度为0.483 g/L（pH 7）。

图5-49 甲基二磺隆的分子结构

3. 主要生物活性 甲基二磺隆主要通过植物的茎叶吸收，经韧皮部和木质部传导，少量通过土壤吸收。甲基二磺隆的作用机制为抑制敏感植物体内乙酰乳酸合成酶的活性，阻碍支链氨基酸的合成，从而抑制细胞分裂，导致敏感植物死亡。一般情况下，施药2~4 h后，敏感杂草的吸收量达到高峰，2 d后停止生长，4~7 d后叶片开始黄化，随后出现枯斑，2~4周后死亡。甲基二磺隆为选择性芽后茎叶处理剂，用于小麦田防除禾本科杂草和牛繁缕等部分阔叶杂草。小麦拔节或株高13 cm后不得使用该药剂。

4. 毒性 甲基二磺隆属低毒除草剂，原药对大鼠急性经口和经皮LD_{50}均大于5 000 mg/kg，对兔皮肤无刺激作用，但对眼睛有轻微刺激性。

（二）苯磺隆

1. 化学名称 苯磺隆（tribenuron-methyl）的化学名称为2-[4-甲氧基-6-甲基-1,3,5-三嗪-2-基(甲基)氨基甲酰胺基磺酰基]苯甲酸甲酯（图5-50）。

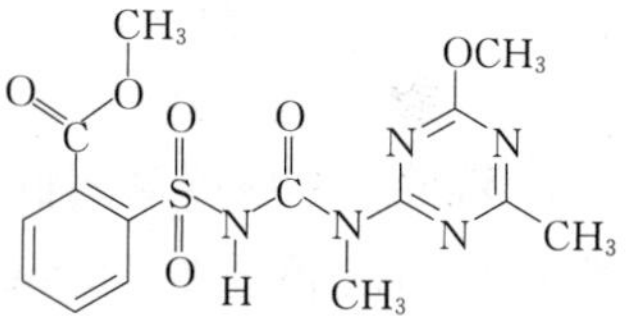

2. 主要理化性质 苯磺隆原药为固体，熔点为141 ℃，蒸气压为3.6×10^{-5} Pa（25 ℃），在水中溶解度为50 mg/L（pH 5），难溶于常见有机溶剂中；在pH 8~10时稳定。

图5-50 苯磺隆的分子结构

3. 主要生物活性 苯磺隆属选择性输导型茎叶处理剂，植物根、茎、叶都能吸收。苯磺隆是支链氨基酸合成抑制剂，阻碍细胞分裂，抑制胚芽鞘和根的生长。苯磺隆是我国北方小麦田重要的除草剂，用于防除阔叶杂草。

4. 毒性 苯磺隆对人畜安全，对大鼠急性口服LD_{50}超过5 000 mg/kg，对兔急性经皮LD_{50}超过2 000 mg/kg，对皮肤无刺激作用，但对眼睛有轻微刺激性；对鱼类低毒。

（三）苄嘧磺隆

1. 化学名称 苄嘧磺隆（bensulfuron-methyl）的化学名称为2-{[(4,6-二甲氧基嘧啶-2-基)氨基羰基氨基]磺酰基甲基}苯甲酸甲酯（图5-51）。

2. 主要理化性质 苄嘧磺隆原药为白色固体，熔点为185~188 ℃，蒸气压为1.7×10^{-8} Pa（25 ℃），在水中和多数有机溶剂中的溶解度很低；25 ℃下在水中半衰期为11 d（pH 5）、143 d（pH 7）。

3. 主要生物活性 苄嘧磺隆属选择性输导型除草剂，杂草根部和叶片吸收后转移到其他部位，阻碍支链氨基酸的生物合成。敏感杂草生长机能受阻，幼嫩组织过早发黄，叶部、根部生长被抑制。苄嘧磺隆为水稻田重要除草剂，可防除阔叶杂草和莎草科杂草。

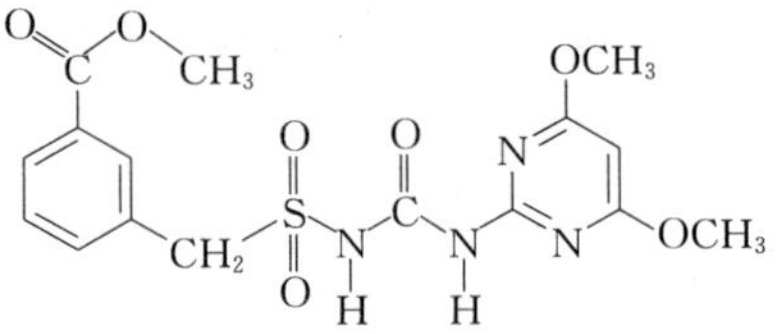

4. 毒性 苄嘧磺隆原药对大鼠急性经口 LD_{50} 超过 5 000 mg/kg，对兔急性经皮 LD_{50} 超过 2 000 mg/kg；对鱼低毒，48 h LC_{50} 超过 1 000 mg/L。

图 5-51 苄嘧磺隆的分子结构

（四）烟嘧磺隆

1. 化学名称 烟嘧磺隆（nicosulfuron）的化学名称为 2-（4,6-二甲氧基嘧啶-2-基氨基甲酰胺基磺酰）-N,N-二甲基烟酰胺（图 5-52）。

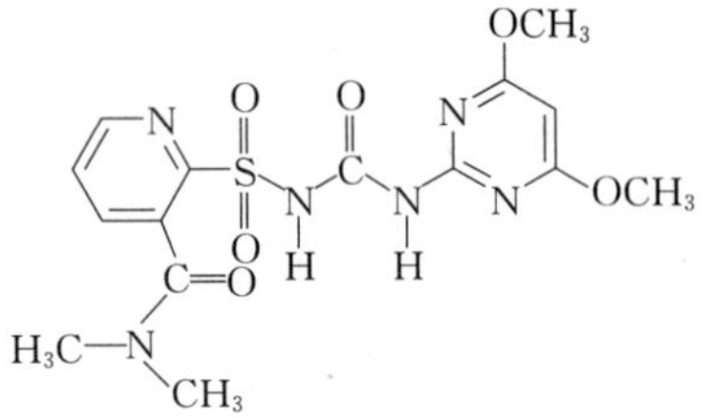

2. 主要理化性质 烟嘧磺隆纯品为无色晶体，熔点为 141~144 ℃，蒸气压小于 7.5×10^{-5} Pa（110 ℃），密度为 0.313 g/cm³（20 ℃），K_{ow} 为 0.44（pH 5）、0.02（pH 7）、0.007（pH 9）；25 ℃时溶解度，在水中为 3.59 g/kg（pH 5）、12.2 g/kg（pH 7）、39.2 g/kg（pH 9），在丙酮中为 18 g/kg，在乙醇中为 45 g/kg，在氯仿和二甲基甲酰胺中为 64 g/kg，在乙腈中为 23 g/kg，

图 5-52 烟嘧磺隆的分子结构

在甲苯中为 0.370 g/kg，在己烷中小于 0.02 g/kg，在二氯甲烷中为 160 g/kg；pK_a 为 4.6（25 ℃）；半衰期为 15 d（pH 5），在 pH 7~9 时稳定。

3. 主要生物活性 烟嘧磺隆属选择性输导型茎叶处理剂，其被叶和根迅速吸收，并通过木质部和韧皮部迅速传导，通过抑制乙酰乳酸合成酶来阻止支链氨基酸的合成。施用后杂草立即停止生长，4~5 d 新叶褪色、坏死，并逐步扩展到整个植株，一般条件下处理后 20~25 d 植株死亡。烟嘧磺隆为玉米田茎叶处理剂，可防除禾本科杂草、阔叶杂草，对莎草科杂草也具有较好防治效果。

4. 毒性 烟嘧磺隆属低毒除草剂，对原药大鼠急性经口 LD_{50} 超过 5 000 mg/kg，对兔急性经皮 LD_{50} 超过 2 000 mg/kg；对鱼低毒，48 h LC_{50} 超过 1 000 mg/L。

（五）其他磺酰脲类除草剂

其他磺酰脲类除草剂品种见表 5-4。

表 5-4 其他磺酰脲类除草剂品种简介

药剂名称	化学结构	特点及用途
氯磺隆（chlorsulfuron）	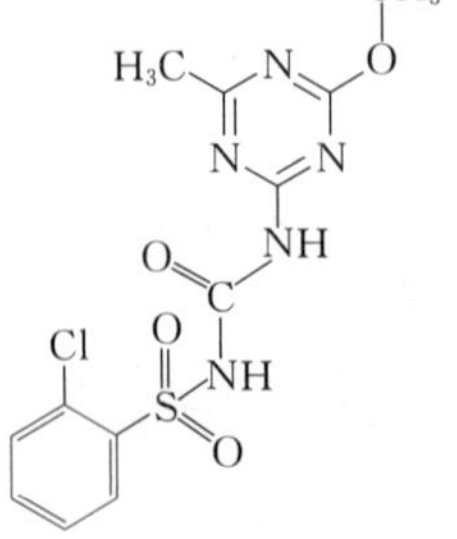	可被杂草的根部或叶面吸收而迅速输导至全株，以土壤处理效果更好，芽后处理应早期用药；由于其在土壤中残留时间长，对下茬大多数作物不安全

第五章 除草剂

(续)

药剂名称	化学结构	特点及用途
甲磺隆 (metsulfuron-methyl)		芽前与芽后均可使用，根、叶均可吸收，用于小麦田防除禾本科和阔叶杂草，用量为 10～15 g/hm^2；残留大，对后茬作物不安全
氯嘧磺隆 (chlorimuron-ethyl)		在播后苗前或苗后处理，用于大豆田防除阔叶杂草、莎草科和部分禾本科杂草，用量为 15～30 g/hm^2；残留大，对后茬作物不安全
吡嘧磺隆 (pyrazosulfuron-ethyl)		用于移栽或直播水稻田防除阔叶杂草和莎草科杂草，有效成分用量为 15～30 g/hm^2
噻吩磺隆 (thifensulfuron-methyl)		芽后茎叶处理剂，用于小麦、玉米田防除阔叶杂草，有效成分用量为 20～30 g/hm^2

(续)

药剂名称	化学结构	特点及用途
胺苯磺隆 (ethametsulfuron)		用于油菜田防除阔叶杂草，秋天用药对春播作物不安全，有效成分用量为 15～20 g/hm²；残留大，对后茬作物不安全
乙氧磺隆 (ethoxysulfuron)		用于水稻田防除阔叶杂草及莎草科杂草，有效成分用量为 6.75～33.75 g/hm²
砜嘧磺隆 (rimsulfuron)		为选择性芽后茎叶处理剂，用于防除玉米田阔叶杂草和禾本科杂草，有效成分用量为 5～15 g/hm²
氟唑磺隆 (flucarbazone-Na)		为选择性芽后茎叶处理剂，用于小麦田防除大部分禾本科杂草（例如雀麦、野燕麦、看麦娘等），对雀麦特效，同时也可有效控制部分阔叶杂草，有效成分用量为 20～40 g/hm²

药剂名称	化学结构	特点及用途
氯吡嘧磺隆 (halosulfuron-methyl)	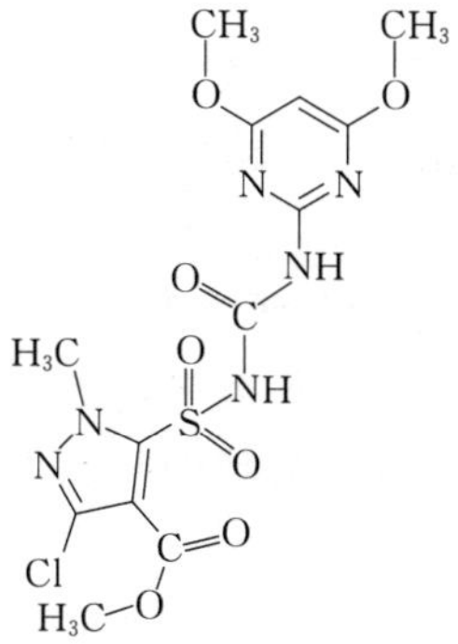	对小麦、玉米、水稻、甘蔗、草坪等安全,主要用于防除阔叶杂草和莎草科杂草,例如苍耳、反枝苋、马齿苋、龙葵、香附子等,苗前及苗后均可施用,苗后有效成分施用剂量为18~35 g/hm²
三氟啶磺隆 (trifloxysulfuron sodium)	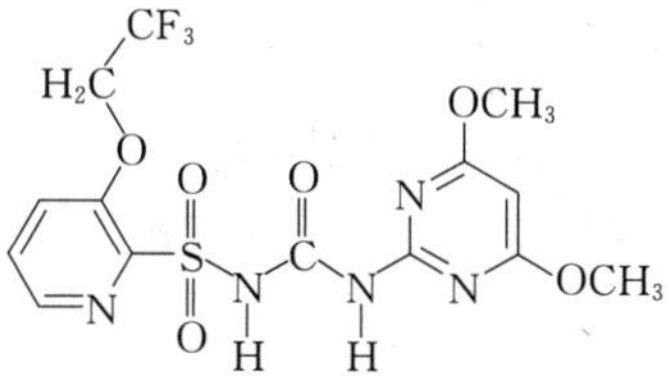	可被杂草的根、茎、叶吸收,通过植物体内纵向传导,对多数阔叶杂草及部分禾本科杂草有防除效果,是莎草科杂草香附子的特效药;用于棉花苗后防除苍耳、绿穗苋、香附子等,用量为1.5~5.0 g/hm²

八、磺酰胺类除草剂

磺酰胺类除草剂是继磺酰脲类除草剂及咪唑啉酮类除草剂之后,由美国道农业科学公司研制开发的一类新的乙酰乳酸合成酶抑制剂。其主要结构形式是三唑并嘧啶磺酰胺,主要品种包括唑嘧磺草胺、啶磺草胺、氯酯磺草胺、双氯磺草胺、双氟磺草胺和五氟磺草胺。磺酰胺类除草剂的作用机制与磺酰脲类除草剂类似,是典型的乙酰乳酸合成酶抑制剂。

(一) 唑嘧磺草胺

1. 化学名称 唑嘧磺草胺(flumetsulam)的化学名称为2-(2,6-二氟苯基磺酰胺基)-5-甲基-[1,2,4]-三唑[1,5a]嘧啶(图5-53)。

2. 主要理化性质 唑嘧磺草胺原药为灰白色至浅棕色固体,密度为1.77 g/cm³,熔点为253 ℃,20 ℃时蒸气压为3.73×10^{-13} Pa,在水中的溶解度为49 mg/L(pH 2.5)、5.6 g/L(pH 7),不溶于二甲苯和正己烷。

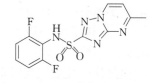

图5-53 唑嘧磺草胺的分子结构

3. 主要生物活性 唑嘧磺草胺适于玉米、大豆、小麦、大麦等田中防治一年生及多年生阔叶杂草(例如蓼、婆婆纳、苍耳、龙葵、反枝苋、藜、苘麻、猪殃殃、曼陀罗等),对幼龄禾本科杂草也有一定抑制作用。后茬勿轮作棉花、甜菜、油菜、向日葵、高粱、番茄等。

4. 毒性 唑嘧磺草胺为低毒除草剂,对大鼠急性经口LD_{50}超过5 000 mg/kg,对兔急性经皮LD_{50}超过2 000 mg/kg;对兔皮肤无刺激作用,对兔眼睛有轻度的刺激作用;对蓝鳃、虹鳟、水蚤无毒。

(二) 双氟磺草胺

1. 化学名称 双氟磺草胺(florasulam)的化学名称为2′,6′-二氟-5-乙氧基-8-氟-1,

2,4-三唑-[1,5 c]嘧啶-2-磺酰苯胺（图5-54）。

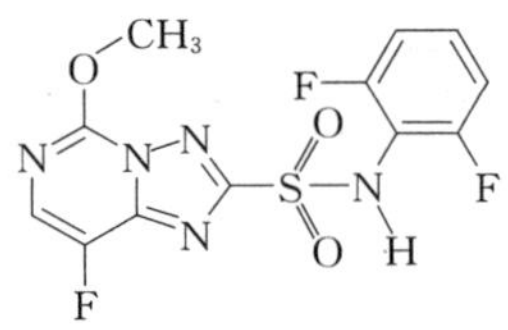

2. 主要理化性质 双氟磺草胺纯品熔点为193.5~230.5 ℃，密度为1.77 g/cm³（21 ℃），25 ℃时蒸气压为1.0×10⁻⁵ Pa，在水中溶解度为6.36 g/L（20 ℃，pH 7.0），在土壤中半衰期（DT_{50}）小于4.5 d，在田间半衰期为2~18 d。

图5-54 双氟磺草胺的分子结构

3. 主要生物活性 双氟磺草胺对麦类作物与禾本科草坪具有高度选择性，可广泛应用于小麦、大麦、草坪等。该药剂持效性好，其在低温下药效稳定，即使是在2 ℃时仍能保持稳定药效，可有效防除小麦田多种阔叶杂草（例如猪殃殃、麦家公、荠菜、播娘蒿、牛繁缕等），且对作物安全。

4. 毒性 双氟磺草胺对大鼠急性经口LD_{50}超过6 000 mg/kg，兔急性经皮LD_{50}超过2 000 mg/kg；对兔眼睛有刺激性，对兔皮肤无刺激性。

（三）五氟磺草胺

1. 化学名称 五氟磺草胺（penoxsulam）的化学名称为2-（2,2-二氟乙氧）-N-（5,8-二甲氧-1,2,4-三唑-[1,5 c]嘧啶-2-基）-6-三氟甲基-苯磺胺（图5-55）。

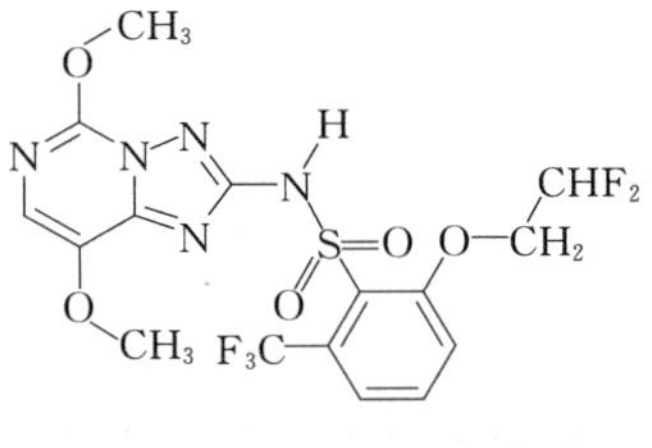

2. 主要理化性质 五氟磺草胺原药为浅褐色固体，密度为1.61 g/cm³（20 ℃），熔点为212 ℃，蒸气压为2.49×10⁻¹⁴ Pa（20 ℃）、9.55×10⁻¹⁴ Pa（25 ℃）；19 ℃时在水中溶解度为5.7 mg/L（pH 5）、410 mg/L（pH 7）、1 460 mg/L（pH 9）；在pH 5~9的水中稳定。

图5-55 五氟磺草胺的分子结构

3. 主要生物活性 五氟磺草胺主要用于防除水稻田的杂草，为目前稻田用除草剂中杀草谱最广的品种之一，可有效防除稗草、莎草科杂草及阔叶杂草，但对千金子无效。

4. 毒性 五氟磺草胺对大鼠急性经口LD_{50}超过5 000 mg/kg，对兔急性经皮LD_{50}超过5 000 mg/kg，对眼睛和皮肤有极轻微刺激性。

（四）啶磺草胺

1. 化学名称 啶磺草胺（pyroxsulam）的化学名称为N-（5,7-二甲氧基-1,2,4-三唑-[1,5 a]嘧啶-2-基）-2-甲氧基-4-（三氟甲基）-3-吡啶磺酰胺（图5-56）。

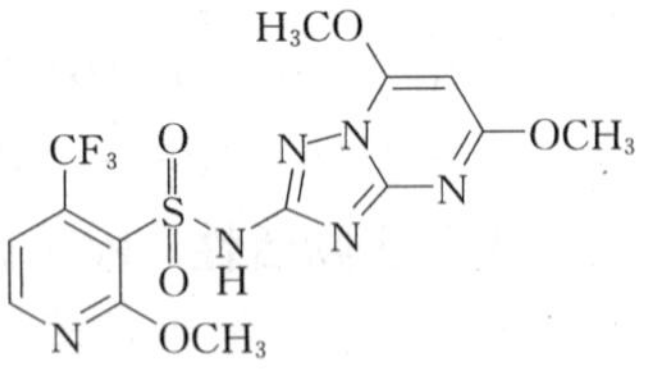

2. 主要理化性质 啶磺草胺外观为棕褐色粉末，熔点为208.3 ℃，分解温度为213 ℃，蒸气压小于1×10⁻⁷ Pa（20 ℃）；20 ℃时溶解度，在蒸馏水中为62.6 mg/L，在pH 7的水中为3 200 mg/L，在甲醇中为1 010 mg/L，在丙酮中为2 790 mg/L，在正辛醇中为73 mg/L，在乙酸乙酯中为2 170 mg/L，在二氯乙烷中为3 940 mg/L，在二甲苯中为35.2 mg/L。

图5-56 啶磺草胺的分子结构

3. 主要生物活性 啶磺草胺适用于冬小麦田苗后茎叶处理防除看麦娘、雀麦、日本看麦娘、硬草、繁缕、播娘蒿、野燕麦、荠菜等杂草，其杀草谱广，除草活性高，药效作用快，但用量偏高时容易出现药害；小麦起身拔节后不得施用；对后茬作物（例如小白菜、甜菜等）安全性差。

4. 毒性 啶磺草胺原药属低毒除草剂，对大鼠急性经口、经皮 LD_{50} 均超过 2 000 mg/kg，对兔眼睛和皮肤无刺激性。

九、有机磷除草剂

1958 年美国有利来路公司（Uniroyal Chemical）开发出第一个有机磷除草剂伐草磷（2,4-滴 EP），随后相继研制出一些用于旱田作物、蔬菜、水稻及非耕地的品种，例如草甘膦、草铵膦、调节磷、莎稗磷、胺草磷、哌草磷、抑草磷、丙草磷、双硫磷等。有机磷作用机制因品种不同而异。例如草甘膦为内吸传导型灭生性除草剂，作用于芳香族氨基酸合成过程中的一种关键性酶5-烯醇丙酮酰莽草酸-3-磷酸合成酶，从而抑制芳香族氨基酸的合成；而双丙氨膦是从土生放线菌吸水链霉菌 [*Streptomyces hygroscopicus* (Jensen) Waksman et Henrici] 的培养液分离得到的，是谷氨酰胺合成酶不可逆的抑制剂，它可引起植物内氨的累积，抑制光合作用过程中的光合磷酸化过程；草铵膦也是谷氨酰胺合成酶抑制剂；莎稗磷则通过抑制蛋白质的生物合成来达到除草效果。

（一）草甘膦

1. 化学名称 草甘膦（glyphosate）的化学名称为 N-（膦羧基甲基）甘氨酸（图 5-57）。

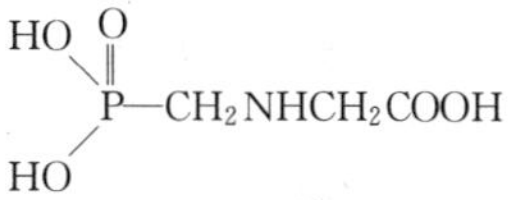

图 5-57 草甘膦的分子结构

2. 主要理化性质 草甘膦为无色晶体，熔点为 200 ℃，在水中溶解度为 12 g/L（25 ℃），不溶于一般有机溶剂（例如丙酮、乙醇、二甲苯），但其钠或胺盐则易溶于水；低于 60 ℃ 稳定，光稳定；商品多加工成钠盐、异丙胺盐或二甲胺盐浓水剂。

3. 主要生物活性 草甘膦属灭生性输导型茎叶处理剂，很容易经植物叶部吸收，迅速通过共质体系而输导至植物体的其他部位。从叶和茎吸收后很易向地下根茎转移，24 h 即可有较多药量转移至地下根系。早期施用草甘膦对一年生杂草有较好效果。但多年生杂草早期施药时因未长出足够承受药剂的叶片，故药效差，一般待有 6~8 片叶时施药，才有利于吸收与充分发挥药效。

草甘膦的杀草反应较缓慢，一年生杂草 1 周后，多年生杂草 2 周后逐渐枯萎，最后植株变褐、根部腐烂而死。

4. 毒性 草甘膦对人畜低毒；对大鼠经口 LD_{50} 为 4 320 mg/kg；兔经皮 LD_{50} 大于 5 000 mg/kg；对皮肤、眼睛和上呼吸道有刺激作用；对鱼类、蜜蜂的毒性较小。

5. 应用 草甘膦在农业上用途很广，主要用于下列几方面：①对多年生杂草及灌木丛的控制；②改良和更新牧场；③果园、甘蔗、热带经济作物（橡胶、油棕、茶、菠萝等）田中除草。虽然草甘膦属于灭生性除草剂，只要用法得当，也能广泛地用于农田不同时期。例如农田的播前施药，可有效消灭田间已有杂草；播后苗前杂草大量发生时施用，也可得到除草保苗的效果；用于作物生育阶段，采用定向喷雾或保护装置，能够有效地防除田间杂草，这在棉田、蔗田和玉米田都有成功的报道。另外，草甘膦与草铵膦同样是免耕法种植的重要除草剂，常和苗前除草剂甲草胺、乙草胺、嗪草酮等相混用于大豆田，或与甲草胺、乙草胺、莠去津、西玛津等相混用于玉米田，使免耕栽培整个生长季节获得良好的防草效果。施药后应保证 6 h 内不降雨，否则会降低药效。草甘膦在土壤中能迅速地失去活性，因此不能用作土壤处理剂。

6. 草甘膦与生物技术育种 从 1996 年第一个抗草甘膦大豆推广种植以来，抗除草剂作物的创制已成为近代农业生物技术中最活跃、最具成效的领域,而抗草甘膦作物则是抗除草剂作物中的核心领域。抗草甘膦基因为天然存在于某些特定物种中的拮抗除草剂草甘膦的基因,该基因编码抗草甘膦酶 5-烯醇式丙酮酰莽草酸-3-磷酸合成酶,从而使草甘膦失去对植物的毒害作用。利用基因工程等手段,将抗草甘膦的 EPSPS 基因转入植物体内培育抗草甘膦作物,对于作物控制杂草有着非常重要的生产意义。目前抗草甘膦的大豆、玉米、油菜、棉花等种植面积持续扩大。但随着抗草甘膦作物种植面积的不断扩大,草甘膦抗性杂草问题越来越突出。

(二) 草铵膦

1. 化学名称 草铵膦(glufosinate-ammonium)的化学名称为 (RS)-2-氨基-4-(羟基甲基氧膦基)丁酸铵(图 5-58)。

2. 主要理化性质 草铵膦为白色结晶,有轻微气味,熔点为 215 ℃,蒸气压小于 0.1 mPa(20 ℃),在水中溶解度为 1 370 g/L(22 ℃),在一般有机溶剂中溶解度低,对光稳定。

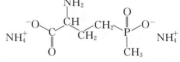

图 5-58 草铵膦的分子结构

3. 主要生物活性 草铵膦属灭生性输导型茎叶处理剂,其吸收输导性较草甘膦弱,作用速度快于草甘膦,较百草枯慢,可用于防除双子叶杂草、禾本科杂草及莎草科杂草,可广泛用于果园、葡萄园和非耕地杂草。

4. 毒性 草铵膦对大鼠急性经口 LD_{50} 超过 5 000 mg/kg(铵盐,下同),对大鼠急性经皮 LD_{50} 超过 2 000 mg/kg,无致畸性和神经毒性。

(三) 有机磷除草剂其他品种

1. 双丙氨膦 双丙氨膦(bilanafos)分子结构见图 5-59。其为灭生性除草剂,主要用于非耕地、果园、橡胶园和其他作物田防除杂草。

2. 莎稗磷 莎稗磷(anilofos)的分子结构见图 5-60。其主要用于水稻移栽田防除 3 叶期以前的稗草、千金子、一年生莎草、牛毛毡等,对扁秆藨草无效。莎稗磷可用于棉花田、大豆田、油菜田防除稗草、马唐、狗尾草、牛筋草、野燕麦、异形莎草、碎米莎草等,对阔叶杂草效果差。直播稻田 4 叶期以前施用该药敏感,可用于大苗移栽田,不可用于小苗移栽田,抛秧田慎用。

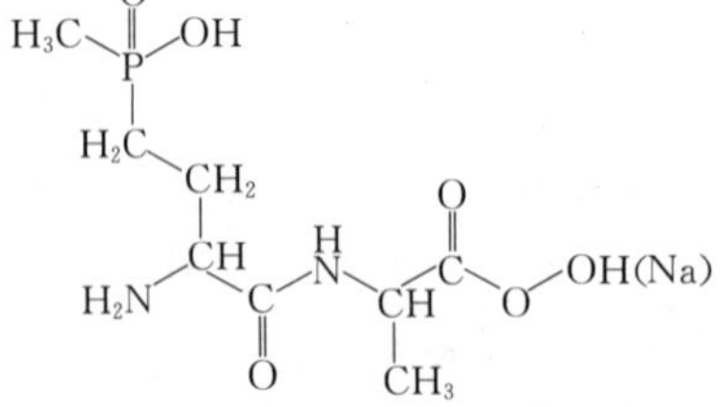

图 5-59 双丙氨膦的分子结构 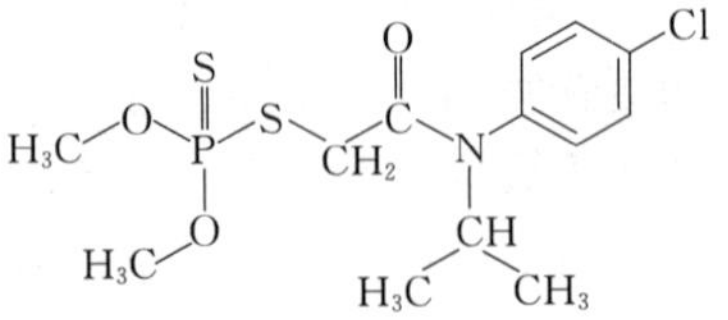   图 5-60 莎稗磷的分子结构

十、三酮类除草剂

三酮类除草剂的作用靶标为对羟基苯基丙酮酸双氧化酶(HPPD),是 20 世纪 80 年代发现的新除草剂作用靶标。对羟基苯基丙酮酸双氧化酶抑制剂的先导化合物来自澳大利亚的

桃金娘科（Myrtaceae）植物的挥发油纤精酮（leptospermone），纤精酮对若干阔叶杂草和禾本科杂草具有一定的除草活性；敏感杂草接触到纤精酮即产生白化症状，其后缓慢死亡。经过多年的研究，主要是结构修饰，捷利康（现先正达公司）于1982年发现三酮类化合物磺草酮（sulcotrione）；随后，活性更高的化合物硝磺草酮（mesotrione）、苯唑草酮（topramezone）开发成功。

三酮类除草剂的共同特点：①活性高，用量低；②杀草谱广，对阔叶杂草高效，还可防除禾本科杂草；③选择性强，多数品种用于玉米田，部分品种可用于水稻等作物田；④以茎叶处理为主，也有较高的土壤处理活性；⑤植物根、茎、叶都能吸收，并可迅速传导；⑥作用机制为抑制对羟基苯基丙酮酸双氧化酶，抑制质体醌和生育酚合成，间接抑制类胡萝卜素的合成，导致植物白化死亡；⑦对人畜毒性低。

（一）硝磺草酮

1. 化学名称　硝磺草酮（mesotrion）的化学名称为2-[4-（甲基磺酰基）-2-硝基苯酰基]-3-环己二酮（图5-61）。

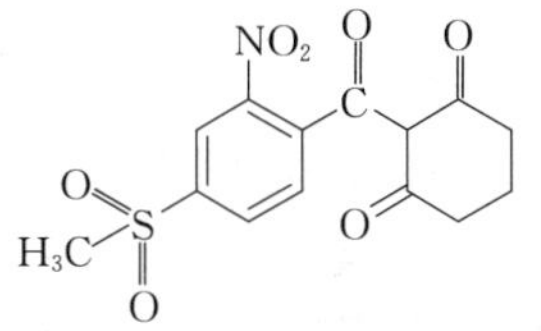

2. 主要理化性质　硝磺草酮纯品外观为浅黄色固体，熔点为165.3 ℃（伴随着分解），蒸气压小于5.7×10^{-6} μPa（20 ℃），在水中溶解度为0.16 g/mL（20 ℃）。

3. 主要生物活性　硝磺草酮是选择性输导型土壤与茎叶处理剂，以茎叶处理为主，主要用于防除玉米田一年生阔叶杂草和一些禾本科杂草；也在移栽水稻田和早熟禾草坪应用，但需特别注意作物安全性。

图5-61　硝磺草酮的分子结构

4. 毒性　硝磺草胺原药对大鼠急性经口LD_{50}超过5 000 mg/kg，急性经皮LD_{50}超过2 000 mg/kg；对兔皮肤无刺激性，对兔眼睛有轻度刺激性。

（二）苯唑草酮

1. 化学名称　苯唑草酮（topramezone）的化学名称为[3-（4,5-二氢-3-异噁唑基）-4-甲基磺酰-2-甲基苯]5-羟基-1-甲基-1H-吡唑-4-基甲酮（图5-62）。

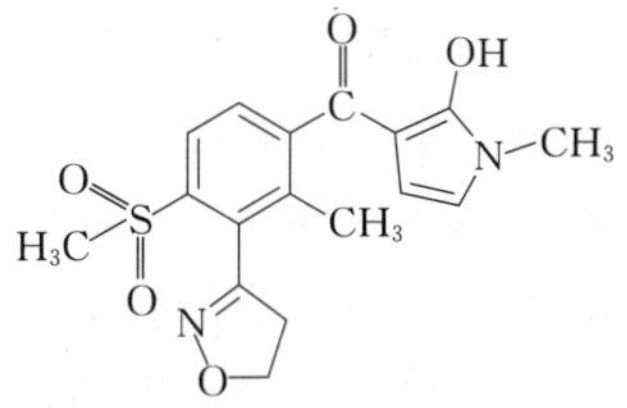

2. 主要理化性质　苯唑草酮原药外观为米色粉末状固体，有微弱芳香味，熔点为220.9～222.2 ℃，20 ℃时蒸气压小于1.0×10^{-6} Pa；溶解度，在水中为510 mg/L（20 ℃，pH 3.1），在乙烷中为3.28 g/L，在二氯甲烷中为25～29 g/L，在二甲基甲酰胺中为114～133 g/L，在丙酮、乙腈、乙酸乙酯、甲苯和甲醇中均小于10 g/L。

图5-62　苯唑草酮的分子结构

3. 主要生物活性　苯唑草酮作苗后茎叶处理剂，通过根和幼苗、叶吸收，在植物中向顶、向基传导至分生组织，抑制对羟基苯基丙酮酸双脱氢酶活性，使胡萝卜素、叶绿素合成受阻，导致发芽的敏感杂草在处理2～5 d内出现漂白症状，14 d内植株死亡。苯唑草酮由于在玉米体内可被快速代谢，对几乎所有类型玉米（包括甜玉米、爆裂玉米等）具有很好的选择性。苯唑草酮活性高，用量少，苗后使用适期宽，杀草谱广，可防除一年生禾本科杂草和阔叶杂草。

4. 毒性　苯唑草酮对大鼠急性经口LD_{50}超过2 000 mg/kg，对大鼠急性经皮LD_{50}超过4 000 mg/kg。

十一、其他类别除草剂

(一) 联吡啶类

联吡啶类除草剂是在 20 世纪 50 年代末开始开发的,此类除草剂具有杀草谱广、触杀作用快、非选择性特点。该类除草剂有两个重要的品种百草枯(paraquat)和敌草快(diquat)。在我国,百草枯是主要的灭生性除草剂品种之一,在非耕地、果园广泛使用。我国自 2014 年 7 月 1 日起,撤销百草枯水剂登记和生产许可,停止生产,仅保留母药生产企业水剂出口境外使用登记,允许专供出口生产。2016 年 7 月 1 日起停止百草枯水剂在国内销售和使用。

1. 百草枯

(1) 化学名称 百草枯(paraquat)的化学名称为 $1,1'$-二甲基-$4,4'$-联吡啶(图 5-63)。

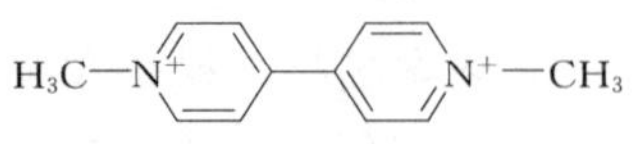

(2) 主要理化性质 百草枯纯盐无色,工业品为淡黄色固体,密度为 1.24 g/cm^3($20\ ℃$),蒸气压接近于 0($20\ ℃$),

图 5-63 百草枯的分子结构

溶于水,几乎不溶于有机溶剂,对金属有腐蚀性。百草枯纯品为白色结晶体,熔点为 300 ℃ (分解),蒸气压小于 $1.33×10^{-5}$ Pa,易溶于水,不溶于烃类,少量溶于低级醇。制剂中含腐蚀抑制剂。二者在酸性和中性条件下稳定,可被碱水解,遇紫外线分解,惰性黏土和阴离子表面活性剂能使其钝化,水剂非可燃性,分解产物可有氯化氢、氮氧化物、一氧化碳。

(3) 毒性 百草枯属剧毒类。经口中毒先出现消化道刺激腐蚀症状,继之肺水肿、肺纤维化、呼吸衰竭,伴多种器官损伤。若喷洒操作不当,操作者可发生皮炎和眼损伤。急性毒性:口腔、食道黏膜大面积损伤,伴多系统毒性,以肺尤甚。急性中毒 3~6 d 后死亡的大鼠,肺呈水肿,肺泡内出血;如存活 10 d 以上,肺主要呈纤维化改变。慢性毒性:长期接触工人可见指甲损伤、鼻出血和皮炎。

(4) 主要生物活性 百草枯为速效触杀型灭生性季铵盐类除草剂,有效成分对叶绿体层膜破坏力极强,使光合作用和叶绿素合成很快中止,叶片着药后 2~3 h 即开始受害变色。百草枯对单子叶和双子叶植物绿色组织均有很强的破坏作用,但无传导性,只能使着药部位受害,不能穿透栓质化的树皮,接触土壤后很容易被钝化;不能破坏植株的根部和土壤内潜藏的种子,因而施药后杂草有再生现象。百草枯进入泥土后很快失去活性,在土壤中无残留毒性,正常使用对野生动物及环境不产生危害。百草枯在中性和酸性介质中稳定。该除草剂对车前草、蓼、毛地黄、茅草、鸭跖草、香附子等杂草效果差。

2. 敌草快

(1) 化学名称 敌草快(diquat)的化学名称为 $1,1'$-乙撑-$2,2'$-联吡啶阳离子或二溴盐(图 5-64)。

(2) 主要理化性质 敌草快二溴盐为无色至黄色结晶,分解温度高于 300 ℃,蒸气压小于 0.013 mPa,密度为 $1.22\sim1.77 \text{ g/cm}^3$($20\ ℃$),在水中溶解度为 700 g/L($20\ ℃$),微溶于醇类和含羟基类的溶剂,难溶于非极性有机溶剂,在中性和酸性溶液中稳定,但在碱性溶液中易水解。

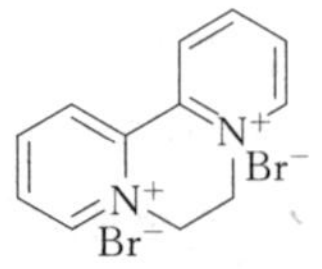

图 5-64 敌草快的分子结构

(3) 毒性 敌草快属中等毒性。使用者无面部和皮肤防护操作时,引起手指甲变形及鼻出血。经口中毒后有致死性，口咽部立即有灼烧感，恶心、呕吐、胃痛、胸闷，呼吸时伴有泡沫。

（4）主要生物活性　敌草快为非选择性触杀型除草剂，稍具传导性，可被植物绿色组织迅速吸收。在植物绿色组织中，作为光合作用电子传递的抑制剂，在光诱导下，有氧存在时，形成过氧化氢积累破坏细胞膜，受药部位枯黄。但敌草快不能穿透成熟树皮，对地下根茎几乎无破坏作用。敌草快的另一个重要用途，是在马铃薯、棉花、大豆、亚麻、向日葵、玉米、高粱等作物收获前作为催枯剂。

（5）毒性　敌草快对大鼠急性经口 LD_{50} 为 231 mg/kg，对大鼠急性经皮 LD_{50} 超过 2 000 mg/kg。

（二）咪唑啉酮类

咪唑啉酮类除草剂是20世纪80年代初由美国氰胺公司开发的。它具有杀草谱广、选择性强、活性高等优点。Los 等 1983 年最早报道了灭草烟的除草活性后，该类除草剂随之成为除草剂开发中的活跃领域。咪唑啉酮类化合物是继磺酰脲类后的第二个超高活性的除草剂，它选择性强，广谱，既能防除一年生禾本科杂草与阔叶杂草，也能防除多年生杂草，其作用机制是抑制植物体内乙酰乳酸合成酶和乙酰羟基丁酸合成酶的活性。该类品种在土壤中残留较大，对下茬作物不安全。

咪唑啉酮类除草剂的分子结构包括3部分：酸、主链和咪唑啉酮环，它们都是活性必需的条件。其模式结构见图 5-65。

从化合物与活性的相关性来看，高活性化合物的结构特点是：①具备咪唑啉酮环，R_1、R_2 为甲基与异丙基；②主链为六元环活性最高；③主链中咪唑啉酮环邻位含有羧基，或能被植物水解、氧化迅速转变为酸的取代基。

图 5-65　咪唑啉酮类除草剂的模式结构

1. 咪唑乙烟酸

（1）化学名称　咪唑乙烟酸（imazethapyr）的化学名称为 (RS)-5-乙基-2-(4-异丙基-4-甲基-5-氧代-2-咪唑-2-基)烟酸（图 5-66）。

（2）主要理化性质　咪唑乙烟酸纯品为无色结晶，熔点为 166～173 ℃，蒸气压小于 1.3×10^{-5} Pa（60 ℃）；25 ℃时溶解度，在水中为 1.4 g/L，在二氯甲烷中为 185 g/L，在二甲基亚砜中为 422 g/L，在甲醇中为 105 g/L；有腐蚀性，遇日光迅速降解。

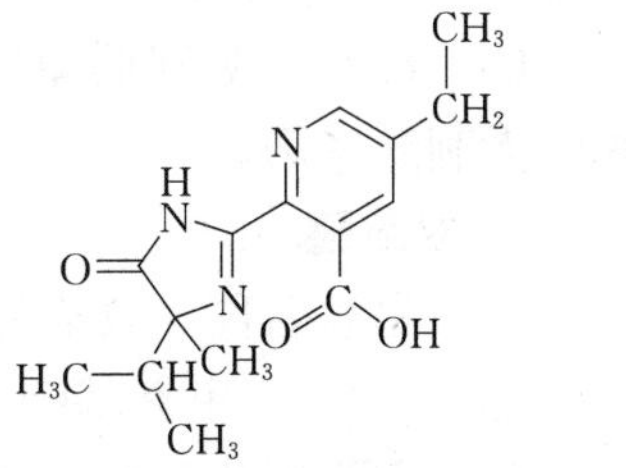

（3）主要生物活性　咪唑乙烟酸为内吸传导选择性除草剂，通过根、叶吸收，在木质部和韧皮部传导，在分生

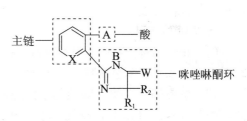

图 5-66　咪唑乙烟酸的分子结构

组织内阻止支链氨基酸的合成，干扰蛋白质合成使植物生长受抑制而死亡。豆科植物能将药剂迅速分解代谢，因而对豆科作物安全。咪唑乙烟酸主要用于大豆田和其他豆科植物田防除禾本科杂草和某些阔叶杂草（例如稗草、金狗尾草、绿狗尾草、苘麻、反枝苋、藜等）。咪唑乙烟酸属高残留除草剂，对下茬作物安全性差。

2. 甲氧咪草烟

（1）化学名称　甲氧咪草烟（imazamox）的化学名称为 (RS)-2-(4-异丙基-4-甲

基-5-氧-2-咪唑啉-2-基)-5-甲氧甲基烟酸(图5-67)。

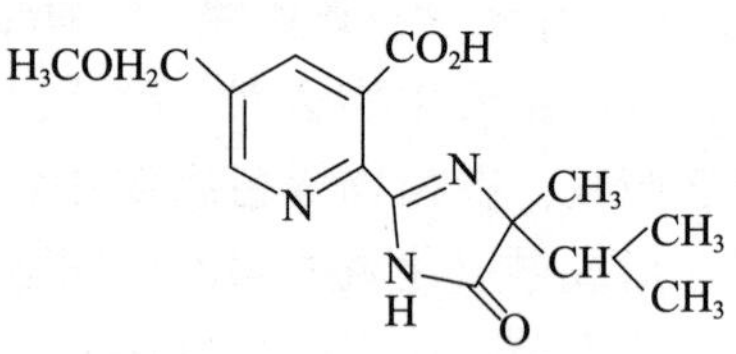

(2) 主要理化性质 甲氧咪草烟原药为无臭灰白色固体,熔点为166~166.7 ℃,25 ℃时蒸气压为 1.3×10^{-5} Pa,25 ℃时溶解度,在水中为4.16 g/L,在丙酮中为29.3 g/L;在水中光解半衰期为6.8 h。

图5-67 甲氧咪草烟的分子结构

(3) 主要生物活性 甲氧咪草烟可有效防治大多数一年生禾本科杂草与阔叶杂草,例如野燕麦、稗草、狗尾草、金狗尾草、看麦娘、稷、千金子、马唐、鸭跖草(3叶期前)、龙葵、苘麻、反枝苋、藜、小藜、苍耳、香薷、水棘针、狼把草、繁缕、柳叶刺蓼、鼬瓣花、荠菜等,对多年生的苣荬菜、刺儿菜等有抑制作用。甲氧咪草烟残留较高,对下茬作物安全性较差。

(三) 嘧啶水杨酸类

嘧啶水杨酸类除草剂是由日本组合化学公司于20世纪90年代初首先开发成功的又一类新的乙酰乳酸合成酶(ALS)抑制剂,可以防除水稻田和旱作物地杂草,现有5个品种:嘧草硫醚、嘧草醚、双草醚、嘧啶肟草醚和环酯草醚,其中后两个品种分别由韩国LG化学公司和诺华公司开发。

1. 嘧啶肟草醚

(1) 化学名称 嘧啶肟草醚(pyribenzoxim)的化学名称为 O-[2,6-双[(4,6-二甲氧-2-嘧啶基)氧基]苯甲酰基]二苯酮肟(图5-68)。

(2) 主要理化性质 嘧啶肟草醚纯品为无臭白色固体,熔点为128~130 ℃,蒸气压小于 9.9×10^{-4} Pa,辛醇/水分配系数为3.04,20 ℃时水中溶解度为3.5 mg/L。

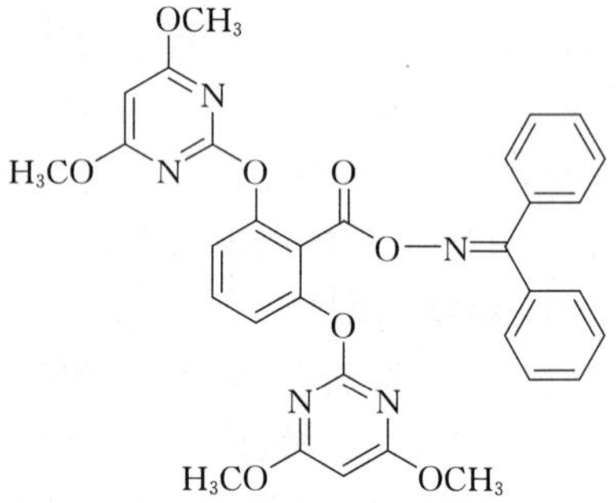

(3) 主要生物活性 嘧啶肟草醚主要用于水稻田防除阔叶杂草、大多数莎草科杂草及禾本科杂草。杂草吸收药剂至死亡,一般一年生杂草为5~15 d,多年生杂草要长一些。

(4) 毒性 嘧啶肟草醚为低毒除草剂,对兔皮肤、眼睛无刺激作用。

图5-68 嘧啶肟草醚的分子结构

2. 双草醚

(1) 化学名称 双草醚(bispyribac-sodium)的化学名称为2,6-双(4,6-二甲氧基嘧啶-2-氧基)苯甲酸钠(图5-69)。

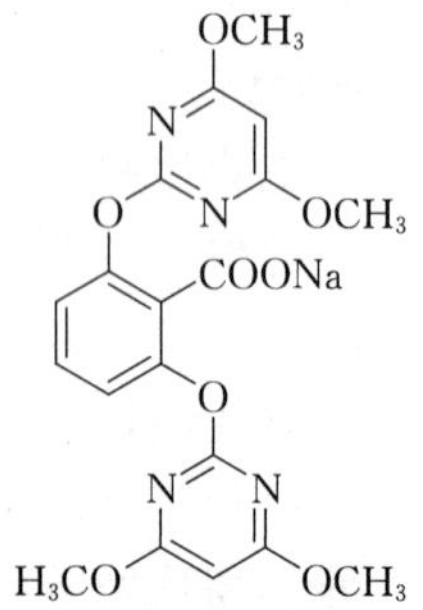

(2) 主要理化性质 双草醚纯品为白色粉状固体,熔点为223~224 ℃;25 ℃时溶解度,在水中为73.3 g/L,在甲醇中为26.3 g/L,在丙酮中为0.043 g/L;在水中的半衰期为1年,pH 7~9时为448 h;pH 4时55 ℃下储存14 d不分解。

(3) 主要生物活性 双草醚用于水稻田,对异型莎草、碎米莎草、千金子、萤蔺、紫水苋、假马齿苋、鸭趾草、粟米草、大马唐、瓜皮草等杂草有优异的活性。

(4) 毒性 该除草剂对哺乳动物低毒,对兔眼睛有轻微刺

图5-69 双草醚的分子结构

激性。

(四) 氨基甲酸酯类

氨基甲酸酯类（carbamate）除草剂是1954年由施多福（Stauffer）公司首先发现丙草丹的除草活性，随后开发了禾草敌、灭草猛、丁草敌等品种。20世纪60年代初孟山都（Monsanto）公司开发了燕麦敌1号与燕麦畏。20世纪60年代中期稻田高效除稗剂禾草丹问世，不久即广泛应用。我国于1967年研制成功燕麦敌2号，促进了我国除草剂创新工作。目前，生产中常用品种主要为硫代氨基甲酸酯类（thiocarbamate）。

氨基甲酸酯类除草剂的作用机制还不太清楚，可能与抑制脂肪酸、脂类、蛋白质、类异戊二烯、类黄酮的生物合成有关。杂草和作物间对此类除草剂的降解代谢或轭合作用的差异是其选择性的主要原因，位差、吸收与传导的差异也是此类除草剂选择性的原因之一。

此类除草剂主要用作土壤处理剂，在播前或播后苗前施用。但禾草敌在稗草3叶期前均可施用。硫代氨基甲酸酯类除草剂的挥发性强，为了保证药效，旱地施用时需混土。

1. 禾草丹

（1）化学名称 禾草丹（thiobencarb）的化学名称为N，N-二乙基硫赶氨基甲酸对氯苄酯（图5-70）。

（2）主要理化性质 禾草丹纯品为淡黄色液体，密度为1.16 g/mL（20 ℃），熔点为3.3 ℃，沸点为126～129 ℃（1.07 Pa），闪点为172 ℃，蒸气压为2.2 mPa（23 ℃），20～25 ℃时在水中溶解度为16.7 mg/L，易溶于二甲苯、醇类、丙酮等有机溶剂；对酸、碱稳定，对热稳定，对光较稳定。

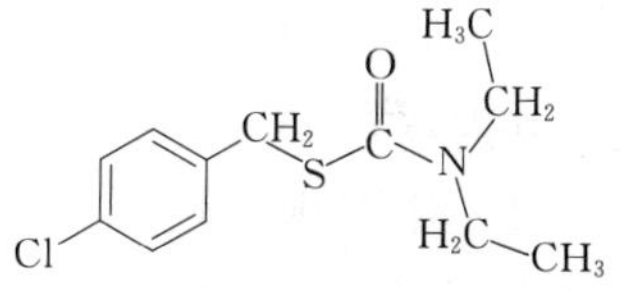

图5-70 禾草丹的分子结构

（3）主要生物活性 禾草丹为选择性内吸传导型除草剂，杂草从根部和幼芽吸收后转移到植株体内。杀草机制是抑制α淀粉酶活性和干扰蛋白质合成，影响细胞有丝分裂和生长点的生长，导致萌发的杂草种子和幼芽枯死。该药剂在厌氧条件下能被土壤微生物降解成脱氯禾草丹，对水稻生长有一定的影响。禾草丹主要用于稻田，也可用于棉花、大豆、花生、马铃薯和甜菜的大田，防除一年生禾本科杂草、阔叶杂草和莎草科杂草，例如稗草、马唐、狗尾草、牛筋草、蓼、藜、苋、繁缕、鸭舌草、三棱草、萤蔺、牛毛毡等。禾草丹属低毒除草剂。大田应用防除水稻田杂草时，可在播种前或水稻立针期施药，用50%乳油2 250～3 000 mL/hm²，拌毒土撒施，施药时水层深2～3 cm，施药后保水5～7 d。

2. 氨基甲酸酯类除草剂其他品种 这里介绍下述3种，它们的分子结构见图5-71。

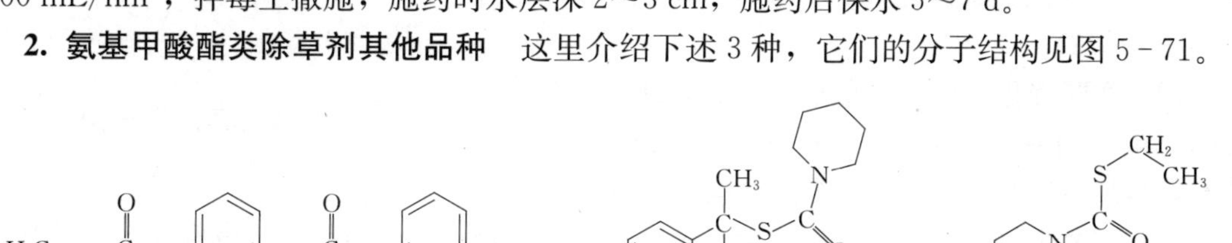

甜菜宁　　　　　　　哌草丹　　　　　　　禾草敌

图5-71 其他常用氨基甲酸酯类除草剂的分子结构

（1）甜菜宁 甜菜宁（phenmedipham）为非硫代氨基甲酸酯类除草剂，主要用于甜菜地防除阔叶杂草，例如繁缕、藜、豚草、野芝麻、野萝卜、荠菜、牛舌草、鼬瓣花、牛藤菊等。用量为16%乳油5 250～6 000 mL/hm²，兑水300 L/hm²，在杂草2～4叶期喷雾。

(2) 哌草丹 哌草丹（dimepiperate）属硫代氨基甲酸酯类除草剂，适于水稻秧田及水、旱直播田防除稗草及牛毛毡，防治其他杂草无效。

(3) 禾草敌 禾草敌（molinate）属硫代氨基甲酸酯类除草剂，适用于水稻田防除稗草、牛毛毡、异型莎草等。

(五) 环己烯酮类

环己烯酮类除草剂是由日本曹达公司发现的一类具有选择性的内吸传导型茎叶处理剂。自1978年第一个品种禾草灭问世以来，到目前为止共有9个品种商品化，它们是禾草灭、烯禾啶、cloproxydim、噻草酮、烯草酮、苯草酮、丁苯草酮、吡喃草酮和环苯草酮，其中后3个品种是20世纪90年代开发的。除环苯草酮为水田除草剂外，其他均为旱田除草剂。吡喃草酮是防除油菜、大豆田禾本科杂草的除草剂。

环己烯酮类除草剂在结构上同芳氧丙酸类除草剂完全不同，但其作用机制一样，都是乙酰辅酶A羧化酶（ACCase）抑制剂，用于阔叶作物田苗后防除禾本科杂草，中毒症状为叶片黄化，停止生长，几天后，枝尖、叶和根分生组织相继坏死。

1. 烯禾啶

(1) 化学名称 烯禾啶（sethoxydim）的化学名称为（±）2-[1-（乙氧亚氨基）丁基]-5-（2-乙硫基丙基）-3-羟基环己-2-烯酮（图5-72）。

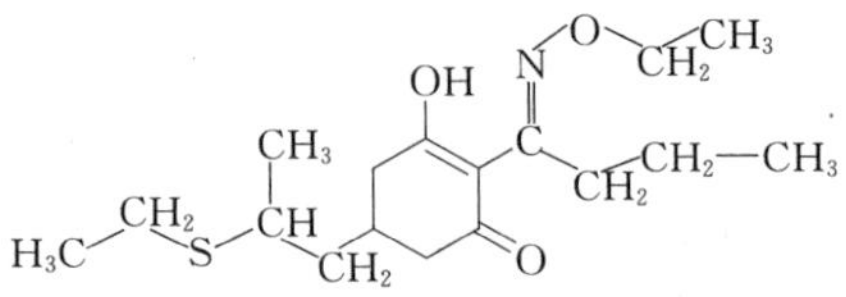

图5-72 烯禾啶的分子结构

(2) 主要理化性质 烯禾啶原药为淡黄色无臭油状液体，蒸气压小于0.133 mPa，能溶于甲醇、正己烷、乙酸乙苯酯、甲苯、二甲苯等有机溶剂，20℃时在水中的溶解度为25 mg/L（pH 4），在弱酸或弱碱条件下稳定，在土壤中很快分解，常温下较稳定。

(3) 主要生物活性 烯禾啶可有效防除稗草、野燕麦、狗尾草、芦苇、野黍等禾本科杂草，做茎叶处理，为低毒除草剂。

2. 烯草酮

(1) 化学名称 烯草酮（clethodim）的化学名称为（±）-2-[（E）-3-氯烯丙氧基亚氨基]丙基-5-[2-（乙硫基）丙基]-3-羟基环己-2-烯酮（图5-73）。

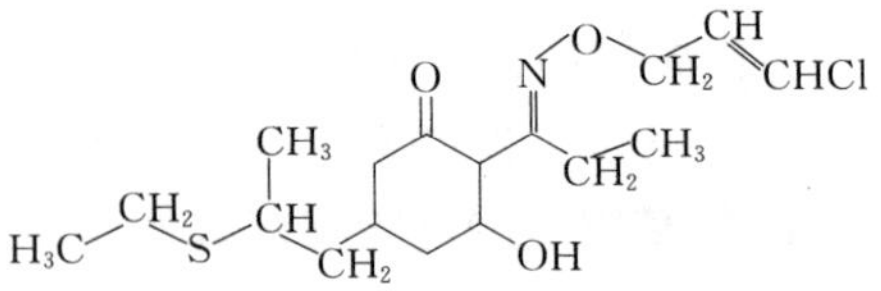

图5-73 烯草酮的分子结构

(2) 主要理化性质 烯草酮原药为琥珀色透明液体，20℃时蒸气压小于1.3×10^{-5} Pa，能溶于多数有机溶剂，对紫外线稳定，强酸或强碱条件下不稳定。

(3) 主要生物活性 烯草酮适用于多种双子叶作物，可防治稗草、野燕麦、狗尾草、马唐、牛筋草、看麦娘、稗草、千金子等一年生禾本科杂草，为低毒除草剂。

(六) 取代脲类

20世纪50年代初发现了灭草隆的除草作用后，此类除草剂的许多品种相继出现，特别是在20世纪60—70年代，开发出一系列卤代苯基脲和含氟脲类除草剂，提高了选择性，扩大了杀草谱，在农业生产中被广泛地应用。我国20世纪60年代以来，研制了除草剂1号、敌草隆、绿麦隆、杀草隆、异丙隆等品种，在推广化学除草中起了重要的作用。

1. 敌草隆

(1) 化学名称　敌草隆 (diuron) 的化学名称为 N - (3,4 -二氯苯基) - N', N' -二甲基脲 (图 5 - 74)。

(2) 主要理化性质　敌草隆纯品为白色无臭结晶,熔点为 158~159 ℃,蒸气压为 0.413 mPa (50 ℃)。25 ℃时水中溶解度为 42 mg/L,27 ℃时丙酮中溶解度为 53 g/kg;在 189~190 ℃时分解;无腐蚀性,不易燃。

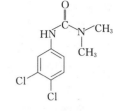

图 5 - 74　敌草隆的分子结构

(3) 主要生物活性　敌草隆可在棉花、玉米、花生、甘蔗、果树、茶树、橡胶树等旱地作物用于防除马唐、旱稗、狗尾草、蓼、藜、莎草等一年生杂草,对多年生杂草(例如狗牙根、香附子等)也有良好的防除效果,对人畜低毒。

2. 异丙隆

(1) 化学名称　异丙隆 (isoproturon) 的化学名称为 N - 4 -异丙基苯基- N', N' -二甲基脲 (图 5 - 75)。

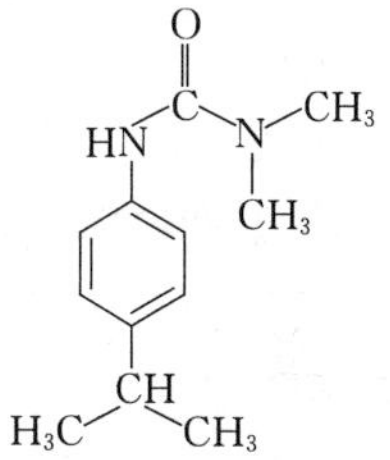

(2) 主要理化性质　异丙隆纯品为无色结晶体,熔点为 158 ℃,密度为 1.2 g/cm³ (20 ℃),蒸气压为 3.15×10^{-3} mPa (20 ℃);22 ℃时水中溶解度为 65 mg/L;20 ℃时在其他溶剂中的溶解度,在甲醇中为 75 g/L,在二氯甲烷中为 63 g/L,在丙酮中为 38 g/L,在二甲苯中为 4 g/L;在强酸、强碱中可水解为二甲胺和相应的芳香胺。

图 5 - 75　异丙隆的分子结构

(3) 主要生物活性　异丙隆为光合作用电子传递抑制剂,为选择性苗前、苗后除草剂,主要通过杂草根和茎叶吸收,导管内随水分向上传导,在叶片绿色细胞内发挥作用,干扰光合作用的进行。异丙隆通常用于冬春小麦田,也可用于玉米、棉花、花生田防除一年生禾本科杂草及阔叶杂草,例如马唐、野燕麦、藜、狗尾草、早熟禾、看麦娘、日本看麦娘、茵草、硬草、繁缕、牛繁缕等。

(七) 环状亚胺类

环状亚胺类除草剂为原卟啉原氧化酶抑制剂,是一种触杀型除草剂,可被迅速吸收到敏感植物组织中,使原卟啉原Ⅸ在植物细胞中逐渐累积而发挥药效,使植株迅速坏死,或在阳光照射下使茎叶脱水干枯而死;对后茬作物无影响。

1. 噁草酮

(1) 化学名称　噁草酮 (oxadiazon) 的化学名称为 5 -叔丁基- 3 - (2,4 -二氯- 5 -异丙氧苯基) - 1,3,4 -噁二唑- 2 (3H) -酮 (图 5 - 76)。

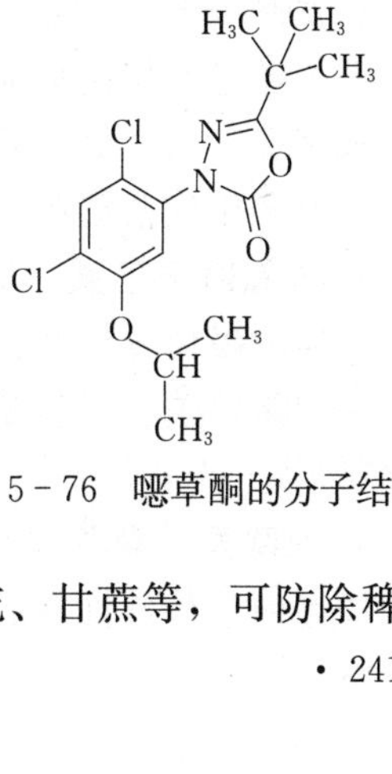

(2) 主要理化性质　噁草酮原药为白色无味不吸水结晶,熔点约 90 ℃,20 ℃时蒸气压为 1.33×10^{-6} Pa;20 ℃时在水中的溶解度约为 0.7 mg/L,在甲醇中为 100 g/L,在乙醇中为 100 g/L,在环己烷中为 200 g/L,在丙酮中为 600 g/L,在苯中为 1000 g/L,在氯仿中为 1000 g/L,在二甲苯中为 1000 g/L;储藏稳定性良好。

图 5 - 76　噁草酮的分子结构

(3) 主要生物活性　噁草酮主要用于水稻田和旱地花生、棉花、甘蔗等,可防除稗草、狗尾草、反枝苋、藜、蓼、苍耳、田旋花等。噁草酮还可配成混剂使用,对人畜为低毒。

2. 氟烯草酸

(1) 化学名称 氟烯草酸 (flumiclorac-pentyl) 的化学名称为戊烷基 [2-氯-5-(环己烷-1-烯基-1,2-二甲酰亚氨基)-4-氟苯氧基] 乙酸酯 (图 5-77)。

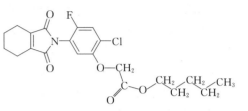

图 5-77 氟烯草酸的分子结构

(2) 主要理化性质 氟烯草酸原药为固体粉末,熔点为 88.87~90.13 ℃,在 22.4 ℃时蒸气压小于 1.33×10^{-5} Pa;25 ℃时的溶解度,在水中为 0.189 mg/L,在乙烷中为 3.28 g/L,在丙酮中为 590 g/L,在甲醇中为 47.8 mg/L;20 ℃时的密度为 1.336 g/cm^3。

(3) 主要生物活性 氟烯草酸为选择性触杀型茎叶除草剂,抑制叶绿素的合成,造成脂质过氧化。大豆体内能分解该除草剂,具有良好的耐药性。氟烯草酸主要用于防除大豆、玉米苗期的杂草,为低毒除草剂。

(八) 其他除草剂品种

1. 灭草松 灭草松 (bentazone) 的分子结构见图 5-78。其属有机杂环类除草剂,为选择性触杀型苗后处理剂,主要用于水稻、大豆、花生、禾谷类作物田,用于防除莎草科杂草和阔叶杂草,例如矮慈姑、荸荠、鸭舌草、节节菜、异型莎草、三棱草、苍耳、马齿苋、荠菜、繁缕、曼陀罗、苘麻、豚草、莎草、蓼等,为低毒除草剂。

2. 二氯喹啉酸 二氯喹啉酸 (quinclorac) 的分子结构见图 5-79。其属有机杂环类除草剂,为内吸传导型选择性苗后除草剂,主要用于水稻秧田、直播田和移栽田,可特效杀除稗草,可杀死 1~7 叶期的稗草,对 4~7 叶期的高龄稗草药效突出,还能有效地防除鸭舌草、水芹、田皂角,但对莎草科杂草效果差。

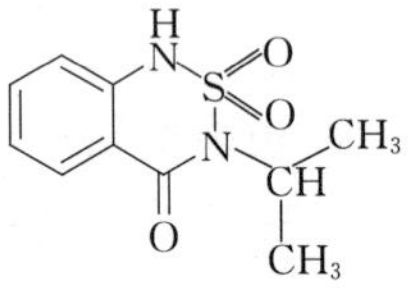

图 5-78 灭草松的分子结构 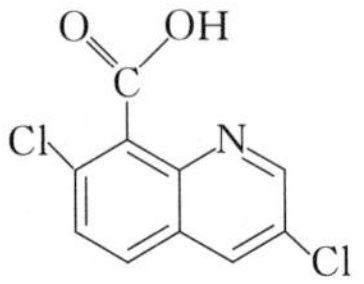　　图 5-79 二氯喹啉酸的分子结构

3. 异噁草松 异噁草松 (clomazone) 的分子结构见图 5-80。其属有机杂环类除草剂,为内吸传导型选择性芽前或芽后除草剂,可防除稗草、狗尾草、马唐、金狗尾草、龙葵、香薷、水棘针、马齿苋、苘麻、野西瓜苗、藜、蓼、苍耳、狼把草等一年生禾本科杂草和阔叶杂草,对多年生杂草小蓟、大蓟、苣荬菜、问荆有一定抑制作用,为低毒除草剂。

4. 氯氟吡氧乙酸 氯氟吡氧乙酸 (fluroxypyr) 的分子结构见图 5-81。其属吡啶类除草剂,为内吸传导型选择性苗后除草剂,常用于小麦、玉米、甘蔗、果园等防除各种阔叶杂草 (例如猪殃殃、马齿苋、龙葵、繁缕、巢菜、田旋花、蓼等),对禾本科杂草无效,为低毒除草剂。

5. 草除灵 草除灵 (benazolin-ethyl) 的分子结构见图 5-82。其属有机杂环类除草剂,为选择性内吸传导性芽后处理除草剂,主要用于油菜、麦类、苜蓿等作物防除一年生阔叶杂草，例如繁缕、牛繁缕、雀舌草、苋、猪殃殃等，为低毒除草剂，但对鱼类、鸟类、蜜蜂有毒。

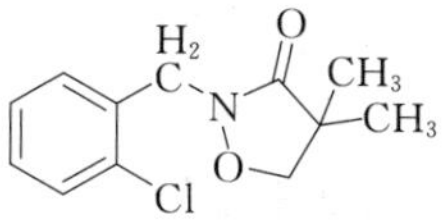

图 5-80 异噁草松的分子结构 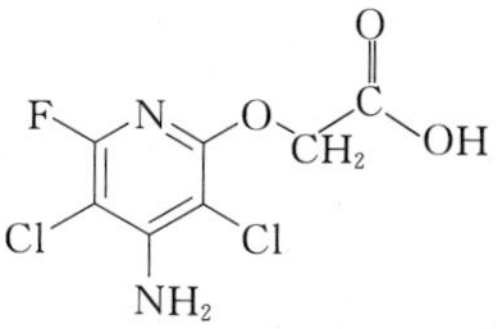　　图 5-81 氯氟吡氧乙酸的分子结构

6. 溴苯腈　溴苯腈（bromoxynil）的分子结构见图 5-83。其属腈类除草剂，为选择性苗后茎叶触杀型除草剂，主要是抑制植物光合作用过程，对麦田杂草藜、苋、米瓦罐、苍耳、猪殃殃、卷叶蓼等有很好的防治效果。该除草剂为中毒，在试验剂量内对动物无致畸、致突变、致癌作用。

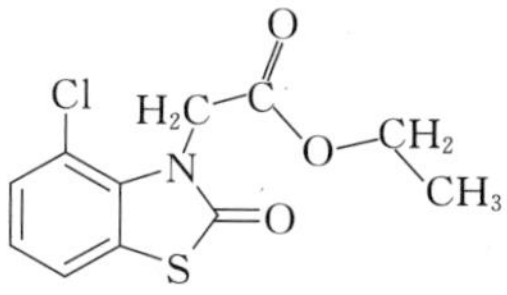

图 5-82 草除灵的分子结构 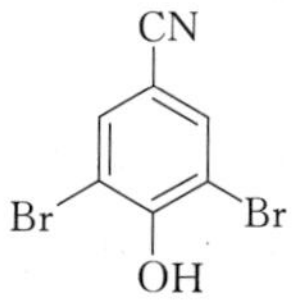　　图 5-83 溴苯腈的分子结构

7. 唑啉草酯　唑啉草酯（pinoxaden）属于新苯基吡唑啉类除草剂，目前该类除草剂中仅有唑啉草酯一个商品化的除草剂，其作用机制为乙酰辅酶 A 羧化酶（ACCase）抑制剂，由瑞士先正达作物保护有限公司推出。

（1）化学名称　唑啉草酯的化学名称为 8-（2,6-二乙基-4-甲基苯基）-1,2,4,5-四氢-7-氧-7H-吡唑[1,2-d][1,4,5]氧二氮卓-9-基-2,2-二甲基丙酸酯（图 5-84）。

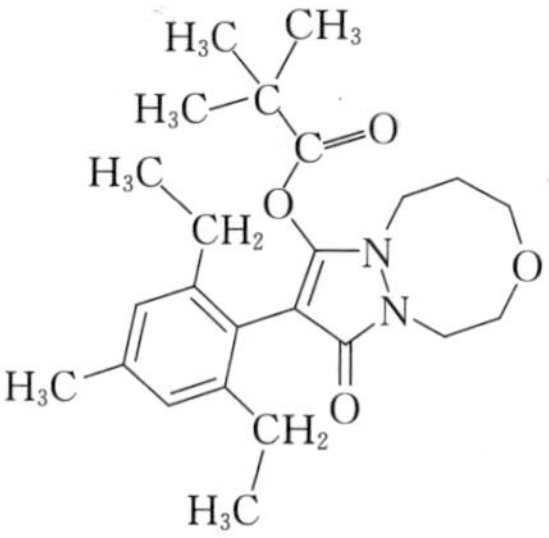

（2）主要理化性质　唑啉草酯纯品外观为白色细粉末，熔点为 120.5～121.6 ℃，在 335 ℃时发生热分解；蒸气压为 2.0×10^{-3} Pa（20 ℃），在水中溶解度为 200 mg/L（25 ℃）；难光解，易水解；在土壤中易降解、较难淋溶，土壤易吸附、难挥发，水-沉积物易降解。

图 5-84 唑啉草酯的分子结构

（3）主要生物活性　唑啉草酯为内吸传导型选择性苗后除草剂，主要用于小麦、大麦田，可有效防除野燕麦、黑麦草、看麦娘、日本看麦娘、狗尾草、稗草等。

（4）毒性　唑啉草酯原药属低毒，雄大鼠急性经口 LD_{50} 为 1 202 mg/kg，雌大鼠经口 LD_{50} 为 2 758 mg/kg，急性经皮 LD_{50} 超过 2 000 mg/kg；对兔皮肤无刺激性，对眼睛有刺激性，无腐蚀性。

思　考　题

1. 除草剂的选择性原理有哪些？为什么说选择性是相对的而不是绝对的？

2. 导致土壤处理除草剂位差选择性失败的原因有哪些?
3. 除草剂叶面吸收与根部吸收有何差别? 影响除草剂叶面吸收的因素有哪些?
4. 除草剂的作用机制有哪些? 说明各作用机制所对应的除草剂类别。
5. 论述除草剂的主要使用技术。
6. 抑制光合作用的除草剂有哪些类型? 为什么说抑制色素合成的除草剂也间接抑制了光合作用?
7. 试解释百草枯、敌草快、氟磺胺草醚、乙羧氟草醚为什么作用速度快。
8. 说明下列重要靶标酶 ALS、ACCase、Protox、PDS、GS、EPSPS、HPPD 的含义、在植物体内的作用,以及抑制其活性的除草剂或类别。
9. 苯氧羧酸类除草剂在使用中应注意什么事项?
10. 磺酰脲类除草剂的作用特点有哪些? 其使用中存在的主要问题是什么?
11. 列举 5 种高残留除草剂,说明其应用中应注意什么。
12. 一些主要的二苯醚类除草剂为什么在使用中容易产生药害? 使用中应注意哪些事项?
13. 你认为除草剂根据化学结构分类有何优点?
14. 试列出根据作用机制将除草剂分类的方法。
15. 为什么一些水稻田除草剂不采用喷雾法施药?

第六章　杀鼠剂及其他有害生物防治剂

第一节　杀 鼠 剂

一、杀鼠剂概述

害鼠常年危害农业生产，从在农田盗食种子开始，啮食作物根、茎、叶和果实，直到农产品收获后继续危害储存的粮食及加工的食品，以及蔬菜、果树、果品、经济作物，无所不害。

全球每年因鼠害损失储粮 $3.3×10^7$ t，因鼠害减产 $5.0×10^7$ t，可供3亿人吃1年。鼠类还是鼠源性疾病的传染源，全球90%的鼠种共携带着200多种病原体，其中能使人致病的病原体主要有57种。人类历史上曾发生过3次大规模鼠疫，死亡人数高达2亿以上，超过战争死亡人数的总和。

近年来，我国鼠害总体呈中等偏重发生趋势，东北大部、华北北部、海南、云南、广东、广西和新疆等部分地区呈重发生态势，年发生面积可达 $2.93×10^7$ hm^2（$4.4×10^8$ 亩），其中重发面积（鼠密度超过8%）超过 $4.0×10^6$ hm^2（$6.0×10^7$ 亩）。我国农区鼠害已经进入种群高发期，发生特点呈现出局部高发、整体加重的趋势，种群密度高发区集中在一些山区、半山区，以及部分湖区、库区和农林、农牧交错区。我国每年因鼠害的粮食作物田间损失超过 $3.0×10^9$ kg，棉花损失超过 $1.0×10^7$ kg，甘蔗损失超过 $1.0×10^5$ t。西南、西北、东北、华南等鼠害严重地区的水稻、玉米、小麦、豆类等作物一般减产5%~10%，重者达30%以上，部分农田甚至毁种或绝收。

对于鼠害，一般可采用物理方法、化学方法和生物的方法进行防治。化学杀鼠剂是当前采用最多、应用最广、效果最佳的方法。

早期人们曾长期使用天然物质（例如红海葱、马钱子碱等），后来逐渐使用一些无机化合物（例如黄磷、亚砷酸、碳酸钡和氰化物等）灭鼠，药效低、选择性差。

20世纪30年代以后，鼠甘氟等一批有机合成杀鼠剂相继问世。鼠甘氟等杀鼠剂的特点是杀鼠作用快速，其缺点是中毒鼠被其他动物食后，可引起二次中毒。20世纪40年代后期，陆续出现了各种有机合成杀鼠剂，种类繁多，性质各异。20世纪40年代末，杀鼠灵、杀鼠酮、敌鼠等具抗凝血作用的品种问世，使杀鼠剂进入缓效性杀鼠剂时期，大大提高了杀鼠剂应用安全性，开辟了新的杀鼠剂类型，增强了大规模灭鼠的效果，并减少了对其他动物的危害，也不易引起人畜中毒。以杀鼠灵为代表的多种抗凝血剂，称为第一代抗凝血杀鼠剂，曾大量推广使用。

随着这类杀鼠剂的大量频繁使用，至20世纪50年代末，鼠类对其形成了严重抗药性，其应用效果受到严重影响。1958年英国首先发现褐家鼠对杀鼠灵产生了抗药性，其他品种的杀鼠效果也降低。为此，许多国家探求新的杀鼠剂。

20世纪70年代，开发出可有效控制抗药性鼠的第二代抗凝血剂。20世纪70年代初，英国开发出鼠得克，1977年德国开发出溴敌隆。20世纪70年代末，英国又开发出大隆等新抗凝血杀鼠剂，其特点是杀鼠效果好，且兼有急性和慢性毒性，对其他动物安全，称为第二代抗凝血杀鼠剂，大隆是突出的代表品种。

化学不育剂在初期主要用于害虫防治，20世纪50年代末，开始被研究用于防治鼠类。20世纪80年代以后，杀鼠剂负面影响受到关注，开发热点倾向不育剂。α-氯代醇、己烯雌酚、棉酚、秋水仙素等化合物可破坏精细胞或卵细胞，或使相关细胞畸变，从而显著降低鼠类的生育能力。不育剂比其他类型杀鼠剂安全，作用持久，但始效不佳，不宜在鼠害已严重发生且急需控制的地方、不允许有鼠的单位（例如食品企业）或鼠传疾病正在流行的地区使用。应先用传统方法大幅度压低鼠类的密度，在危害显著减轻或鼠传疾病的流行中止之后，才宜使用不育治理技术，充分发挥其优越性。

二、杀鼠剂的概念和分类

（一）杀鼠剂的概念

用于预防、消灭、控制鼠类等有害啮齿类动物的农药统称为杀鼠剂（rodenticide）。狭义的杀鼠剂仅指用于配制毒饵的肠道毒物，广义的杀鼠剂还包括能熏杀鼠类的熏蒸剂、防止鼠类损坏物品的驱鼠剂、使鼠类失去繁殖能力的不育剂、能提高其他化学药剂灭鼠效率的增效剂等。

（二）杀鼠剂的分类

杀鼠剂种类很多，可按其作用速度、来源、作用方式、作用机制等进行分类。

1. 按杀鼠速效性分类

（1）速效性杀鼠剂或急性（单剂量）杀鼠剂　此类杀鼠剂作用于鼠类神经系统、代谢过程及呼吸系统，使鼠生命过程出现异常、衰竭或致病死亡。其特点是致死快、潜伏期短，鼠类一次吞食足量药剂后，即能在1～2 d甚至几小时内死亡；其缺点是若一次取食量不足以致死则易产生拒食性，对人畜不安全，并有引起二次中毒的风险。由于毒饵用量少，投药次数少，成本低，作用快，目前仍然在使用。一般用于室外灭鼠，不可用于室内家庭灭鼠，例如灭鼠优、灭鼠安等。

（2）缓效性杀鼠剂或慢性（多剂量）杀鼠剂　慢性灭鼠剂多数为抗凝血剂，其作用机制是竞争性抑制维生素K的合成，使与其相配的抗凝血酶原不能合成，维生素K所依赖的凝血因子不断减少，血凝活力下降，引起血管破裂或器官内部摩擦自动出血，因血不能凝固而致死。其特点是杀鼠作用慢，鼠类需多次取食药剂达到一定剂量才引起中毒死亡，鼠不拒食，对人畜相对安全，不易引起二次中毒，例如敌鼠、溴鼠灵等。

目前这类杀鼠剂主要有4-羟基香豆素和茚满二酮类。杀鼠灵、杀鼠醚、敌鼠等第一代抗凝血剂急性毒力低，慢性毒力强，需要多次投药；鼠灵、溴敌隆等第二代抗凝血杀鼠剂急性毒力强，急性毒力与慢性毒力几乎相当，不需要多次投药，并且对已产生抗性的鼠类仍然有效。

2. 按来源及结构分类

（1）无机杀鼠剂　无机杀鼠剂有磷化锌、碳酸钡、白砒（三氧化二砷）等，多数品种已停用或禁用。

（2）植物性杀鼠剂　植物性杀鼠剂有马钱子、红海葱、番木鳖等。

（3）有机杀鼠剂 有机杀鼠剂有杀鼠灵、敌鼠、溴鼠灵等。常用有机杀鼠剂的化学结构主要包括茚满二酮类、香豆素类、有机磷、脲类及其他类。

①抗凝血性杀鼠剂：抗凝血性杀鼠剂包括1,3-茚满二酮类（例如敌鼠、杀鼠酮、鼠完等）、4-羟基香豆素类（例如杀鼠灵、杀鼠迷、克灭鼠、溴鼠隆等）。一般而言，4-羟基香豆素类的毒性比1,3-茚满二酮类低。

②痉挛剂：痉挛剂包括有机氟类（例如氟乙酰胺、氟乙酸钠、鼠甘伏）、γ-氨基丁酸（GABA）阻断剂（例如毒鼠强、毒鼠硅等）。本类品种均已停用或禁用。

③取代脲类杀鼠剂：取代脲类杀鼠剂有安妥、抗鼠灵等。

④有机磷类杀鼠剂：有机磷类杀鼠剂有毒鼠磷、除鼠磷等。

⑤氨基甲酸酸类杀鼠剂：氨基甲酸酸类杀鼠剂有灭鼠胺、灭鼠腈等。

3. 按用途分类

（1）经口毒物杀鼠剂 经口毒物杀鼠剂主要制成各种形式毒饵，被鼠类取食进入消化系统发挥作用，也称为胃肠道毒物。

（2）熏蒸毒物杀鼠剂 熏蒸毒物杀鼠剂是指通过呼吸系统吸入而毒杀鼠类的杀鼠剂，也称为熏蒸剂或呼吸道毒物。其优点是不受鼠类取食行为的影响，作用快，无二次中毒风险；其缺点是用量大，毒性强，多为灭生性，施药时防护条件及操作技术要求高，需要特定条件，难以大面积推广。

三、杀鼠剂的作用机制

（一）抗凝血作用

抗凝血杀鼠剂中毒机制主要是干扰肝脏对维生素K的作用，抑制凝血因子Ⅱ、凝血因子Ⅶ、凝血因子Ⅸ和凝血因子Ⅹ，影响凝血酶原合成，使凝血时间延长，代谢产物可破坏毛细血管壁。本类杀鼠剂作用缓慢，鼠中毒后3~4 d才死亡，人误服后也要3~4 d才出现症状，且有蓄积作用。这是目前使用的主要杀鼠剂品种，例如敌鼠钠盐、杀鼠灵和溴鼠灵。

（二）不育作用

不育剂可破坏鼠类的精细胞或卵细胞，或使相关细胞畸变，从而显著降低鼠类的生育能力。其中有α-氯代醇、莪术醇、雷公藤甲素等。

（三）作用于神经系统

有机氟类、γ-氨基丁酸（GABA）阻断剂、有机磷和氨基甲酸酯类杀鼠剂均作用于神经系统。氟乙酰胺对人、畜、禽和鼠的毒力极强，进入体内形成氟乙酸，与辅酶A形成氟乙酰辅酶A，继而形成氟柠檬酸，使三羧酸循环中断，影响机体氧化磷酸化过程，造成神经系统和心肌损害，同时该药剂也易造成二次中毒，我国已经严禁使用。毒鼠强（四亚甲基二砜四胺），对人、畜和鼠均为剧毒，具有强烈的致惊厥作用，是拮抗γ-氨基丁酸（GABA）的结果。由于其剧烈的毒性及稳定性，易造成二次中毒，且无解毒药，国内外早已禁止使用。有机磷和氨基甲酸酯类杀鼠剂均为胆碱酯酶抑制剂，可造成神经突触处乙酰胆碱过量积聚，致使神经突触处的冲动传递功能先兴奋继而麻痹。

四、杀鼠剂的使用

杀鼠剂一般以固体毒饵、毒粉、毒水、毒糊等形式使用，也可采用熏蒸、飞机灭鼠等方法。

(一) 毒饵法

1. 毒饵及其制作　毒饵法是将含有杀鼠剂的固体毒饵放在鼠类经常出没的地方,使鼠类取食后中毒死亡的方法。毒饵是由基饵、灭鼠成分和添加剂组成。基饵主要是引诱害鼠取食毒饵。一般来说,凡是害鼠喜欢吃的食物均可作基饵。添加剂主要是改善毒饵的理化性质,增加毒饵的吸引力,提高毒饵的警戒作用。常用的添加剂有引诱剂、黏着剂、警戒色等,有时还加入防霉剂、催吐剂等。

毒饵的配制常采用浸泡（湿润）、黏附、混合（匀）和加蜡成形（加石蜡制成蜡块毒饵）的方法。易溶于水的杀鼠剂可采用浸泡或湿润法,将杀鼠剂溶于水中制成药液后,倒入基饵中浸泡,待药液全部吸收或湿润进入基饵后即可。在湿度较大的南方,阴雨天气时配制毒饵要注意防霉。谷物（小麦、稻谷、大米等）毒饵常用黏附法,用适当植物油将杀鼠剂均匀黏附的谷物粒上,可加入 2%～5% 糖以增强适口性。若用块状食物（例如甘薯、胡萝卜、瓜果等）作基饵,可直接均匀加入杀鼠剂,即制成毒饵。颗粒或粉状毒饵常用混合法配制,如面粉与杀鼠剂充分混合制成颗粒即可使用,也可干燥后储存备用,切勿发霉,否则影响灭鼠效果。蜡块毒饵主要用于下水道和潮湿场所的灭鼠,或多雨季节的灭鼠。将配好的毒饵倒入熔化的石蜡中（毒饵和石蜡的比例为 2:1）,搅拌均匀,冷却后使毒饵成为块状即可使用。

毒饵配制必须加警戒色。常用警戒色有胭脂红、苋菜红、苹果绿等,含量为 0.05%,也可用红墨水或蓝墨水代替。

2. 投饵方法

(1) 按洞投放　此法适用于洞穴明显的野鼠和北方农村土质住宅内的家鼠,将毒饵投入鼠洞内或投在洞外离洞口约 10 cm 处。在野外应避开洞口浮土,防止毒饵被埋。在鼠多洞少的场合,投放量应酌情增加。

(2) 按鼠迹投放　此法适用于洞口不易找,但易确定活动场所的鼠类,例如大部分家栖鼠。有的野鼠洞口不明显,可投放于主要活动场所。毒饵投放量应略高于按洞投放的量,投毒饵堆数视鼠密度而定。

(3) 等距投放　此法主要适用于开阔地区消灭野鼠,也可用于大仓库、大车间消灭家鼠。在野外,按棋盘格式,每行或列隔一定距离放毒饵 1 堆,行距或列距不一定相等,一般为 5～10 cm 或 20 cm。在室外,沿墙根每 10 m 或 20 m 投毒饵 1 堆。每份毒饵的量与按洞投放相近。

3. 投毒饵量　每堆（洞）的毒饵投放量,急性灭鼠剂为 1～2 g,第一代慢性灭鼠剂为 20～30 g,第二代慢性灭鼠剂为 5～10 g。

(二) 毒粉

毒粉主要用于室内处理鼠洞和鼠道,毒杀家栖鼠类。毒粉由灭鼠剂和填充料（例如滑石粉、硫酸钙粉）混合均匀,制成粉末,投在鼠洞、鼠道或鼠类经常出没的地方,或用喷粉机沿墙等距或见洞喷粉。处理 10～15 d 后将毒粉清扫干净。毒粉灭鼠效果差,易污染环境,慎重使用。

(三) 毒水

毒水主要用于干燥缺水的场所（例如食品仓库、被服仓库）毒杀家栖鼠类。将溶于水的杀鼠剂、5% 食糖或 0.01% 糖精（引诱剂）、着色剂（警戒色）配制成毒水,装入毒水瓶

（或动物饮用水瓶），倒挂于墙面，距地面 10～15 cm，每 15 m² 面积挂 2 瓶毒水。10～20 d 控制鼠患后将毒水妥善处理。

（四）毒糊

毒糊主要用于鼠洞防治。将水溶性的杀鼠剂配制成毒水，再加入适量的面粉，搅拌均匀即成毒糊。将配好的毒糊涂抹于高粱秆、玉米穗轴等一端，将有药剂的一端插入鼠洞，害鼠取食中毒死亡。

五、常用重要杀鼠剂

（一）溴鼠灵

1. 化学名称 溴鼠灵（brodifacoum）的化学名称为 3-｛3-[4′-溴-(1,1′-联苯基)-4-基]-1,2,3,4-四氢-1-萘基｝-4-羟基香豆素（图 6-1）。

2. 主要理化性质 溴鼠灵原粉为白色粉末，无臭无味，熔点为 228～232 ℃，在一般情况下不会分解，对金属无腐蚀性；在储存与使用条件下稳定；溶于氯仿，微溶于丙酮、苯、乙醇、乙酸乙酯、甘油和聚乙二醇，不溶于水和石油醚。溴鼠灵有顺式、反式两种异构体。工业品为异构体混合物，含顺式 50%～70%，反式 30%～50%。

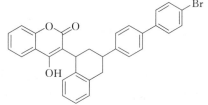

图 6-1　溴鼠灵的分子结构

3. 主要生物活性 溴鼠灵为第二代抗凝血杀鼠剂，靶谱广，毒力强，居抗凝血剂首位。溴鼠灵具有急性和慢性两种杀鼠剂双重优点，既可作急性杀鼠剂、单剂量使用防治害鼠，又可以采取小剂量、多次投饵的方式达到消灭害鼠的目的。溴鼠灵适口性好，鼠类不拒食，可以有效杀死对第一代抗凝血剂产生抗药性的鼠类。其作用机制是阻碍凝血酶原的合成，损害微血管，导致大出血而死。中毒潜伏期一般为 3～5 d。

4. 毒性 溴鼠灵的急性经口 LD_{50} 不大于 0.681 mg/kg（大鼠）、1.25 mg/kg（小鼠），急性经皮 LD_{50} 为 10～50 mg/kg（大鼠）；猪、犬、鸡较敏感；对非靶标动物毒性较高，对受试啮齿动物的急性经口 LD_{50} 小于 1 mg/kg。溴鼠灵剧毒，有二次中毒现象，所有死鼠应烧掉或深埋。

（二）溴敌隆

1. 化学名称 溴敌隆（bromadiolone）的化学名称为 3-(3-(4′-溴-(1,1′-联苯)-4-基)-3-羟基-1-苯丙基)-4-羟基-2 香豆素（图 6-2）。

2. 主要理化性质 溴敌隆原药为白色至黄白色粉末，工业品呈黄色，可溶于丙酮、乙醇和二甲基亚砜；在避光，温度 20～25 ℃时稳定，在高温和阳光下有降解的可能。

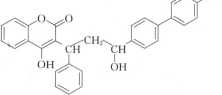

图 6-2　溴敌隆的分子结构

3. 主要生物活性 溴敌隆属第二代抗凝血杀鼠剂，具有适口性好、毒力强、靶谱广的特点。它不但具有敌鼠钠盐、杀鼠灵等第一代抗凝血剂的作用缓慢、不易引起鼠类警觉、容易全歼害鼠等特点，而且具有急性毒力强的特点，单剂量一次投放对各种害鼠都有效。其毒理机制主要是拮抗维生素K的活性，阻碍凝血酶原的合成，导致致命的出血。在害鼠对第一代抗凝血杀鼠剂未产生抗性之前不宜大面积推广，对第一代抗凝血剂发生抗药性后使用该药效果好。用药后死亡高峰一般为4～6 d。

4. 毒性 溴敌隆对大鼠急性口服LD_{50}为1.125 mg/kg；对鸟类低毒，有二次中毒风险。

（三）杀鼠醚

1. 化学名称 杀鼠醚（coumatetralyl）的化学名称为4-羟基-3-（1,2,3,4-四氢-1-萘基）香豆素（图6-3）。

2. 主要理化性质 杀鼠醚纯品为黄白色结晶粉末，无臭无味，熔点为186～187 ℃；工业品熔点为172～176 ℃；几乎不溶于水，微溶于苯和乙醚，可溶于乙醇、二氯甲烷、异丙醇和丙酮。

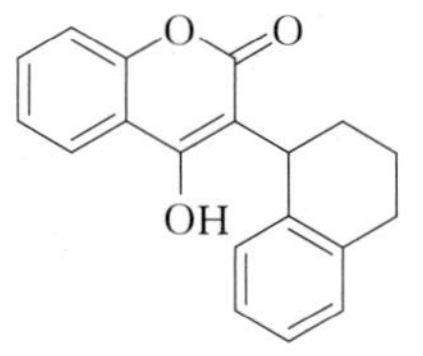

3. 主要生物活性 杀鼠醚属第一代抗凝血杀鼠剂，适口性好，无拒食现象，高效、慢性、广谱，一般无二次中毒现象。其机制是破坏凝血机能，损害微血管，引起内出血，3～6 d后衰竭而死。配制的毒饵有香蕉味，对鼠类有一定的引诱作用，可有效杀灭对杀鼠灵有抗性的害鼠。

图6-3 杀鼠醚的分子结构

4. 毒性 杀鼠醚属高毒，纯品对大鼠经口LD_{50}为5～25 mg/kg，急性经皮LD_{50}为25～50 mg/kg，大鼠亚急性经口无作用剂量为1.5 mg/kg，对家兔眼、皮肤无刺激性，但对幼猪敏感。杀鼠醚为慢性杀鼠剂，潜伏期为7～12 d，在低剂量下多次用药会使鼠中毒死亡；二次中毒危险性小。

（四）氟鼠灵

1. 化学名称 氟鼠灵（flocoumafen）的化学名称为3-［-3-（4′-三氟甲基苄基氧代苯-4-基）-1,2,3,4-四氢-1-萘基］-4-羟基香豆素（图6-4）。

2. 主要理化性质 氟鼠灵纯品为淡黄色或近白色结晶粉末，密度为1.23 g/cm³，熔点为161～192 ℃，在常温下微溶于水（溶解度为1.1 mg/L），溶于大多数有机溶剂。

3. 主要生物活性 氟鼠灵属第二代抗凝血杀鼠剂，具有适口性好、毒力强、使用安全、灭鼠效果好的特点；对第一代抗凝血杀鼠剂产生抗性的害鼠有同等效力，一次投饵就能有效控制各种大小鼠类，无二次中毒现象。

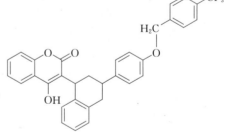

图6-4 氟鼠灵的分子结构

4. 毒性 氟鼠灵对大鼠急性经口LD_{50}为0.25 mg/kg，急性经皮LD_{50}为0.54 mg/kg；对皮肤和眼睛无刺激作用。繁殖试验无作用剂量为0.01 mg/kg。氟鼠灵主要蓄积于动物肝脏，对鱼类、鸟类高毒，对犬敏感，鳟鱼LC_{50}为0.0091 mg/L，野鸭LC_{50}为1.7 mg/L。

（五）敌鼠

1. 化学名称 敌鼠（diphacinone）的化学名称为2,2-（二苯基乙酰基）-1,3-茚满二酮（图6-5）。

2. 主要理化性质 敌鼠为淡黄色粉末，纯品无臭无味，工业品有轻微气味；微溶于水，溶于乙醇和丙酮，不溶于苯和甲苯；无腐蚀性，稳定性好，长期储存不变质；遇热、碱生成敌鼠钠盐。敌鼠钠盐原药呈淡黄色无味粉末，无明显熔点；不溶于甲苯和苯，溶于丙酮和乙醇，也溶于热水；在水和乙醇溶液中滴加盐酸，立即析出敌鼠。

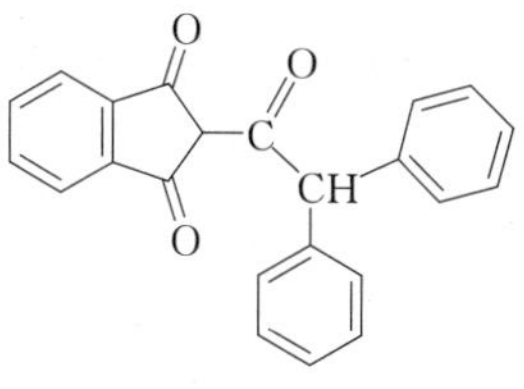

3. 主要生物活性 敌鼠属茚满二酮类第一代抗凝血杀鼠剂，具有靶标谱广、适口性好、作用缓慢、效果好的特点。其作用机

图 6-5 敌鼠的分子结构

制是抑制维生素K，在肝脏中能阻碍血液中的凝血酶原合成，使之失去活力，并使毛细血管变脆，减弱扩张能力，增强血液渗透性，损害肝小叶，中毒害鼠死于内出血。急性和慢性毒力差别显著，慢性毒力大于急性毒力，即少吃多餐毒力更强。

4. 毒性 敌鼠原药对大鼠急性经口 LD_{50} 为 1.4~2.5 mg/kg，敌鼠钠盐的毒力约比敌鼠大 3 倍，但适口性差。

一般鼠类服用敌鼠钠盐毒饵 3~4 d 内安静死亡。由于发挥毒力作用较慢，鼠类中毒后行动比较困难时仍会取食。敌鼠对人和鸡、鸭、牛、羊等畜禽较为安全，但对猫、犬、兔和猪则较敏感，有二次中毒现象。

（六）杀鼠灵

1. 化学名称 杀鼠灵（warfarin）的化学名称为 3-（1-丙酮基苄基）-4-羟基香豆素（图 6-6）。

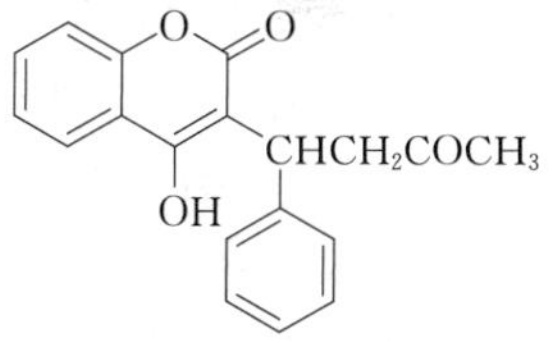

2. 主要理化性质 杀鼠灵纯品为无色无味结晶粉末，熔点为 161~162 ℃；工业品略带粉红色；不溶于水、环己烷，微溶于苯、乙醚和环己酮，溶于乙醇和丙酮，无腐蚀性，在碱液中可形成水溶性盐。由 S 异构体和 R 异构体组成，前者毒力为后者的 7~10 倍，工业品为二者混合物。

图 6-6 杀鼠灵的分子结构

3. 主要生物活性 杀鼠灵属第一代抗凝血灭鼠剂，作用机制和中毒症状与敌鼠相似，主要破坏正常的凝血功能，降低血液凝固力，损害毛细血管，使血管变脆，增强渗透性，使鼠大量内出血死亡。该药急性毒性低，慢性毒性高，适口性好，一般不产生拒食，害鼠需连续多次取食才能致死。

4. 毒性 杀鼠灵原药急性经口 LD_{50} 大鼠为 3 mg/kg，小鼠为 1.5 mg/kg；对猫、犬、猪敏感，对犬 LD_{50} 为 20~50 mg/kg，对猫 LD_{50} 为 5 mg/kg；对牛、羊、鸡、鸭毒性较低。

（七）氯鼠酮

1. 化学名称 氯鼠酮（chlorophacinone）的化学名称为 2-[2-（4-氯苯基）-2-苯基乙酰基]-1,3-茚满二酮（图 6-7）。

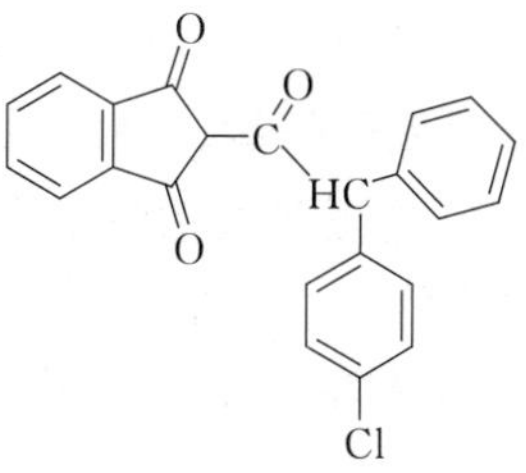

2. 主要理化性质 氯鼠酮为黄色针状晶体，无臭无味，熔点为 138~140 ℃；不溶于水，溶于甲醇、乙醇、丙酮、醋酸、乙酸乙酯、苯和油，微溶于己烷和乙醚；在酸性条件下不稳定；常有腐蚀性。

3. 主要生物活性 氯鼠酮为第一代抗凝血杀鼠剂，还具有抗氧化磷酸化作用。其作用机制与敌鼠钠盐相似，但毒力比敌鼠钠盐高 10 倍左右；具有适口性好、杀鼠谱广、对人畜安全、作用缓慢、灭鼠效果好等特点，适宜一次性投毒防治害鼠。该药是唯一脂溶性抗凝血剂，用

图 6-7 氯鼠酮的分子结构

油脂类配制毒饵方便且耐雨淋，适合野外灭鼠使用。

4. 毒性 该药属高毒农药，原药对大鼠急性经口 LD_{50} 为 20.5 mg/kg；对家禽毒性较小，鸡急性经口 LD_{50} 为 430 mg/kg；对犬较敏感。该药剂对各供试鼠类的毒力如表 6-1 所示。

表 6-1 氯鼠酮对几种鼠的毒力

动物名称	多次经口慢性 LD_{50} (mg/kg×d)	一次经口毒性 LD_{50} (mg/kg)	动物名称	多次经口慢性 LD_{50} (mg/kg×d)	一次经口毒性 LD_{50} (mg/kg)
大鼠	0.06×5	20.5	黄胸鼠		2.957
小鼠		75.5	小家鼠		1.06
褐家鼠		0.616	屋顶鼠		15.0
黄毛鼠	0.189×3	0.756	长爪沙鼠	0.01×3	0.05

注：d 为投药天数。

（八）双甲苯敌鼠

1. 化学名称 双甲苯敌鼠（bitolylacinone）的化学名称为 2-[2′,2′-双（4-甲基苯基）乙酰基]-1,3-茚满二酮铵盐（图 6-8）。

2. 主要理化性质 双甲苯敌鼠纯品为黄色粉末，无臭无味，熔点为 143~145 ℃；难溶于水，易溶于三氯甲烷、乙醇等有机溶剂；强酸、强碱介质下不稳定。制剂外观为淡黄色液体，密度为 0.789 5 g/mL（20 ℃），pH 为 5~6。

3. 主要生物活性 双甲苯敌鼠为目前唯一由我国研制并获得专利的抗凝血杀鼠剂，属茚满二酮类，具有毒力强、用药少、适口性好、杀灭效果可靠、毒饵易配制等特点。其作用机制是破坏鼠血液中凝血酶原的合成，使毛细管变脆，从而导致鼠内脏出血而死亡。

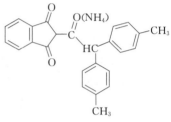

图 6-8 双甲苯敌鼠的分子结构

4. 毒性 双甲苯敌鼠对大鼠急性经口 LD_{50} 为 34.8 mg/kg，急性经皮 LD_{50} 为 681 mg/kg。

（九）毒鼠碱

1. 化学名称 毒鼠碱（strychnine）的化学名称为番木鳖碱（马钱子碱）（图 6-9）。

2. 主要理化性质 毒鼠碱是植物碱，是从马钱子科植物的种子中提取的生物碱。纯品为无色结晶粉末，熔点为 270~280 ℃，味极苦；不溶于乙醇和乙醚，微溶于苯和氯仿，在水中溶解度为 143 mg/L；与强酸作用生成易溶于水的盐类，例如毒鼠碱盐酸盐、毒鼠碱硫酸盐、毒鼠碱硝酸盐。

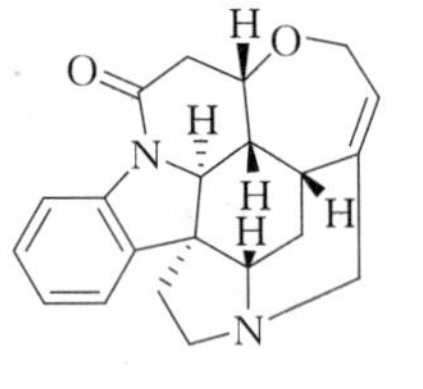

图 6-9 毒鼠碱的分子结构

3. 主要生物活性 毒鼠碱是一种致痉挛剂，对中枢神经系统有直接兴奋作用，能选择性兴奋脊髓，大剂量兴奋延脑中枢，引起强直性惊厥和延髓麻痹，使神经失去控制，导致呼吸循环衰竭；大剂量还可直接抑制心肌，终因缺氧症发作而死亡。毒鼠碱作用迅速，鼠食后 1~4 h 发病死亡。

4. 毒性 毒鼠碱对哺乳动物高毒，纯品急性经口 LD_{50}，大鼠为 5.8~14.0 mg/kg，褐家鼠为 4.8~12.0 mg/kg，小家鼠为 0.41~0.98 mg/kg；二次中毒危险性小。

(十)雷公藤甲素

1. 化学名称 雷公藤甲素的化学名称为十氢-6-羟基-8b-甲基-6a-(1-甲基乙基)三环氧 [4b,5∶6,7；8a,9] -菲并 [1,2-c] 呋喃（3H）-酮（图6-10）。

2. 主要理化性质 雷公藤甲素是环氧二萜内酯化合物，是从卫矛科植物雷公藤的根、叶、花及果实中提取的。纯品为白色或类白色固体，熔点为226~227 ℃；难溶于水，易溶于甲醇、二甲基亚砜、无水乙醇、乙酸乙酯、氯仿等。

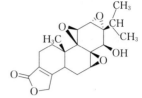

图6-10 雷公藤甲素的分子结构

3. 主要生物活性 本品为植物性雄性不育杀鼠剂。其作用机制主要是抑制鼠类睾丸的乳酸脱氢酶，使附睾尾部萎缩，选择性地损伤睾丸生精细胞；产品中含有的氯内酯醇、16-羟基内酯醇、内酯酮、南蛇藤素等具有细胞毒性，对鼠类有慢性致死作用。

4. 毒性 雷公藤甲素对大鼠经口 LD_{50} 为 3 160 mg/kg（雌）、4 640 mg/kg（雄），急性经皮 LD_{50} 超过 3 000 mg/kg；对兔皮肤、眼睛无刺激性。

(十一)莪术醇

1. 化学名称 莪术醇（curcumol）的化学名称与商品名一致，即为莪术醇（姜黄醇、姜黄环氧醇）（图6-11）。

2. 主要理化性质 莪术醇为无色针状结晶，熔点为143~144 ℃；易溶于乙醚和氯仿，溶于乙醇，微溶于石油醚，几乎不溶于水；在加热条件下，可发生变晶现象和升华现象。原药为白色固体粉末。

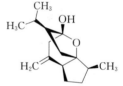

图6-11 莪术醇的分子结构

3. 主要生物活性 莪术醇是从莪术挥发油中提取的倍半萜，是一种低毒植物源雌性不育杀鼠剂；具有适口性强、起效快、对环境无污染、对非靶标动物和人畜安全等优点。其作用机制是破坏雌性害鼠的胎盘绒毛膜组织，导致流产、死胎、子宫水肿等，破坏妊娠过程，达到不育效果。

4. 毒性 莪术醇原药对大鼠急性经口 LD_{50} 超过 4 640 mg/kg，急性经皮 LD_{50} 超过 2 150 mg/kg；小鼠急性毒性 LD_{50} 为 250 mg/kg；对兔皮肤、眼睛均无刺激性。

(十二) α-氯代醇

1. 化学名称 α-氯代醇（3-chloropropan-1,2-diol）的化学名称为3-氯代丙二醇（图6-12）。

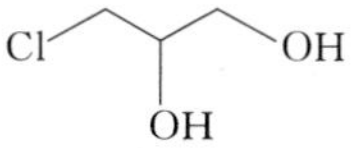

2. 主要理化性质 α-氯代醇原药外观为无色液体，放置后呈淡黄色；213 ℃时分解，熔点为-40 ℃，密度为 1.317~1.321 g/cm³；易溶于水和乙醇、乙醚、丙酮等大部分有机溶剂，微溶于甲苯，不溶于苯、四氯化碳和石油醚等非极性溶剂；常温下可稳定2年。

图6-12 α-氯代醇的分子结构

3. 主要生物活性 α-氯代醇是一种雄性抗生育剂，能引起雄性大鼠、仓鼠、豚鼠等多种动物不育。其作用机制是其在附睾头处形成斑块，阻断（塞）输精小管，使雄鼠不能排精；并可能导致睾丸和附睾极度膨大，然后再萎缩，最终导致雄性不育。α-氯代醇分子具有 R 型和 S 型两种异构体，生殖毒性作用由 S 型异构体引起，R 型异构体可导致雄性大鼠肝脏损伤。

4. 毒性 α-氯代醇对小鼠经口 LD_{50} 为 188.06 mg/kg。

(十三) 胆钙化醇

1. 化学名称 胆钙化醇 (cholecalciferol) 的化学名称为 9,10-开环胆甾-5,7,10 (19)-三烯-3β-醇 (图 6-13)。

2. 主要理化性质 胆钙化醇纯品为无色针状结晶或白色结晶性粉末，无臭无味，遇光或空气均易变质；在乙醇、丙酮、三氯甲烷或乙醚中极易溶解，在植物油中略溶，在水中不溶。

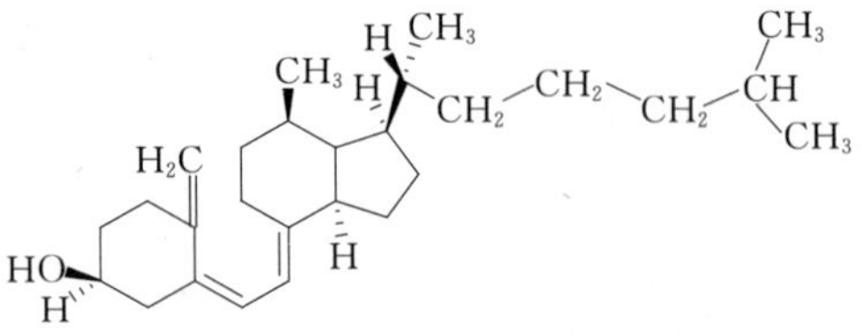

图 6-13 胆钙化醇的分子结构

3. 主要生物活性 胆钙化醇是一种高效灭鼠剂，具有对鼠选择毒力强、对鸟类毒性低、在环境中降解快、残留小等优点，其缺点是鼠类取食后易发生厌食症状。其作用机制是增加肠道吸收钙和磷的能力，同时使鼠骨骼基质中储存的钙进入血液，减少肾脏对钙的排泄，使血液中钙含量快速提升，出现高血钙。高血钙引发软组织钙化，特别是引起肾、心、肺、胃等靶器官的软组织钙化，鼠类最终因高钙血症而死亡。

4. 毒性 胆钙化醇对大鼠急性经口 LD_{50}，原药为 43.6 mg/kg，制剂大于 5 000 mg/kg；原药和制剂对大鼠经皮 LD_{50} 大于 2 000 mg/kg；二次中毒危险小。

(十四) C 型肉毒素

1. 主要理化性质 C 型肉毒素 (botulin type C) 为大分子蛋白质，高纯度原药为淡黄色透明液体；冻干剂为灰白色块状或粉末状固体；易溶于水，无异味；怕光怕热，在低温和无光照条件下可长时间保持毒力；在酸性 (pH 3.5～6.8) 条件下稳定，碱性 (pH 10～11) 下很快失活；在 -15 ℃以下低温条件下可保存 1 年以上。该毒素呈固体状态时比液体状态时抗热性能强。

2. 主要生物活性 本品是一种蛋白质神经毒素，可自胃肠道或呼吸道黏膜、甚至皮肤破损处侵入鼠体。毒素被肌体吸收后，经循环系统作用于神经末梢乙酰胆碱的释放，使鼠体产生软瘫现象，最后出现吸收麻痹，导致死亡，是一种极毒的嗜神经性麻痹毒素。

3. 毒性 经中国预防医学科学院鉴定，C 型肉毒素经口毒性为中毒，大鼠 LD_{50} 为 58.4～200.0 mg/kg；经皮毒性为低毒，大鼠 LD_{50} 大于 5 000 mg/kg；无致畸、致突变作用；对眼睛及皮肤无刺激性；对非靶标动物毒性很低，对人、畜、禽较安全，尚未发现二次中毒现象。

第二节 杀线虫剂

一、杀线虫剂概述

线虫是一类低等的无脊椎动物 (vertebrate)，全世界估计有 50 万种以上，目前已知的植物病原线虫有 200 属以上，4 100 多种，其中 40 多种可对作物造成严重损害。植物病原线虫在侵入寄主组织和吸取营养时，会分泌一些酶或毒素，诱导寄主组织发生病理变化。线虫的侵入和取食还可造成寄主机械损伤，影响寄主对水分和营养的吸收与运转，造成的伤口又为其他病原微生物打开了侵入通道。因此植物病原线虫是危害植物，导致减产的重要的病原物。

植物病原线虫危害造成全球农作物每年损失高达 1 000 亿美元，占病虫害引起损失的 2/3，造成美国农作物损失约 80 亿美元，占农作物产量的 12%。我国地处温带和亚热带，线虫种类繁多，例如根结线虫危害我国蔬菜、花生、水稻、烟草、西瓜、果树、中药材等多种作物，一般危害时可引起减产10%～15%，严重时减产30%～40%；大豆胞囊线虫一般危害时可致减产15%～20%，严重时减产50%～80%；甘薯茎线虫一般危害时可致减产20%～30%，严重时减产50%～70%。松材线虫病仅在江苏省一年就可造成木材损失达1.0×10^6 m^{3}以上。

植物病原线虫具有隐蔽性、多寄主性、顽固性、易传播等特点，种群增长迅速，防治困难。目前植物病原线虫危害日趋严重，严重威胁农业生产，引起世界各国的高度重视。防治植物病原线虫的方法有作物轮耕、水旱轮作、种植抗线虫转基因作物和使用化学或生物杀线虫剂。杀线虫剂具有高效、快速、经济的优点，是防治线虫的主要手段。

杀线虫剂（nematocide）是指用于防治植物病原线虫的药剂，大部分用于土壤处理，小部分用于种子和苗木处理。杀线虫剂的品种较少，主要包括生物源杀线虫剂、熏蒸杀线虫剂、氨基甲酸酯类杀线虫剂、有机磷杀线虫剂等，全世界有40余种，常用的有10余种，可分为熏蒸剂和非熏蒸剂。

熏蒸性杀线虫剂是通过在土壤中扩散渗透而起熏蒸消毒作用的挥发性液体或气体药剂，这是开发应用最早的一类杀线虫剂，多数品种因药效差或环境安全问题而禁用。目前生产上还在使用的品种有棉隆、威百亩、溴甲烷、氯化苦、1,3-二氯丙烯等。

非熏蒸性杀线虫剂多为有机磷、氨基甲酸酯、三氟丁烯类化合物，例如克线磷、氯唑磷和克百威等，部分品种具有内吸传导作用。一些杀虫剂或杀菌剂具有非熏蒸杀线虫功能，例如阿维菌素、厚孢轮枝菌。现有杀线虫剂多数高毒，用量大；且线虫多习居土壤，很难彻底根除，故重病田要连年防治，致使防治成本高。这些都妨碍了杀线虫剂的推广使用。

二、杀线虫剂的分类与作用机制

（一）卤代烃类

卤代烃类是生产上使用较早的一类杀线虫剂，氯化苦、溴甲烷、二氯丙烷、二溴乙烯以及滴滴混剂（D-D混剂）都属于卤代烃类杀线虫剂。这类药剂的挥发性强，蒸气能在土壤中扩散，用于土壤处理，不仅可防治线虫，还可兼治土壤病菌和某些地下害虫，曾被广泛使用。但多数对作物和人畜有剧毒，必须在播种前处理，隔一定时间等药剂挥发散失后才能播种或移植作物。由于毒性问题和对环境的影响日益受到关注，近年来这类杀线虫剂的使用在受到限制，目前还在使用的主要有溴甲烷、氯化苦和1,3-二氯丙烯等品种。

卤代烃是一种烷基化试剂，一般认为是通过烷基化作用或氧化作用使线虫中毒，中毒线虫最初表现过度活动，继而麻醉，终至死亡。生物体内与生命至关紧要的蛋白质特别是酶，其分子中均拥有羟基、氨基，卤代烃可与它们发生烷基化反应（系亲核性的双分子取代反应）而使酶失去原有的活性或使活性受到抑制，因而导致线虫死亡。一种双分子亲核取代反应（Sn2）活性强而单分子亲核取代反应（Sn1）活性弱的卤代烃，应具有较强的杀线虫活性。另一种作用机制是发生在细胞素c的氧化，使线虫因呼吸作用受阻而死亡。二溴乙烷对线虫蛋白质烷基化反应的速度比氧化作用慢得多，因此在实际应用的剂量下，其氧化作用在杀灭线虫方面的作用似乎占主要地位。

（二）硫代异氰酸甲酯类

这类杀线虫剂的共同特征是能在土壤中释放硫代异氰酸甲酯，该物质含有—N=C=S

毒性基团，是氨基甲酰化物质。一般认为这类药物的杀线虫作用主要是通过与酶分子中的亲核部位（例如氨基、羟基、巯基）发生氨基甲酰化反应来作用的。其主要品种有威百亩、棉隆。

（三）有机磷和氨基甲酸酯类

有机磷杀线虫剂的主要品种有除线磷、克线丹、克线磷、氯唑磷等，氨基甲酸酯类杀线虫剂的主要品种包括杀线威、丙硫克百威、涕灭威和克百威（参见第三章）等。这两类化合物的杀线虫机制与杀虫机制类似，是抑制胆碱酯酶。不同之处在于，这两类化合物对线虫作用的共同特性是麻痹或麻醉而非杀死线虫，且该作用具有可逆性。将中毒麻痹的线虫从药液中取出放入净水后，线虫可能复苏。这两类药剂主要抑制胆碱酯酶的活性，减少线虫活力，抑制线虫侵入植物取食的能力，破坏雌虫引诱雄虫的能力，导致线虫的发育和繁殖滞后等。

（四）抗生素类

此类杀线虫剂使用较多的主要是阿维菌素（参见第三章）、南昌霉素、尼可霉素等。阿维菌素通过作用于线虫的 γ-氨基丁酸（GABA），即消除神经细胞间质中 γ-氨基丁酸对神经突触的抑制作用，从而达到抑制神经传导的能力，此过程是不可逆的，属于彻底的致死机制，可使线虫的虫口密度长期处于较低水平。

三、常用重要杀线虫剂

（一）1,3-二氯丙烯

1. 化学名称 1,3-二氯丙烯（1,3-dichloropropene）的化学名称与其商品名相同，即为 (EZ)-1,3-二氯丙烯（图 6-14）。

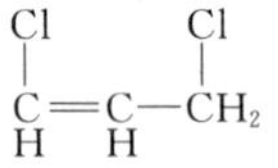

2. 主要理化性质 1,3-二氯丙烯属卤代烃类，纯品为无色至琥珀色、具渗透力的有甜味的挥发性液体，熔点不高于 $-50\ ℃$，沸点为 $108\ ℃$，密度为 $1.214\ g/mL$（$20\ ℃$），在水中溶解度为 $2\ 000\ mg/L$（$20\ ℃$），与氯代烃、酯类、酮类等有机溶剂互溶。

图 6-14 1,3-二氯丙烯的分子结构

3. 主要生物活性 1,3-氯丙烯分子与酶系统在含硫氢根离子、氨根离子或氢氧根离子的位点相互作用，在酶表面发生取代反应，使酶正常功能终止，随后激活杀线虫活性，使线虫麻痹，最后死亡。

4. 毒性 1,3-二氯丙烯为中等毒性，对大鼠急性经口 LD_{50} 为 $470\sim710\ mg/kg$，急性经皮 LD_{50} 为 $775\ mg/kg$；对兔皮肤和眼睛造成严重伤害，长时间接触导致灼伤；对鱼、蜜蜂高毒。

（二）溴甲烷

1. 化学名称 溴甲烷（methyl bromide）的化学名称与商品名相同，即为溴甲烷（图 6-15）。

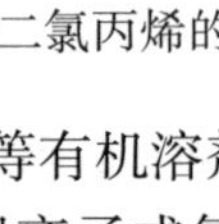

2. 主要理化性质 溴甲烷纯品常温下为无色气体，沸点为 $3.6\ ℃$，具有类似氯仿的气味，凝固点为 $-93\ ℃$，蒸气的相对密度（相对于空气）为 3.27；微溶于水，溶于大多数有机溶剂，例如乙醇、乙醚、二硫化碳、油类等。

图 6-15 溴甲烷的分子结构

3. 主要生物活性 溴甲烷属于卤代烃类熏蒸剂，具有杀虫、杀菌、杀线虫、除草和杀鼠作用，用于仓库或土壤熏蒸。溴甲烷进入生物体后，一部分由呼吸排出，一部分在体内积累引起中毒，直接作用于中枢神经系统和肺、肾、肝及心血管系统引起中毒。溴甲烷具有强

烈熏蒸作用，能杀死各种害虫的卵、幼虫、蛹和成虫。其沸点低，气化快，在冬季低温条件下也能使用，渗透力强。

4. 毒性 溴甲烷对人高毒，临界值为 0.019 mg/L（空气），液体能烧伤眼睛和皮肤；大鼠吸入 LC_{50}（4 h）为 3.03 mg/L。

（三）氯唑磷

1. 化学名称 氯唑磷（isazophos）的化学名称为 3-O,O-二乙基-O-5-氯-1-异丙基-1-H-1,2,4-三唑硫逐磷酸酯（图 6-16）。

2. 主要理化性质 氯唑磷纯品为黄色液体，20 ℃时密度为 1.48 g/mL，沸点为 110 ℃，蒸气压为 4.3 mPa；溶于甲醇、氯仿、甲烷、苯及己烷等有机溶剂，在水中溶解度为 150 mg/L（20 ℃）；在中性和微酸性条件下稳定，在碱性介质中不稳定。

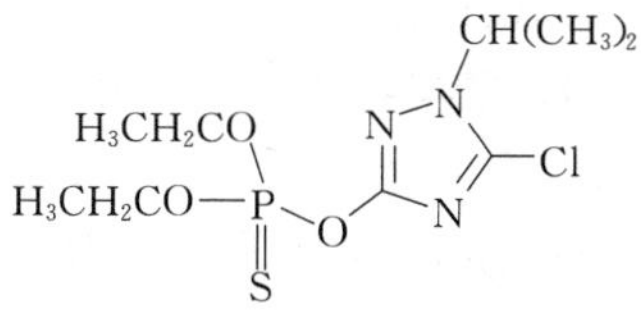

图 6-16 氯唑磷的分子结构

3. 毒性 氯唑磷属中等毒性杀虫剂。原药大鼠急性经口 LD_{50} 为 40~60 mg/kg，急性经皮 LD_{50} 为 250~700 mg/kg；对兔皮肤有中等刺激性；对眼睛有轻微刺激性；对鱼高毒，96 h LC_{50}，鲤鱼为 0.22 mg/L，蓝鳃翻车鱼为 0.004 mg/L；对鸟有毒，日本鹌鹑急性经口 LD_{50} 为 1.5 mg/kg。

（四）除线磷

1. 化学名称 除线磷（dichlofenthion）的化学名称为 O,O-二乙基-O-(2,4-二氯苯基) 硫逐磷酸酯（图 6-17）。

2. 主要理化性质 除线磷原药为无色液体，沸点为 120~123 ℃（26.7 Pa），微溶于水，可溶于多数有机溶剂；对热较稳定；除遇强碱外，在其他介质中化学性质稳定。

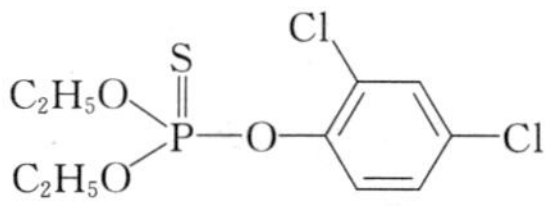

图 6-17 除线磷的分子结构

3. 毒性 对人畜毒性中等，对大鼠急性经口 LD_{50} 为 250 mg/kg，对兔经皮 LD_{50} 为 606 mg/kg，对鸟低毒。

（五）丁环硫磷

1. 化学名称 丁环硫磷（fosthietan）的化学名称为 O,O-二乙基-1,3-二噻丁烷-2-亚氨基磷酸酯（图 6-18）。

2. 主要理化性质 丁环硫磷原药为黄色液体，具硫醇味，蒸气压为 8.66×10^{-4} Pa，25 ℃时水中溶解度为 5 000 mg/L，能溶于丙酮、氯仿、甲醇、甲苯等多种有机溶剂中，在土壤中半衰期为 10~42 d。

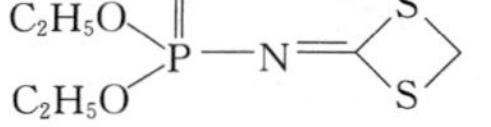

图 6-18 丁环硫磷的分子结构

3. 毒性 丁环硫磷对人畜剧毒，对大鼠急性经皮 LD_{50} 为 5.7 mg/kg，对兔急性经皮 LD_{50} 为 54 mg/kg。

（六）棉隆

1. 化学名称 棉隆（dazomet）的化学名称为四氢-3,5-二甲基-1,3,5-噻唑-2-硫酮（图 6-19）。

2. 主要理化性质 棉隆纯品为无色结晶（工业品为接近白色至黄色的固体，带有硫黄的臭味），原药纯度不低于 94%，熔点为 104~105 ℃；20 ℃时在水中溶解度为 3 500 mg/L，易溶于

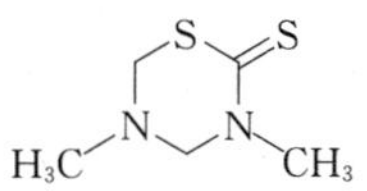

图 6-19 棉隆的分子结构

多种有机溶剂；常规条件下储存稳定，遇潮易分解。

3. 主要生物活性　棉隆属硫代异氰酸甲酯类低毒熏蒸式杀线虫剂，在土壤中分解成有毒的异硫氰酸甲酯、甲醛、硫化氢等有毒物质，从而对土壤中的线虫、昆虫、霉菌和杂草产生毒杀作用。

4. 毒性　棉隆原药对雌、雄大鼠急性口服 LD_{50} 分别为 710 mg/kg 和 550 mg/kg，对雌、雄兔急性经皮 LD_{50} 分别为 2 600 mg/kg 和 2 360 mg/kg，对鱼毒性中等，对蜜蜂无毒害。

（七）威百亩

1. 化学名称　威百亩（metam）的化学名称为 N-甲基二硫代氨基甲酸钠（图 6-20）。

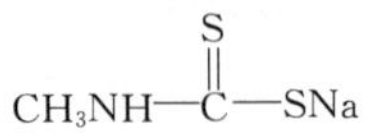

图 6-20　威百亩的分子结构

2. 主要理化性质　本品的二水合物为白色结晶，原药为白色具刺激气味的结晶样粉状物，制剂外观为浅黄绿色稳定均相液体。熔点为 -60 ℃，沸点为 218 ℃，在水中溶解度为 722 g/L，在甲醇中有一定溶解度，在乙醇中具有中等溶解度，不溶于多数有机溶剂；对多种金属有腐蚀作用，酸和重金属盐会促使其分解；原药在湿土中分解成毒性较大的异硫氰酸甲酯。

3. 主要生物活性　该药为土壤杀菌剂、杀线虫剂和除草剂，具有熏蒸作用。其发挥作用是由于原药在土壤中分解成毒性较大的异硫氰酸甲酯，但此物质对植物有毒害，故土壤处理后，需待药剂全部分解消失后方可播种。

4. 毒性　威百亩属中等毒性，对小鼠急性经口 LD_{50} 为 285 mg/kg，对雄大鼠急性经口 LD_{50} 为 820 mg/kg；对兔急性经皮 LD_{50} 为 800 mg/kg。异硫氰酸甲酯对大鼠急性口服 LD_{50} 为 97 mg/kg。

（八）杀线威

1. 化学名称　杀线威（oxamyl）的化学名称为 O-甲基氨基甲酰基-1-二甲氨基甲酰-1-甲硫基甲醛肟（图 6-21）。

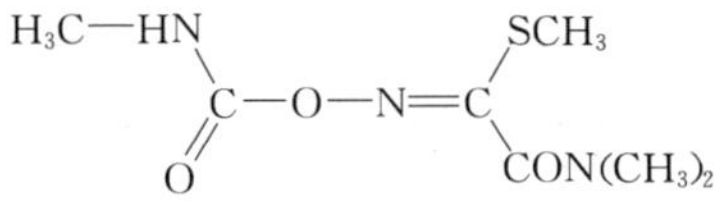

2. 主要理化性质　杀线威原药外观为白色结晶，密度为 1.12 g/cm³（25 ℃），沸点为 219.3 ℃，熔点为 108～110 ℃，蒸气压为 3 066 Pa（25 ℃）；溶于水、丙酮、乙醇、甲醇。

图 6-21　杀线威的分子结构

3. 毒性　杀线威属氨基甲酸酯类高毒杀线虫剂，原药对雄性大鼠口服 LD_{50} 为 5.4 mg/kg，24% 水剂对雄性大鼠口服 LD_{50} 为 37 mg/kg，雄兔经皮 LD_{50} 为 2 960 mg/kg。

（九）呋线威

1. 化学名称　呋线威（furathiocarb）的化学名称为 N-[3,3-二氢-2,2-二甲基苯并呋喃-7-氧基羰基（甲基）氨硫基]-甲氨酸丁酯（图 6-22）。

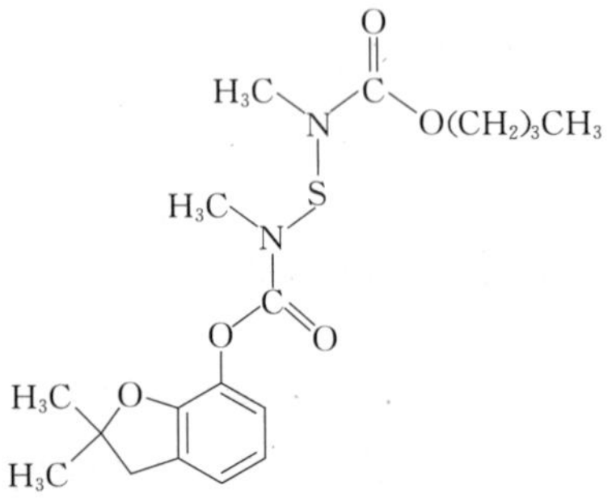

2. 主要理化性质　呋线威纯品为黄色液体，沸点为 160 ℃（1.33 Pa），密度为 1.16 g/cm³，蒸气压为 8.4×10^{-5} Pa（20 ℃）；在水中溶解度为 10 mg/L（20 ℃），溶于丙酮、己烷、甲醇、正辛醇、异丙醇和甲苯；热稳定性好，加热到 400 ℃ 不分解。

3. 主要生物活性　呋线威属氨基甲酸酯类杀线虫

图 6-22　呋线威的分子结构

剂，是胆碱酯酶抑制剂。

4. 毒性 呋线威对大鼠急性经口 LD_{50} 为 137 mg/kg，急性经皮 LD_{50} 超过 2 000 mg/kg，急性吸入 LC_{50} 为 0.214 mg/L；对皮肤稍有刺激作用，对眼睛的刺激极其轻微。

（十）氟噻虫砜

1. 化学名称 氟噻虫砜（fluensulfone）的化学名称为 5-氯-1,3-噻唑-2-基-3,4,4-三氟-3-丁烯-1-基砜（图 6-23）。

2. 主要理化性质 氟噻虫砜为氟代烯烃类硫醚化合物，纯品为淡黄色液体，熔点为 34.8 ℃，密度为 1.69 g/mL，蒸气压为 2.22 mPa（20 ℃），易溶于二氯甲烷、乙酸乙酯、正庚烷、丙酮等有机溶剂。

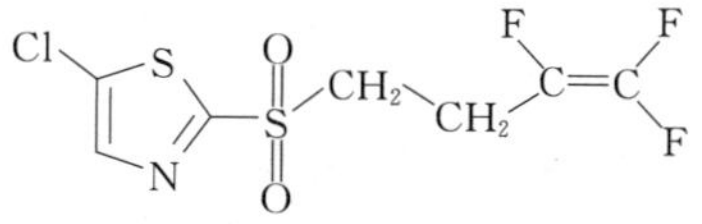

图 6-23 氟噻虫砜的分子结构

3. 主要生物活性和毒性 本品以触杀作用为主，无熏蒸活性。线虫接触后活动减少，进而麻痹，接触 1 h 后停止取食，侵染和产卵能力下降，卵孵化率下降，孵化的幼虫不能成活。原药经口中等毒性，经皮和吸入低毒，对兔皮肤有轻微的刺激性，对兔眼睛没有刺激作用，对豚鼠皮肤有致敏性；无致突变作用，没有免疫毒性和神经毒性。氟噻虫砜对多种植物寄生线虫，尤其是根结线虫效果好，是许多氨基甲酸酯和有机磷杀线虫剂的"绿色"替代品。

（十一）氟吡菌酰胺

1. 化学名称 氟吡菌酰胺（fluopyram）的化学名称为 N-［2-［3-氯-5-（三氟甲基）-2-吡啶］乙基］-2-（三氟甲基）苯甲酰胺（图 6-24）。

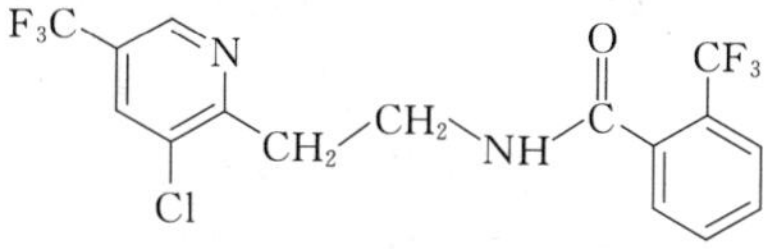

2. 主要理化性质 氟吡菌酰胺原药外观为米色粉末状细微晶体，制剂为深米黄色、无味、不透明液体，密度为 1.53 g/cm³（20 ℃），熔点为 117.5 ℃，分解温度为 320 ℃，蒸气压为 1.2×10^{-9} Pa（20 ℃），在水中的溶解度为 16 mg/L（pH 7.0），易溶于乙醇、二氯甲烷、丙酮等有机溶剂；在水中稳定，受光照影响较小；常温储存 3 年稳定。

图 6-24 氟吡菌酰胺的分子结构

3. 主要生物活性 氟吡菌酰胺最初被开发为杀菌剂，具有杀菌、杀线虫、杀虫作用。该成分安全，对环境友好，用量很低，持效期长，可长效防治棉花和花生中的线虫和早季害虫。其机制是作用于线粒体呼吸电子传递链上的复合体 Ⅱ［即琥珀酸脱氢酶（succinate dehydrogenase）或琥珀酸辅酶 Q 还原酶（succinate-coenzyme Q reductase）］，它是作用于此靶标的第一个杀线虫剂。

4. 毒性 氟吡菌酰胺对大鼠急性经口 LD_{50} 超过 5 000 mg/kg，急性经皮 LD_{50} 超过 5 000 mg/kg。

（十二）氰氨化钙

1. 化学名称 氰氨化钙（calcium cyanamide）的化学名称与商品名称一致，即为氰氨化钙（图 6-25）。

2. 主要理化性质 氰氨化钙纯品为白色结晶，非纯品呈灰黑色，有特殊臭味，密度为 2.29 g/cm³，熔点为高于 300 ℃，微溶于水；遇水或潮气、酸类产生易燃气体和热量，有发生燃烧爆炸的危险；如果含有杂质碳化钙或少量磷化钙，则遇水易自燃。

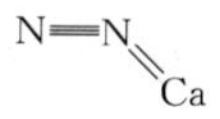

图 6-25 氰氨化钙的分子结构

3. 主要生物活性 氰氨化钙是一种高效的土壤消毒剂和缓释氮肥，对立枯丝核菌、核盘菌、镰刀菌等土传病害及根结线虫具有较好的防治效果。

4. 毒性 氰氨化钙属中等毒性，对小鼠经口 LD_{50} 为 334 mg/kg，对大鼠经口 LD_{50} 为 158 mg/kg。

（十三）淡紫拟青霉菌

1. 主要理化性质 淡紫拟青霉菌（*Paecilomyces lilacinus*）原药外观为淡紫色粉末，液体制剂为乳白色或灰黑色，含菌量不低于 6 亿/mL；固体制剂为灰黑色颗粒（粒径为 2~4 mm），含菌量不低于 2 亿/g。

2. 主要生物活性 淡紫拟青霉菌为活体真菌杀线虫剂。该药入土后，孢子萌发长出许多菌丝，菌丝碰到线虫的卵时分泌几丁质酶，破坏卵壳的几丁质层，使得菌丝穿透卵壳，然后以卵内物质为营养进行大量繁殖，最后使卵细胞和早期胚胎受到严重破坏，不能孵化出幼虫。

3. 毒性 淡紫拟青霉菌对人无毒，对大鼠急性经皮 LD_{50} 超过 5 000 mg/kg，急性经口 LD_{50} 超过 5 000 mg/kg。

（十四）厚孢轮枝菌

1. 主要理化性质 厚孢轮枝菌（*Verticillium chlamydosporium*）母粉为淡黄色粉末，菌体、代谢产物和无机混合物占母粉干物质量的 50%。

2. 主要生物活性 厚孢轮枝菌属低毒活体真菌杀线虫剂，以活体孢子为主要活性成分，通过孢子萌发及产生菌丝寄生于根结线虫的雌虫及卵达到杀线虫的目的。

3. 毒性 厚孢轮枝菌母粉对大鼠急性经口 LD_{50} 超过 5 000 mg/kg，急性经皮 LD_{50} 超过 2 000 mg/kg，对皮肤、眼睛无刺激性，弱致敏性，无致病性，对人畜和环境安全。

（十五）蜡质芽孢杆菌

1. 主要理化性质 蜡质芽孢杆菌（*Bacillus cereus*）产品为蜡质芽孢杆菌活体吸附粉剂，外观为灰白色或浅灰色粉末，细度为 90% 通过 325 目筛，水分含量不高于 5%，悬浮率不低于 85%，pH 7.2。

2. 主要生物活性 蜡质芽孢杆菌是细菌活体农药，低毒、低残留，不污染环境，使用安全，主要用于防治土壤传播的细菌性病害，目前也用于防治根结线虫。蜡质芽孢杆菌通过体内超氧化物歧化酶（SOD）提高作物对病原菌、逆境危害引发体内产生氧的消除能力，调节作物细胞微生境，维护细胞正常的生理生化反应，从而提高抗逆性。

3. 毒性 蜡质芽孢杆菌原液对大鼠急性经口 LD_{50} 大于 7 000 亿菌体/kg；大鼠 90 d 亚慢性喂养试验，日饲喂剂量为 100 亿菌体/kg，未见不良反应；用 100 亿菌体/kg 对兔急性经皮和眼睛试验，均无刺激性反应；对人畜和天敌安全，不污染环境。

（十六）氨基寡糖素

1. 化学名称 氨基寡糖素（oligosaccharin）的化学名称为低聚 D-氨基葡萄糖。

2. 主要理化性质 氨基寡糖素原药外观为黄色或淡黄色粉末，密度为 1.002 g/cm³（20 ℃），熔点为 190~194 ℃；制剂外观为黄色（或绿色）稳定的均相液体，pH 为 3.0~4.0。

3. 主要生物活性 本品主要作为低毒杀菌剂，在我国已登记为杀线剂，用于防治多种作物根结线虫。氨基寡糖素（又称为壳聚糖）具有调节植物生长发育和诱导激活植物免疫系统，提高其抗逆能力的作用。其对线虫的毒杀机制还不很明确。研究发现，其可诱导植物根系产生大量几丁质酶，这些酶能破坏线虫体表的几丁质，这可能是氨基寡糖素抑制或杀死侵入植物体内线虫的原因之一。

4. 毒性　氨基寡糖素对大鼠急性经口和经皮 LD_{50} 均大于 5 000 mg/kg。

第三节　杀软体动物剂

一、杀软体动物剂概述

杀软体动物剂（molluscacide 或 molluscicide）是指用于防治农、林、渔业等的有害软体动物的一类农药。危害农作物的软体动物隶属于软体动物门腹足纲，主要有蜗牛、蛞蝓、田螺、钉螺等。这些软体动物取食量大，繁殖速度快，繁殖量大，种群增加迅速，对植物生长的各个发育阶段都能造成很大影响。它们破坏作物种子，取食叶、茎、花、果而毁坏庄稼，分泌的黏液和排泄物污染果蔬，既影响农产品产量，又降低品质。同时，螺、蜗牛等软体动物还是病媒中间寄主，传播多种疾病，例如钉螺是血吸虫唯一中间宿主，是血吸虫病传播中不可缺少的环节。

有机杀软体动物剂是目前防治软体动物的主要药剂。1922 年哈利尔（Khalil）报道硫酸铜处理水坑防治钉螺，1934 年吉明哈姆在南非用四聚乙醛饵剂防治蜗牛和蛞蝓，1938 年在美国出现蜗牛敌饵剂产品，同年发现 1.5%～2.5%四聚乙醛＋5%砷酸钙混合饵剂杀蜗牛效果好。20 世纪 50 年代以后，相继开发出五氯酚钠、杀螺胺、氧化双三丁锡、三苯甲基吗啉等杀软体动物剂。20 世纪 50 年代，我国用五氯酚钠灭钉螺防治血吸虫病方面取得了成功，随后开发了杀虫丁、杀虫环等灭螺剂。1962 年，我国合成出杀螺成分氯硝抑胺（niclosamide，又称为杀螺胺），该产品于 1965 年商品化生产，其后不久，又开发出杀螺胺乙醇胺盐。1980 年我国合成出溴乙酰胺，并发现其具有良好杀螺活性，在杀螺浓度下对鱼低毒。杀软体动物剂发展缓慢，品种少，主要品种 19 个，广泛使用的品种约 10 个。

二、杀软体动物剂的主要类型

杀软体动物剂按物质类别可以分为无机和有机两大类。其中无机杀软体动物剂的代表品种主要有硫酸铜和砷酸钙，现已停用。

有机杀软体动物剂按化学结构又可以分为下列几类：①酚类，以五氯酚钠、杀螺胺为代表；②吗啉类，例如蜗螺杀；③有机锡类，例如丁蜗锡、三苯基乙酸锡；④沙蚕毒素类，例如杀虫环；⑤其他，例如四聚乙醛、灭梭威等。目前生产上使用数量最多的主要有杀螺胺、四聚乙醛和甲硫威 3 种。

三、常用杀软体动物剂

（一）四聚乙醛

1. 化学名称　四聚乙醛（metaldehyde）的化学名称为 2,4,6,8-四甲基-1,3,5,7-四氧杂环辛烷（图 6-26）。

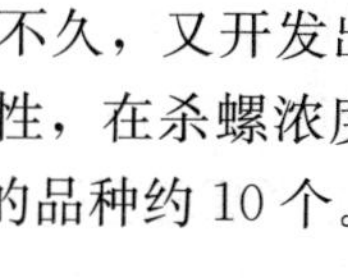

2. 主要理化性质　四聚乙醛为乙醛的四聚体，有时含有乙醛的均聚体。原药为白色结晶，熔点为 246.2 ℃，沸点为 112～115 ℃（升华，部分聚集）；20 ℃时溶解度，在水中为 222 mg/L，在甲苯中为 530 mg/L、在甲醇中为 1 730 mg/L；密度为 1.27 g/cm³；对光稳定，遇碱易分解，易被微生物降解。

图 6-26　四聚乙醛的分子结构

3. 主要生物活性 四聚乙醛为具有触杀和胃毒活性的杀软体动物剂,当螺取食或接触到药剂后,螺体内乙酰胆碱酯酶大量释放,神经麻痹而分泌黏液,且螺体内特殊的黏液被破坏而使螺体迅速脱水,由于体液的大量流失和细胞破坏而在短时间内迅速中毒死亡。

4. 毒性 四聚乙醛对眼睛、皮肤无刺激作用,对非靶生物毒性低,小鼠经口 LD_{50} 为 283 mg/kg,大鼠经口 LD_{50} 为 425 mg/kg,小鼠经皮 LD_{50} 超过 5 000 mg/kg,鹌鹑经口 LD_{50} 为 181 mg/kg,虹鳟鱼经口 LD_{50} (96 h) 为 75 mg/L。

(二) 杀螺胺

1. 化学名称 杀螺胺 (niclosamide) 的化学名称为 $2',5$-二氯-$4'$-硝基水杨酰替苯胺 (图 6-27)。

2. 主要理化性质 杀螺胺纯品为无色固体,蒸气压小于 1 mPa;密度为 1.62 g/cm³;20 ℃时水中溶解度为 1.6 mg/L (pH 6.4)、110 mg/L (pH 9.1),溶于乙醇、氯仿、乙醚等有机溶剂;熔点为 228~232 ℃;对热稳定,紫外光下易分解,遇强酸和碱分解。

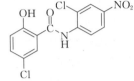

图 6-27 杀螺胺的分子结构

3. 主要生物活性 本品是一种低毒酚类杀软体动物剂,具有内吸和胃毒活性,抑制软体动物线粒体的氧化磷酸化过程,能阻止水中害螺对氧的摄入而降低呼吸作用,最终使其窒息死亡。

4. 毒性 杀螺胺对人畜低毒,但对人体黏膜有刺激作用,可导致流泪、流鼻涕、眼刺痛等。按正常剂量使用,杀螺胺对鸭安全,对鱼、蛙、贝等水生动物都有良好的杀灭作用,对蜜蜂无明显致死影响,对鸭的 LD_{50} 超过 500 mg/kg,大鼠经口 LD_{50} 超过 710 mg/kg,在土中半衰期为 1.1~2.9 d。

(三) 杀螺胺乙醇胺盐

1. 化学名称 杀螺胺乙醇胺盐 (niclosamide ethanolamine salt) 的化学名称为 2,5'-二氯-$4'$-硝基水杨酰替苯胺乙醇胺盐 (图 6-28)。

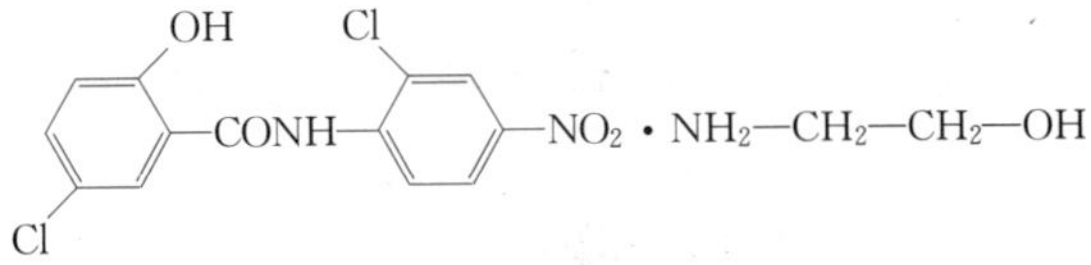

2. 主要理化性质 杀螺胺乙醇胺盐原药为黄色疏松粉末,熔点为 208 ℃,在水中溶解度为 250 mg/L,能溶于二甲基甲酰胺、乙醇等有机溶剂;常温下稳定,遇强酸或强碱易分解;制剂为黄色至棕黄色疏松粉末,pH 为 7~8 时常温下稳定。

图 6-28 杀螺胺乙醇胺盐的分子结构

3. 主要生物活性 该产品是消灭钉螺的专用药剂,灭螺效率高、持效期长,对螺卵也有杀灭作用。

4. 毒性 杀螺胺乙醇胺盐对皮肤无刺激性,对人畜毒性低,对作物安全,对鱼和浮游动物有毒;大鼠急性经皮 LD_{50} 超过 5 000 mg/kg,急性经口 LD_{50} 超过 2 000 mg/kg。

(四) 蜗螺净

1. 化学名称 蜗螺净 (trifenmorph) 的化学名称为 N-三苯甲基吗啉 (图 6-29)。

2. 主要理化性质 蜗螺净原药为白色或淡黄色的双晶固体,难溶于水,可溶于氯仿等有机溶剂;对光和热稳定,遇酸分解;在人体内能够较快地分解成无毒物质,对鱼类毒性较低。

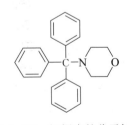

图 6-29 蜗螺净的分子结构

3. 毒性 蜗螺净是一种对水生和半水生的贝类有高度选择性的神经毒素；对陆栖的各种软体动物、昆虫和陆栖的脊椎动物无毒；对某些鱼有轻微的毒性，但能被迅速代谢成低毒化合物；在哺乳动物体内，也被迅速代谢成低毒化合物；无残留作用，不被泥浆吸附和植物吸收，对植物无害；大鼠经口 LD_{50} 为 83 mg/kg，小鼠经口 LD_{50} 为 4 809 mg/kg，大鼠经皮 LD_{50} 为 1 000 mg/kg。

（五）三苯基乙酸锡

1. 化学名称 三苯基乙酸锡（fentin acetate）的化学名称与商品名一致，即为三苯基乙酸锡（图 6-30）。

2. 主要理化性质 三苯基乙酸锡为白色晶体，蒸气压为 1.77×10^{-4} Pa（30 ℃），在水中的溶解度为 28 g/L（20 ℃），微溶于大多数有机溶剂；在干燥处储存稳定，暴露于空气和阳光下较易分解。

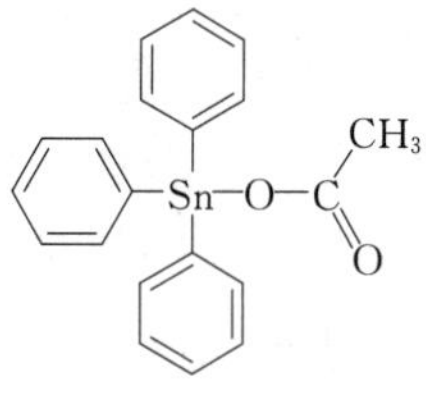

图 6-30 三苯基乙酸锡的分子结构

3. 主要生物活性 三苯基乙酸锡对水稻稻瘟病、稻曲病、马铃薯疫病、甜菜褐斑病等多种真菌病害有活性，同时对福寿螺和水绵有良好防治效果。三苯基乙酸锡被福寿螺接触或吸食，可导致其大量失水而在短时间内死亡。禁止在蔬菜上使用三苯基乙酸锡，因为容易造成药害。

4. 毒性 三苯基乙酸锡对大鼠急性经口 LD_{50} 为 125 mg/kg，大鼠急性经皮 LD_{50} 为 500 mg/kg，对黏膜有刺激性。

（六）甲硫威

1. 化学名称 甲硫威（methiocarb）的化学名称为 3,5-二甲基-4-甲硫基苯基-N-甲基氨基甲酸酯（图 6-31）。

2. 主要理化性质 甲硫威纯品为白色结晶粉末，蒸气压为 0.02 Pa（60 ℃），熔点为 119 ℃；几乎不溶于水，易溶于环己酮、异丙醇等有机溶剂；遇碱水解。

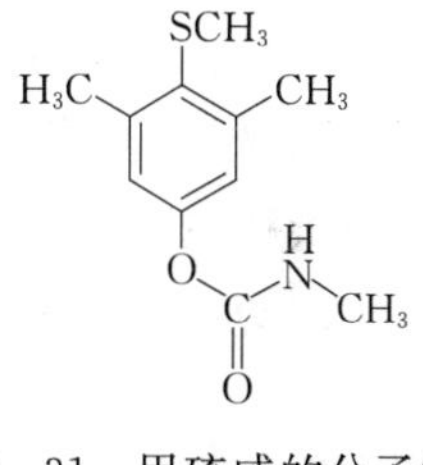

3. 主要生物活性 甲硫威为氨基甲酸酯类杀软体动物剂，具有触杀和胃毒作用，其作用机制是抑制胆碱酯酶活性。

4. 毒性 甲硫威高毒，大鼠、鸽、鸡和鸭急性经口 LD_{50} 分别为 60 mg/kg、13 mg/kg、179 mg/kg 和 13 mg/kg；急性经皮 LD_{50}，兔超过 200 mg/kg，大鼠 350～400 mg/kg，鸟为 100 mg/kg；对蜂、鱼高毒。

图 6-31 甲硫威的分子结构

思 考 题

1. 杀鼠剂按照作用方式可分为哪几类？各自的作用特点是什么？
2. 简述杀鼠剂的使用方法。
3. 抗凝血杀鼠剂的杀鼠机制是什么？第一代抗凝血剂与第二代抗凝血剂有什么不同？
4. 常用鼠类不育剂的有哪几种？
5. 简述线虫造成的危害及线虫防治现状。
6. 简述不同类型杀线虫剂的作用机制。
7. 农田有害软体动物有哪些种类？它们的危害都表现在哪些方面？

第七章 植物生长调节剂

1928年Went发现植物体内存在生长素，1934年Kogl和Haagen Smit、1939年Thimann分别从人尿和根霉菌培养基中提取出吲哚乙酸（IAA），特别是20世纪40年代的2,4-滴（2,4-D）类植物生长调节剂的发现和应用，对合成、筛选植物生长调节剂起了重要推动作用。至今已合成并投入使用的植物生长调节剂多达数百种，农业生产中常用的也已有几十种。要特别说明的是，不少常用农药品种，特别是除草剂，在适当的剂量和植物生长期施用，也会不同程度地表现出生长调节活性；而不少植物生长调节剂在某些情况下又表现出除草、杀虫、防病活性。例如2,4-滴、2,4,5-涕（2,4,5-T）、调节膦、草甘膦、氯酸镁、氯酸钠等生长调节剂，均为重要的除草剂品种；生长调节剂多效唑和氟节胺还具杀菌防病作用；可用于疏花、疏果的甲萘威是一个经典的杀虫剂品种。这又可说明，植物生长调节剂的使用技术性很强，如果使用得当，可表现出用量少、见效快、毒性低的突出优点，它的使用已和化肥、杀虫剂、杀菌剂及除草剂一样，成为农业生产上一项重要的增产措施。

第一节 植物生长调节剂的概念和分类

植物生长调节剂是仿照植物激素的化学结构人工合成的具有植物激素活性的物质。这些物质的化学结构和性质可能与植物激素不完全相同，但有类似的生理效应和作用特点，即均能通过施用微量的特殊物质来达到对植物体生长发育产生明显调控作用的效果。它的合理使用可以使植物的生长发育朝着健康的方向或人为预定的方向发展；可增强植物的抗虫性、抗病性，起到防治病虫害的目的。一些生长调节剂还可以选择性地杀死一些植物而用于田间除草。

植物生长调节剂可以按其生理效应划分为以下几类。

（一）生长素类

生长素类植物生长调节剂的主要生理作用是促进细胞伸长，促进发根，延迟或抑制离层的形成，促进未受精子房膨胀，形成单性结实，促进形成愈伤组织。其代表品种有萘乙酸、4-氯苯氧乙酸、增产灵、复硝钾、复硝酚钠、复硝铵等。

（二）赤霉素类

植物体内存在有内源赤霉素，从高等植物和微生物中分离到的赤霉素已经有95种之多，一般用于植物生长调节剂的赤霉素主要是赤霉酸（GA_3）。赤霉素类可以打破植物体某些器官的休眠，促进长日照植物开花，促进茎叶伸长生长，改变某些植物雌雄花比率，诱导单性结实，提高植物体内酶的活性。

（三）细胞分裂素类

细胞分裂素类物质能促进细胞分裂，诱导离体组织芽的分化，抑制或延缓叶片组织衰老。目前人工合成的细胞分裂素类植物生长调节剂有多种，例如糠氨基嘌呤、植物细胞分裂素、苄氨基嘌呤、异戊烯基腺嘌呤（Zip）和苄吡喃基腺嘌呤（PBA）等。最新合成的噻苯隆的生理活性是细胞分裂素的1 000倍，兼用作棉花脱叶剂，它能促使棉花叶柄与茎之间离层的形成而脱落，便于机械收获，并使棉花收获期提前10 d，棉花品质也得到提高。

（四）甾醇类

1979年，Grove等从一种芥菜型油菜的花粉粒中提取并纯化出一种甾醇类化合物油菜素内酯，又称为芸薹素内酯。已知它也存在于几十种其他植物中，并分离出40多种天然存在的油菜素内酯类似物。油菜素内酯具有生长素、赤霉素、细胞分裂素的部分生理作用，但与已知的植物激素又有明显的差别，它对植物细胞伸长和分裂均有促进作用，是目前已知植物激素中生理活性最强的一种。从化学结构上看，油菜素内酯与人和高等动物的甾醇类激素（肾上腺皮质激素、性激素）、昆虫的蜕皮激素等同属甾醇类化合物。甾醇类被列为第6类植物激素。除了天然油菜素内酯，我国已有多种仿生合成并且使用效果良好的甾醇类植物生长调节剂面市，例如丙酰芸薹素内酯、表高芸薹素内酯、表芸薹素内酯等。

（五）乙烯类

高等植物的根、茎、叶、花、果实等在一定条件下都会产生乙烯。乙烯有促进果实成熟，抑制细胞的伸长生长，促进叶、花、果实脱落，诱导花芽分化，促进发生不定根的作用。乙烯作为一种气体很难在田间使用，但乙烯利的研制和使用则避免了这个问题。

（六）脱落酸类

S-诱抗素（即脱落酸）以前称为休眠素或脱落素。最早是20世纪60年代初从将要脱落的棉铃或将要脱落的槭树叶片中分离出的一种植物激素。S-诱抗素是一种抑制植物生长发育和引起器官脱落的物质。它在植物各器官中都存在，尤其是进入休眠和将要脱落的器官中含量最多。S-诱抗素能促进休眠，抑制萌发，阻滞植物生长，促进器官衰老、脱落和气孔关闭等。这一类植物生长调节剂的作用特点是促进离层形成，导致器官脱落，增强植物抗逆性。此类化合物结构比较复杂，虽已可人工合成，但价格较高，尚未大量用于生产。

（七）植物生长抑制物质

植物生长抑制物质可分为植物生长抑制剂和植物生长延缓剂。植物生长抑制剂对植物顶芽或分生组织都有破坏作用，并且破坏作用是长期的，不为赤霉素所逆转，即使在药液浓度很低的情况下，对植物也没有促进生长的作用。施用于植物后，植物停止生长或生长缓慢。植物生长延缓剂只是对亚顶端分生组织有暂时抑制作用，延缓细胞的分裂与伸长生长，过一段时间后，植物即可恢复生长，而且其效应可被赤霉素逆转。植物生长抑制物质在农业生产中的作用是：抑制徒长、培育壮苗、延缓茎叶衰老、推迟成熟、诱导花芽分化、控制顶端优势、改造株型等。代表品种有矮壮素、丁酰肼、甲哌鎓、多效唑等。

在对植物激素乙烯作用机制研究时，发现了乙烯的作用抑制剂或称乙烯作用阻断剂，如硫代硫酸银、1-甲基环丙烯。它们可与乙烯的受体牢固结合，阻止乙烯与其受体作用，破坏乙烯的信号转导，抑制乙烯生理效应的发挥。作为植物生长调节剂家族的新成员，它们以独特的作用方式，将在生产、生活中得到广泛应用。

第二节　植物生长调节剂的主要作用

我国使用植物生长调节剂有60多年的历史，时间虽不是很长，但发展迅速，目前已广泛地应用于大田作物（包括经济作物）、果树、林木、蔬菜、花卉等各个方面。不少研究成果已在生产上大面积推广应用，并取得了显著的经济效益，对促进农业生产起到了一定的作用。植物生长调节剂的特点之一是，只要使用很低的浓度，就能对植物的生长、发育和代谢起调节作用。一些栽培措施难以解决的问题，可以通过它得到解决，例如打破休眠、调节性比、促进开花、化学整枝、防止脱落等。

植物生长调节剂的作用方式大致有两类：①生长促进剂，例如促进生长和生根用的萘乙酸、打破休眠用的赤霉素、防止衰老用的6-苄基氨基嘌呤；②生长抑制剂，例如防止棉花和小麦徒长的矮壮素、防止大蒜和洋葱发芽的抑芽丹等。但是这种分类不是绝对的，因为同一植物生长调节剂在低浓度下可能作为生长促进剂，而在高浓度下又可作为生长抑制剂。例如2,4-滴，用低浓度处理时，具有促进生根、生长、保花、保果等作用；高浓度时，会抑制植物生长；浓度再提高，便会杀死双子叶植物，具有除草剂的作用。

正确合理地施用植物生长调节剂，可以使植物朝着人们需要的方向发展，可以增强植物抗虫、抗病能力，以及消除田间杂草。归纳起来，植物生长调节剂的主要作用可分为表7-1所示的21个方面。

表7-1 植物生长调节剂的主要作用

主要作用	植物生长调节剂
促进发芽	赤霉素、萘乙酸、吲哚乙酸
促进生根	萘乙酸、吲哚乙酸、吲哚丁酸、2,4-滴、6-苄基氨基嘌呤
促进生长	赤霉素、增产灵、增产素、6-苄基氨基嘌呤
促进开花	赤霉素、乙烯利、萘乙酸、2,4-滴
促进成熟	乙烯利、乙二膦酸、丁酰肼、增甘膦
促进排胶	乙烯利
抑制发芽	抑芽丹、萘乙酸甲酯、丁酰肼、矮壮素
防止倒伏	矮壮素、多效唑、丁酰肼
打破顶端优势	抑芽丹、三碘苯甲酸、乙烯利
控制株型	矮壮素、甲哌鎓、整形醇、杀木膦、多效唑、丁酰肼
疏花疏果	萘乙酸、乙烯利、甲萘威、吲熟酯、整形醇
保花保果	赤霉素、4-氯苯氧乙酸、2,4-滴、萘乙酸、丁酰肼、萘氧乙酸
调节性别	乙烯利、赤霉素
化学杀雄	乙烯利、抑芽丹、甲基胂酸盐
改善品质	乙烯利、丁酰肼、吲熟酯、增甘膦、赤霉素
增强抗性	矮壮素、多效唑、S-诱抗素、整形醇、抑芽丹
储藏保鲜	6-苄基氨基嘌呤、丁酰肼、2,4-滴、抑芽丹、4-氯苯氧乙酸、赤霉素
促进脱叶	乙烯利、脱叶磷、脱叶亚磷
促进干燥	促叶黄、乙烯利、草甘膦、增甘膦、氯酸镁、氯酸钠
抑制光呼吸	亚硫酸氢钠、2,3-环氧丙酸
抑制蒸腾	S-诱抗素、矮壮素、丁酰肼、整形醇

植物生长调节剂进入植物体内，影响植物体生长发育及代谢作用。包括植物生长调节剂

及植物激素在内的这些植物生长物质在对植物生长发育进行调控时，不同调节物质作用途径不尽相同，作用机制也较为复杂。有的能影响细胞膜的通透性；有的能促进结合态底物的释放，从而加快酶促反应的速度；而更多的是通过一系列生理生化反应，最终调节植物体内活性酶的种类与含量，影响代谢作用，调节植物的生长发育。

第三节 植物生长调节剂的使用

一、植物生长调节剂的使用方法

（一）浸蘸法

浸蘸法是指对种子、块根、块茎、苗木插条或叶片的基部进行浸渍处理的一种施药法。处理种子是比较普遍的方法，把种子浸在生长调节剂溶液中一定时间以后取出播种。对于促进插条生根处理，可以把插条基部浸到生长调节剂的水溶液中，浸润时间长短与浓度有关。以吲哚丁酸（IBA）为例，高浓度时（1 000~2 000 mg/L）浸数秒钟即取出；低浓度时（100 mg/L）要浸 12~16 h。

（二）喷洒法

喷洒法是指用喷雾器将生长调节剂稀释液喷洒到植物叶面或全株上，这是生产上最常用的一种施药方法。药液能否均匀地展布在叶面上会明显影响效果，药液在叶面上的黏着性也是一个重要因素。洋葱、甘蓝等植物叶面有蜡粉，喷洒时，宜在药液中加入适合的表面活性剂，以提高在叶表面上的展着性而使药效得到充分发挥。采用高容量喷洒时，要使药液覆盖全株的叶片表面；如果用低容量喷洒，则要使液滴均匀地分布到全株表面上。所有这些都要在应用时合理配合，才能收到预期的效果。

（三）土壤浇施

这是把生长调节剂按一定的浓度及用量浇到土壤中，以使根系吸收而起作用的一种施药方法。施用时每株应浇一定的药液量。大面积应用时，可按一定面积用多少药量，与灌溉水同时施入大田中，小麦田用矮壮素防止倒伏常用这种方法。丁酰肼在土壤中不易移动，浇施后大都停留在土壤的上层，故不适于土壤施用而适于叶面喷洒。

（四）涂布法

用毛笔或其他用具把药涂在待处理的植物某个器官或特定部位称为涂布法。这种方法对于易引起药害的生长调节剂，可以避免药害，并可显著降低用药量。例如用 2,4-滴防止番茄落花时，由于其易引起嫩芽或嫩叶的变形，于是把 2,4-滴涂在花上，可以避免对嫩叶的药害。又如为了防止柑橘落果，可将赤霉素直接涂于果实上。采收后的柑橘果实也可用 2,4-滴（200 mg/L）涂果柄以防止果蒂脱落。防止棉花落蕾亦可用赤霉素涂花（20 mg/L）的办法。用高浓度的乙烯利对采收前的柑橘及番茄果实进行催熟时，为了避免喷洒到叶片上引起落叶，也可以用涂果的办法，浓度为 2 000~3 000 mg/L。

（五）熏蒸法

常温下呈气态的植物生长调节剂不多。不久前发现的 1-甲基环丙烯沸点为 10 ℃，常温下呈气态，是乙烯的作用抑制剂。在密闭的环境里（例如塑料袋、纸箱、冷库、温室等），用气态的 1-甲基环丙烯熏蒸处理花卉、蔬菜、果品等，只要很低的浓度，很短的处理时间，即能收到很好的保鲜效果，非常方便。配合适当的低温条件，效果更佳。

二、植物生长调节剂作用的影响因素

(一) 植物对生长调节剂的吸收途径

植物生长调节剂和其他农药一样，在使用过程中可以由各种途径进入植物体内，例如从叶面渗进、从茎或其他器官的表面渗进、由根部吸收。由叶面渗进植物体内是最普遍的一种方式。当生长调节剂的水剂、乳剂或油剂以叶面喷洒或全株喷洒时，药液接触到叶的表面就可以渗透过叶的角质层、表皮细胞壁及质膜，进入细胞质。如果要从气孔进入，还要通过气孔腔的细胞壁。药剂透过表皮层是较慢的过程，进入细胞以后，可以沿着胞间连丝在叶肉组织中转移。当进入叶脉维管束以后，便可随着有机物的运输而运转。茎的表面往往缺乏气孔，而有皮孔，药剂从皮孔也可进入植物体中。对于草本植物，二者差异较小，但对于木本植物，则还要通过树皮。木栓化的树皮，药液是不易透过的。土壤施用的药剂亦可通过根系吸收而进入植物体内，根系吸收以根尖部分最活跃。根系生长状况及其在土中的位置，是土壤施用时应特别注意的问题。作物根际吸收的药剂多不是在根部发生作用，而是随着蒸腾流或有机物的运输而运转到地上部引起反应。有些生长延缓剂（例如矮壮素）可用于叶面喷洒，也可用于土壤浇施，但后者的效果较好。

(二) 生长调节剂进入植物体后的运转

生长调节剂进入植物体后，能否随植物体内液流运转，因药剂品种的不同而异。可以运转的生长调节剂一经进入植物体以后，先运转到维管组织的导管、筛管或韧皮部等组织中，然后再运转到其他部位。在运转的方向上，一般是运转到生理活性较强的地方，即幼芽、幼叶、幼果及正在发育的种子、果实。有的生长调节剂可以在木质部运转，也可以在韧皮部运转；但也有的调节剂，例如多效唑，只在木质部向顶部运转，而不能在韧皮部运转。不可运转或很少运转的生长调节剂，例如吲哚丁酸，当进入薄壁组织或其他组织活性细胞以后，与原生质产生不可逆的结合，引起其附近细胞的破坏或发挥生长调节作用而不运送到其他组织中去。

生长调节剂在植物体中运转的速度，除与药剂本身的理化特性有关以外，还受外界条件的影响。阳光强，水分蒸腾量大，会促进运转（传导）的速度。当光合作用旺盛、叶片中有机物积累多时，进入叶中的药液也容易运转到植物其他部位。生长调节剂渗进植物体以后，往往不能长期维持其原有的化学性质，常通过酶促作用或其他化学反应分解为其他化合物而失活。例如吲哚乙酸（IAA）进入植物体后，可以由于氧化酶的作用而失去活性。2,4-滴则不易受氧化酶的作用，在植物体中维持的时间较久。但施入土壤后，2,4-滴会受土壤微生物的作用而逐渐消失。

(三) 植物生长调节剂作用的影响因素

1. 环境条件

（1）温度 在一定温度范围内，植物使用生长调节剂的效果一般随温度升高而增大。温度升高会加大叶面角质层的通透性，加快叶片对生长调节剂的吸收。同时，温度较高时，叶片的蒸腾作用和光合作用较强，植物体内的水分和同化物质的运输也较快，这也有利于生长调节剂在植物体内的传导。所以叶面喷洒使用时，夏季往往比春季或秋季效果好。

（2）湿度 空气湿度高时，喷在叶面上的药液不容易干燥，从而延长叶片对生长调节剂的吸收时间，进入植物体的药液量相对增多。所以较高的空气湿度，可以增强植物生长调节剂的效果。

(3) 光照　在阳光下，叶片气孔开放，有利于植物生长调节剂的渗入。同时，一定的光照度，可促进植物的蒸腾和光合作用，加速水分和同化物质的运输，从而也就加快生长调节剂在植物体内的传导。因此生长调节剂宜在晴天施用。若阳光过强，药液在叶面会很快干燥，不利于叶片的吸收，反而会影响效果。所以夏天要避免在中午灼热的强光下喷洒。

此外，风、雨对植物生长调节剂的应用也有影响。风速过大、喷洒后不久遇雨都会降低其应用效果。

2. 栽培措施　植物的生长发育受植物激素的调节控制。植物生长调节剂可以解决植物生长发育过程中某些用常规栽培措施难以解决的问题。但是植物生长调节剂仅为一类药剂而不能替代肥、水、光、温度。要使植物健壮地生长发育，仍不能离开农业技术措施的综合应用。大量实践表明，植物生长调节剂的应用效果同农业措施密切相关。例如用乙烯利处理黄瓜，能多开雌花多结瓜，这就需要对它供给更多的营养，才能显著地增加黄瓜产量。如果肥、水等条件不能满足，则会造成黄瓜后劲不足和早衰，达不到预期的效果。

3. 植物生长发育状况　植物生长发育状况不同，对生长调节剂的反应也不一样。生长发育状况良好的植株，使用生长调节剂的效果较好，反之，效果较差。例如使用生长调节剂，能明显提高健壮果树的坐果率和促进果实增大，增产幅度较大；而对营养不良的弱树，效果就较小，增产也不明显。又如用矮壮素或甲哌鎓调控棉花生长，只有在棉花长势旺盛的情况下才能取得良好的效果。这是因为生长旺盛的棉花往往田间郁闭，营养生长过于旺盛，蕾铃脱落严重。在这种情况下，使用矮壮素或甲哌鎓就能控制棉花枝叶生长，协调营养生长与生殖生长间的关系，使更多的营养输向蕾铃，从而提高结铃率，增加棉花产量。而对长势瘦弱的棉花，则会导致棉株个体生长太小，搭不起高产架子，蕾铃数减少，产量下降。

4. 使用时期　使用植物生长调节剂的时期十分重要。只有在植物一定的生长时期内使用植物生长调节剂才能达到应有的效果。使用时期不当则效果不佳，甚至还有不良的副作用。适宜的使用时期主要取决于植物的生长发育阶段和应用目的。例如用乙烯利催熟棉花，在棉田大部分棉铃的铃龄达到 45 d 以上时，有很好的催熟效果。如果使用过早，会使棉铃催熟太快，铃重减轻，甚至幼铃脱落；使用过迟，则棉铃催熟的意义不大。果树上使用萘乙酸，如果作疏果剂则在花后使用，如果作保果剂则在果实膨大期使用。对黄瓜使用乙烯利诱导雌花形成，须在幼苗 1～3 叶期喷施，过迟用药，则早期花的雌雄性别已定，达不到预期目的。另外，选择使用植物生长调节剂的时期，还要考虑药剂种类、药效持续期等因素。例如在苹果上使用药效期较长的丁酰肼，于花后喷洒，可防止采前落果，增加果实硬度，但对当年果实生长有抑制作用；于果实发育后期喷洒，对当年果实生长的抑制作用不大，虽然可以防止采前落果，但是增加果实硬度的效果不明显，还会影响第二年果实的发育。因此既要达到应有的效果，又要尽量减少副作用，它的最适用药期以果实采收前 45～60 d 较为适宜。由此可知，植物生长调节剂的适宜使用时期，不能简单地以某个日期为准，而是要根据使用目的、作物的生长发育阶段、药剂特性等因素，从当地实际情况出发，经过试验，才能确定最适宜的用药时期。

5. 使用浓度　由于植物生长调节剂具有微量高效的作用特点，其应用效果与使用浓度密切相关。应特别指出的是，适宜的使用浓度是相对的，不是固定不变的。

①在不同情况下，例如不同的地区、作物、品种、长势、目的、方法等应使用不同的浓

度。如果浓度过低,不能产生应有的效果;浓度过高,会破坏植物正常的生理活动,甚至伤害植物。

②在植物上使用生长调节剂的浓度远比一般农药复杂。同一种生长调节剂在不同作物上使用浓度会有很大差别。例如用乙烯利促进橡胶排胶,要应用百分之几的浓度;对番茄、香蕉等果实催熟,一般用 1 g/L 左右;而黄瓜诱导雌花,只需 0.1~0.2 g/L。

③相同作物不同品种所需植物生长调节剂的浓度也不一样。例如用乙烯利诱导瓠瓜产生雌花的使用浓度,早熟品种用 0.1 g/L,中熟品种用 0.2 g/L,晚熟品种用 0.3 g/L。

④由于目的不同,使用植物生长调节剂的浓度也不一样。例如用矮壮素处理小麦,用于培育壮苗则采用闷种方式,使用浓度为 1%;用于防止倒伏,则在拔节前喷洒,使用浓度为 0.3% 左右。

⑤由于处理方法不同,使用植物生长调节剂的浓度也不一样。例如用生长素处理插条生根,采用低浓度慢浸法只需 20~50 mg/L;而采用高浓度快浸法,则要用到 1~2 g/L。

在配制植物生长调节剂的溶液时,还必须考虑实际使用药液量。因为相同的用药浓度,药液量不同,实际上用药总量也不一样,这也会影响植物生长调节剂的应用效果。

6. 使用方法 使用方法不同也可明显影响植物生长调节剂的效果。农业上使用植物生长调节剂的方法有喷洒、浸蘸、涂抹、土壤处理、树干注射等,最常用的方法是喷洒法和浸蘸法。喷洒植物生长调节剂时,要尽量喷在作用部位上。例如用赤霉素处理葡萄,要求均匀地喷在果穗上;用乙烯利催熟果实,要尽量喷在果实上;用萘乙酸作为疏果剂,对叶片和果实都要全面喷洒,而作为防止采前落果,则主要喷在果梗部位及附近的叶片上。为了提高植物对生长调节剂的吸收量,提高应用效果、降低使用浓度,可在配制好的溶液中加入适量表面活性剂。在用浸蘸法处理苗木插条、种子及催熟果实时,处理时间的长与短非常重要。果实催熟,一般是在溶液中浸几秒钟,取出后晾干,堆放成熟。苗木插条生根,应将插条基部在低浓度生长素溶液中浸 12~24 h。如采用高浓度生长素快浸法,在 1~2 g/L 溶液中蘸几秒钟即可。

第四节 植物生长调节剂常用品种

(一) 乙烯利

1. 化学名称 乙烯利 (ethephon) 的化学名称为 2-氯乙基膦酸 (图 7-1)。

2. 主要理化性质 乙烯利纯品为白色针状结晶,熔点为 74~75 ℃,沸点为 265 ℃,蒸气压小于 0.01 mPa,密度为 1.568 g/cm³;易溶于水和乙醇,难溶于苯和二氯乙烷;对酸、碱比较敏感。

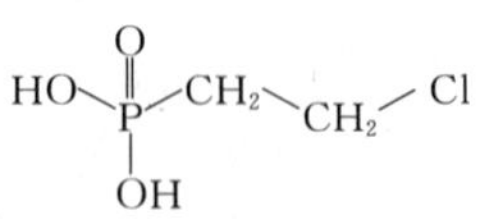

图 7-1 乙烯利的分子结构

3. 主要生物活性 乙烯利是促进成熟的植物生长调节剂。在酸性介质中十分稳定,而在 pH 大于 4 时,则分解释放出乙烯。乙烯利可由叶片、树皮、果实或种子进入植株体内,然后传导到作用的部位,释放出乙烯,能执行内源激素乙烯所起的生理功能,例如促进果实成熟及叶、果实的脱落,矮化植株,改变雌雄花的比率,诱导某些作物雄性不育等。

4. 毒性 乙烯利原药对大鼠急性经口 LD_{50} 为 4 229 mg/kg。

（二）丁酰肼

1. 化学名称 丁酰肼（daminogide，B_9）的化学名称为 N,N-二甲基琥珀酰肼酸（图 7-2）。

2. 主要理化性质 丁酰肼纯品为带有微臭的白色结晶，熔点为 154~156 ℃，蒸气压为 1.5 mPa，密度为 1.77~1.189 g/cm³；在 20~25 ℃ 时的溶解度，在水中为 180 g/L，在丙酮中为 1.47 g/L，在甲醇中为 50 g/L，不溶于一般的碳氢化合物；储存稳定性好。

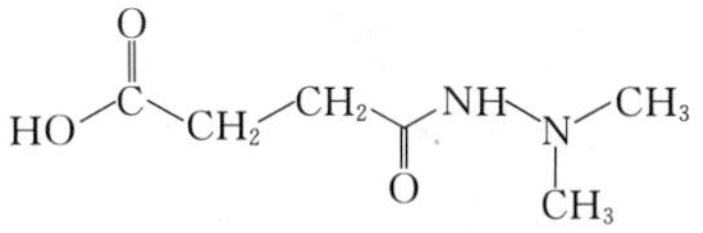

图 7-2 丁酰肼的分子结构

3. 主要生物活性 丁酰肼系植物生长延缓剂，可以被植物根、茎、叶吸收，进入体内后主要集中于顶端及亚顶端分生组织，影响细胞分裂素和生长素的活性，从而抑制细胞分裂和纵向生长，使植株矮化粗壮，但不影响开花和结果，使植株的抗寒、抗旱能力增强。另外还有促进次年花芽形成、防止落花落果、促进果实着色、延长储藏期等作用。

4. 毒性 丁酰肼工业品对大鼠急性经口 LD_{50} 为 8 400 mg/kg。

（三）甲哌鎓

1. 化学名称 甲哌鎓（mepiquat chloride）的化学名称为 1,1-二甲基哌啶氯化物（图 7-3）。

2. 主要理化性质 甲哌鎓纯品为无味白色结晶体，熔点为 285 ℃（分解），蒸气压为 1.1×10^{-14} Pa（20 ℃）；20 ℃时溶解度，在水中大于 1 000 g/kg，在乙醇中为 162 g/kg，在氯仿中为 11 g/kg，在丙酮、乙醚、乙酸乙酯、环己烷和橄榄油中小于 1 g/kg；对热稳定。含甲哌鎓 99% 的原粉外观为白色或灰白色结晶体，密度为 1.87 g/cm³（20 ℃），熔点约 223 ℃，不可燃，不爆炸；50 ℃以下储存稳定 2 年以上。

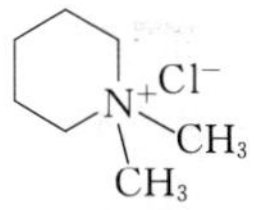

图 7-3 甲哌鎓的分子结构

3. 主要生物活性 甲哌鎓是内吸性植物生长调节剂，可被植物绿色部位吸收并传导至全株；能抑制植物体内赤霉素的合成，调节营养生长和生殖生长的矛盾；使节间缩短，叶片增厚，叶面积变小，因而株型紧凑粗壮，田间群体结构合理。甲哌鎓还能增加叶绿素含量和光合效率，使植物提前开花，提高坐果率（结实率），导致增产。

4. 毒性 甲哌鎓 99% 原粉对大鼠急性经口 LD_{50} 为 1 490 mg/kg。

（四）多效唑

1. 化学名称 多效唑（paclobutrazol）的化学名称为 (2RS,3RS)-1-(4-氯苯基)-4,4-二甲基-2-(1H-1,2,4-三唑-1-基)戊-3-醇（图 7-4）。

2. 主要理化性质 多效唑原药外观为白色固体，密度为 1.22 g/cm³，熔点为 165~166 ℃；在水中溶解度为 35 mg/L，溶于甲醇、丙酮等有机溶剂；可与一般农药混用；50 ℃时储存稳定至少 6 个月，常温（20 ℃）储存稳定 2 年以上。

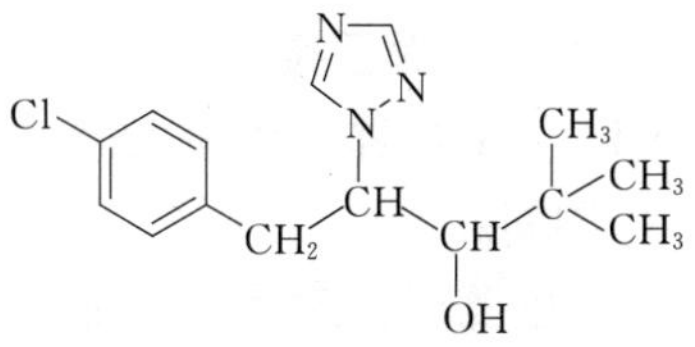

图 7-4 多效唑的分子结构

3. 主要生物活性 多效唑是三唑类植物生长调节剂，是内源赤霉素合成的抑制剂，可明显减弱顶端生长优势，促进侧芽（分蘖）滋生，使茎变粗，植株矮化紧凑；能增加叶绿素、蛋白质和核酸的含量；可降低植株体内赤霉素的含量，还可降低吲哚乙酸的含量和增加乙烯的释放量。多效唑主要通过根系吸收而起作用，自叶吸收的量少，不足以引起形态变化，但能增产。

4. 毒性 多效唑原药对大鼠急性经口 LD_{50} 为 2 000 mg/kg（雄）、1 300 mg/kg（雌）。

（五）芸薹素内酯

1. 化学名称 芸薹素内酯（brassinolide，JRDC-694）的化学名称为（22R，23R，24R）-2α，3α，22，23-四羟基-β-均相-7-氧杂-5α-麦角甾烷-6-酮（图 7-5）。

2. 主要理化性质 芸薹素内酯原药有效成分含量不低于 95%，外观为白色结晶粉，熔点为 256～258 ℃，密度为 1.135～1.147 g/cm³，在水中溶解度为 5 mg/L，溶于甲醇、乙醇、四氢呋喃、丙酮等多种有机溶剂。

3. 主要生物活性 芸薹素内酯为甾醇类植物生长调节剂，在很低浓度下使用便能明显增加植物营养体生长和促进受精作用，可以增加营养体收获量，提高坐果率，促进果实肥大，提高结实率，增加干物质量，增强抗逆性。

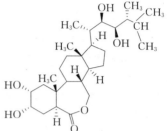

图 7-5 芸薹素内酯的分子结构

4. 毒性 芸薹素内酯原药对大鼠急性经口 LD_{50} 为 5 250 mg/kg。

（六）赤霉素

1. 化学名称 赤霉素（gibberellic acid，regulex）的化学名称为 2，4α，7-三羟基-1-甲基-8-亚甲基赤霉-3-烯-1，10-二羧酸-1，4α-内酯（图 7-6）。

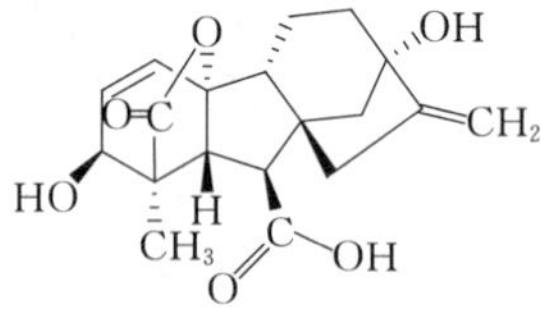

2. 主要理化性质 赤霉素工业品为白色结晶粉末，含量在 85% 以上，熔点为 233～235 ℃，密度为 1.48～1.50 g/cm³，可溶于乙酸乙酯、甲醇、丙酮或 pH 6.2 的磷酸缓冲液，难溶于煤油、氯仿、醚、苯、水等；遇碱易分解。

图 7-6 赤霉素的分子结构

3. 主要生物活性 赤霉素是一种广谱性植物生长调节剂。植物体内普遍存在着内源赤霉素，为促进植物生长发育的重要激素之一，是多效唑、矮壮素等生长抑制剂的拮抗剂。赤霉素可促进细胞、茎伸长，促进叶片扩大，促进单性结实，促进果实生长，打破种子休眠，改变雌雄花比率，影响开花时间，减少花、果的脱落。外源赤霉素进入植物体内，具有内源赤霉素同样的生理功能。赤霉素主要经叶片、嫩枝、花、种子或果实进入植株体内，然后传导到生长活跃的部位起作用。

4. 毒性 赤霉素对小鼠急性经口 LD_{50} 超过 25 000 mg/kg。

（七）吲哚丁酸

1. 化学名称 吲哚丁酸（indolebutyric acid）的化学名称为 3-丁酸吲哚（图 7-7）。

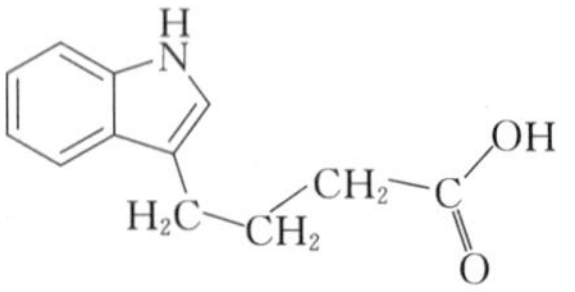

2. 主要理化性质 本品为白色结晶，熔点为 123～125 ℃；不溶于水和氯仿，易溶于丙酮、乙醚、甲醇、乙醇等有机溶剂；对酸稳定。

图 7-7 吲哚丁酸的分子结构

3. 主要生物活性 吲哚丁酸是一个活泼的植物生长物质，对根部有生物活性，可以促进植物根部的生长，是一种广谱高效生根促进剂。本品在植物体内运转少，容易保持在施药部位，具有促进形成层细胞分裂并通过再分化而长出新根的作用。

4. 毒性　吲哚丁酸原药对大鼠急性经口 LD_{50} 为 5 000 mg/kg。

（八）萘乙酸

1. 化学名称　萘乙酸（1-naphthylacetic acid，NAA）的化学名称为 α-萘乙酸（图7-8）。

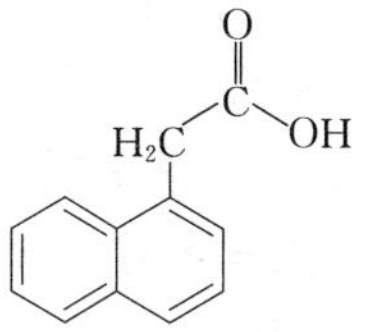

2. 主要理化性质　萘乙酸纯品为白色无味结晶，熔点为 130 ℃，密度为 1.227～1.239 g/cm³，蒸气压小于 0.01 mPa（25 ℃）；易溶于丙酮、乙醚、氯仿等有机溶剂，几乎不溶于冷水，易溶于热水。80%萘乙酸原粉为浅土黄色粉末，熔点为106～120 ℃，水分含量不高于5%；常温下储存，有效成分含量变化不大。本品易吸潮，遇光易变色，遇碱能成水溶性盐，因此配制药液时，常将原粉溶于氨水后再稀释使用。

图 7-8　萘乙酸的分子结构

3. 主要生物活性　萘乙酸是类生长素物质，也是一种广谱性植物生长调节剂。它有着内源生长素吲哚乙酸的作用特点和生理功能，例如促进细胞分裂与扩大、诱导形成不定根、增加坐果、防止落果、改变雌雄花比率等。萘乙酸可经种子、叶片、树枝的幼嫩表皮进入到植株体内，随营养流输导到起作用的部位。

4. 毒性　α-萘乙酸对大鼠急性经口 LD_{50} 约为 2 520 mg/kg。

（九）氟节胺

1. 化学名称　氟节胺（flumetralin）的化学名称为 N-乙基-N-（2-氯-6氟苄基）-4-三氟甲基-2,6-二硝基苯胺（图7-9）。

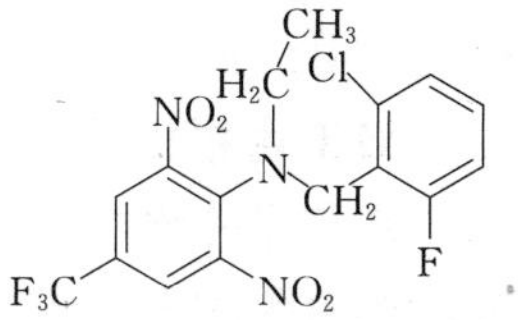

2. 主要理化性质　氟节胺纯品为黄色或橘黄色结晶体，熔点为 101～103 ℃，密度为 1.511～1.523 g/cm³，蒸气压为 3.2×10⁻⁵ Pa；常温下几乎不溶于水（溶解度小于 0.1 mg/L），在二氯甲烷中溶解度大于 80%，在甲醇中为 25%，在苯中为 55%，在正己烷中为 1.3%。原药（有效成分含量在 90% 以上）为黄色或橘黄色结晶体。

图 7-9　氟节胺的分子结构

3. 主要生物活性　本品为接触兼局部内吸性高效烟草侧芽抑制剂，适用于烤烟、马里兰烟、晒烟、雪茄烟。打顶后施药1次，能抑制烟草腋芽发生直至收获。其作用迅速，吸收快，施药后只要 2 h 无雨即可生效。药剂接触完全伸展的烟叶不产生药害，能节省大量打侧芽的人工，并使自然成熟度一致，提高烟叶品质。

4. 毒性　氟节胺原药对大鼠急性经口 LD_{50} 超过 5 000 mg/kg。

（十）矮壮素

1. 化学名称　矮壮素（chlormequat）的化学名称为 2-氯乙基三甲基铵氯化物（图7-10）。

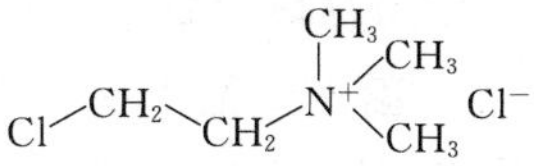

2. 主要理化性质　矮壮素纯品为白色结晶，原粉为浅黄色粉末，纯品在 245 ℃ 分解；蒸气压小于 0.001 mPa；原粉在 238～242 ℃ 分解，易吸潮；在 20 ℃ 水中溶解度为 74%，溶于低级醇，难溶于乙醚及烃类有机溶剂；遇碱分解，对金属有腐蚀作用。

图 7-10　矮壮素的分子结构

3. 主要生物活性　矮壮素是赤霉素的拮抗剂，可经叶片、幼枝、芽、根系和种子进入植株体内。其作用机制是抑制植株体内赤霉素的生物合成。它的生理功能是控制植株徒长，促进生殖生长，使植株节间缩短而矮、壮、粗，使根系发达，抗倒伏；同时使叶色加深，叶片增厚，叶绿素含量增多，光合作用增强，从而提高坐果率，也能改善品质，提高产量。矮壮素还有提高某些作物的抗旱、抗寒、抗盐碱及抗某些病、虫害的能力。

4. 毒性 矮壮素对大鼠急性经口 LD_{50} 为 883 mg/kg。

（十一）噻苯隆

1. 化学名称 噻苯隆（thidiazuron）的化学名称为 N-苯基-N'-（1,2,3-噻二唑-5-基）脲（图 7-11）。

2. 主要理化性质 本品外观为无色无味晶粒，熔点为 210.5～212.5 ℃（分解），密度为 1.494～1.516 g/cm³，蒸气压为 4.0×10^{-9} Pa（25 ℃）；23 ℃时，在水中溶解度为 20 mg/L，在二甲基甲酰胺中为 50%，在环己酮中为 2.1%，在丙酮中为 0.8%；在室温（23 ℃）下，pH 为 5～9 时稳定；在 60 ℃、90 ℃ 和 120 ℃ 温度下，储存稳定期超过 30 d。

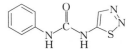

图 7-11 噻苯隆的分子结构

3. 主要生物活性 噻苯隆是一种植物生长调节剂，在棉花种植上作落叶剂使用。叶片吸收后，可促使叶柄与茎之间的离层的形成而落叶，有利于机械采收，并可使棉花收获期提前 10 d 左右，有助于提高棉花品级。

4. 毒性 本品为低毒药物，原药对大鼠急性经口 LD_{50} 超过 4 000 mg/kg。

（十二）其他植物生长调节剂

除了上述常用品种，近来有些新的植物生长调节剂一经问世，便因其良好的作用效果迅速获得大量应用，取得了很高的经济效益和良好的社会效果。

1. ABT 生根粉 ABT 生根粉是中国林业科学研究院研制的一种复合型植物生长调节剂，用生长素和多种化学药品配制而成，是一种高效、广谱的生根促进剂，具有补充外源激素与促进植株内源激素合成的功效，因而能促进不定根形成，缩短生根时间，并能使不定根原基形成簇状根系，呈现暴发性生根。ABT 生根粉有多种系列产品，适用于林木和多种农作物。其继代产品是非激素型 GGR，因为克服了 ABT 生根粉的醇溶性，使用起来更方便。

2. 1-甲基环丙烯 1-甲基环丙烯是乙烯的作用抑制剂或阻断剂，它可以和乙烯的受体稳定结合，从而破坏乙烯生理作用的发挥，推迟或减慢花卉、蔬菜、水果等农产品的后熟和衰老。其本身是无毒气体，广泛用于多种花卉、蔬菜、水果的保鲜。

3. 化学杀雄剂 杂交优势利用是效益最高的农业技术措施。自花授粉、自交结实的作物，其杂交种的制备有不同途径，化学杀雄是途径之一。我国自行研制的油菜化学杀雄剂 1～4 号，已成功用于油菜杂交制种；水稻化学杀雄剂 1 号和 2 号在杂交稻制种上也获得应用。我国有自主知识产权的小麦化学杀雄剂 SQ-1、BAU9403 等相继进入大田试验。

4. 稀土 稀土是稀有金属元素的一类，它是 15 种镧系元素和化学性质与之相近的钇和钪共 17 种元素的总称。我国稀土的总储量居世界首位。稀土并非植物的必需元素，它既不参与植物结构组成，也不作为营养储藏成分，但能通过对植物生长发育一系列反应过程的调节和影响，表现出类似植物激素的生理功能，因此目前把稀土也归入植物生长调节剂之列。稀土元素对植物的生理作用有如下几方面：①促进生根发芽，提高出苗率和移栽成活率；②加快出叶速度，增加叶面积和叶绿素含量，因而能提高光合效率，增加干物质的积累；③促进根系发达，增加作物对氮、磷、钾等营养元素的吸收，提高作物的营养水平。稀土使用成本很低，经济效益极高，在我国已获得广泛应用。

思 考 题

1. 植物生长调节剂的典型特点是什么?
2. 为什么说在各类农药中,植物生长调节剂至关重要的是正确、合理、科学的使用?
3. 试就某一品种而言,谈谈植物生长调节剂的使用剂量和方法与预期目标的关系。
4. 试谈影响植物生长调节剂效果的主要因素及各因素之间的相互联系。

第八章 农业有害生物抗药性及其综合治理

人类赖以生存的生态环境与世界人口日益增长的需要决定了农药仍然是人类用于控制病、虫、草等有害生物的重要手段,并在农林生产的发展中起积极的作用。农药的使用与许多现代科学技术的应用一样,如果使用不当,也会给人类带来副作用。随着农药的广泛使用,有害生物的抗药性已成为病、虫、草等有害生物防治所面临的严峻挑战。至今,至少有500多种昆虫及螨、150多种植物病原菌、185种杂草生物型、2种线虫、5种鼠及1种柳穿鱼产生了抗药性。因此研究害虫、病原菌及杂草抗药性产生的原因与治理对策,既有利于高效、经济、安全地合理使用农药,以确保农林业生产的高产、优质、持续发展,也为新农药的研制提供依据。

第一节 害虫的抗药性

一、害虫抗药性的概念

(一)害虫抗药性发展概况

杀虫剂发展应用的历史,也是害虫对杀虫剂的抗药性发展历史。自从1908年Melander首次发现美国加利福尼亚州梨圆蚧(*Quadraspidiotus pernicious*)对石硫合剂产生抗药性之后,直至1946年,仅发现11种害虫及螨产生抗药性。在这个阶段,抗药性是一种罕见的现象,往往不被人们所注意。1946年后,随着有机合成杀虫剂的出现和推广应用,害虫抗药性发展速度明显加快。从20世纪50年代后期开始,由于有机氯和有机磷杀虫剂的大量使用,抗药性害虫的种数几乎成直线上升,也引起了人们的高度关注。20世纪80年代以来,多重抗药性现象日益普遍,抗药性发展速度加快,完全敏感的害虫种群相反倒成为罕见现象。据Georghiou统计,到1989年抗药性害虫已达504种,其中农业害虫283种,卫生害虫(包括家畜)198种,有益昆虫及螨23种(表8-1)。也有报道到2010年抗药性害虫已达553种。

表8-1 抗药性昆虫及螨类的种类

年份	抗药性虫种数	DDT	cycl	OP	carb	pyr	DDT/cycl	DDT/cycl/OP	DDT/cycl/OP/carb	DDT/cycl/OP/carb/pyr
1838	7									
1946	11									
1948	14	1								
1956	69	36	24	17			18	3		
1970	224	98	140	54	3	3	42	23	4	
1976	364	203	225	147	36	6	70	44	22	7

(续)

年 份	抗药性虫种数	DDT	cycl	OP	carb	pyr	DDT/cycl	DDT/cycl/OP	DDT/cycl/OP/carb	DDT/cycl/OP/carb/pyr
1980	428	229	269	200	51	22	105	53	25	14
1984	447	233	276	212	64	32	119	54	25	17
1989	504	263	291	260	85	48				

注：cycl 代表林丹/环戊二烯；OP 代表有机磷杀虫剂；carb 代表氨基甲酸酯类杀虫剂；pyr 代表拟除虫菊酯类杀虫剂。资料引自 Metcalf（1989）和 Georghiou（1990）。

害虫抗药性的特点是：①害虫几乎对所有合成化学农药都会产生抗药性；②害虫抗药性是全球现象，抗药性形成的地区性，主要取决于该地用药历史与用药水平，在药剂选择压力下，抗药性最初呈镶嵌式（mosaic）分布，随着用药的广泛和昆虫扩散，抗药性逐趋一致；③随着交互抗药性和多重抗药性现象日趋严重，害虫对新的取代药剂产生抗药性有加快的趋势；④双翅目、鳞翅目昆虫产生抗药性虫种数最多，农业害虫抗药性虫种数超过卫生害虫，重要农业害虫（例如蚜虫、棉铃虫、小菜蛾、菜青虫、烟粉虱、马铃薯甲虫）及螨类的抗药性尤为严重。

我国最早于 1963 年发现棉蚜、棉红蜘蛛对内吸磷产生抗药性，现已发现有 30 多种农林害虫及螨产生了抗药性，其中 20 世纪 60 年代 4 种，20 世纪 70 年代 7 种，20 世纪 80—90 年代 19 种，这些害虫主要分布在鳞翅目、双翅目、鞘翅目及蜱螨目。对两类以上杀虫剂产生抗药性的害虫及螨有棉铃虫、棉蚜、褐飞虱、二化螟、小菜蛾、烟粉虱、甜菜夜蛾、斜纹夜蛾、菜青虫、马铃薯甲虫、柑橘全爪螨、棉叶螨等 19 种。发现有抗药性的卫生害虫包括家蝇、蚊类、跳蚤、臭虫、德国蜚蠊、体虱等。

（二）害虫抗药性的概念

1. 害虫的抗药性 世界卫生组织（WHO）1957 年对害虫的抗药性（resistance）下的定义是："害虫具有忍受杀死正常种群大多数个体的药量的能力在其种群中发展起来的现象"。害虫抗药性是指种群的特性，相对于敏感种群而言；抗药性有地区性，即抗药性的形成与该地的用药历史、药剂的选择压力等有关；抗药性是由基因控制的，是可遗传的，杀虫剂起了选择压力的作用。

2. 害虫的抗药性与昆虫的自然耐药性和选择性的区别 害虫抗药性必须与昆虫自然耐药性（tolerance）和选择性严格区分开来。所谓自然耐药性是指一种昆虫在不同发育阶段、不同生理状态及所处的环境条件的变化对药剂产生不同的耐药力。而选择性是指不同昆虫对药剂敏感性的差异。只有在同一地区连续使用同一种药剂而引起害虫对药剂抵抗力的提高，这样方可说这种害虫对该药剂产生了抗药性。

3. 害虫抗药性的确定 害虫对一种杀虫剂产生抗药性后，再用这种杀虫剂进行防治，其防治效果会降低，但是在大田防治中不能一出现药效降低的现象，就认为是抗药性，因为产生药效降低的原因是多方面的，例如农药的质量问题、施药技术和环境条件、害虫的虫态、龄期、生理状态等。只有弄清楚上述条件的前提下，经过抗药性生物测定，才能确定某种害虫是否产生了抗药性。测定抗药性必须使用相同的方法才能比较，为此，联合国粮食及农业组织（FAO）从 1970 年起制定了一系列害虫抗药性的测定方法，以供参考。抗药性程度，一般通过比较抗药性种群和敏感品系的致死中量（或致死中浓度）的倍数（RR）来确定；当害虫抗药性遗传特性为显性和不完全显性时也可以用区分剂量（完全显性时用敏感品系的 LD_{99} 值，不完全显性时通过抗药性遗传分析估算确定杀死全部敏感个体而不杀死抗药性杂合子个体的剂量）方法来测定昆虫种群中抗药性个体比例（%）；但当害虫抗药性遗传特性为完全隐性或不完全隐性时，不能采用区分剂量的方法。我国农业害虫抗药性水平的分级标准见表8-2。

表8-2 抗药性水平的分级标准

抗药性水平分级	抗药性倍数（RR，倍）
敏感	$RR<3.0$
敏感性下降	$3.0 \leqslant RR < 5.0$
低水平抗药性	$5.0 \leqslant RR < 10.0$
中等水平抗药性	$10.0 \leqslant RR < 40.0$
高水平抗药性	$40.0 \leqslant RR < 160.0$
极高水平抗药性	$RR \geqslant 160.0$

4. 交互抗药性和负交互抗药性

（1）交互抗药性 害虫的一个品系由于相同抗药性机制、或相似作用机制或类似化学结构，对于选择药剂以外的其他从未使用过的一种药剂或一类药剂也产生抗药性的现象，称为交互抗药性（cross resistance）。目前发现交互抗药性现象较多，例如抗溴氰菊酯的棉蚜，由于抗击倒机制，因此对氯氰菊酯、百树菊酯、氯氟氰菊酯等几乎所有拟除虫菊酯杀虫剂都产生交互抗药性。具有交互抗药性的药剂间不能轮换交替、取代或作为混剂使用。

（2）负交互抗药性 负交互抗药性（negative cross resistance）是指害虫的一个品系对一种杀虫剂产生抗药性后，反而对另一种未用过的药剂变得更为敏感的现象。轮换取代和作为混剂使用具有负交互抗药性的药剂，是对付害虫抗药性的有效办法，目前发现具有负交互抗药性的药剂较少。例如对 N-甲基氨基甲酸酯产生抗药性的黑尾叶蝉，对 N-丙基氨基甲酸酯化合物变得更敏感。对内吸磷产生抗药性的棉蚜，对甲基对硫磷似乎也有类似现象。

5. 多重抗药性 多重抗药性（multiple resistance）简称多抗性，是指害虫的一个品系由于存在多种不同的抗药性基因或等位基因，能对几种或几类药剂都产生抗药性。例如有些地区的小菜蛾、马铃薯甲虫等几乎对现有各类药剂都产生抗药性，这必然会严重影响这些害虫的防治、新药的研制和开发。

二、害虫抗药性的形成与机制

（一）害虫抗药性的形成

1. 害虫抗药性群体形成的原理有以下几种学说

（1）选择学说 这种学说认为，生物群体内本来就存在少数具有抗药性基因的个体，从敏感品系到抗性品系，是药剂选择作用的结果。

（2）诱导学说 诱导学说认为，是诱发突变产生了抗药性。持这种观点的学者认为，生物群体内不存在具有抗药性基因的个体，而是在药剂的诱导下，最后发生突变，形成抗性品系。

(3) 基因重复学说　基因重复学说（即基因复增学说 gene duplication theory）是近年来提出的一种新学说，它与一般的选择学说不同，虽然它承认本来就有抗药性基因的存在，但它认为某些因子（例如杀虫剂等）引起了基因重复。即一个抗药性基因拷贝为多个抗药性基因，这是抗药性进化中的一种普遍现象。近年来已发现抗药性桃蚜（*Myzus persicae*）及库蚊的酯酶基因扩增，前者主要发生在酯酶 E_4 或 FE_4 基因的扩增。

(4) 染色体重组学说　染色体重组学说认为，染色体易位和倒位产生改变的酶或蛋白质，引起抗药性的进化，这也是近年来提出的新学说。

2. 害虫抗药性发展的影响因子　在不同种害虫或同种害虫不同环境条件下抗药性发展速率是完全不同的。通常认为主要有以下 3 方面的因子会影响抗药性的发展，即影响抗药性种群发展的选择作用。

(1) 遗传学因子　影响害虫抗药性的遗传因子包括抗药性等位基因频率、数目、显性程度、外显率、表现度及抗药性等位基因相互作用、过去曾用过的其他药剂的选择作用、抗药性基因组与适合度因子的整合范围。

(2) 生物学因子　影响害虫抗药性的生物学因子包括每年世代数、每代繁殖子数、单配性、多配性、孤雌生殖等。例如行为方面包括隔离、活动性及迁飞、单食性、多食性、偶然生存及庇护地（refugia）。一般来说，生活史短，每年世代数多，群体大，接触药剂的机会就多，抗药性群体形成的速度就快，例如蚜虫、螨类、家蝇、蚊虫都是属于这种情况。抗药性群体的形成与昆虫的迁飞及扩散习性有关。无迁飞习性的昆虫，因有自然生殖隔离，抗药性的群体易于在一定区域内形成。但在小面积内形成的抗药性棉蚜，由于受到外来敏感群体的迁入，抗药性群体的形成就比较慢。种的不同，产生抗药性品系的速度也不同。据广东省粮食科研所（1976 年）在全省范围内进行粮仓甲虫对磷化氢的抗药性调查，发现米象（*Sitophilus oryzae*）对磷化氢的抗药性增加最快，在 27 个品系中有抗药性的已有 17 个（占 63%），抗药性水平最高的达 63.7 倍；赤拟谷盗的抗药性水平增加很慢，在 28 个品系中，只有 3 个有抗药性的苗头；玉米象（*Sitophilus zaemais*）则多是敏感的，还没有发现抗药性的品系。

(3) 操作因子　化学方面包括农药的化学性质、与以前曾用过药剂的关系、药效的持久性及剂型；应用方面包括用药阈值、选择阈值、用药所选的生命阶段、用药方式、限制空间的选择用药及交替用药等。一般来说，药剂的使用量越大，使用次数越频繁，使用面积越大，接触的害虫群体越大，抗药性出现就越快。停止用药，抗药性可能逐步消失，但有些害虫消失快，另一些则消失很慢。从农药的化学性质来说，害虫对拟除虫菊酯的抗药性发展一般快于对其他药剂的抗药性，使用持效期长的药剂和剂型（例如颗粒剂及缓释剂等），抗药性产生就快。此外，用药所选害虫的虫态及龄期、药剂的不同使用方式也影响抗药性的发展。

以上遗传学和生物学因子是由昆虫种群的内在特性所决定，因此人们是无法控制的，但是内在特性的评估是决定害虫种群抗药性风险的基础。根据遗传学和生物学因子所展现的抗药性风险，人们可以改变这些操作因子到所需要的和可行的程度，以延缓或阻止抗药性的发展。

(二) 害虫抗药性机制

自从人们发现害虫抗药性以来,有关害虫抗药性的生物化学、生理学及遗传学方面的知识已取得明显的进展。人们需要了解害虫获得抗药性的机制,以便能理智地设计延缓抗药性产生的对策及措施。害虫生化、生理机制的改变是抗药性产生的直接原因,而抗药性基因控制着这些机制的改变,是抗药性产生的根本原因。根据害虫对杀虫剂反应的性质,从生化及生理水平来讲,害虫抗药性机制大致可分为以下几类。

1. 害虫代谢作用的增强　害虫体内代谢杀虫剂能力的增强,是害虫产生抗药性的重要机制。杀虫剂施用后,一般可以从害虫的体壁、口腔及气门3个部位进入体内。由于生物长期的适应性,害虫体内形成了具有代谢分解外来有毒物质的防卫体系,其中主要起代谢作用的酶包括微粒体多功能氧化酶、酯酶(esterase)、谷胱甘肽转移酶(glutathione-transferase)、脱氯化氢酶(dehydrochlorinase)等。它们把脂溶性强的、有毒的杀虫剂分解成毒性较低、水溶性较强的代谢物(有些可能为增毒的代谢物),以便继续进一步代谢或排出体外。害虫对杀虫剂产生的代谢抗药性,实际上是这些酶系代谢活性增强的结果。

(1) 害虫体内的微粒体多功能氧化酶系及其代谢

①昆虫体内的微粒体多功能氧化酶系:1960年孙云沛与Johanson首先指出杀虫剂在昆虫体内的代谢中,氧化作用很普遍且很重要。现在已经证实,这种氧化反应与药剂的降解代谢、增效作用、酶的诱导作用及昆虫对杀虫剂的抗药性都是密切相关的。

微粒体的概念是Caude于1938年提出的。由于高速离心机的应用,已可以从细胞匀浆中通过离心得到微粒体的粗制品。通过电子显微镜的观察,发现微粒体是匀浆离心后内质网的"碎片"。已经知道微粒体氧化酶系是多酶复合体,一般认为由细胞色素 P_{450}、NADPH-黄素蛋白还原酶、NADH-细胞色素 b_5 还原酶、6-磷酸葡萄糖酶、细胞色素 b_5 还原酶、酯酶及核苷二磷酸酯酶等成分组成。

细胞色素 P_{450} 是生物体内微粒体氧化酶系的重要组成部分。1958年Klingenberg及Garfinkel在哺乳动物肝细胞的微粒中发现其还原型细胞色素与CO结合的复合体在旋光示差光谱中于450 nm有一个最大的吸收峰,因此命名为细胞色素 P_{450},它在生物细胞中很普遍,在昆虫中主要存在于中肠、马氏管、胃盲囊、脂肪体。

细胞色素 P_{450} 的作用机制是将分子氧中的一个氧原子还原成水,另一个氧原子与底物(AH_2)结合,反应过程中由NADPH-黄素蛋白还原酶供给电子,其反应式为

$$NADPH+H^++AH_2+O_2 \xrightarrow{\text{多功能氧化酶}} NADP+AHO+H_2O$$

虽然细胞色素 P_{450} 及其他微粒体多功能氧化酶的作用还没有全部研究清楚,但是大部分反应过程已经了解(图8-1)。

图8-1是细胞色素 P_{450} 及微粒体的电子传递简图,表明细胞色素 P_{450} 在氧化代谢中的作用机制。整个反应分为下列4步:第一步,氧化型细胞色素 P_{450}(Fe^{3+})与底物形成复合体;第二步,从NADPH经过黄素蛋白还原酶供给电子,使氧化型细胞色素 P_{450}(Fe^{3+})与底物复合体还原为亚铁(Fe^{2+})还原型复合体;第三步,还原型(Fe^{2+})细胞色素 P_{450} 与底物复合体与CO反应成一个CO复合体,其示差光谱吸收峰在450 nm,在氧分子(O_2)存在时,还原型复合体与氧形成氧合中间体;第四步,氧合中间体转变为羟基化底物及 H_2O,

而还原型细胞色素 P_{450} （Fe^{2+}）则转变为氧化型细胞色素 P_{450} （Fe^{3+}）。第四步反应过程尚不清楚。可能存在的第二条电子传递途径，即从 NADH 供给电子，经黄素蛋白还原酶及细胞色素 b_5 传递给氧合中间体，再产生氧化型细胞色素 P_{450}、羟基化底物和水。

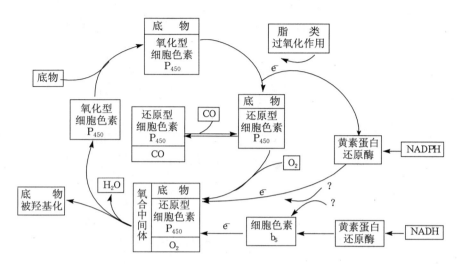

图 8-1 细胞色素 P_{450} 及微粒体电子传递系统
（仿 Hodgson 及 Tate）

微粒体氧化酶系的亲脂性非常突出，因此其主要代谢那些非极性的外来化合物。亲脂性的化合物被代谢为极性的羟基化合物或离子化合物。昆虫的发育阶段、年龄都会影响氧化酶的活性，一般来说卵期和蛹期测不到其活性，幼虫或若虫期酶活性变化很有规律，在每龄幼虫中期活性高，而在蜕皮的前后活性都降低。

②微粒体氧化酶系对杀虫剂的代谢作用：微粒体氧化酶系对各类杀虫剂及增效剂都可以使其氧化，绝大多数的氧化结果是解毒代谢，但对少数杀虫剂为活化代谢，致使其毒性先增强，随后又迅速降解为无毒的代谢产物。微粒体氧化酶系对杀虫剂的氧化作用主要可概括为以下 4 类反应。

A. $O—$、$S—$ 及 $N—$脱烷基作用：在杀虫剂中，氧、硫、氮原子与烷基相连接时是微粒体氧化酶攻击的靶标，由于氧原子及硫原子的负电性较强，反应的结果是脱烷基作用，如久效磷和涕灭威（图 8-2）。

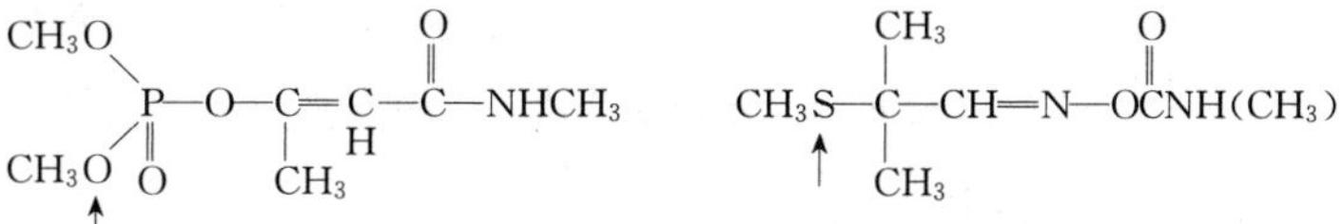

图 8-2 脱烷基作用的酶攻击靶标（箭头所指）

B. 烷基、芳基羟基化作用：氨基甲酸酯苯环上的烷基、拟除虫菊酯三碳环上的烷基及其他杂环上羟基化均属于这类反应（图 8-3）。

C. 环氧化作用：以 C=C 双键变成为环氧化合物 $\overset{O}{\overset{\triangle}{C-C}}$，如艾氏剂环氧化变成狄氏

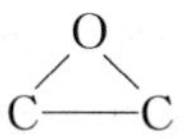

剂（图 8-4）。

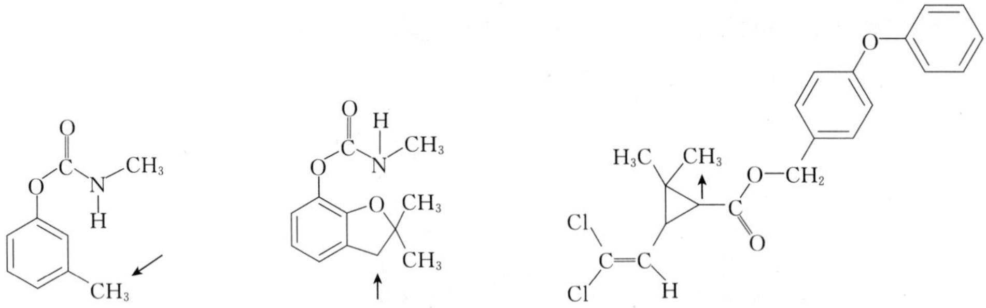

速灭威　　克百威　　氯菊酯

图 8-3　烷基和芳基上的羟基化部位（箭头所指）

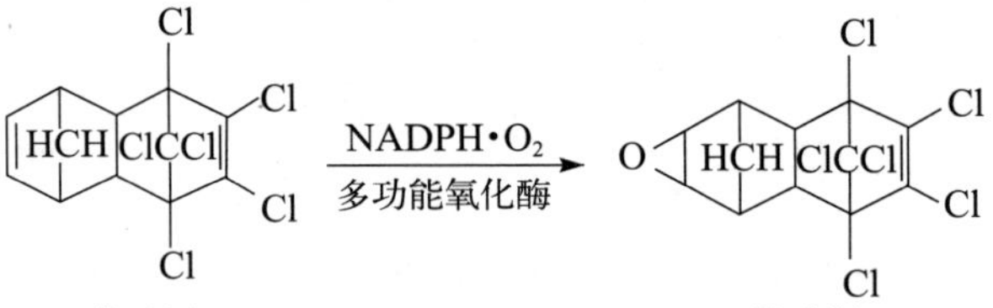

艾氏剂 →(NADPH·O₂, 多功能氧化酶)→ 狄氏剂

图 8-4　环氧化作用

D. 增毒氧化代谢作用：这类氧化作用为增毒代谢，其产物可进一步代谢为无毒化合物。(a) 硫代磷酸酯类化合物（P=S）氧化为磷酸酯（P=O）；(b) 硫醚及氮的氧化作用，有机磷杀虫剂及其他杀虫剂中硫醚（—S—）被微粒体氧化酶系代谢后产生亚砜及砜的化合物；(c) 烟碱中氮的氧化代谢后生成烟碱-1-氧化物（图 8-5）。

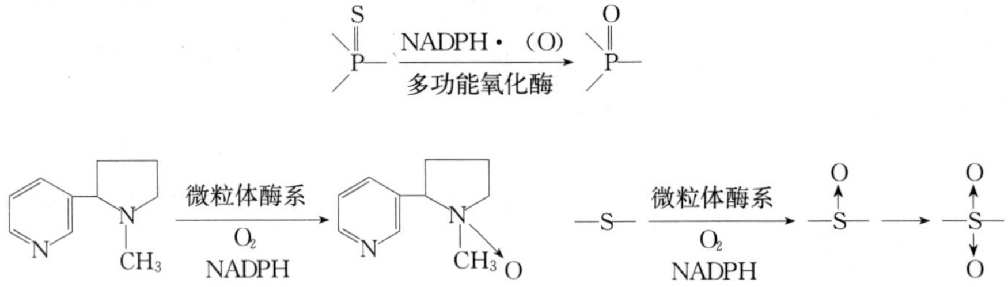

图 8-5　增毒氧化代谢作用

(2) 昆虫体内的水解酶系及其代谢

①磷酸三酯水解酶：有机磷酸酯类杀虫剂可以被多种水解酶降解，例如芳基酯水解酶、O-烷基水解酶、磷酸酯酶、磷酸二酯水解酶等，这些酶总称为磷酸三酯水解酶（phosphotriester hydrolase），其对有机磷杀虫剂分子有两个作用部位（图 8-6）。第一个反应产物为二烷基磷酸和 HX；第二个反应

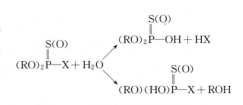

图 8-6　磷酸三酯水解酶的作用

产物为去烷基衍生物和醇。由于这些含磷的代谢物在中性溶液中是胆碱酯酶弱的抑制剂，因此水解作用就是解毒代谢。

②羧酸酯水解酶：羧酸酯水解酶是催化水解马拉硫磷的羧酸酯部位，酯键断裂为水溶性的马拉硫磷-羧酸（图8-7），对除虫菊酯及类似物也有类似催化解毒作用。

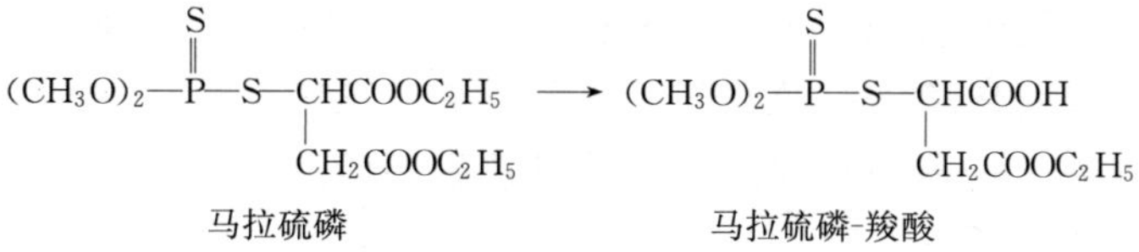

$$(CH_3O)_2-\overset{\overset{S}{\|}}{P}-S-\underset{\underset{CH_2COOC_2H_5}{|}}{CHCOOC_2H_5} \longrightarrow (CH_3O)_2-\overset{\overset{S}{\|}}{P}-S-\underset{\underset{CH_2COOC_2H_5}{|}}{CHCOOH}$$

马拉硫磷　　　　　　　　　　　马拉硫磷-羧酸

图8-7　羧酸酯水解酶的作用

羧酸酯水解酶在哺乳动物中很普遍，而在昆虫中有些种类却缺乏这种酶，因此这些昆虫对马拉硫磷特别敏感，但对马拉硫磷有抗药性的昆虫，羧酸酯酶的活性就特别高。许多有机磷杀虫剂能抑制羧酸酯水解酶的活性，特别是对具有P=O结构的磷酸酯的抑制能力更强，但马拉硫磷与这些杀虫剂混用可以显著提高对昆虫的药效，但同时也可能增强对高等动物的毒性，这在实际应用中必须引起重视。

③酰胺水解酶：酰胺水解酶能催化水解乐果的酰胺基部位，产生对昆虫无毒的乐果酸（图8-8）。

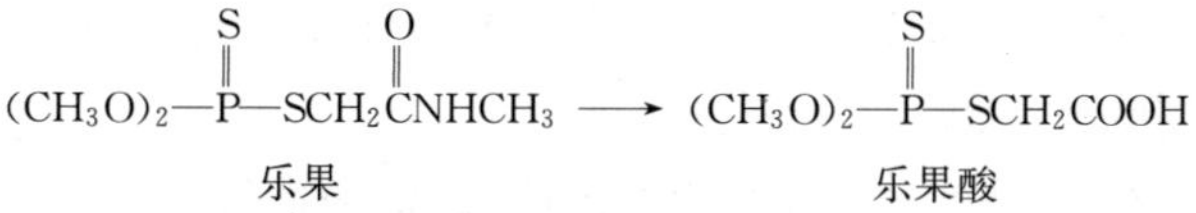

$$(CH_3O)_2-\overset{\overset{S}{\|}}{P}-SCH_2\overset{\overset{O}{\|}}{C}NHCH_3 \longrightarrow (CH_3O)_2-\overset{\overset{S}{\|}}{P}-SCH_2COOH$$

乐果　　　　　　　　　　　　乐果酸

图8-8　酰胺水解酶的作用

酰胺水解酶与羧酸酯水解酶很相似，它虽能水解硫代磷酸酯类杀虫剂（例如乐果），但会被含酰胺基的磷酸酯类化合物（例如氧乐果、久效磷、百治磷）所抑制。

(3) 昆虫体内谷胱甘肽-S-转移酶系及其代谢　谷胱甘肽-S-转移酶在杀虫剂的解毒过程中和在昆虫的抗药性中起着重要的作用。特别是许多有机磷化合物能被谷胱甘肽-S-转移酶作用而解毒。根据其底物的特性，该酶系可分为谷胱甘肽-S-烷基转移酶、谷胱甘肽-S-芳基转移酶、谷胱甘肽-S-环氧化转移酶、谷胱甘肽-S-烯链转移酶等。该类酶对二甲基取代的有机磷杀虫剂（例如甲基对硫磷、甲基谷硫磷、速灭磷、杀螟硫磷等）为去甲基反应，也有报道对对氧磷和甲基对氧磷为去芳基反应。

(4) 硝基还原酶及脱氯化氢酶　有机磷杀虫剂中有硝基结构的化合物（例如对硫磷、杀螟硫磷、苯硫磷等），可以被硝基还原酶代谢为无毒化合物（图8-9）。在哺乳动物、鸟类及鱼等体内都有此酶，反应时需要NADPH参与。在昆虫体内有活性的组织包括脂肪体、消化道及马氏管等。

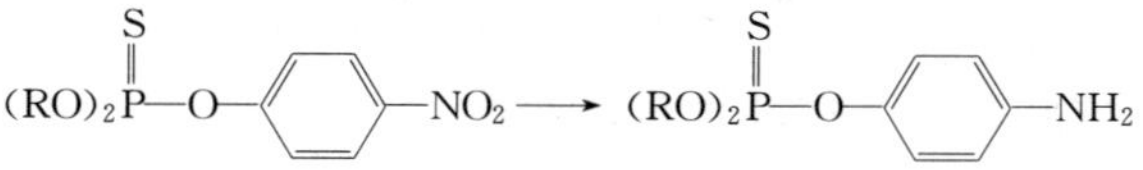

$$(RO)_2-\overset{\overset{S}{\|}}{P}-O-\underset{}{\bigcirc}-NO_2 \longrightarrow (RO)_2-\overset{\overset{S}{\|}}{P}-O-\underset{}{\bigcirc}-NH_2$$

图8-9　硝基还原酶的作用

脱氯化氢酶能把滴滴涕（DDT）分解为无毒的滴滴伊（DDE）[2,2-双（4-氯苯基）-1,1-二氯乙烯]，多数害虫（例如家蝇、蚊、二十八星瓢虫、菜粉蝶、烟草天蛾、墨西哥豆象等）对滴滴涕的抗药性是由于脱氯化氢酶活性的增高。

2. 害虫靶标部位对杀虫剂敏感性降低

（1）乙酰胆碱酯酶　乙酰胆碱酯酶是有机磷和氨基甲酸酯杀虫剂的靶标酶，其质和量的改变均可导致对这2类药剂的抗药性。据Smissaert（1964）首次观察到棉红蜘蛛（Tetranychus urticae）乙酰胆碱酯酶（AChE）对有机磷敏感度降低，Schuntner等（1968）最早报道蓝绿蝇（Lucilia cuprina）的抗药性是其乙酰胆碱酯酶变构引起的。随后在30多种昆虫及螨中发现类似的情况。

通常由乙酰胆碱酯酶变构引起的交互抗药性谱比较广。但有时也有一定的专一性，例如稻黑尾叶蝉的一个品系其抗药性仅限于某些氨基甲酸酯及有机磷杀虫剂（Hama等，1978）。乙酰胆碱酯酶变构可引起负交互抗药性，如正丙基氨基甲酸酯对抗药性黑尾叶蝉变构乙酰胆碱酯酶的抑制能力高于其对敏感品系乙酰胆碱酯酶的抑制能力。

（2）神经钠通道　神经钠通道（sodium channel）是滴滴涕和拟除虫菊酯杀虫剂的主要靶标部位，由于钠通道的改变，引起对杀虫剂敏感度下降，结果产生击倒抗药性。通常具有击倒抗药性的害虫会具有明显的交互抗药性，例如棉蚜对溴氰菊酯及氰戊菊酯产生抗药性后，对几乎所有的拟除虫菊酯都产生交互抗药性。

（3）其他靶标部位　γ-氨基丁酸（GABA）受体是环戊二烯类杀虫剂和新型杀虫剂氟虫腈（fipronil）及阿维菌素（abamectin）等杀虫剂的作用靶标部位，环戊二烯类杀虫剂与该受体结合部位敏感度降低导致了其抗药性。

昆虫中肠上皮细胞纹缘膜上受体是生物农药苏云金芽孢杆菌（Bt）的作用靶标部位。苏云金芽孢杆菌杀虫毒素蛋白质与中肠上皮细胞纹缘膜上受体位点亲和力下降导致了印度谷螟和小菜蛾的抗药性。

3. 穿透速率降低　杀虫剂穿透害虫表皮速率的降低是害虫产生抗药性的机制之一，例如氰戊菊酯对抗药性棉铃虫幼虫体壁的穿透速率明显比敏感棉铃虫慢，内吸磷对抗药性棉蚜体壁的穿透和敌百虫对抗药性淡色库蚊的穿透都有类似的结果。穿透速率降低的原因至今尚不完全清楚，Saito（1979）认为抗三氯杀螨醇的螨对该药穿透速率较慢是由于几丁质较厚引起的；Vinson（1971）则认为抗滴滴涕的烟芽夜蛾幼虫，对滴滴涕穿透较慢是由于几丁质内蛋白质与酯类物质较多而骨化程度较高引起的。

4. 行为抗药性　这种抗药性的产生是由于害虫改变行为习性的结果。例如家蝇及蚊子会飞离药剂喷洒区或室内做滞留喷雾的墙壁，使昆虫在未接触足够药量前或避免了接触药剂就飞离用药区而存活。

以上分别简述了害虫对杀虫剂产生抗药性的几个主要的机制。但在实际抗药性的例子中，害虫的抗药性并非都是由单个抗药性机制所引起的，往往可以同时存在几种机制，各种抗药性机制间的相互作用绝不是简单的相加。例如当体壁穿透力的降低为唯一的抗药性机制时，其抗药性倍数一般较低；但当与代谢酶活性的增加及靶标部位敏感性降低等结合存在时，例如棉红蜘蛛的高抗品系，其抗药性倍数可高达几千倍。此外，一种杀虫剂可能存在多个酶解毒的作用部位，例如对硫磷、马拉硫磷（图8-10）。

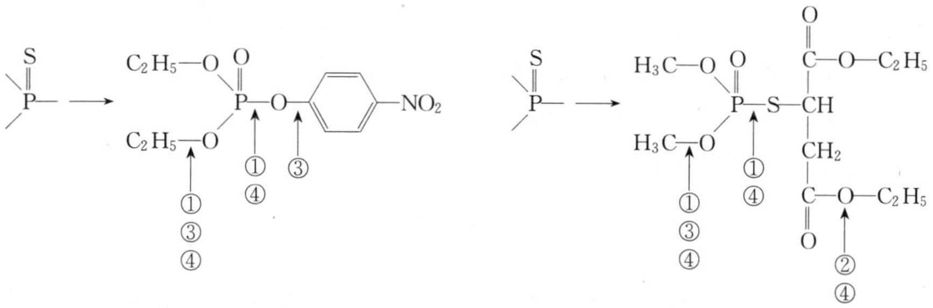

图 8-10 酶解毒作用的部位
①磷酸酯酶 ②羧酸酯酶 ③谷胱甘肽-S-转移酶 ④多功能氧化酶

三、害虫抗药性遗传

从遗传的角度来说，害虫对杀虫剂的抗药性，是生物进化的结果。害虫抗药性是由基因控制的，抗药性的发展速度依赖于药剂对抗药性基因选择作用的强度，反过来抗药性基因的特性，又能影响药剂对抗药性群体的选择作用。抗药性等位基因（resistance allele）的频率在自然种群中原来是很低的，多为 $10^{-2} \sim 10^{-4}$，这称为抗药性基因起始频率。起始频率对药剂处理后的抗药性群体大小影响很大。当起始频率极低时，存活的个体及其群体增加的潜力大大地受到限制，抗药性形成比较慢。目前还在研究早期抗药性的基因频率和抗药性基因频率的阈值（threshold of r-gene frequency），前者对实施"预防性"抗药性治理非常重要，后者的含义是指抗药性等位基因频率提高到何等程度时，再用杀虫剂防治不再有效。这对制定抗药性治理对策及方案是重要依据。值得注意的是，在害虫群体一定时，杀虫剂的防治效果与抗药性基因频率有关。但群体越大，影响药效的抗药性基因频率越低。

抗药性基因的表现型有完全显性（complete dominance）、不完全显性（incomplete dominance）、中间类型（既不是显性也不是隐性，neither dominance nor recessiveness）、不完全隐性（incomplete recessiveness）及完全隐性（complete recessiveness）。在药剂选择的条件下，抗药性基因的显隐性程度会影响抗药性发展的速度。当抗药性基因是隐性时，抗药性发展速度慢，反之显性时则抗药性发展快。二者达到高水平抗药性的基因频率所需的时间差异很大。

害虫抗药性遗传的研究，曾经以蝇、蚊等卫生害虫为主，近年来，对农业害虫抗药性遗传也进行了许多研究，特别是分子生物学技术的发展，促进了害虫抗药性的分子遗传学研究。从抗药性基因的水平来看，许多研究证明，抗药性害虫体内存在单一的或复合的抗药性基因或等位基因。在一些抗药性害虫中，如果是由单一（等位）基因控制的抗药性，为单基因抗药性，一般抗药性的水平可能相当高。例如螨类对有机磷的抗药性为 2 000 倍。又如抗药性叶蝉，由于其胆碱酯酶的变构，显著降低了对药剂的反应。乙酰胆碱酯酶变构引起的抗药性是单基因控制的，可能是由于结构基因改变引起的。但是目前还不能排除其他与抗药性有关的调节乙酰胆碱酯酶表达和翻译后修饰基因起作用的可能性（Fournier 等，1994）。此外，按蚊体内单基因控制的一种羧酸酯酶，引起对马拉硫磷的抗药性。在另一些抗药性昆虫中，例如抗滴滴涕家蝇，至少由 3 种（等位）基因控制的抗药性，为多基因抗药性。例如在第 3 对染色体上的脱氯化氢酶（Deh）、在第 5 对染色体上的氧化作用（DDTmd）及在第 3

对染色体上击倒抗性基因（Kdr），抗药性基因间存在相互作用。例如抗滴滴涕家蝇，其脱氯化氢酶抗药性水平为100倍，击倒抗药性为200倍，两个基因结合的抗药性水平为2 500倍。棉铃虫对氰戊菊酯抗药性的遗传研究发现，抗药性至少由多功能氧化酶、表皮穿透及击倒抗药性3个基因控制。近年来研究表明，抗药性基因的扩增、结构基因的改变以及基因表达水平的改变，是害虫在分子水平上产生抗药性的重要机制。

四、害虫抗药性治理

20世纪60年代人们广泛认为抗药性是一个不可避免的现象，也是不能治理的。到70年代初，津巴布韦棉花研究所的昆虫学家进行了开拓性的研究，彻底改变了这种观点。当时在津巴布韦相继发现棉叶螨对乐果的高水平抗药性（1 000倍）及开始对久效磷产生抗药性，而且抗药性几乎扩大到其他有机磷杀虫杀螨剂，他们通过对100多个农药的筛选仅发现8种药剂能防治棉叶螨，最后选择了6个杀螨剂，在全国范围实行抗药性治理，即把全国分成3个部分，每部分连续2年使用2种杀螨剂；2年后第一部分换用第二部分的2种杀螨剂，第二部分换用第三部分的2种杀螨剂，第三部分换用第一部分的2种杀螨剂；这样每2年交换1次，交替使用不同类别的杀螨剂，6年轮换1遍（图8-11）。这样使得每2年中所使用的两种杀螨剂刚开始所选择的抗药性，在以后的4年中足以消失。这方案已在全国执行了14年，没有发现对上述6种杀螨剂出现抗药性，这是一个预防性的抗药性治理成功的例子。

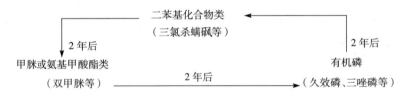

图8-11　津巴布韦杀螨剂轮用治理方案

试验结果说明，棉叶螨抗药性问题通过杀螨剂的治理而得到有效阻止。Georghiou（1977）提出了抗药性治理（resistance management）这个概念。即既将害虫控制在危害的经济阈值以下，又保持害虫对杀虫剂的敏感性。抗药性治理是通过时间和空间的大范围限制杀虫剂的使用，从而达到保存昆虫对药剂的敏感性，从而维持杀虫剂的有效性。要像保护自然资源那样来保护害虫对药剂的敏感性和杀虫剂的有效性。

（一）害虫抗药性治理的基本原则和策略

1. 害虫抗药性治理的基本原则　害虫抗药性治理的基本原则有以下几个。

①尽可能将目标害虫种群的抗药性基因频率控制在最低水平，以利于防止或延缓抗药性的形成和发展。

②选择最佳的药剂配套使用方案，包括各类（种）药剂、混剂及增效剂之间的搭配使用，避免长期连续单一使用某种药剂。特别注意选择没有交互抗药性的药剂间进行交替使用和混用。

③选择每种药剂的最佳使用时间和方法，严格控制药剂的使用次数，尽可能获得对目标害虫最好的防治效果和最低的选择压力。

④实行综合防治,即综合应用各项农业措施、物理措施、生物措施、遗传措施及化学措施,尽可能降低种群中抗药性纯合子和杂合子个体的比率及其适合度(即繁殖率和生存率等)。

⑤尽可能减少对非目标生物(包括天敌和次要害虫)的影响,避免破坏生态平衡而造成害虫(包括次要害虫)的再猖獗。

2. 害虫抗药性治理的策略 如何治理害虫抗药性,有 3 个基本策略是可以采用的,即适度治理(moderation management)、饱和治理(saturation management)及多种攻击的治理(multiple attack management)(Georghiou,1983)。

(1)适度治理 这种策略限制药剂的使用,降低总的选择压力,在不用药阶段,充分利用种群中抗药性个体适合度低的有利条件,促使敏感个体的繁殖快于抗药性个体,以降低整个种群的抗药性基因频率,阻止或延缓抗药性的发展。具体方法是,限制用药次数、用药时间及用药量,采用局部用药,选择持效期短的药剂等。

(2)饱和治理 当抗药性基因为隐性时,通过选择足以杀死抗药性杂合子的高剂量进行使用,并有敏感种群迁入起稀释作用使种群中抗药性基因频率保持在低的水平,以降低抗药性的发展速率。

(3)多种攻击治理 当采用不同化学类型的杀虫剂交替使用或混用时,如果它们作用于 1 个以上作用部位,没有交互抗药性,而且其中任何 1 个药剂的选择压力低于抗药性发展所需的选择压力时,那就可以通过多种部位的攻击来达到延缓抗药性的目的。

上述 3 个基本策略中,应用最普遍的是适度治理和多种攻击治理两个策略,而采用饱和治理即高剂量(高杀死)策略要特别慎重,因为通常使用高剂量就是增加药剂的选择压力,选择压力愈大,害虫愈容易产生抗药性。如果采用饱和治理策略,必须同时具备两个条件,一是抗药性基因为隐性;二是确保有敏感种群迁入饱和治理区,与存活的抗药性纯合子个体杂交,其杂交后代又可用高剂量策略杀死,达到抗药性治理的目的。

(二)害虫抗药性监测在害虫抗药性治理中的作用

1. 设计害虫抗药性治理方案的依据 通过监测可及时、正确测出抗药性水平及其分布,尤其是早期抗药性监测,对及时实施抗药性治理可争得时间上的主动。一般来说,药敏性恢复所需时间比抗药性产生所需的时间要长得多。抗药性水平愈高,治理的难度愈大。

通过监测,还可以明确重点应治理保护的药剂类别及品种。抗药性治理可分为两大类:①保护性治理,即对具有产生抗药性风险的药剂,在害虫产生抗药性以前就实施抗药性治理,例如津巴布韦于 1978—1979 年当菊酯类杀虫剂注册使用时起就实施抗药性治理;②治疗性治理,即在监测到害虫已产生抗药性或大田防治效果下降时,为了保护这类药剂不被淘汰所采用的抗药性治理。例如澳大利亚棉铃虫抗药性治理的重点保护对象是拟除虫菊酯杀虫剂及硫丹,我国棉铃虫抗药性治理的重点保护药剂是拟除虫菊酯杀虫剂。

2. 评估害虫抗药性治理的实际效果 通过监测害虫抗药性水平的变化,对整个治理方案或不同阶段抗药性治理的效果提供评估,也为抗药性治理方案的修订补充提供依据。

澳大利亚棉铃虫抗药性治理方案的改变就是根据抗药性监测的结果做出的。例如澳大利亚于 1983—1984 年生长季实施的抗药性治理方案中,原先拟除虫菊酯杀虫剂仅限于在第二阶段的 42 d 内使用。但在 1983—1984 年生长季至 1989—1990 年生长季期间,抗药性治理尽管减缓了抗药性发展的速度,但抗药性水平仍在继续上升。因此自 1990—1991 年生长季起，将第二阶段缩短为 35 d，约相当于棉铃虫发生 1 个世代的时间，也就是将拟除虫菊酯杀虫剂使用的选择压力全年仅限制在棉铃虫的 1 个世代期间，以进一步减慢抗药性发展的速度（表 8-3）。又如自 1993—1994 年生长季开始重新修订设计的抗药性治理策略，是建立在棉铃虫的抗药性已达到不能依靠单独使用拟除虫菊酯杀虫剂和硫丹防治棉铃虫优势种群的基础上，因此采用实夜蛾属害虫种的鉴定新技术，当发现以斑实夜蛾为优势种群时，可用拟除虫菊酯杀虫剂和硫丹进行防治；当发现以棉铃虫为优势种群时，避免单独使用上述两类药剂。

表 8-3 1990—1991 年生长季澳大利亚棉铃虫抗药性治理方案

(引自 Forrester, 1990)

第一阶段 第一次用药，1 月 9 日	第二阶段 1 月 9 日至 2 月 13 日 (35 d)	第三阶段 2 月 13 日，最后一次用药
硫丹	硫丹	灭多威
拉维因	拉维因	拉维因
灭多威	灭多威	对硫磷
久效磷	久效磷	久效磷
硫丙磷	丙硫磷	丙硫磷
丙溴磷	丙溴磷	丙溴磷
毒死蜱	毒死蜱	毒死蜱
	对硫磷	氟啶脲
	拟除虫菊酯	
	拟除虫菊酯加增效醚 (Pb)	
与杀卵剂灭多威混用	与杀卵剂灭多威混用	与杀卵剂灭多威混用
不用拟除虫菊酯杀虫剂	拟除虫菊酯不超过 3 次	不用拟除虫菊酯杀虫剂，不用硫丹
	第二次喷拟除虫菊酯加增效醚 (Pb)	

（三）害虫抗药性治理的基础研究

为了确保害虫抗药性治理方案的有效运行，抗药性治理方案的设计、修订和实施必须建立在害虫抗药性发展规律研究的基础上。这些研究除了害虫抗药性监测以外，还主要包括抗药性品系的选育（抗药性发展速率的研究）、交互抗药性谱、抗药性机制、抗药性遗传、生物学特性、种群生态及种群遗传学等。虽然完成这些研究需要时间和大量投入，但是有利于掌握足够丰富、详尽的科学知识，合理设计各项防治关键技术，使抗药性治理方案能建立在科学的基础上，而不是建立在人们通常感觉和直觉的基础上。澳大利亚棉铃虫抗药性治理实施 10 年，尽管抗药性发展速度比其他国家缓慢，但棉铃虫种群中抗药性个体比例（对氰戊菊酯）已经从 1982—1983 年的 20%～30%上升到 60%～70%。这主要是由于当时在设计抗药性治理方案时对棉铃虫的抗药性及发展规律了解不够造成的。正如 Sawieki (1985, 1989) 在评价澳大利亚最初的抗药性治理方案时所说"抗药性监测和交互抗药性的资料应是治理对策的基础，但这个治理方案当它正常运行时，很大程度上是种群遗传学的模式，在这个模式中，必须将通常感觉认识恢复到科学知识。"

(四) 害虫抗药性治理中的化学防治技术

为了达到既将害虫控制在危害的经济阈值以下，以保持害虫对药剂的敏感性，又能延长药剂使用寿命的目的。抗药性治理必须在害虫综合治理原则的指导下，加强农业防治（例如耕作、栽培等措施）、生物防治（例如用生物农药及应用和保护天敌）、物理防治（例如灯光、性引诱剂）、遗传防治等非化学防治方法与化学防治方法有机地结合起来，化学农药使用应科学合理，尽可能减少其使用次数和使用量，以降低药剂对害虫的选择压力，延缓抗药性的发展，减少环境污染及破坏生态平衡。

1. 农药交替使用 化学农药交替使用就是选择最佳的药剂配套使用方案，包括药剂的种类和使用时间、次数等，这是害虫抗药性治理中经常采用的方式。要避免长期连续单一使用某种药剂。交替使用必须遵循的原则是不同抗性机制的药剂间交替使用，这样才能避免有交互抗药性的药剂间交替使用。例如对稻褐飞虱，用马拉硫磷和甲萘威交换使用3个世代后，再用马拉硫磷处理12个世代，抗药性只有20倍；如果单一地连续使用马拉硫磷15个世代，则对马拉硫磷的抗药性水平可高达202倍。又如津巴布韦把防治棉叶螨的6种杀螨剂交替使用的治理方案是成功的典范。国外采用4种不同作用机制的药剂轮用，也有明显的效果（图8-12）。

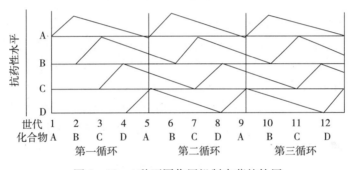

图8-12 4种不同作用机制农药的轮用

杀虫剂的作用机制与害虫产生抗药性的机制在多数情况下并不是一回事（抗药性机制中仅靶标部位的不敏感性与药剂的作用部位相同）。因此不同类别或不同作用机制的杀虫剂间如果具有交互抗药性，也不能交替使用。

2. 农药的限制使用 农药的限制使用是针对害虫容易产生抗药性的一种或一类药剂或具有潜在抗药性风险的品种，根据其抗药性水平、防治利弊的综合评价，采取限制其使用时间和次数，甚至采取暂时停止使用的措施，这是害虫抗药性治理中经常采用的办法。例如我国与澳大利亚棉铃虫抗药性治理方案中对拟除虫菊酯杀虫剂的限制使用。

3. 农药混用

（1）农药混用的利弊 农药混用也是害虫抗药性治理可采用的一种措施。以往对此，国内外存在两种不同的看法。一种认为（以日本学者为代表）不同作用机制的农药混用，是害虫抗药性治理的一个好办法；但以美国Wilkinson为代表的认为，混用将给害虫产生交互抗药性和多重抗药性创造有利条件，会给害虫的防治和新药剂的研制带来更大的困难。因此农药混剂研制中必须考虑和解决如何避免产生交互抗药性和多重抗药性的问题。只有科学合理研制和使用混剂，才能充分发挥其在害虫抗药性治理中的作用。

(2) 常用混剂类型 常用混剂有以下3种类型。

①生物农药与化学农药混用：生物农药例如苏云金芽孢杆菌（Bt），一般杀虫作用比较慢，其与极少量化学农药混用，取长补短，可明显提高防治效果，也有利于延缓害虫抗药性的产生。

②杀卵剂与杀幼虫剂混用：通常昆虫卵的阶段对药剂不易产生抗药性，但杀卵剂单独使用通常效果不佳，因为这类药剂只能在卵期（即产卵后至孵化前）使用，而对已孵化的幼虫和用药后产的卵可能就无效或效果差。国外在棉铃虫抗药性治理中比较强调使用这类混剂，由于这类混剂中杀幼虫剂用量低，选择压力小，有利于延缓害虫抗药性的产生，其中灭多威、拉维因等是理想的杀卵剂。

③不同杀虫剂之间的混用：目前我国正在使用的混剂大多数属于这类混剂。鉴于国内外学者对使用混剂的主要担心是害虫会产生多重抗药性和交互抗药性，因此在混剂研制中，就应特别重视考虑如何避免产生多重抗药性和交互抗药性问题。从昆虫种群遗传来说，只有当害虫对混剂中所有各单剂比较敏感或抗药性水平甚低时，即抗药性基因频率在很低时，使用该混剂后，害虫种群中多重抗药性基因频率才可能维持在极低的水平，即有利于延缓甚至避免产生多重抗药性的危险。因此这类混剂应挑选敏感药剂作为混剂的候选单剂；其次选择与已产生抗药性的药剂间没有明显交互抗药性的药剂作为混剂的候选单剂，这对确保混剂不产生交互抗药性是极为重要的。在害虫化学防治和抗药性治理中，药剂间有无交互抗药性是决定这些药剂能否交替使用和混用的重要依据。众所周知，多种害虫因具有击倒因子决定了滴滴涕与拟除虫菊酯杀虫剂间存在交互抗药性（Sawieki，1982）。据报道，我国棉铃虫对氰戊菊酯的抗药性机制主要是多功能氧化酶的解毒作用，其次是表皮穿透及击倒因子。交互抗药性谱测定结果也表明，抗氰戊菊酯的棉铃虫对拟除虫菊酯杀虫剂品种间的交互抗药性范围不同于棉蚜。

(3) 农药混用的效果及机制 从混剂的实际应用情况来看，使用具有不同作用机制（最好是不同抗药性机制）和明显具有增效作用的混剂，不仅能起到增强药效，减少用药量，降低成本及兼治几种病、虫、草等作用，还能延缓抗药性的发展。

农药混用后，对抗药性害虫增效的原因中，以生化机制增效最重要。例如甲萘威、二溴磷、稻瘟净等对稻黑尾叶蝉的羧酸酯酶有强烈的抑制作用，所以同马拉硫磷混用后，可防治对马拉硫磷有抗药性的黑尾叶蝉。拟除虫菊酯农药已在国内外广泛应用，但在短短几年之后，抗药性就成为突出的问题，为了延缓抗药性的发展，充分发挥这类农药的优点，延长其有效使用寿命，我国一般都采用与其他类别杀虫剂混用的办法。

4. 增效剂的使用

(1) 增效剂的概念及应用效果 凡是在一般浓度下单独使用时对昆虫并无毒性，但与杀虫剂混用时，则能增加杀虫剂效果的化合物均称为增效剂。可以用测定相对毒力的方法来表示增效剂效能的大小，即用增效比值（增效倍数）表示。增效比值明显大于1时，即证明有增效作用。增效醚与溴氰菊酯、氰戊菊酯、氯氰菊酯和氟氯氰菊酯复配，对棉红铃虫的增效指数分别为80.65、7、230和1 670。由中国科学院动物研究所合成的增效磷与拟除虫菊酯杀虫剂复配，对棉蚜、棉铃虫等均有增效作用。

现在已注册登记为商品使用的增效剂主要有5类：增效磷（SV1）、增效醚（piperonyl butoxide，Pb）、丙基增效剂（propylisome）、亚砜化合物（sulfoxide）和增效菊（sesoxanae 或 sesamex）。

增效剂可提高杀虫剂的杀虫效果的实例很多，这里仅举二例。一是对抗有机磷和甲萘威的害虫，可以加入除虫菊增效剂，例如胡椒基化合物等（表8-4）。二是丙炔醚类增效剂对甲萘威有明显的增效作用，增效甲萘威在降低5倍的用量下，对稻蓟马的药效仍然高于甲萘威单用（表8-5）。

表8-4 马拉硫磷、乐果等杀虫剂对黑尾叶蝉的毒效及不同类型增效剂对它们的影响

（引自陈巧云等，1978）

药剂	LD_{50}（μg/雌虫）			增效倍数 = $\dfrac{\text{单独施药 } LD_{50}}{\text{药剂} + \text{增效剂 } LD_{50}}$		
	抗药性区（嘉兴）	敏感区（庆元）	敏感区（霍山）	抗药性区（嘉兴）	敏感区（庆元）	敏感区（霍山）
马拉硫磷	0.12	0.032	0.013	—	—	—
马拉硫磷+TPP	0.024	0.023	0.013	5.0	1.4	1.0
马拉硫磷+PA	0.120		0.013	1.0		1.0
乐果	0.720	0.120	0.125	—		—
乐果+TPP	0.044		0.046	16.4		2.7
乐果+PA	0.400	0.325	0.234	1.8	0.36	0.53
氧化乐果	0.036		0.012	—		—
氧化乐果+TPP	0.016		0.007	2.3		1.7
氧化乐果+PA	0.025	0.012	0.011	1.4	1.1	1.1

注：TPP 为三苯基磷酸酯；PA 为 O-甲基胡椒醛肟。

表8-5 增效甲萘威大田防治稻蓟马药效试验

（引自谭福杰等，1978）

处理	有效成分的浓度（%）	喷药后第二天校正虫口减退率（%）	喷药后第五天校正虫口减退率（%）
10%甲萘威乳油（1∶100）	0.1	82.5	47.4
10%甲萘威乳油+S_{16}乳油（1∶500）	0.02	96.2	81.4
10%甲萘威乳油+S_{14}乳油（1∶500）	0.02	91.8	61.0
10%甲萘威乳油+S_{13}乳油（1∶500）	0.02	92.7	79.6
10%甲萘威乳油+S_{12}乳油（1∶500）	0.02	94.4	73.5
对照	—	12.3	7.9

注：①10%甲萘威乳油每公顷用量为11.25 kg；增效剂乳油每公顷用量为2.25 kg。②4种增效剂乳油均为常州化工研究所提供，它们的化学成分，S_{12}代表邻硝基苯基丙炔醚；S_{13}代表2,4,6-三氯苯基丙炔醚；S_{14}代表2,4,5-三氯苯基丙炔醚；S_{16}代表对氯磷硝基苯基丙炔醚。

（2）增效剂的作用机制　孙云沛、Caside 及 Hodgson 等研究认为，甲撑二氧苯基化合物（MDP）除作为竞争性抑制剂外，还可以与细胞色素 P_{450} 形成复合物，这种化合物稳定而且不可逆，抑制了多功能氧化酶，抑制被甲撑二氧苯基化合物所复合的细胞色素 P_{450}，细胞色素 P_{450} 就不再催化整个反应。其他增效剂的作用是抑制代谢杀虫剂的酶的活性，例如滴滴涕类似物 1,1-D-（4-氯苯基）乙醇（DMC）和 1,1-D-（4-氯苯基）-2,2,2-三氟乙醇

(FDMC)都是脱氯化氢酶的抑制剂,能使滴滴涕对害虫增效;又如抑制羧酸酯酶的化合物都能使马拉硫磷对抗药性害虫增效,无杀虫活性的三丁基磷酸三硫酯(DEF)(有机磷酸酯)就可作为马拉硫磷的增效剂。

增效剂同时也存在加工成本高,以及毒性和光解等不足,目前在田间条件下实际应用的还不多。但是,这一原理的应用是有希望的,值得进一步研究。

近几十年来,酶诱导作用的分子生物学研究已取得丰硕成果,为进一步了解昆虫抗药性的生理学、生物化学、药剂毒理学和分子遗传学提供了帮助。但由于害虫产生抗药性的因素是十分复杂的,许多问题至今仍然不清楚,抗药性问题随着农药的推广应用而日趋严重。因此从分子生物学水平上研究其本质的原因,对昆虫毒理学研究有着重要的意义。

五、害虫抗药性的分子检测

害虫抗药性分子检测技术即利用分子生物学技术检测杀虫剂作用靶标的抗药性点突变或解毒代谢酶基因的增强表达。从理论上讲,所有能够检测基因突变或基因差异表达的分子生物学技术都能够应用于害虫抗药性的分子检测,其中基因突变检测技术可应用于检测杀虫剂作用靶标的基因突变,而基因差异表达技术则应用于检测解毒代谢酶基因的增强表达。目前几乎所有的害虫抗药性分子检测研究都集中于靶标抗药性方面,即检测靶标基因的突变,而对代谢抗药性机制中解毒代谢酶基因的分子检测较少。其中应用的基因突变检测技术主要包括 PCR-限制性内切酶技术(PCR-restriction endonuclease,PCR-REN)、专一性等位基因 PCR 扩增(PCR amplification of specific alleles,PASA;allele-specific PCR,也称为 AS-PCR)、PCR-单链构象多态性分析(PCR-single-strand conformation polymorphism,PCR-SSCP)、微测序反应(minisequencing)等(表 8-6)。

(一)PCR-限制性内切酶技术

害虫抗药性的基因位点突变可能导致限制性内切酶位点的破坏或产生,PCR-限制性内切酶技术是利用这个特性发展起来的新型突变检测技术。通过对包含突变位点的碱基片段进行聚合酶链式反应(PCR)扩增,利用相应的限制性内切酶进行酶切后电泳,敏感和抗药性害虫将表现不同的电泳带型,达到检测的目的。该技术在昆虫抗药性分子检测中的成功例子是对环戊二烯类杀虫剂抗药性品系果蝇的研究,并成功分离鉴定了敏感、抗药性和抗药性杂合子果蝇品系。

(二)专一性等位基因 PCR 扩增

专一性等位基因 PCR 扩增技术的基本原理是将其中一条 PCR 引物的 3′端设计于抗药性突变位点处。通常设计2种,一种与敏感害虫的碱基位点配对(S 引物),另一种则与抗药性突变位点配对(R 引物)。利用这些引物进行 PCR 扩增,S 引物能够扩增敏感害虫的基因片段,而不能扩增抗药性害虫的基因片段;R 引物则相反。对 PCR 产物进行琼脂糖凝胶电泳即可达到分离鉴定的目的。经过研究工作者的改进,先后出现了竞争性 PASA、Bidirectional PASA(Bi-PASA)等衍生技术。专一性等位基因 PCR 扩增技术因其经济和操作方便而在害虫抗药性分子检测中得到较为广泛的应用。在抗药性检测上,Steichen 等首次利用 PASA 技术成功检测了环戊二烯类杀虫剂抗药性黑尾果蝇(*Drosophila melanogaster*)和相似果蝇(*Drosophila simulans*)γ-氨基丁酸受体 A(GABAA)基因外显子7的点突变。

（三）PCR-单链构象多态性分析

PCR-单链构象多态性分析是 1989 年发展起来的一种分析突变基因的方法。该方法的原理是基于序列不同的 DNA 单链片段，其空间构象亦有所不同，当其在非变性聚丙烯酰胺凝胶中进行电泳时，其电泳的位置亦发生变化而表现出不同序列单链电泳迁移率的差异，据此判断有无突变或多态性存在。传统 PCR-单链构象多态性分析电泳结果的显示需要借助同位素标记，方法复杂。近年来非同位素标记物掺入法、银染法、荧光标记法等的发展避免了同位素法的诸多不便。该方法对检测基因的单个碱基置换或短核苷酸片段的插入或缺失的筛查提供了有效而快速的手段，现已广泛应用于遗传及基因突变的分析在害虫抗药性检测中，Corstau 等首次利用单链构象多态性分析技术对黑腹果蝇（*Drosophila obscura*）、相似果蝇、埃及伊蚊（*Aedes aegypti*）、赤拟谷盗（*Tribolium castaneum*）的基因组 DNA 进行了分析。

（四）微测序反应

微测序反应是将 PCR 和酶联免疫吸附分析（ELISA）技术相结合而发明的新型基因突变监测技术，其技术原理是 PCR 扩增出包含位点突变的基因片段，扩增过程中采用的反向引物 5′端进行生物酰化处理，扩增出的基因片段能够与外被链酶抗生素的微量培养板结合，以此基因片段作为模板，在邻近突变位点处设计检测引物进行微测序检测是否存在突变位点。该技术曾被利用在对马铃薯甲虫的乙酰胆碱酯酶（AChE）基因组 DNA 和 cDNA 进行分析。

表 8-6 可用于害虫抗药性分子检测的分子生物学技术

检测目标	常用分子生物学技术
基因突变	PASA；Bi-PASA；竞争性 PASA
	PCR-SSCP
	低严格单链特异性引物 PCR 技术（low-stringency single specific primer PCR，LSSp-PCR）
	PCR-REN
	变性梯度凝胶电泳技术（denaturing gradient gel-electrophoresis，DGGE）
	直接测序法（direct sequence，DS）
	引物延伸（primer extension）检测或微测序法
	等位基因特异寡核苷酸探针斑点杂交法（dot-blot hybridization with allele-specific oligonucleotide probes）
	基因芯片技术（gene chip）
	错配化学裂解法（chemical cleavage of mismatch，CCM）
基因差异表达	实时定量 PCR 技术（real-time quantitative PCR，real-time Q-PCR）
	mRNA 差示聚合酶链式反应（differential display polymerase chain reaction，DD-PCR）
	RT-PCR 技术进行 mRNA 定量分析
	分子杂交技术（molecular hybridization）
	抑制性差减杂交技术（suppression subtractive hybridization，SSH）
	基因芯片技术
	cDNA 代表性差异分析方法（cDNA representational difference analysis，cDNARDA）
	基因表达系列分析（serial analysis of gene expression，SAGE）
	基因鉴定集成法（intergrated procedure for gene identification，IPGI）

较之传统的生物测定方法，抗药性分子检测技术具有对试虫要求低、需要试虫数量少、能够检测到个体基因型等诸多优点。但迄今为止，害虫抗药性分子检测技术只能单独地检测靶标抗药性突变或解毒代谢基因增强，尚不能对害虫的抗药性做整体评估，因而无法真正实现对害虫抗药性的"分子监测"。

第二节　植物病原物抗药性

植物病原物抗药性是指本来对农药敏感的野生型植物病原物个体或群体，由于遗传变异而对药剂出现敏感性下降的现象。植物病原物抗药性与害虫及杂草抗药性一样，是植物化学保护领域最重要的科学问题之一。"抗药性"术语包含两方面涵义，一是病原物遗传物质发生变化，抗药性状可以稳定遗传；二是抗药突变体有一定的适合度，在环境中能够存活，例如能够正常地越冬、越夏、生长、繁殖和致病力等有较高的适合度。

植物病原物抗药性发生的历史远远晚于害虫抗药性发生的历史。20 世纪 50 年代中期，美国 James G. Horsfall 才提出病原菌对杀菌剂敏感性下降的问题。由于当时人们对病害防治的重视程度远不如对害虫的防治，并长期使用的是非选择性、多作用靶点的保护性杀菌剂，植物病原物抗药性没有成为农业生产上的重要问题。直至 20 世纪 60 年代末，高效、选择性强的苯并咪唑类内吸性杀菌剂被开发和广泛用于植物病害防治，植物病原物才普遍出现了高水平抗药性，并常常导致植物病害化学防治失败，农业生产蒙受巨大损失，人们才开始重视杀菌剂抗性问题。20 世纪 70 年代初，荷兰 Dekker 和希腊 Georgopoulous 等开展了对植物病原物抗药性生物学、遗传学、流行学及其治理等方面的系统研究，并于 1981 年促成国际农药工业协会成立了杀菌剂抗性行动委员会（Fungicide Resistance Action Committee, FRAC），开辟了植物病理学和植物化学保护学新的研究领域。

目前已发现产生抗药性的病原物种类有植物病原真菌、细菌和线虫。其他病原物的化学防治水平还很低，有些甚至还缺乏有效的化学防治手段，还没有出现抗药性，例如当前类菌原体、病毒、类立克次体和寄生性种子植物，都未见抗药性问题的报道。

植物病原物抗药性中最常见的是真菌抗药性，因为随着植物病理学和农药科学的发展，先后应用于植物真菌病害化学防治的杀菌剂已达数百种之多，用药量也越来越大。已知植物病原真菌产生抗药性的有子囊菌亚门、担子菌亚门、半知菌亚门和鞭毛菌亚门的数百种真菌和卵菌。产生抗药性的杀真菌剂有苯并咪唑类、硫赶磷酸酯类、苯酰胺类、羧酰替苯胺类、羟基嘧啶类、仲丁胺、麦角甾醇生物合成抑制剂类、苯胺嘧啶类、甲氧基丙烯酸酯类等内吸性杀菌剂，以及取代苯类、二甲酰亚胺类等保护性杀菌剂，春雷霉素、灭瘟素 S、放线菌酮等抗生素类化合物。实际上，人们常说的杀菌剂抗药性主要就是杀真菌剂抗药性。

植物病原细菌的抗药性远远不如病原真菌抗药性重要，因为可用于防治植物病原细菌的杀细菌剂种类较少，用药水平较低。但是细菌繁殖速度快、数量大，容易发生变异，只要经常使用杀细菌剂也会发生抗药性。例如链霉素和土霉素使用不久，梨火疫病菌就产生了抗药性。在使用叶枯唑水平较高的我国安徽省和县及江苏省赣榆市，发现水稻白叶枯病菌在田间已存在抗药性，在云南省发现水稻白叶枯病菌对链霉素的抗药性。

由于植物线虫病的化学防治水平很低，而且线虫繁殖速率一般比真菌慢，加上传播方式的局限性等，至今只发现了少数线虫产生抗药性的事例。

一、植物病原物抗药性发生原理

植物病原物抗药性群体的形成是药剂选择的结果。病原物和其他生物一样，可通过遗传物质变异对环境中特殊因子的变化产生适应性反应，从而得以生存。因此通过遗传变异而获得抗药性，是病原物在自然界能够赖以延续的一种快速生物进化的形式。抗药性遗传变异与药剂处理无关，但在药剂选择压下可形成抗药性群体。抗药性可发生在用药以后，也可以发生在用药之前，不仅可发生于靶标生物中，也可发生于非靶标生物中。

一些非选择性杀菌剂对植物病原物的毒理往往具有多个生化作用靶点，植物病原物个体不易同时发生多位点抗药性遗传变异并保持适合度，因此病原物难以对非选择性杀菌剂产生抗药性。正是因为如此，波尔多液在生产上使用100多年来，没有出现抗药性问题。植物病原物长期接触含金属离子化合物、二硫代氨基甲酸盐类、取代苯类等非选择性杀菌剂，而可能发生非靶标基因的变异，使细胞膜的结构发生修饰，减少药剂进入作用部位或增加对药剂的降解代谢及钝化，导致病原菌对这些杀菌剂的敏感性降低。这些反应性状往往没有专化性和遗传稳定性，抗药性水平较低，停止用药后，病原物可恢复原来的敏感性。

一些选择性强的杀菌剂对植物病原物的毒理往往只具有单一的作用位点。如果作用的靶标或药剂受体是由单基因控制的，植物病原物群体中则可能存在随机的这种单基因遗传变异，药剂对变异的病原物毒力下降或完全丧失，表现抗药性。当植物病原物群体中存在抗药性个体或抗药性基因时，使用选择性高效杀菌剂，就会将大部分敏感的植物病原物杀死，留下群体中比例很少的抗药性个体。这些抗药性个体在药剂选择下仍然可以继续生长繁殖、侵染寄主，从而提高了抗药性植物病原物在群体中的比例，造成抗药性优势群体的药剂防治效果下降。为了保持防治效果又往往加大用药剂量和用药频率，而进一步加速抗药性病原群体发展，最终导致抗药性病害流行，药剂化学防治完全失效。因此植物病原物抗药性是由植物病原物本身遗传基础决定的。就是说，植物病原物群体中，通过随机突变而出现抗药性个体，这些抗药性个体在杀菌剂应用之前就存在于群体之中。杀菌剂则是抗药性突变体的强烈选择剂，而不是抗药性发生的诱变剂，因为具有诱变作用的化合物是禁止作为农药使用的，过去认为杀菌剂可以诱导植物病原物产生抗药性的观点是不正确的。

二、植物病原物抗药性的发生机制

(一) 植物病原物抗药性的遗传机制

植物病原物抗药性性状是由遗传基因决定的。抗药性基因可能存在于细胞核中的染色体上，也可能存在于细胞质中（例如线粒体上）。已知绝大多数抗药性基因位于细胞核的染色体上。

1. 主效基因抗药性 植物病原物对某种杀菌剂的抗药性是由一个主基因控制的称为单基因抗药性，或主效基因抗药性。已知目前病原菌对杀菌剂的抗药性大多数都属于单基因抗药性。该基因可能是一段由若干核苷酸组成的 DNA 片段，其中单个或几个核苷酸的改变均能通过相同的生化机制表达对药剂的抗药性，但是不同的核苷酸改变可能表达不同的抗药性水平和适合度，这就是等位基因抗药性。一种植物病原物群体中可能同时存在着多等位基因抗药性。

2. 寡基因抗药性 植物病原物细胞中可能存在几个主效基因可以决定对一种药剂的抗药性，其中任何一个基因发生突变即可表达抗药性。植物病原物同一个体可能发生一至几个这种主效基因的变异，不过其中一个突变基因对另一个突变基因往往具有上位显性作用。尽管它们之间可能发生相互作用而表现型不同于单基因突变体，但是抗药性水平通常与单基因抗药性表达的抗药性水平相似，这就是寡基因抗药性。

与敏感病原物等位基因相比，每个突变基因可能表现为完全显性或不完全显性，或完全隐性或不完全隐性。当同一病原物个体细胞中存在等位的敏感基因和抗药性基因时，其表现可能是敏感的或抗药性的。例如卵菌及其他双倍体阶段致病的植物病原物，只有当控制抗药性的基因是显性的，或隐性基因的纯合体才能表达抗药性。大多数植物病原子囊菌、担子菌和半知菌的致病阶段是单倍体阶段，决定抗药性的基因无论是显性、半显性，还是隐性均能表达抗药性。主基因或寡基因控制的抗药性，抗药性水平往往很高，抗药性和敏感个体杂交后代对药剂的敏感性表现为抗药性和敏感不连续的孟德尔遗传分离规律（图8-13）。使植物病原物表现质量性状的抗药性基因往往是药剂的靶标基因，在生产上出现质量性状抗性的杀菌剂有苯并咪唑类、苯酰胺类、羧酰替苯胺类、苯胺基嘧啶类、甲氧基丙烯酸酯类、二甲酰亚胺类等杀菌剂和春雷霉素、链霉素等抗生素。

3. 聚基因抗药性 有些植物病原物对少数药剂的抗药性是由许多微效基因的突变引起的。这些微效基因的作用可以相互累加，使抗药性水平显著增加，这就是聚基因（polygene）抗药性。抗药性与敏感菌株的杂交后代中不同基因型组别重叠，对药剂的抗药性水平差异是连续的，表现为数量遗传。即使在药剂的长期选择压力下，植物病原物群体敏感性仍然保持连续分布，只是整个分布向降低敏感性和增加抗药性水平的方向数量移动（图8-13）。使植物病原物表现数量遗传性状的抗药性基因往往是非靶标基因，在生产上出现数量性状抗性的杀菌剂有多果定、放线菌酮和三唑醇、三唑酮、咪鲜胺、氯苯嘧啶醇等麦角甾醇生物合成抑制剂。

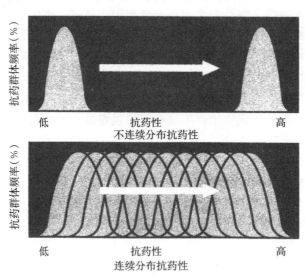

图 8-13 植物病原物抗药性群体遗传类型
（仿 Brent 和 Hollomon）

4. 多重抗药性 植物病原物可以同时或先后对不同类型的农药产生不同的抗药性基因突变而表现多重抗药性。其中各个基因的突变及其调控的生化机制是独立的，互不干扰，这就是多基因（multigene）抗药性。例如灰葡萄孢霉（*Botrytis cinerea*）可以对苯并咪唑类、二甲酰亚胺类、苯胺基嘧啶类及乙霉威等不同类型的杀菌剂产生多重抗药性。表现多重抗药性状的植物病原物往往是先后或同时发生了不同类型杀菌剂的靶标基因抗药性变异。

5. 胞质基因抗药性　植物病原物抗药性基因还可能存在于细胞质中的线粒体、质粒、整合子或病毒分子上。在实验室通过菌体线粒体 DNA 的突变，可以获得对氯霉素、放线菌酮、寡霉素、链霉素等抗生素的抗药性。但是实际情况下，抗生素的抗药性基因似乎很少位于线粒体或染色体上，最近徐颖等发现自然界水稻白叶枯病菌对链霉素的抗药性就是因为导入了带有抗多种抗生素基因的整合子，这些整合子可能存在于环境微生物中，它们与病原物接触是通过穿梭作用进入植物病原物细胞，并在药剂选择压下形成抗药性群体。许多抗生素抗性基因还常常存在于游离体、质粒或病毒上。

丝状病原真菌的多核菌丝可能是异核的，即同一细胞内的细胞核不具有遗传同一性。异核体的不同细胞核可能包含对某种杀菌剂抗药性和敏感的等位基因。它们能表达各自控制的性状，在有药或无药条件下均能正常生长，但随着药剂选择压的变化，菌体内抗药性和敏感的细胞核比例可能发生改变。

6. 抗药性基因的多效作用　植物病原物抗药性基因往往具有多效作用。即基因发生抗药性突变，也可能同时引起其他表现型特征的变化，这是基因之间特异性互作发生改变的结果。例如控制二甲基亚胺类杀菌剂抗药性的高抗基因，通常会引起菌体对高渗透压的超敏感性，制霉菌素抗药性基因及三唑醇抗药性基因还会引起菌体生长减慢、产孢减少等。

（二）植物病原物抗药性的生化机制

生产上常用的杀菌剂中，有一些能干扰植物病原物生物合成过程（例如核酸、蛋白质、麦角甾醇、几丁质等的合成）、呼吸作用、生物膜结构以及细胞核功能的选择性杀菌剂，都有特异性的作用靶标。植物病原物只要发生靶标单基因或少数寡基因点突变就可以导致植物病原物药剂受体结构的改变，而丧失或降低对专化性药剂的亲和性。虽然植物病原物不可能同时发生多基因的变异，而丧失或降低与多作用靶标化合物（多作用位点杀菌剂）的亲和性，但是非靶标基因的随机变异可以改变转录组的表达水平，药剂筛选作用下形成耐药或抗药性的生理代谢变化，例如修饰细胞壁或生物膜的结构，阻止药剂到达作用靶标；减少对药剂的吸收，或者增加排泄；增强对药剂的降解代谢，减少药剂在细胞内的积累；钝化药剂或降低活化药剂的"自杀"代谢等而表现耐药性或抗药性。

药剂与靶标（受体）的亲和性丧失或降低虽然是所有生物共有的抗药性机制，但在农业生产上是植物病原物产生抗药性最重要的生化机制。几乎所有生物均具有维持各种生物学性状稳定的遗传基础，因此遗传物质单一位点的变异频率是很低的，在繁殖速率较低及受多倍体等位基因调控的害虫、杂草等高等生物中，形成药剂靶标基因突变的抗药性群体速度远远慢于繁殖速率极高的单倍体病原微生物。农业生产上对常用的杀菌剂（例如苯并咪唑类、苯基酰胺类、羧酰替苯胺类、甲氧基丙烯酸酯类杀菌剂）及多抗霉素和春雷霉素等抗生素出现的抗药性，就是因为植物病原真菌分别在相应的药剂作用靶标 β 微管蛋白、mRNA 聚合酶、琥珀酸-辅酶 Q 还原酶复合体、细胞色素 b 和核糖体基因发生点突变，使编码的蛋白质发生单个氨基酸改变，从而丧失或降低了药剂与这些靶点的亲和性而表现抗药性的。新型氰基丙烯酸酯类杀菌剂氰烯菌酯实验室抗性则发现是因为靶标肌球蛋白 5 的马达域发生了氨基酸变异，降低了亲和性。目前也有一些研究表明，非编码 RNA 的点突变也可能引起药剂与靶标蛋白的亲和性丧失或降低，其原因可能是非编码 RNA 突变改变了对药剂靶标基因转录、翻译、修饰及与药剂互作的调控作用。

减少药剂的吸收或增加排泄是植物病原物细胞通过某些代谢变化，阻碍足够量的药剂通过细胞膜或细胞壁而到达作用靶点，或者利用生物能量通过某种载体将已进入细胞内的药剂立即排出体外，阻止药剂积累而表现抗药性。例如梨黑斑交链孢霉细胞壁结构可发生改变，阻止多抗霉素 D 到达作用部位发挥对几丁质合成酶的毒力；稻梨孢菌可减少对稻瘟素 S 的吸收，降低对菌体蛋白质合成的影响；构巢曲霉抗药性突变体能利用生物能量将进入菌体内的氯苯嘧啶醇排出体外。

增强解毒或减弱致死合成作用作为病原物产生抗药性机制，由于在生产上远不如在害虫抗药性机制中那样重要，至今很少有人开展这方面的研究。植物病原物细胞的生化代谢过程可能通过某些变异，将有毒的农药转化成无毒化合物，或者在药剂到达作用位点之前就与细胞内其他生化成分结合而钝化。例如稻梨孢菌使异稻瘟净分子的 S—C 键断裂，形成无毒性化合物。定菌磷和 6-氮杂尿嘧啶本身对真菌几乎没有毒性，抗药性真菌不能像敏感菌那样将它们分别转化成有毒物质 2-羟基-5-甲基-6-乙氧羧基吡唑并 [1,5a] 嘧啶和 6-N-杂尿核苷-5′-磷酸。

补偿作用或改变代谢途径也是植物病原物抗药性机制之一。植物病原物可以改变某些生理代谢，使药剂的抑制作用得到补偿。例如增加药剂靶点酶的产量，当药剂阻止了正常的代谢途径时，病原物可能启动替代途径，绕道完成代谢过程而维持正常的生命活动。例如一些植物病原真菌在呼吸链复合物Ⅲ被抑制时会增强旁路氧化作用，表现对药剂的抗药性。

三、植物病原物抗药性监测

因为大多数植物病原菌的致病阶段处于单倍体时期，且繁殖系数大、周期短，所以植物病原菌抗药性是发生速度最快、危害最严重的农业有害生物。同时，植物病原物抗药性不容易被肉眼识别，必须要通过实验室精密测定才能鉴别和诊断，因此世界各国投入杀菌剂抗药性监测研究的人力和财力也最多。

植物病原物抗药性监测是指测定自然界植物病原物群体对使用药剂敏感性的变化，包括在各地定点连年系统测定和对有抗药性怀疑的地方临时采集标本测定。最常用的监测方法是测定植物病原物生长量与药剂的效应关系。常见方法有菌落直径法，即在含有系列浓度杀菌剂培养基上测量药剂对菌落线性增长速率的抑制效应。采用干物质量法测量在含药的液体培养基中培养的菌体干物质量增长速率与药剂的效应，更能够准确反映杀菌剂对菌体生长的抑制作用。不过这种方法比较繁琐，工作量大。当病菌以孢子繁殖生长时，亦可采用浊度法测定细胞生长量与药剂的效应。

采用临界剂量或鉴别剂量是检测抗药性广度的常用方法。例如在含有完全能抑制野生敏感菌生长的杀菌剂浓度的培养基平板上，涂抹植物病原物混合孢子或其他繁殖体，进行适当培养后，检查病菌的生长情况，计算抗药性菌株的出现频率。

采用孢子萌发法也可测定药剂对不同菌株孢子萌发的抑制来鉴别抗药性。近年相继进入市场的新型选择性呼吸抑制剂（如 Q_oI 和 SDHI）对孢子萌发具有强烈抑制活性，测定这些杀菌剂抗性最好采用孢子萌发法。但是许多生物合成抑制剂并不阻止孢子萌发，这时应该考虑对芽管形态和菌体发育的作用。

活体测定法是指把病菌接种到经杀菌剂处理过的植株或部分组织上，评估药剂处理剂量与发病程度间的效应关系。这种活体测定方法不仅是测定专性寄生菌抗药性的唯一方法，而且是验证病菌在培养基上对药剂敏感性差异是否与在寄主上的反应差异一致必不可少的方法。例如麦角甾醇生物合成抑制剂和二甲酰亚胺类杀菌剂在离体条件下，很容易引起真菌的抗药性突变，但是这些突变体对寄主的致病力也常常随之降低。此外，在培养基上能对叶枯唑表现抗性的稻白叶枯病病菌，则失去了致病能力，而在经叶枯唑、噻唑锌等处理的水稻上表现抗药性的菌株，在培养基上反而不表现抗药性。

已知有些杀菌剂对菌体的呼吸作用、生物合成过程等生命过程有显著抑制作用，可以用生化测定法，测定不同杀菌剂浓度对这些过程影响程度的差异来比较不同菌株的敏感性。或者基于靶标蛋白三维结构变化而丧失与药剂的亲和性抗药性机制，制备和利用单克隆抗体进行免疫检测。最近，也有根据单核苷酸变异而产生抗药性的机制，使用DNA探针杂交、PCR指纹图谱等分子生物学技术进行植物病原物抗药性监测的成功例子。实时定量PCR检测技术的开发和应用，使植物病原物的抗药性早期监测和预警成为可能。最近段亚冰等开发了一种环介导恒温扩增技术（loop-mediated isothermal amplification，LAMP）快速、简便的抗药性检测方法。即将内引物5′端设计为抗药性突变碱基，在第2或3和4位错配碱基，在含羟基溴酚蓝的扩增体系和63℃水浴条件下，30～60 min即可扩增抗药性赤霉病菌的DNA，并可根据DNA与溴酚蓝反应的颜色变化鉴别抗药性菌株。

一种植物病原物对某种农药的敏感性还常常随着个体的遗传差异、培养基组分、琼脂的质量、温度、pH、测试环境和方法的不一致而有变化。例如在含乙膦铝的PDA培养基上，疫霉的生长不受影响，但是在不含磷酸盐的合成培养基上，这种真菌对药剂则变得敏感。因此某种药剂与植物病原物组合的抗药性测定，不但要选用适当的方法和条件进行，而且被怀疑有抗药性的菌株也必须用测得敏感基线同样的方法和条件进行各种测试，最好在所有抗药性测定中均包含有一个已知敏感的参考系。

在测定某种植物病原物各个个体对农药不同浓度的效应后，如何进一步鉴别和评估它们的抗药性？常用的标准有3种，第一种是用同一浓度测定各个体对药剂的反应；第二种是测定最低抑制浓度；第三种是测定产生相同效应的浓度，例如抑制菌体生长发育或致病50%的有效浓度（EC_{50}）。

第一种标准常常会过高地评估抗药性水平或抗药性程度，因为病菌对同一剂量的效应有时差异很大。第二种标准也有缺陷，因为有的菌株抗药性水平很高，例如灰葡萄孢霉（Botrytis cinerea）对多菌灵的抗药性，难以用最低抑制浓度来评估抗药性水平，有些杀菌剂即使在很高浓度下也不能完全抑制菌体生长，同样不能采用这种分析标准。但灰葡萄孢霉野生敏感菌株对多菌灵特别敏感，亦可用最低抑制浓度作为鉴别抗药性和敏感菌株的标准。采用第三种分析标准，根据杀菌剂的剂量与抑制菌体生长发育的效应关系，得出剂量与生长抑制率之间的回归方程，然后根据对测定菌株和标准野生敏感菌株的相同抑制生长发育率的药剂浓度的比较，鉴别抗药性菌株并分析抗药性水平。有些病菌对某些药剂的敏感性是由多个微效基因决定的，表现出数量遗传性状，虽很难评估某个菌株的抗药性水平，但可以通过测定某地区用药前病原群体（一般需测100个菌株）对药剂的敏感性分布，用药后再测定植物病原物群体的敏感性，由此可根据平均EC_{50}之比来评估某地区植物病原物群体的抗药性水平。

四、植物病原物抗药性群体形成的影响因素

因抗药性而导致植物病害化学防治失败，取决于病原物抗药性个体在群体中所占的比例和绝对数量，以及抗药性水平。影响植物病原物抗药性群体形成和抗药性水平上升的主要因

素有下述几个。

(一) 植物病原物群体中潜在的抗药性基因

一些植物病原物群体在接触药剂之前，就可能由于遗传变异而存在着极少数潜在抗药性基因。当某种药剂的目标植物病原物群体中存在少数抗药性个体时，长期使用同种或作用机制相同的一类高效杀菌剂，会使植物病原物群体中比较敏感的部分被抑制或杀死而淘汰，而抗药性的部分则能生存和繁殖，危害寄主植物。随着药效下降，农民往往又增加使用剂量和使用频率进一步增加选择压力，加速抗药性植物病原物群体的形成，由量变至质变，最终导致药剂防治彻底失败。因此植物病原物抗药性基因的保守程度或随机突变频率是决定抗药性发生快慢的重要内在因素。

(二) 植物病原物抗药性遗传特征

抗药性植物病原物群体形成的速度与抗药性遗传类型有关。表现为质量遗传性状的抗药性是单个或几个主效基因控制的，植物病原物群体对药剂的敏感性表现为不连续分布。抗药性部分的植物病原物对药剂的抗性水平往往很高，抗药性指数可达数百倍至数千倍或以上。即使提高用药量，对抗药性亚群体也无效，停止用药也不能降低抗药性水平。在抗药性植物病原物占群体比例较低而难于检测之前，药剂防治效果很好。但当抗药性个体占群体的 1%～10%时，通常再用药 1～3 次，就会迅速导致抗药性植物病原物群体形成，药剂发生突然性失效。表现质量性状的抗药性一般是药剂靶标基因或药剂受体发生遗传变异的结果。表现为数量遗传性状的抗药性是由许多基因控制的，植物病原物群体对药剂敏感性表现为连续分布。随着药剂使用时间延长或药量提高，群体中的敏感基因减少，而具有加性作用的抗药性基因增多，敏感性逐渐向降低方向数量移动。停止用药，抗药性基因数目减少，抗药性水平下降。通过比较不同时间所监测到的 ED_{50} 值，可以测量抗药性水平变化。表现数量性状的抗药性一般是非药剂靶标基因发生遗传变异的结果。生产上采用杀菌剂高剂量防治植物病害情况下，往往会加速高抗药性水平的植物病原物群体形成，而延缓数量性状的抗药性群体形成。

(三) 药剂作用机制

作用靶点单一的农药，极易使植物病原物单基因或寡基因突变，即可降低与受药位点的亲和性而表现抗药性。因此一些作用靶点单一的高效内吸性杀菌剂在使用不久后便出现了抗药性。传统的保护性杀菌剂，对病菌的作用位点较多，菌体细胞难以同时发生多基因突变，产生既可遗传又可生存的抗药性突变体。虽然，菌体长期接触某种保护剂时有可能发生细胞膜或细胞壁结构或某些生理功能的适应性改变，特异性或非特异性地减少对药剂的吸收或增加对药剂的排泄、增强解毒能力而表现抗药性，但是在没有药剂存在的情况下抗药性水平下降，抗药性群体形成较慢，抗药性水平较低（表 8-7）。根据药剂导致植物病原物抗药性群体形成的速度和抗药性水平，可将有关农药分为高抗性风险药剂、中抗性风险药剂和低抗性风险药剂。

(四) 适合度

抗药性植物病原物的适合度高低对抗药性植物病原物群体的形成具有重要影响。已知植物病原物对大多数杀菌剂产生抗药性变异后，均表现不同程度的适合度下降。当抗药性植物病原物适合度较低时，只要降低选择压力（例如停止或减少用药），抗药性植物病原物在群体中的比例就会下降，不易形成抗药性群体。人们可以根据适合度改变的特点，判定合理的用药策略，延缓或阻止抗药性群体的形成。适合度高低与植物病原物所存在的抗药性基因突变数目及其多效性有关。

表 8-7 不同类型杀菌剂在生产上出现抗药性的速度

首次报道年份	杀菌剂类型	出现抗药性前用药年限	主要作物病害
1960	芳烃化合物	20	柑橘储藏期腐烂病
1964	有机汞杀菌剂	40	禾谷类作物叶斑和条斑病
1969	多果定	10	苹果黑星病
1970	苯并咪唑类	2	多种作物真菌病害
1971	2-氨基嘧啶类	2	黄瓜白粉病
1971	春雷霉素	6	水稻稻瘟病
1976	硫赶磷酸酯类	9	水稻稻瘟病
1977	三苯锡类	13	甜菜叶斑病
1980	苯酰胺类	2	马铃薯晚疫病和葡萄霜霉病
1982	二甲酰亚胺类	5	葡萄灰霉病
1982	甾醇脱甲基抑制剂	7	瓜类和麦类白粉病
1985	苯胺基甲酰类	15	大麦散黑穗病

(五) 病害循环

植物地上部分发生病害，病部常能产生大量的分生孢子，通过气流或雨水传播。这种多循环病害在药剂选择压力下抗药性病原物可以继续侵染繁殖，在较短时间内形成抗药性群体。而在植物地下部分发生病害，及以初侵染为主的单循环病害，抗药性植物病原物不能在同一生长季节得到大量繁殖和筛选，抗药性群体则不易形成或形成较慢。例如灰霉病、白粉病、梨黑星病、蔬菜霜霉病等，在多菌灵、甲霜灵使用2~3年后，即可形成抗药性病原物群体。作物立枯病、根腐病、梨锈病等对上述药剂则不易产生抗药性。因此根据病害循环特征，也可以把植物病原菌发生抗药性的风险分为高、中、低3种。

(六) 农业栽培措施和气候条件

凡是有利于病害发生和流行的作物栽培措施和气候条件，均因植物病原物群体数量大、用药水平高而易使抗药性病原物群体形成。例如同一地区作物品种布局单一、种植感病品种、连作、偏施氮肥、过分密植等都会因病重增加用药，加速抗药性群体形成。大棚或温室条件下栽培，不但在封闭的空间内有适宜某些病害常年发生的条件，而且抗药性植物病原物不易与外界交换稀释，能迅速形成抗药性植物病原物群体。

根据靶标植物病原物抗药性群体形成的广度或不同阶段，可将抗药性分为实验室抗药性、田间抗药性和实际抗药性。也有文献将田间抗药性和实际抗药性统称为大田抗药性。实验室抗药性是指植物病原物仅仅在室内通过药剂筛选、物理或化学等方法诱变、基因转化等技术获得的抗药性。植物病原物群体中，通常情况下单基因抗药性的突变频率为10^{-4}~10^{-10}，通过诱变处理可以大大提高突变频率。实验室抗药性研究是新农药应用前评估抗药性产生风险的重要内容。田间抗药性是指通过农药在生产上应用的选择压下，在田间可以监测到抗药性植物病原物，此时自然界抗药性植物病原物在群体中的比例仍然很低，化学防治仍然有效，直观上还不能发现抗药性存在。实际抗药性是指生产上出现可见的抗药性，即自然界植物病原物群体中抗药性植物病原物已成为致病主体，杀菌剂在推荐剂量下的防治效果明显下降或丧失。生产上一般所讲的抗药性，实际上就是指的实际抗药性。

五、植物病原物抗药性治理

（一）植物病原物抗药性治理策略及其要点

植物病原物抗药性治理策略的实质，就是以科学的方法，最大限度地阻止或延缓植物病原物对相应农药抗药性的发生和抗药性植物病原物群体的形成，达到维护药剂产品的信誉，延长其使用寿命，确保化学防治效果的目的。根据抗药性植物病原物群体形成的内外因素和具有突发性的特点，设计植物植物病原物抗药性治理策略时应考虑如下要点。

1. 植物病原物抗药性治理的基本原则

①使用易发生抗药性的农药时，应考虑采用综合防治措施，尽可能降低药剂对植物病原物的选择压力。

②考虑所有与杀菌剂抗性发生的相关因子。

③在田间出现实际抗药性导致防治效果下降以前，及早采用抗药性治理策略。

2. 植物病原物抗药性治理的技术要点

①了解农药的作用机制和植物病原物产生抗性机制。

②药剂推广应用之前，早期评估目标生物产生抗药性的潜在危险。

③建立每种防治对象的敏感性基线和监测方法。

④建立药剂、寄主和寄生物间相互作用的参数。

⑤实施药剂应用期间的抗药性监测。

技术要点的各个因子可通过有关试验进行研究，其中建立敏感性基线的技术要点最为重要，因为这是抗药性鉴别和监测的基础。其次是杀菌剂抗药性的早期风险评估。在新杀菌剂推广之前，在室内可通过物理、化学方法诱导植物病原物产生抗药性突变。根据抗药性突变频率、抗药性突变体对不同药剂的交互抗药性类型和适合度，初步评估某种植物病原物与药剂组合发生抗药性的风险，如果抗药性突变频率较低和突变体适合度下降，则可以说明抗药性发生的风险较低。当然，很容易在室内发生抗药性的药剂，也未必没有开发应用价值。因为抗药性发生的情况是比较复杂的，抗药性群体在自然界的形成受气候条件和农业栽培措施，以及植物病原物自身的扩散流行特点的影响。例如在室内易导致目标病菌产生抗药性的甾醇生物合成抑制剂，在生产上表现了广阔的应用前景。因此杀菌剂抗药性风险评估，不但必不可少，而且需要在室内和田间试验相结合的基础上进行。

3. 植物病原物抗药性治理的管理要点

①完善农药推荐使用方法，包括使用剂量、使用次数、使用适期、喷施面积比例、按照农药作用机制类别和抗性风险等级标识的药剂混用或轮用原则。

②符合综合防治策略。

③达到生产上可行，包括药剂品种资源、生产和需求平衡。

④为生产、销售部门和用户所接受。

⑤相同杀菌剂生产厂家和推销部门之间相互协调。

⑥治理策略在实践中进行自身完善和补充。

（二）植物病原物抗药性治理的短期策略

作为杀菌剂抗药性治理的短期策略，应包括下列 6 个方面的内容。

①建立重要防治对象对常用药剂的敏感性基线，建立有关技术资料数据库。

②测量或检测重要病害对常用药剂抗药性的发生现状和发生趋势。

③监测主要植物病原物对骨干药剂抗药性发生动态，建立抗药性植物病原物群体流行的早期预测系统。

④研究还未发现抗药性的植物病原物与药剂组合产生抗药性的潜在危险，及早采取合理用药措施。但应防止试验中获得的抗药性突变体释放到自然界中去。

⑤合理用药，防止抗药性发生或延缓抗药性群体的形成。植物病原微生物在自然界存在的数量大、繁殖快，尽管发生抗药性变异的频率很低，但在药剂选择压力下，通过侵染致病和繁殖会很快形成足以引起病害流行的抗药性群体。合理的用药措施包括：A. 使用最低有效剂量；B. 在病害发生和流行的关键时期用药，尽量减少用药次数，以化学保护代替化学治疗，避免以土壤或种子处理的方法防治叶面病害，降低选择压力；C. 避免在较大范围内使用同种或同类药剂（防止产生交互抗药性）；D. 不同作用机制的杀菌剂混用或交替使用，但应避免两种高抗性风险的药剂混用或轮用，防止多重抗药性发生；E. 在抗药性发生严重的地区回收药剂，停止用药。

⑥加强对杀菌剂生产、混配、销售的管理，防止盲目生产、乱混乱配、乱售乱用。

（三）植物病原物抗药性治理的长期策略

植物病原物抗药性治理的长期策略有下列 5 点。

①在确保传统的保护性杀菌剂有一定量的生产和应用的同时，根据植物与病原物之间的生理生化差异开发和生产作用机制不同的安全、高效、专化性杀菌剂，储备较多的有效药剂品种。已知几丁质是许多真菌细胞的主要结构成分，而不存在于植物组织中，真菌与植物体内组装纺锤体和细胞骨架的微管蛋白及肌球蛋白结构、蛋白质合成机制及 RNA 合成酶系等也不同，真菌与植物体生物膜结构组分及呼吸链也存在差异，例如真菌细胞膜中以麦角甾醇为主，而动物和植物细胞膜中则分别以胆固醇和豆甾醇为主，这些差异已成为人们开发研究选择性新型杀菌剂的依据。随着杀菌剂药理学、分子生物学等方面科学研究的深入，还可能发现植物病原物与其他生物之间的更多的遗传和生化差异，可以用来开发新农药，例如不同生物体内已知药物靶标结构的特异性和 mRNA 调控机制、核糖体开关等，可作为新一代高效选择性杀菌剂研发的靶标，尤其是具有抑制或干扰植物病原物致病因子、生物素等生物合成、诱导植物免疫功能的新型杀菌剂将成为新的研发热点。

②开发具有负交互抗药性的杀菌剂是治理植物病原物抗药性的一种有效途径。对苯并咪唑类杀菌剂有负交互抗药性的苯-N-氨基甲酸酯类的乙霉威已在我国生产、应用。值得注意的是，并不是所有多菌灵抗药性病菌都对乙霉威敏感。目前，无论在法国、日本，还是在我国苯并咪唑类杀菌剂与乙霉威的混合使用，还仅仅局限于灰霉病的防治，对其他苯并咪唑类杀菌剂抗药性病害还缺乏可以防治的有效试验。同时应该注意到，对多菌灵表现抗药性的灰霉病菌也容易对乙霉威产生抗药性，在乙霉威和多菌灵的选择压力下，可以形成既抗多菌灵又抗乙霉威的植物病原物群体，例如在法国葡萄园和我国保护地蔬菜上，使用混剂 3 年后，灰霉便形成了既抗多菌灵又抗乙霉威的抗药性群体。

③在了解杀菌剂的生物活性、毒理和抗性发生状况及其机制的基础上，研制混配药剂，选用科学的混剂配方。例如三唑醇和十三吗啉都是抑制麦角甾醇生物合成，防治白粉病的特效药剂，但前者作用是 $14\alpha-C$ 的去甲基化，后者是阻止 $\Delta^{8\rightarrow 7}$ 异构反应，两药混用既可防止

抗药性发生，又可增强防治效果；柑橘青霉对氯苯嘧啶醇的抗药性是因菌体利用能量通过跨膜蛋白排泄药剂，使药剂不能在菌体内积累，因此该药与呼吸作用抑制剂及蛋白生物合成抑制剂混用，能克服抗药性，提高防治效果。

④根据抗药性植物病原物的生物学、遗传学和流行学理论，在病害防治中采用综合防治措施，其要点见表8-8。

表8-8 综合防治中的抗药性治理策略

作物管理	目 的
农业防治	
选育抗病品种	降低病害水平
轮作	降低选择压力
合理施肥	降低病害水平
环境卫生	减少侵染源
杀菌剂使用	
允许损失阈值下的发病水平	降低选择压力
保护性防治	杀灭较小的病原群体
混用或轮换使用	降低选择压力
生物防治	
选用能对付抗药性植物病原物的微生物	生物治防和化学防治同时进行

⑤在抗药性治理策略实施过程中，及时总结评估，对策略不断进行修改、补充和完善，建立有实用价值的植物病原物抗药性治理策略模型。

（四）植物病原物抗药性治理策略实施要点

植物病原物抗药性是植物病害化学防治科学技术进步中出现的新问题。随着科技进步，一些无毒、无公害的专化性强、防治效果好的新农药将不断涌现，由此而带来的抗药性问题也将长期存在下去。植物病原物对杀菌剂抗性的发生和对生产造成的危害不像杀虫剂那样显而易见，因而容易被人们忽视。因此加强对植物病原物抗药性的危险性和危害性宣传教育，提高各级农业行政管理、农业生产、科研和推广人员及用户等对植物病原物抗药性的认识，是实施植物病原物抗药性治理的首要任务。加强各部门之间的合作，明确各自的任务和职责（表8-9）是实施植物病原物抗药性治理的关键。

表8-9 各部门在植物病原物抗药性治理中的任务和职责

部 门	任务和职责					
	开发阶段			推广应用阶段		
	药剂发生抗性的风险测定	抗药性风险评估抗药性治理策略设计	农药厂家之间的合作与协调	策略实施和交流培训	抗药性群体监测	策略的修改和补充
农药化工部门	+++	+++	+++	+++	+++	+++
科研推广部门	+	++		+++	++	+
生产者和农民				+++		

注：+++代表高抗性风险，++代表中等抗性风险，+代表低抗性风险。

第三节 杂草对除草剂的抗药性

自从1946年开始使用2,4-滴以来的几十年中,已经成功地开发了一大批选择性除草剂,并在生产上广泛使用。除草剂已经变革了发达国家的杂草防治方式,并正在发展中国家被迅速采用。除草剂和其他作物保护药剂的成功应用在很大程度上承担了供养当前世界日益增加的人口对充裕的和持续的粮食需求。在许多作物栽培中,除草剂的使用已简化了农民除草的繁重劳动,使杂草种群限制在一个可接受的水平。但是杂草对除草剂产生抗药性正在威胁除草剂的应用。

抗药性杂草生物型(resistant weed biotype)是指在一个杂草种群中天然存在的有遗传能力的某些杂草生物型,这些生物型在除草剂处理下能存活下来,而该种除草剂在正常使用情况下能有效地防治该种杂草敏感种群。

交互抗药性是指一个杂草生物型由于存在单个抗药性机制而对两种或两种以上的除草剂产生抗药性的现象。

多重抗药性是指抗药性杂草生物型对两种或两种以上不同作用机制的除草剂具有抗药性的现象。

一、杂草对除草剂抗药性的发展简史

自20世纪50年代首次在加拿大和美国分别发现抗2,4-滴的野胡萝卜和铺散鸭趾草以来,杂草抗药性的问题始终伴随着全球农业的发展。一个新的抗药性生物型是指一种杂草对一类除草剂中的一种或多种发展抗药性的第一个例子。例如在10个国家发现抗三氮苯类除草剂的反枝苋(Amaranthus retroflexus)被记载为第一种抗药性生物型;而在3个国家发现抗乙酰乳酸合成酶抑制剂的反枝苋,被记载为第二种抗药性生物型。1968年发现欧洲千里光(Senecio vulgaris)对三氮苯类除草剂产生抗药性。在1970—1977年,平均每年发现1种新的抗药性杂草生物型。在20世纪70年代后期,许多科学家对杂草抗三氮苯类除草剂的现象产生了兴趣,因此加快了新的抗药性杂草的发现。自1978年以来,新增抗药性杂草生物型的数量相对稳定,平均每年增加9种。在1978—1983年的5年间,世界各地科学家报道了33种抗三氮苯类除草剂的杂草生物型。此类抗药性杂草在数量上的这种优势很大程度上是由于广泛使用莠去津有效地防除玉米田杂草和用西玛津防除果园杂草。到1983年,抗三氮苯除草剂的杂草占文献报道抗药性杂草总数的67%,而抗联吡啶类除草剂的杂草占13%,抗合成生长激素型除草剂的杂草占12%,抗其他作用方式除草剂的杂草占8%,上述比例随着杂草对20世纪70年代后期和80年代初进入市场的、具有新的作用方式的除草剂开始产生抗药性而发生变化。1995—1996年进行的杂草对除草剂抗药性的国际调查中,记录了42个国家183种对除草剂抗药性的杂草生物型。已有124种杂草对1种或1种以上的除草剂产生了抗药性。

根据除草剂抗药性行动委员会所执行的"国际抗药性杂草调查"的统计数据(http://www.weedscience.org网站资料),截至2015年9月15日,全球已鉴定出460种杂草对1个或多个作用位点除草剂产生抗药性(其中237种为双子叶杂草,223种为单子叶杂草),上述杂草已对25个已知除草剂作用位点中的20个产生了抗药性,另外对2个未知除草剂作用位点也产生了抗药性（表 8-10）；我国已鉴定出 41 个杂草对除草剂抗药性生物型（表 8-11）。

表 8-10　按作用位点统计全球除草剂抗药性杂草发生概况

除草剂类别	HRAC	除草剂例	双子叶杂草	单子叶杂草	总数
乙酰乳酸合酶抑制剂	B	氯磺隆	95	61	156
光合系统 II 抑制剂	C1	莠去津	50	23	73
乙酰辅酶 A 羧化酶抑制剂	A	烯禾啶	0	47	47
5-烯醇丙酮酰莽草酸-3-磷酸合成酶抑制剂（甘氨酸类）	G	草甘膦	16	16	32
合成植物激素类	O	2,4-滴	24	8	32
光合系统 I 电子传递载体类（联吡啶类）	D	百草枯	22	9	31
光合系统 II 抑制剂（脲类和酰胺类）	C2	绿麦隆	10	18	28
微管抑制剂（二硝基苯胺类）	K1	氟乐灵	2	10	12
脂类合成抑制剂（硫代氨基甲酸酯）	N	野麦畏	0	10	10
原卟啉原氧化酶抑制剂	E	乙氧氟草醚	8	0	8
类胡萝卜素生物合成类（未知作用靶标）	F3	杀草强	1	4	5
光合系统 II 抑制剂（腈类）	C3	溴苯腈	3	1	4
类胡萝卜素生物成抑制剂类	F1	吡氟酰草胺	3	1	4
长链脂肪酸合成抑制剂	K3	丁草胺	0	4	4
细胞壁纤维素生物合成抑制剂	L	敌草腈	0	3	3
抗细胞有丝分裂微管类	Z	麦草氟甲酯	0	3	3
对羟苯基丙酮酸双氧化酶抑制剂	F2	异噁唑草酮	2	0	2
谷氨酰胺合酶抑制剂	H	草铵膦	0	2	2
有丝分裂抑制剂	K2	苯胺灵	0	1	1
未知作用靶标	Z	草多索	0	1	1
细胞伸长抑制剂	Z	野燕枯	0	1	1
核酸抑制剂（有机砷类）	Z	甲基胂酸氢钠	1	0	1
总计			237	223	460

注：HRAC 代表除草剂抗药性行动委员会制定的除草剂分类系统。

表 8-11　我国杂草对除草剂抗药性生物型概况

序号	抗药性杂草	抗药性首次报道年份	报道地点	作用位点/除草剂
1	日本看麦娘 (*Alopecurus japonicus*)	1990		光合系统 II 抑制剂（脲类和酰胺类）（C2/7）/绿麦隆
2	反枝苋 (*Amaranthus retroflexus*)	1990		光合系统 II 抑制剂（C1/5）/莠去津
3	稗草 (*Echinochloa crus-galli* var. *crusgalli*)	1993	安徽	长链脂肪酸合成抑制剂（K3/15）/丁草胺

(续)

序号	抗药性杂草	抗药性首次报道年份	报道地点	作用位点/除草剂
4	菵草（Beckmannia syzigachne）	1993		光合系统Ⅱ抑制剂（脲类和酰胺类）（C2/7）/绿麦隆
5	稗草（Echinochloa crusgalli）	1993		脂类合成抑制剂（硫代氨基甲酸酯）（N/8）/禾草丹
6	稗草（Echinochloa crusgalli）	2000		合成植物激素类（O/4）/二氯喹啉酸
7	雨久花（Monochoria korsakowii）	2003	吉林	乙酰乳酸合酶抑制剂（B/2）/苄嘧磺隆、吡嘧磺隆
8	慈姑（Sagittaria montevidensis）	2003	吉林	乙酰乳酸合酶抑制剂（B/2）/苄嘧磺隆、吡嘧磺隆
9	播娘蒿（Descurainia sophia）	2005	陕西、河北	乙酰乳酸合酶抑制剂（B/2）/苯磺隆
10	小飞蓬（Conyza canadensis）	2006		5-烯醇丙酮酰莽草酸-3-磷酸合成酶抑制剂（G/9）/草甘膦
11	猪殃殃（Galium aparine）	2007	山东	乙酰乳酸合酶抑制剂（B/2）/苯磺隆
12	日本看麦娘（Alopecurus japonicus）	2007		乙酰辅酶A羧化酶抑制剂（A/1）/精噁唑禾草灵、精喹禾灵
13	荠菜（Capsella bursa-pastoris）	2009		乙酰乳酸合酶抑制剂（B/2）/苯磺隆
14	田紫草（Buglossoides arvensis＝Lithospermum arvense）	2009		乙酰乳酸合酶抑制剂（B/2）/苯磺隆
15	黄鹌菜（Youngia japonica）	2009	四川	光合系统Ⅰ电子传递载体类（D/22）/百草枯
16	稗草（Echinochloa crus-galli var. crusgalli）	2010	安徽	乙酰辅酶A羧化酶抑制剂（A/1）/精噁唑禾草灵
17	看麦娘（Alopecurus aequalis）	2010		乙酰辅酶A羧化酶抑制剂（A/1）/炔草酸、精噁唑禾草灵
18	菵草（Beckmannia syzigachne）	2010		乙酰辅酶A羧化酶抑制剂（A/1）/精噁唑禾草灵
19	牛繁缕（Myosoton aquaticum）	2010		乙酰乳酸合酶抑制剂（B/2）/精噁唑禾草灵

(续)

序号	抗药性杂草	抗药性首次报道年份	报道地点	作用位点/除草剂
20	日本看麦娘 (*Alopecurus japonicus*)	2010	四川	光合系统Ⅰ电子传递载体类（D/22）/百草枯
21	鸭舌草 (*Monochoria vaginalis*)	2010	安徽	乙酰乳酸合酶抑制剂（B/2）/苄嘧磺隆
22	马唐 (*Digitaria sanguinalis*)	2010	河北	乙酰乳酸合酶抑制剂（B/2）/烟嘧磺隆
23	繁缕 (*Stellaria media*)	2010	江苏	合成植物激素类（O/4）/氯氟吡氧乙酸
24	牛筋草 (*Eleusine indica*)	2010		光合系统Ⅰ电子传递载体类（D/22）/百草枯
25	牛筋草 (*Eleusine indica*)	2010		5-烯醇丙酮酰莽草酸-3-磷酸合成酶抑制剂（G/9）/草甘膦
26	耿氏假硬草 (*Pseudosclerochloa kengiana*)	2010		乙酰辅酶A羧化酶抑制剂（A/1）/精噁唑禾草灵
27	播娘蒿 (*Descurainia sophia*)	2011		合成植物激素类（O/4）/2甲4氯
28	播娘蒿 (*Descurainia sophia*)	2011		原卟啉原氧化酶抑制剂（E）/唑草酮
29	稗草 (*Echinochloa crusgalli* var. *crusgalli*)	2011		乙酰乳酸合酶抑制剂（B/2）/五氧硫草胺
30	千金子 (*Leptochloa chinensis*)	2011	湖北	乙酰辅酶A羧化酶抑制剂（A/1）/氰氟草酯
31	马唐 (*Digitaria sanguinalis*)	2011		乙酰辅酶A羧化酶抑制剂（A/1）/精喹禾灵
32	铁苋菜 (*Acalypha australis*)	2011		原卟啉原氧化酶抑制剂（E/14）/氟磺胺草醚
33	蔊菜 (*Rorippa indica*)	2011		乙酰乳酸合酶抑制剂（B/2）/苯磺隆
34	台湾通泉草 (*Mazus fauriei*)	2011		光合系统Ⅰ电子传递载体类（D/22）/百草枯
35	硬草 (*Sclerochloa dura*)	2011		光合系统Ⅰ电子传递载体类（D/22）/百草枯
36	西来稗（变种） (*Echinochloa crusgalli* var. *zelayensis*)	2013		合成植物激素类（O/4）/二氯喹啉酸

(续)

序号	抗药性杂草	抗药性首次报道年份	报道地点	作用位点/除草剂
37	棒头草 (*Polypogon fugax*)	2014		乙酰辅酶 A 羧化酶抑制剂（A/1）/炔草酯
38	猪殃殃 (*Galium aparine*)	2014		合成植物激素类（O/4）/氯氟吡氧乙酸
39	野豌豆 (*Vicia sativa*)	2014		乙酰乳酸合酶抑制剂（B/2）/苯磺隆
40	看麦娘 (*Alopecurus aequalis*)	2014		多抗：两个作用位点。乙酰辅酶 A 羧化酶抑制剂（A/1）/精噁唑禾草灵 乙酰乳酸合酶抑制剂（B/2）/甲基二磺隆
41	日本看麦娘 (*Alopecurus japonicus*)	2014		多抗：两个作用位点。乙酰辅酶 A 羧化酶抑制剂（A/1）/精噁唑禾草灵 乙酰乳酸合酶抑制剂（B/2）/啶磺草胺

注：除报道地点和除草剂外，所有资料引自 http：//www.weedscience.org，2015.9.15。

二、杂草对除草剂抗药性的形成与机制

（一）杂草对除草剂抗药性的形成

1. 杂草对除草剂抗药性的学说 一般来说，杂草抗药性群体的形成有下述两种学说。

（1）选择学说 这种学说认为，在除草剂的选择压力下，自然群体中一些耐药性个体或具有抗药性的遗传变异类型被保留，并繁殖而逐步发展成抗药性的群体。杂草群体中个体间对除草剂的遗传差异是抗药性产生的基础，除草剂的单一使用使得这种抗药性个体得以选择。而在没有使用除草剂情况下，由于杂草群体效应及竞争作用，抗药性个体因数量极少，难以发展起来。

（2）诱导学说 这种学说认为，由于除草剂的诱导作用，使杂草体内基因发生突变或基因表达发生改变，从而提高了对除草剂解毒能力或使除草剂与作用位点的亲和能力下降，从而产生抗药性的突变体。然后在除草剂的选择压力下，抗药性个体逐步增加，而发展成为抗药性生物型群体。

2. 杂草对除草剂抗药性的生物学基础 杂草与作物相比，传播途径多样，又多具有远缘亲和性和自交亲和性，有利于产生变异。大多数杂草属一年生，结实期长，繁殖量大，有些种又兼无性繁殖和有性繁殖两种类型。许多杂草还具有多倍性和杂合性，例如对德国被子植物的研究发现，具多倍性的杂草种数占 62%；又如繁缕有二倍体和四倍体两种类型。大多数杂草由于异花授粉和基因突变的原因，个体基因型是杂合的而不是纯合的，因此易于适应新的环境和发生变异类型。杂草种群中，个体的多实性、易变性、遗传多样性以及长期对不断变化的环境和人类农事操作等活动的干扰而产生的高度适应性，是杂草抗药性种群出现和产生的生物学基础。

（二）杂草对除草剂抗药性的机制

迄今为止，尽管对杂草抗性机制已进行了许多研究，但还远不及昆虫及对病原菌抗性机

制研究那样深入。根据已有的研究结果，杂草抗性机制主要包括除草剂作用位点的改变、对除草剂解毒能力的提高、隔离作用及吸收传导的差异等。

1. 除草剂作用位点的改变 许多杂草中，抗药性生物型的出现是由于除草剂作用位点产生遗传变异的结果，这在大多数磺酰脲类、咪唑啉酮类、三氮苯类及二硝基苯胺类除草剂的抗性研究中已得到证实。

磺酰脲类和咪唑酮类除草剂的作用位点是乙酰乳酸合成酶（ALS）。对这类除草剂抗性杂草生物型的研究表明，抗药性与敏感生物型的乙酰乳酸合成酶相比，有几种不同位点的氨基酸已发生取代，改变后的乙酰乳酸合成酶对上述除草剂敏感性下降。

三氮苯类除草剂的抗性则与叶绿素 *PsbA* 基因位点突变有关。*PsbA* 基因编码的除草剂结合位点为光系统Ⅱ的 D-1（32 ku）蛋白。在已研究的高等植物中，抗药性突变都涉及这个 D-1 蛋白第 264 残基上的氨基酸取代，造成这类除草剂与该靶标（受体）蛋白的亲和性下降。发现对二硝基苯胺类除草剂具有抗性的牛筋草（*Eleusine indica*）存在一种新型的靶标 β 微管蛋白，并认为这种新型微管蛋白组成的微管稳定性增加，这是引起牛筋草对这类除草剂产生抗药性的重要原因之一。

2. 对除草剂解毒能力的提高 敏感性生物型和抗药性生物型的代谢差异是抗药性生物型产生的常见机制。许多抗药性杂草能使除草剂很快发生代谢，从而失去活性，主要的生化代谢反应包括以下几个。

（1）氧化代谢 在植物体内除草剂的氧化作用是非常普遍的，常是导致除草剂解毒或活化的主要代谢反应。主要氧化代谢为芳基羟基化和 N-脱烷基作用，例如 2,4-滴在禾本科杂草和阔叶植物中芳基羟基化作用，形成 4-羟基-2,4-滴；又如灭草隆的 N-脱烷基作用等。

（2）轭合作用 除草剂及其初级代谢产物以共价键轭合到植物体内的糖、氨基酸、谷胱甘肽及亲脂化合物（例如脂肪酸、甘油等），从而失去活性。一般说，轭合作用增强了除草剂及其代谢物的极性，是除草剂解毒作用的一个主要机制，例如法氏狗尾、马唐（*Digitaria sanguinalis*）、秋稷（*Panicum dichotomiflorum*）和毛钱稷（*Panicum capillance*）等禾本科杂草对阿特拉津的抗药性就是增强了与谷胱甘肽的轭合作用，提高了对除草剂的解毒能力。

（3）其他解毒代谢作用 在野塘蒿（*Conyza bonarinsis*）对百草枯抗药性生物型的叶绿体中，发现对该除草剂产生的氧自由基有解毒作用的酶的活性增强，其中过氧化物歧化酶、抗坏血酸过氧化物酶和谷胱甘肽还原酶活性在抗药性生物型叶绿体中比在敏感型中，分别增强了 1.6 倍、2.5 倍和 2.9 倍。在小蓬草（*Erigeron canadensis*）对百草枯抗药性生物型中，也观察到解毒酶活性的增强。

3. 屏蔽作用或隔离作用 已有的研究表明，对除草剂及其有毒代谢物的屏蔽作用（sequestration）和隔离作用（compartmentation）被认为也是杂草产生抗药性的重要机制。如在野塘蒿、费城飞蓬（*Erigeron philadelphicus*）和小蓬草以及禾本科大麦属的 *Hordeum glaucum* 的抗药性生物型中，发现百草枯的移动受到了限制，并且叶绿体的功能如二氧化碳固定和叶绿素荧光猝灭可以迅速恢复。这些均说明除草剂在其作用位点的结合可能被阻止。

4. 吸收传导的差异 杂草对除草剂的吸收和传导对抗药性杂草生物型产生的影响或机制尚不完全清楚，但已有一些关于抗药性和敏感生物型存在除草剂吸收和传导差异的报道。

三、杂草对除草剂抗药性的综合治理

杂草对各种除草剂产生抗药性的速率是不同的。这种差异决定于一种除草剂的使用水平（即施用年数和使用面积）和杂草对该种除草剂产生抗药性的相对难易程度（即抗药性风险因子）。三氮苯类和合成植物生长调节剂类除草剂均在几百万公顷玉米和谷类作物上使用40多年，并很少轮换使用，结果已有73种杂草对三氮苯类除草剂产生了抗药性，但只有34种杂草对合成植物生长调节剂类除草剂产生了抗药性。很明显，用三氮苯类除草剂对杂草抗药性选择的风险远大于合成植物生长调节剂类除草剂。尽管已广泛使用氯乙酰胺类、二苯醚类及草甘膦，但很少有杂草对这些除草剂产生抗药性，因此认为这些除草剂的抗性风险较低。许多杂草易对三氮苯类、乙酰乳酸合成酶抑制剂、联吡啶类、苯基脲类及乙酰辅酶A羧化酶抑制剂产生抗药性。在近10年中，对乙酰乳酸合成酶抑制剂类除草剂产生抗药性的杂草数目多于其他作用方式的除草剂。这是由于这类除草剂作用前杂草种群中抗药性个体起始频率高，许多乙酰乳酸合成酶抑制剂持效期长，而且全世界范围大面积重复使用该类除草剂，促使杂草对这类除草剂抗药性的迅速增强。但是值得注意的是，在欧洲则很少发现杂草对这类除草剂产生抗药性，这是由于这类除草剂与其他类型除草剂轮换使用的结果。在过去的60年，除草剂的应用大大简化了农民对杂草管理。然而当今天农民面临杂草对除草剂产生抗药性时，许多杂草科学家希望他们回归到长期采用的包括耕翻、放牧吃草、焚烧、覆盖作物、休闲、作物轮作、科学合理使用除草剂等方法，综合治理杂草。

抗药性杂草生物型的出现和危害与作物连作、农田耕作及栽培活动减少、高强度除草剂的使用等有密切联系。因此制定和实施预防抗药性杂草生物型的产生与控制抗药性杂草生物型危害的综合治理措施主要包括以下几个。

（一）除草剂的交替使用

合理地交替使用除草剂，是杂草抗药性综合治理的一项重要方法。基本原理是，在一个地区使用某种或某类除草剂时，由于除草剂的选择作用，该地杂草群体中抗药性杂草生物型的比例会逐渐上升，当交替使用另一种（类）除草剂时，利用抗药性杂草生物型的适合度通常低于敏感杂草生物型的不利因素，可使群体中稍有上升的抗药性杂草生物型恢复到用药以前的水平。要避免长期单一使用某种除草剂。特别当发现在推荐用量情况下，某种除草剂防除效果下降，并证实是因抗药性杂草生物型频率上升所引起时，通常不要采用增加用量的方法来提高其效果，而应采用另一类（种）除草剂进行交替使用。选择何种交替使用药剂，取决于杂草种群中已经上升的抗药性杂草生物型能否恢复到用药以前的水平，因此交替使用的除草剂间不应存在交互抗药性。即使作用机制不同的除草剂间如有交互抗药性，也不能交替使用。例如在澳大利亚南部，抗苯氧羧酸类除草剂禾草灵的瑞士黑麦草对供试的22种除草剂中的15种具有交互抗药性，这15种除草剂包括醚类除草剂吡氟禾草灵和氟吡甲草灵、取代脲类的绿麦隆、磺酰脲类的氯磺隆、二硝基苯胺类的氟乐灵、芳氧苯氧基丙酸酯的精吡氟禾草灵和脂类抑制剂的禾草灵7种除草剂和5个不同作用位点，这是一种杂草对化学结构不相似、作用位点不同的除草剂所表现出的广泛交互抗药性，这些药剂间就不能交替使用防治该种杂草。

（二）除草剂的混用

除草剂的科学合理混用，也是杂草抗药性综合治理的一项重要方法。因为使用按一定比例混配的除草剂混剂，可明显降低抗药性杂草生物型的发生频率，以延缓或阻止抗药性的发展，同时可扩大防治杂草的范围、增强药效、提高作物的安全性及降低对后茬作物的影响。

杂草抗药性综合治理中科学合理混用除草剂的关键：①要避免使用具有交互抗药性的除草剂进行混用，尤其是作用位点相同的除草剂间会具有交互性应避免混用。②除草剂混用具有产生多重抗药性风险，要注意防范。一些杂草种群由于使用了不同作用方式，不同残留活性的除草剂混剂，若干年后会对两种除草剂产生多重抗药性。例如小白酒草（*Epilobium ciliatum*）和早熟禾（*Poa annua*）对均三氮苯类除草剂和百草枯都产生抗药性。在杂草抗药性中，多重抗药性是一个较新的现象，随着广泛使用除草剂及其混剂，杂草多重抗药性的问题会愈来愈突出。只有加强杂草抗药性基本规律研究才有利于延缓或阻止多重抗药性的产生。

（三）除草剂的限制使用

限制使用主要是指限制用药量，即在阈值水平上使用最佳除草剂浓度。这不仅经济有效，而且还能降低除草剂用量，有意识地保留一些田间杂草和田边杂草，可以使敏感杂草和抗药性杂草产生竞争，通过生态适应、种子繁殖、传粉等方式形成基因流动，以降低抗药性杂草种群的比例。但这种方法需要严格的试验，经验证后实施。

（四）农业防治、生物防治及其他防治措施

1. 农业防治 农业防治主要包括作物轮作、耕翻、放牧、焚烧、休闲等。作物轮作能避免栽培系统中使用单一除草剂，从而延缓其抗药性产生。合理的轮作具有多方面的作用。有许多恶性杂草与特定的作物有着密切联系，这是由于种子萌发的要求和生长模式等因素决定的。作物轮作会减弱这些杂草对环境的适应性，同时选用其他除草剂可以明显地提高控制效果。如果选择竞争性强的作物品种进行轮作，也不利于抗药性生物型杂草的生长发育，轮作的年限决定于土壤种子库中抗药性和敏感性杂草种子的量、寿命、相互间流量及与栽培方式之间的关系。

耕翻可以增加埋入土层杂草种子数量，有利于减少化学除草剂的使用量，减少除草剂的选择压力，有利于降低杂草种群中抗药性生物型的比例。

控制抗药性杂草种子的传播，例如加强灌溉水源中杂草种子的清除、加强牲畜粪便的管理等，这样可以减少抗药性杂草种子的扩散。

2. 生物防治 杂草的生物防治就是利用杂草的天敌（包括昆虫、病原微生物、病毒、线虫等）来防除杂草。例如1926年澳大利亚利用一种螟蛾 *Cactoblostis eactorum* 控制危害牧场的仙人掌；20世纪70年代初，我国山东省农业科学院植物保护研究所开发的鲁保1号制剂（*Glocosporium* spp.）防治大豆田菟丝子效果显著。

思 考 题

1. 简述昆虫抗药性与自然耐药性的差异。
2. 分析有害生物抗药性形成的学说与科学性。
3. 昆虫抗药性机制主要包括哪几类？
4. 害虫抗药性基因的表现型有哪几类？它与抗药性发展有何关系？

5. 简述害虫抗药性治理的基本原则和策略。
6. 从害虫抗药性治理的角度阐述科学合理的化学防治技术。
7. 植物病原物抗药性发生的常见机制是什么？
8. 影响抗药性植物病原物群体形成的主要因素有哪些？
9. 杂草抗药性机制主要包括哪几类？
10. 基于杀虫剂、杀菌剂和除草剂抗药性发生原理、阐述抗药性治理的策略与技术措施。

第九章 农药与环境安全

第一节 农药与环境安全概述

农药与环境的安全性通常是指农药在生产、销售和使用过程中可能产生对环境及农业生态系统的污染,进而通过食物链传递到人类,最终造成对人类健康和农业生产可持续发展的影响或威胁。因此对农药与环境安全的相互关系需要有正确的认识,才可能避免农药引起的污染问题。

农药是现在和将来人类社会生产活动的一类重要生产资料,随着人类社会文明进步和科技发展而不断创新和完善。农药的使用推动了农业生产的发展,保障着人类对粮食和农副产品的品质和产量不断增长的需求。虽然农药使用后对环境和生态系统污染的问题自20世纪60年代起逐步为人类所认识和重视,但农药的生产和使用在近50多年来仍得到了迅速的发展。

20世纪70年代是人类将环境保护意识和农药科技创新相结合的新纪元,人们对农药的观念从有毒有效转变为低毒高效、从广谱杀灭更新为选择性调控、从高剂量调整为低剂量施药、从单纯的化学防治进入到综合治理(IPM)的理念和实践。这些观念的转变,极大地推动了农药科技的迅速发展。杀虫剂溴氰菊酯的开发应用就是当时的一个成功典范。随后如吡虫啉、啶虫隆、虫酰肼、氯虫苯甲酰胺等新型杀虫剂,磺酰脲类、咪唑啉酮类、芳氧苯氧基羧酸类除草剂等相继问世,井冈霉素、甲氨基阿维菌素、乙基多杀菌素等生物源农药和抗虫、抗除草剂转基因作物不断开发上市,迅速地改变了农业生产上农药品种的结构和应用技术。现在无论是化学农药还是生物农药,新品种不断出现,环境友好型新农药品种的开发方兴未艾。

一、农药引起的环境安全问题

由于农业生产的高产和稳产长期依赖于农药的使用,尤其是农药的开放式经营和农村由集体转为以家庭为单位的生产方式后,农业和植物保护技术服务网络不够完善,不合理用药的现象十分普遍,导致农作物病虫草害抗药性发生趋于普遍,用药量增加,环境中农药残留在土壤、水系和大气中迁移分布频繁,农作物中农药残留量积累,农业有害生物天敌和环境有益生物种群数量减少,导致了饮用水和空气污染、食物和饲料中残留超标等环境生态安全和食品安全等一系列问题。

农药残留污染引起的事故和灾难在20世纪中叶最为频繁,例如50年代在日本发生的水俣病是由于使用的有机汞杀菌剂在水环境中转化形成了烷基汞,通过食物链进入人体后损伤了神经系统而引起中毒。后来的有机氯农药六六六和滴滴涕则在世界范围内引起了土壤、大气、水域和食物的严重污染问题。这些在环境中残留期长、生物蓄积性强、作用谱广、使用量大的农药种类在20世纪70—80年代均已陆续被禁止生产和使用。然而这些农药在环境中分解转化缓慢，在生物圈和农业生态环境中污染的滞后效应仍然影响着人类的生活和生态系统。我国禁止使用有机氯杀虫剂以后，有机磷杀虫剂的残留问题比较突出，在20世纪末，我国的杀虫剂占了农药总产量的70%，其中有机磷杀虫剂占杀虫剂总量的70%，而其中高毒品种占有机磷杀虫剂的70%。这类杀虫剂在蔬菜、水果、粮食和饲料作物上形成的残留引起了人、家畜和家禽的急性和亚慢性中毒。当时由于蔬菜和水果引起的食物中毒事件时有发生，政府相继出台了"菜篮子工程""有机农业"等对策，环境安全与生态平衡、食品安全和人体健康的问题再次受到了全社会的关注。

农药包含化学农药和生物农药，前者在农业生产中是应用最主要的一类，而大多数生物农药也是以化学物质的形态发挥了杀虫或抑菌的作用，本质上也可以认为属于化学农药。因此农药残留及污染问题的本质也是由化学物质引起生命体异常反应的过程和受害程度。由于化学物质与生命体反应之间呈现剂量与效应的对应关系，在低于某个剂量阈值以下时生命体不表现出生理受害反应，通常称为无作用剂量。所以环境或作物中农药残留与农药污染在概念上是有所区别的。

农药残留对人、畜、禽和环境有益生物的毒性表现类型与农药的卫生毒理学是基本一致的。不同之处，农药残留是以低剂量多次接触的生物群体暴露方式对生命体发生毒理学反应的，而且在环境和食物中通常是以多种农药残留或其他化学残留物同时与生命体发生毒性反应的，也可能是农药的亲体及其分解产物同时对生物机体发生毒性作用，毒性作用主要是以亚慢性或慢性方式损伤生命体的细胞、组织和器官。虽然现有的农药品种均没有明显的"三致"毒性，但生命体在化学残留物长期慢性毒作用条件下，遗传物质和器官组织有发生突变或病变的可能。因此农药对生命体的残留毒性是多因子作用下的机体损伤反应，而且与医药的副作用对人体个体的影响不同，通常引起生命体群体的中毒反应。

二、农药对环境污染的生态效应

农药残留主要是通过对农作物施药的方式进入环境系统并引起污染，土壤是最主要的承载体，起着污染物"储蓄池"的作用，继而在土-水-气圈和生物圈之间进行物质和能量的交换，这个过程中农药化合物在自然环境和生态系统中发生了吸附和迁移、化学转化和生物转化、分解和代谢等变化，各种生物体在这个环境和生态系统中与残留农药不同程度地接触和吸收，并以食物链的方式在生物体之间进行着传递和富集，引起农药的生态毒理学效应。目前国内外对农药的环境生态效应是通过指示生物（例如蜜蜂、家蚕、鱼、鸟、寄生蜂、土壤微生物、蚯蚓、水蚤和藻类）毒性试验、作物药害试验等进行安全性评价。作物及农副产品中的残留农药则直接通过饮食进入人体而引发健康问题。农药残留毒性主要通过环境与作物两条途径同时影响着生态系统和人类的健康，因此环境的清洁是农作物栽培、食品安全和人类生活健康的前提。

三、农药残留与食品安全的关系

农产品和食品中农药、抗生素、动物激素、生物毒素和重金属残留的问题已经引起政府与全社会的重视。影响农产品安全的污染物以农药残留为主，残留污染主要来源于农田施药，其次是农田土壤和灌溉水中的农药残留通过作物吸收形成积累。上述直接和间接原因均会导致农药残留引发食品安全的问题，从而对人体健康和人类的生存发展形成威胁。食品安全的同义词即为食品卫生，国内外强调从农田到餐桌的全过程管理，其实质是强化良好农业操作规范（GAP）与危害分析和关键控制点（HACCP）在食品原料生产和加工过程中的食品安全保障措施。目前，以联合国粮食及农业组织（FAO）和世界卫生组织（WHO）下属的食品法典委员会（CAC）制定的农药残留限量标准（MRL），作为食品安全的衡量标准，得到了大多数成员的认可。世界贸易组织（WTO）也将此标准作为成员之间食品贸易的唯一标准，并专门制定了"卫生与植物卫生措施应用协定（SPS）"作为保障食品安全措施的约定。

我国政府已颁布《食品安全国家标准 食品中农药最大残留限量》（GB 2763—2016），规定了433种农药在13大类农产品中4 140个残留限量，基本涵盖了我国已批准使用的常用农药和居民日常消费的主要农产品。

四、农药与农业生产和环境安全的关系

农药学家陈万义先生对我国的农药发展与环境安全的关系曾经做过精辟的论述，他认为我国自20世纪70年代后已经由农业—农药之间的两极关系演变为农业—农药—环境的三极关系，前者是农业生产的发展需要使用农药，而农药的使用促进了农业生产的迅速发展；后者则是从农业生产和人类社会的可持续发展观来认识三者之间的关系，即农业生产需要农药的使用，农药的副作用受到了环境管理的制约，环境安全的要求推动了农药及其使用技术的创新发展，环境友好型农药的应用又促进了农业生产向安全、高效益发展。三者之间通过制约与创新的协调，逐步达到人与自然和谐发展的境界。

加强农药的环境安全管理是协调农业生产和农药使用的重要机制。国务院颁布的《农药管理条例》和农业部颁布的《农药登记管理办法》是我国进行农药环境管理的重要法规和管理制度。农业部及地方农业行政部门制定的农作物无公害生产技术标准作为我国实施良好农业操作规范（GAP）的指导性技术规程，尤其是2014年以来出台了"化肥农药减持"和"农药零增长"的重大措施，是促进农药科学使用和保障环境安全的重要新政。通过提高全民的环境保护意识、重视生态系统平衡与协调、关心人类身体健康和子孙后代的生存与发展，是推动农药与环境和谐关系发展的真正动力。

第二节 农药的环境行为与环境毒性

一、农药的环境行为

农药进入环境后，在环境中有着复杂的迁移转化过程，包括挥发、沉积、吸附、迁移、分解、生物转化等，这些特性称为农药的环境行为。农药的环境行为特性是评价农药环境安全性的重要指标，也为食品安全评价提供了重要依据。

农药在环境中的行为是十分复杂的，某些行为可能是同时进行并相互影响的。同时，农药的环境行为与农药自身理化性质有关，也受环境因素的影响。

（一）农药的吸附

1. 吸附原理 当流体（气体或液体）与多孔的固体表面接触时，由于气体或液体分子与固体表面分子之间的相互作用，流体分子会停留在固体表面上，这种使流体分子在固体表

面上浓度增大的现象称为固体表面的吸附现象。通常被吸附的物质称为吸附质,吸附吸附质的固体称为吸附剂。根据吸附剂表面与被吸附物质之间的作用力的不同,吸附可分为物理吸附与化学吸附。

(1) 物理吸附 物理吸附是流体中被吸附物质分子与固体吸附剂表面分子间的作用力为分子间吸引力(即范德华力)所造成的;在吸附剂表面能形成有数个吸附质分子的厚度(多分子)或单分子的一个吸附层,吸附速度快。这类吸附,当气体压力降低或系统温度升高时被吸附的吸附质可以很容易地从固体表面逸出,而不改变吸附质原来的性状,这种现象称为解吸附或脱附。吸附和解吸附为可逆的动态过程,当在载体上的吸附和解吸附速率达到同一水平时,吸附质在载体上的吸附量保持不变,这种状态称为吸附解吸平衡。当吸附质在流体和固体两相间达到吸附平衡时,吸附剂上的平衡吸附质浓度(q)是流体相游溶质浓度(c)和温度(T)的函数。当温度一定时,平衡吸附量(q)与流体相游离农药浓度(c)之间的函数关系称为吸附等温线。

$$q = f(c, T)$$

(2) 化学吸附 化学吸附类似于化学反应。吸附时,吸附剂表面的未饱和化学键与吸附质之间发生电子的转移及重新分布,在吸附剂的表面形成一个单分子层的表面化合物。它的吸附热与化学反应热有同样的数量级。化学吸附具有选择性,仅发生在吸附剂表面某些活化中心,且速度较慢。因要发生一个化学反应必须先有一个高的活化能,故化学吸附又称为活化吸附。这种吸附往往是不可逆的,要很高的温度才能把吸附分子逐出,且所释放出的吸附质往往已发生化学变化,不复呈原有的性状。

农药的吸附是指农药在环境中由气相或液相向固相分配的过程,在此过程中,固相中的浓度逐渐升高,它包括静电吸附、化学吸附、分配、沉淀、络合及共沉淀等反应。

2. 吸附平衡理论 自从 1773 年席勒(C. W. Scheele)发现木炭-气体体系中的吸附现象以来,人们已经总结出很多平衡吸附模型,现列举几种比较重要且应用比较广泛的模型(图 9-1)。

(1) Langmuir 吸附等温式 Langmuir 吸附等温式是用来描述吸附质在吸附剂表面的单层吸附过程,且吸附质颗粒表面均匀,吸附能力大小一致。其表达式为

$$q_s = Q_b c_w / (1 + b c_w)$$

或

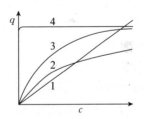

图 9-1 农药在环境中几种常见的吸附等温线
1. Henry 吸附等温线 2. Freundlich 吸附等温线
3. Langmuir 吸附等温线 4. 矩形吸附等温线

$$1/q_s = 1/(Q_b c_w) + b/Q_b$$

式中,q_s 表示吸附平衡时的吸附量,Q_b 表示单层吸附条件下的饱和吸附容量,c_w 表示吸附平衡时农药在液相中的浓度,b 表示表面吸附亲和性常数。以 $1/q_s$ 对 $1/c_w$ 作图可绘制一条直线,直线的斜率即为 $1/Q_b$,截距为 b/Q_b,从而可以方便地求出 Q_b 和 b。

(2) Henry 线性吸附模型 由 Langmuir 吸附等温式可知,当溶液中吸附质浓度非常低(即 $bc_w \ll 1$)时,Langmuir 吸附等温式可简化为 Henry 线性吸附等温式,即

$$q_s = Q_b c_w$$

或

$$q_s/c_w = Q_b$$

令 $Q_b = K_d$,则有

$$q_s = K_d c_w$$

式中,K_d 表示吸附质在固相吸附剂/液相中的分配系数。

Henry 线性吸附模型是最简单的平衡吸附模型,可将其视为特殊条件下 Langmuir 吸附等温模型。在此模型中吸附质的吸附量与其液相浓度呈正比。

(3) Freundlich 吸附等温式　事实上,固体吸附剂颗粒表面总是不均匀的,因此吸附平衡通常是非线性的。对于非线性平衡吸附模型,最常用的模型就是 Freundlich 等温吸附模型,其表达式为

$$q_s = k_f c_w^{1/n}$$

式中,k_f 表示 Freundlich 吸附常数,用于表示吸附作用的强度;n 是吸附质分子与吸附剂表面作用强度有关的参数,也被称作不均匀系数。

由 Freundlich 吸附等温式可知,在低浓度时等温吸附线为曲线,在高浓度无极限值。对上式取对数可得

$$\lg q_s = \lg k_f + 1/n \lg c_w$$

由上式可以看出,$\lg q_s$ 和 $\lg c_w$ 之间为线性关系,作图可求得 k_f 和 n 的值,n 的取值决定等温线的形状。理论上 n 总是大于 1 的数值。在有限浓度范围内,试验数据服从 Freundlich 公式可能表示固体表面是不均匀的,但在高浓度时无极限吸附量是不可能的。因此从根本上来说,此式是经验公式。若 n 小于 1,通常不适合采用 Freundlich 吸附模型。一般认为,n 为 2~10 时容易吸附;n 小于 0.5 时难于吸附。

(4) BET 吸附等温式　当吸附质的温度接近正常沸点时,往往发生多分子层吸附。所谓多分子层吸附,就是除了吸附剂表面接触的第一层外,还有相继各层的吸附,在实际应用中遇到很多都是多分子的吸附。布龙瑙尔、埃梅特和特勒(Brunauer、Emmett 及 Teller)3 人提出了多分子层理论的公式简称为 BET 公式。他们的理论基础是 Langmuir 理论,改进之处是认为表面已经吸附了一层分子之后,由于被吸附气体本身的范德华力,还可以继续发生多分子层的吸附。当吸附达到平衡时,气体的吸附量(V),等于各层吸附量的总和。

此外,对于不平衡吸附的情况,人们采用的模型一般是单箱模型、双箱模型或颗粒内扩散模型。

在环境中,农药的吸附主要发生在土壤或沉积物中。就土壤和沉积物本身而言,对有机污染物的吸附实际上是由土壤和沉积物中的矿物成分以及土壤和沉积物有机质两部分共同作用的结果,其中有机质对农药吸附的作用是主要的。因此研究农药在土壤和沉积物中吸附机制时,从有机质的吸附机制角度研究是一个有效的手段。而从矿物组分吸附角度研究吸附机制时,多是从物理吸附的角度来研究。

3. 农药吸附性的影响因素　在自然条件下,土壤或沉积物是非常复杂的体系,因此影响农药在土壤中吸附的因素也非常复杂。国内外对于这方面已做了大量的研究工作,主要影响因素集中于土壤的组成和物理化学性质,以及农药化合物的分子结构和理化性质(例如水溶性、分配系数、离解特性等)。另外,一些外界环境因素(例如温度、pH、离子强度、表面活性剂等)也对农药在土壤中的吸附产生一定程度的影响。

(1) 农药的性质与结构对农药吸附的影响　据研究发现,农药的理化性质(例如分子质

量、化学结构、水溶性、酸碱性、极化度、阳离子上的电荷分布等）均能影响其在土壤环境中的吸附特性。根据农药的极性大小，常可将其分为极性农药和非极性农药，或是离子型农药和非离子型农药。对于非离子型农药，一般来说，水溶性小，分配系数大，离解作用强的农药，容易被土壤吸附。

（2）土壤组成成分对农药吸附的影响

①土壤有机质对农药吸附的影响：土壤有机质对农药的吸附起重要作用，尤其是对非离子型农药的吸附。当土壤有机碳含量大于0.1%时，土壤有机质在土壤吸附非离子型有机化合物中占主导地位。土壤有机质不仅对有机农药有增溶和溶解作用，而且因土壤有机质的腐殖酸结构中具有能够与有机农药结合的特殊位点，对有机农药还具有表面吸附作用。对于极性较低和溶解度低于1 mg/L的农药，土壤有机质是重要的吸附剂，其疏水作用是主要的作用力；而对于极性甚至离子型农药的土壤吸附作用，也与土壤有机质含量有一定的相关性。

Arnaud Boivin等考察了氟乐灵、2,4-滴、异丙隆、莠去津和苯达松5种农药在13种土壤中的吸附，结果表明，弱酸性农药2,4-滴的吸附由有机质的含量和pH共同决定，2,4-滴在土壤中的吸附受有机质含量的影响很大，但是对于苯达松在土壤中的吸附量没有明显的相关性。Chiou等对15种非离子型农药的研究发现，对于非离子型农药的吸附，土壤中的有机质含量起决定作用，以分配作用为主，而矿物组分影响不大。而离子型农药在无机矿物表面的吸附是重要的，且吸附机制较为复杂，一般通过静电相互作用、离子交换反应和表面络合作用与具有低有机碳含量的吸附剂表面位相互作用。

②土壤矿物组分对农药吸附的影响：对于极性农药，尤其是在低有机质含量的土壤中，土壤表面的其他物质也可能是重要的吸附剂。有机质含量较低的土壤中，黏土矿物对有机物吸附脱附起主要作用。在黏土矿的各种成分中，蒙脱石在土壤中含量较多，且具有双层结构、阳离子交换容量大等特点，所以对有机物或无机离子有很大的吸附能力。例如苯达松在单离子蒙脱石上的吸附就是如此。农药在黏土矿物中的吸附有利于降解的进行，这是由于黏土矿物层间的金属阳离子能与农药分子发生反应。吴平霄等提出了农药在蒙脱石间域中的吸附模式：分子吸附模式、氢键吸附模式、不可逆交换吸附模式、质子化吸附模式、吸附分解模式以及层电荷对吸附模式。但通过大量的研究发现，由于无机矿物具有较强的极性，矿物与水分子之间强烈的极性作用，使得极性小的有机物分子很难与土壤矿物发生作用，它们对农药的吸附量微不足道。

③土壤pH对农药吸附的影响：土壤pH随土壤类型、组成的不同而有较大变化，也是影响农药在土壤中吸附的一个重要因素。大部分农药在高的pH或低的pH环境条件下都很不稳定。通常pH降低时，农药的吸附量升高。尤其对于离子型及有机酸类农药，pH的影响不容忽视，且当pH趋近农药的pk时，吸附最强。而对于非离子型农药、pH则影响不大，但当非离子型农药是通过氢键与土壤发生吸附时，pH则也会对其产生影响。

④土壤温度和湿度对农药吸附的影响：温度可以改变农药的水溶性和表面吸附活性，从而影响农药在土壤环境中的吸附解吸特性。农药的吸附过程是个放热过程，通常农药的吸附量随温度的降低而有所增加。水分子善于竞争土壤表面位点，当土壤很干燥或水被非极性溶剂取代时，水就不会竞争土壤的吸附位点，因此土壤就极易吸附极性与非极性物质，即一般干土比湿土易吸附农药。当干燥土壤吸附了低极性、疏水的有机化学物质时，一旦土壤被重新湿润后，这些化学物质就会再次释放出来。

⑤土壤表面活性剂对农药吸附的影响：在土壤-水体系中，表面活性剂与农药的互作是个复杂的过程。有研究表明，表面活性剂通过提高憎水化合物的溶解度，显著地降低憎水化合物在土壤中的吸附。同时，表面活性剂被吸附到土壤上而影响土壤对农药的吸附。较低浓度的表面活性剂可以显著地改变土壤的物理性质和化学性质（例如土壤水的表面张力、持水量、毛细管扩散、渗滤作用、pH、离子交换容量、氧化还原电位等），从而影响农药在土壤中的吸附行为。

农药的土壤吸附性能是评价农药在环境中行为的一个重要指标。农药吸附性能的强弱对农药的生物活性、残留性与移动性都有很大影响。农药被土壤强烈吸附后其生物活性与微生物对它的降解性能都会减弱，例如移动与扩散的能力减弱，不易进一步造成对周围环境的污染。

（二）农药生物富集

农药生物富集是生物体从环境中不断吸收低浓度的农药，并逐渐在其体内积累的过程。一般情况下，生物富集主要通过3种途径：①藻类植物、原生动物和多种微生物等，它们主要靠体表直接吸收；②高等植物，它们主要靠根系吸收；③大多数动物，它们主要靠吞食进行吸收。在这3种途径中，前二者都是通过直接吸收环境中的农药，而大多数动物体内的生物富集则是通过食物链途径。

对于一些难降解的农药，生物富集作用可能导致一系列生态效应。环境中的残留农药被一些生物摄取或通过其他的方式吸收后累积于体内，造成农药的高浓度储存，再通过食物链转移至另一生物，经过食物链的逐级富集后，可使进入食物链终端的动物体内的农药残留量成千上万倍地增加，从而严重影响生物体健康并最终威胁生态系统。例如滴滴涕在大多数环境条件下能稳定存在，并且不被土壤中的微生物或者降解酶所降解。因此由于人们长期施用滴滴涕，通过长期的生物富集和食物链的作用，使得很多动物体的脂肪组织内均积累了大量的滴滴涕。一项研究结果表明，滴滴涕在海水中的浓度为 5.0×10^{-11} g/L，而在浮游植物中则为 4.0×10^{-8} g/kg，在蛤蜊中为 4.2×10^{-7} g/kg，到银鸥时就达 75.5×10^{-6} g/kg。滴滴涕从初始浓度到食物链最后一级的浓度提高了百万倍，这就是典型的生物富集的放大作用。滴滴涕对英国雀鹰（*Accipiter nisus*）的影响也是灾难性的。早在20世纪60年代，雀鹰遭受了显著的毁灭，部分原因是由于滴滴涕的生物放大作用，由于使母鸟吃了富集滴滴涕的昆虫和其他食物，它产下的蛋壳太薄，使得孵出小鸟之前就很容易破碎，因而对雀鹰造成灭顶之灾。

农药生物富集作用的大小与农药的水溶性和分配系数、生物的种类、生物体内的脂肪含量、生物对农药代谢能力等因子有关。农药生物富集的能力愈强，对生物的污染与慢性危害愈大。由于生物富集有放大作用，进入环境中的毒物，即使是微量的，也会使生物尤其是处于高位营养级的生物受到毒害，甚至威胁人类健康。因此研究农药的生物富集作用，对于探讨农药在环境中的迁移，以及确定环境中农药的安全性风险，都具有理论和现实意义。

（三）农药的迁移

农药施于土壤或植物体时，一部分会通过各种途径进入气相或者通过地表径流和淋溶的方式沉积。一般情况下，农药在环境中的迁移包括混合并稀释、平流和对流、扩散和弥散等。自然界有两种迁移现象：随机运动迁移和定向运动迁移。两种迁移都可以从分子水平到全球距离，从微秒到地质年代在较宽的尺度范围上发生。扩散和弥散都属于随机迁移，而平流和对流则属于定向迁移。

农药在土壤中的迁移是十分复杂的,当农药进入土壤后,农药就可能通过各种途径进入水相或者气相。因此土壤中的农药,在被土壤吸附的同时还可以通过挥发作用、水淋溶作用、地表径流等途径而扩散迁移到土壤以外的介质中。

1. 挥发作用 农药挥发作用是指在自然条件下农药从植物表面、水面与土壤表面通过挥发逸入大气中的现象。农药挥发作用的大小除与农药蒸气压有关外,还与施药地区的土壤和气候条件有关。农药残留在高温、湿润、砂质的土壤中比残留在寒冷、干燥、黏质的土壤中容易发挥。农药挥发作用的大小,也会影响农药在土壤中的持留性及其环境中分配的情况。挥发作用大的农药一般持留较短,而在环境中的影响范围较大。大量资料证明,不仅易挥发的农药,而且不易挥发的农药(例如有机氯)都可以从土壤、水及植物表面大量挥发。对于低水溶性和持久性的化学农药来说,挥发是农药进入大气中的重要途径。

2. 淋溶作用 农药淋溶作用是指农药在土壤中随水垂直向下移动的能力。影响农药淋溶作用的因子与影响农药吸附作用的因子基本相同,恰好成反相关关系。一般来说,农药吸附作用愈强,其淋溶作用愈弱。另外,淋溶作用与施用地区的气候、土壤条件也关系密切。在多雨、土壤砂性的地区,农药容易被淋溶。农药淋溶作用的强弱,是评价农药是否对地下水有污染风险的重要指标。

3. 迁移的影响因素 气相迁移主要决定于农药本身的溶解度和蒸气压、土壤的温度、土壤湿度以及影响孔隙状况的质地和结构条件。水相迁移有两种形式,一是被吸附于土壤固体细粒表面上,随水分移动而进行机械迁移;二是由于足够的降水量而形成地表径流时,土壤表面的农药随之而进入水相发生地表径流的迁移。为了研究农药在环境中的迁移,人们普遍采用多介质模型来描述其过程以及农药的归趋。农药在多介质环境中的循环模型是研究多介质环境中介质内及介质单元间农药迁移、转化和环境归趋定量关系的数学表达式,其主要特点是可以将各种不同的环境介质同导致污染物跨介质单元边界的各种过程相连接,并能在不同模型结构的水平上对这些过程公式化、定量化。

1979年Mackay提出了逸度模型的理论,该模型以逸度(即介质容量)为基础来研究有机污染物在环境中的归趋。

持久有机污染物(POP)在环境中的迁移情况可以通过逸度模型描述,见图9-2。

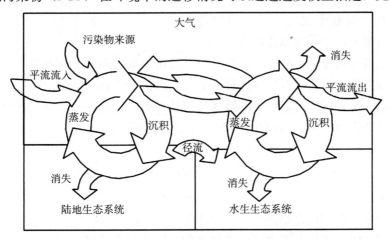

图9-2 陆地上的持续有机污染物通过大气和水在环境中的迁移
(引自Wiana等,2006)

此外，为了描述农药在环境的迁移，人们还提出了很多有效的模型来模拟实际情况，且这些模型与实际情况均比较吻合。例如 Mackay 等和 Cowan 等提出的多介质迁移模型（MFTMs）以及 Scheringer 等提出的有机污染物的长期迁移模型等。

（四）农药的分解

农药在环境中可以通过多种方式发生物理和化学分解，其中最重要的两种方式是光解和水解。

1. 农药的光解　很多农药能吸收紫外光和可见光的能量从而发生化学反应，因此农药可通过吸收光能而发生光化学转化，又因为这类反应都涉及化合物的分解，所以这类转化途径称为光解。光解是农药在环境中的一个重要行为，是农药在环境中的重要归趋之一。由紫外线产生的能量足以使农药分子结构中 C—C 键和 C—H 键发生断裂，引起农药分子结构的转化，这可能是农药转化或消失的一个重要途径。但紫外光难于穿透土壤，因此光化学降解对落到水中、植物表面、土壤表面与土壤结合的农药的作用，可能是相当重要的，而对土表以下的农药的作用较小。

在环境中，农药可发生直接光解或者间接光解，前者可通过直接吸收光能而发生转化，后者则需要在光敏剂的存在下发生光解。农药光解的基本模式见图9-3。

直接光解是指农药分子 A 直接吸收光能造成自身裂解，如下式所示。

$$A \xrightarrow{h\upsilon} A^* \longrightarrow 产物$$

直接光解的主要反应类型有：①光氧化，包括脱硫置换氧化反应、环氧化反应等；②光重排反应，许多农药分子光分解后本身会产生自由基，这样在一定条件下就会发生重排；③光水解反应，在多数含酯基、醚基和氯原子的农药光解过程中会发生光水解反应；④脱卤作用，氯原子在光化学反应中直接脱去而形成自由基；⑤脱羟基作用等。

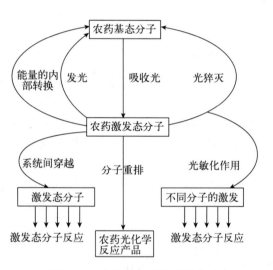

图 9-3　农药光反应的基本模式
（引自杜传玉，2002）

间接光解是指农药分子不能直接吸收光辐射能量，而是借助于存在的一些物质（D）作为载体，通过载体吸收光能或者释放转移的能量，以及产生自由基中间体，造成农药分子变成激发态或基态而发生反应的过程。间接光解包括光敏化和光猝灭2种。起光敏化作用的载体称为光敏剂（或光解剂），其对农药的光敏化过程可表达为

$$D \xrightarrow{h\upsilon} D^*$$
$$D^* + A \longrightarrow D + A^*$$
$$A^* \longrightarrow 产物$$

在光敏反应中，农药化合物并不直接吸收光能而发生转化，但是当农药存在的介质中含有某些光敏剂时，由于光敏剂本身可以吸收光能，这些物质就可以通过各种方式把能量传递给农药化合物，从而为化合物的转化提供足够的能量。

通常人们在研究光敏化反应时认为，敏化通过光敏剂激发三重态进行，具体可分为 2 种不同的类型，一是 Ⅰ 型光敏化氧化，反应主要涉及 H 原子转移；二是 Ⅱ 型反应，该反应涉及 $^1O_2$（单线态氧）的反应。

许多农药直接光解要比光敏光解重要。但有些农药并不容易被光解，例如六氯环戊烯，在其被施于环境中后就立刻被沉积物所吸附而避免了光解的发生。

与光敏化作用相反的过程称为光猝灭反应，由于存在起猝灭剂作用的物质（Q）而产生。猝灭剂是一种可以加速农药分子电子激发态衰变到基态或低激发态的物质，其过程可表示为

$$A^* + Q \longrightarrow (AQ) \longrightarrow A + Q$$

很多农药在光解过程中涉及诸多中间体和产物，它们有竞争着的光、暗反应生成。如 Thomas 等研究了五氟磺草胺的光解，发现其在紫外光下就可以分解为 TPSA、甲基 BSTCA 等化合物，而 TPSA 是一种中间体，可进一步分解为 BST 等（图 9-4）。

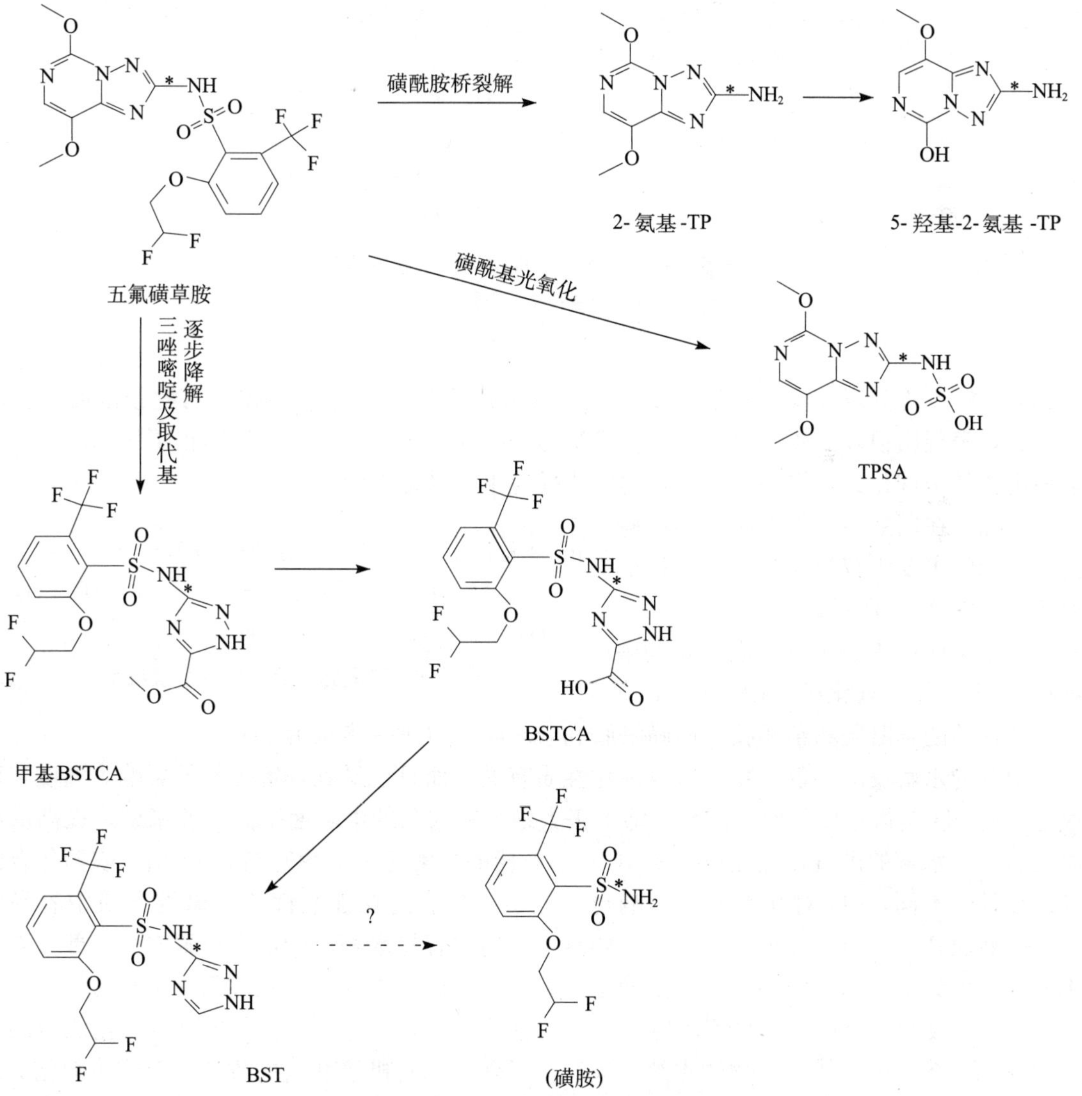

图 9-4　五氟磺草胺的光解途径

（引自 Thomas 等，2006）

农药的光解反应不仅受到农药自身理化性质的影响，同时也受到环境因素的影响。光的强度和波长、所用的辅助溶剂以及光敏物质等均会影响光解速率。例如甲氨基阿维菌素苯甲酸盐的光解速率高低与季节有关，夏季最高，冬季最低，秋季居中。

2. 农药的水解　农药的水解是一个化学反应过程，是农药分子与水分子之间发生相互作用的过程。农药水解时，一个亲核基团（水或—OH）进攻亲电基团（C、P、S等原子），并且取代离去基团（—Cl、苯酚盐等）。

杀螟硫磷在正丁胺、乙醇胺和氨基乙酸乙酯3个含氮亲核试剂作用下的水解反应机制如图9-5所示。

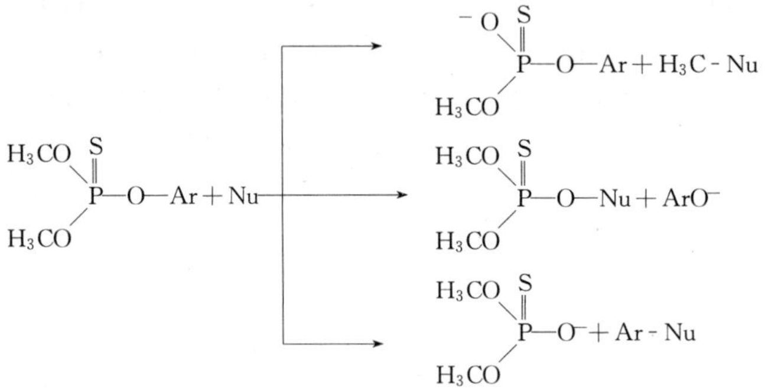

图9-5　杀螟硫磷与亲核试剂的水解反应机制

Ar. 芳基　Nu. 亲核试剂

（引自Onyido等，2006）

对水解产物分析发现，芳基（Ar）取代反应产物的含量随正丁胺和乙醇胺浓度的升高而增加，表现出很好的线性关系，但与氨基乙酸乙酯的浓度无关，这说明正丁胺和乙醇胺的亲核进攻是碱催化的，氨基乙酸乙酯的取代反应不是碱催化的。

又如，在弱酸性条件下所有磺酰脲类除草剂的主要水解反应是磺酰脲桥的裂解，如图9-6所示。

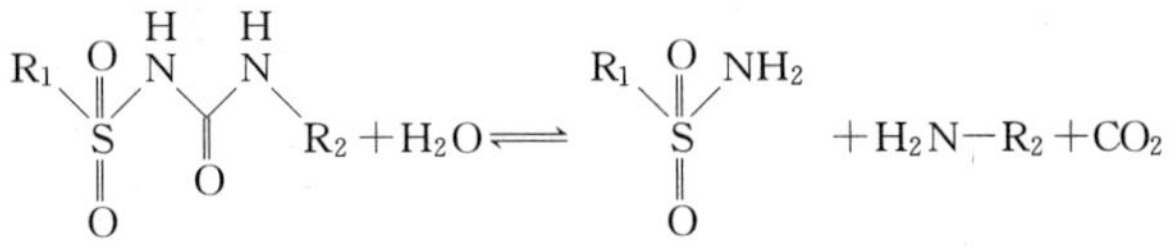

水解反应中水分子攻击羰基碳的中性桥，释放出二氧化碳（CO_2），生成无除草活性的磺酰胺和杂环胺，而磺酰胺和杂环胺还可进一步水解。

图9-6　磺酰脲类除草剂的水解机制

农药的水解反应不仅与农药自身理化性质有关，而且也受到环境因素的影响。温度和环境介质的pH是最重要的两个因素，能够极大地影响农药的水解速率。一般来说，提高反应温度有利于水解的进行，温度每升高10℃，农药的水解速率常数升高2~3倍。农药化合物的理化性质不同，pH对其水解的影响也不同。通常农药在强酸性或强碱性介质中容易降解；一些农药在弱酸性环境中稳定但在弱碱性环境中容易水解，例如有机磷农药；部分农药则相反，例如磺酰脲类农药在酸性溶液中水解较快，而在中性和弱碱性条件下相对稳定。溶液的pH每改变1个单位，水解反应速率将可能变化10倍左右。反应介质溶剂化能力的变化将影响农药、中间体或产物的水解反应，离子强度和有机溶剂量的改变将影响溶剂化的能力，并且因此改变水解速率。

（五）农药的生物降解

环境中生物种类繁多，生物对农药的作用是影响农药在环境中归趋的一个重要方面，而其中微生物的作用是最为突出的。微生物可以通过各种方式（例如降解酶等）来降解农药，生物降解反应可以归结为脱氯作用、氧化还原作用、脱烷基作用、水解作用、环裂解作用等，每种反应均涉及特定的酶或酶系。

土壤是微生物的良好生境，土壤中有多种类群的微生物，它们对自然界物质的转化和循环起着极为重要的作用，对农业生产和环境保护有着不可忽视的影响。根际微生物与植物的关系特别密切，不同的土壤和植物对根际微生物产生显著影响，而不同的根际微生物由于其生理活性和代谢产物的不同，也对土壤肥力和植物营养产生积极或消极的作用。土壤微生物不仅对土壤的肥力和土壤营养元素的转化起着重要作用，而且对于进入土壤中的农药及其他有机污染物的自净、有毒金属及其化合物在土壤环境中的迁移转化等都起着极为重要的作用。

环境因素对微生物的生存能力产生很大的影响，从而影响微生物的代谢活性和降解能力。这些影响因素主要包括温度、酸碱度、底物浓度、营养状况、氧气量、水分、表面活性剂等。

通常土壤微生物不能降解被土壤胶体所吸附的除草剂分子，吸附作用的强弱决定于土壤有机质含量、机械组成及土壤含水量，干土的吸附量显著大于湿土。酸催化的水解作用主要影响三氮苯与若干磺酰脲除草剂品种的降解与残留，此水解作用受 pH 控制，pH$>$6.18 时，水解作用接近停止。pH 显著影响磺酰脲类、咪唑啉酮、氮苯以及三唑嘧啶磺酰胺类除草剂在土壤中的吸附、可利用性以及降解与残留。微生物或其产生的酶对农药的降解均有适宜的温度和 pH。

农药进入土壤生态系统后，其降解过程不仅包括一系列物理过程，而且包括一系列复杂的化学过程，其中，微生物对农药的降解主要是通过各种降解酶的作用。由于微生物的类别不同，破坏化学物质的机制和速度也不同。因此在研究不同微生物的降解能力时，其中一个重要内容就是要研究微生物所分泌的各种降解酶对农药的降解能力。

农药微生物降解的本质是酶促反应，并且微生物的酶比微生物本身更能适应环境条件的变化，酶的降解效率远高于微生物本身，特别是对低浓度的农药。

Maloney 等从加吐温 80 为碳源的无机盐基础培养基中分离到降解菌蜡质芽孢杆菌（*Bacillus cereus*）SM3 菌株，该菌株能够降解第二代和第三代拟除虫菊酯，和降解反应有关的酶称为氯菊酯酶，这是用细胞粗酶液降解拟除虫菊酯的第一个例子。

在微生物降解多环芳烃（PAH）的酶学研究中，一般认为单加氧酶和双加氧酶是微生物降解多环芳烃的关键酶，单加氧酶可将 1 个氧原子加到多环芳烃，使多环芳烃发生羟基化，然后继续氧化为反式二氢乙醇和酚类；而双加氧酶可使多环芳烃的苯环裂解，将 2 个氧原子作用于底物形成双氧乙烷，然后氧化为顺式二氢乙醇，最终进入三羧酸循环。

农药在土壤中经生物降解和非生物降解作用，其化学结构发生明显的改变，有些剧毒农药，一经降解就失去了毒性；而另一些农药，虽然自身的毒性不大，但它的分解产物可能毒性增强；还有些农药，其本身和代谢产物都有较大的毒性。所以在评价一种农药是否对环境有污染作用时，不仅要看药剂本身的毒性，而且还要注意降解产物是否有潜在危害性。

二、农药的环境毒性

(一) 农药对环境有益生物的毒性

1. 农药对水生生物的毒性 水生生物包含许多种类。水生动物主要有鱼类、两栖类、甲壳类（虾、蟹、枝角类、桡足类、介形虫）、软体类（螺、蚌）、水生昆虫（蜉蝣、蜻蜓、水生半翅目昆虫、水生甲虫、石蝇、水生双翅目昆虫等）、环节动物（多毛类、寡毛类、蛭）、轮虫、原生动物等。水生植物主要有维管束植物和各种藻类。又有人将水生生物划分为水生脊椎动物（鱼类、两栖类）、水生大型无脊椎动物（虾、蟹、水生昆虫）、水生植物（挺水植物、漂浮植物、浮叶植物和沉水植物）、浮游动物（原生动物、轮虫、枝角类、桡足类）、浮游植物（蓝藻、硅藻、绿藻）等几大类。有时人们将水生软体动物、环节动物和一部分生活于水底的甲壳类和昆虫统称为底栖动物。底栖动物中常见的种类有螺、蚌、蚬、虾、蟹、摇蚊幼虫、水蚯蚓、水蛭、介形虫等。

需要指出的是，虽然鱼类在水生生态系统中处于比较顶极的位置，经济价值也比较高，但这并不意味着其他物种在系统中的地位与鱼类相比较不重要，因而不必像鱼类那样刻意保护，实际上，水生生态系统生物链中的任何环节遭到破坏，均会对系统带来不良影响。

(1) 农药对鱼类及其他水生动物的毒性 蔡道基等（1987）根据当时大多数农药的田间用量，以 96 h LC_{50} 为基准，将农药对鱼类的急性毒性划分为高毒、中等毒性和低毒 3 级，$LC_{50}<0.1$ mg/L 为高毒，LC_{50} 0.1~1.0 mg/L 为中等毒性，$LC_{50}>1.0$ mg/L 为低毒。在由农业部农药检定所会同环境保护部南京环境科学研究所等 12 家科研教学单位编制完成，经国家质量监督及检验检疫总局批准并于 2015 年 3 月 11 日正式实施的《化学农药环境安全评价试验准则》(GB/T 31270.12—2014) 当中，农药对鱼类的急性毒性被划分为 4 个等级，$LC_{50}<0.1$ mg/L 为剧毒，LC_{50} 0.1~1.0 mg/L 为高毒，LC_{50} 1.0~10 mg/L 为中等毒性，$LC_{50}>10$ mg/L 为低毒。

对于同一个农药品种用不同鱼类进行试验，所得结果可能有所不同。有人曾经比较了甲基异柳磷对家养鱼种尼罗罗非鱼（*Oreochris nilotica*）、淡水白鲳（*Colossoma brachypomum*）以及野生的麦穗鱼（*Peseudorasbora parva*）的急性毒性，结果表明，甲基异柳磷对尼罗罗非鱼、淡水白鲳和麦穗鱼的 96 h LC_{50} 分别为 1.46 mg/L、1.34 mg/L 和 0.14 mg/L。按照上述农药对鱼类的毒性等级划分标准，甲基异柳磷对尼罗罗非鱼和淡水白鲳为中等毒性，对麦穗鱼为高毒（李少南，1998）。金彩杏等（2002）检测了三唑磷对 4 种海洋鱼类的毒性，结果表明，48 h LC_{50} 为 0.004~0.090 mg/L，可见对海洋鱼类，三唑磷亦属于高毒农药。赵颖等（2014）检测了有机磷杀虫剂毒死蜱对于 12 种淡水鱼的急性毒性，其对最敏感的太阳鱼和最不敏感的食蚊鱼的 96 h LC_{50} 分别为 0.001 mg/L 和 0.306 mg/L，二者相差 300 多倍。

王朝晖（2000）等综述了我国常见的 9 种拟除虫菊酯杀虫剂原药及其制剂对 5 种鱼和隆线溞的急性毒性。其中 6 种带氰基的菊酯对鲫、鲤和食蚊鱼的 48~96 h LC_{50} 为 0.12~7.21 μg/L，它们对大鳞副泥鳅的 48 h LC_{50} 为 10.55~105.49 μg/L，对隆线溞的 48 h LC_{50} 为 0.069~0.560 μg/L。3 种不带氰基的菊酯对上述 5 种鱼和隆线溞的 48~96 h LC_{50} 为 32.45~882.6 μg/L。从以上结果可以看出：菊酯类杀虫剂对水生动物大多剧毒，其中带氰基的菊酯类杀虫剂毒性更甚；鱼类当中泥鳅耐药性较强；溞对菊酯类杀虫剂的敏感性高于鱼类。

周常义等（2003）测定三唑磷对卤虫、南美白对虾、泥蚶等水生生物的急性毒性。结果显示，三唑磷对卤虫的 24 h LC_{50} 为 1.64 mg/L，48 h LC_{50} 为 0.8 mg/L；对南美白对虾仔虾的 48 h LC_{50} 为 3.2 μg/L，96 h LC_{50} 为 1.1 μg/L；对泥蚶的 48 h LC_{50} 为 21.0 mg/L，96 h LC_{50} 为 10.2 mg/L。可见三唑磷对南美白对虾剧毒，对卤虫中等毒性至高毒，而对泥蚶低毒。

有机磷杀虫剂是胆碱酯酶（ChE）抑制剂。Sorsa 等分别检测了暴露于亚致死剂量的有机磷杀虫剂杀螟硫磷之中的食蚊鱼（1999）和麦穗鱼（2000）脑乙酰胆碱酯酶的残留活性。从检测结果可以看出，杀螟硫磷在远低于致死浓度的剂量下，即能够明显抑制乙酰胆碱酯酶的活性。因此可以用胆碱酯酶预警有机磷杀虫剂对鱼类的毒害作用。

顾晓军等（2000）研究了水温对于马拉硫磷乙酰胆碱酯酶抑制能力的影响。结果表明，在 15～17 ℃下麦穗鱼接触 1 mg/L 马拉硫磷 48 h 后，其脑乙酰胆碱酯酶活性下降 40%。然而在 20～22 ℃下，麦穗鱼接触同样浓度马拉硫磷 48 h，其脑乙酰胆碱酯酶活性下降 70%。可见鱼类在水温高的条件下更容易发生有机磷中毒。

(2) 农药对藻类的毒性　作为浮游植物，藻类可以被多种浮游动物所取食，因此成为多种水生生态系统的营养基础。我国近期颁布的《化学农药环境安全评价试验准则》（GB/T 31270.14—2014）以 72 h EC_{50} 为基准，将农药对水藻的毒性分为 3 个等级，$EC_{50} < 0.3$ mg/L 为高毒，EC_{50} 0.3～3.0 mg/L 为中等毒性，$EC_{50} > 3.0$ mg/L 为低毒。

陈碧鹃等（1997）测定了氰戊菊酯和胺菊酯对金藻和小球藻的毒性。两种农药的 96 h EC_{50}（LC_{50}）为 0.52～1.38 mg/L。按照当前的毒性划分标准，拟除虫菊酯对水藻的毒性属于中等毒性到高毒。

有机磷杀虫剂对于藻类毒性的大小，与其分子结构具有一定的相关性。一般认为，脂溶性较强、容易渗入藻类细胞膜的农药分子毒性较强。邹立等（1998）通过测定发现，含有苯环结构的有机磷农药毒性大于不含苯环结构的有机磷农药。辛硫磷分子中不但具有苯环结构，而且具有氰基，因此辛硫磷对水藻的毒性较高。

对于动物（包括水生动物）而言，有机磷杀虫剂主要作用于神经系统，是胆碱酯酶的抑制剂，导致神经传导的阻断，最终造成动物死亡。但是有机磷农药对于藻类具有不同的致毒机制。沈国兴等（1999）认为，有机磷农药对藻类的毒性主要在于破坏藻类生物膜的结构和功能，影响藻类的光合作用、呼吸作用以及固氮作用，从而影响藻类的生长。

唐学玺等（1998）研究了 3 种有机磷杀虫剂久效磷、对硫磷和辛硫磷对三角褐指藻细胞的生长的抑制效应。3 种农药对三角褐指藻 72 h 半抑制剂量（EC_{50}）分别为 9.74 mg/L、8.20 mg/L 和 1.52 mg/L。在相应的半抑制剂量下，3 种农药均能引起藻细胞活性氧（超氧阴离子自由基）含量增加、脂过氧化和脱酯化作用增强。研究认为，有机磷农药的胁迫对藻类的抗氧化防御系统造成了损害，诱导了活性氧的大量产生，引发活性氧介导的膜脂过氧化和脱酯化伤害，进而影响了藻细胞的生长。

在长期的进化过程中，需氧生物发展了抗氧化防御系统，其组成包括酶促成分和非酶促成分。在正常生理状态下，由代谢产生的活性氧可被该系统所控制，使体内的活性氧的产生与清除处于平衡状态。而在污染物的胁迫下，细胞抗氧化防御系统会被破坏，体内活性氧过量产生与积累，进而对细胞造成伤害。

谢荣等（2000）以三角褐指藻和青岛大扁藻为试验材料，对有机磷杀虫剂丙溴磷胁迫下的抗氧化防御系统中的一种重要酶类谷胱甘肽过氧化物酶（GPx）的活性水平和两种重要的抗氧化剂谷胱甘肽（GSH）及类胡萝卜素（CAR）含量水品进行了研究。结果表明，在

5.6 mg/L（EC_{50}）和 10 mg/L 丙溴磷胁迫下，藻的谷胱甘肽过氧化物酶活性呈现下降趋势，谷胱甘肽和胡萝卜素含量也表现为下降趋势，并且胁迫的时间越长、胁迫的强度越大，它们下降的幅度也越大。

（3）农药对水生生物的慢性毒性　　杨赓等（2003）测定了植物生长调节剂多效唑对大型溞的急性毒性和 21 d 慢性毒性。多效唑对大型溞的急性毒性不高，48 h LC_{50} 高达 33.2 mg/L，属于低毒农药。但是以生存为指标的 21 d 慢性毒性试验测得的多效唑对大型溞的最大无可见效应浓度（NOEC）为 0.75 mg/L，远低于其 48 h LC_{50}。在 0.75 mg/L 的浓度下，F_1 代出生 7 d 和 21 d 的死亡率分别为 50.0% 和 63.3%，对照组死亡率为 0；在同样浓度下，F_2 代出生 7 d 和 21 d 的死亡率分别为 66.7% 和 83.3%，对照组死亡率为 0。可见仅凭借急性毒性数据难以对农药的实际危害做出充分估计。

郑永华等（1999）以鲫（Carassius auratus）为材料，在 20 ℃ 条件下应用半静态方法进行了甲氰菊酯的急性毒性试验，并在亚急性暴露下研究了甲氰菊酯对鱼体器官的损伤作用。试验结果显示，甲氰菊酯对鲫 48 h LC_{50} 为 0.011 mg/L。在亚急性暴露中，大于 0.001 4 mg/L 的甲氰菊酯试验溶液对鲫的肝脏有明显损伤作用。试验结果还显示，甲氰菊酯对鲫的 NOEC 为 0.000 7 mg/L，最低可见效应浓度（LOEC）为 0.001 4 mg/L，其最大允许浓度（MATC）估计为 0.001 mg/L，比 48 h LC_{50} 低一个数量级。

（4）农药的联合毒性　　随着农用化学品的使用日益普遍，水中污染物的成分也越来越复杂，它们往往联合作用于水生生物。谢荣等（1999）以三角褐指藻、盐藻和青岛大扁藻为试验材料，采用联合指数相加法研究了有机磷农药和重金属对海洋微藻的联合毒性效应。试验结果表明，在毒性比 1∶1 的情况下，丙溴磷-铜联合毒性相加指数（AI）对 3 种藻分别为 −0.462、−0.557 和 −0.702，均为拮抗作用。

有人检测了有机磷杀虫剂增效剂磷酸三苯酯（TPP）和拟除虫菊酯杀虫剂增效剂胡椒基丁醚（PBO）对麦穗鱼、金鱼、尼罗罗非鱼、食蚊鱼和虹鳟 5 种鱼类马拉硫磷敏感性的影响。从测定结果可以看出，磷酸三苯酯对于所测鱼类均具有协同作用，增毒倍数最高的是食蚊鱼（高于 7 倍）。胡椒基丁醚的作用效果则因鱼的种类而有所不同，对于鲤科的麦穗鱼和金鱼，胡椒基丁醚具有微弱的增毒作用；对于鳉科的食蚊鱼和鲑科的虹鳟，胡椒基丁醚使马拉硫磷毒性降低（李少南等，1996）。钱芸等（2000）采用体内染毒的方法，以鲤脑胆碱酯酶活力为指标，研究了对硫磷与同属有机磷杀虫剂的氧化乐果、甲胺磷和与属于氨基甲酸酯杀虫剂的涕灭威之间的联合毒性。结果表明，这些农药两两之间均有较强的协同作用，但是两种农药以不同比例加入，产生的毒性有明显差别。

顾晓军等（2000）研究了马拉硫磷和氟虫腈对麦穗鱼脑乙酰胆碱酯酶的共同影响。在活体状态下，作用于神经细胞氯离子通道的杀虫剂氟虫腈对胆碱酯酶活性没有影响，但当麦穗鱼被移到不含马拉硫磷的水中之后，其脑乙酰胆碱酯酶活性恢复慢。这对鱼生活能力的恢复显然有不利影响，研究结果表明，氟虫腈对鱼脑乙酰胆碱酯酶恢复的阻碍在较高的水温下更为明显。

2. 农药对陆地环境生物的危害

（1）农药对鸟类的危害　　据统计，1990—1994 年，在欧洲，鸟类农药中毒事件占野生脊椎动物农药中毒事件总数的 70%～80% 或以上，人们先后在 118 种野生鸟类的体内检测到残留滴滴涕；在常见的 400 多种鸟类中，有 60 多种的生存受到人类活动的威胁。在我国，尚未系统地对这方面资料进行过统计。农药主要通过3种途径对鸟类产生危害，一是直接造成的毒害作用；二是通过食物链在野生鸟类体内蓄积，引起鸟类生理、生活习性等一系列变化，以致降低了鸟类的生存能力和繁殖能力；三是改变了鸟类的生存环境（Malan和Benn，1999）。下面着重讨论第一和第二种途径造成的危害。至于第三种途径造成的危害，将在本章第三节中加以讨论。

有机磷和氨基甲酸酯类杀虫杀螨剂是胆碱酯酶的抑制剂，能使鸟类的神经冲动传导受阻。鸟类乙酰胆碱酯酶对这些抑制剂的感受敏感程度往往是哺乳动物的10～20倍，幼鸟感受性更高（吴德峰，2000）。在急性暴露下，鸟类神经系统内和红细胞中的乙酰胆碱酯酶活性降低程度与鸟类中毒的严重程度呈正相关。一般血细胞乙酰胆碱酯酶活性降低50%以上时可发生中毒症状。被抑制的乙酰胆碱酯酶经几小时至2～3 d即难以逆转，即所谓老化。这种情况下可导致鸟类死亡。酶50%活性被抑制常被认为是致死性的。有机磷酸酯类和氨基甲酸酯农药的大量使用，使野生鸟类经常暴露在受有机磷酸酯类和氨基甲酸酯污染的环境中，形成对鸟类的潜在威胁，即便不能引起急性中毒死亡，也能通过影响鸟类的生理生化过程，对鸟类内脏器官造成毒害，或降低生活能力，造成鸟类被捕杀和饿死的概率大大增加（Brunet等，1997）。

有机氯农药属于脂溶性较强的化合物，在鸟类体内难以被降解和排泄，所以它们能在鸟类脂肪中积蓄，特别是在鸟类的脑、肝、肾及心脏中大量富集，使这些器官受到损害。也有有机氯农药对鸟类是高毒的，例如环戊二烯类杀虫剂，包括狄氏剂、异狄氏剂和七氯，它们能造成捕食性鸟类和猛禽发生急性中毒死亡（van Wyk等，2001）。有机氯农药目前在多数国家已被禁用，环境中的残留量逐渐下降，使得这类农药对野生鸟类的危害性逐渐降低，一些数量稀少的捕食性鸟类数量开始增加，例如一度面临灭绝的美国秃鹰开始由日益减少逐步走向恢复。

农药也会引起鸟类内分泌活动失调及其他异常的生理现象。例如雄性个体雌性化、甲状腺肥大、卵受精率下降等。农药干扰鸟类内分泌活动主要通过干扰其内源激素而发生作用，从而造成鸟类生殖障碍。农药对鸟类内源激素发生作用主要通过3个途径，一是在鸟类体内发挥与内源激素相同的作用，二是抑制或中和鸟类内源激素，三是能够破坏鸟类内源激素的合成或代谢（Sonnenschein和Soto，1998）。

（2）农药对害虫天敌的危害　人们应用化学农药防治害虫，所用浓度必须足以杀死靶标害虫种群的80%～95%。在这种浓度下，除靶标害虫外，天敌往往难逃厄运。害虫天敌除了受到农药的致死影响外，还有发育、行为、生殖等方面的影响。农药不仅影响当代，还会影响到天敌的下一代。因此准确了解农药对天敌的杀伤力是生物防治取得成功的必要前提。

①农药对稻田害虫天敌的危害：稻田害虫的天敌种群资源十分丰富。其中微蛛科（Erigonidae）、狼蛛科（Lycosidae）、黑肩绿盲蝽（*Cyrtorrhinus lividipennis* Reuter）等在稻飞虱种群数量的控制上发挥着重要作用。

何承苗（2000）比较了氟虫腈、吡虫啉和噻嗪酮3种杀虫剂在田间使用浓度下对稻飞虱主要天敌草间蜘蛛的杀伤力。田间试验结果表明，属于昆虫生长调节剂的噻嗪酮对天敌杀伤力较小，而属于神经毒剂的氟虫腈和吡虫啉杀伤力较大。徐心植等（1995）在室内检测了10多种稻田常用杀虫剂对褐飞虱天敌草间小黑蛛初孵幼蛛的杀伤力。结果表明，噻嗪酮、叶蝉散、乙酰甲胺磷和杀虫双对幼蛛的杀伤力较小，磷胺、甲胺磷和异稻瘟净次之，溴氰菊酯、杀虫脒和嘧啶氧磷毒性最强。这个室内测定结果在田间得到了验证。郑元梅等（1999）在双季晚稻抽穗期间分别使用25%噻嗪酮、4%叶蝉散和25%杀虫双防治稻飞虱，结果表明，叶蝉散和杀虫双对天敌蜘蛛的杀伤力大于噻嗪酮，导致天敌对稻飞虱种群的控制作用减弱，故叶蝉散和杀虫双在防治效果上不如噻嗪酮。

②农药对麦田害虫天敌的危害：刘爱芝和李世功（1999）比较了吡虫啉、抗蚜威、氧化乐果和久效磷4种杀虫剂对小麦蚜虫的防治效果和对七星瓢虫的杀伤力。试验结果表明，氧化乐果和久效磷两种有机磷杀虫剂对小麦蚜虫的防治效果不如氨基甲酸酯类杀虫剂抗蚜威和新烟碱类杀虫剂吡虫啉，但它们对于麦蚜天敌七星瓢虫成虫的杀伤力却高于吡虫啉和抗蚜威。梁宏斌等（1999）选用氧化乐果作为试验药剂，以 0.6 kg/hm² 的剂量在麦田喷雾用于防治麦双尾蚜（*Diuraphis noxia*）。麦双尾蚜的主要天敌类群有瓢虫类、蛛蛛类、小姬蜂、环足斑腹蝇等。麦田喷药后第2天，田间各种天敌总数减少了90%；喷药后第7天天敌总数减少了94%。在各类天敌中，蜘蛛类恢复缓慢，到喷药后第20天施药麦田蜘蛛类数量不足对照田的25%。

③农药对棉田害虫天敌的危害：陈永明等（1998）于1995—1996年进行了多种农药对棉铃虫的控制效果和对天敌的安全性试验。所选的药剂有棉铃虫多角体病毒、硫双灭多威、灭多威、硫丹、氯氟氰菊酯、久效磷、辛硫磷+氰戊菊酯复配剂、硫丹+氰戊菊酯复配剂、溴氰菊酯+硫丹+辛硫磷复配剂。田间试验结果表明，棉铃虫多角体病毒制剂、硫双灭多威、硫丹和硫丹+氰戊菊酯4种杀虫剂在确保防治棉铃虫效果的前提下，对以蜘蛛和瓢虫为主的棉田天敌的杀伤作用小；氯氟氰菊酯和辛硫磷+氰戊菊酯复配剂对棉铃虫的防治效果也比较好，但对天敌杀伤力强；久效磷和灭多威对天敌杀伤作用虽然较小，但对棉铃虫防治效果不理想。

李巧丝（1996）测试了氯氰菊酯、毒死蜱、伏杀硫磷、辛硫磷和复方浏阳霉素5种杀虫剂对于棉田叶螨的防治效果和它们对于叶螨天敌小花蝽和六点蓟马的杀伤力。几种药剂相比，以伏杀硫磷和20%复方浏阳霉素对上述两种天敌的杀伤力较小。就两种天敌而言，六点蓟马比小花蝽对药剂更为敏感，尤其是对有机磷类的辛硫磷和毒死蜱。

在棉田中，棉蚜危害造成的卷叶直观明显，故棉农对棉蚜的防治一向十分积极。然而频繁施药大量杀伤了棉田中的天敌。章炳旺等（1995）选择甲·辛乳油、高效甲·辛乳油、甲基对硫磷乳油和辛硫磷乳油4种杀虫剂作为供试药剂，检测它们在防治棉蚜的推荐使用浓度下对以龟纹瓢虫、草蛉蟹蛛、草间小黑蛛和异色瓢虫为主的棉蚜天敌群落的杀伤力。结果表明，施药1 d后，4种农药对天敌的杀伤率均在80%以上；7 d后，使用高效甲·辛乳油的地块的天敌杀伤率下降到23.8%，其余3个处理天敌杀伤率均在60%以上，其中甲基对硫磷的天敌杀伤率高达82.1%，而此时4种药剂对棉蚜的防治效果均为负值。这说明失去了天敌的控制，棉蚜得以以超常的速度恢复。

④农药对烟草田害虫天敌的危害：林智慧等（2003）检测了烟田常用的几种杀虫剂和除草剂，包括敌百虫、高效氯氟氰菊酯、F6285、异噁草酮、二甲戊乐灵、乙草胺、异丙甲草胺和敌草胺对田间蓼科杂草的专食性天敌蓼蓝齿胫叶甲（*Gastrophysa atrocyanea*）的杀伤率。检测结果表明，上述农药施用后立刻降低了蓼蓝齿胫叶甲的田间存活率。将喷药后仍存活的成虫带回室内饲养，令其交配产卵。结果发现，施药导致成虫产卵量和取食量降低，幼虫的发育历期延长。各种药剂中，杀虫剂的影响大于除草剂。杀虫剂中，氯氟氰菊酯的影响大于敌百虫；除草剂中，F6285和异噁草酮的影响大于其他除草剂。

(3) 农药对蜜蜂的危害　在养蜂行业中，因施用农药造成蜂群中毒死亡的事件屡见不鲜。例如1998年浙江省江山市一家橘园农户在未告知毗邻蜂场养蜂户情况下，向自己种的橘树喷施农药杀扑磷治虫，造成养蜂户17只箱中的蜜蜂大量死亡，造成直接经济损失5 100元（朱友民，1998）。又如山东省东营市蜜蜂研究所报道（2001），1999年4月中旬，在梨花盛开季节，山东省青州市弥河镇薄板台村一养蜂户的33群蜜蜂突然发生大量死亡，最终造成直接经济损失11 150元。事后经调查认定村中一梨园承包户向距蜂群约1 000 m处的梨树喷施杀虫剂对硫磷的操作是造成蜂群死亡的主要原因。

姜立纲（2001）报道了内吸性杀虫剂涕灭威影响蜜蜂为十字花科蔬菜授粉的一个例子。十字花科作物在花期主要靠蜜蜂为主的昆虫传授花粉。故一般有制种田的乡村均要租用蜜蜂为其授粉。以涕灭威为有效成分的颗粒剂在土壤中施用后，不但对地下害虫和线虫，而且对各种茎叶害虫均有良好防治效果，持效期一般可维持1个月以上，所以很受农民欢迎。在纱网棚内种植十字花科蔬菜，于花期同步释放同样数量的蜜蜂，施用过涕灭威的网纱棚内访花的蜜蜂数量稀少，甚至很难见到，而没施用过涕灭威的网纱棚内蜜蜂访花数量多，个体在花丛中钻来钻去，且停留时间长。这说明被植物从根系吸收，并传导到植株地上部分的涕灭威对蜜蜂有驱避作用。蜜蜂对异味比较敏感，如果蜂箱周围有农药气味，即使花期天气很好，蜜蜂也不出巢采集。

(4) 农药对家蚕的危害　家蚕发生农药中毒主要有3种情况，一是接触，二是吸入，三是取食了受农药污染的桑叶。郁葱葱（2003）通过调查及分析，发现导致蚕中毒的原因大致有以下几个：其一，农田在喷药治虫时，农药微粒随风飘移造成的桑叶污染；其二，桑园治虫器具不够清洁，以至器具上农药的残留污染桑叶；其三，任意加大桑园用药剂量；其四，天气干旱导致农药持效期延长。

在《化学农药环境安全评价试验准则》（GB/T 31270.1—2014）中，以 96 h LC_{50}（mg/kg 桑叶）为基准，农药对家蚕的急性毒性被划分为4个等级，$LC_{50} \leq 0.5$ 为剧毒，$0.5 < LD_{50} \leq 20.0$ mg/L 为高毒，$20 < LD_{50} \leq 200$ 为中等毒性，$LD_{50} > 200$ 为低毒。程忠方等（1999）分别采用虫体喷雾和叶面喷雾法检测了11种常用杀虫剂对3龄家蚕的触杀和胃毒毒力，其中包括7种有机磷、2种氨基甲酸酯、1种拟除虫菊酯和1种沙蚕毒素类。结果显示，有机磷、氨基甲酸酯和沙蚕毒素3类杀虫剂对家蚕的触杀 LD_{50} 为 22.5～456 mg/kg，胃毒 LD_{50} 为 0.409～57.2 mg/kg，而拟除虫菊酯杀虫剂溴氰菊酯对家蚕的触杀 LD_{50} 和胃毒 LD_{50} 分别为 0.002 95 mg/kg 和 0.002 54 mg/kg，这说明拟除虫菊酯杀虫剂对家蚕的毒性远高于其他类杀虫剂。按照上述划分标准，有机磷、氨基甲酸酯和沙蚕毒素类杀虫剂对于家蚕属于中等毒性到高毒，而溴氰菊酯对家蚕属于剧毒。

陈小平等（1998）测定比较了大田作物中常用的18种杀虫剂（其中包括8种有机磷、1种氨基甲酸酯类、1种沙蚕毒素类、7种拟除虫菊酯、1种有机磷和拟除虫菊酯的混剂）对家蚕的接触毒性。结果表明，由于对家蚕的毒性极高，拟除虫菊酯杀虫剂单剂以及含有拟除虫菊酯的杀虫剂混剂以推荐浓度在桑田使用后，可采桑叶的安全间隔期均在100 d以上。沙蚕毒素类对家蚕的毒性虽不如拟除虫菊酯类，安全间隔期也超过100 d。而有机磷和氨基甲酸酯类杀虫剂的安全间隔期为3～44 d。

除了急性中毒，被饲养的家蚕也经常会发生微量中毒。所谓微量中毒，主要症状表现在对家蚕生长发育和茧质方面的影响，中毒症状也明显不同于急性中毒。例如拟除虫菊酯类农药急性中毒症状是蜷曲和兴奋，而微量中毒表现为类似杀虫双的软化症状。张骞等（2011）报道添加微量蚊蝇醚药液处理的桑叶导致幼虫龄期延长，眠期体质量增加，发育不齐，最终无法正常结茧、化蛹。池艳艳等（2014）测量了高效氯氟氰菊酯、甲氨基阿维菌素苯甲酸盐和氟铃脲对家蚕的慢性毒性，分别在 2 龄至 3 龄期和 5 龄期两个阶段给家蚕连续饲喂带毒桑叶，结果显示，家蚕的发育历期和死笼率与给药浓度呈正相关，眠蚕体质量、全茧量、茧层量、茧层率、结茧率和化蛹率与给药浓度呈负相关。

（5）农药对非目标植物的药害　鉴于杂草和作物在生理生化方面的相似性，除草剂在使用过程中比较容易发生药害。张朝贤（1998）报道了属于乙酰乳酸合成酶（ALS）/乙酰羟酸合成酶（AHAS）抑制剂的几种除草剂给后茬作物造成的药害。例如 1993 年，麦田使用氯磺隆＋甲磺隆混剂使江苏省近 140 hm³ 的后茬玉米、大豆和甘薯发生药害；1994 年，麦田使用甲磺隆使四川省近 470 hm² 后茬早稻和 2 000 hm² 后茬玉米、棉花受害；同年，江苏和浙江两省冬油菜田残留的苯胺磺隆造成 20 000 hm² 后茬早稻受害；1995 年，黑龙江省因土壤中残留的咪草烟和氯嘧磺隆造成 9 个县后茬水稻受害，面积分别达到 70 hm² 以上。

薛召东等（2003）将除草剂对作物产生药害的原因概括为：①人为因素；②药剂挥发和雾滴飘移；③环境因素；④除草剂的质量问题。王春强等（2000）把药害产生的原因归结为：①除草剂内在原因；②药剂使用不当；③环境因素。其中除草剂内在原因包括原药质量、加工质量、药剂持效期、药剂选择性等。使用不当包括使用时间不当、使用场合不当、用量不当（过量）、施药方式不当（造成农药飘移）等。影响药害发生的环境因素包括土壤类型、温度、湿度、光照、风等。

黄春艳（2002）等用 31 种除草剂对油菜进行田间试验，结果表明：①环己烯酮类的烯禾啶、烯草酮和苯氧羧酸类的精喹禾灵、噁唑禾草灵按正常使用剂量或加倍量使用时均对油菜安全；②酰胺类的乙草胺、异丙甲草胺和异丙草胺按低剂量使用时对油菜安全，按加倍量使用时对油菜产生药害；③异噁唑酮类的异噁草酮、二硝基苯胺类的二甲戊乐灵、氟乐灵、N -苯基酰亚胺类的氟嘧乙草酯按正常剂量使用可使油菜产生药害，但受害油菜尚能够恢复生长，而加倍剂量药害加重；④三氮苯类的嗪草酮、N -苯基酰亚胺类的丙炔氟草胺等 20 种除草剂即使按正常剂量使用亦会使油菜幼苗产生严重损害甚至使幼苗死亡，故不能推荐作为油菜田除草剂使用。

（二）农药对人体健康的危害

农药引起人体的中毒大致可以分为急性中毒和慢性中毒两种类型。急性中毒是指一次或短时间接触高剂量农药后引发的中毒现象。农药的生产者和使用者如果不注意安全防护，则有可能通过呼吸或皮肤接触农药而发生急性中毒。社会公众饮用或食用了受农药污染比较严重的水和食物也有可能发生急性中毒。如果受害者一次接触农药的剂量不是很高，但是接触的时间比较长，而该农药在机体内的代谢率又比较慢，则有可能发生亚慢性或慢性中毒。

1. 急性中毒　常用农药中，有机磷杀虫剂对人的急性毒性最高，发生中毒的事件也最多。有机磷中毒后的症状表现为恶心、呕吐、多汗、瞳孔缩小、肺水肿、烦躁不安、头痛、肌肉挛缩、大小便失禁等。刘歧凤等（2003）收集了有机磷急性中毒病例 126 例，其中敌敌畏中毒 10 例，甲胺磷中毒 6 例，乐果中毒 108 例，敌百虫中毒 2 例。林振华（2003）收集了有机磷急性中毒 265 例，其中甲胺磷中毒 202 例，敌敌畏中毒 35 例，乐果中毒 20 例，对硫磷中毒 8 例。

除有机磷杀虫剂之外，氨基甲酸酯类杀虫剂造成的急性中毒的案例也比较多。郭富桃和张蕾（2000）收集了氨基甲酸酯类杀虫剂急性中毒 32 例，其中克百威中毒 14 例，甲萘威中毒 11 例，灭多威中毒 2 例，速灭威中毒 5 例。刘华盛和何善寿收集了氨基甲酸酯类杀虫剂急性中毒 50 例，其中克百威中毒 16 例，叶蝉散中毒 26 例，杀草丹中毒 6 例，抗蚜威中毒 2 例。

随着拟除虫菊酯杀虫剂应用范围逐渐扩大，中毒案例屡有发生。贺全仁和聂星湖（1997）收集了 395 例拟除虫菊酯杀虫剂中毒案例，其中溴氰菊酯案例最多，占 79.5%。拟除虫菊酯杀虫剂的生产性中毒案例多，因缺乏防护措施，违反操作规程，或药液外漏等原因导致；生活中毒案例大部分因自杀而有意服用，极少数是因为应用拟除虫菊酯杀虫灭蝇而无防护措施所致。接触中毒者以皮肤烧灼、蚁走感和头昏等症状为主，口服急性中毒以恶心、呕吐、上腹灼痛、腹泻等症状为主。

除了杀虫剂外，其他农药也有可能引起急性中毒，例如杀菌剂 402（为大蒜素衍生物，化学名称乙基硫代磺酸乙酯）（陈醒言和林丹，1997）、百草枯（张寿林，2001；卢清龙 等，2015）。

2. 慢性毒性 农药对人体的慢性毒性，因药剂种类不同而表现形式各异，主要表现形式有："三致"（即致癌、致畸、致突变）、慢性神经系统功能失调（迟发性神经中毒）、内分泌干扰、免疫功能失调、对儿童脑发育远期影响等。

（1）致突变、致畸、致癌

①致突变：致突变性多与细胞核或染色体的性状改变相关联。常用的观察指标有沙门氏杆菌-哺乳动物微粒体酶分析（Ames 试验）、核异性状、染色体数目和结构等。往往要通过对多项指标的综合考察，才能得出判断。

王琪全和彭展雄（1999）采用 Ames 试验方法对 3 种常见的酰胺类除草剂乙草胺、异丙甲草胺和丁草胺母体及其光降解产物的致突变性进行了检验。结果表明：A. 乙草胺在光降解前后均表现出无致突变性；B. 异丙甲草胺和丁草胺母体均具有致突变性；C. 在光降解过程中异丙甲草胺未产生其他致突变性物质，而丁草胺在光降解末期表现出有致突变性物质产生。耿德贵等（2000）通过对红细胞微核、核异常及染色体数目和结构畸变的观察，研究了除草剂草甘膦对黄鳝细胞的遗传毒性。结果表明，草甘膦能引起红细胞核异常率的上升，部分处理组和对照组差异显著，但草甘膦不能明显地诱发红细胞产生微核；另一方面，草甘膦能明显地诱发黄鳝染色体数目和结构畸变率上升，处理组和对照组差异显著或极显著（$P<0.05$ 或 $P<0.01$）。可见在一定浓度范围内，草甘膦对黄鳝具有明显的遗传学损伤作用。

②致畸性："三致"作用中的致畸性与生殖和胎儿发育有关。农药对生殖系统的影响主要表现在精子数目减少、精子活力不够、畸胎、死胎等。现已证明，包括艾氏剂、苯菌灵、克菌丹、甲萘威、狄氏剂、地乐酚、碘苯腈、五氯酚、林丹、代森锰、百草枯等的多种农药可能对动物的生殖系统变异有阳性影响。

③致癌性："三致"作用中的致癌性证明起来难度最大。这是因为癌症的发病周期长、影响因素多。多数情况下，致癌性只能通过间接证据加以证明。由于癌症的发生多与遗传物质的改变有关，致突变性也可从一个侧面反映化合物的致癌潜力。例如李宏（1995）以小鼠为材料，研究了杀菌剂代森铵水剂的致突变性。结果表明代森铵能明显地诱发染色体畸变和微核作用，并且能诱发一定数目的双核细胞。可见代森铵是染色体变异的诱变剂，并具有潜在致癌性。

（2）干扰内分泌活动 环境激素，又称为外因性干扰内分泌活动的化学物质，是近年来被逐渐认识的一类环境有害物质。美国环境保护局（EPA）（1996）开出一张包括 75 种污染物的"环境激素黑名单"。在该黑名单中，除了镉（Cd）、铅（Pb）和汞（Hg）3 种重金属外，其余都是有机化合物，其中农药有 44 种（其中包括杀虫剂 24 种、杀虫剂代谢产物 1 种、除草剂 10 种、杀菌剂 9 种）。

有机氯杀虫剂中的某些种类，例如滴滴涕、硫丹、狄氏剂、开蓬等，它们可以与激素受体结合，从而阻碍雌二醇等雌激素与受体的结合，产生抗雌激素作用。抗雌激素的作用结果是导致某些生物体的雄性化。与此相反，有机氯杀虫剂滴滴涕的代谢产物滴滴伊（DDE）可以与雄激素受体相结合，阻碍体内内源雄激素与雄激素受体的正常结合，表现出抗雄激素作用，其结果是导致某些生物体的雌性化。

（3）慢性神经系统功能失调　有的人在有机磷急性中毒治愈后数天到数周后，出现四肢远端疼痛、不能触摸、渐感四肢远端无力、双足行走困难、双上肢持物不稳、出汗多、手肌萎缩、头昏不适等症状，为迟发性神经中毒（鲁文莉，2003）。也有未经急性中毒过程，而是因长期接触小剂量有机磷杀虫剂而发生的迟发性神经中毒。阎永建等（2005）对 257 例急性有机磷农药中毒者于治愈后 2 个月进行调查，发现迟发性神经障碍病患者 9 例，发病率为 3.5%。研究发现，迟发性神经中毒症状的发生与神经靶酯酶（neuropathy target esterase，NTE）的活性受到抑制和老化有关（李秀菊和闫永建，2000）。

迟发性神经中毒严重的会造成死亡。我国有文献报道了 143 例有机磷杀虫剂引起的迟发性神经障碍患者，其中死亡者 25 例，占 17.5%。

（4）干扰免疫系统　随着免疫毒理学的兴起和发展，人们对农药的免疫毒性作用日益重视，并试图用免疫毒理学方法探讨农药对机体的毒性作用。林星等（1998）测定了 80 例急性有机磷、氨基甲酸酯类及拟除虫菊酯杀虫剂中毒患者的免疫学指标，结果表明，农药中毒患者免疫功能受到抑制，重度中毒者尤甚。

（5）对儿童脑发育的远期影响　为探讨农药中毒对少年儿童智力发育的远期影响，王爱民和陈茂爱（2003）采用中国比奈智力测量表对受试儿童进行了智商分级。结果显示，32 例有机磷中毒儿童 8 年以后所测智商 90.63% 呈现不同程度低下；而对照组儿童仅 7.14% 智商较低。两组比较有非常显著的差异。

第三节　农药残留对生态系统和食品安全的影响

一、农药对生态系统的影响

（一）生态系统和生态平衡

1. 生态系统的概念

生态系统（ecosystem）是生物与周围的自然环境构成的整体。生态系统是指自然界一定空间的生物与环境之间相互作用、相互制约、不断演变，达到动态平衡、相对稳定的统一整体。生态系统是以生物群落占主导地位的系统，这是区别于其他系统的显著特征。生态系统是一个开放的机能系统，它不断地同外界进行物质、能量的交换和信息的传递。生态系统的边界是根据研究范围而定的，小至一个鱼塘，大至整个生物圈，都可以看作一种生态系统。

2. 生态系统的分类　生态系统类型众多，根据不同的属性（起源、生境）可划分为不同的生态系统类型。但基本上可归为 3 大生态系统：陆地生态系统、淡水生态系统和海洋生态系统。这3大生态系统又可按其生境特点、人为干扰作用的强度等再做进一步的划分（图9-7）。

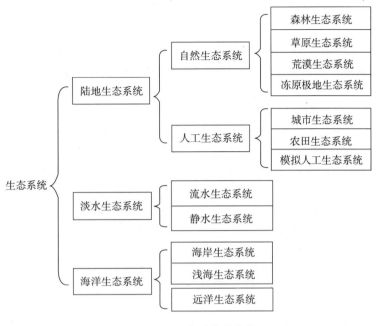

图9-7 生态系统的分类
（引自金岚，1992）

3. 生态系统的组成 生态系统是由生命有机体和非生物环境组成的相互作用、相互联系、具有特定功能的综合体。非生物环境是生态系统的物质和能量的来源，包括生物活动的空间和参与生物生理代谢的各种要素。生命有机体包括植物、动物和微生物。按它们在物质与能量运动中所起的作用可分为生产者、消费者和分解者3类（图9-8）。

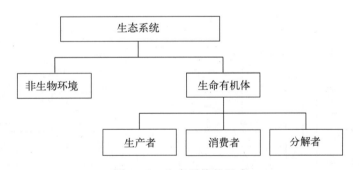

图9-8 生态系统的组成

（1）非生物环境 非生物环境（abiotic environment）包括气候因子（例如光照、热量、水分、空气等）、无机物质（例如碳、氢、氧、氮及矿质盐分等）、有机物质（例如糖类、蛋白质、脂类、腐殖质等）。

（2）生产者 生产者（producer）是生物成分中能利用太阳能等能源，将简单无机物合成为复杂有机物的自养生物，例如陆生的各种植物、水生的高等植物和藻类，还包括一些光能细菌和化能细菌。生产者是生态系统的必要成分，它们将光能转化为化学能，是生态系统所需一切能量的基础。

(3) 消费者　消费者（consumer）是靠以自养生物或其他生物为食获得生存能量的异养生物，主要是各类动物。消费者又可进一步分为初级消费者、次级消费者、三级消费者和四级消费者。

(4) 分解者　分解者（decomposer）属于异养生物，包括细菌、真菌、放线菌和原生生物。它们在生态系统中的重要作用是把复杂的有机物分解为简单的无机物，归还到环境中供生产者重新利用。

需要指出的是，并非所有的生态系统都由上述几个部分组成，有些生态系统可能只包括其中的一部分。但是一个独立发生功能的生态系统至少应包括非生物环境、生产者和还原者3个组成成分。例如农田生态系统通常由农作物（生产者）、微生物（还原者）与环境（例如土壤、农田气候等）组成，可能没有明显的消费者（也可能有一些昆虫，通常它们在农田生态系统总的生物量中占的比重很小，可以忽略不计）。人工林生态系统也类似于农田生态系统。

4. 生态平衡的概念　任何一个正常的生态系统中，能量流动和物质循环总是不断进行着，并在生产者、消费者和分解者之间保持着一定的和相对的平衡状态。也就是说，系统的能量流动和物质循环能较长期地保持稳定，这种平衡状态称为生态平衡。

5. 生态平衡失调　各类生态系统，当外界施加的压力（自然或人为的）超过了生态系统自身调节能力或代偿功能后，都将造成其结构破坏、功能受阻、正常的生态关系被打乱以及反馈自控能力下降等，这种状态称为生态平衡失调。人为因素对生态平衡的破坏而导致的生态平衡失调是最常见、最主要的。

（二）农药进入生态系统的途径

农药主要通过生态系统中的环境介质（大气、土壤、水）进入到生态系统中，进而影响整个生态系统的物质循环和能量流动，同时也在此过程中进入生态系统中的不同有机生命体中，进一步对生态系统平衡产生影响。图9-9所示为农药进入环境的整体途径以及农药在环境中的循环。

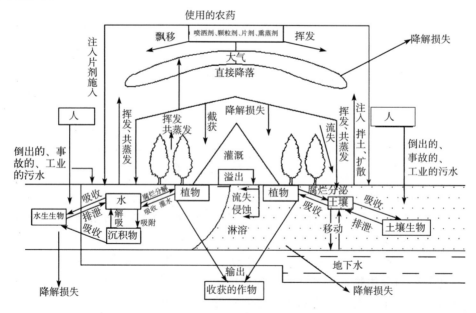

图9-9　农药进入环境的途径及其循环

1. 农药进入大气环境的途径

（1）通过施用过程　农药以液剂、粉剂或雾剂喷洒于农田时，逸散到大气中的损失量常常占农药使用总量的50%以上。

（2）挥发和蒸发　农药施用后，沉积在作物表面或土壤表面的农药可通过挥发和蒸发作用进入大气。大量数据表明，风可将已经被农药污染的表面灰尘吹至高处且长距离输送，但这种过程与蒸发相比却不重要。蒸发是农药进入大气的一个主要方式。不仅是容易挥发的农药，一些不易挥发的农药（例如有机氯杀虫剂），都可以从土壤、水和植物表面大量挥发。对于低水溶性和持久性的化合物来说，蒸发可以是进入大气环境的主要途径。

（3）通过生产等其他过程　农药配制、加工生产运输、农作物废弃燃烧、仓库车船熏蒸后的通风排放、粮食保存、纤维防蛀等也可在一定时期内造成高浓度的大气污染。

2. 农药进入土壤环境的途径

（1）农药直接进入土壤　土壤施用的除草剂、防治地下害虫的杀虫剂和拌种剂，通过浸种、拌种、毒谷等施药方式，直接将农药施入土壤中。

（2）农药间接进入土壤　农药使用时，黏附在作物上的药量一般只占30%左右，其余大部分落在土壤上，或落于稻田水面而间接进入土壤。按此途径进入土壤的农药比例与农药施用期、作物生物量或叶面积系数、农药剂型、喷药方法、风速等因素有关，其中与农作物的农药截留量关系尤为密切。

（3）随大气沉降、灌溉水和动植物残体进入土壤　除大气沉降起一定作用外，对于持效期短的农药因灌溉水和动植物残体进入土壤的农药量是微不足道的。

3. 农药进入水体环境的途径

（1）农药直接施入水体　例如为控制水体中有害生物（如蚊子、钉螺、杂草等），直接向水体中施药。

（2）土壤中的农药随地面径流或经渗滤液通过土层而至地下水　可溶性和不可溶性的农药均可被雨水或灌溉水冲洗或淋洗最终进入水体环境。

（3）其他方式　农药厂和其他农用化学品生产厂的污水排放导致大量农药进入水体。

4. 农药在生物体间的转移　农药施入到环境后，有一部分进入到动物、植物、微生物等生物体内，然后可随生物的移动而发生转移，尤其重要的是化学农药作为一类非生物性物质进入生态系统后，将经过生物吞噬和吸收并通过食物链而导致生物体间农药的转移。图9-10表现了滴滴涕残留物在生态系统中各种生物体间转移和富集的过程，其中的数字表示农药在不同生物体间转移时的浓度变化，单位为 mg/kg。从图9-10中可以看出，随着食物链的传递，农药在高级消费者中的浓度越来越高，这主要是因为农药的富集效应造成的。

（三）农药对不同生态系统的影响

农药通过不同途径进入生态系统后，对不同生态系统产生的生态效应是不一致的。在前面提到的生态系统中，以农药使用对象农田生态系统所受影响最直接，这其中最有代表性的是稻田生态系统、池塘生态系统和"三园"（果园、茶园和桑园）生态系统。而淡水生态系统和海洋生态系统受农药影响的生态效应具有面积广、时间长、影响广泛的特点。

1. 农药对农田生态系统的影响　农药在农田生态系统中的使用为人类带来了好处，但是也产生了一些长期的、潜在性的生态影响，在整个生物圈内，甚至在极地的某些动物组织、土壤、空气和水系中，都有农药的残留。在生态系统中，由于农药的不断积累和浓缩，必然影响系统本身的种类组成、群体数量,破坏生态平衡。与其他生态系统相比,农田生态系统又由于是农药直接使用的对象,具有作用方式直接、数量大、浓度高以及使用频繁的特点,因此农药带来的生态效应是最直接、最重要的。农田生态系统又可分为水稻田、池塘、"三园"等生态系统类型,不同的生态系统中农药的生态影响又有各自特点,但是对于农田生态系统来说,最主要的环境介质是土壤,农药对不同生态系统中土壤生态系统的影响具有共性。

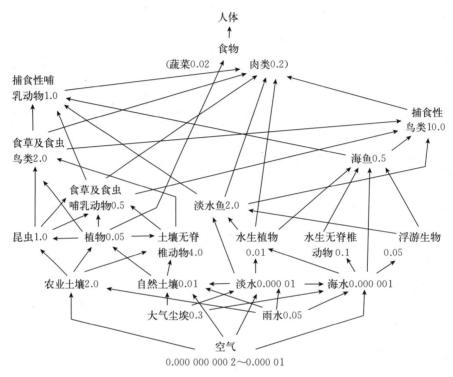

图9-10 滴滴涕残留物在生态系统中各种生物体间转移和富集的过程
(引自王俊,1993)

(1) 农药对农田土壤生态系统的影响 农药对农田土壤生态系统的影响主要是农药对生态因子(包括土壤微生物、土壤动物和植物)的影响和生物富集作用。其中又以对土壤微生物和土壤动物的影响最大,带来的生态效应也最严重。土壤微生物和土壤动物是调节土壤肥力的重要因素。田间喷洒农药时的药液流失、土壤药剂处理或化学灌溉以及使用后所抛撒的废弃农药,所造成的农药残留破坏了土壤微生物的繁殖,使敏感性的菌种受到抑制,土壤微生物的种群趋于单一化,土壤中的农药浓度超过一定界限时,土壤的某些生物(例如细菌、放线菌、真菌、无脊椎动物)就会死亡或生命过程(土壤呼吸、结瘤、氮素矿质化等)的强度降低。农药对生物的毒害可能严重影响土壤生物群落结构,干扰食物链,使生物多样性水平降低,生态失去平衡。

①农药对土壤微生物的影响:土壤微生物在作物生长、产率和土壤肥力上扮演重要角色。农药对土壤微生物的影响较为复杂,取决于农药种类、土壤组成和性质等多种环境因素。同时由于不同种类微生物对农药吸收和代谢途径上的差异,使得对一种微生物具有抑制作用的污染物对另外一种微生物的生长却有可能产生刺激作用。农药对土壤微生物的毒性作

用表现在膜结构的破坏和细胞生命代谢的抑制等方面，细胞的生长和分裂因此被延迟或终止，因而农药对土壤微生物的影响首先表现在数量的变化上。这种影响作用的大小取决于农药和微生物的种类，并受到土壤环境状况的制约。不同类型的农药对土壤微生物具有不同的影响。杀虫剂对土壤微生物的影响很小，杀菌剂和某些除草剂对土壤微生物的影响较明显。Martin（1996）研究发现，艾氏剂、狄氏剂、氯丹、滴滴涕和毒杀芬对砂质土中细菌和真菌的数量均不产生影响；即使有时农药在短时间内引起土壤中微生物数量的变化，但是一般经过 3~4 周后又恢复正常。对土壤微生物数量影响最为显著的是各种杀菌剂，杀菌剂在杀死引起农作物病害的微生物的同时，也对土壤微生物的数量和结构产生影响。三唑类杀菌剂戊唑醇能降低土壤微生物的生物量及活性（Munoz-Leoz 等，2011）。用于浸种的杀真菌剂进入土壤后对根瘤菌有抑制作用，100 mg/L 的克菌丹和灭菌丹能显著抑制根瘤菌 *Rhizobium trifolii* 的生长；甲萘威则可以显著减少豌豆和大豆根瘤的数量。但也有一些杀真菌剂对土壤微生物数量的影响不明显。农药对微生物的生长也施加重要影响。另外，农药的使用也会影响微生物的遗传多样性，研究发现，除草剂氟磺胺草醚高浓度处理下固氮基因 *nifH* 丰度下降（Wu 等，2014）。DGGE 图谱显示，杀虫剂吡虫啉的使用能够引起优势菌群整体的丰富性和多样性出现变化（Cycon 等，2013）。

②农药对土壤动物的影响：农药残存在土壤中，对土壤中的原生动物、环节动物、软体动物、节肢动物等均产生不同程度的影响。有机磷农药废水灌溉对土壤动物群落的影响的研究表明，土壤动物种类和数量随着农药影响程度的加深而减少，有一些种类甚至完全消失。农药污染对土壤动物的新陈代谢以及卵的数量和孵化能力均有影响。由于不同土壤动物对不同农药胁迫作用的抵御能力不同，土壤中污染物的存在无疑会对土壤动物的群落结构造成一定的影响，甚至会引起优势种群的改变，同时还会使微生物和土壤动物多样性降低。农药污染使生物种类由复杂变为简单。有研究发现，农药对无脊椎动物的数量和种类都有影响，例如每公顷使用 4.5~9.0 kg 除草剂西玛津，土壤中无脊椎动物的数量减少 33%~50%。使用农药较多的土壤引起土壤中的蚯蚓大量死亡，死亡率高达 90%。施用除草剂 2,4-滴丁酯混合阿特拉津除草剂均能引起土壤动物种群数量的急剧减少。

（2）农药对水稻田生态系统的影响　水稻田中的作物、土壤、水以及各种生物（鱼、浮游动物、浮游植物等）形成了一个比较复杂的生态系统，能量流动和物质循环的关系更为复杂，使农药对水稻田生态系统造成的生态效应也更有其独特之处。

①农药对水稻田中浮游生物的影响：在水稻田中使用的除草剂灭草特的浓度为 20 μg/mL 的时候能够抑制固氮蓝绿藻 *Anabaena doliolum* 的生长。这种藻类在热带地区的稻田中对于维持土壤肥力起到关键作用。较低的农药浓度（0.05 μg/mL）则对藻类的生长有促进作用。而亚致死浓度（5 μg/mL）暴露 48 h 能够改变藻细胞的组成，减少细胞的蛋白质和藻胆素含量，最后导致固氮能力受损。张金洋等研究发现，三唑酮、戊唑醇等 17 种三唑类杀菌剂对椭圆小球藻的生长具有抑制作用，并且不同杀菌剂的毒性差异较大。其中，氟硅唑和腈菌唑属于剧毒化合物，粉唑醇、环唑醇、三唑醇、三环唑、多效唑、烯效唑和氟环唑的毒性较小（张金洋等，2013）。

蔡道基（1997）研究表明，轮虫（水轮虫、旋轮虫、短轮虫）、原生动物（变形虫、草履虫、棘尾虫）、桡足类（镖水蚤、剑水蚤）和枝角类（溞）4 类浮游动物对池塘水中溴氰菊酯反应有较大差异。溴氰菊酯对轮虫无影响，其危害程度以枝角类最严重，其次是桡足类，原生动物受害较轻。在排水后几个小时内，池塘水中的浮游动物就有明显下降，24 h 达到了危害高峰，枝角类几乎全部受抑制，桡足类的现存量约 1%，原生动物也减少到 50% 以下。24 h 到 1 周后迅速增长，2 周后已恢复到原有水平，说明溴氰菊酯未对浮游动物造成持久的、不可逆的毒性效应。

②农药对水稻田中其他生物的影响：低浓度的克百威（1 mg/kg）和丁草胺（1 mg/kg）可增加稻田土壤产甲烷菌种群数量和甲烷排放通量。而高浓度时（>10 mg/kg）则表现为抑制作用。施入量越大，农药在水稻田土壤中的滞留时间也越长，对稻田土壤产甲烷菌数量和甲烷排放通量的抑制作用越大。水稻田含 1 mg/kg 浓度的丁草胺和克百威能够刺激土壤反硝化细菌的生长及其反硝化活性，高浓度时有明显抑制作用，14 d 左右抑制作用达到最大，然后逐渐减轻，最后呈现一定程度的促进作用。

在水稻田使用杀虫剂硫丹、久效磷、甲胺磷、甲基对硫磷、二嗪磷 3～5 d 后，水稻田中除鱼之外的其他捕食昆虫的动物，比如黑肩绿盲蝽（*Cytorrhinus lividipennis*）以及蜘蛛种群的数量下降 90%。喷洒杀虫剂引起田间一些害虫种群的增长，其原因是使用杀虫剂后农业生态系统中天敌种群急剧减少，与许多害虫相比，天敌对杀虫剂要敏感得多。农药能够引起一些天敌昆虫（例如草蛉、寄生蜂）发育历程的改变，并影响生长发育，甚至导致畸形。天敌种群的减少导致捕食压力的减轻，因此引起农田中目标害虫或非目标害虫的暴发。在农田生态系统中，受此影响明显的是有益节肢动物蜘蛛。通过对稻田蜘蛛优势种和目标害虫空间生态位的研究发现，杀虫双在低浓度时能较大增加稻田蜘蛛的空间生态位宽度及蜘蛛与害虫的比例相似性指数，且蜘蛛空间生态位宽度的增加幅度大于害虫，但随着时间的推移，其空间生态位宽度与害虫的比例相似性指数逐渐减少，直至恢复到未施药的水平。通过系统的研究发现，在合适的低剂量农药作用下，蜘蛛能维护较高的相对活力约 1 周的时间，通过对蜘蛛控制害虫的生物量测定，发现低剂量的杀虫双能显著增加天敌对害虫的捕食量。

③农药对水稻田养鱼的影响：大多水稻田还承担养鱼的功能，鱼对农药的生物富集作用大大增加了农药的生态影响。有机氯农药是最有代表性蓄积性强的品种。也有研究表明，稻田中按推荐用量喷施溴氰菊酯类农药防治稻田害虫，对稻田养鱼无明显影响；同时由于溴氰菊酯农药在鱼塘中残留时间很短，未对浮游生物造成持久的不可逆的毒性效应，且浮游生物的繁殖速度很快，当鱼塘水中的农药消解后，浮游生物可以迅速恢复。

2. 农药对池塘生态系统的影响　农药对池塘生态系统中的水生生物群落产生不同程度的影响。单甲脒一次性施药浓度在 12.5 mg/L 以上时，水生生物群落结构与功能受到严重损伤和破坏，好氧异养菌数量显著增加。在 12.5～50.0 mg/L 的浓度下，沉水植物、浮游植物、浮游动物、底栖动物均受不同程度的损伤，尤以浮游植物、浮游动物和底栖动物更为明显。当浓度超过 50.0 mg/L 时，几乎所有水生生物全部死亡。浓度在 1.5 mg/L 的水平下，鱼类和大部分水生生物能正常生存和繁殖，但生物群落结构、功能仍受到一定影响，主要表现在 pH 和溶解氧（DO）含量下降，氮和磷含量上升，N/P 比值下降，生物种类减少，多样性指数下降，隐藻、金藻、黄藻、甲藻等敏感种基本消失。1 周后，浮游生物群落逐步得到恢复，但群落结构发生改变，敏感种类减少或消失，耐污种类增加，生物多样性降低。单甲脒水剂能明显增加水体的氮和磷含量，使水体氮磷比例失调，可能导致水体富营养化。水生生物中，又以浮游植物对单甲脒最敏感。7.81 mg/L 的单甲脒能对藻细胞内含物产生明显的破坏作用，使小球藻颜色变淡，个体变小并产生畸形。另外，单甲脒在水中药效持续时间较短，其降解产物能起促进藻类生长繁殖的作用。水生微生物对单甲脒的忍受力较强，低于 50.0 mg/L 的单甲脒对水生微生物的存活、呼吸、生长繁殖影响不明显。单甲脒对池塘生态系统群落的影响见表 9-1。

表 9-1 单甲脒对池塘生态系统群落结构和功能的影响

（引自徐晓白等，1998）

项目		单甲脒浓度（mg/L）			
		0	12.5	25.0	50.0
pH		9.54	8.68	7.85	7.69
溶解氧含量（mg/L）		10.98	7.32	3.56	2.39
全氮含量（mg/L）		0.25	0.77	1.22	2.45
全磷含量（mg/L）		0.23	1.73	2.23	2.99
藻类	属数	21	6	5	0
	密度（$\times 10^4$ 个/L）	10.0	5.4	3.4	0
	多样性指数（H）	3.08	1.63	1.28	0
浮游动物	种类数	4	1	1	0
	密度（个/10L）	367	113	60	0
	多样性指数（H）	1.44	0	0	0
底栖动物	种类数	7	4	3	1
	密度（个/m²）	2 425	1 027	209	15
	多样性指数（H）	2.21	1.63	0.74	0
好氧异养菌密度（个/mL）		2.5×10^4	3.5×10^4	3.5×10^5	2.8×10^6
群落产氧量 [g/(m²·d)]		3.61	1.90	1.64	0.63
群落呼吸量 [g/(m²·d)]		3.40	2.68	3.55	4.77
P/R		1.06	0.71	0.46	0.13

注：表中几种水化学要素为加药后 1 周所测；藻类为 3 周内 7 次调查数据的平均值；浮游动物为加药后 2 周的测定结果；其余为加药后 3 周时测定。$P/R=$ 光合作用/呼吸作用＝产氧量/呼吸量。

而对氰戊菊酯（fenvalerate）的研究表明，其对池塘生态系统有直接和二级生态效应。当氰戊菊酯的暴露量为 1.3 μg/L 和 0.54 μg/L 时，池塘生态系统中的中大型无脊椎动物群落的结构都发生了变化。农药能够直接致死昆虫和其他节肢动物，同时观察到对群落结构的间接改变。比如寡毛纲类 *Stylaria lacustris* 的量增加了 10 倍以上，原因是它们天敌数量减少了。当它们的捕食者再度移植到池塘生态系统中时，寡毛纲类的量急剧减少，而且将被介壳类 *Herpetocypris reptans* 取代，后者与其食物资源相同，但是不易受捕食者数量的影响。它们增加的原因均由于农药造成了生态系统中节肢动物的大量死亡，提高了食物源。在加药处理的 2 年后，高剂量处理的池塘系统仍然与正常系统有所不同，说明这种非持久性农药仍然可以对池塘生态系统中的生物构成造成长期的不利影响。

农药对池塘生态系统中微生物的危害主要源于农药的亲脂性造成的间接生态效应。以硫丹为例，虽然其在环境中的浓度（<1 μg/L）不足以对藻类造成直接毒害作用，但是它能通过藻类的蓄积作用而达到较高浓度，然后被食草动物消耗。有研究发现，常用的农药硫丹在

蓝藻和鱼腥藻中能够在暴露 48 h 后生物蓄积 700 倍。而农药对微生物或浮游植物的间接毒性会导致生态系统中消费者食物的短缺。比如受 500 μg/L 莠去津影响的池塘中原先占主导地位的浮游植物种类减少了 75%。浮游植物数量和光合作用生物量以及产量的减少引起了一些食藻动物食物的长期短缺。这种变化同时也影响了生态系统中营养循环的数量和质量。

3. 农药对果园生态系统的影响 农药对果园生态系统最大的生态效应还是表现在它对天敌的影响。这种影响也分直接和间接两种作用。前者是田间施药或是残留农药直接杀死在地面活动的天敌，例如某些甲虫或蜘蛛。施用广谱性农药防治害虫的同时，也消灭了天敌。天敌的消失破坏了生物链，造成果园生态平衡的破坏，同时使害虫产生了抗药性，导致害虫种群数量急剧上升；长期使用同种农药防治害虫，还会导致主要害虫被控制，而次要害虫上升为主要害虫，甚至可使原来捕食害虫的种类转为害虫，产生新的害虫群体。另外，果园中食虫鸟会因为食用被农药杀死的昆虫后中毒死亡，造成果园生态系统平衡的进一步破坏。一般来说，生物源农药对天敌的杀伤力轻，化学源农药杀害天敌重。有机磷、氨基甲酸酯类杀虫剂对天敌毒性最大，其次为拟除虫菊酯农药，而昆虫生长调节剂对天敌则比较安全。

4. 农药对茶园生态系统的影响 化学农药的使用导致茶园昆虫和蜘蛛的丰富度减少，多样性指数和均匀度降低，经常出现害虫暴发成灾的现象。生物多样性是指生态系统中生物及其与环境形成的生态复合体以及与此相关的各种生态过程的总和，它包括数以千计的动物、植物、微生物和它们所拥有的基因以及它们与生存环境形成的复杂的生态系统。就特定的生物组织层次而言，生物多样性影响群落稳定性，群落稳定性随生物多样性增加而提高。由于大规模单一植物物种的栽培，无疑使群落结构简单化，容易诱发特定害虫的猖獗。

农药对茶园生态系统中土壤微生物的影响有代表性的是对有机磷农药的研究。结果表明，甲基对硫磷长期污染对土壤微生物数量影响不大，但参与土壤氮素循环的某些生理功能群却受到影响，除部分自生固氮菌和反硝化细菌受到抑制外，氨化细菌、亚硝化细菌、硝化细菌数量在污染土壤中有所增加，且增幅很大，氨化作用和硝化作用强度也得到增强。农药对土壤微生物数量和活性的影响是有选择性的，敏感类群受到抑制，能耐受或降解该农药的微生物类群由于营养改善和生态位竞争者减少而增殖，虽对土壤微生物的总数影响不大，但其组成结构却发生了改变。

5. 农药对淡水生态系统的影响

（1）淡水生态系统中农药生物富集的生态效应 进入淡水生态系统中的农药，可以通过食物链而发生生物富集作用，而农药对水生生物的生态效应，大多与它们在生物体中的积累和转移有关。水体中的农药一部分可被浮游生物吸收或悬浮性颗粒物质所吸附，部分悬浮物沉淀以后形成底质，从而变成底栖生物的饵料。例如水中的滴滴涕通过浮游生物、小鱼、大鱼、水鸟的食物链传递而在生物体内富集。以美国上岛河口区生物对滴滴涕富集为例，研究表明，在污染区大气中平均存在的滴滴涕含量为 3×10^{-6} mg/kg，其中溶于水中的量更微乎其微；但是水中浮游生物体内的滴滴涕含量为 0.04 mg/kg，富集系数为 1.3 万（以大气中滴滴涕含量作为基数）；浮游生物为小鱼（如银汉鱼）所食，小鱼体内滴滴涕增加到 0.5 mg/kg，富集 16.7 万倍；其后小鱼为大鱼所食，大鱼体内滴滴涕浓度增加到 2 mg/kg，富集系数为 66.7 万；海鸟捕食鱼，其体内滴滴涕增加到 25 mg/kg，富集系数高达 833 万。环境中的有机磷农药，也可以通过食物链发生生物富集作用，但是有机磷农药在生物体内的蓄积量远比有机氯农药低。对埃及境内 Damietta Govemorate 河流的中水体、底泥和鱼体中的有机磷农药含量检测发现，水体和底泥中的沉积量较高，鱼体中检出的有机磷农药浓度范围为 43.0～52.2 μg/L（Abdel-Halim 等，2006）。我国福建省 15 个缢蛏和牡蛎样品中农药残留的检测发现有机磷农药敌敌畏、甲胺磷和有机氯农药滴滴涕的检出率较高（薛秀玲等，2004）。

（2）农药对淡水生系统浮游植物的影响　不同藻类对农药的敏感性不同。氯氰菊酯浓度在 10～50 mg/L 时抑制双对栅藻，而或稍抑制聚球藻的生长受到促进；在 10～50 mg/L 的氰戊菊酯浓度下，双对栅藻生长明显受抑制而聚球藻的生长受到促进；两种拟除虫菊酯杀虫剂都抑制灰色念球藻的生长而刺激小席藻的生长。三嗪类除草剂也能阻碍藻类光合作用电子传递进而抑制藻类的生长。近年来应用淡水发光细菌青海弧菌 Q67 的研究表明，5 种可溶农药对青海弧菌 Q67 的毒性高低为敌敌畏＞敌百虫＞杀虫单＞乐果＞乙酰甲胺磷，6 种难溶于水农药的毒性高低为甲氨基阿维菌素＞甲胺磷＞莎稗磷＞高效氯氰菊酯＞噁霜灵＞氰戊菊酯（杨洁等，2011）。

浮游植物对农药的吸收效率很高。进入分层明显的水域表层水的农药，除少数被吸附沉淀外，主要都在这个水层被浮游植物吸收富集，并沿食物链向下转移，最后积累于鱼、虾、贝类体内。根据放射性 ^{14}C 的试验发现，含量极微的滴滴涕、狄氏剂和艾氏剂，就可能降低某些浮游植物的光合作用能力。但其毒性随着农药和浮游植物种类的不同而有很大差异。例如滴滴涕的浓度在 10～100 μg/L 时显著地抑制硅藻的光合作用，而浓度高于 1 mg/L 时却未能对某些绿藻的光合作用产生影响。狄氏剂的毒性较滴滴涕大得多，当它的浓度达 0.01 μg/L 时，就能明显抑制上述各种浮游植物的光合作用。在使用有机氯农药的附近水域中，由于一些藻类的选择性中毒，会导致该水域植物区系平衡的破坏，即引起敏感种类的衰亡和抗性种类的繁殖，从而产生深远的生态后果。

（3）农药对淡水生态系统浮游动物的影响　有关农药对浮游动物影响的研究，有人认为农药促进了小型浮游动物的生长，同时抑制了中等大小的浮游动物（例如大型溞）的生长和繁殖。当优势种群是大型溞的时候，整个体系统的种群多样性处于较低水平，当农药改变群落结构之后，种群多样性有所提高。浮游动物群落结构的改变同时影响生态系统的功能。在没有受农药污染的生态系统中，浮游植物产生的能量通过藻→大型溞→鱼的食物链传递到顶端；在农药污染的生态系统中，大型溞数量变少，小型浮游动物（轮虫、盘肠溞）数量增加，导致食物链变长，增加了能量在食物链传递过程中的损失（Hanazato，2001）。图 9-11 显示了受农药污染和未受污染水生生态系统中的两种食物链模式。

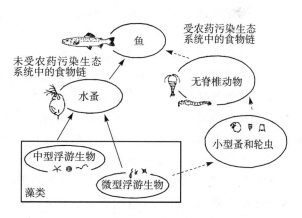

图 9-11　淡水生态系统中受农药污染和未受农药污染的两种食物链模式
（引自 Hanazato，2001）

刘福光等（2013）在体积为 100 L 的室内微宇宙系统中检测了有机磷杀虫剂毒死蜱对水生浮游动物的影响。试验结果表明，浮游动物群体对毒死蜱的敏感性依次为枝角目＞桡足类

>轮虫类。高浓度（50 μg/L）处理组中枝角目种群数量在 35 d 试验周期内未恢复；桡足类种群数量有所下降，但在施药 14 d 后开始恢复；轮虫对毒死蜱最不敏感，由于节肢动物减少，处理组轮虫数量表现出明显上升。

谭亚军等（2004）研究发现，浓度 0.5 μg/kg 以上的毒死蜱和 0.05 μg/kg 以上的高效氯氰菊酯和氰戊菊酯使大型溞的第一次怀卵时间和产卵时间显著延长，而三唑磷在所测范围（0.05～2.00 μg/kg）内未影响这两项指标。并且 0.025 μg/kg 及以上浓度氰戊菊酯和高效氯氰菊酯显著缩短了大型溞的体长。

(4) 农药对淡水生态系统其他水生动物的影响　农药污染水体，青蛙的生存受到了威胁。在施用大量农药附近的水域中发现了畸形蛙的存在。有机磷杀虫剂硫丹会影响农田区域内野生两栖类的种群数量，0.05 mg/L 和 0.10 mg/L 的硫丹就会造成蝌蚪行为异常，变态时间延缓，死亡率、畸形率增加（Bruneili 等，2009）。另外有研究发现，农药可以影响两栖类的变态发育，阿特拉津在 0.1 mg/L 和更高的浓度下会引起非洲爪蟾性腺雌性化（Hayes 等，2002）。

农药污染对鱼的毒害，可分为短期影响和长期影响，短期影响包括立即回避、急性致死、活动能力减弱、失去平衡和麻痹作用；长期影响包括慢性中毒、生长缓慢、失去种群竞争能力和生理生殖机制的改变。在江河、湖泊等某些天然水体中，因受农药厂废水污染，虽未出现死鱼的现象，但有些半洄游性或洄游性的大型经济鱼类，均会因对农药的嫌忌而洄游到其他水域。另外，鱼类若长期生活在含低浓度农药的水体中，通过鳃呼吸、体表接触、食物等途径吸收农药。当吸入量大于体内解毒和排毒能力时，便在体内造成农药的积累。蓄积的农药可能降低鱼类的繁殖率，使幼鱼成活率下降。

有机磷农药（二嗪磷、甲基对硫磷、乐果）可使鲤的红细胞和血红蛋白含量下降；甲基对硫磷和乐果使红细胞和核的直径减小。农药对动物生理的改变必将影响动物的繁殖，因而严重影响种群的延续。鳟的卵中滴滴涕含量超过 0.4 mg/L，孵出的幼鱼死亡率为 30%～90%；鳟的亲鱼体中滴滴涕为 1～2 mg/L 时产出的卵中滴滴涕含量超过 0.9 mg/L，孵出的幼鱼死亡率明显增高；0.005～0.020 mg/L 林丹可抑制卵黄形成，抑制促黄体生成激素（LH）对排卵的诱导作用，卵中胚胎发育受阻。有些农药（比如滴滴伊）还能够抑制输卵管内的碳酸酐酶与 ATP 酶的活性，阻碍碳酸钙在卵壳上的沉积而使蛋壳变薄。在 0.01 mol/L 的浓度下，戊唑醇、烯唑醇、异丙甲草胺和阿特拉津 4 种农药对斑马鱼胚胎具有明显的致死、致畸、抑制发育等影响（周炳等，2008）。低剂量甲草胺及阿特拉津暴露可抑制鲫的肝脏和精巢的生长发育，使性腺指数和肝腺指数明显下降（伊雄海等，2008）。

(5) 农药对淡水生态系统非生物环境的影响　农药进入水生生态系统后，改变原系统的非生物环境条件，也能极大地影响水生生态系统。比如有机农药在水体中分解的时候会大量消耗水中的溶解氧，缺氧环境的形成会造成发酵腐败，从而产生大量甲烷、硫化氢等有毒气体，导致水中的某些生物中毒死亡。有机磷农药在水中分解还可产生无机磷。含磷、含氮农药使用后，进入水生生态环境后会造成水体富营养化。这种富营养化使得水体上层产生大量的藻类，其光合作用会导致溶解氧的过饱和状态，而大量藻类同时也会影响水体的水质以及透明度降低，导致阳光难以穿透水层而影响到水下层植物的光合作用，可能造成溶解氧的减少。水体上层溶解氧的过饱和及下层溶解氧的减少，都会对水生动物产生有害影响，造成鱼类的大量死亡。同时，富营养化促使水体表面生长的蓝藻、绿藻大量繁殖成为优势种，形成一层"绿色浮渣",致使底层堆积的有机物质在厌氧条件分解产生有害气体,有些浮游生物产生的生物毒素也会伤害鱼类。

农药污染水体对水生生态系统的影响,大多数情况下是可以恢复的,其速度受多种因素的影响,例如环境中农药残留物消失的速度、气候条件以及生境。河流中因水流冲洗,来自上游的河水可携带生物种群,所以群落恢复较快,池、湖等则因水体交换慢而恢复较慢。对美国黄石公园喷洒滴滴涕后的跟踪研究表明,一些种群1年之后就开始恢复,而一些毛翅目幼虫4年后,在处理过的河流也未得到恢复。处理区域面积大小也有很大影响,一个流域中的河流也许要4~5年才能使其动物群落完全恢复,而且恢复后的种群数量也较少。

6. 农药对海洋生态系统的影响 图9-12表现了农药进入海洋生态系统的途径、在海洋生态系统中的环境行为及其生态效应。在海洋生态系统中,有机氯农药不易分解,能较长时间地滞留,所以有关农药对海洋生物的影响,已有的资料大多是有关有机氯农药方面的。日本曾用五氯酚(PCP)来除草杀稗,施药农田的面积达 7×10^4 hm², 在药剂喷施后几小时,突降暴雨将撒施的农药冲刷入海湾,致使沿岸海滩的贝类遭到毁灭性的伤害,损失26亿日元。在近海水域和河口,有机磷农药对海洋生物造成的影响也是不可忽视的。位于农田附近的海草床(seagrass bed)容易受到随地表冲刷带来的农药的影响。1 mg/L 的莠去津就能够降低海草的光合作用和呼吸作用。而30 mg/L 的莠去津能够明显引起海草生存和繁殖减少50%。光线和盐分的变化对莠去津的这种作用均没有影响。

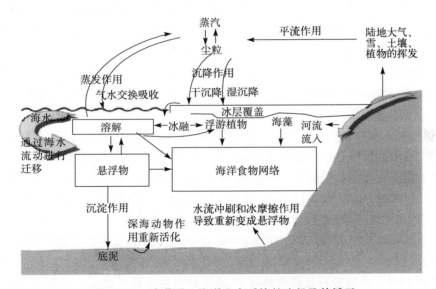

图9-12 农药进入海洋生态系统的途径及其循环

海洋微藻是海洋的主要初级生产者,是整个生态系统能量流动和物质流动的基础。久效磷对4种微藻具有抑制作用,随着久效磷浓度的提高,微藻的相对生长率下降,而微藻细胞内超氧化物歧化酶(SOD)活性降低,而超氧化物歧化酶是清除生物体内有害自由基的关键性酶,可使细胞免受伤害。超氧化物歧化酶活性的降低,导致细胞清除有害自由基的能力下降,藻体对农药的耐受力下降。海洋单细胞藻类大多对有机氯农药比较敏感,50 μg/kg 的有机磷、氨基甲酸酯和有机氯农药,尤其是滴滴涕和林丹,能够减弱 *Halophila* 和 *Halodule* spp. 的光合作用,加强暗呼吸作用。此外,农药还对藻类种群组成的变化、藻类形态学上的变化有重要影响。柔弱菱形藻（*Nitzschia delicatissima*）暴露于 9.4 $\mu g/L$ 的滴滴涕后，与对照组相比较，叶绿体的大小有所降低，形状由球形变为卵形。这表明，进行光合作用的细胞器受到了滴滴涕的伤害。不同种类浮游植物对滴滴涕的敏感性有相当大的差异。比如 1 $\mu g/L$ 的滴滴涕能够抑制小环藻（*Cyclotella nana*）的光合作用，但 100 $\mu g/L$ 的滴滴涕对盐藻（*Dunaliella tertiolecta*）的光合作用没有影响。低浓度的氯氰菊酯（50 $\mu g/L$ 以下）对海洋微藻的生长具有明显的提高作用，而高于 50 $\mu g/L$ 则产生较明显的抑制效应，暴露后期出现超补偿效应，且氯氰菊酯对藻体内丙二醛含量均具有提高作用，浓度越高造成细胞损伤的作用越强（岳文洁等，2009）。

磷是海洋环境中的重要元素，不同形态磷的化学行为和生物效应不同。有机磷农药在进入海洋生态系统后能够变为溶解态有机磷（DOP），海洋环境中浮游植物只能吸收溶解态无机磷（DIP）。研究表明，在溶解态无机磷被耗尽后，海洋微藻可以通过激活碱性磷酸酶（APA）来分解利用溶解态有机磷化学物而且溶解态有机磷浓度越低时，吸收速率越快。海洋沉积物中的磷与底层水之间存在着复杂的化学反应和交换平衡，磷可以通过间隙水与底层水进入海洋。水环境中溶解态有机磷含量较低时，吸收较快，可以认为低磷海域能够驱动沉积物释放磷，沉积物磷的溶出能够促进浮游植物的繁殖，还有可能诱发赤潮。

低剂量的农药不能使海洋生物在短期内死亡，但是可以明显降低其生长率，影响其生活习性和正常的生理生化功能。0.2 mg/L 的马拉硫磷能使蓝蟹（*Callinectes sapidus*）幼体的发育时间延长。汝少国等研究发现，久效磷影响马粪海胆的精子受精率、精子和卵子的受精质量，对其胚胎也具有毒性效应，延长胚胎发育时间，干扰原肠消化道的延伸、前侧腕的生长。久效磷农药可影响马粪海胆早期发育阶段 5-羟色胺递质的正常代谢，影响 5-羟色胺能神经系统的发育以及胚胎和幼虫的发育（汝少国等，2012）。靶标酶为乙酰胆碱酯酶（AChE）的农药对海洋生态系统的破坏还表现在能够通过抑制酶的活性来抑制海洋动物的生长，特别是近岸养殖品种数量锐减。对两个海岸带（Sinaloa，N W Mexio；Ensenada del Pabello et Buhia de Santa Maria）的研究表明，生态系统中检测到艾氏剂、滴滴涕、硫丹、对硫磷、马拉硫磷等残留物。并且由于长期暴露于这些农药中（亚致死浓度），水生生物发生了生理和生化变化，酶活性降低，蛋白质和糖原合成降低，呼吸率升高。同时这两个海岸带是主要的虾生产地，农药残留物造成了虾的低生长率、多病原以及高死亡率的后果。

（四）农药对不同生态系统影响的共同效应

农药对不同生态系统有着不同的生态影响，虽然现象、程度表现各有不同，但是总的规律性的效应是一致的。即农药减少生物多样性和导致生态系统简单化。

1. 农药通过减少生物多样性降低环境质量和影响生态系统功能　长期使用农药后，农业生态系统发生的总的改变是生物相的多样性降低和某些种类生物量的减少。有些杀虫剂可把昆虫相减少 1/3，除草剂也可把某些植物在小面积农田中彻底消除。这些影响均将导致生态系统的稳定性下降，生态平衡被破坏。同时，生物多样性的降低导致生态系统中的食物链发生变化，影响生态系统中的能量流动和营养循环。

2. 农药导致生态系统的简单化　生态系统是一个相对稳定的有机整体，具有一定的结构和功能。生态系统之所以能保持相对稳定，主要是因为生态系统具有自我调节能力，其调节能力的大小取决于生态系统的结构成分，结构越单纯，调节能力越小。农药的大量使用使大量的物种被杀死，大大降低了初级生产，从而使依托强大初级生产量建立起来的各级消费类群没有足够的物质和能量支持，而逃往别处，导致生态系统趋于简单化。从而自我调节能力减小，进一步加剧了系统的简单化。

二、农药对食品安全的影响

我国是一个拥有13亿多人口的大国，"民以食为天，食以安为先"，开门七件事"柴米油盐酱醋茶"，其中六件事与食品有关的，食品安全关系每个公民的切身利益。近几年，我国食品安全事件频发，曝光了"神农丹"生姜、"乙草胺"草莓、"孔雀石绿"活鱼等影响重大的食品安全事件。日趋严峻的食品安全形势，不仅让老百姓心有余悸，不敢轻易下口，而且日益凸现的食品安全问题，与新时代中国特色社会主义思想的要求严重相悖。我国政府已经高度重视食品安全问题，"十三五"规划明确指出：保障食品安全是建设健康中国、增进人民福祉的重要内容，是以人民为中心发展思想的具体体现。《农产品质量安全法》和《食品安全法》也分别于2006年和2015年颁布实行，加强食品安全监管的问题越来越受到政府和社会公众的重视。

（一）食品安全的概念

食品安全的概念是在1974年11月联合国粮食及农业组织于罗马召开的世界粮食大会上第一次提出来的。1972—1974年，发生了严重的世界性粮食危机，特别是发展中国家及最贫穷的非洲国家遭受了严重的粮食短缺，为此，联合国召开了世界粮食大会，通过了《消灭饥饿和营养不良世界宣言》，联合国粮食及农业组织同时提出了《世界粮食安全国际约定》，该约定认为，食品安全指的是人类的一种基本生存权利，即"保证任何人在任何地方都能得到为了生存与健康所需要的足够食品"。

1983年4月，联合国粮食及农业组织世界粮食安全委员会提出了食品安全的新概念，其内容为"食品安全的最终目标是，确保所有的人在任何时候既能买得到又能买得起所需要的任何食品。"这个概念认为，食品安全必须满足以下3项要求：①确保生产足够多的食物，最大限度地稳定粮食供应；②确保所有需要食物的人们都能获得食物，尽量满足人们多样化的需求；③确保增加人们收入，提高基本食品购买力。

1992年国际营养大会上，把食品安全定义为："在任何时候人人都可以获得安全营养的食品来维持健康能动的生活"。此次定义增加了"安全和富有营养"的限定语。

20世纪90年代以来，随着国际社会对可持续发展的关注，食品安全与农业可持续发展的联系更加密切，农业资源的可持续利用和生态系统的可持续性已成为食品安全的重要内容。2001年9月4—6日，在德国波恩举行的世界可持续食品安全（重点是发展中国家的食物安全）会议上，提出食品可持续安全的概念。这是以粮食安全为重点的食物安全观念的新发展。食品可持续安全是以可持续发展战略为依据的。可持续食品安全，是既满足当代人保证健康的要求，又不危害后代人足以保证健康需求的安全。按照这种可持续发展的食物安全理念，需要审视传统农业现代化的内容，需要改变或改善农业食物现代生产方式，特别是要转变那种以牺牲自然生态环境为代价的片面追求数量而忽视质量的生产方式，把粮食等主要食物生产建立在保护农业生态环境的可持续发展的基础之上。

2000年5月第53届世界卫生大会的决议（WHA 53.15）是世界卫生组织（WHO）的历史上首次将食品安全列入全球公共卫生的重点领域，于2002年提出世界卫生组织全球食品安全战略计划。其目标是降低食源性疾病对健康及社会的影响。其措施包括：①加强食源性疾病监测体系；②改进危险性评价方法；③创建评价新技术产品安全性的方法；④提高世界卫生组织在食品法典委员会中的科学和公共卫生作用；⑤加强危险性交流和宣传；⑥增进国家、国际协作；⑦在发展中国家加强职能部门的建设。

（二）农药对食品安全的影响

1. 我国使用农药现状 农药是人类生产和生活中必不可少的生产资料。农药能防治病虫草鼠害，确保农产品收成。据统计，对农户来讲，所用农药费用占农业经营费用的6%～7%，而机械费用则占22%，肥料为9%。使用农药的经济效益为成本的6倍以上。近年来，人口的增长、土地的减少，使农业更离不开农药。世界人口不断增长，对粮食需要也不断增加，但耕地的增长却远远跟不上人口增长的速度。从1975年到2000年，人口增加了50%，耕地的增长还不到5%，要解决人类的粮食问题，农药是必不可少的手段之一。

在我国，耕地面积为 1.23×10^8 hm^2，播种面积为 1.52×10^8 hm^2，病虫害年发生面积约为 3×10^8 hm^2，而年化学防治面积为 3.2×10^8 hm^2。通过农药的使用，每年挽回粮食损失 5.4×10^7 t，棉花损失 1.6×10^6 t，油料损失 1.5×10^6 t，蔬菜损失 1.6×10^6 t，水果损失 5.0×10^6 t，确保了农作物的稳产，从而保证了人类的需求。

2. 农药污染农产品的主要途径

①使用农药防治农作物病虫害，会直接污染食用作物，但在食用作物上的残留受到农药的品种、剂型、施用次数、施药方法、施药时间、气象条件、作物品种等多种因素的影响。

②农药被作物根部吸收后转移至食物中，引起食物污染。据研究，喷洒农药后有40%～60%的农药降落在土壤中，土壤中农药可通过作物的根系吸收转移至作物组织内部和食物中，土壤中农药污染量越高，农作物中的农药残留量也越高，但还受作物的品种、根系分布等多种因素的影响。

③施用农药对大气、水体的污染造成动植物体内有农药残留，间接污染食品。

④经过食物链和生物富集的途径污染食品。农药对水体造成污染后，使水生生物长期生活在低浓度的农药中，水生生物通过多种途径吸收农药，通过食物链可逐级浓缩，这种食物链的生物浓缩作用，可使水体中微小的污染而导致食物的严重污染。例如水中农药→浮游生物→水产动物→高浓度农药残留食品，这种富集系数藻类达500倍，鱼贝类可达2 000～3 000倍，而食鱼的水鸟高达10万倍以上。

3. 过度依赖使用农药是造成农产品和食品安全性问题的主要原因

（1）农药残留超标现状 近年来，农药残留超标的事件屡见不鲜。农药残留超标不但影响国内的农产品销售，还严重影响出口贸易。国际社会拒绝不健康和有危害的食品进入市场。我国已发生了"茶叶出口""大葱出口"农药残留严重超标等事件。尤其是我国加入世界贸易组织以后，农产品出口面临着以环境保护和农药残留问题为中心的各种"绿色壁垒"。农产品农药残留超标，就会被进口国拒收，影响出口贸易。以盛产苹果著称的陕西省、以生产蔬菜闻名的山东省和传统的茶叶出口大省浙江，近年来因农药残留超标问题在国际市场上频遇红灯，使众多农民叫苦不迭，损失惨重。国内报道的毒豇豆、毒草莓等也是反映了农药滥用和残留超标现象的典型事例。

（2）农产品和动物饲料及环境中的农药残留是导致食品污染的主要原因 农产品生产者缺乏科学使用农药的知识，片面追求产量而导致盲目、超量使用农药，导致农作物及土壤环境中农药残留污染，是目前农药残留超标的主要原因。施用高毒、禁用农药是造成食用者中毒的主要原因。高毒高残留农药在农产品上使用后，因其毒性强、不易分解、残存时间长而造成对环境和农产品的污染，对人体健康产生不良影响，因而已被国家列为禁用或在部分农作物上限用。2003年农业部对全国21个省23个县市的1099个农户进行的调查显示，90%的农户选购农药时优先考虑防治效果，80%农户随意丢弃农药包装物和剩余农药，大多数农户没有按安全间隔期规定采收。由于饲料作物中的农药残留污染问题，对家畜、家禽体内农药残留的积累也产生了直接的影响。

目前，我国农产品的质量标准尚在初级阶段。同时，许多新的食物种类和新的农药、兽药和化学品不断投入使用，食品安全标准的制定以及与国际接轨尚存在滞后效应。

我国农药残留分析技术与国际先进技术已较为接近。美国食品药品管理局（FDA）的多残留方法可检测360多种农药，德国可检测325种农药，加拿大多残留检测方法可检测251种农药；而我国也开发了同时测定上百种农药的多残留快速分析技术。

由于农药的不合理使用、残留超标等问题引发的食品安全危机已经引起全世界的高度关注，在国际贸易中，以欧洲联盟为代表的一些发达国家和地区对食品安全标准的要求也在不断提高，检测项目越来越多，检测手段越来越先进，检测技术指标越来越严格。我国加入世界贸易组织后，农副产品和食品的出口贸易正在经受严峻的挑战。我国人口众多，各地发展不平衡，食品安全状况与发达国家相比存在较大差距，形势严峻。我们应正视我国食品安全的现状，随着我国科学技术水平的不断发展，食品安全科技投入的不断加大，市场监督管理得到加强，全社会的食品安全意识不断增强，必将逐步建立与国际接轨的食品质量安全标准体系。

第四节 农药残留分析技术

一、农药残留仪器分析技术

现代农药残留分析方法通常包括样品前处理和测定两部分，经典的农药残留分析步骤通常包括样品预处理、提取和净化以及分析测定。

（一）样品预处理

1. 样品预处理的概念 样品预处理是指将抽取的样品按其特性进行预先混合、缩样、包装和储存的过程。样品根据其特点可分为环境样品、动植物及其加工制品和特殊样品。其中环境样品包括土壤、水、空气等，特殊样品主要是指呕吐物、排泄物等。而动植物及其加工制品则有高含水量样品和低含水量样品、高脂样品和低脂样品之分。

2. 样品预处理的方法 当抽取的样品运回实验室后，通常将样品分为液态（包括水）和固态两类进行预处理。

（1）液态样品的预处理 可用离心或过滤的方法除去液态样品中的漂浮物和沉淀物。取适量样品（一般不少于1 000 mL）供分析用。必要时，需称量分离开的各部分的质量并分别进行分析，并将各个部分残留量的总和表示样品的总残留量。取样后，尽量在样品可能发生的任何物理化学变化前完成分析工作。

（2）固态样品的预处理 对土壤样品，将其充分混匀后，过1 mm筛，用四分法取适量样品（至少250 g），并取100 g均匀的土壤样品，分散在盘中，置于105 ℃烘箱中烘至恒重，冷却后重新称量，测出土壤干物质量。动植物样品，取可食用部分切成小块后用高速捣碎机捣碎,然后分别取适量样品供分析用。一些含水量低的样品,可按质量加入一定比例的重蒸馏水后再捣碎,分析时需按比例扣除所加水的质量。

(二) 样品提取和净化

1. 提取 农药残留样品提取的原则是根据农药理化性质按相似相溶原理进行。

(1) 提取所用溶剂 一般而言,极性较小的农药可以用石油醚、正己烷、环己烷等非极性溶剂或与极性溶剂混合的溶剂提取。极性较强的农药可以用极性溶剂或含水极性溶剂,例如丙酮、甲醇等。含水较多的植物样品可以用与水能相混溶的极性溶剂,例如丙酮、乙腈等。干样或低含水量的样品可以加少量水润湿,再用适当溶剂提取。含水量高的试样可以先加无水硫酸钠,使水溶性较强的农药释放,再用有机溶剂提取。依极性由强到弱顺序排列的常用溶剂为:乙酸、水、乙腈、甲醇、乙醇、异丙醇、丙酮、乙酸乙酯、三氯甲烷、二氯甲烷、正己烷、石油醚。

(2) 提取方法 提取的方法一般有组织捣碎法(大部分动植物样品采用捣碎法提取)、振荡浸取法(样品+提取溶剂置于振荡器上振荡提取)、消化法(用于动物组织样品)、索氏提取法(提取效率高,但提取时间较长)、超声波提取法、超临界提取法(无需有机溶剂,选择性强,无需净化)、液液萃取法(用于水样,添加3‰~6‰的NaCl溶解后,有机溶剂连续萃取2~3次)。

(3) 样品的浓缩 样品的浓缩一般有吹扫法、减压蒸馏法,但要注意不能把溶剂蒸干。

2. 净化 当用溶剂提取样品中残留农药时,会带入若干干扰杂质,例如色素、脂肪、蜡质等,所以要进行样品净化的步骤,一般的净化方法有下述几种。

(1) 液液分配法 此法利用待测农药与干扰杂质在两种互不相溶的溶剂中溶解度(分配系数)的差异达到分离净化的目的。采用极性溶剂与非极性溶剂配成溶剂对进行液液分配,例如甲醇-二氯甲烷、甲醇-正己烷(石油醚)、甲醇-三氯甲烷等。

(2) 吸附柱层析法 此法是在层析柱中用淋洗剂淋洗,达到分离净化的目的。常用的吸附剂有硅镁型吸附剂(例如弗罗里硅土Florisil)、氧化铝、硅胶、活性炭、硅藻土等。

(3) 磺化法 此法利用浓硫酸与样品提取液中的脂肪、蜡质、色素等杂质中所含烯链的磺化作用,生成强极性物质,从而与非极性农药分离。

(4) 沉淀法 此法即使用凝结剂、低温冷冻等手段将杂质沉淀的净化方法。

3. 提取和净化的新技术

(1) 固相萃取 固相萃取(solid-phase extraction,SPE)的基本原理与开放式柱色谱相同,常用的吸附柱填料有弗罗里硅土、氧化铝和硅胶。由于共萃物的极性,因此一般用不同极性的淋洗液淋洗。弗罗里硅土对亲脂性化合物有特别的吸附作用,因此特别适于油性样品的净化,用低极性溶剂洗脱弗罗里硅土柱,非极性农药残留的回收率很高,因此弗罗里硅土是常用的填料。氧化铝可以代替弗罗里硅土,特别是分析某些脂肪含量高的样品,氧化铝可分解某些有机磷酸酯,极性共萃物一般不能从中性和酸性氧化铝中洗脱出来,因此可以在某些分析中代替弗罗里硅土。

(2) 超临界流体萃取 超临界萃取(supercritical fluid extraction,SFE)是比较新的一种特殊分离技术。超临界萃取主要使用超临界状态的CO_2作萃取剂,兼有气体的渗透能力和液体的分配作用。流出液中的CO_2在常压下挥发,待测物用溶剂溶解后进行分析。超临界萃取可以通过调节淋洗液的极性来提高萃取的选择性,以萃取不同物理化学性质的残留农药。超临界萃取是近来发展起来的，很多实验参数和条件还有待进一步优化和明确。萃取液的压力、温度已能很好地控制，但其他一些问题（例如细胞组织的萃取、萃取液通过细胞时的速度、滞留时间、样品物质的干扰等）还需要进一步的研究。

（3）基质固相分散　基质固相分散（matrix solid-phase dispersion，MSPD）是1989年由美国路易斯安那州立大学的Barker教授首次提出并给予理论解释的一种崭新的固相萃取技术，其基本操作是将试样直接与适量反相填料（C_{18}和C_{14}）研磨、混匀制成半固态装柱淋洗。基质固相分散浓缩了传统的样品前处理中所需的样品匀化、组织细胞裂解、提取、净化等过程，避免了样品匀化、转溶、乳化、浓缩等造成的待测物损失。经MSPD柱后的淋洗液可直接通过Florisil柱进一步净化，植物样品中的有机物（例如叶绿素、甘油三酯等）被Florisil吸附。最后的流出液可直接进色谱分析。基质固相分散自1989年提出之后，已在农药残留分析中得到广泛应用，显示了良好的通用性和发展潜力。基质固相分散是简单高效的提取净化方法，适用于各种分子结构和极性农药残留的提取净化。基质固相分散首先提高了分析速度，使现场监测成为可能，其次减少了试剂的用量，另外基质固相分散更适于自动化分析。

（4）凝胶渗透色谱　凝胶渗透色谱（gel permeation chromatography，GPC）是1964年由J. C. Moore首先研究成功的一种相对分子质量及其分布的快速测定方法。让被测量的高聚物溶液通过一根内装不同孔径的色谱柱，柱中可供分子通行的路径有粒子间的间隙（较大）和粒子内的通孔（较小）。当聚合物溶液流经色谱柱时，较大的分子被排除在粒子的小孔之外，只能从粒子间的间隙通过，速率较快；而较小的分子可以进入粒子中的小孔，通过的速率要慢得多。经过一定长度的色谱柱，分子根据相对分子质量被分开，相对分子质量大的在前面（即淋洗时间短），相对分子质量小的在后面（即淋洗时间长）。凝胶渗透色谱的应用范围覆盖了生物化学、高分子化学、无机化学、分析化学等，目前在有机磷、有机氯、拟除虫菊酯农药多残留分析中应用十分广泛，对于含有大分子油脂、色素的样品净化效果比较理想，并且易于实现自动化操作，可有效缩短样品前处理时间。商品化的全自动凝胶渗透色谱净化仪也得到了快速发展。

（5）微波辅助萃取　微波辅助萃取（microwave-assisted extraction，MAE）是20世纪80年代由匈牙利学者Ganzler等提出的一种样品制备技术，与传统热传导、热传递等加热方式不同，其利用微波能加热来提高萃取效率，通过偶极子旋转和离子传导两种方式实现里外同时加热，无温度梯度，因此热效率高，升温快速均匀，极大地缩短了萃取时间和效率。在微波场中，不同物质对微波能的吸收程度具有差异，使得基质的某些区域或萃取体系中的某些组分被选择性加热，从而呈现出较好的选择性。目前，微波辅助萃取在农药残留的研究中应用范围越来越广泛，已广泛应用于杀虫剂、杀菌剂、除草剂等各类农药的残留分析，以及同种类农药的多残留分析和多种类型农药的多残留分析。

（6）快速溶剂萃取　快速溶剂萃取（accelerated solvent extraction，ASE）是通过在升高的温度（温度范围为室温至200 ℃）和压力（10.3~20.6 MPa）下使用有机或极性溶剂达到萃取目的。泵将溶剂注入装好样品的密封在高压不锈钢提取仓内的萃取池中。当温度升高到设定的温度时，样品在静态下与加压的溶剂相互作用一段时间，然后用压缩氮气将提取液吹扫至标准的收集瓶中进行进一步的纯化或直接分析。快速溶剂萃取通过升高的温度提高了对被分析物的溶解能力，降低了样品基质对被分析物的作用或减弱了基质与被分析物间的作用力,加快了被分析物从基质中解析并快速进入溶剂,降低了溶剂黏度,有利于溶剂分子向基质中扩散,而升高的压力则保证溶剂在超过正常沸点时仍保持液态,整个萃取过程仅使用极少溶剂。快速溶剂萃取适用于环境、食品和其他固体及半固体样品,较多应用于有机氯农药和有机磷农药的残留分析。

(7) 分散固相萃取　分散固相萃取(dispersive solid-phase extraction, dSPE)与基质固相分散(MSPD)的原理基本相同。QuEChERS(quick, easy, cheap, effective, rugged and safe)方法是一种典型的分散固相萃取技术,最早于2003年由美国学者Lehotay S. J.和Anastassiades M.共同提出的。该方法先将固相吸附剂加入到样品中,加入提取溶剂,采用振荡、涡旋、匀浆等方法进行提取,将提取液过滤,浓缩,然后定容分析,是一种快速、简便、价格低廉、适用范围广的样品前处理方法。目前采用最多的固相吸附剂是N-丙基乙二胺键合固相吸附材料(primary secondary amine, PSA),其可有效去除各种有机酸、色素及一些糖类和脂肪酸,而对大多数农药无吸附作用。另外,石墨化炭黑(graphitized carbon black, GCB)、C_{18}、硅胶、弗罗里硅土、氧化铝及一些聚合材料也用于此技术中。目前,QuEChERS不仅应用于蔬菜水果样品中的农药残留检测,而且也用于谷物类、油脂及环境样品的分析。

(三) 分析测定

1. 仪器分析法

(1) 气相色谱法　气相色谱法(GC)是Martin等人在研究液液分配色谱的基础上,于1952年创立的一种极有效的分离方法,它可分析和分离复杂的多组分混合物。气相色谱法又可分为气固色谱(GSC)和气液色谱(GLC)。前者是用多孔性固体为固定相,分离的对象主要是一些永久性气体和低沸点的化合物;而后者的固定相是用高沸点的有机物涂渍在惰性载体上,由于可供选择的固定液种类多,故选择性较好,应用亦广泛。

近年来,柱效高、分离能力强、灵敏度高的毛细管气相色谱有了很大发展,尤其是毛细管柱和进样系统的不断完善,使毛细管气相色谱的应用更加广泛。尽管样品前处理的净化效果越来越好,但样品中的干扰物是不可避免的,所以现代气相色谱一般采用选择性检测器,理想的检测器当然是只对"目标"农药响应,而对其他物质无响应。农药几乎含有杂原子,而且经常是一个分子含多个杂原子,常见的杂原子有氧、磷、硫、氮、氯、溴、氟等。因此不同类型的农药应采用不同的检测器。电子捕获检测器(ECD)、氮磷检测器(NPD)、火焰光度检测器(FPD)仍然是常用的检测器。几十年来,电子捕获检测器一直是农药残留分析常用的检测器,特别适用于有机氯农药的分析,但由于其对其他吸电子化合物如含氮和芳环分子的化合物也有响应,因此其选择性并不是很好,当分析某些基质复杂且难净化的样品时,其效果并不好,但利用核心切换和反冲技术的二维色谱可以很好地解决上述问题。氮磷检测器因其对氮和磷具有良好的选择性,是测定有机磷、氨基甲酸酯等农药的常用检测器。原子发射检测器(AED)是用于测定氟、氯、溴、碘、磷、硫、氮等元素选择性检测器,自1989年开始应用于农药残留分析,用于测定氨基甲酸酯、拟除虫菊酯、有机磷和有机氯农药残留亦有报道。

(2) 高效液相色谱法　高效液相色谱法(HPLC)是20世纪60年代末70年代初发展起来的一种新型分离分析技术,随着不断改进与发展,目前已成为应用极为广泛的化学分离分析的重要手段。它是在经典液相色谱基础上,引入了气相色谱的理论,在技术上采用了高压泵、高效固定相和高灵敏度检测器，因而具备速度快、效率高、灵敏度高、操作自动化的特点。高效液相色谱法的应用于高沸点、热不稳定、分子质量大、不同极性的有机物，生物活性物质、天然产物，合成与天然高分子，涉及石油化工、食品、药品、生物化工、环境等领域。80%的化合物可用高效液相色谱法进行分析。高效液相色谱法常用于分析高沸点（例如双吡啶除草剂）和热不稳定（如苄脲、N-甲基氨基甲酸酯）的农药残留。高效液相色谱法分析农药残留一般采用 C_{18} 或 C_8 填充柱，以甲醇、乙腈等水溶性有机溶剂作流动相的反相色谱，采用选择紫外吸收、二极管阵列检测器、荧光或质谱检测器进行定性分析和定量分析。

(3) 色谱-质谱联用技术　质谱技术问世于 1910 年。从 Thomson 制成第一台质谱仪，到现在已超过 100 年了。早期的质谱仪主要是用来进行同位素测定和无机元素分析，20 世纪 40 年代以后开始用于有机物分析，60 年代出现了气相色谱-质谱联用仪，使质谱仪的应用领域大大扩展，开始成为有机物分析的重要仪器。计算机的应用又使质谱分析法发生了飞跃变化，使其技术更加成熟，使用更加方便。20 世纪 80 年代以后又出现了一些新的质谱技术，例如快原子轰击电离子源、基质辅助激光解吸电离源、电喷雾电离源、大气压化学电离源等，以及随之而来的比较成熟的液相色谱-质谱联用仪、感应耦合等离子体质谱仪、傅立叶变换质谱仪等。传统的有四极质谱仪和飞行质谱仪，近年来出现的串联质谱（MS/MS）技术有了迅速发展等。

质谱分析法是通过对被测样品离子的质荷比的测定来进行分析的一种分析方法。被分析的样品首先要离子化，然后利用不同离子在电场或磁场的运动行为的不同，把离子按质荷比（m/z）分开而得到质谱，通过样品的质谱和相关信息，可以得到样品的定性定量分析结果。

这些新的电离技术和新的质谱仪使质谱分析又取得了长足进展。目前质谱分析法已广泛地应用于化学、化工、材料、环境、地质、能源、药物、刑侦、生命科学、运动医学等各个领域。

①气相色谱-质谱联用：用气相色谱-质谱（GC-MS）或气相色谱-串联质谱法（GC-MS/MS）联用来检测在一定温度范围内可汽化的农药。目前利用气相色谱-质谱技术分析农作物和环境样品中的农药残留量越来越普遍，因为它能给出化合物的分子质量和结构信息，有利于化合物的定性分析。由于一般样品中（例如蔬菜、水果、茶叶等）的背景干扰较大，仅用色谱技术分离鉴定较为困难，而采用串联质谱（MS/MS）技术则为复杂样品中微量农药的定性分析和定量分析提供了新的途径。利用串联质谱分析的一大特点是可以将在色谱上不能完全分开的共流出物利用时间编程和多通道检测将其分开。与气相色谱检测器相比，传统的台式质谱仪因灵敏度较低，其使用受到限制。而气相色谱-串联质谱法可在与传统气相色谱检测器相似的灵敏度下进行定性分析和定量分析。其原因是串联质谱在对离子检测前就排除了干扰，所以即使对复杂样本也可达到很高的灵敏度。它不需要重复进样就能进行定性分析，比选择性检测器有更高的可信性。目前，气相色谱-串联质谱法已在环境、食品、农药残留分析等方面得到广泛的应用。

也有报道气相色谱-离子捕获质谱法（GC-ITMS）多残留检测，可用来检测有机氯、有机磷、氨基甲酸酯类及其他一些污染物。样品用乙腈-水提取，再溶到石油醚-乙醚中以在气相色谱-离子捕获质谱仪上直接分析，质谱在电子轰击（EI）模式下运行。当样品中农药的含量在 $20\sim1000~\mu g/kg$ 时，其回收率一般大于 80%。对绝大多数农药来说其检出限为 $1\sim10~\mu g/kg$。该法可用来检测痕量农药，适合于研究污染源在环境中的行为。气相色谱-化学电离质谱法

(GC-CIMS)可用来分析多种农药的残留,例如乙酰甲胺磷、保棉磷、敌菌丹、克菌丹、杀虫脒、百菌清、烯氟乐灵、异丙甲草胺等。

②液相色谱-质谱联用:大部分农药可用气相色谱-质谱(GC-MS)检测,但对极性太强或热不稳定的农药(及其代谢物)不适用该法(例如灭菌丹、利谷隆等),可采用高效液相色谱-质谱法(HPLC-MS)或超高效液相色谱-串联质谱法(UPLC-MS/MS)检测。串联液相色谱-质谱联用技术是近年来迅速发展起来的检测手段,是食品样品复杂基质中微量、痕量目标物分离和鉴定的有力工具,也是食源性疾病病因和代谢毒理学研究的重要手段。在食品毒素分析、兽药残留分析、农药残留测定、环境污染物的测定、化妆品中违禁使用激素的测定等方面获得了极大的应用,已成为现代化学分析不可缺少的工具。

据统计,液相色谱可以分析的物质占世界上已知化合物的80%以上,内喷射式和粒子流式接口技术可将液相色谱与质谱连接起来,已成功地用于分析一些热不稳定、分子质量较大、难以用气相色谱分析的化合物。超高效液相色谱-串联质谱法具有检测灵敏度更高、选择性好、定性定量准确、结果可靠等优点。对一种用于毛细管电泳的新型电喷射接口加以改进使其适用与液质联用,将可大大提高分析灵敏度。另外,研究开发毛细管液相色谱与离子捕获检测器的配合将会大大提高液相色谱灵敏度。

③电感耦合等离子体质谱:电感耦合等离子体质谱(ICp-MS)是20世纪80年代发展起来的无机元素和同位素分析测试技术,它以独特的接口技术将电感耦合等离子体的高温电离特性与质谱计的灵敏快速扫描的优点相结合而形成一种高灵敏度的分析技术。电感耦合等离子体质谱主要特性为:通过离子的荷质比进行无机元素的定性分析、半定量分析、定量分析;无机元素的同位素比测定;与激光采样、氢化物发生、低压色谱、高效液相色谱、气相色谱、毛细管电泳等进样或分离技术联用,应用于地质、环境、生化研究中的元素价态、元素蛋白质结合态等研究。已有报道电感耦合等离子体质谱应用于农产品及环境样品中有机金属农药的检测分析。

(4)原子吸收光谱法 原子吸收光谱法(atomic absorption spectroscopy,AAS)是20世纪50年代中期出现并在以后逐渐发展起来的仪器分析方法,其基于气态的基态原子外层电子对紫外光和可见光范围的相对应原子共振辐射线的吸收强度来定量分析被测元素含量为基础,是一种测量特定气态原子对光辐射的吸收的方法。它在地质、冶金、机械、化工、农业、食品、轻工、生物医药、环境保护、材料科学等各个领域有广泛的应用。在农残分析领域,原子吸收光谱法是检测分析有机金属农药的有力手段之一,可有效测定砷、铅、汞等以有机金属化合物形式存在的农药残留。

(5)离子色谱 离子色谱(ion chromatography,IC)是高效液相色谱的一种,是分析阴离子和阳离子的一种液相色谱方法。其分离机制主要是离子交换,有3中分离方式:高效离子交换色谱(HPIC)、高效离子排斥色谱(HPIEC)和离子对色谱(MPIC)。用于3种分离方式的柱填料的树脂骨架基本都是苯乙烯-二乙烯基苯的共聚物,但树脂的离子交换功能基和容量各不相同。高效离子交换色谱用低容量的离子交换树脂,高效离子排斥色谱用高容量的树脂,离子对色谱用不含离子交换基团的多孔树脂。3种分离方式各基于不同分离机制。高效离子交换色谱的分离机制主要是离子交换,高效离子排斥色谱主要为离子排斥,而离子对色谱则是主要基于吸附和离子对的形成。近年来,离子色谱在食品和环境监控方面的应用研究发展尤为迅速。

虽然大多数农药可用高效液相色谱或者气相色谱分析，然而对部分不具光学吸收且能够离子化的化合物而言，离子色谱是有力的分析手段。例如除草剂草甘膦在农业生产中应用广泛，环境中不易降解，并且易溶于水。由于草甘膦对光弱吸收，采用高效液相色谱分离需要进行衍生或低波长紫外吸收，致使测定耗时长且灵敏度低。但草甘膦在水中有较大的电离，采用离子色谱抑制电导检测，常规阴离子对分离无干扰，该方法可直接用于环境水样中痕量草甘膦的测定。此外，对于三嗪类除草剂、对氯苯氧乙酸等农药，离子色谱也能够较好地实现分离检测。

2. 超临界流体色谱 超临界流体色谱（supercritical fluid chromatography，SFC）就是以超临界流体作为色谱流动相的色谱。超临界流体色谱可在较低温度下分析分子质量较大、热不稳定和极性较强的化合物，可与气相色谱、液相色谱检测器联用。另外还可与红外、质谱等联用，它能通过调节压力、温度、流动相组成多重梯度，选择最佳的色谱条件，它综合了气相色谱和高效液相色谱的优点，克服了各自的缺点，成为一种强有力的分析手段。

当前，人们越来越关注农药残留问题，因此要求更好的分析方法。所谓更好的分析方法，应该是根据实际需要，既更灵敏，也更快速。现在生产和使用的农药多是化学农药，其主要成分都是分子质量较小的有机物，其相对分子质量一般在 500 以下。在未来的发展中，生物农药和环境友好性的农药将逐步代替现有的化学农药，分析重点将转向与生物组织成分很难区分的生物大分子农药。

二、农药残留生物测定技术

（一）农药残留活体生物测定方法

1. 用家蝇测定蔬菜中的残留农药 20 世纪 60 年代后期，我国台湾农业试验所采用生物测定方法进行农药残留检验，其原理是释放高敏感性的家蝇于菜汁中，4~5 h 后家蝇死亡率在 10% 以下即为合格，该方法过程简单，无需复杂仪器检测，其缺点是检测时间较长，只对部分杀虫剂有反应，无法分辨残留农药的种类，准确性较低。

2. 用大型水蚤为试验材料检测蔬菜中农药的残留 该方法的原理是将蔬菜汁按 ISO 标准稀释，每个剂量 10 个水蚤，测定 24 h、48 h、96 h 的实验结果，以实验水蚤的心脏停止跳动作为最终死亡指标，测定半数致死浓度（LC_{50}）。袁振华等对该类测定方法做了探索性的研究，研究表明，大型水蚤检测技术完全适用于蔬菜中的农药残留测定，并认为该方法具有快速、灵敏、简便、经济等特点，但该方法同样无法分辨残留农药的种类。

3. 用发光细菌检测农药残留 发光细菌是一类非致病性的普通细菌，在正常的生理条件下能发出波长为 490 nm 的蓝绿色的可见光。这种发光现象是细菌新陈代谢的结果，是呼吸链上的一个侧支。当发光细菌接触干扰和损害新陈代谢的物质，特别是有毒有害物质时，就能使细菌发光强度下降或熄灭，而且毒物的浓度和细菌的发光强度呈负相关线性关系变化。利用这个特点就可以对农药残留试样进行测定。袁东星等利用发光菌进行农药残留检测，最小检出浓度为 3 mg/L，该方法能用于检测甲胺磷、敌敌畏等常用有机磷农药。

发光细菌能同时对多种毒物产生发光受抑反应，虽然农药浓度与发光强度的线性关系不够准确，且发光菌被激活后，它的发光强度会随时间的变化而改变。但它具有快速、简便、灵敏、价廉的特点，在定性分析、半定量分析的现场快速检测中逐渐显现出了其优势。随着食品工业的发展，采用发光细菌法检测食品安全性作为一种快速的初筛方法，已逐渐受到人们的广泛关注。

(二)农药残留酶抑制测定方法

1. 胆碱酯酶抑制法测定农药残留 有机磷和氨基甲酸酯两类农药能抑制生物体内乙酰胆碱酯酶(AChE)的活性。据此,利用离体乙酰胆碱酯酶与食品中残留农药作用,乙酰胆碱酯酶受抑制的程度不同,底物被酶水解量不同,造成颜色变浅或不显色,据此计算农药残留量。常用的酶源有牛、猪等家畜的肝脏酯酶、人血浆或血清、马血清、蝇或蜜蜂头部的脑酯酶、兔或鼠的羧酸酯酶等。按此原理设计的测试方法主要为酶液比色法和速测卡法。

(1) 酶液比色法测定农药残留 从敏感家蝇品系的头部提取乙酰胆碱酯酶,在人工控制条件下与系列浓度的对硫磷作用,以碘化硫代乙酰胆碱(ATCT)为底物,以 5,5-二硫代-2,2-二硝基苯甲酸为显色剂,经一定时间后在 410 nm 波长的可见光上进行比色。根据吸光值,计算乙酰胆碱酯酶被抑制的程度,并以不加酶试管作空白对照。酶活性按下式进行计算。

$$酶活性 = \frac{空白液吸光度 - 处理液吸光度}{空白液吸光度} \times 100\%$$

作为一种离体酶在试管中进行反应,应严格控制反应温度、最佳反应时间、酶与底物的反应浓度及周围环境的 pH 等条件。

(2) 速测卡法测定农药残留 农药残留速测卡是 55 mm×22 mm 的长方形纸条,上面对称贴有直径 15 mm 的白色、红色圆形药片各一片,白色药片中含有从牛血清中提取的胆碱酯酶,红色药片中含有乙酰胆碱类似物 2,6-二氯靛酚(蓝色)和乙酸。如果有机磷或氨基甲酸酯类农药存在,会抑制胆碱酯酶的活性而不发生水解反应,没有蓝色物质生成。试验时首先在蔬菜叶面滴 2 滴洗脱液(磷酸缓冲液,pH 7.5),用白色药片在滴液处轻轻涂擦,放置 10 min 进行预反应,将速测卡向内对折,用手指捏紧 3 min,使白色药片与红色药片紧密接触反应,打开速测卡,若白色药片变为蓝色,为阴性;若不变色,表示有机磷、氨基甲酸酯类农药的存在。

胆碱酯酶抑制法的优点是能对抑制胆碱酯酶的农药品种快速灵敏地进行检测,前处理简单,检测时间短(酶液比色法约 40 min),适用于现场测定,其缺点是使用的酶、基质、显色剂有一定的特异性,需控制的条件比较多。另外对其他类型农药造成的污染无法检出,以及对某些硫代磷酸酯类农药(例如优杀磷)灵敏度不高,导致对这类农药造成的污染可能漏检或误检,因此如将胆碱酯酶抑制技术与生物测定法相配合,可在短时间内将残留超标蔬菜从众多蔬菜样本中筛选出,并可区分拟除虫菊酯与有机磷、氨基甲酸酯类农药造成的污染。

2. 植物酯酶抑制法测定农药残留 植物酯酶(phytoesterase)抑制法的原理是利用植物水解酶水解 2,6-二氯乙酰靛酚,根据反应溶液在水解前后颜色的变化,用眼睛或仪器辨别农药对酶的抑制程度,在有机磷或氨基甲酸酯类农药存在时,植物水解酶的活性受抑制,靛酚的蓝色变浅。植物酶法在测定过程中无需使用有机溶剂,预处理方法简单,测定速度快,成本低廉,因此也有一定的应用价值。

3. 有机磷水解酶法测定农药残留 有机磷水解酶(OPH)是一种广泛存在于多种生物体内的由有机磷降解酶基因(*opd*)编码的酯酶。存在于微生物体内的有机磷水解酶能够切断有机磷化合物的磷酸酯键(P—O 和 P—S 键)来解除有机磷化合物的毒性。例如王银善分离到一菌株假单胞菌(*Pseudomonas*)Ws-5 对甲胺磷有很强的降解能力。有机磷水解酶主要用于化学武器和一些过期的有机磷杀虫剂的销毁,接触毒剂人员和物品的防护与洗消及中毒人员的救治。将有机磷水解酶固定在电极表面制成生物传感器,能够进行现场快速检测有机磷农药残留。有机磷水解酶水解有机磷化合物具有反应特异高效(酶水解的效率为化学水解的 40~2 450 倍)、反应条件温和、无刺激性、固化酶易储存、用量小、成本低等优点,有着较好的应用前景。

但是由于受酶的敏感性和稳定性的影响,酶抑制法的灵敏度不够理想,检测结果易受样品基质的影响,错检、漏检比例较高,重复性较差,只适用于高浓度污染的样品检测和农药急性中毒的诊断参考,难以满足日趋严格的痕量检测要求,目前在发达国家也鲜有实际应用。此外,随着人们物质水平和安全意识的提高,其他低毒或低残留的农药品种(例如拟除虫菊酯、新烟碱类、杂环类等)将逐渐取代传统的有机磷和氨基甲酸酯类农药,因此酶抑制法在今后农药残留速测领域的应用将受到较大的限制。

(三)农药残留免疫测定方法

农药残留免疫分析方法(immunoassay,IA)是以抗原与抗体的特异性、可逆性结合反应为基础,把抗体作为生物化学检测器对化合物、酶、蛋白质等物质进行定性分析和定量分析的一门技术。免疫反应属于自然界的分子识别现象,涉及抗原与抗体分子间的非共价作用,主要是氢键、静电力、疏水作用、范德华力和偶极间的综合作用。免疫分析技术具有常规理化分析技术无可比拟的选择性和高灵敏度,常适用于复杂基质中痕量组分的分析。自20 世纪 70—80 年代,以 Ercegovich、Hammock 和 Mumma 为代表的学者们率先将竞争型免疫化学分析技术(图 9-13)应用于农药残留检测领域。随后,该法得到不断改进和发展,并涌现出诸多各具特色的免疫分析方法,例如放射免疫分析法(RIA)、酶免疫分析法(EIA)、荧光免疫分析法(FIA)、化学发光免疫分析法(CLIA)、免疫金层析法等。由于免疫化学分析技术具有简单、快速、灵敏及价廉的特点,且能在野外和实验室内进行大批量的筛选试验,已经成为农药残留分析领域中最有发展和应用潜力的痕量分析技术之一。

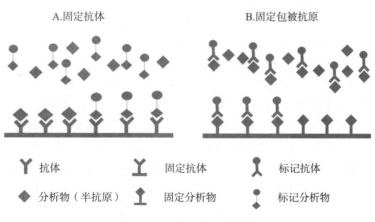

图 9-13 竞争型免疫反应

1. 半抗原的设计与合成　农药相对分子质量一般小于 1 000,不具备刺激机体产生针对农药抗原决定簇的特异性,必须与大分子物质连接后才能刺激机体产生抗体,在对某种农药进行免疫分析之前,一般需要对农药分子进行结构修饰或重新设计,合成出相应的半抗原。半抗原的结构对方法的检出限和选择性至关重要,Jung 等认为半抗原的设计与合成一般要符合以下几个原则。

①半抗原结构中应具备适当末端活性基团,例如—NH_2、—COOH、—OH、—SH 等,可直接与载体(一般为蛋白质)偶联。

②理想的半抗原,与载体连接后应保证该特征结构能最大限度地被免疫活性细胞识别和结合,以制备出具有预期选择性及亲和性的抗体。因此活性基团与载体之间应具备一定长度的间隔臂,一般为4~6个碳链长度(0.5~0.8 nm),太短则载体的空间位阻影响免疫系统对半抗原的识别,过长则可能因氢键(某些极性间隔臂)或疏水交互作用(非极性间隔臂)使半抗原发生折叠。同时,间隔臂一般为非极性,且除供偶联的活性基团外,不应有其他高免疫活性的结构(例如苯环、杂环等),以降低抗体对间隔臂的识别和间隔臂对待测物结构特征的影响。间隔臂还应远离待测物的特征结构部分和官能团,有利于高选择性和高亲和性抗体的产生。

③半抗原应能最大限度模拟待测分子结构,特别是立体结构。半抗原设计还应考虑结构中尽量保留芳香环。据统计,半抗原结构中有芳香环形成的抗原具有较强的免疫原性,可使机体产生较强的免疫应答,平均成功率大约为1/3,而未含有芳香环的半抗原成功率仅占1/11。

④半抗原的设计应考虑到有毒理学意义的代谢产物,以及待测物是单一品种或者某一类农药,设计时需相应地突出特定农药的结构或者一类农药中共有的结构特征,对应的抗体称为单一特异性抗体或者簇特异性抗体,而簇特异性抗体可用于多残留分析。

2. 人工抗原的制备 半抗原与载体蛋白的偶联物称为人工抗原。载体不仅仅是简单地增加半抗原的分子质量,更重要的是利用其强的免疫原性诱导机体产生免疫应答,对半抗原发生载体效应的作用。蛋白质结构越复杂,免疫原性越好。常用的载体蛋白有牛血清白蛋白(BSA)、卵清蛋白(OVA)、兔血清白蛋白(RSA)、人血清白蛋白(HSA)、人γ球蛋白(γ-GA)、人血纤维蛋白、钥孔血蓝蛋白(KLH)、甲状腺球蛋白(thyroglobulin)、猪血清白蛋白(PSA)等。

半抗原含有的活性基团不同,半抗原与载体蛋白偶联的方法也不同。通常,含羧基的半抗原采用碳二亚胺法、活化酯法、混合酸酐法和Woodward试剂法;含氨基的半抗原采用戊二醛法、碳二亚胺法和重氮化法(针对芳香胺);含羟基的半抗原通常先用双功能试剂(例如琥珀酸酐)将半抗原分子转化为带羟基或酰卤的化合物再进行偶联;含苯酚基的半抗原可以与一氯醋酸钠反应得到一个带羧基的衍生物;含巯基的半抗原采用S-乙酰基巯基琥珀酸酐法,与载体蛋白通过二硫键交联。偶联后的人工抗原往往需要进一步纯化。透析是常用的方法,还可采用凝胶柱层析的方法分离。半抗原与载体蛋白的分子偶联比对抗体特异性和效价有一定的关系。一般认为,人工免疫抗原的偶联比较高(半抗原:载体蛋白=10~20:1),可以增加免疫刺激的强度,从而获得针对半抗原识别特异性强的抗体。

目前,绝大多数农药人工抗原是通过将单一农药半抗原偶联到载体蛋白分子上的方法获得的,所获得的抗原称为单一决定簇人工抗原。王姝婷等通过对农药多簇人工抗原的设计,将克百威、三唑磷、毒死蜱和甲基对硫磷这4种半抗原依次偶联到一个载体蛋白分子上,制备出了多种农药抗原决定簇的人工抗原,并获得了能同时识别上述4种农药的宽谱特异性(broad specificity)多克隆抗体,这为农药多残留免疫分析方法提供了一种新的途径和策略。

3. 抗体的制备

(1) 多克隆抗体的制备

①免疫方法:对于多克隆抗体,免疫方法一般有皮下或肌肉免疫法、皮内免疫法、淋巴结免疫法、混合法等。一般来说,皮下或肌肉免疫法产生的抗体比较多;皮内免疫法所需的

抗原量少，在抗原宝贵时特别适用，但与之相对的，它产生的抗体量也不多；混合免疫法的优点是抗原用量小，产生抗体速度快。

②多克隆抗体的制备：将抗原免疫动物（常用的动物为兔、羊、犬等），分离出抗血清并纯化抗体。多克隆抗体的均一性较差，其特异性较低，因此多克隆抗体在农药残留速测技术中的应用受到一定的限制。但近年来，有学者恰恰利用了多抗交叉反应高的特点，通过制备出具有某类（或某几种）农药的共性结构的半抗原或者通过制备出含多个抗原决定簇的人工抗原来制备宽谱特异性抗体进行农药多残留分析研究。

(2) 单克隆抗体的制备　单克隆抗体制备技术最初是由 Köhler 和 Milstein（1975）利用 B 淋巴细胞杂交瘤技术创立的。目前该技术已广泛应用于疾病诊断及生物、医学研究、环境和食品安全检测（监测）等方面。单克隆抗体均一性高，只和抗原某个决定簇结合，有更高的特异性。而且，产生抗体的单克隆细胞可在体外传代繁殖，不受动物免疫时间限制地生产抗体。只要管理和培养技术正确，抗体就可无限量地产生。其基本过程是动物免疫、细胞融合、克隆筛选、单克隆抗体性质鉴定、腹水诱发、收集、纯化等。

(3) 重组抗体的制备　近年来，随着蛋白质技术及 DNA 重组技术的发展，人们通过对抗体产生的基因本质、基因重组抗体筛选技术和直接定位诱导基因操纵技术的研究，获得用于指定空间位置并具有各种特异性、亲和性，能忍受一定温度、pH 和有机溶剂的人工重组抗体。一般是将抗原免疫小鼠，一定时间后无菌条件下取出小鼠脾脏，提取脾细胞总 RNA，以 RNA 逆转录合成的 cDNA 为模板，PCR 扩增抗体，将抗体中的轻链、重链连接成 ScFv（single-chain variable fragment）。酶切经 PCR 扩增的 ScFv 片段，并与噬菌体载体连接，然后以常规方法转化入大肠杆菌或其他生物体中。人工培养带有噬菌体抗体的大肠杆菌，即得到重组抗体。该方法生产抗体速度快，可通过诱变改变抗体特性，使抗体的特异性更强，而且利用这项技术获得的噬菌体抗体库，能同时识别多种农药，可用于农药多残留免疫速测技术的研究。

4. 免疫分析方法　根据标记物的种类不同，农药残留免疫分析方法（immunoassay，IA）主要包括放射免疫分析（RIA）、酶免疫分析（EIA）、金免疫层析分析、荧光免疫分析和发光免疫测定。

(1) 放射免疫分析　放射免疫分析（radio immunoassay，RIA）技术是使用以放射性同位素（例如 ^{125}I、^{32}P、^3H 等）作标记的抗原或抗体，用 γ 射线探测仪或液体闪烁计数器测定 γ 射线或 β 射线的放射性强度，从而测定抗体或抗原量的技术。它包括以标记抗原为特点的放射免疫分析和以标记抗体为特点的免疫放射分析（immunoradiometric assay，IRMA）。前者以液相竞争结合法居多，既测大分子抗原又测小分子抗原；后者以固相法测大分子抗原为主。

放射免疫分析法在早期建立的农药免疫分析方法中占了很大比重，建立了狄氏剂、艾氏剂、2,4-滴、苯菌灵、丙烯菊酯、对硫磷等农药的放射免疫分析法。尽管该方法灵敏度非常高（通常可达 pg，甚至 fg 级别），应用范围广，但需使用昂贵的计数器，也存在放射线辐射和污染等问题，因此在农药残留检测领域的应用和发展受到了一定的限制，并逐步为其他免疫分析方法所取代。

(2) 酶免疫分析　酶免疫分析（enzyme immunoassay，EIA）技术是继放射免疫分析法之后发展起来的一项免疫分析技术，其检测原理与放射免疫分析法类似，但所用的标记物为酶，它将抗原、抗体的特异性免疫反应和酶的高效催化作用有机结合起来，通过测定结合于固相的酶的活力来测定被测定物的量。用作标记物的酶有辣根过氧化物酶（horseradish per-

oxidase，HRP)、碱性磷酸酶 (alkaline phosphatase，AKP)、葡萄糖氧化酶 (glucose oxidase，GO)、脲酶 (urease) 等。酶标记反应的固相支持物有聚苯乙烯塑料管、硝酸纤维素膜等。目前大多数采用 96 孔酶标板作为固相支持物，这种板的检测容量大，样本数量多，只需有简单的酶标仪就可得出准确的检测数据。也有学者采用磁珠作为固相材料进行酶免疫分析技术研究，其原理是将高分子材料（聚苯乙烯、聚氯乙烯等）包裹到金属小颗粒 (Fe_2O_3、Fe_3O_4) 外面，再通过化学方法键合上氨基 (—NH_2)、羧基 (—COOH)、羟基 (—OH) 等活性基团，再与抗体或抗原偶联，制成免疫性微珠。该方法的优点是微珠比表面积大，吸附能力强，能悬浮在液相中快速均匀地捕获样品中的待测物，通过外加磁场后能够实现微珠与样品液的快速分离，从而缩短检测时间，提高检测灵敏度。

由于酶标试剂制备容易、稳定、价廉，酶免疫分析的灵敏度接近放射免疫分析技术，故近年来酶免疫分析技术发展很快，已开发了多种方法，其中酶联免疫吸附分析 (enzyme linked immunosorbent assay，ELISA) 是目前农药残留检测中应用最广泛的酶免疫分析技术，约有 90% 的农药免疫分析采用这种技术。迄今，可用酶免疫分析技术进行检测的农药有 100 多种，涉及的农药不仅包括杀虫剂、杀菌剂、除草剂和杀鼠剂，还包括植物生长调节剂，农药品种包括有机氯、有机磷、氨基甲酸酯、拟除虫菊酯、三嗪类等传统农药以及苏云金芽孢杆菌、阿维菌素、伊维菌素、多杀菌素等生物农药，还有新烟碱类杀虫剂、甲氧基丙烯酸酯类杀菌剂等部分新型农药。

在农药酶免疫分析技术检测试剂盒的研发方面，以美国为首的发达国家走在了世界前列。AOAC 在 20 世纪 90 年代推荐了以美国 Ohmicron Environmental 和 Strategic Diagnostics 公司为主生产的 40 多种农药（除草剂居多）商品化酶联免疫吸附分析 (ELISA) 试剂盒，主要适用于环境水样和土壤样品分析。近年来，日本 Horiba 公司又研发了 20 余种农药的酶联免疫吸附分析试剂盒，以当前常用的杀虫剂和杀菌剂为主要检测对象，大多适用于谷物、蔬果等农产品。在我国，中国农业大学、浙江大学、南京农业大学、江南大学、华南农业大学等多家单位相继研发并建立了有机磷、氨基甲酸酯类、新烟碱类、拟除虫菊酯、三嗪类等几十种农药的酶联免疫吸附分析检测方法，这为我国研发具有自主知识产权的农药残留快速检测试剂盒产品奠定了技术基础。

(3) 金免疫层析分析 金免疫层析分析 (gold immuno-chromatography assay，GICA) 法是依照大分子夹心法 (GICA) 检测原理，将配体（抗体或抗原）以线状包被固化于硝酸纤维素膜等微孔薄膜上，胶体金标记抗原或抗体并固定在吸水材料上，通过毛细作用使样品溶液在层析条上泳动，当泳动至胶体金标记物处时，如果样品中含有待检受体，则发生第一步高度特异性的免疫反应；形成的免疫复合物继续泳动至线状包被区时，发生第二步高度特异性的免疫反应，形成的免疫复合物被截留在包被的线状区，通过标记的胶体金而显红色条带（检测带），而游离的标记物则越过检测带，与结合的标记物自动分离（图 9 - 14）。通过检测带上颜色的有无或色泽深浅来实现定性测定或定量测定。

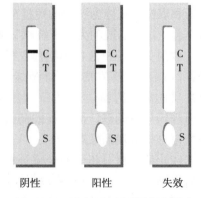

图 9 - 14 金标试纸条检测示意图
C. 质控线　T. 检测线　S. 加样区

金免疫层析分析法具有快速（5～20 min）、廉价、结果明确、无需复杂操作技巧和特殊设备、携带方便等优点，但相对于其他免疫分析方法，该方法检测灵敏度稍低，主要适合于现场快速定性检测或半定量检测。目前该方法已被应用于医学、生物学检验等众多研究领域，尤其在发达国家已经得到了广泛的应用。此外，针对小分子药物检测的竞争式金标免疫层析技术在农药残留检测中的应用研究也日趋增多。诚然，金标试纸条具有操作简便、成本较低等优势，但其制作工艺更为复杂，且在灵敏度方面往往不及酶联免疫吸附分析。所以相对于农药酶联免疫吸附分析试剂盒的飞速发展，当前农药残留速测金标试纸条尚以实验室研究阶段为主，商品化进程较为缓慢，但其在农产品质量与安全监管领域的现场速测应用前景很广。

(4) 荧光免疫分析　荧光免疫分析（fluorescence immunoassay，FIA）法的基本原理是：将抗原抗体的高度特异性与荧光的敏感可测性有机地结合，以荧光物质作为示踪剂标记抗体、抗原或半抗原分子，制备高质量的特异性荧光试剂。当抗原抗体结合物中的荧光物质受到紫外光或蓝光照射时，能够吸收光能进入激发态。当其从激发态回复基态时，能以电磁波辐射形式放射出所吸收的光能，产生荧光。绘制农药浓度-荧光强度曲线，可以定性定量检测样品中的农药残留量。

适用于抗体、抗原或半抗原分子标记的荧光素须符合以下要求：①应具有能与蛋白质分子形成稳定共价键的化学基团，或易于转变成这类反应形式而不破坏其荧光结构；②标记后，荧光素与抗体或抗原各自的化学结构和性质均不发生改变；③荧光效率高，与蛋白质结合的需要量很少；④荧光素与蛋白质结合的过程简单、快速，游离的荧光素及其降解产物容易去除；⑤结合物在一般储存条件下性能稳定，可保存使用较长时间。

农药荧光免疫分析法检测的核心是采用荧光物质标记农药抗原或抗体作为荧光免疫探针，通过检测竞争免疫反应后的荧光标记物含量来反映待测药物的浓度。根据反应后是否分离结合的和游离的荧光标记物，荧光免疫分析法还可分为均相荧光免疫分析法（例如荧光偏振免疫分析法、荧光共振能量转移免疫分析法）和非均相荧光免疫分析法（例如时间分辨荧光免疫分析法、荧光微球免疫分析法）。但由于受到检测仪器条件的限制，迄今有关农药残留荧光免疫分析法的应用研究报道较少。

(5) 发光免疫测定　发光免疫测定（luminescent immunoassay）法又可分为化学发光免疫测定（chemiluminescent immunoassay，CLCIA）法和生物发光免疫测定（bio-luminescent immunoassay，BLCIA）法。

1976 年，Shroeder 首先用生物素（B）-亲和素（A）系统建立了均相化学发光免疫测定技术，后来 Halman 和 Velan 又将其引申到非均相体系，现已应用于生物学研究的各个领域。其原理是以发光指示抗原与抗体的结合，当发光标记物与相应的抗体或抗原结合后，底物与酶作用，或与发光剂产生氧化还原反应，或使荧光物质（例如红荧烯等）激发，释放光能。最后用光度计测定其发光强度，进行定量分析。常用发光物质有鲁米诺（luminol）、异鲁米诺（iso-luminol）、洛粉碱（lophine）、光泽精（lucigen）、双（2,4,6-三氯苯）草酸酯、联苯三酚和 6 [N-（4-二氨基丁基）-N-乙基]-氨基-2,3-二氢吩嗪-1,4-二酮（ABEI）等。用上述发光物质标记的抗体（或抗原）在一定的 pH 缓冲溶液中与相应的抗原（或抗体）结合时，在协同因子（例如 H_2O_2 等）的作用下发光，其发光强度与被测物的浓度呈正比，故可以用于定量分析。发光免疫法具有特异性强、灵敏度高（检测限量达

10^{-15} mol/L)、快速（1~3 h 内完成）、发光材料易得等优点。但其发光过程和强度常常受到发光物质本身的化学结构、介质的 pH、协同发光物质和金属离子杂质等影响。

相对于以光吸收值为测定信号的酶联免疫吸附分析法，化学发光免疫测定法因其采集信号值高，能大幅度提高方法的响应信噪比，从而减少抗原（抗体）的用量，并提高方法的检测灵敏度，有可能满足所有农药的最大残留限量标准要求（特别是针对复杂样品基质）。因此化学发光免疫测定法也是近年来农药残留免疫分析领域的研究热点之一，其中以酶促化学发光免疫测定法（CLEIA）为主，即用化学发光底物液代替酶联免疫吸附分析的可见光底物液。但是由于酶促化学发光免疫测定法对于反应试剂稳定性和检测仪器设备的要求较高，使其在研究和生产上的推广难度较大，在实际农药残留快速检测中尚未得到广泛应用。

（6）免疫分析与仪器分析技术的联用技术　使用单一的免疫分析技术进行农药残留分析获得的信息量少，而理化分析方法的选择性又比较差。Kramer 等人将免疫分析法和液相色谱法（LC）联合起来使用，例如采用免疫亲和柱进行样品前处理，简化了分析方法，提高了检测效率。液相色谱法和免疫分析法的联用，将液相色谱法的高分离能力和免疫分析的高灵敏性和高特异性融为一体。该联用分析法尤其适合多组分残留分析和微量分析。同理，免疫分析与气相色谱-质谱（GC-MS）的联用可减少结构相似的农药或代谢产物分析中的交叉反应，以降低假阳性。

5. 农药残留免疫检测新技术

（1）免疫生物传感器　免疫生物传感器（immunosensor，IS）是将免疫测定法与传感技术相结合而构建的一类新型的微型化、便携式生物传感器，能实时监测抗原抗体反应，从而使农药残留免疫检测手段朝着自动化、简便化、快速化的方向发展。它的基本原理是利用抗体抗原反应的高亲和性和分子识别的特点，将抗原（或抗体）固定在传感器基体上，通过传感技术使吸附发生时产生物理、化学、电学或光学上的变化，转变成可检测的信号来测定环境中待测分子的浓度。免疫传感器从测定原理上可分为非标记型免疫传感器和标记型免疫传感器。前者利用待测抗原（或抗体）与固定在传感器表面的抗体（或抗原）发生特异性结合时直接产生电学、光学等物理信号；而后者是用特定的标记物（例如酶、荧光试剂、化学发光试剂、核素、核糖体或金属标记物等），使免疫反应产生可测定的信号。

免疫生物传感器的基本组成大致可分为 3 部分：①生物芯片，由于抗体以高度的亲和性与被测物结合，所以它能在其他物质存在时测定被测物。这部分一般固定在传感器基体上，而该基体一般是金属片或石英玻璃片。固定有抗体或抗原的基体称为生物芯片。②信号转换器，它将抗体与被测物特异性结合后产生的光、热、压力等物理化学信号转换成电信号。③电部分，这部分是将转换器产生的电信号进行放大和数字化，从而可以统计和保存试验结果。

在农药检测应用中，与免疫化学技术相结合的转换器有光学转换器（例如折射仪或反射仪、频道波导干涉仪、波导表面胞质团共振仪等）、电化学（包括电阻、电流、电频率、电位等）转换器、声波转换器、压力转换器等。其中，光学转换器已成功地作为直接、无标记物免疫探针，以表面等离子体共振（SPR）免疫生物传感器研究报道最多，主要用于检测莠去津、滴滴涕、毒死蜱、西维因、2,4-滴、异丙隆等农药，但样品基质大多局限在环境水样。

（2）荧光偏振免疫分析　荧光偏振免疫分析（fluorescence polarization immunoassay,

FPIA）是在荧光免疫分析技术的基础上发展起来的一种检测手段，主要是基于荧光标记的半抗原与特异性抗体结合后半抗原的荧光偏振信号增强的原理。若样品中含有未标记的被测物，它会与抗原竞争性地与抗体结合，从而使偏振信号降低。这种荧光偏振免疫分析技术的优点是不需要洗涤分离步骤，能在均相溶液系统内完成反应，是一种简便、高效、可靠的免疫检测技术，尤其适用于食品中小分子药物残留的现场快速筛查。

荧光偏振免疫分析应用于农药残留检测的研究始于 20 世纪 80 年代，Colbert 等使用美国 Abbott 公司研发的荧光偏振分析仪，采用荧光偏振免疫分析检测血液中百草枯的残留含量，方法检测限为 1.5 ng，线性范围为 0.025～2.000 mg/L。随后，俄罗斯学者 Eremin 等人开展了多种农药残留的荧光偏振免疫分析方法研究，检测对象主要是三嗪类、苯氧乙酸类和磺酰脲类除草剂。总体而言，荧光偏振免疫分析检测非常简便、快速（一般为 1～10 min），易于实现自动化，但其相对于酶联免疫吸附分析的主要缺点就是灵敏度较低，且较易受样品的基质干扰，目前大多用于环境样品中农药及其降解产物的筛查。

（3）流动注射免疫分析　免疫传感器与流动注射分析技术结合的流动注射免疫分析技术（flow injection immunoassay，FIIA）是最新的农药残留检测技术之一。它适用于大批量样品的连续测定，也适于原位分析。其原理是：先将抗体固定在适当载体膜上制备成均匀一致的抗体膜带（可分段使用），再将膜带的一部分安装于密封但有样品进出口的微型槽内，从进口处注入待测样品和酶标样品的混合液，竞争性结合反应在微型槽内进行，反应所引起的特定物理或化学参数的变化由配套的检测系统检测出来。一次测定完成后，从进样口注入洗涤液洗涤微型槽，同时可移动抗体膜带使新的一段膜带进入微型槽，进行另一次分析测定，如此反复进行。另外，也可将抗体固定于玻璃微球上制成类似于色谱分析的固定相，装入细玻璃管内，通过向管内注入待测样品和酶标样品的混合液，利用竞争性结合原理进行分析，通过透明的玻璃管测定竞争性结合反应前后以及加入酶底物后生成有色产物等物理、化学参数的变化对待测样品进行定性定量检测。

连续流动系统比管子和微滴板更易于实现自动化，能更快速灵敏地测出结果。流动注射免疫分析所需时间由酶联免疫吸附分析的 1.5 h 缩短至 6.5 min。流动注射免疫分析的不足之处是：变异系数大，抗体和酶标的半抗原使用量大，一次只能检测一个样品。目前与 FIIA 系统结合的光学免疫传感器已开发并将逐渐应用于各种农药的检测。

6. 农药残留免疫检测发展趋势　传统的农药残留免疫分析方法及相应的检测试剂盒大都是针对一种或少数几种农药，难以满足实际农产品中多种、多类农药残留监测的要求，例如我国农业农村部要求例行检测的农药至少有 50 多种。因此研究与开发高效、可靠、实用的农药多残留免疫检测技术及其产品（例如高通量的免疫芯片技术），已成为该领域的研究热点和发展趋势。

虽然目前农药的多残留免疫分析技术尚处于研究和开发阶段，所采用的抗体还是以传统的天然抗体为主，但随着分子生物学技术（例如基因工程抗体、噬菌体展示、核糖体展示等技术）的飞速发展，人们开始将基因重组抗体、抗独特型抗体、抗原模拟表位等引入到农药多残留免疫分析中。

再者，将多种检测手段相结合，实现农药残留自动化在线检测。例如但德忠等将荧光免疫分析、光纤传感器、流动注射和免疫磁球分离 4 项技术结合起来建立起一种新型荧光光纤免疫磁珠流动分析系统。该系统既可进行普通的荧光分析、动力学荧光流动分析，又可进行荧光光纤免疫流动分析。该分析法比酶免疫法更灵敏,标记物不易失活,与放射免疫相比无放射性污染。免疫磁珠集吸附、富集、分离等功能于一体,结合流动分析停留技术和可控电磁场,可在流路中完成抗体(抗原)结合态和游离态标记物的自动在线分离,避免了一般流动免疫分析中柱的再生和膜的更换。

此外,以多种新型发光材料(例如量子点、稀土元素等)作为标记示踪物,建立多组合抗原抗体检测体系,有望实现农药多残留定性与定量的快速检测。因此多残留免疫分析技术以其自身的优势和在方法上的不断完善,将在农药多残留快速筛查中发挥越来越大的作用。

第五节 农药的安全性风险评价及污染控制

一、农药的安全性风险评价

农药安全性及其风险的评价就是农药管理部门根据农药生产商或其委托机构所提供的相关农药产品的有关化学、生物学以及应用技术方面资料信息对登记产品在推荐使用条件下人体健康和环境安全性做出判断。农药的安全性评价往往需要通过适宜的评价模型来进行。评价结论或是该产品允许入市,或是不允许入市,也可以在附加某些使用限制后允许其入市。

人们可以从不同层次、不同角度对农药安全性进行评价。但最终不外乎对农药进行下列两方面的评价:①卫生(健康)安全评价;②生态安全评价

所谓卫生(健康)安全评价,就是评价登记产品在推荐使用条件下对人的健康风险。农药使用后是否会对人类健康带来风险主要取决于两方面因素:①农药对人类毒性大小;②农药对作物,特别是其可食部分的污染程度。而农药对作物可食部分的污染程度又取决于以下两方面因素:①农药的使用方法(例如施药方法、施药次数、施药浓度)以及所用的施药器械等;②农药在作物可食部分的迁移和降解动力学。所以获得可靠的、有关农药毒理学和推荐使用条件下农药在作物可食部分的迁移与降解动力学方面的资料信息是开展健康安全评价的必要前提。

所谓生态安全评价,就是评价登记产品在推荐使用条件下对环境生物的毒害风险。农药使用后是否会对环境生物的生存和种群繁殖带来风险,主要取决于两方面因素:①农药对环境生物毒性大小;②农药对环境介质的污染程度。而农药对环境介质的污染程度又取决于以下两方面因素:①农药的使用方法;②农药在环境介质中的迁移与降解动力学。所以获得可靠的、有关农药生态毒性和推荐使用条件下农药在环境介质中迁移与降解动力学方面的资料信息是开展生态安全评价的必要前提。

值得一提的是,有关农药物理化学性质方面的资料在农药安全性评价中也能够提供非常重要的信息。因为农药在环境介质中的迁移和降解与其物理化学性质密切相关。农药的其他环境行为,比如农药的生物富集、农药被作物的吸收以及在作物体内的迁移等,也与农药物理化学性质有密切关系。

(一)农药的健康安全性评价

我国于1991年发布了《农药安全性毒理学评价程序》。作为中华人民共和国国家标准的《农药登记毒理学试验方法》(GB 15670—1995)于1995年颁布。

《农药安全性毒理学评价程序》将农药毒理学评价分成下述 4 个阶段。

第一阶段,动物急性毒性试验和皮肤及眼睛黏膜试验;

第二阶段,蓄积毒性和突变试验;

第三阶段,亚慢性毒性试验(包括迟发神经毒性试验、两代繁殖试验和致畸试验)和代谢试验;

第四阶段,慢性毒性(包括致癌)试验。

《农药安全性毒理学评价程序》规定,凡属正式登记的农药,一般均需提供上述 4 个阶段的全套资料。

《农药登记毒理学试验方法》基本上采用等级划分法对农药毒性测试结果进行评价。例如农药的急性毒性划分为 4 个等级(表 9-2),农药的皮肤刺激强度划分为 4 个等级,农药的皮肤致敏强度划分为 5 个等级(表 9-3),农药蓄积毒性划分为 4 个等级(表 9-4)。

表 9-2　农药急性毒性等级划分

	剧毒	高毒	中毒	低毒
大鼠一次口服 LD_{50} (mg/kg)	<5	5~50	50~500	>500
大鼠 4 h 经皮 LD_{50} (mg/kg)	<20	20~200	200~2 000	>2 000
大鼠 2 h 吸入 LC_{50} (mg/m³)	<20	20~200	200~2 000	>2 000

表 9-3　农药对皮肤刺激性和致敏性强度等级划分

类别	强度	分值	类别	强度	分值
刺激性	无刺激性	0~0.4	致敏性	弱致敏	0~8
	轻度刺激性	0.5~1.9		轻度致敏	9~28
	中等刺激性	2.0~5.9		中度致敏	29~64
	强刺激性	6.0~8.0		强度致敏	65~80
				极强度致敏	81~100

表 9-4　农药蓄积毒性等级划分

蓄积系数(K)	等级
<1	高度蓄积
1~3	明显蓄积
3~5	中等蓄积
>5	轻度蓄积

(二)农药的食品安全性风险评价

食品安全性评价又称为膳食摄入安全风险评价,是指通过分析农药毒理学和残留试验结果,根据消费者膳食结构,对因膳食摄入农药残留产生健康风险的可能性及程度进行科学评价。2015 年 10 月,农业部发布了《食品中农药残留风险评估指南》,主要内容和程序包括如下几个方面。

1. 毒理学评估 农药毒理学评估是对农药的危害进行识别，并对其危害特征进行描述。通过评价毒物代谢动力学试验和毒理学试验结果，推荐出每日允许摄入量（ADI）和/或急性参考剂量（ARfD）。ADI值通常由动物实验获得。

2. 残留化学评估 残留化学评估是对农药及其有毒代谢物在食品和环境中的残留行为的评价。通过评价动植物代谢试验、田间残留试验、饲喂试验、加工过程和环境行为试验等试验结果，推荐规范残留试验中值（STMR）和最高残留值（HR）。

3. 膳食摄入评估 膳食摄入评估是在毒理学和残留化学评估的基础上，根据我国居民膳食消费量，估算农药的膳食摄入量，包括长期膳食摄入和短期膳食摄入。

（1）长期膳食摄入评估 长期膳食摄入评估是依据国家卫生行政部门发布的中国居民营养与健康状况监测调查，或相关参考资料的数据，结合残留化学评估推荐的规范残留试验中值（STMR），计算国家估算每日摄入量（NEDI）。

根据规范残留试验中值（STMR/STMR-P）或最大残留限量（MRL）计算某种农药国家估算每日摄入量（NEDI），计算公式为

$$NEDI = \sum [STMR_i (STMR\text{-}P_i) \times F_i]$$

式中，$STMR_i$ 为农药在某一食品中的规范残留试验中值；$STMR\text{-}P_i$ 为用加工因子校正的规范残留试验中值；F_i 为一般人群某一食品的消费量。

计算 NEDI 时，如果没有合适的 STMR 或 STMR-P，可以使用相应的 MRL。

（2）短期膳食摄入评估 短期膳食摄入评估是依据国家卫生行政部门发布的中国居民营养与健康状况监测调查，或相关参考资料的数据，基于每餐或一日内膳食结构和具体食品特征，结合残留化学评估推荐的规范残留试验中值（STMR）或最高残留值（HR），计算国家估算短期摄入量（NESTI）。

4. 评估结论 根据毒理学、残留化学和膳食摄入评估结果（每日允许摄入量、急性参考剂量、国家估算每日摄入量或国家估算短期摄入量），进行分析评价。一般情况下，当国家估算每日摄入量低于每日允许摄入量，国家估算短期摄入量低于急性参考剂量时，则认为基于推荐的最大残留限量值的农药残留不会产生不可接受的健康风险，可向风险管理机构推荐最大残留限量值或风险管理建议。

（三）农药的生态安全性风险评价

国家环境保护局于1989年主持制定了《化学农药安全评价实验准则》，其由"农药对环境安全性影响因素""农药环境安全性评价指标与评价试验程序"和"农药对环境安全评价试验准则"3部分组成，重点是其第3部分。在第3部分中，农药对环境安全评价试验被分为2类："农药环境行为特征评价试验"和"农药对非靶生物毒性试验"。每一类包含10项试验。自2004年起，农业部多次组织有关专家对《化学农药安全评价实验准则》进行修订和补充。最后，农业部农药检定所会同环境保护部南京环境科学研究所等12家科研教学单位将其编制成为国家标准（GB/T 31270.1～31270.21—2014）。

作为国家标准的《化学农药安全评价实验准则》在农药的环境化学行为和生态毒性试验结果的评价中采用了等级划分法。例如在环境行为试验结果的评价中，将农药在土壤中的降解性划分成4个等级（表9-5），将农药在土壤中的移动性划分为5个等级（表9-6），将农药从水中的挥发性划分为4个等级（表9-7）；在环境毒性试验结果的评价中，将农药对鸟类急性经口毒性、对蜜蜂的急性接触毒性、对蚯蚓的14 d毒性以及对鱼的96 h毒性均划

分为 4 个等级（表 9-8）。

表 9-5 农药在土壤中的降解性等级划分（GB/T 31270.1—2014）

等级	半衰期（$t_{0.5}$，月）	降解性
Ⅰ	<1	易降解
Ⅱ	1～3	中等降解
Ⅲ	3～6	较难降解
Ⅳ	≥6	难降解

表 9-6 农药在土壤中的移动性等级划分（GB/T 31270.5—2014）

等级	迁移率（R_f）	移动性
Ⅰ	0.90～1.00	极易移动
Ⅱ	0.65～0.89	可移动
Ⅲ	0.35～0.64	中等移动
Ⅳ	0.10～0.34	不易移动
Ⅴ	0.00～0.09	不移动

表 9-7 农药挥发性等级划分（GB/T 31270.6—2014）

等级	挥发度（V_v,%）	挥发性
Ⅰ	>20	易挥发
Ⅱ	10～20	中等挥发性
Ⅲ	1～10	微挥发性
Ⅳ	<1	难挥发

表 9-8 农药对环境生物的毒性等级划分

（GB/T 31270.9—2014，GB/T 31270.10—2014，GB/T 31270.12—2014，GB/T 31270.15—2014）

	毒性等级	LD_{50}/LC_{50}
鸟类 （急性经口 LD_{50}，mg/kg 体质量）	剧毒	≤10
	高毒	10～50
	中等毒性	50～500
	低毒	>500
蜜蜂 （急性接触 LD_{50}，μg/蜂）	剧毒	≤0.001
	高毒	0.001～2.0
	中等毒性	2.0～11.0
	低毒	>11.0
蚯蚓 （14 d LC_{50}，mg/kg 干土）	剧毒	≤0.1
	高毒	0.1～1.0
	中等毒性	1.0～10
	低毒	>10

(续)

	毒性等级	LD_{50}/LC_{50}
鱼（96 h LC_{50}，mg/L）	剧毒	≤0.1
	高毒	0.1~1.0
	中等毒性	1.0~10
	低毒	>10

等级划分的突出优点在于其简单明了，它使人们能够根据有限的资料对农药风险做出初步判断。在生态安全评价中，此类划分的不足之处主要在于它未能充分考虑农药田间用量差异对于农药风险性的影响。商值法正好弥补了这方面的不足。表 9-9 列出了美国环境保护局制定的环境生物风险商值。

表 9-9　美国环境保护局制定的环境生物风险商值、关注标准及对应的风险假定

（引自程燕等，2005）

生物类型	风险商值	关注标准	风险假定
水生动物	EEC/LC_{50} 或 EC_{50}	0.5	高急性风险，除限制使用外，还需进一步管理
	EEC/LC_{50} 或 EC_{50}	0.1	高急性风险，但是可以通过限制使用来减少风险
	EEC/LC_{50} 或 EC_{50}	0.05	对濒危物种可能有不利影响
	$EEC/NOEC$	1	高慢性风险，需要进一步管理
水生植物	EEC/LC_{50} 或 EC_{50}	1	高急性风险，除限制使用外，还需进一步管理
	$EEC/NOEC$	1	对濒危物种可能有不利影响
陆生和半水生植物	EEC/LC_{50} 或 EC_{50}	1	高急性高风险，除限制使用外，还需进一步管理
	$EEC/NOEC$	1	对濒危物种可能有不利影响

注：EEC 代表环境生物所暴露的污染物浓度，单位为 mg/L 或 μg/L；LC_{50} 为致死中浓度；EC_{50} 为效应中浓度；$NOEC$ 为最高无可见效应浓度。

美国环境保护局通常用商值法对农药的生态风险进行初评。商值法的基本思路是把预计环境暴露浓度（estimated environmental concentration，EEC）与实验室测得的毒性终点值（例如 LC_{50}、EC_{50}、$NOEC$ 等）相比较，从而得到风险商值（risk quotient，RQ），然后对比关注标准，对风险加以判断。

现以 Kokta 和 Rothert（1992）的评价流程为例，说明商值法如何用于农药对非目标生物的风险评价（图 9-15）。

图 9-15 所示的农药对蚯蚓的风险性评价流程中，农药在土壤中的持留性强弱是判断亚急性毒性测试是否需要进行的重要依据。图 9-16 所示的流程可用于评判农药在野外土壤中的持留性强弱。

以室内试验，特别是单物种的室内试验的结果来推测农药对农田及周边区域的生态效应，其结果的可靠性往往会受到人们的质疑。这主要是因为：①野外的环境条件，例如温度、湿度、光照等的昼夜和季节性变化，以及农药野外残留的时空变化等，在室内条件下很难被准确模拟；②农药的诸多效应，例如间接毒性、驱避作用等，在室内条件下很难被准确测量；③在室内条件下，人们很难观测到被暴露种群或群落的恢复情况。鉴于室内试验在预

测农药生态效应方面的种种局限，当存在争议时，田间试验就成为了人们否认（或者确认）农药产品生态风险的最终依据。图 9-17 形象地展示了田间试验在农药生态风险评估中的地位和作用。

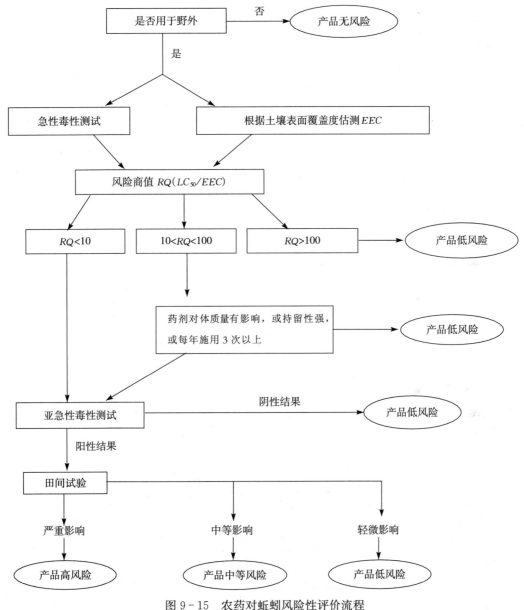

图 9-15 农药对蚯蚓风险性评价流程
（引自 Kokta 和 Rothert，1992）

从经济和时效性的角度考虑，为评估农药生态效应而开展的试验，拟遵从先"急性"后"慢性"，先"室内"后"田间"的顺序。如果"急性"和"室内"试验的结果能够明确否认受试农药的生态风险，整个试验即可终止；相反，如果"急性"和"室内"试验的结果显示受试农药具有风险，若要明确这种风险是否真的会在田间发生，则需进一步开展半田间甚至田间试验。

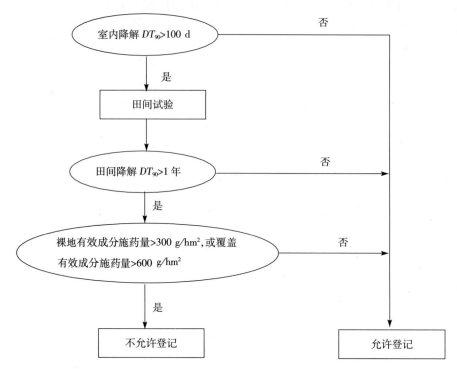

图 9-16 农药在土壤中持留性评价流程
(引自 BBA，1993)

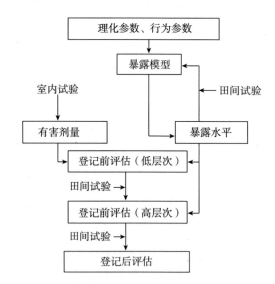

图 9-17 田间试验在农药生态风险评估中的地位和作用
(引自李少南，2014)

二、农药残留污染的控制对策

应该指出的是，环境中的农药残留普遍存在，只要检测手段足够灵敏，上至高空，远至地球两极，可以说在世界上的任何地区都有可能检测到农药残留。然而只有当人们接触农药残留的剂量足够大、接触的时间足够长、该农药的生物活性又足够高时，残留农药才会对人类造成实质性的毒害，即并非农产品或环境中有农药就不安全，存在一个安全阈值的问题。因此农药残留污染的问题通过加强政府管理和科学用药指导、充分认识农药对环境生态和食品安全的影响、集成污染问题的预防和治理技术，就能形成有效控制的对策。

（一）加强农药登记管理，提高农药产品市场准入技术门槛

目前包括我国在内的世界上大多数国家均采用农药登记准入制度。新农药或农药新剂型在进入市场之前必须经过一系列标准化的农药登记试验。农药登记准入制度起源于美国。1947年，美国通过《联邦杀虫剂、杀菌剂、杀鼠剂法》首次提出入市农药要进行登记，并规定了农药登记和标签的内容。1970年联邦政府成立环境保护局（EPA），取代农业部负责全美农药登记和残留监测。我国农药登记准入制度始于1982年。1997年5月国务院颁布了《农药管理条例》，使农药登记试验的内容与要求与国际接轨。

农药登记试验主要从3个方面考察农药的特征：①化学特征；②生物学特征；③应用技术。与农药卫生（健康）安全性有关的农药及其重要代谢产物在农作物的可食部分残留研究，以及农药的毒理学研究，分别属于农药化学特征和生物学特征的研究范畴。

目前，我国农药登记主要关注的是农药有效成分，对于其在环境或生物体内的降解或代谢产物的化学特征和生物学特征，以及农药产品助剂的毒害等问题的关注依然不足。此外，农药的毒理学方面的登记要求亦有不足，比如农药对环境非靶标生物的低浓度、长期的慢性毒性尚未纳入登记资料的要求。

（二）安全合理使用农药，避免农产品和食品中农药残留超标

科学合理使用农药，不但可以有效地控制病虫草害，而且可以减少农药的使用，减少浪费，避免农药残留超标。

已颁布的《农药安全使用准则》（GB 4285—1989）、《农药合理使用准则》（GB 8321.1-9）、《绿色食品 农药使用准则》（NY/T 393）以及各种作物生产技术规范中涉及农药使用的部分，对主要农作物和常用农药规定了最高用药量或最低稀释倍数，最多使用次数和安全间隔期（即最后一次施药到收获期的天数），以保证食品中农药残留不超过最大允许残留限量标准（MRL）。应注意对农民的宣传和指导，针对农药的存储及使用和农民的认识程度，适当举办学习和培训班，使农民更多地了解农药，提高农民的认识水平，使他们学会正确储存和使用农药，严格遵守政府公告对农药禁用和限用的规定，严格履行农药登记资料中对农药使用所做的规定，降低由于不正当存储和使用所带来的农药残留危害。

农药合理使用规范常常以GAP或有害生物防治技术导则等形式出现。《农药合理使用准则》中所涉及的药剂种类、使用浓度、使用次数、施药方法等的选择，均应建立在GAP的基础上。GAP至少应包括以下含义。

①在有效控制病虫害的前提下，尽量选择那些对人类毒性低和环境中持留性低的农药产品。

②同样，在有效控制病虫害的前提下，尽量选择那些对农作物污染程度低的农药剂型。例如使用颗粒剂就比喷雾和喷粉对农作物的污染程度轻。使用有效的施药器械，使药剂尽可能地散布到目标区域，而不要污染到目标区域以外的区域。

③《农药合理使用准则》所提出的使用浓度和施药次数属于高限，具体操作中应根据有

害生物的实际发生情况尽量降低药剂使用浓度，减少使用次数。例如尽量在有害生物对农药最敏感的阶段，或有害生物局部发生的阶段施药。

④农产品中的农药残留有时来自土壤污染，特别是前茬作物用药所造成的土壤污染导致后茬作物中农药残留的蓄积。这种情况下，安排轮作计划必须格外留心，要使这种"传承"下来的污染减到最低限度。

可以说，严格按照GAP和《农药合理使用准则》实施化学防治而获得的农产品对人类是安全的，不会引致公害问题。科学家为解决农产品农药残留问题而开展的一系列登记试验以及对数据的分析推演，其结果集中体现在如表9-10所示的"农药合理使用准则"当中。

表 9-10 农药合理使用准则（节选）

通用名	剂型及含量	适用作物	防治对象	每亩每次制剂施用量或稀释倍数（有效成分浓度）	施药方法	每季作物最多使用次数	最后一次施药离收获的天数（安全间隔期）	实施要点说明	最高残留限量（MRL）参考值（mg/kg）
阿维菌素（abamectin）	1.8%乳油	棉花	红蜘蛛	30～40 mL	喷雾	2	21		棉籽 0.01
		叶菜	小菜蛾	33～50 mL		1	7		0.05
		柑橘	潜叶蛾红蜘蛛	4 000～6 000倍液（3.0～4.5 mg/L）		2	14		0.01
啶虫脒（acetamiprid）	20%乳油	黄瓜	蚜虫	2 000～2 500倍液（12～15 mg/L）	喷雾	3	2		0.5
		苹果				1	30		
		柑橘				1	14		
涕灭威（aldicarb）	5%颗粒剂	烟草	烟蚜	667 g	撒施	1	60	烟苗移栽后撒施	5
	15%颗粒剂	花生	根结线虫	300～400 g	沟施	1		播种后施，避免在多雨、砂性土壤和地下水位高处使用	花生仁 0.05
		棉花	蚜虫、螨类	1 000～1 333 g	沟施或撒施	1	7	播种时撒施（注意安全）	棉籽 0.1
		棉花	红蜘蛛	200～400 g		2			棉籽 0.5

注：①表中资料摘自 GB/T 8321.1～8321.7 附表 1 杀虫剂/杀螨剂；②1 亩＝1/15 hm²。

（三）加强高效、低毒、低残留农药新产品的开发与应用

推动我国的农药研究机构和生产企业创制开发新农药及环保型新制剂，加快推广应用新型高效、低毒、低残留农药品种。国家应出台相关政策对新型高效绿色农药进行宣传、推广，并给予相应的鼓励性措施。例如生物农药，具有对人畜毒性小、不污染环境以及病虫害不易产生抗性等优点，应鼓励提倡，促进传统农药向新型农药转型。

（四）加强农药减量使用技术研究

一是加强病虫害的预测预报工作，强化预警和信息发布，及时指导农民适时、适量、适

药防治病虫害，大力开展统防统治。二是推广绿色防控技术，减少或替代化学农药的使用。贯彻"预防为主，综合防治"的方针，因地制宜，推广应用农业防治、物理防治、生物防治和化学防治相结合的病虫草鼠害综合防治，提高防治效果。三是加强农药新剂型的开发应用，比如功能化制剂、靶向型制剂等，提高农药的防治效果，减少农药的使用量。四是大力改进落后的施药器械，推广应用精准施药技术，提高农药的利用率。

（五）制定和严格执行食品中农药残留限量标准

从1997年我国制定第一个农药残留限量标准以来，至2016年10月颁布的食品安全国家标准《食品中农药最大残留限量》（GB 2763—2016），已经制定了食品中2,4-滴等433种农药4 140项最大残留限量。尽管如此，与美国、欧洲联盟和日本相比还存在很大差距。联合国粮食及农业组织定期出版的《Pesticide Residues in Food》上也载有各类农药的每日允许摄入量（acceptable daily in-take，ADI）、食品法典委员会（Codex Alimentarius Commission，CAC）制定的各类食品中的残留限量标准以及残留分析方法、实际残留量测定资料和毒理学资料等均可供我国作为参考。

（六）加强法制建设，完善农产品质量安全监管体系

完善的管理体系和严格的执法是解决农药残留问题的保证。一是建立健全现行的农药管理法规体系，加强《农药管理条例》《农药合理使用准则》《食品中农药最大残留限量》、《食品安全法》等有关法律法规和标准的贯彻执行，加强对违反有关法律法规行为的处罚，建立质量安全责任追溯制度，是防止农药残留超标的有力保障。二是理顺我国农产品质量安全监管体系，加快落实高毒农药定点经营管理，加强农产品基地采前和采后流通环节的农药残留监管，真正实现农产品从农田到餐桌的质量安全；以产地编码和标签为突破口，建立产品流通登记体系，严把市场准入关口；建立健全食品安全预警机制、重特大食品安全事故应急机制和食品安全信息服务体系。

思 考 题

1. 简述我国农业-农药-环境的三极关系。
2. 简述生态系统和生态平衡的定义。
3. 举例说明农药对不同生态系统的影响。
4. 试述农药对环境安全和食品安全的影响。
5. 农药残留对人体健康主要有哪些不良影响？
6. 简述食品和环境中农药残留免疫测定方法的基本原理。
7. 农药残留污染的控制是一项系统工程，试论政府职能部门、农药生产商和农药使用者在这个工程中分别扮演的角色。
8. 试论农药安全性风险评价的目的，以及如何开展农药环境安全性风险评价研究。

第十章 农药生物测定与田间药效试验

第一节 农药生物测定

一、农药生物测定概述

农药生物测定在新农药的创制、农药的生产和使用中均占有十分重要的地位，在农药研究、生产和应用中能够准确地评价农药的活性，为科学合理使用农药提供依据。

农药的生物测定，是指利用生物（动物、植物、微生物等）的整体或离体的组织、细胞以及细胞中的活性物质（例如靶标酶、细胞膜等）对某些化合物的反应（例如死亡率、抑制率等），作为评价它们生物活性的量度，运用特定的实验设计，以生物统计为工具，测定供试对象在一定条件下的效应。

生物测定是生物学研究中最普遍的一类试验，通常分为定性与定量两种。定性测定仅测定供试因子是否对受试靶标有生物活性，其结果仅仅回答是或非两种可能。定量测定则较为复杂，通常包括供试因子的一系列剂量，每剂量要处理合理数量（处理数量越多试验误差越小）的受试靶标，整个试验要持续观察一段时间。单就受试靶标的个体而言只对供试因子反应和不反应两种结果，但就各剂量水平下受试靶标群而言，结果是发生反应或不反应的比例。概言之，定量生物测定包含的主体因素是剂量、受试靶标和反应（或不反应）比例。

生物测定是开发新农药和毒理学研究的重要手段，可以为新农药的研制与开发提供科学的理论数据。在新农药创制的初期，生物测定能够对供试化合物的生物活性做出准确的分析，为先导化合物构效关系提供定量的活性资料，也可为待开发化合物的商品化评价提供依据。通过农药的生物测定，对试验结果进行统计分析，得出科学的结论，并以此指导生产，以期达到合理科学地使用农药的目的。农药的有效成分不同，作用机制多种多样，即使是同一种有效成分，剂型不同，其作用方式也有差异；不同的有害生物，其危害部位和危害方式也各不相同，针对每一个药剂和每一种有害生物，都应该有专门的生物测定方法。因为有害生物和药剂的多样性，生物测定的方法也各不相同。对作物危害最多的有害生物主要为害虫、病原物与杂草，因此生物测定也主要围绕针对防治这些有害生物的杀虫剂、杀菌剂和除草剂进行探讨。

生物测定在农药研究和植物化学保护应用中主要涉及的内容和范围可以概括为以下几个方面：①活性筛选的常规测定，包括新活性成分的筛选；②农药残留的微量生物分析；③抗性毒力测定；④药害毒性测定；⑤作用方式和作用机制的研究；⑥药剂混用及剂型研究；⑦植物生理活性测定。

二、农药生物测定试验设计的基本原则

研究农药与生物的相关性，对农药及生物的要求是比较严格的。例如室内的筛选或毒力测定，药品应该是纯品，至少要有确切的有效成分含量。而供试生物应该是纯种，个体差异

小，生理标准较为均一的。同时还必须以确定的环境条件为前提。故试验设计应该掌握以下原则。

(一) 相对地控制环境条件

室内应该尽量保持与田间环境条件的一致性。因为环境条件的差异，尤其是本身环境条件的恶劣就极有可能使供试生物体死亡。测定农药的毒力，原则上要求只有两个变数，一个是药剂的剂量或浓度作为自变数，另一个是死亡率或抑制率作因变数。药剂与生物的反应，一般是正相关，这样所得的结果，容易重复和分析，但环境条件，主要是温度和湿度对农药及生物都有直接或间接的影响，因此生物测定的试验条件，首先要求相对地控制环境条件，使影响因素尽可能稳定。室内尚可采用特定的恒温、恒湿设备来控制，同时使用精密的测试仪器及严格的测试方法，而且供试虫种或菌种也用室内饲养标准化的纯种，这样尽可能消除或减少处理之间因条件或人为因素造成的差异，以提高试验的精确度。田间试验，除温度和湿度外，光照、风雨等变异因素使许多条件不能控制，但小区试验，也应尽量使所选地区土壤肥力、病虫害分布、作物长势、管理水平等条件均匀相似，以减少试验误差为准则。

(二) 必须设立对照

在生物测定试验中，对照是十分重要的。因昆虫在试验期间往往有自然死亡的情况，故应设立对照加以校正。对照有3种：①空白对照，是不做任何处理的对照；②不含药剂对照，与药剂处理所用溶剂或乳化剂完全一样，只是不含药剂；③标准药剂对照，用标准药剂作对照。标准药剂是选择同类化合物中已对某种病虫害确定是有效的药剂，它不仅可以与新品种对比，也可以消除一些偶然因素影响的误差。这3种对照，并不一定在每次试验中都设立，应根据具体情况和测定要求加以确定。

(三) 处理必须设重复

毒力的测试对象是群体，一个生物体个体之间对药剂的耐药性是有差异的，取样应具有代表性，每个处理要求一定的数量，重复的次数越多，结果越可靠。增加重复是减少误差的一种方法，但也不能过多，应根据不同的供试材料、各自的试验目的和要求确定。一般至少重复3次。

(四) 运用生物统计分析试验结果

统计方法是生物测定的基本技术，是判断和评价试验结果的工具之一。它是应用数学逻辑来解释生物界各种数量的资料，将其化繁为简，找出规律。统计学的处理，是分析结果中极重要的一环，可以从错综复杂的试验数据中，揭示农药与病虫害之间的内在联系，因此应该正确运用，以避免轻率下结论。

三、供试材料

供试的生物材料应参考以下几个原则：①在室内人为环境条件下，应用较简便快速的繁殖技术，可保证全年定时大量供应，不受季节性限制，室内多代繁殖不易产生变异；②应是广泛发生危害的主要农林有害生物，具有重要的经济意义而且在分类地位上有一定代表性；③对药剂的敏感性符合要求，在试验时易于操作。

不同的国家和地区，不同的农药公司都有自己选定的生物材料，而且一经选定便不会轻易变动。

我国经常采用的生物种类如下。

(一) 昆虫和螨类

供试昆虫和螨类有：黏虫 (*Leucania separate* Walker)、棉铃虫 [*Helicoverpa armigera* (Hübner)]、玉米螟 (*Ostrinia furnacalis* Guenee)、二化螟 [*Chilo suppressalis* (Walker)]、小菜蛾 [*Plutella xylostella* (Linnaeus)]、褐飞虱 (*Nilaparvata lugens* Stål)、棉蚜 (*Aphis gossypii* Glover)、豆蚜 (*Aphis craccivora* Koch)、米象 [*Sitophilus oryzae* (Linn.)]、杂拟谷盗 (*Tribolium confusum* Jacqulin du Val.)、家蝇 (*Musca domestica* Linnaeus)、淡色库蚊 (*Culex pipiens pallens* Coquillett) 和朱砂叶螨 [*Tetranychus cinnabarinus* (Biosduval)]。

(二) 病原菌

供试病原菌有稻瘟病病菌 (*Piricularia oryzae* Cav.)、水稻纹枯病病菌 [*Pellicularia sasakii* (Shirai) Ito.]、水稻白叶枯病病菌 (*Xanthomonas campestris* pv. *oryzae*)、小麦条锈病病菌 (*Puccinia striiformis* West.)、小麦赤霉病病菌 [*Gibberella zeae* (Sehw.) Petch.]、小麦全蚀病病菌 [*Gaeumannomyces graminis* (Sacc.) Arx et Olivier var. *tritici* J. Walker]、甘薯黑疤病病菌 (*Ceratocysis fimbriata* Ell. et Halsted)、马铃薯晚疫病病菌 [*Phytophthora infestans* (Mont.) de Bary]、番茄早疫病病菌 [*Alternaria solani* (Ellis et Martin)]、番茄灰霉病病菌 (*Botrytis cinerea* Pers.)、柑橘青霉病病菌 (*Penicillium italicum* Wehmer)、苹果黑星病病菌 [*Venturia inaequalis* (Cke.) Wint.]、苹果轮纹病病菌 (*Physalospora piricola* Nose)、苹果炭疽病病菌 [*Glomerella cingulata* (Stonem.)]、棉花炭疽病病菌 (*Colletotrichum gossypii* Southw.)、棉花枯萎病病菌 [*Fusarium oxysporum* f. sp. *vasinfectum* (Atk.) Snyder et Hansen]、黄瓜霜霉病病菌 [*Pseudoperonospora cubensis* (Berk. et Crut.)]、花生褐斑病病菌 (*Cercospora arachidicola* Hori)、辣椒炭疽病病菌 [*Colletotrichum capsici* (Syd.) Butl.]、玉米大斑病病菌 [*Exserohilum turcicum* (Pass.) Leonard et Suggs]、玉米弯孢病病菌 [*Curvularia lunata* (Walk) Boed]、白菜软腐病病菌 [*Erwinia aroideae* (Towsend) Holl.] 和枯草芽孢杆菌 [*Bacillus subtilis* (Ehrenberg) Cohn]。

(三) 杂草

供试杂草有野燕麦 (*Avena fatua* L.)、稗草 [*Echinochloa crusgalli* (L.) Beauv]、看麦娘 (*Alopecurus aequalis* Sobol.)、苋 (*Amaranthus tricolor* L.)、荠菜 [*Capsella bursa-pastoris* (L.) Medic]、播娘蒿 [*Descurainia sophia* (L.) Schur] 和藜 (*Chenopodium album* L.)

(四) 线虫

供试线虫有南方根结线虫 [*Meloidogyne incognita* (Kofold et White) Chitwood] 和马铃薯茎线虫 (*Ditylenchus destructor* Thorne)。

四、室内毒力测定的方法

室内毒力测定通常是农药筛选的第一步，在农药生物测定方法中毒力测定所占的比重最大，且因为人们对其重视程度高，药剂毒力作用方式较多，因此其测试方法也较多。在此主要介绍杀虫剂和杀螨剂的室内毒力测定方法。

（一）杀虫剂的毒力测定方法

由于杀虫剂对不同种类的害虫毒力程度各异，且杀虫剂的作用机制不同，故而测定方法也各不相同。但是一般说来，一种试验方法都只局限于杀虫作用方式的一个方面，杀虫作用方式主要有：触杀作用、胃毒作用、内吸作用、熏蒸作用、驱避作用、引诱作用、拒食作用、生长发育调节作用等。因此杀虫剂的毒力测定方法也是根据这些作用方式来设计的。

1. 常规活体生物测定　杀虫剂的常规活体生物测定技术是在长期的杀虫剂筛选过程中发展起来的技术，有些经典的方法和配套的设备在现在的应用中仍然占有相当重要的地位。

（1）触杀作用　由于许多杀虫剂都具有触杀（contact action）活性，因此这方面的毒力测定方法及仪器很多，常用的方法有：喷雾法、喷粉法、浸液法、点滴法、注射法、药膜法等。

①喷雾法：喷雾法及喷粉法都是基于模拟田间实际防治时的施药情况，尽量使昆虫体表获得的药剂剂量相同且均匀。现在主要的试验用喷雾仪器有：Hoskings 横筒喷雾器、Campbeil 转盘式喷雾器、沉淀降雾装置、Potter 喷雾塔。

②喷粉法：喷粉法与喷雾法目的大致相同。此方法的优点在于：喷洒不仅均匀，而且不只局限于上表面，而可使被喷的对象各个表面均可喷到。

③浸液法：浸液法使用的对象一般是水生昆虫（例如蚊子幼虫、水蚤）、储粮害虫、介壳虫及蚜虫、供试昆虫的卵。对于蚊子幼虫，可进行长时间的浸液接触处理，即直接浸于一定浓度的药液中，一定时间后观察结果；其他陆生昆虫浸液时间较短，一般几秒钟到几分钟不等。

④点滴法：其原理是将一定剂量的药剂滴在昆虫体壁上，以观察药剂对于穿透昆虫体壁的触杀毒力。此方法是杀虫毒力测试中最精确的方法，也是目前普遍采用的一种测试方法，大多数的目标昆虫及螨类都可以运用。

在滴加药液前一般要先将昆虫麻醉，以免因为昆虫的自身运动影响试验操作准确性。麻醉的一般方法有冷冻法、乙醚处理法和二氧化碳处理法。另外还需要注意昆虫的握拿方法，尽量不对供试昆虫造成机械伤害，对于体型较大的昆虫可以用手拿，对于较小的昆虫可以将昆虫吸在吸管管口上加药，在管口上加上细纱布效果更好。

⑤注射法：该法的使用也相当广泛，且使用仪器与点滴法有所类似，也有施药量精确的特点。只不过注射法是将药剂注射入供试昆虫的体内，而非点滴在体表。

⑥药膜法：该方法是一种接触处理方法，其原理是通过喷雾、喷粉、点滴、涂抹、浸液等方法，将一定量的药剂均施于滤纸、玻璃板或蜡纸上，形成一个均匀的药膜，再将供试昆虫放在上面，爬行一定的时间，然后再转移到正常的环境下，一定的时间后观察记录昆虫死亡情况。

此法适用于一切爬行的昆虫，也可用于某些飞翔的昆虫（例如蚊、蝇等成虫，可以制作一个方形的玻璃盒，盒的 6 个面的内部都经过药膜处理，使得无论昆虫停息在哪里，都一样接触到药剂）。另外，药膜放置不同时间后，或经过风化或日晒等处理后，再放入供试昆虫，可以测定药剂的持效性。

（2）胃毒作用　胃毒作用（stomach action）的原理是利用昆虫的贪食性，在昆虫取食正常食物的同时将药剂食入，检测药剂是否能通过昆虫的消化道对昆虫产生毒力，一般的方法有：饲喂法、饲饮法和口腔注射法。

①饲喂法：饲喂的方法又分为无限制给食法及定量给食法。根据饲喂的方式又分为叶片

夹毒法及单叶饲喂法，其中叶片夹毒法（sandwich method）最为常用。叶片夹毒法是在两叶片中间均匀地加入一定量的药剂，饲喂昆虫，药剂随叶片一起被昆虫食入，根据被吞食的叶片面积计算吞食的药量。为使加在叶片上的药剂量均匀，通常在一张叶片的一面通过喷粉、喷雾、涂布、滴加药剂等方法予以施药。待药液干后，将另一张叶片的一面涂抹糨糊或明胶后相互粘连，投喂昆虫。其优点是避免了药剂与虫体的直接接触，排除了药剂对昆虫的触杀作用。

吞食药量的计算：以试虫吞食叶面积乘以单位面积叶片的剂量，从而求得每头试虫单位体积中所取食的剂量（μg/g）。叶面积的计算方法有方格纸法、叶面积测定仪法和电脑扫描法几种。方格纸法是将试虫吞食剩余的叶片放在方格纸上，计算所食方格的数量，算出方格的面积。叶面积测定仪法是采用叶面积测定仪直接测定吞食的叶面积。电脑扫描法是用数码相机摄下每个处理中试虫吞食后剩余的叶片，通过电脑计算出叶面积。

致死中量的求法：按每头虫吞食剂量的大小顺序排列，并标明该剂量下试虫的死活情况，从而将虫划分成生存组、生死组和死亡组（表10-1）。

表10-1 杀虫剂对某种昆虫的食药量反应示范

序号	药量（μg/g）	反应	序号	药量（μg/g）	反应	序号	药量（μg/g）	反应	序号	药量（μg/g）	反应
1	0.11	生	13	0.24	生	25	0.35	生	37	0.60	死
2	0.12	生	14	0.25	死	26	0.36	死	38	0.62	生
3	0.13	生	15	0.25	死	27	0.36	死	39	0.63	死
4	0.15	生	16	0.26	生	28	0.37	死	40	0.64	生
5	0.17	生	17	0.27	死	29	0.38	生	41	0.65	死
6	0.18	生	18	0.28	生	30	0.39	死	42	0.66	死
7	0.19	生	19	0.29	死	31	0.42	死	43	0.68	死
8	0.19	生	20	0.30	生	32	0.42	死	44	0.70	死
9	0.20	死	21	0.31	死	33	0.47	生	45	0.72	死
10	0.21	生	22	0.32	生	34	0.49	死	46	0.74	死
11	0.22	死	23	0.33	死	35	0.53	生	47	0.77	死
12	0.23	生	24	0.33	生	36	0.57	死			

如表10-1中，1~8号为生存组，9~40号为生死组，41~47号为死亡组。生死组中既有生存的又有死亡的，分别计算生死组中生存个体和死亡个体平均吞食的药量，记为A和B。即A=（生死组活虫剂量总和）/生死组活虫总数，B=（生死组死虫剂量总和）/生死组死虫总数。再计算LD_{50}，即LD_{50}=（$A+B$）/2。

例如表10-1中，A=（0.21+0.23+0.28+…+0.64）/16=6.00/16=0.375，B=（0.20+0.22+0.25+…+0.65）/17=5.89/17=0.368，则有，LD_{50}=（$A+B$）/2=（0.375+0.368）/2=0.372（μg/g）。

该法的缺点是，无限制饲喂法无法控制单一供试昆虫的取食量，定量给食法也不能排除昆虫吞食后呕吐行为等未知因素的影响，且计算昆虫食用叶片面积的方法不是十分精确，从而影响所食药剂的剂量，另外也比较费事费时，这种方法只适用于咀嚼式口器的昆虫。

饲喂法中，除了饲喂叶片外，还有饲喂毒饵等方法。

② 饲饮法：此法适用于蝇类、蜻类等有吸食习性的昆虫。也分为自由饲饮法和强制饲饮法。自由饲饮法是一种无限制的饲饮方法，让昆虫自己取食配好的混有药剂的糖液，通过测定吸食前后昆虫的体质量或药液的体积计算昆虫吸食药剂的量。而强制性饲饮法就是将昆虫固定后，将装有药液的移液管口放在昆虫的口边，昆虫吸食到一定的体积后就移开移液管，这样可以保证每头虫体吸取药剂的量相同。

③ 口腔注射法：该方法是将含糖的药液直接用注射器注入昆虫口腔内，强迫其吞食，一般要求针尖光滑，以免刺破口腔内的组织，并且要求操作技术熟练。

(3) 熏蒸作用　熏蒸剂可以是气体，也可以是液体或固体，但最终都要以气态的形式通过昆虫的呼吸系统起到毒杀作用。气体易扩散的性质决定了熏蒸剂必须在密闭的环境下使用。因此药剂的熏蒸作用（fumigation action）的检测也必须在密闭的条件下进行，并且要求不能以固态或液态的状态与昆虫直接接触。所有的熏蒸作用测定的方法都是基于该点来设计的。

目前熏蒸剂的仪器装置主要有静止气体的测定方法装置、有气流出入控制的熏蒸器。一般一些简单的熏蒸器都属于前一种，通过一定的方法使密闭的容器内充入饱和的气体，通过控制放入供试昆虫的时间来控制对充入气体的吸收量或调节容器内气体的浓度，达到控制剂量的目的。

另外，对于土壤熏蒸剂在设计试验方法时还应考虑到土壤的物理及化学性质上的调节等问题。

(4) 内吸作用　内吸作用（systemic action）的基本原理是将药剂通过处理植物的某个特定部位（根、茎、叶或种子）后，药剂能被植物吸收并通过传导到达其他部位，让昆虫取食没有直接用药的部位后观察昆虫是否中毒死亡以判定药剂是否具此特性。

据此原理处理方法通常被称为直接测定法。不同的施药部位，处理的方法也有所不同。如果是从根部吸收的处理方法，可将植物主根顶端切除，留存部分插入盛药液的小指形管内，保存侧根浸入营养液中，或将营养液中加入药液配成所需的浓度，主根和侧根全浸在其中。如果从叶部施药，可用滴灌或毛笔蘸药涂抹甚至局部喷雾的方法将药剂施于叶片的正面或正反两面。如果是从茎部施药，木本植物可在茎部包扎一圈具有一定浓度药剂的脱脂棉，外部再以塑料薄膜缠绕后包扎；如果植物较幼嫩可用涂抹的方法将药液涂在茎上；老树则需要将老树皮刮去一层后施药。如果试验种子的内吸作用，一般可将种子用浸液的方法处理，药液一般相当于种子质量的两倍，或以浸泡时完全淹没种子为度。

另一种被称为间接测定法，用药液处理植物的局部，一定时间后取未处理的部位加以研磨，稀释成不同浓度的汁液，再放入一定数量的孑孓或水蚤观察其死亡情况，利用此浸液法间接测定该药剂是否有内吸作用。

(5) 拒食作用　拒食作用（antifeedant action）的设计方法通常跟胃毒作用的方法相同，但是观察的结果通常不是供试昆虫的死亡率，而往往是昆虫的取食量或是昆虫对食物的所食部位和昆虫体质量的变化等做的分析，作为药剂对供试昆虫是否有拒食活性的依据。

一般对食叶咀嚼式口器昆虫的拒食活性的测定方法为叶碟法。即将药剂均匀施加在叶片上，制成大小相同的叶碟，放在保湿的培养皿中后放入供试昆虫。其中在同一培养皿中交错放入处理叶碟与对照叶碟的方法称为选择性拒食活性测定法。仅放入对照或处理叶碟的方法称为非选择拒食活性测定法。如图 10-1 所示，黑色圆圈表示加药的叶片，白色圆圈表示未加药的叶片。A 表示选择拒食活性的测定，B、C 表示为非选择拒食活性的测定。让供试昆虫取食一定时间后，将残存的叶片取出，算出昆虫取食叶片的面积，通过公式计算出拒食率。

$$拒食率 = \frac{对照组取食叶面积 - 处理组取食叶面积}{对照组取食叶面积} \times 100\%$$

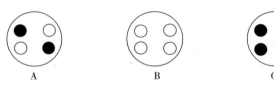

图 10-1 叶碟法

（6）引诱作用　引诱剂对昆虫起引诱作用（attracting action），基本上可分为性引诱剂、食物引诱剂和产卵引诱剂。粗略的测定方法可以通过设置诱惑陷阱。例如在纱笼中放入一个有黏胶的架子，黏胶中央粘上滴有药剂的棉花，引诱目的昆虫。对于个体较大的昆虫，可以将黏胶换成毒气瓶，通过计算诱集昆虫的数量判断药剂的有效率。

这些方法多数是在田间操作的，易受气候因素及田间昆虫数量多少的影响。在实验室测定的方法中很多要用到嗅觉计。基本原理是让昆虫在两个可选择的道路的分叉处，这两个道路一个支路放有待测药剂，另一个则没有。观察昆虫进入哪一个支路。如果药剂没有作用，则昆虫进入两条支路的概率是相等的，而一旦引诱剂有作用，作用越强，昆虫被引诱的数量越多。

（7）驱避作用　驱避作用（repellent action）的原理与引诱剂的原理类似，在试验设计时也可以用嗅觉计，方法也相似。

（8）生长发育与生育干扰作用　有生长发育与生育干扰作用（growth and reproductive interference action）性质的化合物通常不直接杀死昆虫，而是通过干扰昆虫脑激素、保幼激素、蜕皮激素和几丁质的合成导致昆虫生长、变态、滞育等生理现象发生改变，间接导致危害降低。试验方法可以通过以上介绍的胃毒、接触、熏蒸、内吸等处理方法，观察昆虫蜕皮、化蛹、羽化的变化及其形态的变化、产卵量及卵的孵化率等指标来观察药剂作用的效果。

2. 细胞水平及分子水平的生物测定　传统的生物测定方法虽然所得数据较为可靠，但是往往所需要的时间较多，且供试药剂的需求量较大，现在新农药的筛选，供试化合物动辄几万个甚至更多，传统的方法根本无法满足数量巨大的筛选要求。基于以上原因，近年来，许多新的生物测定方法层出不穷。

（1）预期作用靶标抑制活性的测定　随着农药作用于昆虫的靶标部位、昆虫体内农药的代谢解毒机制渐渐为人们认知，通过检测供试药物对靶标或代谢物质的作用，可以简化生物筛选测定的步骤与时间，这也是生物合理设计农药的重要思路。

（2）MTT 法　MTT（methylthiazoletrazolium）是一种黄色水溶性四噻唑蓝，活细胞中的琥珀酸脱氢酶可使 MTT 分解产生紫色结晶状颗粒积聚于细胞内和细胞周围。其量与细胞数呈正比，也与细胞活力呈正比，而死细胞不具有这个能力。因此用一定浓度的药剂处理指数生长期的细胞后一段时间,加入 MTT,再测出所有混合液体的吸光值,可推出细胞的活力,衡量供试药剂的毒力大小。

一般步骤是:首先培养昆虫细胞系(例如棉铃虫细胞系、烟草夜蛾细胞系等),对数生长期细胞,置于 96 孔微量滴定板中培养一定时间(使细胞贴壁),然后加入待测化合物并继续培养 24 h,结束培养前一定时间,向孔内加入 MTT 母液培养,结束后弃去上清液,再向孔内加入一定溶剂,待生成物完全溶解后,置于酶联检测仪上于 570 nm 处读取吸光度值,通过细胞死亡率高低初步判断化合物有无活性;还可设置系列样品浓度,最终求出 LD_{50} 或 LC_{50} 值,以判断活性大小。

MTT 法需要专门的无菌操作台及相配套的细胞培养设备,成本较高。但是此法对药剂所需要的量少,能很好地满足现在高通量筛选等筛选技术的要求。

(3) 生物传感器技术　生物传感器是一种以生物的部分活性物质作为敏感部件,结合物理化学分析仪器,对特定种类化学物质或生物活性物质具有选择性和可反应的分析装置。其中关键技术原理是:传感器的生物敏感层与复杂样品中特定的目标分析物之间(例如酶与底物、抗体与抗原、外源凝集素与糖、核酸与互补片段之间)的识别反应会产生一些物理化学信号(例如光、热、声音、颜色、电化学)的变化,这些变化通过不同原理的转换器(例如光敏管、压电装置、光敏电阻、离子选择性电极等)转换成第二信号(通常为电信号),经放大后显示或记录。

生物传感器按照识别元件可分为 3 类:基于分子(酶、抗原或抗体、受体、核酸、脂质体等)的传感器、基于细胞的传感器和基于组织切片的传感器。就敏感元件而言,第一个是固定化的生物体成分,后两个是生物体本身。基于分子的生物传感器具有高度选择性和敏感性,只对一个靶分子有响应。正因为这种高度选择性,可能使某些具有相同功能的相关分子检测不到。而将活细胞作为探测单元,可以检测到许多未知的物质。目前生物传感器主要用于环境监测(生化武器、地下水污染等)、药物筛选、新药开发、基础神经学等研究,在农药领域的应用正在起步。

例如测定昆虫电生理反应,其原理是:昆虫产生拒食行为与药剂刺激昆虫的味觉感受器(例如中栓锥感受器)有一定的相关性,用供试药液刺激昆虫的中栓锥感受器,同时将电极连接该感受器,通过电子设备接收并放大感受器发出的脉冲信号,用示波器或记录器记录这些信号,或直接输入电脑通过特定的处理软件对信号进行分析,判断活性的有无或大小。华南农业大学曾就炔类化合物和川楝素对亚洲玉米螟拒食活性与电生理反应做了相关的研究工作。

(4) 生物芯片技术　生物芯片(biochip)技术,采用光导原位合成或微量点样等方法,将大量生物大分子(比如核酸片段、多肽分子)甚至组织切片、细胞等生物样品有序地固化于支持物(例如玻璃片、硅片、聚丙烯酰胺凝胶、尼龙膜等载体)的表面,组成密集二维分子排列,然后与已标记的待测生物样品中靶分子杂交,通过特定的仪器[比如激光共聚焦扫描或电荷耦合摄影像机(CCD)]对杂交信号的强度进行快速、并行、高效的检测分析,从而判断样品中靶分子数量。

目前,生物芯片包括基因芯片、蛋白质芯片、组织芯片等。在已知的防治昆虫靶标中,可以将多种害虫的细胞、作用靶标或核酸片断同时制作在同一生物芯片上,以供药物的筛选。芯片技术具有高通量、大规模、平行性等特点,可以进行新药的筛选,也可采用生物芯片技术来寻找潜在药物靶标。用芯片作大规模的筛选研究可以省略大量的动物试验，缩短药物筛选所用时间。

（5）膜片钳技术　膜片钳技术是一种以记录通过离子通道的离子电流来反映细胞膜上单一的（或多数的）离子通道活动的技术，为从分子水平了解生物膜离子通道的开启和关闭、动力学、选择性和通透性等膜信息提供了直接手段。

膜片钳技术对膜电压的钳制是通过负反馈回路来实现的，要求细胞膜电位在所有时间都与经放大器输出的指令电压相等。当由于离子通道的开放造成膜电位与指令电位之间发生差异时，微电极放大器就通过记录电极向胞内自动注入大小相等和方向相反的电流而使膜电位得以钳制。通过记录放大器用于维持细胞膜钳制电位所输出的电流大小，即可推算出由于离子通道开放所产生的电流大小，以及由此导致的膜电导的改变。

膜片钳技术有不同的记录方法：细胞贴附式、全细胞式、内面向外式、外面向外式等。根据研究目的和观察内容的不同，可采取相应的记录方法。此外，还有穿孔膜片钳记录、带核膜片记录、人工脂膜的膜电流记录等其他记录方式。

应用膜片钳技术可以直接观察和分辨单离子通道电流及其开闭时程、区分离子通道的离子选择性，同时可发现新的离子通道及亚型，并能在记录单细胞电流和全细胞电流的基础上进一步计算出细胞膜上的通道数和开放概率，还可用于研究某些胞内或胞外物质对离子通道开闭及通道电流的影响等。同时用于研究细胞信号的跨膜转导和细胞分泌机制。结合分子克隆和定点突变技术，膜片钳技术可用于离子通道分子结构与生物学功能关系的研究。另外，膜片钳技术还可以用于药物在其靶受体上作用位点的分析。

3. 高通量筛选　高通量筛选（high throughput screening，HTS）技术使用较低剂量，在短时间内完成对大量化合物的生物活性筛选，由于具有微量化、快速、高效等特点，被国内外多数医药研究机构广泛采用，国外许多大型农药公司亦将这种技术用于新农药的筛选。高通量筛选和组合化学（combinatorial chemistry）、自动化操作系统等技术的有机结合，可以缩短新农药创制的研发周期，降低研发成本，提高开发的成功率。基本筛选法的种类如下。

（1）活体筛选　此法只对个体较小、对药剂敏感而且容易培养和操作的供试昆虫（例如鳞翅目低龄幼虫、孑孓、水蚤）较为适用。一般步骤是：将一定量的待测药液和昆虫人工饲料或营养液分别加入微量滴定板的孔中，混匀；然后将单头供试昆虫或者卵置于每一孔内，用透明盖封好，放置在温度、湿度、光照等适宜的控制条件下培养一定时间，然后检查结果，观察记录供试昆虫的生命指标，例如生存或死亡、生长取食情况等，推测判断供试药剂的生物活性。

（2）离体筛选

①受体结合试验：该法适用于筛选对供试昆虫神经受体有抑制活性的化合物。一般步骤是：首先通过一定方法分离提取一定量的昆虫神经受体（例如乙酰胆碱受体），然后将放射性标记的相对应的神经毒素，例如[^{3}H]环蛇毒素（一种烟酸乙酰胆碱受体抑制剂）和[^{3}H]奎宁环基乙二酮（蕈毒碱乙酰胆碱受体抑制剂）等，以及神经受体和待测的化合物分别加入微量滴定板孔中，混合均匀，于控制条件下培养一定时间后，将板上混合物转移到玻璃-纤维素膜上，并用细胞收集器洗涤，通过放射性同位素检测仪记数纤维素膜上的放射性，如果放射性减少或消失，说明化合物与这些神经受体抑制剂有较强的竞争作用，判断出有

活性。

②靶标酶活性测定：此法用于筛选对昆虫靶标酶有活性的化合物。首先分离提取昆虫体内的重要靶标酶（如乙酰胆碱酯酶，Na^+-K^+-ATP 酶等）在微量滴定板上分别加入一定量酶液、待测化合物与酶反应的底物及其他所需成分，混合均匀，在适宜条件下反应一定时间，通过分光光度计测定吸光度值，求出酶活性大小，在化合物作用下，如果酶活性降低，说明供试化合物与酶发生结合，有一定的活性。

（二）杀螨剂的毒力测定方法

螨类个体小，在试验设计时有一些特殊性。对于成螨和若螨的测定方法一般有以下几个。

1. 玻璃片浸渍法 此法被联合国粮食及农业组织（FAO）推荐为用于杀螨剂毒力测定和害螨抗药性监测的方法，是测定药剂对螨类毒力的最常用方法。将双面胶带剪成边长为 2~3 cm 的方形，贴在载玻片的一端，用镊子揭去胶带上的纸片。用小毛笔将大小一致、体色鲜艳、行动活泼的雌成螨背粘于双面胶带上，放入温度为 24~26 ℃，相对湿度为 85% 的生化培养箱中 4 h 后，在双目解剖镜下观察，剔除死亡和不活泼的个体。然后再将载玻片放入供试药液中 5 s 后取出，吸干多余的药液，放入培养箱，一段时间后观察试验结果，死亡标准为毛笔轻触螨足或口器无任何反应。通过喷雾法将药液均匀喷在载玻片上，可以克服浸渍法中在吸干药液时对螨体造成伤害的缺点。

2. 叶片残毒法 此法的一般步骤是，在培养皿中放入已经用药液处理并晾干的叶片，然后接入长势一致的成螨，放入培养箱，一定时间后观察其死亡率。

3. 叶碟浸渍法 此方法的步骤是，将带有成螨的叶片直接浸渍在药液中 5 s 后取出，一段时间后，观察螨的死亡率。

对于螨卵的测定方法与成螨和若螨大致相同，指标为观察卵的孵化率。多数种类的螨卵 25 ℃ 下 6 d 即可孵化，10 d 内不孵化者即可被视为死卵。

$$孵化率 = \frac{药后空卵壳量}{总卵量} \times 100\%$$

$$杀卵率 = \frac{药后死卵量}{总卵量} \times 100\%$$

药剂对螨的抑制产卵能力及不育测定方法，可将叶片用药剂喷雾或者浸液，待药液干后将试虫接在供试叶片上，1~7 d 检查试验结果，调查统计产卵量，计算产卵抑制指数和产卵抑制率。

$$产卵抑制指数 = \frac{对照组产卵量 - 处理组产卵量}{对照组产卵量 + 处理组产卵量} \times 100\%$$

$$产卵抑制率 = \frac{对照组产卵量 - 处理组产卵量}{对照组产卵量} \times 100\%$$

五、杀菌剂的毒力测定方法

杀菌剂室内生物测定的主要内容是将杀菌物质作用于细菌、真菌或其他病原微生物，根据其作用的大小来判断药剂的毒力。或将杀菌物质施于植物，对病害发生的有无或轻重观察来比较判定药剂的效果。

杀菌剂的生物测定方法包含有离体法、活体法和组织筛选法 3 种。与杀虫剂不同，有些杀菌剂应用离体测定有效，活体测定无效；而有些杀菌剂则采用离体测定无效，活体测定药效很高，因此测定时通常3种方法结合使用。例如以金核霉素结构改造为主的数十种化合物，就是利用多种病原菌的离体抑菌性测定和盆栽防治效果测定来提高筛选药物的有效性的。

（一）基于离体平板培养的毒力测定方法

目前常用杀菌剂的毒力测定方法多数为离体平板法，此方法无需寄主植物，仅通过培养基繁殖病原菌，采用药剂与病原菌直接接触的方法，测定孢子萌发率或通过对菌丝生长量、形态的观察来测定杀菌毒力。因此该类方法与活体生物测定相比，具有经济、简便等优点，在筛选杀菌剂的过程中有较多的运用。常用的方法有以下几种。

1. 孢子萌发测定法　孢子萌发测定法是历史最悠久而被广泛采用的杀菌剂毒力测定方法。其原理是在载玻片或平板上，通过滴加、喷施等方法将药液施于其上，然后滴加一定浓度的孢子悬浮液，经过一定时间培育后在显微镜下观察孢子的萌发率。一般在低倍镜下，每处理随机检查200个孢子。毒力越大的药剂，孢子萌发抑制率也越大。该方法只适用于产生孢子的真菌，其突出优点是快速，试验当天即可获得结果，尤其适合于保护剂的筛选。

$$孢子萌发率 = \frac{萌发孢子数}{检查孢子数} \times 100\%$$

$$孢子萌发抑制率 = \frac{对照萌发率 - 处理萌发率}{对照萌发率} \times 100\%$$

2. 抑菌圈法　此法先将病原菌孢子或菌丝的悬浮液与培养基混匀，待混合物冷却后，在培养基表面利用各种方法（管碟法、滤纸片法、孔碟法）使药液和培养基接触，培养一定时间后，由于药剂的渗透扩散作用，施药部位周围的病原菌被杀死或生长受到抑制，从而产生抑菌圈（图10-2）。毒力越大的药剂，抑菌圈也越大。该方法所用药剂需有较好的水溶性。

3. 生长速率测定法　此法的原理是趁热在培养基中加入药液，混合均匀后冷却，然后在无菌条件下将病原菌接入装有培养基的培养皿中央，经过一定时间培育后观察病原菌菌丝的生长情况。毒力越大的药剂，菌丝的生长越缓慢。此法多用于不产孢子或产孢子量少而菌丝较密的真菌。病原菌生长速率的表示方法有2种：①菌落达到一定大小所需的时间；②单位时间内菌落的直径大小。该方法的优点是操作简便，适用范围广，重复性好。但对病原菌要求严格，病菌易于培养，生长较快且边缘整齐，产孢子缓慢；供试药剂遇热不易分解。

图10-2　抑菌圈法　　　　　图10-3　生长速率测定法

$$纯生长量 = 菌落直径 - 菌饼直径$$

$$抑制率 = \frac{对照的纯生长量 - 处理的纯生长量}{对照的纯生长量} \times 100\%$$

4. 最低抑制浓度法 此法将药剂按等比或等差级数系列浓度和培养基混合后接入供试菌,定温培养一定时间后,找出"终点"(明显地抑制供试菌生物发育的最低浓度),即为最低抑制浓度。最低抑制浓度最小的,其毒力最大。该方法用于粗放地比较几种杀菌剂的毒力。

5. 对峙培养法 此方法多用在天然产物源农药的筛选中。方法是将天然提取物及病原菌同时放在同一个有培养基的培养皿的两边,经过一定时间培育后观察菌丝生长的情况。如果提取物有抑菌作用,则病原菌的生长会受到一定的限制(图10-4)。

6. 气体效力测定法 此法用于测定挥发物质的抗菌力。在灭菌的固体培养基上,接种供试菌,将皿倒置于放有药剂的盖上,用玻璃纸密封,培养一定时间后,调查病菌的生长情况。

7. 高通量筛选方法

(1) 活体筛选方法

①以各种病原物为筛选靶标的直接筛选方法:首先将一定浓度样品用移液器移至微量滴定板上,再用另一支移液器将均匀的供试菌菌丝体或孢子悬浮液接

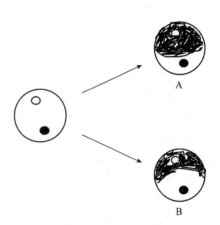

图10-4 对峙培养法
(白圈表示病原菌,黑圈表示植物提取物,
A表示无生物活性,B表示有生物活性)

种到每一孔上,混匀后用分光光度计测定混合液的初始光密度值Ⅰ。然后置于适宜条件下振荡培养一定时间,再测定光密度值Ⅱ。将光密度值Ⅱ与光密度值Ⅰ比较,即可评价药剂是否有活性。如果二者相等或光密度值Ⅱ降低,说明菌体不能生长,判定被测物有活性,否则无活性。

②以酿酒酵母菌为模型菌的筛选方法:在控制条件下,将酿酒酵母菌与待测化合物相互作用,一定时间后观察化合物对酵母菌生长的抑制情况。通过有效中浓度(EC_{50})判断化合物是否有活性。研究表明,虽然不是所有的有潜力的杀菌剂都能抑制酿酒酵母菌的生长,但酿酒酵母菌仍不失为一个实用的筛选杀菌剂的模型菌。

(2) 离体筛选方法

①靶标酶的测定方法:例如测定NADH(还原态辅酶Ⅰ)的变化,可筛选线粒体呼吸作用中电子传递链上复合体Ⅰ和复合体Ⅲ的抑制剂。将菌体悬浮液与牛心线粒体及待测化合物分别加入微量滴定板孔中,混匀,控制条件下反应一定时间后,在340 nm下测定光密度值,计算NADH的含量。如果NADH含量降低,说明待测物抑制了电子传递过程,化合物有活性。

②全细胞测试法:此法用于筛选真菌甾醇生物合成抑制剂。

甾醇途径的最终产物是麦角甾醇,该物质对乙酰乙酰辅酶A硫解酶(acetoacetyl-CoA thiolase)的启动基因有反馈控制作用,即它的存在能抑制启动基因的表达。而如果乙酰乙酰辅酶A硫解酶启动后,经过一系列生理反应,会产生β-半乳糖苷酶。β-半乳糖苷酶可与氯苯酚作用,产生红色的氯苯酚红-β-吡喃半乳糖苷,没有β-半乳糖苷酶时的氯苯酚是橘黄色的。因此基于以上原理,试验的前期工作是构建报告基因(reporter gene),将乙酰乙酰辅酶A硫解酶的启动基因融合到酿酒酵母全细胞中编码β-半乳糖苷酶的基因上,使该启

动子也具有能活化 β-半乳糖苷酶基因的能力。然后将待测化合物与经上述基因修饰的酿酒酵母全细胞及氯苯酚等在微量滴定板上混匀，在控制条件下反应一定时间，最后通过分光光度计检测。如果甾醇生物合成途径受阻，就没有甾醇结合到上述报告基因的受体结合蛋白上，β-半乳糖苷酶基因被启动，产生 β-半乳糖苷酶，显示化合物有活性。如果化合物无活性，甾醇合成正常，β-半乳糖苷酶基因不会被启动，就不能产生 β-半乳糖苷酶，只能显现橘黄色。

（二）活体测定法

活体测定法始于 20 世纪 60 年代初期，由日本理化研究所建立，用来测试防治水稻纹枯病病菌及其他真菌病原的杀菌剂。这是由离体测定向活体测定的跨越。活体测定需根据不同病原菌、不同药剂的作用机制、不同植物寄主具体设计。

1. 幼苗接种试验法 此法在盆栽幼苗上接种病菌，药剂处理一定时间后，观察发病情况来判断药效。

2. 种子杀菌剂药效测定 此法将病菌接种在具有发芽力的植物种子上，使其接触药剂，在一定条件下培育一定时间后，观察种子发芽率和发病情况，以判断药剂效果。

3. 果实防腐剂生物测定 此法将果实洗净，接种病原菌并施加药液，培养一定时间后，观察发病情况，以判断药效。若测定内吸性杀菌剂的防腐效果，可将果实先接菌，侵入后，再药剂处理。测定熏蒸药剂时，可取一定药量吸附于滤纸上，再放果实的上面或下面，经过一定时间后观察熏蒸效果。

活体测定接近实际，结果更加可靠，但对寄主植物和试验条件要求较高，为了控制病原菌与寄主相互作用的条件，必须人为控制光照、温度、湿度。

（三）组织筛选测定法

组织筛选测定法是介于活体与离体之间的筛选方法，是利用植物部分组织或器官作为试验材料评价化合物杀菌活性的方法，具有离体的快速、简便、微量等优点，又具有与活体植株效果相关性高的特点，适合于多种病害的杀菌剂测定。此法以植物根、茎、叶等组织为试验材料在室内进行，比孢子萌发法和含毒介质培养法更接近生产实际，可看作盆栽试验的过渡阶段，可定性测定药剂是否具有保护作用或治疗作用。

1. 叶片接种试验法 此法的基本原理是将容易感染供试菌的植物叶片，经不同浓度的药剂处理后平放在培养皿内，再将一块培养好的供试菌丝体放在叶片上，经培养一定时间，检查其病斑面积，并以此衡量供试药剂的毒力。该方法可用于甘薯黑星病、白菜软腐病、麦类白粉病等。

2. 鲜叶孢子萌发试验法 此法在容易感染供试菌的植物叶片撒布药剂，喷布供试菌孢子悬浮液，叶片放在培养皿内培养一定时间后，用龙胆紫或亚甲基蓝将芽管染色，将叶片风干，用涂有甘油透明胶的盖玻片轻轻压在叶面上，等甘油透明胶凝固后，剥取盖玻片，镜检。

现在已经建立了许多针对不同病原菌的组织筛选法，例如适用于多种空气传播病害的洋葱鳞片法、适用于水稻纹枯病的蚕豆叶片法、适用于蔬菜灰霉病的黄瓜子叶法、适用于细菌性软腐病的萝卜块根法、适用于柑橘树脂病的离体叶片法、适用稻瘟病的叶鞘内侧接种法以及适用于稻白叶枯病的喷菌法等。这些方法简便、快速，适于大规模筛选，为新农药研制提供了可借鉴的筛选模式。

六、除草剂的毒力测定方法

除草剂的生物测定一般是利用生物活体作靶标,通过观察靶标生物对供试药剂在生长发育、形态特征、生理生化等方面的反应来判断其生物活性。常规筛选方法有培养皿法、小杯法、稗草胚轴法、高粱法、去胚乳小麦幼苗法、玉米幼苗法、萝卜子叶法、浮萍法、绿藻法、黄瓜幼苗形态法、烟草叶片浸渍法等。这些测定方法通常以活体为对象,一般可获得较全面的生物学信息,因此其筛选结果与田间试验具有较好的一致性。

近年来,全世界除草剂的产量和品种的增长速度超过了杀虫剂与杀菌剂的总和。除草剂的迅猛发展,使除草剂的生物测定也日臻完善。许多不同种类的除草剂都有自己专门的测定方法。目前一些除草剂中常用的生物测定方法有下述几种。

(一) 对种子萌发影响的测定方法

作为测定方法的指示植物在被药剂处理后,一般不以萌发率作为评判的指标,而是将萌发后一定时间内测定的根和茎的长度作为参考数据。其中的指示植物种子可以用稗草等杂草,也可以使用黄瓜、高粱等作物。属于该类的常用方法有下述 3 个。

1. 培养皿法 药剂处理种子后培育一段时间,观察敏感植物根长抑制率或芽长抑制率。

$$抑制率 = \frac{对照组芽(根)长 - 处理组芽(根)长}{对照组芽(根)长} \times 100\%$$

2. 黄瓜幼苗形态法 该法是测定激素型除草剂和植物生长调节剂活性的经典方法之一。其中并不以测量根长或芽长为试验依据,而是每隔一定的时间观察黄瓜幼苗的形态,再与事先已经用 2,4-滴的一系列浓度处理后的黄瓜幼苗形态作为对照的标准图谱进行对比,推测药剂活性的大小。

3. 琼脂测定法 此法的特点是将药剂定量地倒入熔化的琼脂液中,混匀后倒入培养皿中冷却凝固,之后接入供试植物的种子,观察发芽后的情况。该法的最大特点是以琼脂代替了土壤,既能与药剂混匀又起到了固定植物的目的。

其他还有诸如小麦根长法、稗草胚轴法、玉米法等方法,都比较类似。

(二) 植株生长量的测定方法

针对已经发芽杂草的除草剂,尤其是抑制光合作用的除草剂的常规室内生物测定方法,通常都是先将指示植物在药剂处理过的土壤中或混药的水溶液中培养一定时间后,测定植株的生长量,例如叶片长度、面积及地上部的鲜物质量等。一般常用的方法有以下 3 个。

1. 去胚乳小麦幼苗法 此法是测定抑制光合作用除草剂的专用方法。具体方法是先挑选出长势一致的幼苗,摘除幼苗的胚乳后,用供试药液处理幼苗,培育一定的时间,测定幼苗的株高,以株高抑制率来衡量药剂的活性。该方法有测定周期短(一般只需 6~7 d),且操作简便的优点。

2. 萝卜子叶法 此法适用于测定触杀性及影响氮代谢的除草剂。一般步骤是:先将萝卜种子催芽成幼苗后切下子叶,并用不同浓度的供试药液处理子叶,保持恒温并在一定的光强下培养一段时间,称量鲜物质量及测定叶绿素的含量,计算 IC_{50}。

3. 叶鞘滴注法 此法用于筛选防治野燕麦的除草剂混剂,快速、简便。具体方法是:在 1 叶 1 心的燕麦第一片张开的叶鞘里,滴加一定浓度的药液。培养一段时间后,去掉根,取上部 2 cm 长的一段插入清水琼脂培养基中培养一定时间后,根据不同剂量处理的叶片延伸长度来评判药剂活性。

此外，类似的方法还有番茄法、再生苗测质量法、浸液浸渍法等。

(三) 生理指标的测定方法

1. 浮萍法　此法的基本原理是季铵盐类除草剂可以干扰植物细胞内光合作用中的电子传递系统，使植物失水失绿枯死，而某些水生植物（例如浮萍）对季铵盐类除草剂（例如杀草快）有高度敏感性。将药剂配成一定的浓度后，利用水中浮萍的失绿程度作为评判药剂活性的指标。另外也可用乙醇提取被处理的浮萍中的叶绿素，以叶绿素的含量作为评判指标。该法还可以用于水体中除草剂残留量的检测。

2. 单细胞藻类法　藻类以其生物测定所需的周期较短、较易得到生长一致的材料、材料容易获得、适于推广等优点，近年来运用十分广泛。

此法对抑制光合作用和呼吸作用的除草剂特别灵敏。一般选用小球藻作为指示植物，将供试药液与有小球藻的培养液混匀，恒温培养一段时间后，用甲醇提取叶绿素，用分光光度计测定叶绿素的透光率推算出药剂的 EC_{50}。也有人直接将含有小球藻的培养液用血细胞计数板在显微镜下直接计数，并在小球藻最大吸收波长下测定吸光值，建立藻细胞浓度和吸光度的线性回归关系后，建立抑制率和小球藻浓度的自然对数的线性回归关系，并求出 EC_{50}。

3. 希尔反应法　希尔反应（Hill reaction）法的基本原理是：叶绿体在光照条件下，使水光解产生 H^+ 和电子，同时放出氧气，产生的电子使电子受体（氧化剂）还原。此法可用于筛选光合作用抑制剂。例如铁氰化钾，在光下可以发生从水中释放氧气的反应，同时氧化剂被还原变色，可用下列化学式表示。

$$4Fe(CN)_6^{3-} + 2H_2O \xrightarrow{\text{光叶绿体}} 4Fe(CN)_6^{4-} + 4H^+ + O_2$$

利用上述反应，用分光光度计对底物 $Fe(CN)_6^{3-}$ 的减少量或产物 $Fe(CN)_6^{4-}$ 及 O_2 的形成量进行测定，就可以定量地测定希尔反应活力，判定药剂的活性。此外，也有用2,6-二氯酚（2,6-滴）作为氧化剂的方法，在光照条件下反应，当2,6-滴（2,6-D）被还原后，颜色由蓝色变为无色。根据处理和对照组2,6-滴的颜色变化，可判断化合物对希尔反应的抑制程度，或者求出抑制50%希尔反应的化合物浓度 I_{50}，由此判断化合物的活性大小。

4. 酶水平测定方法　现在许多除草剂的作用靶标已被测定出来，因此直接以杂草的靶标部位为测试对象来测试药剂活力的生物测定方法也被开发出来。例如在酶水平上，对草甘膦类有机磷除草剂的活性测定，可以通过测定植物体内莽草酸的累积量来作为衡量指标。因为草甘膦的作用机制是抑制植物体内芳香族氨基酸莽草酸合成途径中关键酶5-烯醇丙酮酰莽草酸-3-磷酸合成酶（EPSPS合成酶），造成莽草酸的积累。因此通过测定植物体内莽草酸的累积量即可得知草甘膦活性的大小。同样，根据磺酰脲类除草剂可抑制乙酰乳酸合成酶（ALS）活性的原理，可以用乙酰乳酸合成酶活性的变化测定植物对磺酰脲类除草剂的活性。此方法可以用作高通量筛选技术。

在测试方法上还有测定呼吸作用抑制剂的方法，其原理是在离体线粒体的条件下，用瓦氏呼吸装置测定氧的吸收和磷氧比，从而确定呼吸作用抑制剂活性。

(四) 高通量筛选

现在高通量筛选的方法也已经运用到了除草剂的筛选程序中，其方法大致有以下几种。

1. 活体筛选

(1) 代表性植物为测试对象　此类方法一般用藻类、浮萍等水生植物作为供试生物。将一定剂量的化合物及藻类、浮萍或植物细胞分别加入微量滴定板孔中混匀，在控制条件下振荡培养一段时间。之后测定混合液的光密度值。如果光密度值不变甚至减小，表明藻类不生长，定性判断化合物有除草活性。此外此方法还可以通过生长抑制率求出 EC_{50}，以定量判断化合物活性大小。

(2) 种子处理生长测试法　该方法一般要求选取的供试植物种子的个体比较小，例如小米、鼠耳芥、剪股颖的种子。方法是，在微量滴定板孔中加入待测药液，然后加入植物种子以及植物生命发育所需的营养液或培养基，用透明盖封好，置于适宜的温度、光照条件下培养一定时间。通过观察种子萌芽及植物生长发育情况（例如种子萌芽率、生长情况、叶片及植物形态等）来判断供试化合物的活性有无。

2. 离体筛选

(1) 对靶标酶抑制活性的测定方法　植物体内生物物质合成及能量代谢的关键酶较多，这些酶通常也是供试药剂有可能起抑制作用的靶标酶。因此通过对这些酶活性的测定，可以筛选出将来有可能作为除草剂的化合物。例如测定无机磷酸的生物测定方法。此方法的基本原理是：生物体内诸如乙酰辅酶A羧化酶、谷氨酰胺合成酶等一些靶标酶，可通过一定催化反应产生无机磷酸。无机磷酸与特定试剂结合会在某一波长下显色。因此将筛选靶标酶与待测物及反应试剂混合后，测定无机磷酸的变化量，如果无机磷酸量减少，说明待测物对靶标酶有活性。

(2) 测定过氧化氢的方法　此法的原理是，光呼吸循环中的乙醇酸氧化酶能够与氧气反应生成乙醛酸和过氧化氢（H_2O_2），而过氧化氢与氨基替吡啉、辣根过氧化酶和酚反应生成红色产物，且在505 nm有特征吸收峰。因此将乙醇酸氧化酶与待测化合物混合后，经过一定时间再加入辣根过氧化酶等反应试剂，测定红色产物的吸光值，观察值的变化情况。如果产物减少，即说明过氧化氢的量减少，判断出供试化合物有抑制该酶活性的能力。

(3) 测定荧光变化的方法　该系列方法中有一种叶绿素荧光测定法，这种方法可以用于对植物光合作用抑制剂的筛选。运用的原理是：叶绿素分子在光系统 II（PS II）吸收光量子后，形成激发态，激发态不稳定，会再发射而产生一种光信号叶绿素a荧光，在正常情况下，叶绿素a吸收的光能会推动叶绿体进行光合作用。如果光系统 II 受抑制，光合作用过程中的电子传递即会受阻，此时叶绿素a吸收的光能以荧光的方式再度释放。因此通过脉冲调制荧光仪（PAM-201），可在叶片表面测得再度发射的荧光。将待测化合物与植物叶片作用后，根据荧光强度的变化，可判断化合物是否对光系统 II 有抑制作用。

七、杀线虫剂的毒力测定方法

植物线虫病害在世界范围内广为发生并严重威胁农业生产。目前防治线虫病害的农药品种少、毒性高、用量大，且主要依赖进口，因此测定创制化合物的杀线虫活性是发现优秀杀线虫剂的关键。现在的常用筛选方法是用活体筛选，一般步骤如下。

（一）供试线虫的选择

供试植物线虫需满足易于培养、繁殖量大、生活史短的要求。其中，根结线虫属的线虫较为符合要求。

（二）线虫的纯培养

以根结线虫为例，首先须对线虫的寄主植物（例如番茄）进行无菌土栽培，使用无土栽培或灭菌土栽培无菌苗。然后在田间选取有根结的病株，轻轻洗根至无泥土，用线虫挑针挑取单卵块，置于0.1％鲸蜡烷三甲基溴化铵（即十六烷基三甲基溴化铵，又名塞太弗伦cetavlon）溶液将卵消毒，用无菌水漂洗，然后浸在0.5％的双对氯苯基双胍基己烷双醋酸盐（hibitane diacetate）溶液中消毒，再用蒸馏水漂洗干净。放在孵化器中进行培养，每24 h用毛笔蘸取卵块，用贝曼漏斗法（Baermann funnel）或离心漂浮分离法（centrifugal floatation）于25 ℃孵化收集根结线虫的2龄幼虫。

（三）供试药剂活性测定

1. 离体筛选

（1）触杀法　大致步骤如下：供试线虫放入已配制好的药液中，经24 h或48 h处理后，在显微镜下检查线虫死活和被击倒的情况，计算毒力。

线虫死活鉴别一般采用体态法及染色法。体态法的判断标准是，死虫体多呈僵直状态，而活的体态是几度弯曲，一般盘卷和蠕动，但这种方法对呈休眠态和体形膨大的雌虫以及卵不适用，且不能绝对肯定线虫的不动就等于死亡，而弯曲的线虫等于生存。染色法是用曙红等染料对供试药剂处理过的线虫进行染色，活线虫不会被染色，死线虫会被染料染上颜色，根据线虫是否被染色，很容易判断线虫的死亡与否。用此方法对水稻潜根线虫（*Hirschmanniella* spp.）、松材线虫（*Bursaphelenchus xylophilus*）等线虫效果都比较好。

（2）熏蒸法　该方法用于测定供试药剂是否具有熏蒸作用。其方法与杀虫剂药物筛选类似，即将供试化合物和线虫放于封口的容器内，处理24 h或48 h观察线虫死活情况。

2. 盆栽试验

（1）土壤淋浴法　这是一种兼触杀和内吸活性测定的方法。基本程序是：受试植物种植在小钵内，待幼苗长至3~5 cm高时，用配制好的药液淋土，第二天接种2龄幼虫，每小钵约500头。待空白对照根部感病症状明显（约20 d）后进行调查，目测感病程度或设计病情指数进行计算，确定药效。

（2）叶面喷雾法　此方法是一种测定药物是否具叶面内吸性及是否具有向下输导特性的方法。基本程序与土壤淋浴法相似，只是施药范围只限制在叶面。

另外，由于许多杀线虫剂的作用机制与结构类似的杀虫剂相同，例如有机磷和氨基甲酸酯类杀线虫剂的作用机制是抑制线虫体内的乙酰胆碱酯酶（AChE），因而对供试化合物采用酶抑制法，测试杀线虫活性有一定的理论依据。

八、抗病毒剂的药效测定方法

植物病毒是仅次于真菌的一类病原物。由于病毒需在寄主活体细胞内生活，其生命周期过程需要寄主细胞的能量和酶系统的参与，因此理想的抗病毒制剂是对病毒有杀伤作用又对寄主无损害的选择性化学药物，这给抗植物病毒剂的研究和开发带来很大难度。

病毒对植物产生危害的过程可以分为侵染寄主、体内复制和症状表达3个阶段，对其中任何阶段的抑制均可减轻植物病毒病的危害，基于此发展出很多抗植物病毒物质的筛选方法，室内常用的筛选方法有枯斑分析法、漂浮叶圆片法等。

(一) 枯斑分析法

对于有鉴别寄主的病毒,常采用枯斑分析来定量或定性评价抗病毒物质对病毒的侵染抑制能力。其优点是简便、易行,能直观、快速地反映出抑制效果。其缺点是温度、光照、接种病毒浓度、鉴别寄主的遗传纯度、株龄、生长发育的迟早壮弱及接种叶片部位等对抗病毒物质的生物学防治效果测定具有一定的影响。须采用产生容易计数的病斑的寄主植物为试材。目前常用病毒和局部病斑性寄主植物组合见表10-2。

表10-2 常用病毒和局部病斑性寄主植物组合

病毒	寄生植物
烟草花叶病毒	心叶烟(Nicotiana glutinosa)(一种具有菜豆N因子的烟草)
烟草坏死病毒	菜豆类
烟草蚀纹病毒	秘鲁酸浆
黄瓜花叶病毒	豇豆
芜菁花叶病毒	烟草
马铃薯Y病毒	佛罗里达酸浆

(二) 漂浮叶圆片法

漂浮叶圆片法的具体试验方法是将烟草花叶病毒接种到系统寄主上6 h后,取直径为15 mm的圆片叶,分别在蒸馏水和供试药剂中漂浮48 h后研磨、离心,得到含药的病毒接种液并接种到心叶烟上,培养一段时间后,根据枯斑数来评判药剂的活性。

漂浮叶圆片法普遍被接受为抗病毒化学成分测试的一种重要模式,被认为是研究抑制物与病毒复制之间关系、评价不同抑制物对病毒复制效果、进行作用模式基础研究、测定病毒复制周期中抑制时期的一种方便而又很好的方法。

(三) 抗病毒剂的药效评价方法

抗病毒剂的离体效果与活体效果可能不一致,因此在实用化试验中,往往是采用系统感染寄主的方法,通过实际传染方式相近的方法接种病毒,采用喷雾法或灌根法,根据植物的发病率、发病等级或植物内病毒含量的测定来评价药剂的抑制效果。

(四) 田间药效的判断方法

此法根据发病的病斑数、病斑大小、病斑程度、出现病斑需要的时间等来判断药效,也可用生物或物理化学的方法,对药剂处理后的叶片中病毒的量进行定量测定,以其量的多少来比较药效。供试病毒一般用烟草花叶病毒。施用的方法有浸渍法、组织培养法、涂茎法、撒布法、土壤使用法等。

九、植物生长调节剂的生物测定方法

植物生长调节剂是调节植物生长发育的一类农药,包括从生物中提取的天然植物激素和人工合成的具有天然植物激素相似作用的化合物。植物激素是在植物体内合成,对植物生长发育产生显著作用的微量(1 μmol/L以下)有机物质。目前,公认的植物激素有5类:生长素类(IAA)、赤霉素类(GA)、细胞分裂素类、乙烯和脱落酸。人工合成的植物内源激素的衍生物或类似物,具有与天然激素同等效能甚至更为有效、更为优越。除此之外,还有与激动素起抵消作用的激动素拮抗剂和生长延缓剂。

植物生长调节剂能对植物生长发育过程中的不同阶段（例如发芽、生根、细胞伸长、器官分化、花芽分化、开花、结果、落叶、休眠等）起到调节和控制作用。植物生长调节剂的生物测定是根据每一类植物生长调节剂的特定用途和生理作用而设计的，有针对生长素类的生物测定法、针对细胞分裂素类的生物测定法、针对赤霉素类的生物测定法、针对脱落酸的生物测定法和针对乙烯的生物测定方法。

植物生长调节剂的生物测定法专一性强，尤其是对粗提物的未知激素的粗筛，常可得到定性定量的相对结果。

（一）针对生长素类的生物测定方法

生长素类植物生长调节剂的主要作用是促进插枝生根、延缓或促进器管脱落、控制雌雄性别、诱导单性结实，根据其作用设计相应的测定方法（表10-3）。

表10-3 生长素的生物测定法

测定方法	指标	生长素（IAA）最低检测浓度
燕麦弯曲法	弯曲度	10^{-7} mol/L
豌豆劈茎法	弯曲角度	10^{-7} mol/L
豌豆茎切段法	长度增加	10^{-7} mol/L
黄瓜下胚轴切断法	长度增加	10^{-7} mol/L
小麦胚芽鞘垂直生长法	长度增加	5×10^{-8} mol/L
燕麦第一节间法	长度增加	5×10^{-9} mol/L
绿豆生根法	不定根数增加	3 mg/L

（二）针对赤霉素的生物测定方法

赤霉素最明显的生物效应之一是促进器官的伸长，包括节间、胚轴、禾谷类的芽鞘、叶片等，还具有促进发芽、促进茎叶生长、诱导花芽形成、促进单性结实和坐果等作用，依据其作用设计相应的测定方法（表10-4）。

表10-4 赤霉素的生物测定方法

测定方法	指标	赤霉素（GA_3）最低检测浓度（mol/L）
水稻幼苗叶鞘伸长点滴法	叶鞘长度	3×10^{-13}
矮生豌豆下胚轴法	下胚轴长度	3×10^{-12}
矮生玉米叶鞘法	第一、第二叶鞘法	10^{-11}
黄瓜下胚轴法	下胚轴长度	3×10^{-12}（GA_4）
莴苣下胚轴法	下胚轴长度	3×10^{-9}（GA_7）
大麦胚乳法	还原糖释放或α淀粉酶活性增强	3×10^{-10}
苋红素抑制法	色素减少	

（三）针对细胞分裂素的生物测定方法

细胞分裂素是在植物体内普遍存在的一类激素，它们的生理作用主要是促进细胞分裂和细胞扩大、延迟叶片衰老、促进侧芽生长、促进器官分化等。

细胞分裂素的生物测定方法可分为 4 类：①细胞分裂，即细胞数目增加，或组织生物量增加；②细胞的扩大，即体积的增加；③延迟叶片衰老，延缓叶绿素的降解；④诱导色素的合成，即苋红素的合成（表 10-5）。

表 10-5　细胞分裂素的生物测定方法

测定方法	时间（d）	可检测细胞分裂素最低浓度（mg/L）
烟草髓骨组织	21	<1.0
大豆愈伤组织	21	1.0
胡萝卜韧皮部	21	0.5
大麦叶衰老	2	3.0
燕麦叶衰老	4	3.0
萝卜子叶圆片增大	1	2.0
萝卜子叶增大	3	10.0
黄瓜子叶转绿	1	1.0
苋红素合成	2	5.0

（四）针对脱落酸的生物测定方法

脱落酸的生理作用是促进植物休眠、促进器官脱落、促进气孔关闭与提高抗逆性，在多数情况下抑制植物胚芽鞘、嫩枝、根、胚轴的生长。

叶柄对外源脱落酸很敏感，因此是研究脱落酸的典型材料。在一定的浓度范围内，脱落率与脱落酸浓度呈正比，脱落时间与脱落酸浓度呈反比。通常用小麦胚芽鞘伸长法和棉花外植体脱落法。

（五）针对乙烯的生物测定方法

乙烯是一种气体植物激素，它对植物的代谢、生长和发育有着多方面的作用。乙烯的生理作用：①破除休眠，促进发芽及生根；②抑制植株生长，造成植株矮化；③引起叶片的偏上生长；④促进果实成熟；⑤促进器管脱落。乙烯对花的影响：①诱导苹果幼苗提早进入开花期；②使葫芦科植物性别转化，诱导多生雌花，从而增加前期雌花数，降低雌花着花节位，提高早期产量。

乙烯可抑制黄化豌豆幼苗下胚轴的伸长，并使下胚轴细胞横向扩大，下胚轴短粗，偏上生长，从而使下胚轴横向生长。黄化幼苗对乙烯的这 3 种反应被称为"三重反应"。

十、试验结果的统计与分析

一个试验的完成，最终反映为试验数据，必须通过科学的统计方法，进行合理的统计分析，才能得出正确的结论。然后利用结论对试验的成功与否做出客观的评价。

毒力测定的结果，一般需要求出药剂的 LD_{50}/LC_{50} 或 ED_{50}/EC_{50} 及其标准误差和 95% 置信区间、药剂的毒力曲线、显著性检验。

LD_{50}/LC_{50} 可用回性方程 $Y=a+bx$ 表示。方程中，自变量（横坐标）x 表示剂量的对数，因变量（纵坐标）Y 表示死亡率的概率值，a 表示毒力曲线的截距，b 表示毒力曲线的坡度。坡度的大小反映出供试昆虫对药剂的敏感性。坡度越大，则分散程度越小，也即这一群体对药剂的反应较均匀；坡度越小，则分散程度越大，这一群体对药剂的反应差异越大。

根据毒力曲线也可以反推出药剂的 LD_{50}/LC_{50}。因为 LD_{50}/LC_{50} 在方程中表现为死亡或抑制50%供试生物,此时 $Y=5$,代入方程,求出 x,根据 $LD_{50}/LC_{50}=10^x$ 即可算出结果。

在生物测定中,用药组和对照组之间,各个不同药剂或各个不同因素之间表现出的差异性,究竟是真正的差别还是由于试验误差所造成的,必须用显著性检验的方法加以判断。而判断的方法有:t 检验、F 检验、卡方分析等。其中,t 检验通常用于计量资料中两个均数的比较;F 检验,即方差分析,可以用于超过有两个均数时的相互比较;卡方分析则是用于计数资料间的比较。

在过去,试验数据的统计是一项较为艰巨的工作,特别是试验较为复杂,试验数据十分多时,在计算时容易出错且不可避免会积累误差,造成试验数据的不可靠。现在,在计算机的高效计算能力及统计分析软件例如 SAS(statistical analysis system)等强大功能的帮助下,科研工作者能够快速准确地对试验数据进行处理,缩短了研究时间。

有关统计原理及测定检测步骤,可以参考生物统计学的相关书籍和软件说明。

第二节 农药田间药效试验

一、农药田间药效试验概述

农药田间药效试验是在室内毒力测定的基础上,在完全开放的自然条件下,检验某种农药防治某种有害生物的实际效果,评价其是否具有推广应用价值的主要环节。田间药效试验是农药登记管理工作的重要内容之一,是制定农药产品标签的重要技术依据,为指导农药的安全、合理使用提供数据基础。田间药效试验可分为两大类,一类是以药剂为主体的系统田间试验,另一类是以某种防治对象为主体的试验。

(一)以药剂为主体的系统田间试验

以药剂为主体的系统田间试验包括下列内容。

1. 田间药效筛选 在毒力测定的基础上,将新合成的化合物或新组合物加工成不同剂型,进行田间筛选。

2. 田间药效评价 经过田间药效筛选出的制剂,通过设计不同剂量、不同施药时间与使用方法,考察其对主要防治对象的效果,对作物产量和对有益生物的影响,总结出其切实可行的应用技术。

3. 特定因子试验 特定因子试验是为了全面评价田间药效或明确生产中提出的问题而专门设定的试验,包括环境条件对药效的影响、不同剂型药效的比较、农药混用的增效或拮抗作用、耐雨水冲刷能力和在农作物与土壤中的残留等。

(二)以防治对象为主体的试验

以防治对象为主体的试验,即针对某种防治对象筛选最有效的农药品种,确定最佳剂量、最佳施药次数与最佳使用方法等。

田间药效试验又包括小区试验、大区试验和大面积示范试验。田间药效试验结果用"药效"表示。

我国实行农药登记制度,田间药效试验是农药登记管理工作的重要内容之一,是制定农药产品标签的重要技术依据,而农药标签又是安全、合理使用农药的指南。

二、农药田间药效试验的基本要求与药效的影响因素

（一）试验地的选择

试验地点应选择在防治对象经常发生的地方。虽然采用接入有害生物的办法也可以完成试验，但这与农田的实际情况相距较远，不能反映真正的防治效果。试验地点选定后，试验小区的位置也十分重要，一般设置在大田作物中，以体现有害生物的自然分布。试验地块要求地势平坦，土壤质地一致，农作物长势均衡，其他非试验对象发生较轻。另外，要避免试验地受到不必要的干扰（例如家禽、家畜进入试验地等）。

（二）试验小区设计

承载田间试验的小区，应尽量与大田条件一致，小区应采取随机排列，使调查时的各个抽样单位有均等的选择机会。试验要设置对照区、隔离区和保护行，试验必须设置重复。为了克服各重复之间的差异，试验设计可采取局部控制的方法。

（三）药效的影响因素

药效的基本含义是在田间综合因素的影响下，防治对象对所试验药剂的反应，是药剂本身与综合因素对防治对象共同作用的结果。

1. 农药制剂　在田间药效试验中，被检验的是生产上使用的制剂时，在有效成分含量相同的情况下，其剂型不同可导致药效差异。

2. 防治对象　防治对象包括昆虫、病菌和杂草等有害生物以及被保护植物（针对植物生长调节剂类），这些对象在田间不可能达到龄期（或培养期）一致，敏感度更不可能相同，故田间药效试验要求对一剂一虫（或一剂一病、一剂一草等）进行考察。

3. 环境条件　田间的温度、湿度、光照、风力等是一个不断变化的连续过程，对土壤用农药制剂来讲，不同的土壤质地和含水量以及微生物群落的组成都会影响药效的发挥。因此药效试验要安排在多点进行。

三、农药田间药效试验的调查内容与方法

做好药效试验记录是重要的。在安排药效试验前，下面的基本记录是不可缺少的：农药试验批准证号（针对政府安排的登记试验）、农药生产单位、农药种类、农药名称（包括中文通用名称和英文通用名称）、有效成分含量、剂型以及试验范围与使用方法（包括作物品种、防治对象、用药量、具体施用方法）。必需的调查内容包括试验进行期间的气象资料（降水类型、日降水量、温度）、土壤资料（土壤类型、肥力状况及杂草覆盖情况等，水田施药还要记录水层深度）和药效。基本的药效调查与计算方法如下。

（一）杀虫剂田间试验的调查内容与方法

通常采取随机抽样法对杀虫剂药效进行调查。由于害虫在田间的分布方式不同，或呈随机型，或呈核心型与嵌纹型或3个基本型的混合型，就要求调查应采取不同的方法，例如对角线法、大5点法、棋盘式法、平行线法、分行法、Z形法等。调查统计的内容也随昆虫种类、不同虫态活动栖息的方式和作物类别而灵活运用。常用的统计单位有：面积、长度、容积、植株数量或植株的一部分、质量、时间等。调查有时需要借用特殊的器械，例如放大镜、计数器、捕虫网、衡器等。设计不同的调查方法和统计单位，都是为了统一标准，便于比较，以求从中获得准确信息。

杀虫剂药效一般采用校正死亡率（直接计数施药前后的虫口数量并由空白对照的自然虫口消长率进行校正）与作物被害程度来表示，以下举两个例子。

1. 杀虫剂对棉铃虫幼虫的防治效果 其计算公式为

$$防治效果（校正虫口死亡率）=\frac{PT-CK}{100-CK}\times 100\%$$

式中，PT 为药剂处理区虫口减退率，CK 为空白对照区虫口减退（或增长）率。

在调查施药后不同期间的虫口减退率时，要考虑到田间植株上的落卵量及卵孵化率，故在各个调查时段的真正虫口减退率应为

$$第某天虫口减退率=\frac{（药前幼虫数+药前卵数\times 药后第某天卵孵化率）-药后活虫数}{药前幼虫数+药前卵数\times 药后第某天卵孵化率}\times 100\%$$

计算棉铃虫的卵孵化率时，要从调查小区以外的棉株上采回至少 50 粒卵在室内保湿培养，测定不同时间的卵孵化率。也可以在田间未施药区域标记 50 粒以上的卵，定期观察其孵化率。

2. 杀虫剂对水稻二化螟的防治效果 其计算公式为

$$防治效果=\frac{CK-PT}{CK}\times 100\%$$

式中，CK 为空白对照区药后枯心（白穗）率，PT 为药剂处理区药后枯心（白穗）率。计算杀虫剂药效的其他统计方法还有很多，多是在以上两种基本方法上演化出来的。

（二）杀菌剂田间试验的调查内容与方法

计算杀菌剂药效的方法一般采用作物被害率法，常将施药区和空白对照区的被调查作物按病害程度进行分级，然后根据病情指数计算防治效果。以下举两个例子。

1. 杀菌剂防治禾谷类白粉病效果计算方法（代表叶部病害） 在每个小区以对角线法固定 5 点取样，每点调查 $0.25 \, m^2$ 小麦植株，小麦起身拔节期调查基部 1~5 片叶，抽穗后调查旗叶及旗叶下第一片叶。先进行病情分级，然后计算药效。

白粉病的分级方法（以叶片为单位）：

0 级：无病；

1 级：病斑面积占整个叶片面积的 5% 以下；

3 级：病斑面积占整个叶片面积的 6%~15%；

5 级：病斑面积占整个叶片面积的 16%~25%；

7 级：病斑面积占整个叶片面积的 26%~50%；

9 级：病斑面积占整个叶片面积的 50% 以上。

药效按计算公式为

$$病情指数=\frac{\sum（病级叶数或株\times 该病级值）}{检查总叶（或株）数\times 最高级数值}\times 100\%$$

$$防治效果=\frac{CK_0\times PT_1}{CK_1\times PT_0}\times 100\%$$

式中，CK_0 为空白对照区施药前病情指数，CK_1 为空白对照区施药后病情指数，PT_0 为药剂处理区施药前病情指数，PT_1 为药剂处理区施药后病情指数。

若施药前未调查病情指数，则防治效果按下式计算。

$$防治效果 = \frac{CK_1 - PT_1}{CK_1} \times 100\%$$

2. 杀菌剂防治禾谷类种传病害效果计算方法 对于一些植物的种传病害，由于对病害程度进行分级比较困难，其防治效果计算常采取比较简单的方法，其计算公式为

$$防治效果 = \frac{CK - PT}{CK} \times 100\%$$

式中，CK 为空白对照区病株率，PT 为药剂处理区病株率。

计算杀菌剂药效的其他统计方法还有很多，多是在以上几种基本方法上演化出来的。

（三）除草剂田间试验的调查内容与方法

对除草剂药效的表达常采用受害症状、杂草种类、杂草覆盖度、杂草质量等表示，用绝对值调查法或估计值调查法进行统计。

在施用除草剂后，要详细调查并记录杂草的受害症状，例如生长受到抑制、失绿、畸形、枯斑等，以准确说明药剂的作用方式。

1. 绝对值调查法 绝对值调查法也称为数测调查法，是调查计算单位面积上的每种杂草总株数或质量，对整个小区进行调查或在每个小区随机选取 3～4 个样方，每个样方 0.25～1.00 m^2 进行抽样调查，特殊情况下，调查特殊杂草的器官（例如禾草分蘖数）等。

2. 估计值调查法 估计值调查法也称为目测调查法，为每个药剂处理区同邻近的空白对照区或对照带进行比较，估计相对杂草种群量。这种调查方法包括杂草群落总体和单种杂草，可用杂草数量、覆盖度、高度和长势（例如实际的杂草量）等指标来表示。这种方法简单、快速，其结果可以用简单的比率表示（0% 为无草，100% 为处理区与空白对照区杂草同等）。为了克服估计带来的误差，可以采取分级标准进行调查，分级方法如下：

1 级：无草；
2 级：相当于空白对照区的 0%～2.5%；
3 级：相当于空白对照区的 2.6%～5%；
4 级：相当于空白对照区的 5.1%～10%；
5 级：相当于空白对照区的 10.1%～15%；
6 级：相当于空白对照区的 15.1%～25%；
7 级：相当于空白对照区的 25.1%～35%；
8 级：相当于空白对照区的 35.1%～67.5%；
9 级：相当于空白对照区的 67.6%～100%。

在做好以上调查的基础上，防治效果计算则相对简单，其公式为

$$防治效果 = \frac{CK - PT}{CK} \times 100\%$$

式中，CK 为空白对照区存活杂草数（或鲜物质量），PT 为药剂处理区存活杂草数（或鲜物质量）。

无论是杀虫剂、杀菌剂还是除草剂的田间试验，都要调查药剂处理后对作物的药害情况，有特殊要求的，还应调查对天敌的伤亡情况等。

四、农药田间药效试验结果的整理与分析

农药田间药效试验的最终目的是获得准确的试验结果。在田间药效试验中广泛使用的统

计分析方法是变量分析法，即方差分析。所谓方差分析就是把构成试验结果的总变异分解为各个变异来源的相应变异，以方差作为测量各变异量的尺度对结果做出数量上的估计。在农药田间药效试验中，常设计多个处理，各处理又设置多个重复（一般要求设置4个重复），故对其调查结果的统计分析常采用邓肯氏多重比较检验法（Duncan's multiple range test, DMRT）。对于该统计方法的原理与应用内容在试验统计分析方法课程中讲授。实践中有多种此类统计方法的软件，使用起来很方便。

五、农药田间药效试验报告的撰写格式

农药田间药效试验完成后，需出具田间药效试验报告。

农药田间药效试验报告包括3部分内容：①封面；②报告摘要；③正文。

报告封面的内容包括：试验名称、试验批准证书号、试验样品封样号、试验协议备案号、试验名称、药剂类别、承担单位、委托单位、试验地点、试验完成人、总负责人及技术负责人签字、试验完成日期、试验单位盖章等。

试验报告摘要为整份报告的简要概括，包括试验名称、试验作物和防治对象、供试药剂、试验方法和试验结果，以及根据结果总结出切实可行的应用技术。

正文又包括3部分内容：材料与方法、结果与分析和结论与讨论。材料与方法中，需标明供试的药剂和对照药剂、试验药剂的剂量设置、试验地的情况和具体的试验方法。结果与分析中，对试验结果进行描述以及对出现这样结果的可能原因进行探讨，包括原始数据、对试验结果按要求做统计分析和差异显著性比较，并记录对作物、天敌等非靶标生物的影响。结论与讨论中，客观分析试验结果，给出明确的试验结论：该药剂的防治效果是否达到了防治效果指标，与已登记的同类产品进行比较，判别药剂的剂量、使用技术是否适当，对出现的异常试验结果的原因进行分析。

思 考 题

1. 触杀剂、胃毒剂和熏蒸剂等作用方式的测定方法各有哪些？
2. 请设计一个40%辛硫磷乳油对斜纹夜蛾3龄幼虫的室内毒力试验。
3. 要配制浓度为800 $\mu g/mL$ 的辛硫磷稀释液，如何用40%（m/m）辛硫磷乳油进行配制？
4. 请设计10%溴虫腈悬浮剂、5%高效氯氰菊酯乳油、20%叶蝉散乳油以及50%乐果乳油对斜纹夜蛾的盆栽药效试验。比较防治效果高低的指标是什么？

第十一章 农药的科学使用

生产实践证明，农药对防治和减轻有害生物危害，保证农林牧业丰产丰收有着极为重要的意义。但是另一方面，如果不合理地使用农药，也会产生某些副作用：对非靶标生物的直接毒害，包括人畜中毒；对经济昆虫（例如蜜蜂、家蚕）及有害生物天敌的杀伤，对被保护的农作物造成药害；对环境的污染、农作物收获物中残留农药的危害以及导致有害生物产生抗药性等。因此在农业生产实践中，充分发挥农药的优势和潜能，尽量减少其负面影响，即科学地使用农药是农药学教学和科研的重要内容。农药科学使用的目的在于降低单位面积农药使用量，提高农药对有害生物的控制效果，增加农药对人类、食品、环境和非靶标生物的安全性，降低生产成本，提高农作物的产量和品质。

第一节 农药科学使用的基础

一、药剂与应用技术

农药是化学防治的基本物质基础，其种类繁多，用途各异。因此必须全面了解农药的理化性质和生物活性，了解每个农药品种的特点，才能实现科学用药。

（一）药剂的理化性质与应用技术

1. 农药的物理性质与应用技术 就农药的物理性质而言，极性（脂溶性、水溶性）与蒸气压是与农药科学使用关系最密切的因子。

昆虫体壁最外面的一个层次称为上表皮，由角质层和蜡质层组成。蜡质层由长链脂肪酸、长链脂肪醇及相应的酯等弱极性、非极性成分组成。因此只有极性较小亲脂性强的农药易于与昆虫表皮的蜡质层亲和并溶入蜡质层起触杀剂的作用。但极性较小亲脂性强的农药在昆虫中肠中却不容易穿透而不能发挥胃毒剂的作用，例如滴滴涕有很强的体壁触杀作用，但其对昆虫的胃毒杀虫作用很弱。

植物（杂草）叶片表皮外层主要是蜡质层，内层主要是角质层，相对而言，极性较小亲脂性强的除草剂容易穿过而进入杂草体内发挥杀草作用。相反，杂草根部吸收表面缺乏蜡质层和角质层，因此极性较大亲水性强的除草剂容易由根部吸收进入杂草体内发挥杀草作用。

农药极性还和农药在土壤中的淋溶性密切相关。极性小的农药施于土壤后主要分布在表层土壤，难以被淋溶下渗。相反，极性大甚至有一定水溶性的农药，施于土壤后则很容易随降雨被淋溶下渗。因此在深根作物种植区利用位差选择性采取播后苗前土壤处理或深根作物生育期土壤处理防除杂草时，必须选择极性较弱，淋溶性较小的除草剂才能保证杀死杂草而不伤及作物。此外，农药极性还涉及农药使用中的环境安全问题，例如克百威、涕灭威等高毒农药品种，由于其极性大，水溶性强，施于土壤后很容易被淋溶下渗而污染地下水。

农药的蒸气压（挥发性）和农药的施用技术及持效期密切相关。蒸气压高、挥发性强的农药在相对密闭的场所使用更能发挥其药效，例如敌敌畏的蒸气压为 1.6 Pa（20 ℃），挥发性很强，很适合于保护地害虫防治及仓储害虫防治。除草剂氟乐灵的蒸气压为 6.1×10^{-3} Pa（25 ℃），易挥发；燕麦畏的蒸气压为 1.6×10^{-2} Pa（25 ℃），易挥发，因此这两种除草剂作土壤处理后应浅混土，其目的也是减少挥发，使其尽量被土壤吸附。

2. 农药的化学性质与应用技术　就农药的化学性质而言，农药的化学稳定性和化学反应性与农药使用技术关系最为密切。农药化学稳定性，尤其是光稳定性不仅影响药剂的施用技术和持效期，而且也影响该农药在环境中的残留。辛硫磷是典型的光不稳定杀虫剂，将辛硫磷喷在棉叶上，1 d 后分解 82.1%，2 d 后分解 90.4%，6 d 后分解 94.3%，一般在大田的持效期仅 1~2 d。辛硫磷的这个特点特别适合于蔬菜、茶树、桑树害虫的防治。就施药时间而言，在阴天或傍晚施药对药效的发挥更为有利。但辛硫磷在避光条件下性质还是比较稳定的，将辛硫磷施于土壤或拌种防治地下害虫，其持效期可达 1~2 个月。

农药的化学性质稳定，有较长的持效期，这对多次重复侵染的病害或持续出苗的杂草的防治很有利，但却加大了收获物或环境中残留残毒的风险。众所周知，有机氯杀虫剂滴滴涕和六六六之所以被淘汰，其中一个重要原因就是其化学性质稳定，在环境中残留积累。此外，应注意除草剂对后茬作物的影响，例如氯磺隆本是小麦田的高效除草剂，但由于其在土壤中的残留时间可达 1 年之久，对小麦后茬玉米、水稻等作物易造成药害，因而使用受到限制。

农药的反应性和农药的使用技术关系很大。灭生性除草剂草甘膦为 N -（膦羧基甲基）-甘氨酸的钠盐或铵盐，若施于土壤，则很快和土壤中的 Ca^{2+}、Mg^{2+}、Fe^{2+} 等离子反应生成难溶于水的化合物，难以被杂草吸收而被"钝化"。因此草甘膦不能用于土壤处理，而只能在杂草生长发育阶段做茎叶处理。此外，农药的混合使用过程中，农药的酸碱性反应结果严重影响药效，例如有机磷酸酯类、氨基甲酸酯类及拟除虫菊酯杀虫剂不宜和碱性农药混配或混用，而大多数有机硫杀菌剂不宜和酸性农药混配或混用。

（二）药剂的生物活性与应用技术

农药生物活性主要指其对靶标的敏感性、作用方式及作用机制。不同的农药类型及品种，其对靶标的敏感性、作用方式及作用机制往往是不同的，因而其应用技术也有所不同。绝大多数有机磷杀虫剂都有良好的杀螨活性，而大多数拟除虫菊酯杀虫剂却没有杀螨活性，因此如果某种作物上虫螨并发时（例如棉花蚜虫、红蜘蛛同时发生）在药剂选择上可能就要考虑选择合适的有机磷杀虫剂。杀螨剂中有些品种仅对害螨某个虫态较有效，例如噻螨酮对螨卵和若螨高效，但对成螨却无效，因此在盛卵期及时施用就会收到良好的防治效果。拟除虫菊酯有强大的触杀作用而无内吸作用，因此通常是用于叶面喷雾而不会用于土壤处理。

不同的杀菌剂、除草剂对靶标敏感差异更大。二硫代氨基甲酸酯类杀菌剂福美系列和代森系列主要对藻菌纲植物病原真菌（例如黄瓜霜霉病病菌、番茄晚疫病病菌）等比较有效，而且是保护性杀菌剂，要求在病原菌侵染前使用，且要求对被保护作物全覆盖喷雾；三环唑是黑色素生物合成抑制剂，其作用机制是影响附着胞胞壁黑色素的形成，使之不能形成侵染点，因而不能侵入植株，是典型的保护性杀菌剂，因此用三环唑防治水稻稻瘟病时施药时间非常重要，必须在病原菌入侵前施药才能取得良好防治效果。

除草剂品种中许多是选择性除草剂，例如 2,4 -滴主要用于禾本科作物田防除某些阔叶杂草；而吡氟禾草灵则可有效防除多种禾本科杂草，而对阔叶作物表现安全；草甘膦等则为无选择性的灭生性除草剂，主要用于非耕地、林地、果园、甘蔗等作物园一年生和多年生杂草防除；除草醚是一种触杀性除草剂，而且只有在光照条件下才能产生除草活性，因此除草醚只能用于土表处理而不能用于混土处理。

（三）农药剂型与应用技术

农药剂型是依据农药固有的理化性质及对防治对象的生物学特性，使其能在特定条件下发挥药效而设计加工的。因此根据不同的防治对象，选择合适的农药剂型，是农药科学使用的重要组成部分。例如保护地病虫害的防治，针对保护地相对密闭的特点，采用燃放烟剂或喷洒微粉剂不仅能获得良好的防治效果，而且不会像用乳油等剂型喷雾那样额外增加保护地的湿度。相反，烟剂或微粉剂如果用于空旷的大田，不仅防治效果差，而且还会污染环境。有些农药品种（例如克百威等）毒性较高，又有良好的内吸作用，若选择喷雾剂型，不但大量杀伤天敌，而且对施药人员也不安全，倘若选用其颗粒剂，则既延长了其控制害虫（例如棉蚜）的持效期，又增加了对非靶标生物的安全性。此外，针对水稻田杂草及某些害虫可选用"省力化"剂型。例如水溶性薄膜袋包装的乙氰菊酯U粒剂，用于防治稻象甲、稻负泥虫时，施药人员只需站在田埂上将药袋抛出，几小时后包装袋溶解，药剂逐渐扩散并均匀分布到整个水面，害虫一旦接触水面便会中毒死亡；施药省力省时，不用任何器械。又如我国开发的杀虫双撒滴剂，使用时摇动药瓶，药液撒入稻田并在土表形成药液层，被水稻吸收后可防治多种水稻螟虫。

二、靶标生物特性与应用技术

靶标生物的生物学特性及危害规律是选择适合药剂、施药方法及施药适期的基础。例如第2代棉铃虫的卵分布比较集中，主要分布在棉株的顶尖、嫩叶及嫩茎上，而以嫩叶正面为主，其卵量占总卵量的73.4%，此时喷药应采用所谓"划圈点点"喷雾法；而第3代棉铃虫卵的分布很分散，以蕾、花、铃上最多，占总卵量的45%，内叶正面占31.7%，群尖和茎秆占22%，且龄期不整齐，此时喷药应重点喷洒群尖和幼蕾，四周喷透。此外，棉铃虫初孵幼虫先吃掉大部或全部卵壳后转移到叶背栖息，当天不吃不动，第二天多集中在生长点或嫩尖处取食嫩叶，这时取食量很小，危害不明显。第三天蜕皮成2龄后，食量增加，危害加重，并开始蛀食幼蕾。3龄后幼虫大多蛀入蕾、花、铃中危害，很难防治。因此防治棉铃虫必须在2龄前用药。又如桃小食心虫是苹果主要蛀果害虫，雌成虫将卵散产于果实上，其中苹果萼洼处卵量占总卵量的90%，幼虫从卵壳孵出几十分钟即会咬破果皮并蛀入果肉中危害，因此施药时间的掌握便成为化学防治成败的关键问题，必须在成虫发生高峰期及卵孵化期施用强触杀性杀虫剂，喷雾时尽量让果实着药。再如小麦吸浆虫，依据其生物学特性有两个防治适期，一是越冬幼虫在4月中旬当小麦进入孕穗期、10 cm土温达到15 ℃左右时，上升到土表约3 cm土层中做土室化蛹，可于盛蛹期防治，施药方法以撒毒土为佳；二是成虫在麦穗上交配产卵，可于成虫羽化期选择强触杀性杀虫剂针对麦穗部位喷雾或喷粉防治。

小麦腥黑穗病，其传播途径主要是种子带菌传播，因此化学防治在施药方法上多采用药剂拌种，阻断侵染源。水稻纹枯病，一般在水稻分蘖末期开始发病，病菌首先从近水面的叶鞘侵入，然后逐渐向上发展，因此施药技术的关键是将药剂施到水稻的下部和中部，为此，可采用粗雾滴喷雾，甚至采用泼浇，其目的在于使药剂尽可能多地沉积到发病部位。小麦赤霉病病菌主要在小麦扬花时从花药侵入，因此适时施药是小麦赤霉病防治的关键，通常可在小麦扬花50%左右时，采用多菌灵等喷雾防治，施药偏早偏迟均不会获得理想的防治效果。

植物在不同生育期，对药剂的敏感性差异很大。因此在杂草对除草剂最敏感的生育期施药是化学除草技术的关键。丁草胺是输导型芽前除草剂，主要通过幼芽吸收，施于稻田可防除一年生禾本科杂草及某些阔叶杂草，关键要严格把握杂草种子萌发至幼芽期施药，通常在本田插秧5 d后即应施药，杂草出苗后再施药，除草效果明显降低。眼子菜是稻田多年生恶性杂草，以其发达的根状茎在稻田土中越冬。研究结果表明，眼子菜春天萌发的叶片呈紫红色、尚未转为绿色时是最佳施药适期。通常在本田插秧15～20 d，此时落水喷施灭草松等，眼子菜叶片有一定的受药面积，根状茎中养分大多消耗光，而叶片的光合作用能力还很弱，是对药剂最敏感的时期。错过这个时期施药，都会显著降低除草效果。

三、环境条件与应用技术

在化学防治工作中常发现使用同一药剂防治同一种病虫草害时，由于不同地区的环境条件不同，其防治效果差异很大。环境因子不仅影响病虫草等有害生物的生长发育及其行为和各种生理活动，而且也影响农药药效的发挥和对作物的安全性。环境因子不是孤立存在的，而是互相影响、互相作用的，例如光照影响温度，温度会影响湿度，雨水、风也会影响温度和湿度。事实上，农药的药效是药剂本身、靶标生物及环境因子三者互相作用的结果。

（一）温度与应用技术

首先，温度影响靶标生物的生理生化代谢及生长发育进程。昆虫的活动（例如迁飞、爬行、取食等）在一定温度范围内随温度升高而增强，特别是仓库害虫随温度升高，呼吸代谢加强，耗氧量增加，因而会促使气门开放，有利于药剂进入昆虫体内。药剂的生物活性亦会受温度影响。大多数杀虫剂都是所谓正温度系数农药，即在一定温度范围内，杀虫活性随温度升高而增强，例如用敌百虫防治荔枝蝽，田间温度上升时，杀虫效果明显提高。但也有些药剂是所谓负温度系数农药，即在一定温度范围内，杀虫活性随温度升高而降低，例如滴滴涕对美洲蜚蠊的毒力15 ℃时比35 ℃约大12倍，溴氰菊酯对伊蚊幼虫的毒力在10 ℃时比在30 ℃时大7倍。

植物的生长、发育、气孔开闭、表皮结构均受温度影响。通常情况下，温度较高时，药剂的吸收、输导速度加快，药效作用迅速，特别是敌稗、溴苯腈、2,4-滴以及二苯醚类和联吡啶类除草剂高温时杀草作用迅速。但温度过高亦会引起植物叶片萎蔫、卷曲，反而影响药剂的展布和吸附，而且还容易出现药害。

（二）湿度与应用技术

湿度和杀菌剂、除草剂的应用技术关系密切。湿度影响植物病害的发生和流行速度，许多病害（例如黄瓜霜霉病、水稻稻瘟病、小麦赤霉病等）的发生和流行都需要高湿环境。其次，湿度影响药剂的沉积和吸收，从而影响药效。合适的湿度有利于植物生长发育和气孔开张，减少药液雾滴的干燥和挥发，有利于雾滴的展布和吸收。在湿度较高的地区，杂草叶片表面的蜡质层薄，有利于除草剂的展布和穿透传导，除草效果好；而在干旱地区，杂草叶片表皮蜡质层厚，茸毛多，气孔小，光合和蒸腾作用较弱，不利于除草剂的吸收和输导，许多茎叶处理剂（例如野燕枯、拿扑净）不适合在青海、甘肃等部分地区使用，其原因就在于这些地区干旱少雨，湿度低。

（三）光照与应用技术

光照影响植物生长发育，影响昆虫的行为（例如水稻稻苞虫、小地老虎等都有避光取食的特点），还会影响一些病原孢子的萌发和侵染。但光照对农药使用的影响主要表现在下述两个方面：①光照引起农药的光分解。前已述及，杀虫剂辛硫磷光照下易光解失效，大田喷雾处理，持效期仅1～2 d，而用于土壤处理则持效期可长达1月以上。杀菌剂敌磺钠也是对光不稳定农药，所以一般采用种子处理防治种传或土传病害。除草剂氟乐灵也是因光不稳定及挥发性，施于土壤后需要混土处理。②有些药剂药效的发挥则需要光照，特别是有些除草剂（例如三氟羧草醚、氟磺胺草醚等）只有在光照下才能充分发挥药效作用。这是因为光照对植物的影响而影响药效。还有一些药剂因为光照对药剂本身的影响而影响药效，例如 α-三联噻吩，只有在光照条件下，农药分子被激发，杀虫活性被成倍提高，被称为光活化农药。

（四）风雨与应用技术

风对药效的影响是明显的。刮风影响喷粉、喷雾作业，影响粉粒或雾滴的沉积、滞留和展布，影响施药质量。同时，风还会引起药剂飘失从而引起邻近敏感作物的药害。此外，刮风对土壤的侵蚀也影响了除草剂土壤处理的效果，尤其是在干旱情况下，会显著降低除草效果。

降雨除通过影响土壤水分和空气湿度而间接影响药效外，雨水对作物上沉积农药的冲刷及土表沉积农药的淋溶也极大地影响药效，甚至会导致完全失效。但另一方面，对土壤处理的除草剂来说，适当的降雨则有利于药剂在土壤中均匀分布，增大湿度有利于药剂的吸收和输导，提高防治效果。

（五）土壤因素与应用技术

土壤因素主要包括土壤质地与有机质含量、土壤含水量及土壤微生物。土壤因素对药效，尤其是对除草剂用于土壤处理时的药效有显著影响。

土壤质地和有机质含量会影响除草剂在土壤中的吸附和淋溶。就吸附而言，有机质含量高的黏性土吸附药剂的量较多，有机质含量低的砂性土吸附药剂的量少。因此在同样药剂用量下，前者表现出的防治效果比后者低，或后者需较高的剂量才能达到同样的防除效果。就淋溶而言，有机质含量高的黏性土淋溶性小，有机质含量低的砂性土淋溶性大。适当的淋溶性可使除草剂形成一定厚度的药土层，有效地覆盖杂草萌发层，又不至于淋溶到作物种子层，这样才能发挥土壤的位差选择作用。砂性瘠薄土壤，淋溶性很强，除草剂作位差选择处理时，不仅除草效果差，还会导致严重药害。

除草剂只有在土壤中处于溶解状态，才能被杂草吸收而发挥除草作用，土壤含水量大，被解吸到水中的药剂多，土壤颗粒间的空隙就会被更多的除草剂溶液占据，杂草的根、芽或胚轴就会充分吸收除草剂，药效就高。

土壤微生物主要通过对药剂的降解来影响药效。一般来说，除了药剂本身的性质外，土壤有机质含量高、微生物类群丰富，对除草剂的降解就快，持效期就短。

第二节　施用农药和保护害物天敌

在农药使用过程中保护害物天敌是农药科学使用的重要内容。害物天敌，特别是天敌昆虫在害虫的控制中起了重要作用。害虫的天敌种类很多，其生物学特性也很复杂，农田施用杀虫剂不可能对天敌种群没有影响，但采用科学合理的用药技术，可以尽可能降低化学杀虫剂对害虫天敌的影响。

一、使用选择性杀虫剂

目前只杀死害虫而不伤害其天敌的杀虫剂还极少。昆虫几丁质合成抑制剂中的取代苯基甲酰基脲类（例如灭幼脲、除虫脲、氟铃脲等）对鳞翅目幼虫有特效，大田使用对主要天敌昆虫影响较小；噻嗪酮对飞虱、叶蝉等同翅亚目害虫亦有高度选择性，田间使用对其主要天敌也很安全。杀螨剂三环锡对植食性螨（红蜘蛛）高效，而对天敌捕食性螨几乎无毒。此外，近年来开发的吡虫啉、氟虫腈、抑食肼、虫酰肼等新型杀虫剂，均对靶标害虫高效，而对其天敌相对安全。

因此大田用药时，在可能的情况下应优先考虑这类在害虫和天敌之间有高度选择性的杀虫剂。

二、施药剂量和施药时间的控制

施药剂量如控制适当，能有效地杀死害虫而保护天敌，其原理是靶标害虫和天敌对同一杀虫剂敏感性存在差异。例如用甲萘威防治棉红蜘蛛，如果使用浓度在 0.03% 以下则对其捕食性天敌植绥螨没有明显影响。施药时间的控制也是保护天敌的有效措施，其原理是靶标害虫的发生期和其天敌发生期不完全同步。例如用敌百虫防治稻苞虫，先前的防治适期是 2~3 龄幼虫占孵化幼虫 50% 左右时施药，此时正值其卵寄生蜂羽化高峰期，对寄生蜂杀伤很大，后改为卵孵化率达 50% 时用药，这样不但防治效果好，而且避开了寄生蜂的羽化高峰期。又如稻纵卷叶螟绒茧蜂是稻纵卷叶螟幼虫的主要天敌，它产卵于 2 龄幼虫体内，直到幼虫 4 龄时才羽化出蜂，早先是在 2 龄时施药，无法保护天敌，后改为 3 龄用药，绒茧蜂可以安全发育。

三、剂型及施药方法的控制

选择合适的剂型及施药方法亦可达到保护天敌的目的，特别是将内吸杀虫剂加工成颗粒剂施于土壤，对天敌安全。采用涂茎的施药方法也很少杀伤天敌。膜下滴灌施药法，将药剂随水滴入膜下土壤，使天敌完全接触不到农药，最好地维持了农田的生态平衡，近年得到了大面积的推广，代表了一个发展方向。此外，局部施药代替全田喷洒，可以为天敌提供避难场所，促使因为使用杀虫剂而衰落的天敌种群很快恢复。我国稻区对稻螟虫采取"捉枯心团"的挑治施药技术就是一个典型例子。又如蚜虫或红蜘蛛在苹果园的发生不是均匀的，如果在局部区域未达到防治指标，则这一区域就不必施药防治，而是作为天敌的避难所，有利于天敌种群的恢复。

第三节 农药混用

农药混用即将两种或两种以上的农药混合在一起使用的施药方法，包括农药混合制剂（混剂）的使用及施药现场混合使用（桶混），二者虽有差别，但其原理是相同的。

农药混用的目的不外乎提高防治效果，扩大防治对象，减少施药次数，延缓有害生物抗药性发展速度，以及提高对被保护对象的安全性、降低施用成本等。

一、混用单剂之间的相互作用

（一）理化性能的改变

农药混合后单剂之间可能发生化学反应，尤其是加工成混剂并经较长时间储存时发生化学反应的可能性较大。例如具有酯、酰胺等结构的农药不宜和碱性农药混用，否则会引起酯或酰胺水解。但真正属碱性的农药品种很少，如石硫合剂、波尔多液等碱性较强，这两个杀菌剂本身就不是一个单剂，一般不会与之复配加工成混剂，即使现场桶混使用也可能引起水解。有些农药，特别是一些含硫杀菌剂（例如代森锌、福美双等）在和杀虫剂敌百虫、久效磷、磷胺等混用时，由于这些杀虫制剂中残存的酸而造成杀菌剂分解，不但降低防治效果，还会产生药害。某些离子型农药，特别是除草剂野燕枯、2,4-滴钠盐、2甲4氯铵盐、草甘膦等在混用时亦可能发生反应而降低药效，例如2,4-滴钠盐就不宜和野燕枯混用。

农药混合后还会产生物理性能的变化而降低防治效果，特别是现场混用时这种可能性更大。一方面可能导致乳状液稳定性降低、悬浮液悬浮率下降，另一方面会增大药液的表面张力，特别是农药和硫酸钾、尿素等肥料混用时，药液表面张力大为提高，造成湿展性能恶化、农药沉积率下降。

（二）生物活性的改变

1. 对害物毒力的变化 农药混用后对害物的毒力变化有下述3种可能。

（1）相加作用　相加作用即农药混用后对有害生物的毒力等于混用中各单剂农药单独使用时毒力之和。例如甲萘威和灭杀威按1∶1混合时对黑尾叶蝉的毒力为 $51.6\ \mu g/g$，而甲萘威和灭杀威单独使用时对黑尾叶蝉的毒力分别为 $44.8\ \mu g/g$ 和 $59.0\ \mu g/g$，这是典型的相加作用。又如氰戊菊酯和久效磷按1∶1混合时对黏虫3龄幼虫的毒力 LD_{50} 为 $0.001\ 9\ \mu g/$头，而氰戊菊酯和久效磷单独使用时对黏虫3龄幼虫的毒力 LD_{50} 分别是 $0.000\ 86\ \mu g/$头和 $0.082\ \mu g/$头，其共毒系数为88.5，也是相加作用。

（2）增效作用　增效作用即农药混用时对有害生物的毒力大于各单剂单用时的毒力总和，例如马拉硫磷和残杀威按1∶1混用时对黑尾叶蝉的毒力 LD_{50} 为 $20\ \mu g/g$，而单独使用马拉硫磷和残杀威对黑尾叶蝉的毒力分别为 $288\ \mu g/g$ 和 $263\ \mu g/g$，呈现显著的增效作用。又如鱼藤酮、氰戊菊酯对柑橘锈红蜘蛛的毒力 LC_{50} 分别为 $0.208\ mg/L$ 和 $33.114\ mg/L$，二者按4∶1混用后对柑橘锈蜘蛛的毒力 LC_{50} 为 $0.038\ mg/L$，共毒系数为677.5，增效作用明显。

（3）拮抗作用　拮抗作用即农药混用时对有害生物的毒力低于各单剂单用时毒力的总和。例如以3龄黏虫幼虫为试虫，单用甲氰菊酯的毒力 LD_{50} 为 $0.002\ \mu g/$头，单用甲萘威的毒力 LD_{50} 为 $0.289\ \mu g/$头，而甲氰菊酯和甲萘威按1∶8比例混用时，其毒力 LD_{50} 为 $0.050\ 3\ \mu g/$头，计算出共毒系数为33.1，显示某种程度的拮抗作用。又如混灭威对5龄黏虫幼虫的毒力 LD_{50} 为 $20.48\ \mu g/g$，而和等量的植物杀虫剂苦皮藤素（无直接杀虫作用）混用后，毒力 LD_{50} 为 $75.04\ \mu g/g$，表现出明显的拮抗作用。

2. 对哺乳动物毒性的变化 农药混用后对哺乳动物的毒性同样有增毒作用、相加作用和拮抗作用。在农药混剂或现场混用中，如果表现出增毒作用，这种混配混用是不可取的。典型的例子是杀菌剂异稻瘟净（亦有较弱的杀虫作用）和杀虫剂马拉硫磷混用，虽然对黑尾叶蝉表现明显的增效作用，但因对哺乳动物的毒性亦明显增大，因而不能被开发为混剂使用。增毒的原因可能是异稻瘟净抑制了哺乳动物体内对马拉硫磷起主要解毒作用的羧酸酯酶的活性。据研究，久效磷、苯硫磷、稻瘟净等对哺乳动物体内的羧酸酯酶的活性有强烈的抑制作用，因而可以预测，这几种有机磷杀虫杀菌剂和马拉硫磷混用后会表现增毒作用。

3. 对保护对象安全性的改变 农药混用后生物活性的改变还涉及对被保护对象的安全性，特别是杀菌剂之间混用、除草剂之间混用，或杀虫杀菌剂和除草剂混用都有可能对作物造成药害。众所周知的例子是除草剂敌稗和有机磷或氨基甲酸酯类杀虫剂混用后会对水稻产生药害，其原因是这两类杀虫剂可能抑制水稻体内赖以对敌稗解毒的芳酰胺酶的活性。

4. 生物活性的改变 化学农药和生物农药混配混用更要发生生物活性的变化。生物农药，特别是主要以细菌、真菌或病毒活体生物为活性的生物农药，在和化学农药混配混用时，某些化学农药有效成分或助剂可能使这些细菌、真菌或病毒失活。因此涉及化学农药和生物农药的混配混用时，应进行严格的室内生物测定及大田药效试验，确保二者混用后不产生不利于药效发挥的生物活性变化。

二、混配混用的基本原则

前已述及农药混配混用的目的是多方面的，但其中最主要的有3个方面：扩大防治范围、利用增效作用及延缓抗药性。混用的目的不同，混用的原则亦有差别。

（一）以扩大作用谱为目的的混配混用原则

扩大防治谱混配以杀菌剂、除草剂居多。以杀菌剂为例，许多内吸杀菌剂的防治谱较窄，例如叶锈特（butrizol）仅对小麦叶锈特效，二甲嘧吩（dimethirimol）仅对白粉病有效，苯基酰胺类杀菌剂仅对卵菌病害特效，苯并咪唑类虽是广谱内吸杀菌剂，却对卵菌纲病害无效。由于农作物常常并发几种病害，若使用单剂，只能控制一部分病害，势必造成另一部分病害猖獗危害。例如温室黄瓜，使用甲霜灵可以控制霜霉病，但不能控制炭疽病，而采用甲霜灵和代森锰锌，或克菌丹复配剂则能同时有效地控制霜霉病和炭疽病。再以除草剂为例，农田往往发生多种杂草危害，大多数除草剂的杀草谱都有局限性，因此常采用除草剂混用来扩大杀草范围。例如稻田单用除草醚对许多以种子萌发的杂草有效，但对生育期的鸭舌草和牛毛毡效果很差，但和2甲4氯混用则可克服这个缺点。禾草丹或禾草敌对稗草和牛毛毡效果很好，但对其他阔叶杂草防治效果差，为此采用禾草丹和西草净混用可有效防除稗草和牛毛毡并兼治其他阔叶杂草。在玉米地常将甲草胺和莠去津混用，其原因是前者对禾本科杂草效果好，而后者对双子叶杂草效果更好些。扩大防治谱的混配混用应遵循下述原则。

①混配混用中各单剂有效成分不能发生不利于药效发挥及作物安全性的物理变化和化学变化。

②各单剂混配混用后对有害生物的防治效果至少应是相加作用而无拮抗作用。

③混配混用后对哺乳动物的毒性不能高于单剂的毒性。

④各单剂在单独使用时对防治对象高效，在混配混用中的剂量应维持其单独使用的剂量以确保防治的有效性。

（二）以延缓抗药性为目的的混配混用原则

目前有相当的农药混配混用以延缓害物抗药性为目的，特别是杀菌剂的混配混用，除兼治型外，大部分是克抗型。尤其是内吸杀菌剂（例如苯并咪唑类、苯基酰胺类等），其抗药性大多是由单主效基因控制的，抗药性产生较快而且抗药性水平很高，而一般保护性杀菌剂作用部位多，抗药性发展较慢，二者混用可显著降低内吸剂的使用剂量，降低选择压，从而达到延缓抗性产生的目的。杀虫剂中有相当一部分混配混用是以延缓抗药性为目的，特别是有机磷杀虫剂和拟除虫菊酯杀虫剂的混配混用。以延缓抗药性为目的的混配混用应遵循以下原则。

①各单剂应有不同的作用机制，没有交互抗药性。单剂的作用机制不同，各自形成抗药性的机制也就不同，即选择方向不同，如果混配混用就可以相互杀死对它们各自有抗药性的个体，从而使抗药性种群的形成受到抑制。单剂之间如果有负交互抗药性则更为理想，因为从理论上讲，具有负交互抗药性的单剂混用后不会对这种混用产生抗药性。

②单剂之间有增效作用。混配混用后产生增效作用，可以提高淘汰有抗性基因个体的能力。此外，混用增效，可以降低单位面积用药量，降低选择压，可以延缓抗性产生。

③单剂的持效期应尽可能相近。如果单剂之间持效期相距甚远，则持效期短的单剂失效后，实际上只有另一单剂在起作用，达不到混用的目的。

④各单剂对所防治的对象都应是敏感的，否则起不到抑制抗药性发展的作用，还会造成药剂的浪费。

⑤混配混用的最佳配比（通常为质量比）应该是两种单剂保持选择压力相对平稳的质量比，这个配比从理论上讲就是混配制剂中各单剂对相对敏感种群的致死中量或致死中浓度的比值。

以延缓抗药性为目的的混配混用不能单纯以共毒系数大小来确定最佳配比，这和以增效为主要目的的混配混用应有所区别。

（三）以增效为目的的混配混用原则

以增效为目的的混配混用以杀虫剂居多，杀菌剂和除草剂较少。增效混配混用应注意下列原则。

①混配混用后单剂间增效作用明显，单位面积用药量显著降低。
②混配混用后不能增加对非靶标生物，特别是对哺乳动物的毒性。

（四）以省工省时为目的的混配混用原则

在一种农作物上往往有几种病虫害同时发生，需要采用不同的农药防治。用户常将两种以上的杀虫剂、杀菌剂，甚至植物生长调节剂或叶面肥采用桶混方式一次性喷洒，以达到省工省时的目的。这种以省工省时为目的的混用应注意下述原则。

①桶混中各种单剂有效成分不能发生不利于药效发挥及作物安全性的物理变化和化学变化。
②桶混中各种单剂的剂量应保持其单独使用的有效剂量。

思 考 题

1. 靶标生物的生物学特性如何影响农药应用技术？
2. 环境条件如何影响大田药效？
3. 在农药使用过程中如何保护有害生物的天敌？
4. 以延缓抗药性为目的的农药混配混用应遵循什么原则？

主要参考文献

艾平，郑建全，2005. 膜片钳技术的新进展及其在药物高通量筛选中的应用 [J]. 生理科学进展，6 (2)：125-129.

蔡道基，汪竞立，杨佩芝，等.1987. 化学农药环境安全评价研究Ⅸ. 农药对鱼类毒性与评价的初步研究 [J]. 农村生态环境 (2)：7-11.

曾骧，陆秋农，1988. 生长调节剂在果树上的应用 [M]. 北京：农业出版社.

陈品三，2001. 杀线虫剂主要类型、特性及其作用机制 [J]. 农药科学与管理，22 (2)：33-35.

陈万义，屠豫钦，钱传范，1991. 农药与应用 [M]. 北京：化学工业出版社.

陈谊，张彩菊，蒋洪，2014. 胆钙化醇灭鼠剂的研究 [J]. 中华卫生杀虫药械，20 (3)：282-286.

池艳艳，崔新倩，姜辉，等，2014. 三种不同类型杀虫剂对家蚕的慢性毒性试验及评价方法初探 [J]. 农药学学报，16 (5)：548-558.

戴奋奋，袁会珠，2002. 植保机械与施药技术规范化 [M]. 北京：中国农业科学技术出版社.

丁伟，2011. 螨类控制剂 [M]. 北京：化学工业出版社.

丁应详，1997. 有机污染物在土壤——水体系中的分配理论 [J]. 农村生态环境，13 (3)：42-45.

方晓航，仇荣亮，2002. 农药在土壤环境中的行为研究 [J]. 土壤与环境，11 (1)：94-97.

冯坚，顾群，2003. 英汉农药名称对照 [M].2版. 北京：化学工业出版社.

弗朗茨·米勒，1988. 植物药理学 [M]. 江树人，译. 北京：北京农业大学出版社.

傅华龙，何天久，吴巧玉，2008. 植物生长调节剂的研究与应用 [J]. 生物加工过程，6 (4)：7-12.

盖均镒，2003. 试验统计方法 [M]. 北京：中国农业出版社.

桂文君，2012. 农药残留检测新技术研究进展 [J]. 北京工商大学学报：自然科学版，30 (3)：13-18.

韩熹莱，1995. 农药概论 [M]. 北京：北京农业大学出版社.

韩熹莱，1993. 中国农业百科全书·农药卷 [M]. 北京：农业出版社.

华南农学院，1980. 植物化学保护 [M]. 北京：农业出版社.

华南农业大学，1990. 植物化学保护 [M].2版. 北京：农业出版社.

黄伯俊，1993. 农药毒理——毒性手册 [M]. 北京：人民卫生出版社.

黄建中，1995. 农田杂草抗药性 [M]. 北京：中国农业出版社.

黄瑞纶，赵善欢，方中达，1962. 植物化学保护 [M]. 北京：农业出版社.

金岚，1991. 环境生态学 [M]. 北京：高等教育出版社.

冷欣夫，邱星辉，2003. 我国昆虫毒理五十年来的研究进展 [J]. 昆虫知识，37 (1)：27-28.

冷欣夫，邱星辉，2001. 细胞色素P_{450}酶系的结构功能与应用前景 [M]. 北京：科学出版社.

冷欣夫，唐振华，王萌长，1996. 杀虫药剂分子毒理学及昆虫抗药性 [M]. 北京：中国农业出版社.

李克斌，王小芳，季谨，1998. 苯达松在单离子蒙脱石上的吸附机制研究 [J]. 环境科学与技术 (3)：5-7.

李玲，肖浪涛，2013. 植物生长调节剂应用手册 [M]. 北京：化学工业出版社.

李少南，2014. 农药生态毒理学概念及方法学探讨 [J]. 农药学学报，16：375-386.

李曙轩，1989. 植物生长调节剂与农业生产 [M]. 北京：科学出版社.

李曙轩，1992. 植物生长调节剂与蔬菜生产 [M]. 上海：上海科学技术出版社.

林孔勋，1995. 杀菌剂毒理学 [M]. 北京：中国农业出版社.

林星，1997. 农药对人类免疫系统的影响 [J]. 国外医学卫生学分册 (6)：337-340.

刘程, 1992. 表面活性剂应用手册 [M]. 北京: 化学工业出版社.
刘福光, 刘毅华, 赵颖, 等, 2013. 毒死蜱对南方稻区水域生态效应的室内微宇宙模拟研究 [J]. 农药学学报, 15 (2): 198-203.
刘广文, 2012. 现代农药剂型加工技术 [M]. 北京: 化学工业出版社.
刘松长, 李继睿, 何文, 2007. 农药在土壤环境中的吸附-解吸作用 [J]. 广东化工, 34 (175) 101-103.
刘长令, 2002. 世界农药大全·除草剂卷 [M]. 北京: 化学工业出版社.
刘长令, 2002. 新农药研究开发文集 [G]. 北京: 化学工业出版社.
罗万春, 2002. 世界新农药与环境——发展中的新型杀虫剂 [M]. 北京: 世界知识出版社.
马建义, 徐礼根, 郑永泉, 等, 2002. 植物生长调节剂生物筛选方法的初步构建 [J]. 浙江大学学报 (理学版), 29 (3): 329-335.
苗建才, 1992. 最新农药使用技术手册 [M]. 哈尔滨: 黑龙江科学技术出版社.
慕立义, 1994. 植物化学保护研究方法 [M]. 北京: 中国农业出版社.
倪长春, 沈宙, 顾必文, 等, 2000. 杀菌剂生物筛选离体活体兼顾的重要性 [J]. 浙江化工, 31: 61-63.
农业部农药检定所, 2004. 新编农药手册 [M]. 北京: 中国农业出版社.
潘瑞帜, 董愚得, 1995. 植物生理学 [M]. 北京: 高等教育出版社.
钱万红. 王忠灿, 2011. 吴光华. 鼠害防治技术 [M]. 北京: 人民卫生出版社.
邵莉楣, 孟小雄, 2009. 植物生长调节剂应用手册 [M]. 2版. 北京: 金盾出版社.
沈国兴, 严国安, 彭金良, 等, 1999. 农药对藻类的生态毒理学研究Ⅱ: 毒性机制及其富集和降解 [J]. 环境科学进展 (6): 131-139.
沈晋良, 吴益东, 1995. 棉铃虫抗药性及其治理 [M]. 北京: 中国农业出版社.
沈同, 王镜岩, 赵邦悌, 等, 1990. 生物化学 [M]. 2版. 北京: 高等教育出版社.
沈岳清, 马永文, 1990. 农药使用技术大全——植物生长调节剂与保鲜剂 [M]. 北京: 化学工业出版社.
盛红达, 杨根平, 1989. 植物生长调节剂使用手册 [M]. 杨凌: 天则出版社.
司友斌, 周静, 王兴祥, 等, 2003. 除草剂苄嘧磺隆在土壤中的吸附 [J]. 环境科学, 24 (3): 122-125.
苏少泉, 宋顺祖, 1996. 中国农田杂草化学防除 [M]. 北京: 中国农业出版社.
苏少泉, 1989. 除草剂概论 [M]. 北京: 科学出版社.
孙家隆. 金静. 张茹琴, 2014. 现代农药应用技术丛书·植物生长调节剂与杀鼠剂卷 [M]. 北京: 化学工业出版社.
谭亚军, 李少南, 吴小毛, 2004. 几种杀虫剂对大型蚤的慢性毒性 [J]. 农药学学报, 6 (3): 62-66.
唐除痴, 李煜昶, 陈彬, 等, 1998. 农药化学 [M]. 天津: 南开大学出版社.
唐振华, 毕强, 2003. 杀虫剂作用的分子行为 [M]. 上海: 上海远东出版社.
唐振华, 黄刚, 1982. 农业害虫抗药性 [M]. 北京: 农业出版社.
屠豫钦, 李秉礼, 2006. 农药应用工艺学导论 [M]. 北京: 化学工业出版社.
屠豫钦, 1989. 农药科学使用指南 [M]. 北京: 金盾出版社.
屠豫钦, 1986. 农药使用技术原理 [M]. 上海: 上海科学技术出版社.
汪诚信, 2005. 有害生物治理 [M]. 北京: 化学工业出版社.
汪华源, 2003. 近十年我国植物农药专题文献综述 [J]. 农药, 42 (3): 11-13.
王金荣, 1994. 农药 [M]. 北京: 中国科学技术出版社.
王俊, 张义生, 1993. 化学污染物与生态效应 [M]. 北京: 中国环境科学出版社.
王连生, 2004. 有机污染化学 [M]. 北京: 高等教育出版社.
王琪全, 刘维屏, 1998. 除草剂灭草烟在土壤中的吸附 [J]. 中国环境科学, 18 (4): 314-318.
吴平霄, 廖宗文, 1999. 农药在蒙脱石间域中的环境化学行为 [J]. 环境科学进展, 7 (3): 70-77.
吴文君, 2006. 从天然产物到新农药创制——原理、方法 [M]. 北京: 化学工业出版社.

吴文君，2000. 农药学原理［M］. 北京：中国农业出版社．
肖进新，赵振国，2003. 表面活性剂应用原理［M］. 北京：化学工业出版社．
徐汉虹，1997. 农药剂型与加工配制［M］. 广州：广东科技出版社．
徐汉虹，2001. 杀虫植物与植物性杀虫剂［M］. 北京：中国农业出版社．
徐汉虹，2013. 生物农药［M］. 北京：中国农业出版社．
徐汉虹，2007. 植物化学保护学［M］. 4 版. 北京：中国农业出版社．
徐汉虹，2012. 植物化学保护学实验指导［M］. 2 版. 北京：中国农业出版社．
徐晓白，戴树桂，黄玉瑶，1998. 典型化学污染物在环境中的变化及生态效应［M］. 北京：科学出版社．
徐晓白，1990. 有毒有机物环境行为和生态毒理论文集［G］. 北京：中国科学技术出版社．
徐映明，朱文达，2011. 农药问答［M］. 5 版. 北京：化学工业出版社．
许智宏，1998. 植物生物技术［M］. 上海：上海科学技术出版社．
雅可夫·莱什姆，1980. 植物生长调节的分子及激素基础［M］. 南开大学植物生理教研室，译. 北京：科学出版社．
杨健，王汉斌，2008. 杀鼠剂的毒性及分类［J］. 中国医刊，43（4）：2-3
杨洁，张金萍，徐亚同，等，2011. 11 种农药对淡水发光细菌青海弧菌 Q67 的毒性研究［J］. 环境污染与防治，33（04）：20-24.
伊雄海，2008. 农药类环境激素低剂量暴露对鲫鱼内分泌干扰效应及生物标志物研究［D］. 上海：上海交通大学．
于涟，1992. 免疫学实验技术［M］. 杭州：浙江大学出版社．
岳文洁，王朝晖，2009. 氯氰菊酯对锥状斯氏藻的毒性效应［J］. 生态科学，28（2）：123-127.
张继澍，1999. 植物生理学［M］. 西安：世界图书出版公司．
张金洋，郭晶，孙增田，2013. 三唑杀菌剂对椭圆椭圆小球藻急性毒性研究［J］. 中国农学通报，29（23）：6-9.
张文吉，1998. 农药加工与使用技术［M］. 北京：北京农业大学出版社．
张兴，马志卿，李广泽，等，2002. 生物农药评述［J］. 西北农林科技大学学报（自然科学版），30（2）：142-148.
张兴，马志卿，冯俊涛，等，2015. 植物源农药研究进展［J］. 中国生物防治学报，31（5）：685-698.
张兴，2008. 无公害农药与农药无公害化［M］. 北京：化学工业出版社．
张一宾，张怿，2007. 世界农药新进展［M］. 北京：化学工业出版社．
张一宾，张怿，伍贤英，2014. 世界农药新进展 3［M］. 北京：化学工业出版社．
张莹，1998. 农药残留量快速检测方法——农药速测卡的应用与验证［J］. 中国食品卫生杂志（2）：12-14.
张宗炳，1988. 杀虫药剂的毒力测定（原理·方法·应用）［M］. 北京：科学出版社．
赵善欢，1993. 昆虫毒理学［M］. 北京：中国农业出版社．
赵善欢，1999. 植物化学保护［M］. 3 版. 北京：农业出版社．
赵振国，2005. 吸附作用应用原理［M］. 北京：化学工业出版社．
郑先福，2013. 植物生长调节剂应用技术［M］. 2 版. 北京：中国农业大学出版社．
郑智民，2000. 鼠害控制的理论与应用［M］. 厦门：厦门大学出版社．
中国农业部农药检定所，北京际峰天震技术有限公司，2006. 农药电子手册［M］.
中华人民共和国农业部，2006. 农药室内生物测定试验准则［M］. 北京：中国农业出版社．
中华人民共和国农业部农药检定所生测室，2000，2000，2004. 农药田间药效试验准则（一）（二）（三）［M］. 北京：中国标准出版社．
周本新，1994. 农药新剂型［M］. 北京：化学工业出版社．
周炳，赵美蓉，黄海凤，2008. 4 种农药对斑马鱼胚胎的毒理研究［J］. 浙江工业大学学报，36（2）：

136-140.

周明国，HOLLOMON D W，1997. *Neurospora crassa* 对三唑醇的抗药性分子机制研究 [J]. 植物病理学报，17（3）：175-280.

周明国，马忠华，党香亮，等，1997. 对噻枯唑具有抗性的水稻白叶枯病菌菌株的性质 [J]. 植物保护学报. 24（2）：155-158.

周明国，2002. 中国植物病害化学防治研究 第三卷 [M]. 北京：中国农业科技出版社.

朱国念，桂文君，郑尊涛，等，2005. 吡虫啉人工抗原的合成与鉴定 [J]. 中国农业科学（3）：511-515.

朱赫，纪明山，2014. 农药残留快速检测技术的最新进展 [J]. 中国农学通报. 30（4）：242-250.

CASARETT，DOULL'S，2002. Toxicology—the basic science of poisons [M]. 北京：人民卫生出版社.

R J 韦弗，1979. 农业中的植物生长物质 [M]. 中科院植物研究所植物生理生化研究室，译. 北京：科学出版社.

ABDEL-HALIM K Y, SALAINA A K, EI-KHATEEB E N, et al., 2006. Organophosphorus pollutants (OPP) in aquatic environment at Damietta Gove morale, Egypt: implications for monitoring and biomarker responses [J]. Chemosphere. 63（9）：1491-1498.

ANDRWS H, COBB RALPH, C KIRKWOOD, 2000. Herbicides and their mechanisms of action [M]. Sheffield: Sheffield Academic Press.

ANDREW H, COBB JOHH P H RDADE, 2010. Herbicides and plant physiology [M]. 2nd ed. New York: Wiely-BlackWell.

ARNAUD BOIVIN, RICHARD CHERRIER, MICHELSCHIAVON, 2005. A comparison of five pesticides adsorption and desorption processes in thirteen contrasting field soils [J]. Chemosphere, 61（8）：668-676.

BERG D, PLEMPE M, 1988. Sterol biosynthesis inhibitors [M]. Berlin: VCH.

BRENT K J, 1995. Fungicide resistance in crop pathogens: how can be managed? GIFAp-FRAC Monograph No. 1. UK.

BRUNELLI E. BEMABO I, BERG C, et al., 2009. Environmentally relevant concentrations of endosulfan impair development, metamorphosis and behavior in Bufo bufo tadpoles [J]. Aquatic Toxicology, 91（2）：135-142.

CAVANNAS, GARATTIE, RASTELLIE, et al., 1998. Adsorption and desorption of bensulfuron-methyl on Italian paddy field soils [J]. Chemosphere, 37（8）：1547-1555.

CHIU SHIN-FOON, 1993. Principles of insect toxicology [M]. Guangzhou: Guangdong Science and Technology Press.

CYCON M, MARKOWICZ A, BORYMSKI S, et al., 2013. Imidacloprid induces changes in the structure, genetic diversity and catabolic activity of soil microbial communities [J]. Journal of Environmental Management, 131: 55-65.

EREMIN S A, SMITH D S, 2003. Fluorescence polarization immunoassays for pesticides [J]. Combinatorial Chemistry & High Throughput Screening, 6（3）：257-266.

FEDTKE C, 2012. Biochemistry and physiology of herbicide action [M]. New York: Springer Science & Business Media.

FLOYD M ASHTON, ALDEN S CRAFTS, 1981. Mode of action of herbicides [M]. 2nd ed. New York: Wiley-Interscience Publication.

GEORGHIOU G P, TESTUO SAITO, 1983. Pest resistance to pesticides [M]. New York: Plenum Press.

GEORGHIOU G P, ANGEL LAGUNTES-TEJEDA, 1991. The occurrence of resistance to pesticides in arthropods [M]. New York: Food and Agriculture Organization of the United Nations.

GUI W J, JIN R Y, CHENG Z L, et al., 2006. Hapten synthesis for enzyme linked immunoassay of the insecticide triazophos [J]. Analytical Biochemistry (1): 9-14.

HAIGH S D, 1996. A Review of the interaction of surfactants with organic contaminants in soil [J]. Sci. Tot. Environ, 185: 161-170.

HANAZATO T, 2001. Pesticide effects on freshwater zooplankton: an ecological perspective [J]. Environment Pollution, 112: 1-10.

HASSALL K, 1990. The biochemistry and uses of pesticide [M]. London: MacMillan Press Ltd.

HATHWAY D E, 1989. Molecular mechanisms of herbicide selectivity [M]. Oxford: Oxford University Press.

HAYES T, COLLINS A, LEE M, et al., 2002. Hermaphroditic, demasculinized frogs after exposure to the herbicide atrazine at low ecologically relevant doses [J]. Proceedings of the National Academy of Sciences, 99: 5476-548.

HEAMEY S, SLAWSON D, HOLLOMON D W, SMITH M, RUSSELL P E, PARRY D W, 1994. Fungicide resistance [M]. Farnham: BCPC.

HUTSON D, MIYAMOTO J, 1998. Fungicidal activity [M]. New York: John Wiley & Sons Ltd.

IAN M HEAP, 1997. The occurrence of herbicide resistant weeds worldwide [J]. Pesticide Science, 51 (3): 235-243.

ISHAAYA I, DEGHELLE D, 1998. Insecticides with novel modes of action, mechanism and application [M]. New York: Springer Verlag.

JACQUELINE L. ROBERTSON, et al., 2007. Bioassays with arthropods [M]. 2nd ed. New York: CRC Press.

JOHN W F, KWVINR C, ROGER M N, 2003. Indirect effects of contaminants in aquatic ecosystems [J]. The Science of the Total Environment, 317: 207-233.

JUNGF, GEE S J, HARRISON R O, et al., 1989. Use of immunochemical techniques for the analysis of pesticides [J]. Pesticide Science, 26: 303-317.

KOZAK J, WEBER J B, SHEETS J, 1983. Adsorption of prometryn and metolachlor by selected soil organic matter fractions [J]. Soil Sci., 136 (2): 94-101.

LI JUN, ZHOU MINGUO, LI HONGXIA et al., 2006. A Study on the molecular mechanism of resistance to amicarthiazol in Xanthomonas campestris pv. Citri [J]. Pest Managment Science, 62: 440-445.

LYR H, 1995. Modern selective fungicides: properties, applications and mechanisms of action [M]. New York: Gustav Fischer Verlag.

LYR H, RUSSELL P E, SISLER H D, 1996. Modern fungicides and antifungal compounds [M]. New York: Athenaeum Press.

MALCOLM DEVINE, STEPHEN O DUKE, CARL FRDTKE, 1993. Physiology of herbicide action [M]. New York: PTR Prentia-Hall.

MATTEWS G A, 1992. Pesticide application method [M]. London: Longman.

MICHAEL ROE R, JAMES, BURTON, RONALDJ KUHR, 1997. Herbicide activity, toxicology, biochemistry and molecular biology [M]. Amsterdam: IOS Press.

MUNOZ-LEOZ B, RUIZ-ROMERA E, ANTIGUEEDAD I, et al., 2011. Tebucoriazole application decreases soil microbial biomass and activity [J]. Soil Biology & Biochemistry, 43 (10): 2176-2183.

NORTHCOTTGL, JONESKC, 2000. Experimental approaches and analytical techniques for determining organic compound bound residues in soil and sediment [J]. Environmental Pollution, 108 (1): 19-43.

OZMEN M, AYADS Z, GUNGORDU A, et al., 2008. Ecotoxicological assessment of water pollution in

Sariyar Dam Lake, Turkey [J]. Ecotoxicology and Environmental Safety, 70 (1): 163-173.

PAULCHENJA, SIMOOPEHKONEN, CHIA CHIACHIUNLAU, 2004. Phorate and terbufos adsorption onto four tropical soils [J]. Colloids and Surfaces A: Physicochemical and Engineering Aspects, 240 (1/3): 55-61.

PERRY A S, YAMAMOTO I, ISHAAYA I, PERRY R Y, 1998. Insecticides in agriculture and the environment [M]. Berlin: Springer.

PETER BOGER, KO WAKABAYASHI, KENJI HIRAI, 2002. Herbicide classes in development: mode of action, targets, genetic engineering, chemistry [M]. Berlin: Springer-Verlag.

ROBERT KRIEGER, 2010. Hayes' handbook of pesticide toxicology [M]. Amsterdam: Elsevier.

SONNENSCHEINC, SOTO A M, 1998. An updated review of environmental estrogen and androgen mimics and antagonists [J]. The Journal of Steroid Biochemistry and Molecular Biology (6): 143-150.

SPARKKM SWIFTRS, 2002. Effect of soil composition and dissolved organic matter on pesticide sorption [J]. The Science of Total Environment, 298 (1/3): 147-161.

THOMAS J, MONACO, STEPHEN C, et al., 2002. Weed science, principles and practices [M]. 4th ed. New York: John Wiley & Sons, Inc.

TIMBRELL J A, 1982. Principles of biochemical toxicology [M]. London: Taylor and Francis Ltd.

TOMLIN C D S, 2000. The pesticide manual [M]. 12th ed. London: British Crop Protection Council.

VOSS G, RAMOS G, 2003. Chemistry of crop protection [M]. Berlin: Wiley-VCH Verlag GmbH & Co.

WARE G W, 1983. Pesticides-theory and application [M]. San Francisco: W. H. Freeman and Company.

WU X, XU J, DONG F, et al., 2014. Responses of soil microbial community to different concentration of fomesafen [J]. Journal of Hazardous materials, 273 (1): 155-164.

YUAN SHANKUI, ZHOU MINGGUO, 2005. A major gene for resistance to carbendazim, in field isolates of *Gibberella zeae* [J]. Can. J. Plant Pathol. 27: 58-63.

ZHITIAN ZHENG, YIPING HOU, YIQIANG CAI, et al., 2015. Whole-genome sequencing reveals that mutations in myosin-5 confer resistance to the fungicide phenamacril in *Fusarium graminearum* [J]. Scientific Reports, 5: 8248.

ZHU G N, GUI W J, ZHENG Z T, et al., 2006. Synthesis and identification of artificial antigen for imidacloprid [J]. Agricultural Sciences in China (4): 307-312.